CAD/CAM/CAE
轻松上手丛书

Altium Designer 24
入门与案例实践

刘 蔚 谢小云 主 编
邓达平 赵秀鸟 副主编

视频教学版

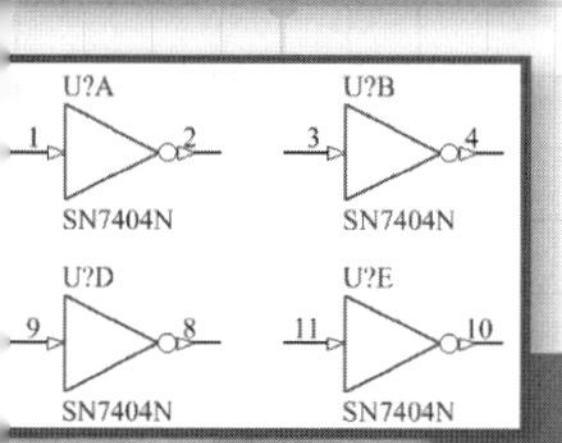

清华大学出版社
北 京

内 容 简 介

本书以当前最新的板卡级设计软件 Altium Designer 24 为基础，全面讲述电路设计的各种基本操作方法与技巧，并演示两个大型综合实战案例。本书配套示例源文件、PPT 课件、教学视频、电子教案、课程标准、教学大纲、模拟试题和作者 QQ 群答疑服务。

本书共 11 章，内容包括 Altium Designer 24 概述、电路原理图的设计、元器件图的绘制、层次原理图的设计、项目编译与报表输出、元器件的封装、印制电路板的设计、电路仿真、信号完整性分析、脉冲直流变换器电路设计实战案例、耳机放大器电路设计实战案例。

本书既可以作为大中专院校电子相关专业和相关培训机构的教材，也可以作为电子设计爱好者的自学辅导书。

图书在版编目（CIP）数据

Altium Designer 24 入门与案例实践 ： 视频教学版 / 刘蔚， 谢小云主编 ； 邓达平， 赵秀鸟副主编. -- 北京 ： 清华大学出版社， 2024. 8. -- (CAD/CAM/CAE 轻松上手丛书). -- ISBN 978-7-302-66989-0

Ⅰ. TN410. 2

中国国家版本馆 CIP 数据核字第 20243UQ319 号

责任编辑：夏毓彦
封面设计：王　翔
责任校对：闫秀华
责任印制：刘　菲

出版发行：清华大学出版社
网　　址：https://www.tup.com.cn，https://www.wqxuetang.com
地　　址：北京清华大学学研大厦 A 座　　邮　　编：100084
社 总 机：010-83470000　　邮　　购：010-62786544
投稿与读者服务：010-62776969，c-service@tup.tsinghua.edu.cn
质 量 反 馈：010-62772015，zhiliang@tup.tsinghua.edu.cn

印 装 者：艺通印刷（天津）有限公司
经　　销：全国新华书店
开　　本：190mm×260mm　　印　　张：24.5　　字　　数：664 千字
版　　次：2024 年 8 月第 1 版　　印　　次：2024 年 8 月第 1 次印刷
定　　价：129.00 元

产品编号：105284-01

前言

Altium Designer 是全球知名的电子设计自动化（EDA）软件，因其易学易用的特点而一直深受广大电子设计者的喜爱。Altium Designer 24 作为最新一代的板卡级设计软件，采用了与 Windows 11 风格一致的用户界面。同时，Altium Designer 24 独一无二的 DXP 技术集成平台，也为设计系统提供了所有工具和编辑器的兼容环境。友好的界面环境及智能化的性能为电路设计者提供了优质的服务。

Altium Designer 24 是一套完整的板卡级设计系统，真正实现了在单个应用程序中的集成。Altium Designer 24 的印制电路板（PCB）线路图设计系统完全利用了 Windows 11 平台的优势，提供了更高的稳定性、增强的图形功能和优化的用户界面。设计者可以选择最适当的设计途径以最优化的方式工作。

Altium Designer 24 构建于一整套板级设计及实现特性上，其中包括混合信号电路仿真、布局前/后信号完整性分析、规则驱动 PCB 布局与编辑、改进型拓扑自动布线及全部计算机辅助制造（CAM）输出能力等。与其他旧版本相比，Altium Designer 24 的功能得到了进一步的增强，可以支持 FPGA（现场可编程门阵列）和其他可编程器件设计及其在 PCB 上的集成。

关于本书

本书以 Altium Designer 24 为基础，全面讲述电路设计的各种基本操作方法与技巧。全书共 11 章，第 1 章概述 Altium Designer 24；第 2 章介绍电路原理图的设计；第 3 章介绍元器件图的绘制；第 4 章介绍层次原理图的设计；第 5 章介绍项目编译与报表输出；第 6 章介绍元器件的封装；第 7 章介绍印制电路板的设计；第 8 章介绍电路仿真；第 9 章介绍信号完整性分析；第 10 章和第 11 章为脉冲直流变换器电路设计和耳机放大器电路设计两个综合实战案例。

配套资源下载

本书配套示例源文件、PPT 课件、教学视频、电子教案、课程标准、教学大纲、模拟试题、作者 QQ 群答疑服务，读者需要用自己的微信扫描下面二维码来获取这些资源。如果下载有问题，请发送邮件至 booksaga@163.com，邮件主题为“Altium Designer 24 入门与案例实践（视频教学版）”。

本书作者

本书由赣南科技学院的刘蔚、谢小云主编，赣南科技学院的邓达平、赵秀鸟副主编。石家庄三维文化传播有限公司的闫聪聪、解江坤等人为本书的编写提供了大量帮助，在此向他们表示感谢！

本书由电子 CAD 图书界资深专家策划，参加编写的都是电子电路设计、电工电子教学与研究方面的专家和技术权威。他们将自己多年的心血融于字里行间，书中很多技巧都是他们经过反复研究得出的经验总结。本书所有实例都严格按照电子设计规范进行设计，这种对细节的把握与雕琢，无一不体现编者的工程学术造诣与精益求精的严谨治学态度。

编者

2024 年 5 月

目录

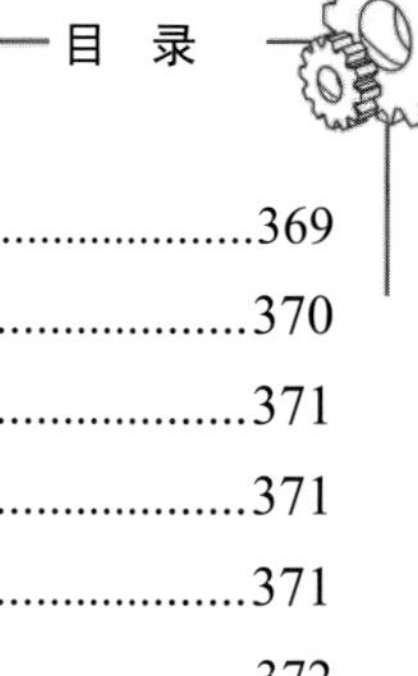

第 1 章

Altium Designer 24 概述

内容指南

电路设计自动化（Electronic Design Automation，EDA）指的是利用计算机技术协助完成电路设计的各个环节，比如电路原理图（Schematic）的绘制、印制电路板（Printcd Cicuils Board，PCB）的设计与制作以及电路仿真（Simulation）等工作。随着电子技术的发展，以及大规模和超大规模集成电路的使用，PCB 的设计变得越来越精密和复杂。Altium 系列软件是 EDA 软件中的杰出代表，它具有操作简单、易学易用、功能强大等特点。本章将简要介绍一下 Altium Designer 24，让读者对它有一个初步的认识。

知识重点

- Altium 的发展史和特点
- Altium Designer 24 软件的安装和卸载
- Altium 电路板总体设计流程
- Altium Designer 24 的开发环境

1.1 Altium 的发展史和特点

本节主要介绍 Altium 的发展史及其特点。

1.1.1 Altium 的发展史

随着计算机业的发展，自 20 世纪 80 年代中期开始，计算机应用逐渐进入各个领域。在这种背景下，美国 ACCEL Technologies Inc 推出了第一个应用于电子线路设计的软件包——TANGO。这款软件包开创了电子设计自动化的先河。尽管此软件包在今天看来比较简陋，但在当时，它给电子线路设计带来了设计方法和方式的革命，人们纷纷开始用计算机来设计电子线路。直到今天，国内许多科研单位仍在使用这款软件包。

在电子业飞速发展的时代，TANGO 日益暴露出其不适应时代发展需要的弱点。为了适应科学技术的发展，Protel Technology 公司凭借其强大的研发能力，推出了 Protel For Dos 作为 TANGO

的升级版本。从此，Protel 这个名字在业内日益响亮。

20 世纪 80 年代末，Windows 系统日益流行，许多应用软件也纷纷开始支持 Windows 操作系统。Protel 也不例外，它相继推出了 Protel For Windows 1.0、Protel For Windows1.5 等版本。这些版本的可视化功能为用户设计电子线路带来了很大的方便，设计者不用再记一些烦琐的命令，同时也让用户体验到资源共享的乐趣。

20 世纪 90 年代中期，Windows 95 开始出现，Protel 也紧跟潮流，推出了基于 Windows 95 的 3.X 版本。3.X 版本的 Protel 加入了新颖的主从式结构，但在自动布线方面却没有什么出众的表现。另外，由于 3.X 版本的 Protel 是 16 位和 32 位的混合型软件，因此不太稳定。

1998 年，Protel 公司推出了给人全新感觉的 Proel 98。Protel 98 以其出众的自动布线能力获得了业内人士的一致好评。

1999 年，Protel 公司推出了 Protel 99。Protel 99 既有原理图的逻辑功能验证的混合信号仿真，又有 PCB 信号完整性分析的板级仿真，从而构成了从电路设计到真实板分析的完整体系。

2000 年，Protel 公司推出了 Protel99 se，其性能得到进一步提高，对设计过程有更大的控制力。

2001 年 8 月，Protel 公司更名为 Altium 公司。

2002 年，Altium 公司推出了新产品 Protel DXP，它集成了更多工具，使用更方便，功能更强大。

2003 年，Altium 公司推出 Protel 2004，对 Protel DXP 进行了完善。

2006 年年初，Altium 公司推出了 Protel 系列的高端版本 Altium Designer 6 系列，自 6.9 版本以后开始以年份命名。

2007 年 5 月，推出了 Altium Designer Summer 8.0，它将 ECAD 和 MCAD 两种文件格式结合在一起，还加入了对 OrCAD 和 PowerPCB 的支持能力。

2008 年 9 月，推出了 Altium Designer Winter 09，它引入新的设计技术和理念，旨在帮助电子产品设计创新，让用户可以更快地进行设计。其全三维 PCB 设计环境有效地避免了错误和不准确的模型设计。

2009 年 7 月，Altium 公司在全球范围内推出了 Altium Designer Summer 09，即 v9.1。为了适应日新月异的电子设计技术，Summer 09 延续了不断引入新特性和新技术的传统，进一步提升了设计能力和效率。

2010 年，Altium 公司推出具有里程碑式意义的 Altium Designer 10，同时推出 Altium Vaults 和 Altium Live，以推动整个行业向前发展，从而满足每个期望在“互联的未来”大展身手的设计人员的需求。

2012 年 3 月 5 日，Altium 推出 Altium Designer 12，这是广受赞誉的一体化电子设计解决方案 Altium Designer 的最新版本。Altium Designer 12 在德国纽伦堡举行的嵌入式系统暨应用技术论坛上发布，距 Altium Live 和 Altium Designer 10 平台的初次发布为时一年。

2013 年 2 月是 Altium 发展史上的一个重要的转折点，因为当时推出的 Altium Designer 13 不仅添加和升级了软件功能，而且也面向主要合作伙伴开放了 Altium 的设计平台。它为使用者、合作伙伴以及系统集成商带来了一系列的机遇，代表着电子行业的一次质的飞跃。

2013 年 10 月，Altium 公司推出 Altium Designer 14，支持电子设计使用软硬电路，打开了更多创新的大门。它还提供电子产品的更小封装，节省了材料和生产成本，增加了耐用性。

2015 年 5 月，Altium 公司推出 Altium Designer 15。此版本引入了若干新特性，显著提升了设计效率，改善了文档输出以及高速设计自动化功能。

2015 年 11 月，Altium 公司推出 Altium Designer 16。此版本的新特性包括全新的备用元器件选择系统、可视化间距边界、全新的元器件布局系统等，提高了设计效率。

2016 年 11 月，Altium 公司推出 Altium Designer 17。此版本是一款专业的电路设计软件，集成了板级和 FPGA 系统设计、基于 FPGA 和分立处理器的嵌入式软件开发，以及 PCB 版图设计、编辑和制造。

2018 年 1 月，Altium 公司推出 Altium Designer 18。此版本是一款新一代的 PCB 设计软件，包含一系列改进和新特性，增强了 BoM 清单功能和 ActiveBOM 功能，采用 Dark 暗夜风格的全新 UI 界面，并且一直被人诟病的卡顿问题也得到了极大的改善。

2019 年年初，Altium 公司推出 Altium Designer 19。此版本拥有全新的替代元器件选择系统、直观的间距提示以及智能的元器件布局系统等，并对附加功能进行了更新。

2019 年下半年，Altium 公司推出简单易用、与时俱进、功能强大的新版 PCB 设计软件——Altium Designer 20。经过 20 多年的电子设计创新，Altium Designer 20 通过速度更快的原理图编辑器、高速设计和增强型交互式布线器功能；实现了更快的电路板设计，从而改善了用户的设计体验。

2022 年，Altium 公司推出 Altium Designer 22，此版本是一款全新的基于印制电路板的电子模块自动化设计综合系统，通过把原理图设计、电路仿真、PCB 绘制编辑、拓扑逻辑自动布线、信号完整性分析和设计输出等技术完美融合，为设计者提供了全新的设计解决方案，使设计者可以轻松地进行设计，大大提高了电路设计的质量和效率。

2024 年，Altium 推出最新版本的 Altium Designer 24。此版本为电子设计人员和工程师提供了一个单一、统一的应用程序，包含完整电子产品开发所需的所有技术和功能。Altium Designer 在单一设计环境中集成了板级和 FPGA 级系统设计、嵌入式软件开发以及 PCB 布局、编辑和制造。

1.1.2　Altium Designer 24 的特点

Altium Designer 24 是一款由 Altium Limited 开发的专业电子设计自动化软件。它为电子工程师和设计人员提供了全面的工具和功能，用于设计和开发电子产品的原理图、PCB 布局和制造文件。该软件的主要特点如下。

（1）使用约束管理器简化复杂的设计规则：Altium Designer 的约束管理器可供专业级和企业级订阅用户使用，能够简化满足复杂标准和 PCB 设计要求的过程。该工具允许通过基于对象的表格用户界面轻松浏览、创建、修改和重用经过验证的约束集。它无缝集成了原理图和 PCB 布局之间的规则，增强了清晰度和理解力，通过在这两个领域添加规则的一致格式简化了设计流程。

（2）通过 PCB CoDesign 协同工作并加快设计速度：Altium Designer 的 PCB 协同设计简化了协作，确保工程团队的设计完整性。通过专业级和企业级订阅，该工具可以简化工作空间内的协作，消除手动更改跟踪；在统一的环境中轻松地进行可视化更改、比较布局并合并更新；告别了烦琐的修订历史，并通过 PCB 协同设计采用了更高效的 PCB 设计方法。

（3）使用 3D 机电集成设备工具提升用户的项目：Altium Designer 推出了具有突破性的 3D

机电集成器件设计工具，简化了非平面电子设计的集成。

（4）指定线束组件的每个管脚的详细信息：用户可以直接在接线图中为每个所需的管脚指定压接、密封、插头或其他空腔部件。这些元素还可以无缝集成到 Draftsman 文档中的接线列表和连接表中，为用户的设计提供更高的清晰度和精确度。

（5）利用 S 参数来表征用户的网络：Altium Designer 的 S 参数工具位于仿真仪表板面板中，提供了一种通过评估入射微波和反射微波的比率来表征网络的方法，有效解决了高频电路中的挑战。

1.2 Altium Designer 24 软件的安装和卸载

本节介绍 Altium Designer 24 软件的安装和卸载方法。

1.2.1 Altium Designer 24 的系统要求

Altium 公司为用户定义了 Altium Designer 24 软件最低配置要求和推荐配置，说明如下。

1. 安装 Altium Designer 24 软件的最低配置要求

（1）Windows 7、Windows 8 或 Windows 10（仅限 64 位）英特尔酷睿 i5 处理器或等同产品。

（2）4GB 随机存储内存。

（3）10GB 硬盘空间（安装+用户文件）。

（4）显卡（支持 DirectX 10 或以上版本），如 GeForce 200 系列、Radeon HD 5000 系列、Intel HD 4600。

（5）最低分辨率为 1680×1050 像素（宽屏）或 1600×1200（4:3）像素的显示器。

（6）Adobe Reader（用于 3D PDF 查看，XI 或以上版本）。

（7）最新网页浏览器。

（8）Microsoft Excel（用于材料清单模板）。

2. 安装 Altium Designer 24 软件的推荐配置

（1）Windows 7、Windows 8 或 Windows 10（仅限 64 位）英特尔酷睿 i7 处理器或等同产品。

（2）16GB 随机存储内存。

（3）10GB 硬盘空间（安装+用户文件）。

（4）固态硬盘。

（5）高性能显卡（支持 DirectX 10 或以上版本），如 GeForce GTX 1060、Radeon RX 470。

（6）分辨率为 2560×1440 像素（或更好）的双显示器。

（7）用于 3D PCB 设计的 3D 鼠标，如 Space Navigator。

（8）Adobe Reader（用于 3D PDF 查看，XI 或以上版本）。

（9）网络连接。

（10）最新网页浏览器。

（11）Microsoft Excel（用于材料清单模板）。

1.2.2　Altium Designer 24 的安装

Altium Designer 24 虽然对运行系统的要求有点高，但安装起来却很简单。Altium Designer 24 的安装步骤如下：

01 将安装光盘装入光驱后，打开该光盘，从中找到并双击“Altium Designer 24 Setup.exe”文件，弹出 Altium Designer 24 的安装界面，如图 1-1 所示。

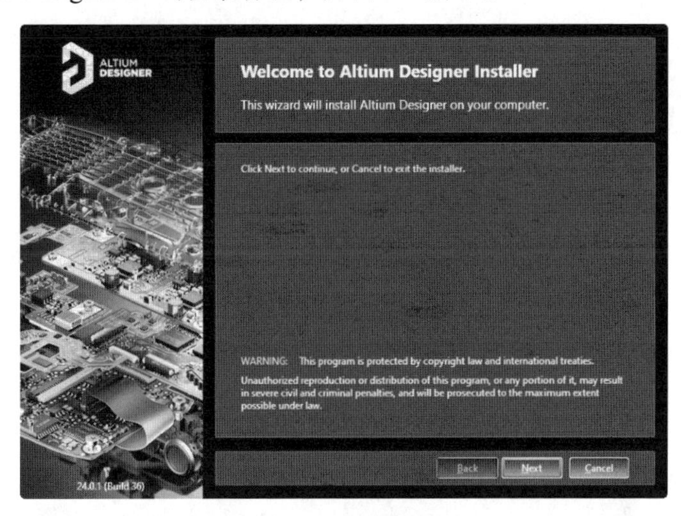

图 1-1　安装界面

02 单击“Next（下一步）”按钮，弹出 Altium Designer 24 的安装协议对话框。在该对话框中将语言设置为“Chinese”，并勾选“I accept the agreement（我接受协议）”复选框，如图 1-2 所示。

图 1-2　安装协议对话框

03 单击“Next(下一步)”按钮，弹出选择安装类型对话框。在该对话框中有5种类型，如果只做PCB设计，就只选第一个；同样地，需要做什么设计就选择哪种类型，系统默认全选。设置完毕后，界面如图1-3所示。

图1-3 选择安装类型对话框

04 单击“Next(下一步)”按钮，弹出安装路径对话框。在该对话框中选择Altium Designer 24的安装路径。系统默认的安装路径为“C:\Program Files\ Altium Designer 24\”，用户可以通过单击“Default”按钮来自定义安装路径，如图1-4所示。

图1-4 安装路径对话框

05 确定好安装路径后，单击“Next(下一步)”按钮，弹出准备安装对话框，如图1-5所示。继续单击“Next(下一步)”按钮，此时对话框内会显示安装进度，如图1-6所示。由于系统要复制大量文件，因此需要等待几分钟。

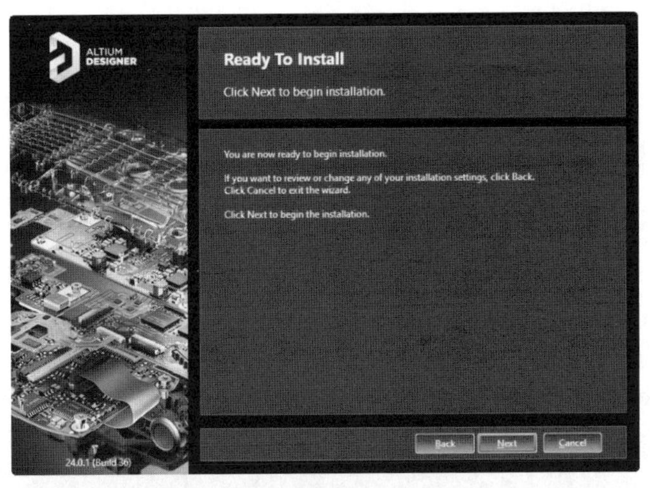

图 1-5　准备安装对话框

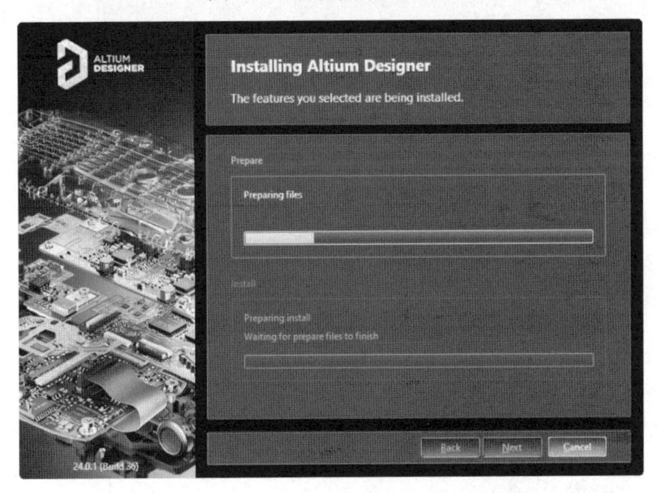

图 1-6　安装进度

06 安装结束后会出现一个“Installation Complete（安装完成）”对话框，如图 1-7 所示。单击“Finish（完成）”按钮，即可完成 Altium Designer 24 的安装工作。

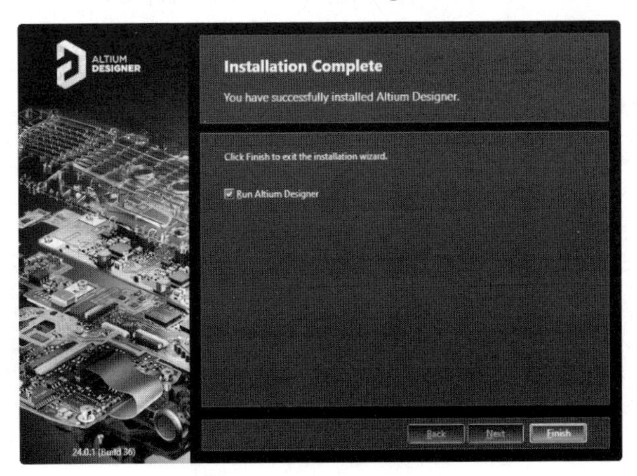

图 1-7　安装完成对话框

在安装过程中，可以随时单击“Cancel（取消）”按钮来终止安装过程。安装完成以后，将在 Windows 的“开始”→“所有应用”子菜单中创建一个 Altium Designer 24 菜单。

1.2.3 Altium Designer 24 的汉化

安装完成后的界面是用英文显示的，用户可以调出中文界面：单击界面右上角的（设置）按钮，在打开的“Preferences（参数）”对话框中选择“System（系统）”→“General（常规）”→“Localization（本地化）”选项，勾选“Use localized resources（使用本地资源）”复选框，如图 1-8 所示。保存设置后，重新启动程序就有中文界面了，如图 1-9 所示。

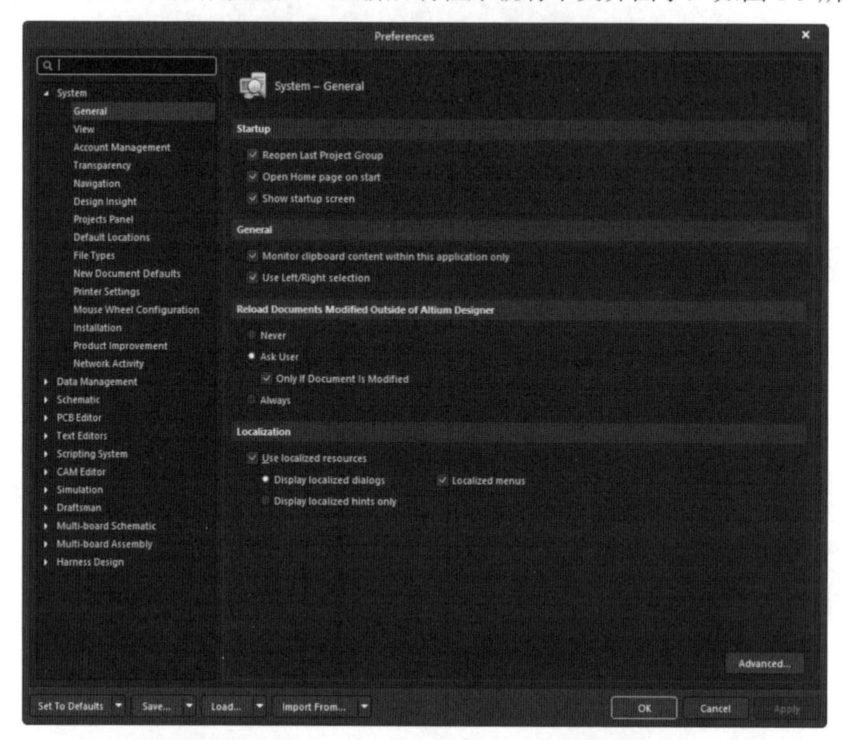

图 1-8 “Preferences（参数）”对话框

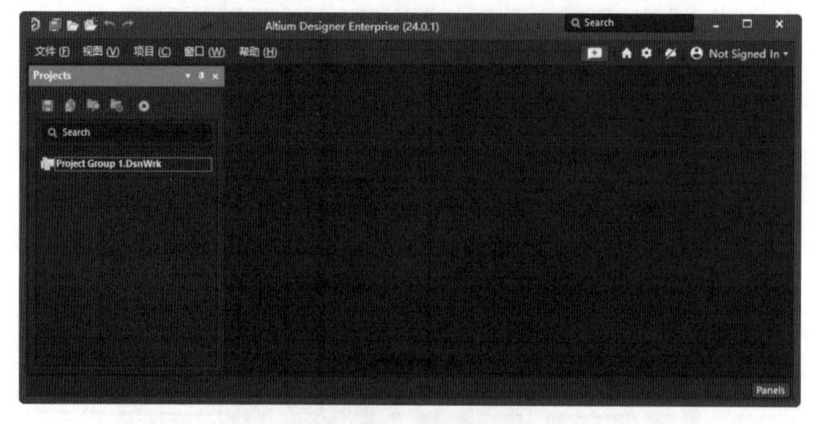

图 1-9 中文界面

1.2.4 Altium Designer 24 的卸载

软件卸载步骤如下：

01 选择“开始”→“所有应用”选项，右击“Altium Designer 24”选项，在弹出的快捷菜单中选择“卸载”，如图 1-10 所示，打开“安装的应用”窗口。

02 在窗口中单击“Altium Designer 24”右侧的 ··· 按钮，在弹出的快捷菜单中选择“卸载”，如图 1-11 所示，开始卸载程序，直至卸载完成。

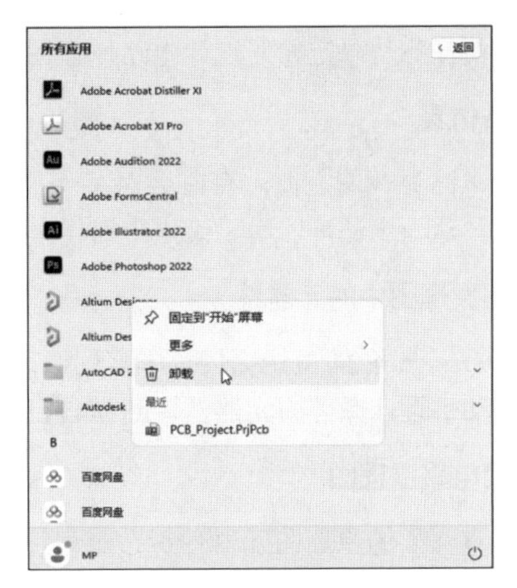

图 1-10 快捷菜单

图 1-11 卸载程序

1.3 Altium 电路板总体设计流程

为了让用户对电路设计过程有一个整体的认识和理解，本节介绍一下 PCB 的总体设计流程。通常情况下，从接到设计要求书到最终制作出 PCB，主要经历以下几个步骤。

1. 案例分析

这个步骤严格来说并不是PCB设计的内容，但它对后面的PCB设计又是必不可少的。案例分析的主要任务是决定如何设计电路原理图，同时也影响到PCB的规划。

2. 电路仿真

在设计电路原理图之前，有时会对某一部分电路设计并不十分确定，因此需要通过电路仿真来验证。这一步还可以用于确定电路中某些重要元器件的参数。

3. 绘制原理图中的元器件

Altium Designer 24虽然提供了丰富的原理图元器件库，但不可能包括所有元器件，必要时可以自己动手设计原理图元器件，建立自己的元器件库。

4. 绘制电路原理图

找到所有需要的原理图元器件后，就可以开始绘制原理图了。根据电路复杂程度决定是否需要使用层次原理图。完成原理图后，用ERC（电气规则检查）工具查错，找到出错原因并修改原理图中的电路，再重新查错，直到没有原则性错误为止。

5. 绘制元器件封装

与原理图元器件库一样，Altium Designer 24也不可能提供所有元器件的封装。需要时可自行设计并建立新的元器件封装库。

6. 设计PCB

确认原理图没有错误之后，开始绘制PCB。首先绘出PCB的轮廓，确定工艺要求（使用几层板等）；然后将原理图传输到PCB中，在网络报表（简单介绍来历功能）、设计规则和原理图的引导下布局和布线；最后利用DRC（设计规则检查）工具查错。此过程是电路设计的另一个关键环节，它将决定该产品的实用性能，需要考虑的因素很多，不同的电路有不同要求。

7. 文档整理

对原理图、PCB图及元器件清单等文件予以保存，以便以后维护和修改。

1.4 Altium Designer 24的开发环境

本节主要介绍Altium Designer 24的开发环境，包括Altium Designer 24的启动、主窗口和开发环境。

1.4.1 Altium Designer 24的启动

启动Altium Designer 24的方法很简单，在Windows操作系统的桌面上选择“开始”→“所有应用”→“Altium Designer”，即可启动Altium Designer 24。启动Altium Designer 24后，

系统桌面上会出现如图 1-12 所示的启动画面，稍等一会后，即可进入 Altium Designer 24 的集成开发环境。

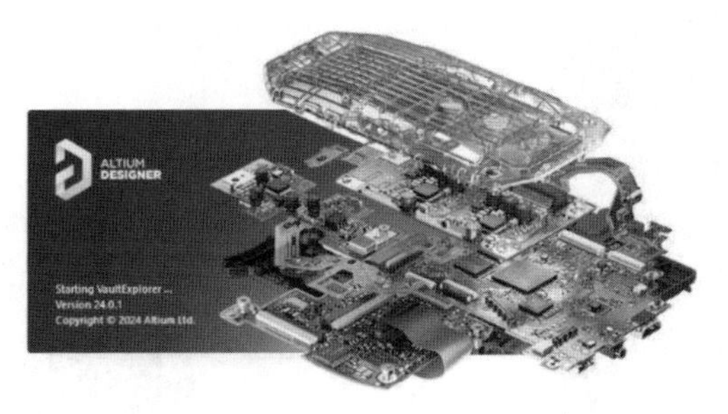

图 1-12　Altium Designer 24 的启动画面

1.4.2　Altium Designer 24 的主窗口

Altium Designer 24 启动成功后即可进入主窗口，如图 1-13 所示。用户可以使用该窗口进行项目文件的操作，如创建新项目、打开文件等。

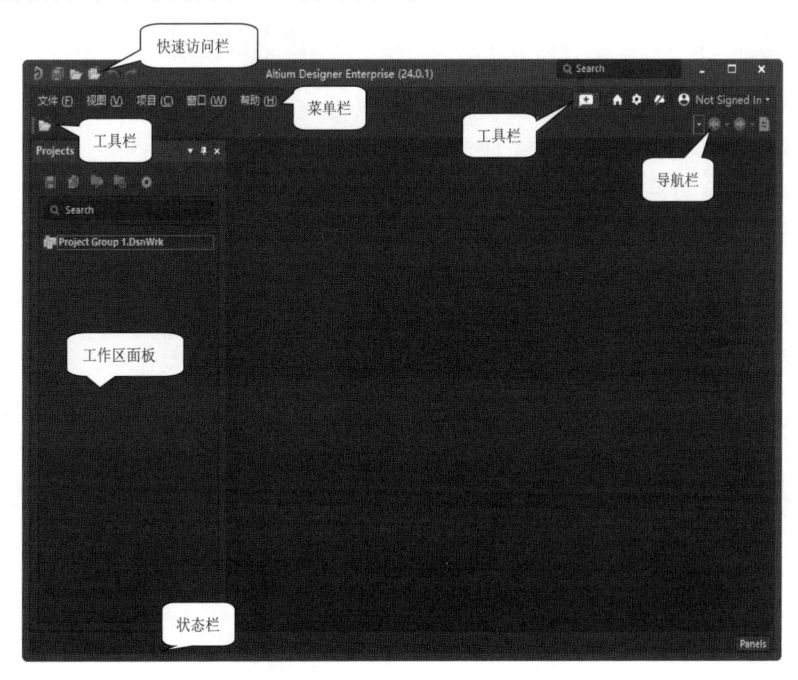

图 1-13　Altium Designer 24 的主窗口

Altium Designer 24 的菜单栏中包括“文件”“视图”“项目”“窗口”“帮助”5 个下拉菜单。

1）“文件”下拉菜单

“文件”下拉菜单主要用于文件的新建、打开和保存等，如图 1-14 所示。

“文件”下拉菜单中的各个命令的功能说明如下：

- 新的：用于新建文件，可以新建原理图文件、PCB 文件（PCB）等，详细情况如图 1-15

所示。

图 1-14 “文件”下拉菜单

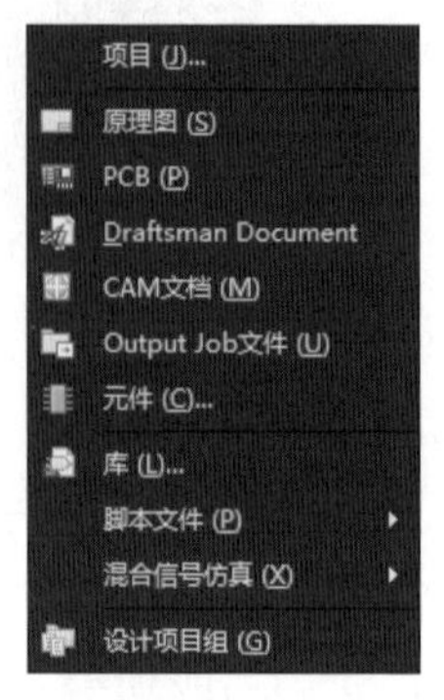

图 1-15 “新的”子菜单

- 打开：打开已存在的文件。只要是 Altium Designer 24 能识别的文件，都可以打开。
- 打开项目：用于打开各种项目文件。
- 打开项目组：用于打开项目组。
- 保存项目：保存当前的项目文件。
- 保存项目为：另存当前的项目文件。
- 保存项目组：用于保存当前的项目组。
- 项目组另存为：用于另存当前的项目组。
- 全部保存：保存当前打开的所有文件。
- 智能 PDF：用于生成 PDF 格式文件的向导。
- 导入向导：用于将其他 EDA 软件的设计文档及库文件导入 Altium Designer 的导入向导，如 Protel 99SE、CADSTAR、OrCAD、P-CAD 等设计软件生成的设计文件。
- 运行脚本：用于运行各种脚本文件，如用 Delphi、VB、Java 等语言编写的脚本文件。
- 最近的文档：用于列出最近打开的文件。
- 最近的项目：用于列出最近打开的项目文件。
- 最近的项目组：用于列出最近打开的项目组。
- 退出：退出 Altium Designer 24。

2）“视图”下拉菜单

“视图”下拉菜单主要用于进行视图管理，如工具栏、工作区面板、命令行及状态栏的显示和隐藏，如图 1-16 所示。

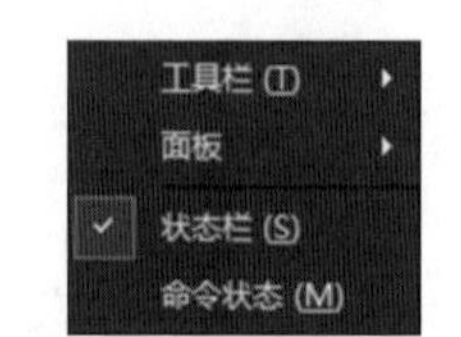

图 1-16 “视图”下拉菜单

“视图”下拉菜单中的各个命令的功能说明如下：

- 工具栏：用于控制工具栏的显示与隐藏。在其下一级菜单中，若选中“导航”命令，工具栏中将显示 ；若选中“非文档工具”命令，工具栏中将显示 ；“自

定义”为资源个性化修改命令，若选中此命令，将弹出如图 1-17 所示的对话框。

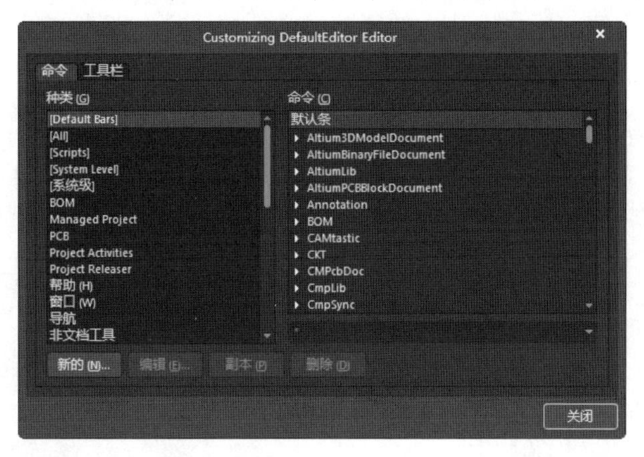

图 1-17　资源个性化修改对话框

- 面板：用于控制面板的显示和隐藏。
- 状态栏：用于控制工作窗口下方状态栏上标签的显示与隐藏。
- 命令状态：用于控制命令行的显示与隐藏。

3）“项目”下拉菜单

“项目”下拉菜单主要用于项目文件的管理，包括项目文件的编译、添加、删除、显示差异和版本控制等，如图 1-18 所示。

4）“窗口”下拉菜单

“窗口”下拉菜单主要用于窗口的管理，包括调整窗口的大小、位置等，如图 1-19 所示。

“窗口”下拉菜单中各个命令的说明如下：

- 水平放置所有窗口：若选中此命令，则所有的窗口水平平铺。
- 垂直放置所有窗口：若选中此命令，则所有的窗口纵向平铺。
- 关闭所有：关闭所有窗口。

5）“帮助”下拉菜单

“帮助”下拉菜单主要用于打开帮助文件，如图 1-20 所示。

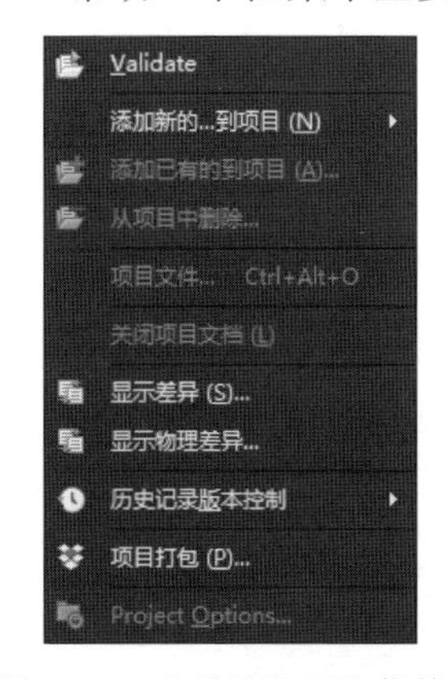

图 1-18　“项目”下拉菜单

图 1-19　“窗口”下拉菜单

图 1-20　“帮助”下拉菜单

在 Altium Designer 24 的开发环境窗口中，可以同时打开多个设计文件，各个窗口会叠加在一起。根据设计的需要，单击设计文件顶部的文件提示项，即可在设计文件之间来回切换。如图 1-21 所示为同时打开多个设计文件的集成开发环境窗口。

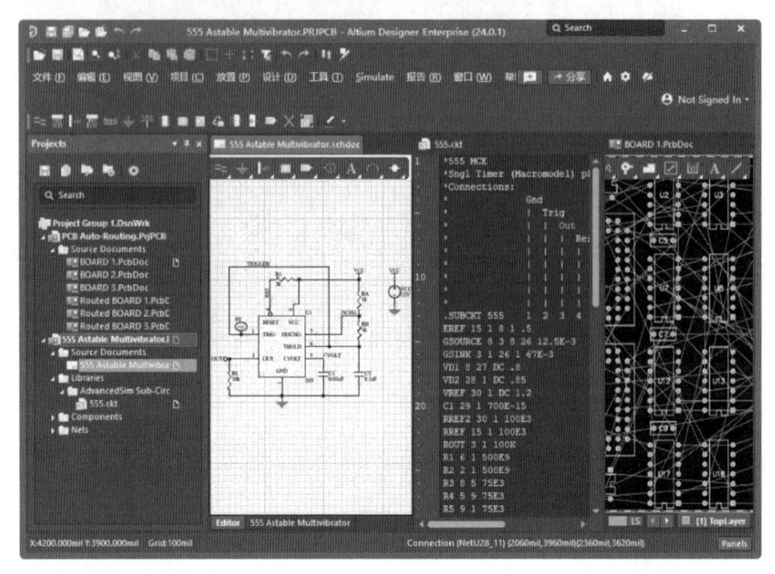

图 1-21　打开多个设计文件的集成开发环境窗口

1.4.3　Altium Designer 24 的开发环境

下面简单介绍一下 Altium Designer 24 的几种具体的开发环境。

1. Altium Designer 24 的原理图开发环境

Altium Designer 24 的原理图开发环境如图 1-22 所示。

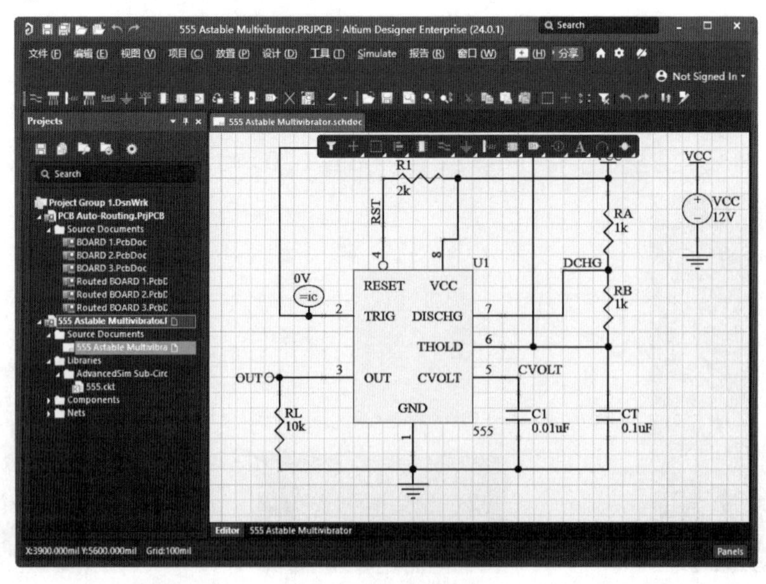

图 1-22　Altium Designer 24 的原理图开发环境

2. Altium Designer 24 的 PCB 开发环境

Altium Designer 24 的 PCB 开发环境如图 1-23 所示。

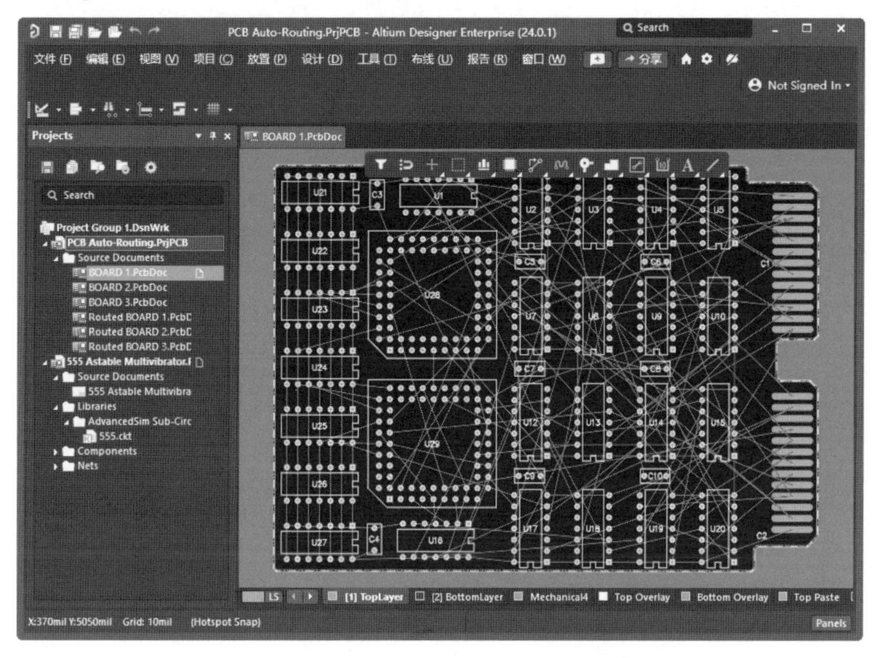

图 1-23　Altium Designer 24 的 PCB 开发环境

3. Altium Designer 24 的仿真编辑环境

Altium Designer 24 的仿真编辑环境如图 1-24 所示。

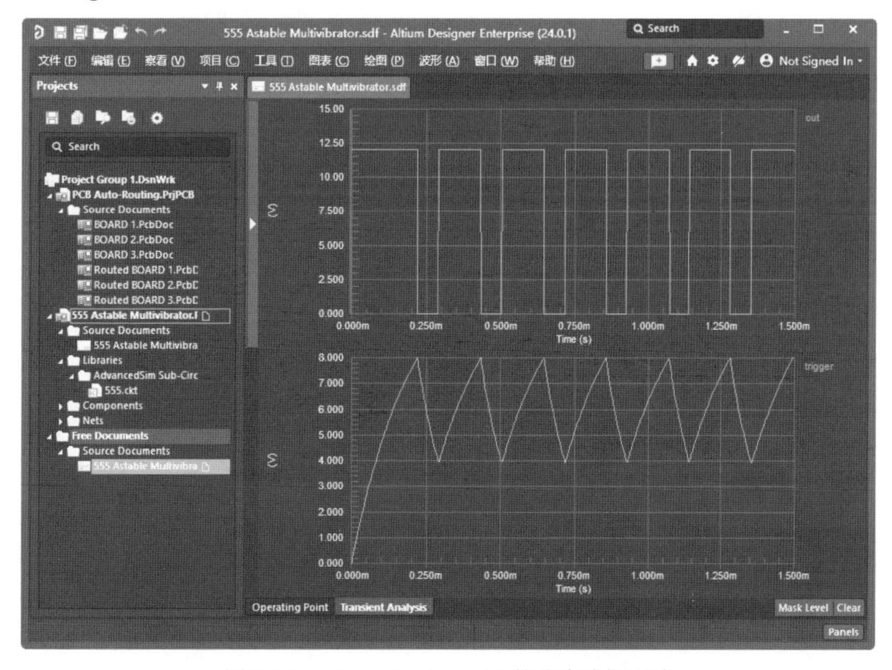

图 1-24　Altium Designer 24 的仿真编辑环境

1.5 本章小结

本章主要介绍了 Altium Designer 24 的发展历程、特点及其安装和卸载的方法，并简要介绍了 Altium Designer 24 的 3 种开发环境。由于 Altium Designer 24 具有强大的设计功能，因此受到了广大电路设计人员的喜爱。

通过本章的学习，读者应该对 Altium Designer 24 软件有了初步的认识，为后续的学习奠定一个良好的基础。

1.6 课后思考与练习

（1）动手安装 Altium Designer 24 软件，熟悉其安装及汉化过程。

（2）打开 Altium Designer 24 的各种编辑环境，尝试操作相应的菜单和工具栏中的各种工具。

第 2 章

电路原理图设计

内容指南

在整个电路设计过程中，电路原理图的设计是电路设计的基础，只有在设计好的电路原理图的基础上，才能进行 PCB 的设计和电路仿真等操作。本章将详细介绍如何设计、编辑和修改电路原理图。希望通过本章的学习，读者能够掌握电路原理图设计的过程和方法。

知识重点

- 电路原理图的设计步骤
- 电路原理图的编辑环境
- 图纸的设置
- 电路原理图工作环境设置
- Altium Designer 24 的元器件库
- 元器件的放置和属性编辑
- 元器件位置的调整
- 绘制电路原理图

2.1 电路原理图的设计步骤

电路原理图的设计大致可以分为新建原理图文件、设置工作环境、放置元器件、原理图的布线、建立网络报表、原理图的电气规则检查、编译和调整、存盘和报表检查等几个步骤，其流程如图 2-1 所示。

电路原理图具体设计步骤说明如下。

1. 新建原理图文件

在进入电路原理图设计系统之前，首先要创建新的 Sch 工程，在工程中建立原理图文件和 PCB 文件。

2. 设置工作环境

根据实际电路的复杂程度来设置图纸的大小。在电路设计的整个过程中，图纸的大小都可以不断调整。设置合适的图纸大小是完成原理图设计的第一步。

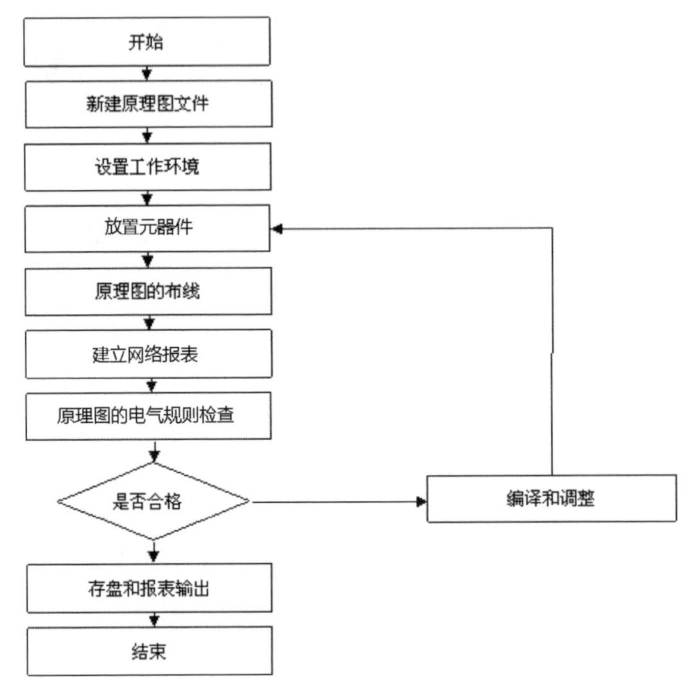

图 2-1　原理图设计流程

3. 放置元器件

从元器件库中选取元器件，放置到图纸的合适位置，并对元器件的名称、封装进行定义和设定，根据元器件之间的连线等对元器件在工作平面上的位置进行调整和修改，使原理图美观且易懂。

4. 原理图的布线

根据实际电路的需要，利用 Sch 提供的各种工具、指令进行布线，将工作平面上的元器件用具有电气意义的导线、符号连接起来，构成一幅完整的电路原理图。

5. 建立网络报表

完成上面的步骤以后，可以得到一幅完整的电路原理图了，但是要完成电路板的设计，还要生成一个网络报表文件。网络报表是印制电路板和电路原理图之间的桥梁。

6. 原理图的电气规则检查

当完成原理图布线后，需要设置项目编译选项来编译当前项目，利用 Altium Designer 24 提供的错误检查报告来修改原理图。

7. 编译和调整

对于一般电路设计而言，如果原理图通过了电气规则检查，那么原理图的设计就完成了。但是对于较大的项目，通常需要对电路进行多次修改，才能够通过电气规则检查。

8. 存盘和报表输出

Altium Designer 24 支持利用各种报表工具生成报表（如网络报表、元器件报表清单等），同时可以对设计好的原理图和各种报表进行存盘和打印输出，为印制板电路的设计做好准备。

2.2　电路原理图的编辑环境

本节主要介绍电路原理图的编辑环境，以帮助读者认识和绘制电路原理图。

2.2.1　创建、保存和打开原理图文件

Altium Designer 24 为用户提供了一个十分友好且宜用的设计环境，它打破了传统的 EDA 设计模式，采用了以工程为中心的设计环境。在一个工程中，各个文件之间互有关联，当工程被编辑以后，工程中的电路原理图文件或 PCB 文件都会被同步更新。因此，要进行一个 PCB 的整体设计，就要在进行电路原理图设计的时候创建一个新的 PCB 工程。

1. 新建原理图文件

启动软件后进入 Altium Designer 24 开发环境窗口，如图 1-22 所示。

创建新原理图文件有两种方法：

1）菜单创建

选择菜单栏中的“文件”→“新的”→“原理图”命令，在“Projects（工程）”面板中将出现一个新的原理图文件，如图 2-2 所示。若已有原理图被打开，再新建一个原理图时，也可选择菜单栏中的“文件”→“新的”→“原理图”命令来创建。Sheet1.SchDoc 为新建文件的默认名字，系统自动将其保存在已打开的工程文件中，同时整个窗口添加许多菜单项和工具项。

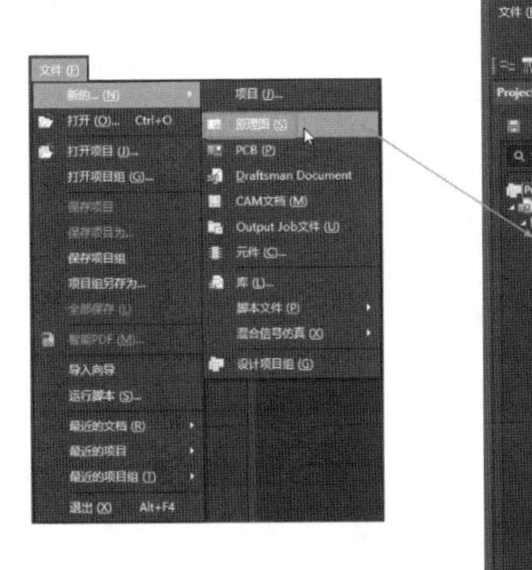

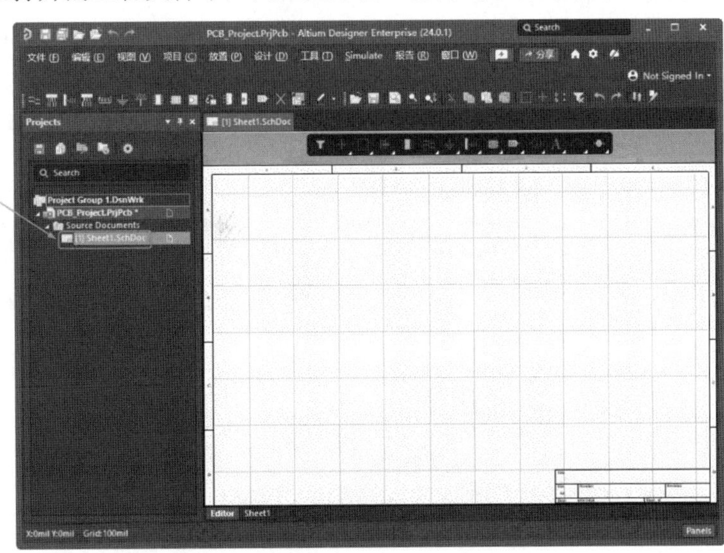

图 2-2　新建原理图文件

2）右键命令创建

在新建的工程文件上右击，在弹出快捷菜单中选择“添加新的...到项目”→“Schematic（原理图）”命令，即可创建原理图文件，如图 2-3 所示。

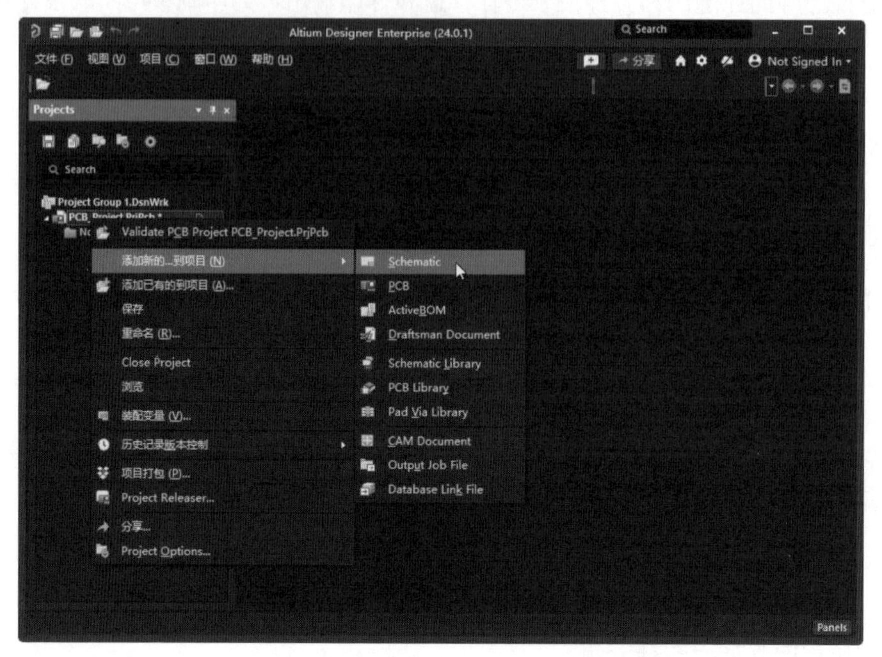

图 2-3　右键命令创建原理图文件

2. 文件的保存

文件的保存也有两种方法：

1）菜单保存

执行菜单命令“文件”→“保存”，打开如图 2-4 所示的保存对话框。在保存对话框中，用户可以更改原理图的名称、保存路径等。文件默认类型为 Sheet1，后缀名为“.SchDoc”。

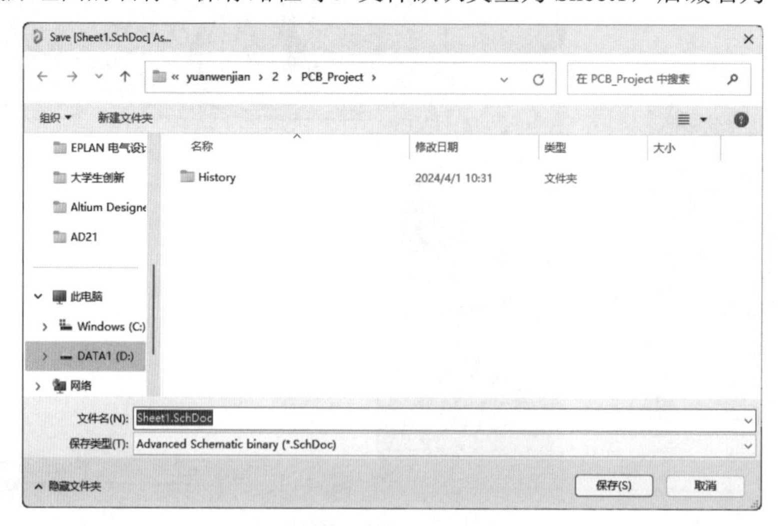

图 2-4　保存文件对话框

2）右键命令保存

在新建的原理图文件处右击，在弹出的快捷菜单中选择“保存”命令，然后在弹出的保存对话框中输入原理图文件的文件名，如 MySchematic，即可保存新创建的原理图文件。

3. 文件的打开

执行菜单命令“文件“→“打开”，打开如图 2-5 所示的打开文件对话框，在对话框中选择将要打开的文件，将其打开。

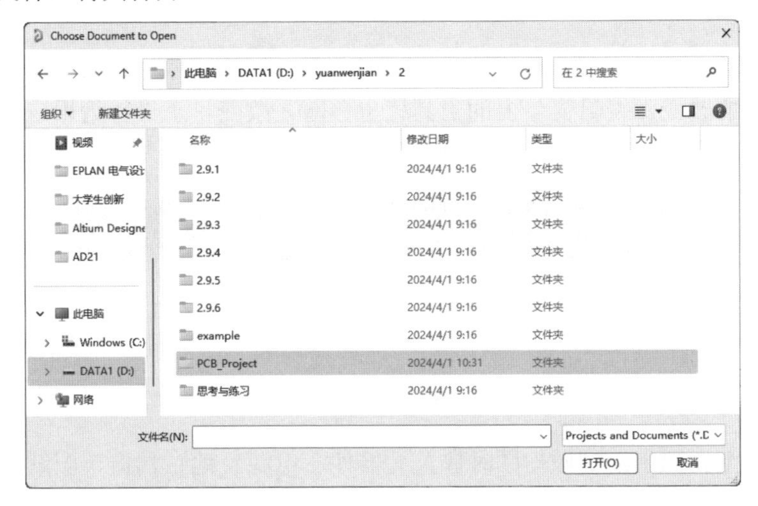

图 2-5　打开文件对话框

2.2.2　原理图编辑器界面介绍

在打开一个原理图文件或创建一个新的原理图文件的同时，Altium Designer 24 的原理图编辑器将被启动，如图 2-6 所示。下面介绍一下原理图编辑器的主要组成部分。

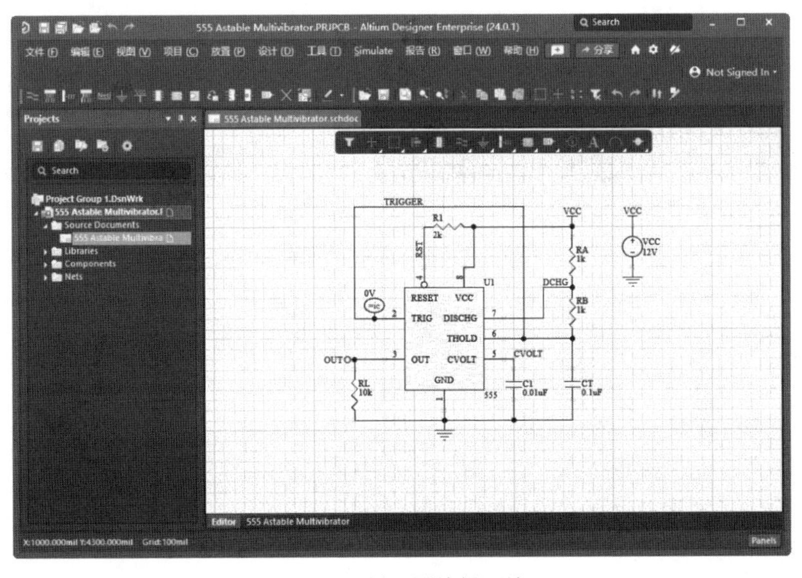

图 2-6　原理图编辑环境

1. 菜单栏

Altium Designer 24 设计系统在对不同类型的文件进行操作时，其主菜单的内容会发生相应的改变。在原理图编辑环境中，主菜单如图 2-7 所示。在设计过程中，对原理图的各种编辑都可以通过主菜单中的相应命令来实现。

文件 (F) 编辑 (E) 视图 (V) 项目 (C) 放置 (P) 设计 (D) 工具 (T) Simulate 报告 (R) 窗口 (W) 帮助 (H)

图 2-7 原理图编辑环境中的主菜单

2. 工具栏

随着编辑器的改变，编辑窗口上的工具栏也会随之改变。工具栏为用户提供了一些常用文件操作的快捷方式。原理图编辑环境中的工具栏如图 2-8 所示。

图 2-8 工具栏

执行菜单命令“视图”→“工具栏”→“原理图标准”，可以打开或关闭该工具栏。

3. 布线工具栏

布线工具栏主要用于绘制原理图时放置元器件、电源、地、端口、图纸标号以及未用管脚标志等，同时可以完成连线操作，如图 2-9 所示。

执行菜单命令“视图”→“工具栏”→“布线”，可以打开或关闭该工具栏。

4. 编辑窗口

编辑窗口就是进行电路原理图设计的工作区。在此窗口中可以新画一个电路原理图，也可以对原有的电路原理图进行编辑和修改。

5. 坐标栏

在编辑窗口的左下方的坐标栏上会显示鼠标光标目前位置的坐标，如图 2-10 所示。

图 2-9 “布线”工具栏

X:3400.000mil Y:4600.000mil Grid:100mil

图 2-10 坐标栏

6. 工作面板

在原理图设计中，经常用到的工作面板有“Projects（工程）”面板、“Components（元器件）”面板及“Navigator（导航）”面板。

1）“Projects（工程）”面板

“Projects（工程）”面板如图 2-11 所示，其中列出了当前打开的工程的文件列表及所有的临时文件，提供了所有关于工程的操作功能，如打开、关闭和新建各种文件，以及在工程中导入文件、比较工程中的文件等。

2）“Components（元器件）”面板

“Components（元器件）”面板如图 2-12 所示。这是一个浮动面板，当光标移动到标签上时，就会显示该面板。也可以通过单击标签在几个浮动面板间进行切换。在该面板中可以浏览当前加载的所有元器件库，也可以在原理图上放置元器件，还可以对元器件的封装、3D 模型、SPICE 模型和 SI 模型进行预览。

3）“Navigator（导航）”面板

“Navigator（导航）”面板能够在分析和编译原理图后提供关于原理图的所有信息，通常用于检查原理图，如图 2-13 所示。

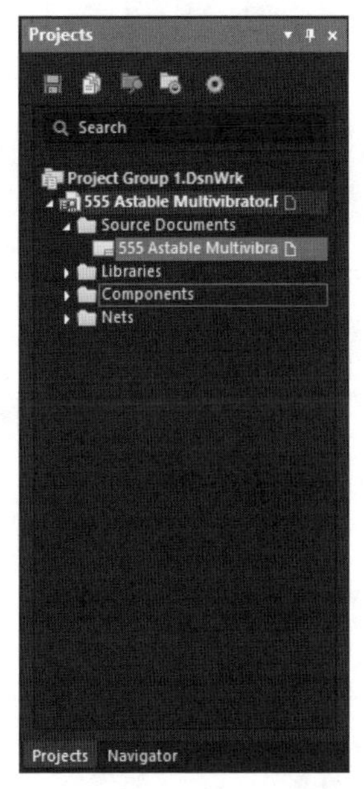

图 2-11　“Projects（工程）”面板

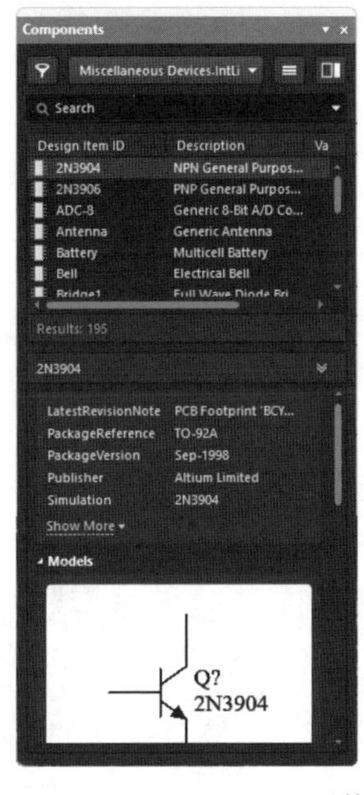

图 2-12　“Components（元器件）”面板

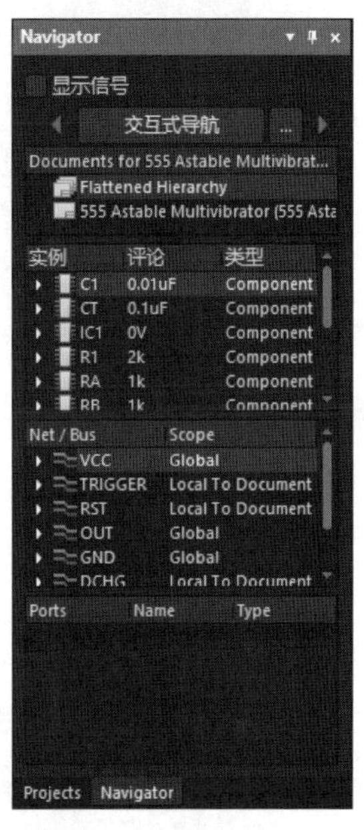

图 2-13　“Navigator（导航）”面板

2.2.3　窗口操作

在用 Altium Designer 24 进行电路原理图的设计和绘制时，少不了要对窗口进行操作，熟练掌握窗口操作命令，可以极大地提升实际工作的效率。

在进行电路原理图的绘制时，可以使用多种窗口缩放命令将绘图环境缩放到合适的大小，再进行绘制。Altium Designer 24 的所有窗口缩放命令都在“视图”下拉菜单中，如图 2-14 所示。

下面介绍一下这些菜单命令，并举例演示。

- 适合文件：适合整幅电路原理图。该命令

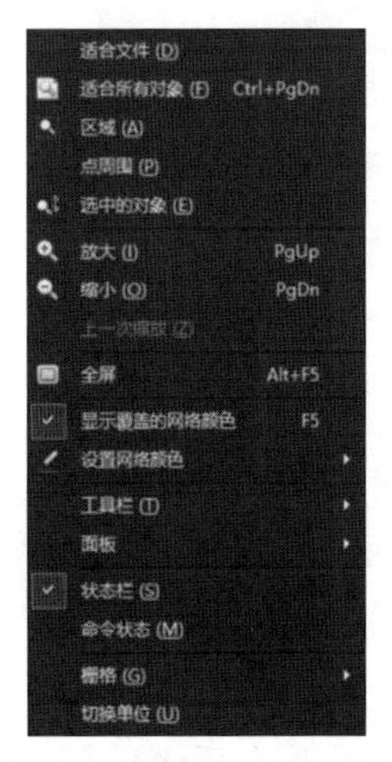

图 2-14　“视图”下拉菜单

把整幅电路原理图缩放在窗口中，如图 2-15 所示。

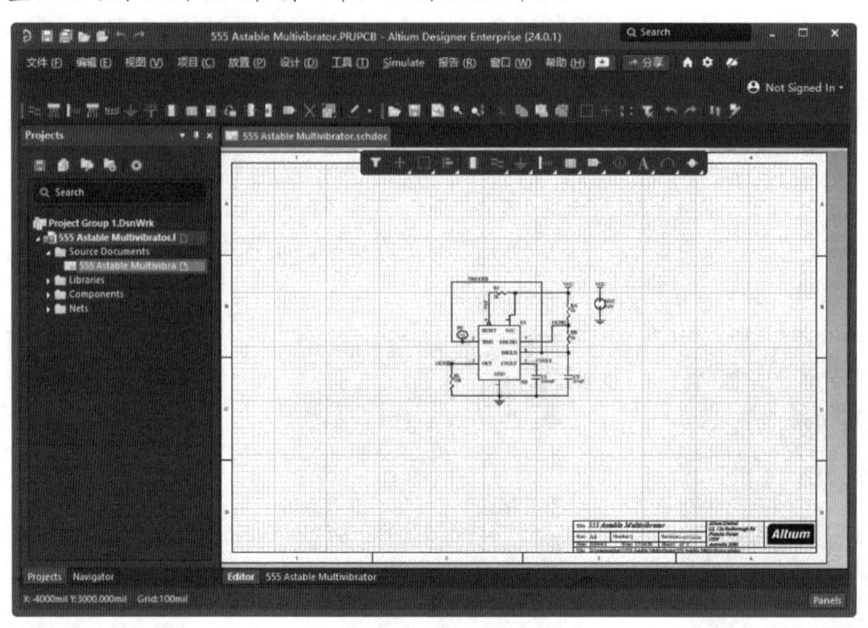

图 2-15 显示整幅电路原理图

- 适合所有对象：适合全部元器件。该命令将整幅电路原理图缩放显示在窗口中，但是不包含图纸边框及原理图的空白部分，如图 2-16 所示。

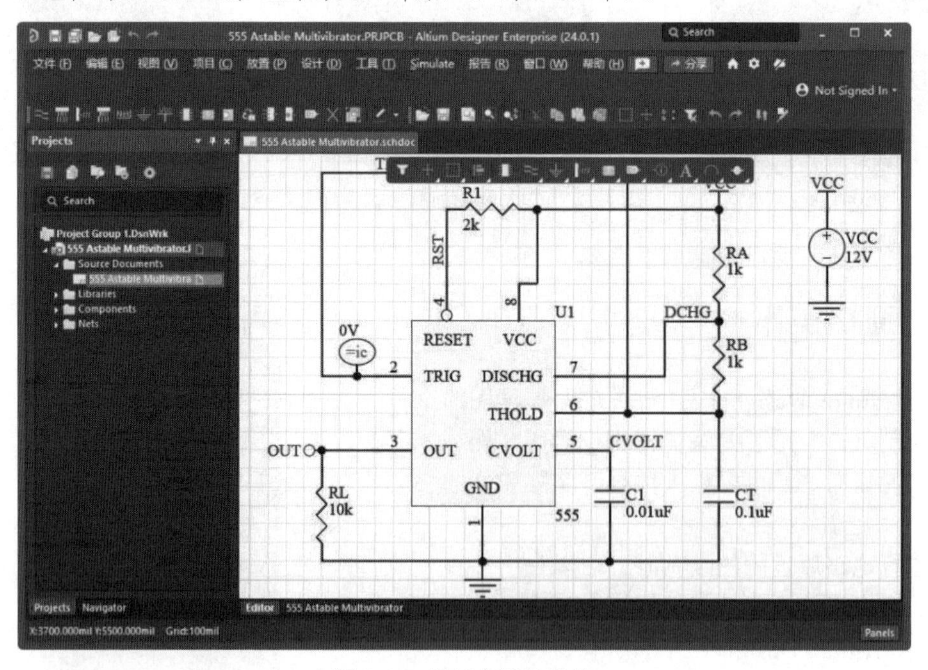

图 2-16 显示全部元器件

- 区域：该命令把指定的区域放大到整个窗口中。在启动该命令后，要用鼠标拖出一个区域，这个区域就是指定要放大的区域，如图 2-17 所示。

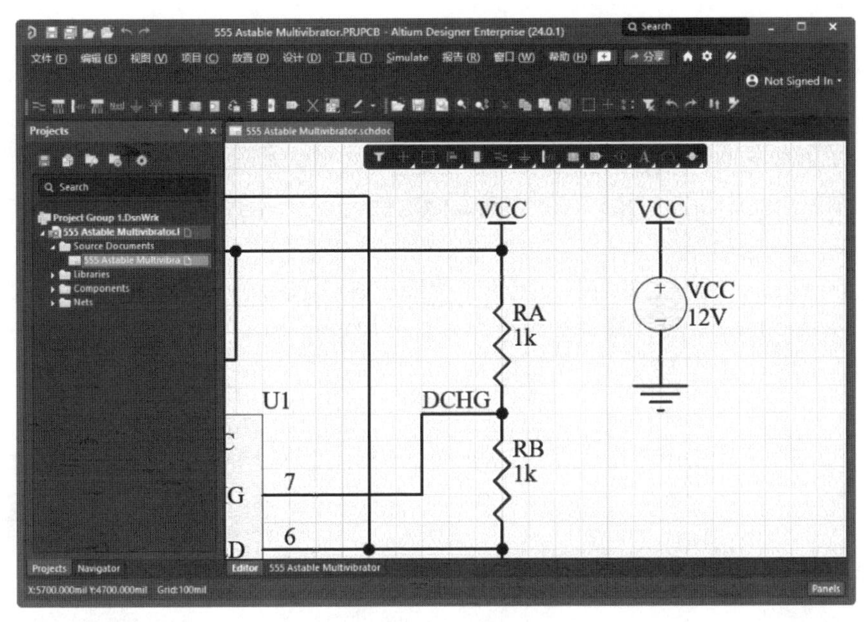

图 2-17　区域放大

- 点周围：以光标为中心。使用该命令时，要先用鼠标选择一个区域：单击鼠标左键定义中心，再移动鼠标展开将要放大的区域，最后单击鼠标左键即可完成放大。同区域命令相似。
- 选中的对象：选中的元器件。用鼠标左键单击选中某个元器件后，选择该命令，则显示画面的中心会转移到该元器件上，如图 2-18 所示。

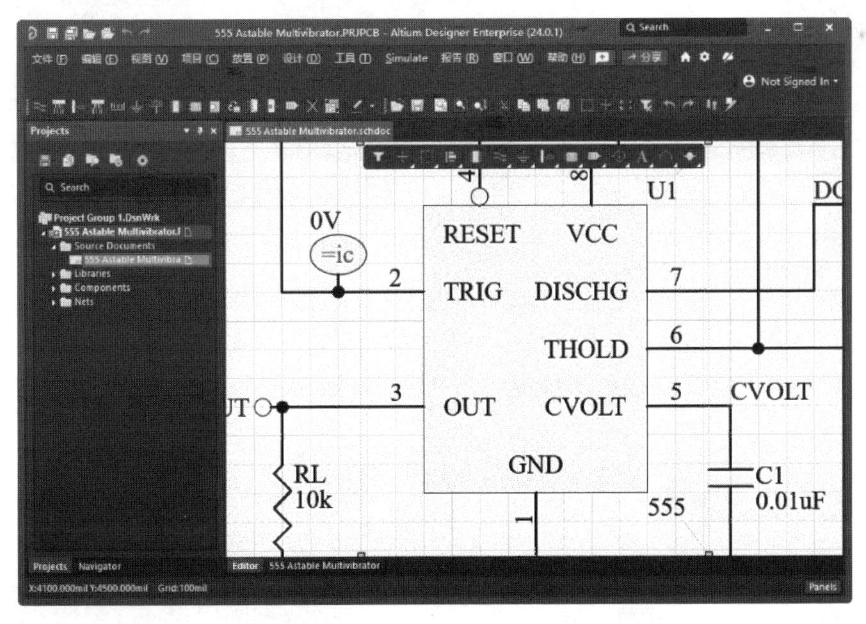

图 2-18　执行“选中的对象”后的显示

- 放大、缩小：直接放大、缩小电路原理图。
- 全屏：全屏显示。执行该命令后，整幅电路原理图会全屏显示。

2.3　图纸的设置

在绘制原理图之前，先要对图纸的相关参数进行设置，主要包括“search（搜索）”功能、过滤对象、图纸单位、图纸尺寸、图纸方向、标题栏、颜色、图纸参考说明区域和图纸边界区域的设置等。

在 Altium Designer 24 主界面右下角单击“Panels（面板）”按钮，弹出如图 2-19 所示的快捷菜单，选择“Properties（属性）”命令，打开“Properties（属性）”面板，并自动固定在右侧边界上，如图 2-20 所示。

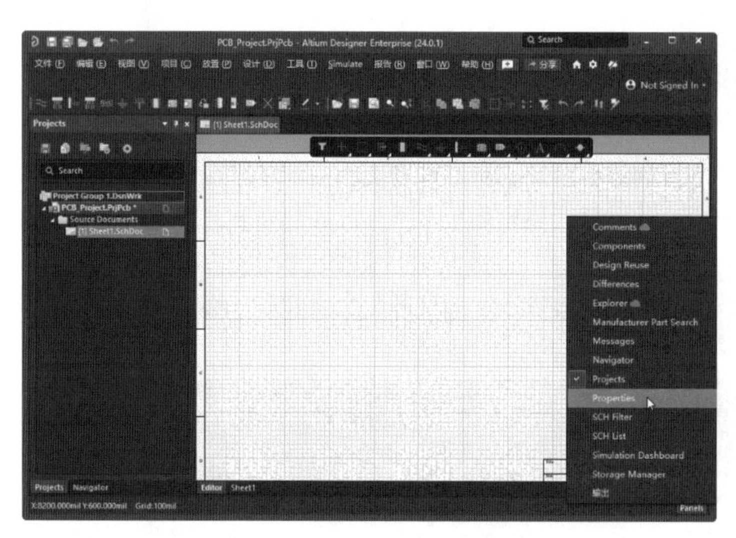

图 2-19　快捷菜单

图 2-20　“Properties（属性）”面板

2.3.1　“search（搜索）”功能

“search（搜索）”功能允许在面板中搜索所需的条目。

在该选项板中，有“General（常规）”和“Parameters（参数）”这两个选项卡，如图 2-20 所示。

2.3.2　设置过滤对象

在“Document Options（文档选项）”选项组中单击中的下拉按钮，弹出如图 2-21 所示的对象选择过滤器。

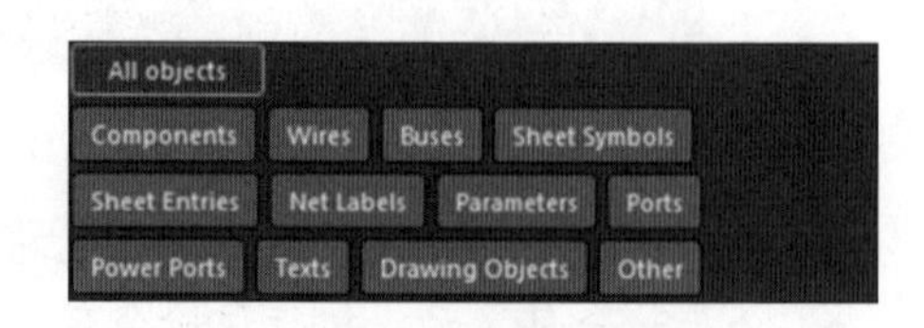

图 2-21　对象选择过滤器

单击“All objects（所有对象）”按钮，表示在原理图中选择对象时，选中所有类别的对象，

其中包括 Components、Wires、Buses、Sheet Symbols、Sheet Entries、Net Labels、Parameters、Ports、Power Ports、Texts、Drawing Objects、Other。可单独选择其中的选项，也可全部选中。

2.3.3　设置图纸单位

图纸单位可在“Units（单位）”选项组下设置，可以设置为公制（mm），也可以设置为英制（mils）。一般在绘制和显示时设为英制（mils）。

单击菜单栏中的“视图”→“切换单位”命令，可以自动在两种单位之间切换。

2.3.4　设置图纸尺寸

展开“Page Options（图页选项）”选项组，“Formating and Size（格式与尺寸）”为图纸尺寸的设置区域。Altium Designer 24 给出了 3 种图纸尺寸的设置方式。

1. Template（模板）

单击“Template（模板）”下拉按钮，在下拉列表中可以选择已定义好的模板，如图 2-22 所示。

当一个模板被设置为默认模板后，每次创建一个新文件时，系统会自动套用该模板，适用于固定使用某个模板的情况。若不需要模板文件，则“Template（模板）”文本框中显示空白。

在“Template（模板）”选项组的下拉菜单中任意选择一种模板，弹出如图 2-23 所示的“更新模板”对话框，提示是否更新模板文件。

2. Standard（标准）

单击“Sheet Size（图纸尺寸）”右侧的▾按钮，在下拉列表中可以选择已定义好的图纸标准尺寸，包括公制图纸尺寸（A0～A4）、英制图纸尺寸（A～E）、CAD 标准尺寸（A～E）、OrCAD 标准尺寸（OrCAD A～OrCAD E）及其他格式（Letter、Legal、Tabloid 等）的尺寸，如图 2-24 所示。

图 2-22　Template（模板）选项

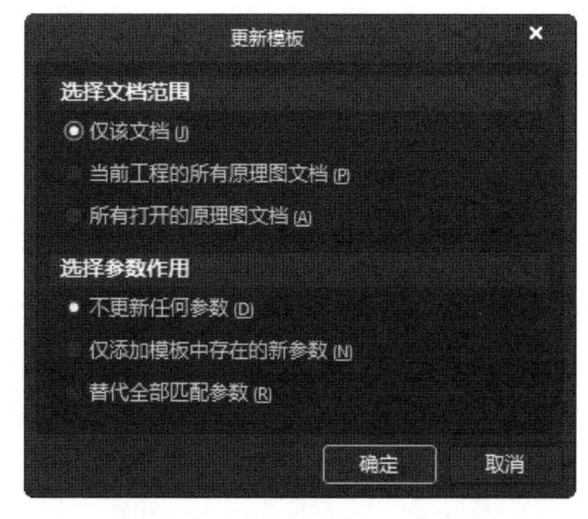

图 2-23　“更新模板”对话框

图 2-24　图纸尺寸下拉列表

3. Custom（自定义风格）

在该种设置方式中，可以在“Width（宽度）”和“Height（高度）”中自定义图纸的宽度和高度。

2.3.5 设置图纸方向、标题栏和边框

在设计过程中，除了对图纸的尺寸进行设置外，往往还需要对图纸的其他选项进行设置，如图纸的方向、标题栏样式和图纸的颜色等。这些设置可以在“Page Options（图页选项）”选项组中完成。

1. 设置图纸方向

图纸方向可通过“Orientation（方向）”下拉列表设置，既可以设置为水平方向（Landscape），即横向，也可以设置为垂直方向（Portrait），即纵向。一般在绘制和显示时设为横向，在打印输出时可根据需要设为横向或纵向。

2. 设置图纸标题栏

图纸标题栏（明细表）是对设计图纸的附加说明，可以在该标题栏中对图纸进行简单的描述，也可以作为以后图纸标准化时的信息。在 Altium Designer 24 中提供了两种预先定义好的标题栏格式：一种是 Standard（标准），如图 2-25 所示；另一种是 ANSI（美国国家标准格式），如图 2-26 所示。勾选“Title Block（标题块）”复选框，即可进行格式设计，相应的图纸编号功能被激活，可以对图纸进行编号。

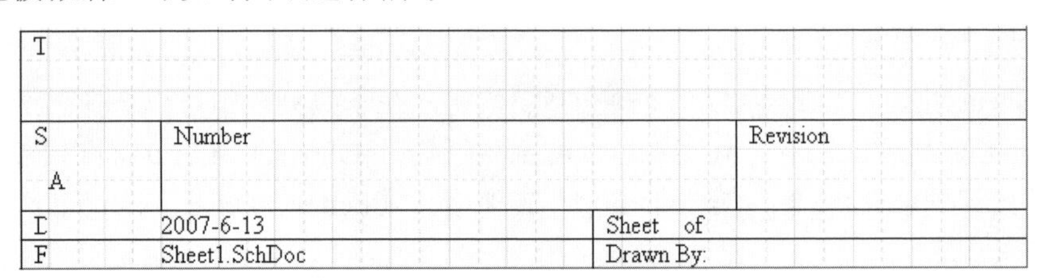

图 2-25 标准格式标题栏

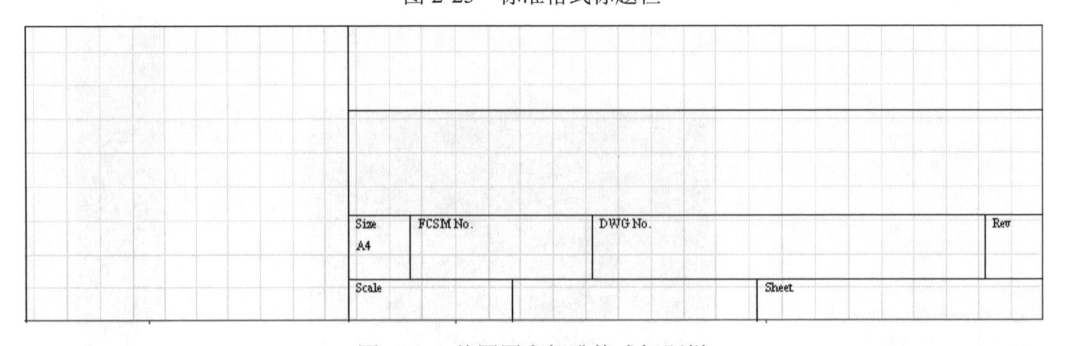

图 2-26 美国国家标准格式标题栏

3. 设置图纸边框

在“Units（单位）”选项组中，通过“Sheet Border（显示边界）”复选框可以设置是否

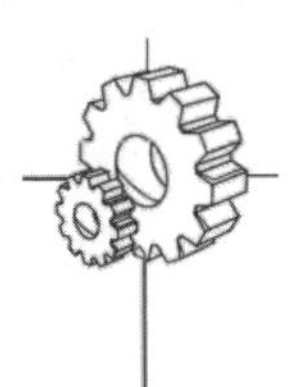

显示边框。勾选该复选框表示显示边框，否则不显示边框。

4. 设置边框颜色

在“Units（单位）”选项组中，单击“Sheet Border（显示边界）”颜色显示框，然后在弹出的对话框中选择边框的颜色，如图 2-27 所示。

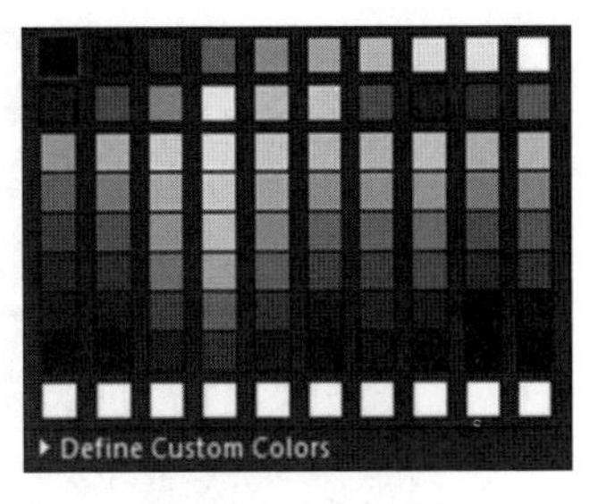

图 2-27　选择颜色

5. 设置图纸颜色

在“Units（单位）”选项组中，单击“Sheet Color（图纸的颜色）”显示框，然后在弹出的对话框中选择图纸的颜色。

2.3.6　设置图纸参考说明区域

在“Margin and Zones（边界和区域）”选项组中，通过“Show Zones（显示区域）”复选框可以设置是否显示参考说明区域，如图 2-28 所示。勾选该复选框表示显示参考说明区域，否则不显示参考说明区域。一般情况下应该选择显示参考说明区域。

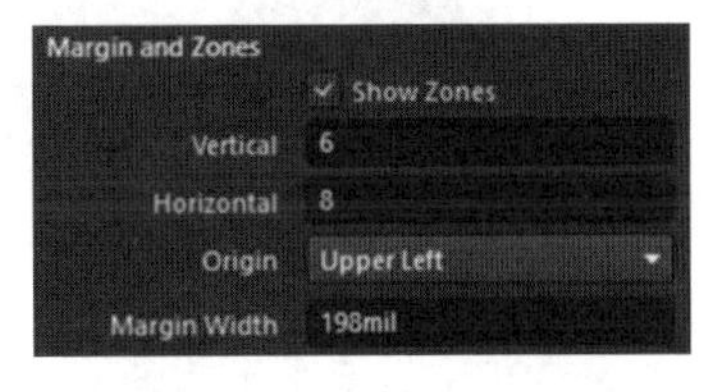

图 2-28　显示边界与区域

2.3.7　设置图纸边界区域

在“Margin and Zones（边界和区域）”选项组中，设置图纸边界尺寸。在“Vertical（垂直）”“Horizontal（水平）”两个方向上设置边框与边界的间距；在“Origin（原点）”下拉列表中选择原点位置是“Upper Left（左上）”或者“Bottom Right（右下）”；在“Margin Width（边界宽度）”文本框中输入边界的宽度值。

2.4　电路原理图工作环境设置

在电路原理图的绘制过程中，其效率和正确性往往与原理图工作环境的设置有着十分密切的联系。本节将详细介绍原理图工作环境的设置，以使读者能熟悉这些设置，为后面的原理图的绘制打下一个良好的基础。

2.4.1　电路原理图中选项卡的设置

在 Altium Designer 24 主界面中，选择菜单栏中的“工具”→“原理图优先项”命令，或在编辑窗口中右击，在弹出的快捷菜单中选择“原理图优先项”命令，打开“优选项”对话框，如图 2-29 所示。

在该对话框左侧的 Schematic（原理图）中，有 8 个选项卡：General（常规）、Graphical

Editing（图形编辑）、Compiler（编译）、AutoFocus（自动聚焦）、Library AutoZoom（库自动缩放）、Grids（栅格）、“Break Wire（断开连线）”和 Defaults（默认）。下面对这些选项卡进行具体介绍。

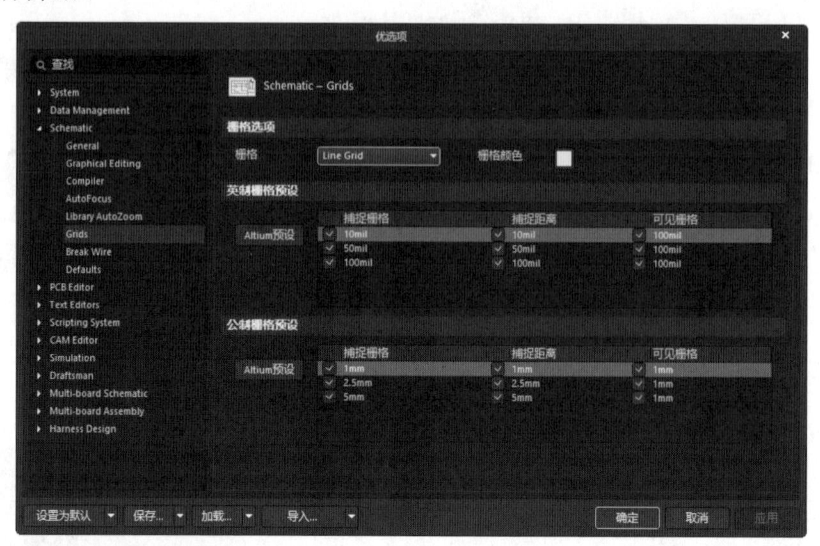

图 2-29 “优选项”对话框

1. General 选项卡的设置

在“优选项”对话框中，单击左侧的“General（常规）”标签，弹出“General（常规）”选项卡，如图 2-30 所示。“General（常规）”选项卡主要用来设置电路原理图的常规环境参数。

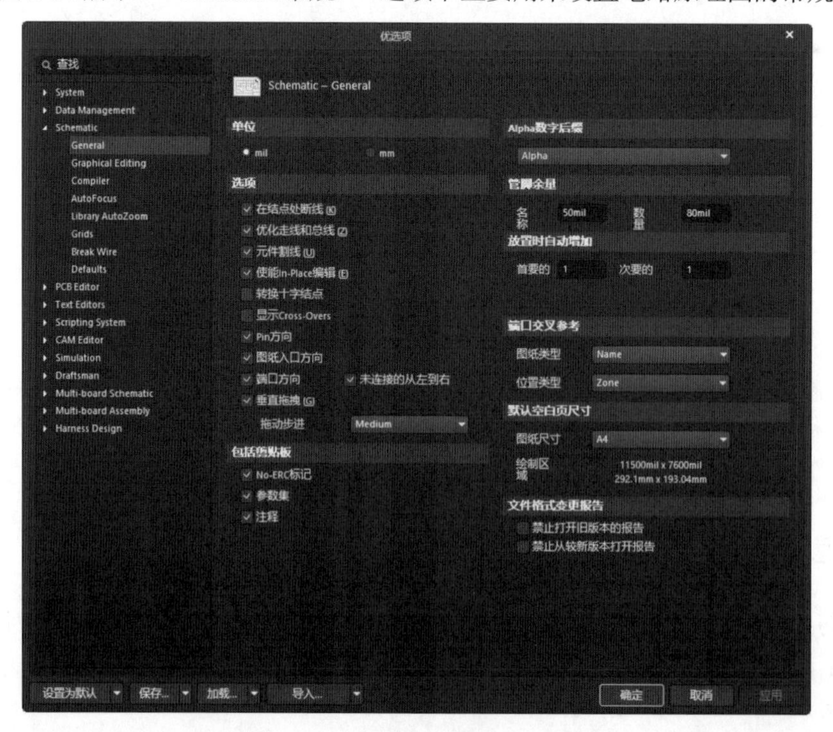

图 2-30 General（常规）选项卡

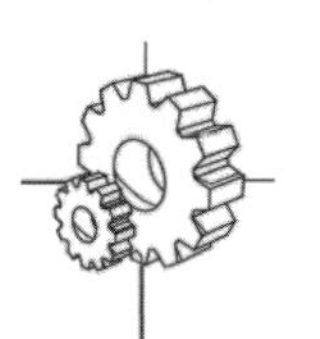

1）“单位”选项区域

图纸单位可通过“单位”选项组来设置，可以设置为公制（mm），也可以设置为英制（mil）。一般在绘制和显示时设为 mil。

2）“选项”选项区域

该选项区域主要包括如下设置：

- “在结点处断线”复选框：勾选该复选框后，在两条交叉线处自动添加结点，结点两侧的导线将被分割成两段。
- “优化走线和总线”复选框：勾选该复选框后，在进行导线和总线的连接时，系统将自动选择最优路径，并且可以避免各种电气连线和非电气连线的相互重叠。此时，下面的“元件割线”复选框也呈现为可选状态。若不勾选该复选框，则用户可以自己选择连线路径。
- “元件割线”复选框：勾选该复选框后，会启动元器件分割导线的功能，即当放置一个元器件时，若元器件的两个管脚同时落在一根导线上，则该导线将被分割成两段，两个端点分别自动与元器件的两个管脚相连。
- “使能 In-Place 编辑”复选框：勾选该复选框后，在勾选原理图中的文本对象（如元器件的序号、标注等）时双击后可以直接进行编辑、修改，而不必打开相应的对话框。
- “转换十字结点”复选框：勾选该复选框后，用户在绘制导线时，在相交的导线处自动连接并产生结点，同时终止本次操作。若没有勾选该复选框，则用户可以任意覆盖已经存在的连线，并可以继续进行绘制导线的操作。
- “显示 Cross-Overs（显示交叉点）”复选框：勾选该复选框后，非电气连线的交叉点会以半圆弧显示，表示交叉跨越状态。
- “Pin（管脚）方向”复选框：勾选该复选框后，单击元器件某一管脚时，会自动显示该管脚的编号及输入和输出特性等。
- “图纸入口方向”复选框：勾选该复选框后，在顶层原理图的图纸符号中会根据子图中设置的端口属性显示输出端口、输入端口或其他性质的端口。图纸符号中相互连接的端口部分不随此项设置的改变而改变。
- “端口方向”复选框：勾选该复选框后，端口的样式会根据用户设置的端口属性显示输出端口、输入端口或其他性质的端口。
- “垂直拖拽”复选框：勾选该复选框后，在原理图上拖动元器件时，与元器件相连接的导线只能保持直角。若不勾选该复选框，则与元器件相连接的导线可以呈现任意的角度。

3）“包括剪贴板”选项区域

“包括剪贴板”选项区域主要用于设置使用剪贴板或打印时的参数。该区域主要包括以下设置：

- “No-ERC 标记”复选框：勾选该复选框后，在复制、剪切到剪贴板或打印时，对象的 No-ERC 标记将随对象被复制或打印；否则，复制和打印对象时将不包括 No-ERC 标记。
- “参数集”复选框：勾选该复选框后，在使用剪贴板进行复制或打印时，对象的参数设置将随对象被复制或打印；否则，复制和打印对象时将不包括对象参数。

- “注释”复选框：勾选该复选框后，使用剪贴板进行复制操作或打印时，将包含注释说明信息；否则将不包含。

4）“放置时自动增加”设置区域

“放置时自动增加”设置区域用于设置元器件标识序号及管脚号的自动增量数。该区域主要包括以下设置：

- “首要的”：主增量，用来设置在原理图上连续放置某一种元器件时，元器件序号的自动增量数。系统默认值为 1。
- “次要的”：次增量，用来设置绘制原理图元器件符号时，管脚数的自动增量数。系统默认值为 1。

5）“Alpha 数字后缀（字母和数字后缀）”选项区域

“Alpha 数字后缀（字母和数字后缀）”选项区域用于设置多组件的元器件标识后缀的类型。有些元器件内部是由多组元器件组成的，例如 74 系列元器件 SN7404N 就由 6 个非门组成。可以通过“Alpha 数字后缀（字母和数字后缀）”区域设置元器件的后缀；若选择“Alpha”单选项，则后缀以字母表示，如 A、B 等；若选择“Numeric（数字）”单选项，则后缀以数字表示，如 1、2 等。

下面以元器件 SN7404N 为例进行讲解。在原理图图纸上放置 SN7404N 时，会出现一个非门，而不是实际所见的双列直插元器件，如图 2-31 所示。

在放置元器件 SN7404N 时，若设置元器件的后缀为“Alpha”，假定元器件标识为 U1，由于 SN7404N 是 6 路非门，因此可以在原理图上连续放置 6 路非门，如图 2-32 所示。此时可以看到元器件的后缀依次为 U1A、U1B 等，按字母顺序递增。

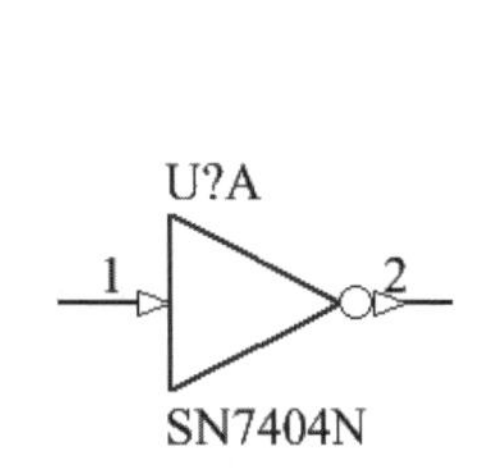

图 2-31　Sn7404 原理图

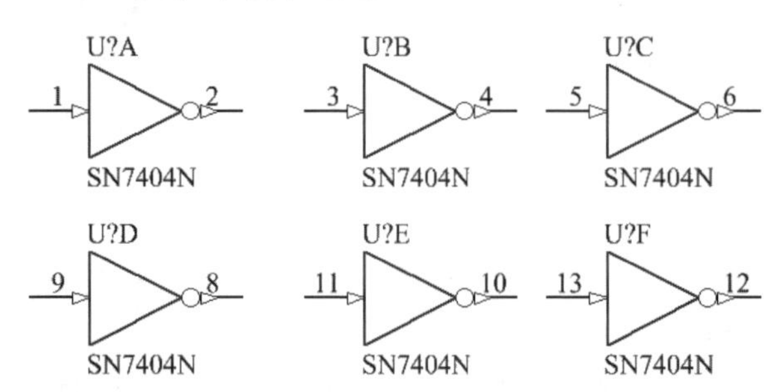

图 2-32　选择“Alpha”后的 SN7404 原理图

在选择“Numeric（数字）”的情况下，放置 SN7404N 的 6 路非门后的原理图如图 2-33 所示。对比图 2-32 可以看到元器件后缀的区别。

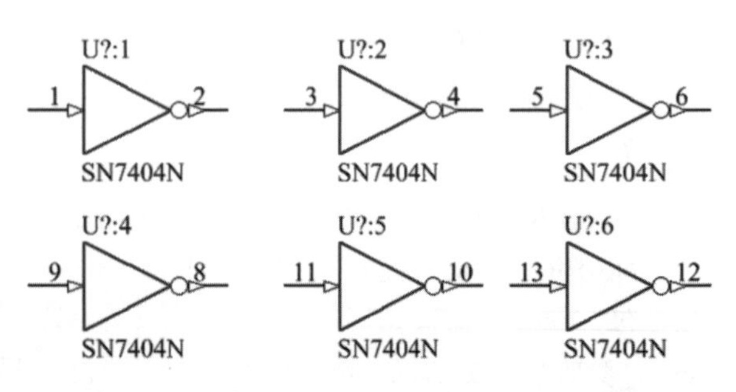

图 2-33　选择“Numeric”后的 SN7404 原理图

6）“管脚余量”设置区域

“管脚余量”设置区域用于设置元器件上的管脚名称和管脚编号与元器件符号边缘之间的距离。该区域主要包

括如下设置：

- “名称”：用于设置元器件的管脚名称与元器件符号边缘之间的距离，系统默认值为 50mil。
- “数量”：用于设置元器件的管脚编号与元器件符号边缘之间的距离，系统默认值为 80mil。

7）“端口交叉参考”选项区域

该区域主要包括如下设置：

- “图纸类型”：用于设置图纸中的端口类型，包括“Name（名称）”和“Number（数字）”。
- “位置类型”：用于设置图纸中端口放置依据，系统设置包括“Zone（区域）”和“Location X,Y（坐标）”。

8）“默认空白页尺寸”选项区域

单击“图纸尺寸”下拉列表，选择样板文件。选择后，模板文件名称将出现在“图纸尺寸”文本框中，在文本框下显示具体的尺寸大小。其中的“绘制区域”反映了在“图纸尺寸”中选择的图纸尺寸，此处不可编辑。

9）“文件格式变更报告”选项区域

该选项区域包括如下设置：

- “禁止打开旧版本的报告”复选框：用于设置图纸中端口类型，启用此选项，在打开旧版本的 Altium 设计器的原理图文件格式时不创建报告。该报告提示该文档是在旧版本的软件中创建的，并提供有关打开的文档的功能的一些信息，这些功能可能会丢失或已更改。默认情况下，此选项处于禁用状态。
- “禁止从较新版本打开报告”复选框：启用此选项，以便在 Altium 设计器中加载较新的原理图文件格式时不创建报告。该报告提示该文档是在较新版本的软件中创建的，并提供有关打开的文档中可能丢失或已更改的功能的一些信息。默认情况下，此选项处于禁用状态。

2. Graphical Editing 选项卡的设置

在“优选项”对话框中，单击左侧的“Graphical Editing（图形编辑）”标签，弹出“Graphical Editing（图形编辑）”选项卡，如图 2-34 所示。“Graphical Editing（图形编辑）”选项卡主要用来设置与绘图有关的一些参数。

1）“选项”选项区域

该选项区域包括如下设置：

- “剪贴板参考”复选框：用于设置将选取的元器件复制或剪切到剪贴板时，是否要指定参考点。如果勾选此复选项，进行复制或剪切操作时，系统会要求指定参考点。这对于复制一个将要粘贴回原来位置的原理图部分非常重要，该参考点是粘贴时被保留部分的点。建议勾选该复选框。

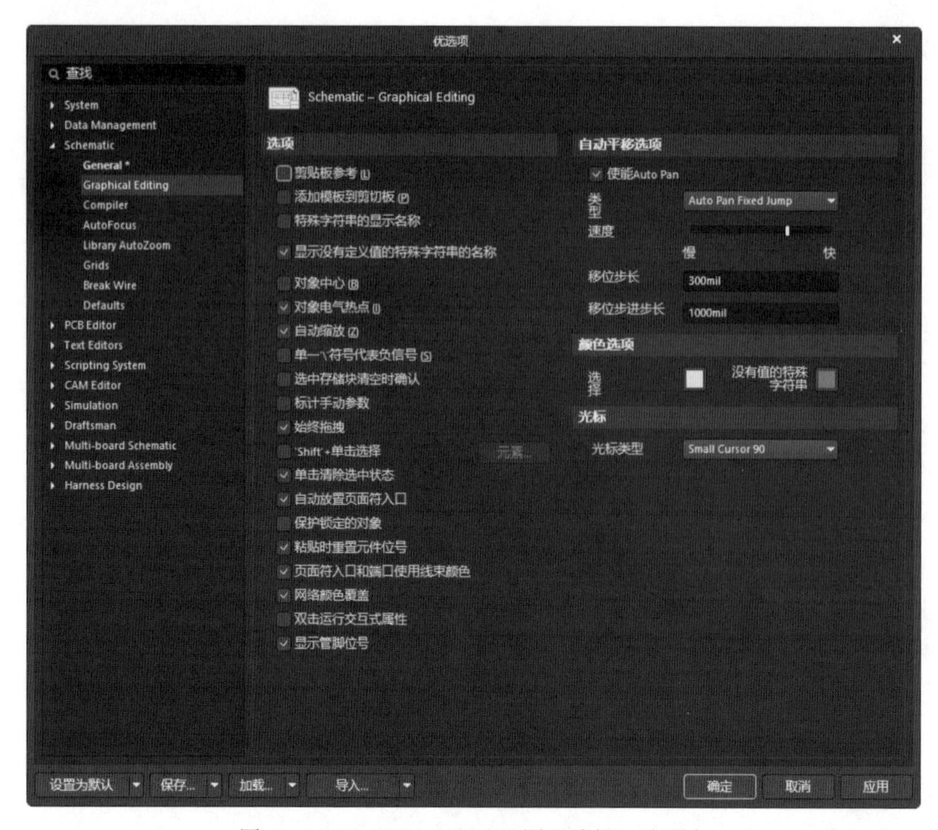

图 2-34　Graphical Editing（图形编辑）选项卡

- “添加模板到剪切板”复选框：若勾选该复选框，当执行复制或剪切操作时，系统会把模板文件添加到剪贴板上；若不勾选该复选框，可以直接将原理图复制到 Word 文档中。建议不勾选该复选框。
- “显示没有定义值的特殊字符串的名称”复选框：用于设置将特殊字符串转换成相应的内容。若勾选此复选框，则当在电路原理图中使用特殊字符串时，会将它转换成实际字符显示；否则将保持原样。
- “对象中心”复选框：勾选该复选框后，在移动元器件时，光标将自动跳到元器件的参考点上（元器件具有参考点时）或对象的中心处（对象不具有参考点时）；若不勾选该复选框，则移动对象时光标将自动滑到元器件的电气结点上。
- “对象电气热点”复选框：勾选该复选框后，当用户移动或拖动某一对象时，光标自动滑动到离对象最近的电气结点（如元器件的管脚末端）处。建议勾选该复选框。如果想实现勾选“对象的中心”复选框的功能，则应取消对“对象电气热点”复选框的勾选，否则移动元器件时，光标仍然会自动滑到元器件的电气结点处。
- “自动缩放”复选框：用于设置插入组件时，原理图是否可以自动调整视图显示比例，以适合显示该组件。建议勾选该复选框。
- “单一'\'符号代表负信号”复选框：勾选该复选框后，只要在网络标签名称的第一个字符前加一个“ \ ”，就可以将该网络标签名称全部加上横线。
- “选中存储块清空时确认”复选框：勾选该复选框后，在清除选定的存储器时，将出现一个确认对话框。通过这项功能可以防止由于疏忽而清除选定的存储器。建议勾选该复选框。

- “标计手动参数”复选框：用于设置是否显示参数自动定位被取消的标记点。勾选该复选框后，如果对象的某个参数已取消了自动定位属性，那么在该参数的旁边会出现一个点状标记，提示用户该参数不能自动定位，需手动定位，即应该与该参数所属的对象一起移动或旋转。
- “始终拖拽”复选框：勾选该复选框后，移动某一选中的图元时，与其相连的导线也随之被拖动，以保持连接关系。若不勾选该复选框，则移动图元时，与其相连的导线不会被拖动。
- “'Shift'+单击选择”复选框：勾选该复选框后，只有在按下 Shift 键时，单击鼠标才能选中元器件。使用此功能会使原理图的编辑变得很不方便，建议用户不要选择。
- “单击清除选中状态”复选框：勾选该复选框后，单击原理图编辑窗口中的任意位置，即可解除对某一对象的选中状态，不需要再使用菜单命令或者单击“原理图标准”工具栏中的 （取消选择所有打开的当前文件）按钮。建议勾选该复选框。
- “自动放置页面符入口”复选框：勾选该复选框后，系统会自动放置图纸入口。
- “保护锁定的对象”复选框：勾选该复选框后，系统会对锁定的图元进行保护；取消勾选该复选框，则锁定对象不会被保护。
- “粘贴时重置元件位号”复选框：勾选该复选框后，将复制粘贴后的元器件位号进行重置。
- “页面符入口和端口使用线束颜色”复选框：勾选该复选框后，将原理图中的图纸入口与电路按端口颜色设置为线束颜色。
- “网络颜色覆盖”复选框：选中该复选框后，原理图中的网络显示对应的颜色。
- “双击运行交互模式”复选框：勾选该复选框后，允许设计者在原理图和 PCB 布局之间进行实时的交互设计。
- “显示管脚位号”复选框：勾选该复选框后，显示 PCB 上各个元器件管脚的唯一标识编号。

2）“自动平移选项”选项区域

“自动平移选项”选项区域主要用于设置系统的自动摇景功能。自动摇景是指当光标处于放置图纸元器件的状态时，如果将光标移动到编辑区边界上，图纸边界自动向窗口中心移动。

该选项区域主要包括如下设置：

- “类型”下拉菜单：单击该选项右边的下拉按钮，弹出如图 2-35 所示下拉列表，其各项功能如下：
  - Auto Pan Fixed Jump：以 Step Size（移动步长）和 Shift Step Size 所设置的值进行自动移动。
  - Auto Pan ReCenter：重新定位编辑区的中心位置，即以光标所指的边为新的编辑区中心。系统默认为 Auto Pan Fixed Jump。

图 2-35　下拉列表

- “速度”：通过调节滑块来设定自动移动速度。滑块越向右，移动速度越快。

- “移位步长”：用于设置滑块每一步移动的距离值。系统默认值为 30。
- “移位步进步长”：用于设置在按住 Shift 键的情况下，原理图自动移动的步长。该文本框的值一般要大于“Step Size（移动步长）”文本框中的值，这样在按住 Shift 键时可以加快图纸的移动速度。系统默认值为 100。

3）“颜色选项”选项区域

“颜色选项”选项区域用来设置所选对象的颜色。单击“选择”颜色显示框，即可自行设置。

4）“光标”选项区域

此区域的设置在前面已经详细讲过，在此不做讲解。

3. Compiler 选项卡的设置

在“优选项”对话框中，单击左侧的“Compiler（编译）”标签，弹出“Compiler（编译）”选项卡，如图 2-36 所示。“Compiler（编译）”选项卡主要用来设置对电路原理图进行电气检查时，对检查出的错误生成各种报表和统计信息。

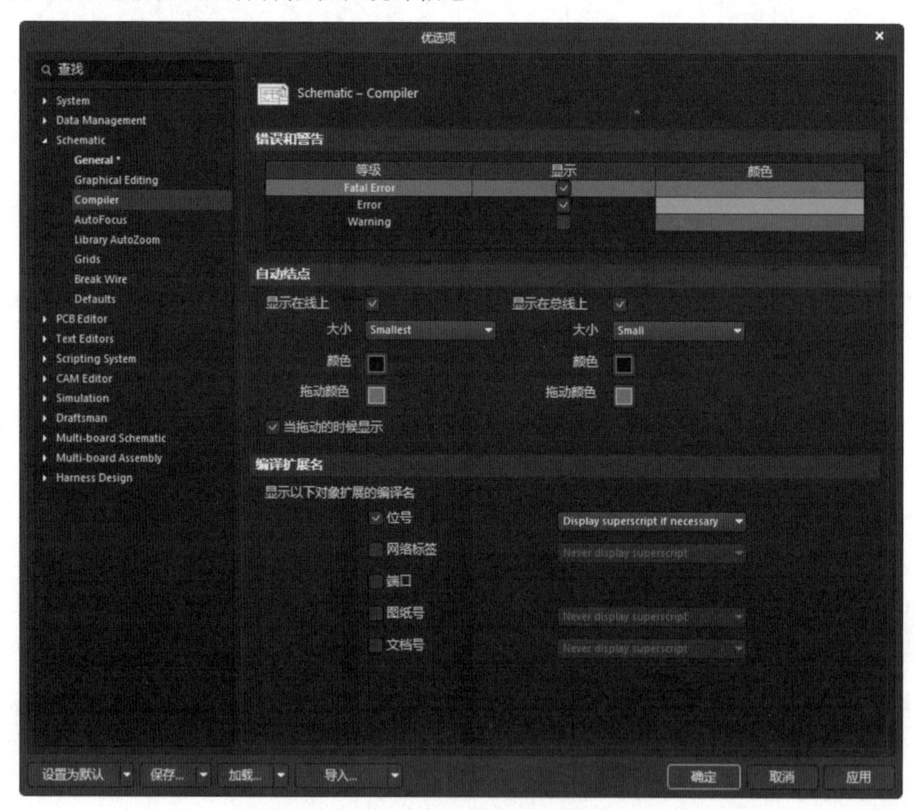

图 2-36 “Compiler（编译）”选项卡

1）“错误和警告”选项区域

“错误和警告”选项区域用来设置对于编译过程中出现的错误，是否显示出来，并可以选择颜色加以标记。系统错误有 3 种，分别是 Fatal Error（致命错误）、Error（错误）和 Warning（警告）。此选项区域采用系统默认即可。

2）“自动结点”选项区域

“自动结点”选项区域主要用来设置在电路原理图中连线时，在导线的“T”型连接处，系统自动添加电气结点的显示方式。有 2 个复选框供选择：

- “显示在线上”复选框：若勾选此复选框，则导线上的“T”型连接处会显示电气结点。电气结点的大小用“大小”设置，有 4 种选择，如图 2-37 所示。在“颜色”中可以设置电气结点的颜色。

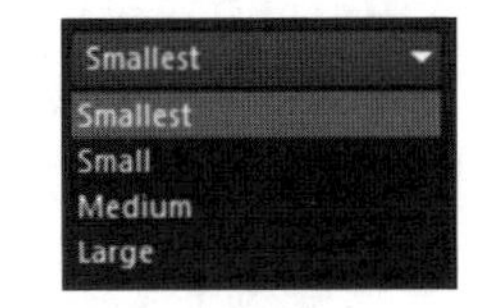

图 2-37　电气结点大小设置

- “显示在总线上”复选框：若勾选此复选框，则总线上的“T”型连接处会显示电气结点。电气结点的大小和颜色的设置与“显示在线上”的相同。

3）“编译扩展名”选项区域

“编译扩展名”选项区域主要用来设置要显示对象的扩展名。若勾选“位号”复选框，则在电路原理图上会显示标志的扩展名。其他对象的设置操作同上。

4. AutoFocus 选项卡的设置

在“优选项”对话框中，单击左侧的“AutoFocus（自动聚焦）”标签，弹出“AutoFocus（自动聚焦）”选项卡，如图 2-38 所示。

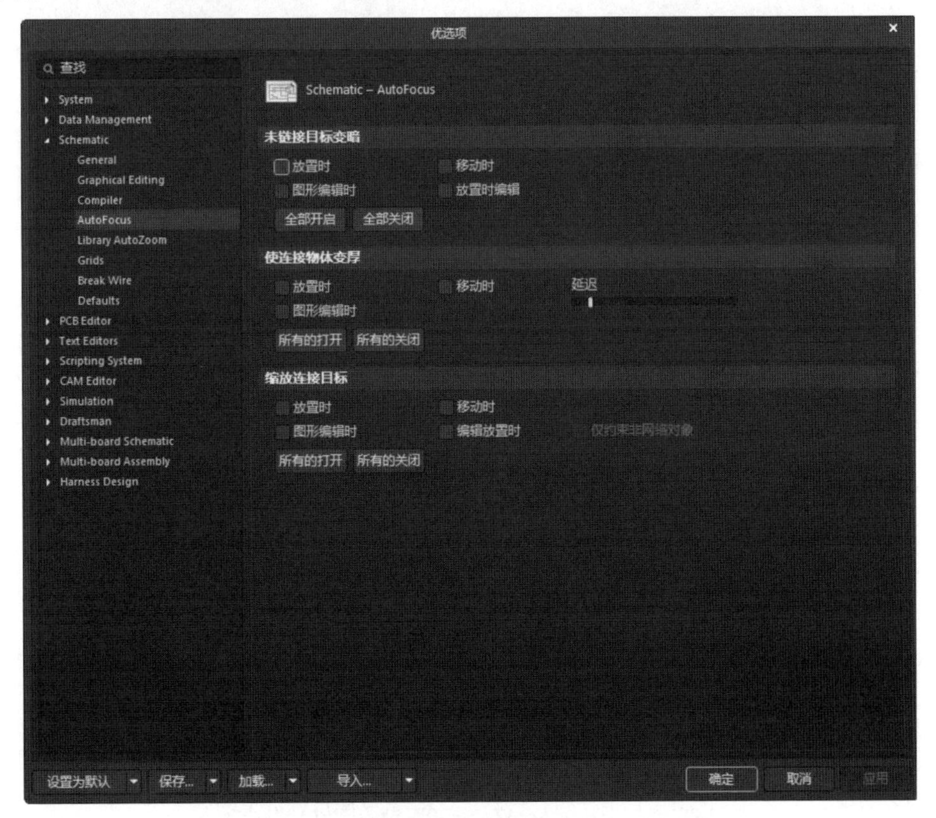

图 2-38　“AutoFocus（自动聚焦）”选项卡

“AutoFocus（自动聚焦）”选项卡主要用来设置系统的自动聚焦功能，此功能可以根据电路原理图中的元器件或对象所处的状态进行显示。

1）“未链接目标变暗”选项区域

该区域用来设置对未连接的对象的淡化显示。有 4 个复选框可供选择，分别是“放置时”“移动时”“图形编辑时”和“放置时编辑”。单击“全部开启”按钮可以全部选中，单击“全部关闭”按钮可以全部取消选择。

2）“使连接物体变厚”选项区域

该区域用来设置对连接对象的加强显示。有 3 个复选框可供选择，分别是“放置时”“移动时”和“图形编辑时”。它的设置同上。

3）“缩放连接目标”选项区域

该区域用来设置对连接对象的缩放。有 5 个复选框可供选择，分别是“放置时”“移动时”“图形编辑时”“编辑放置时”和“仅约束非网络对象”。“仅约束非网络对象”复选框在勾选了“编辑放置时”复选框后才能进行选择。它的设置同上。

5. Library AutoZoom 选项卡的设置

在 Altium Designer 24 中可以设置元器件的自动缩放形式，主要通过“Library AutoZoom（库自动缩放）”选项卡完成，如图 2-39 所示。

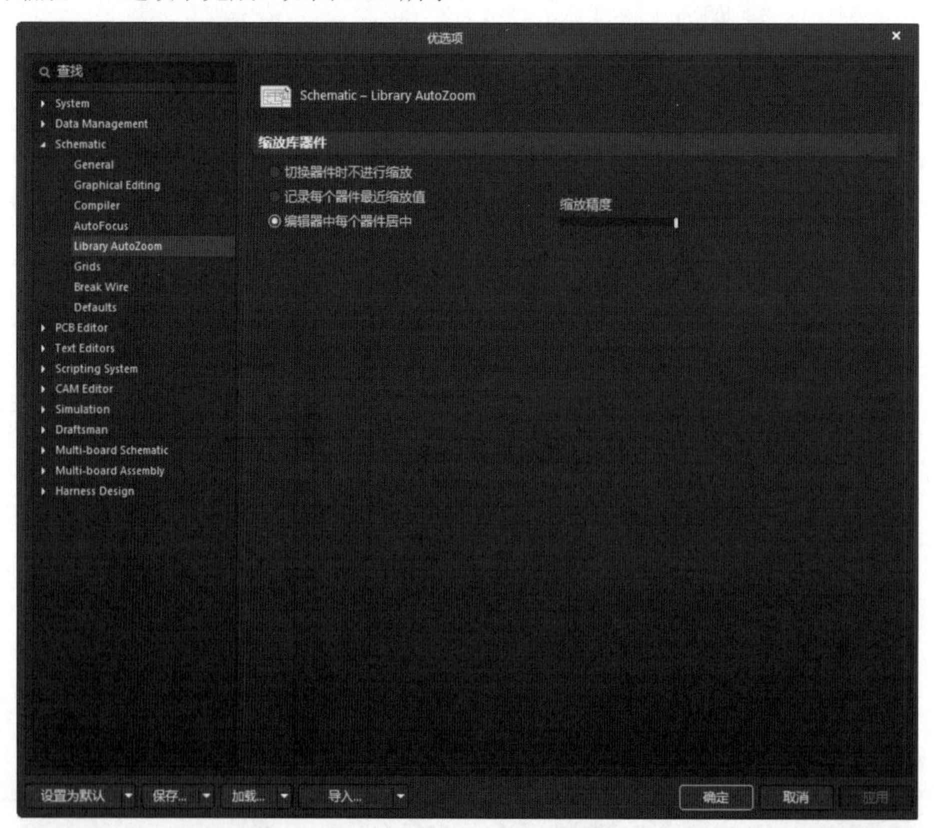

图 2-39　“Library AutoZoom（库自动缩放）”选项卡

该选项卡中有 3 个单选按钮供用户选择：切换元器件时不进行缩放、记录每个元器件最近缩放值、编辑器中每个元器件居中。用户根据自己的实际情况选择即可，系统默认选中“编辑器中每个元器件居中”。

6. Grids 选项卡的设置

在“优选项”对话框中，单击左侧的“Grids（栅格）”标签，弹出“Grids（栅格）”选项卡，如图 2-40 所示。“Grids（栅格）”选项卡用来设置电路原理图图纸上的栅格。

图 2-40　“Grids（栅格）”选项卡

1）“栅格选项”选项区域

单击“栅格”右侧的按钮，在下拉列表中，可以选择“Line Grid（线栅格）”或“Dot Grid（点栅格）”两种模式，单击“栅格颜色”右侧的按钮，设置栅格的颜色。

2）“英制栅格预设”选项区域

该区域用来将栅格形式设置为英制形式。单击“Altium 预设”按钮，弹出如图 2-41 所示的菜单。

选择某一种形式后，在旁边会显示出系统对“捕捉栅格”“捕捉距离”和“可见栅格”的默认值。用户也可以自己设置。

3）“公制栅格预设”选项区域

该区域用来将栅格形式设置为公制形式。设置方法同上。

图 2-41　“推荐设置”菜单

7. Break Wire 选项卡的设置

在“优选项”对话框中，单击左侧的“Break Wire（断开连线）”标签，弹出“Break Wire（断开连线）”选项卡，如图 2-42 所示。“Break Wire（断开连线）”选项卡用来设置与“Break Wire（断开连线）”命令有关的一些参数。

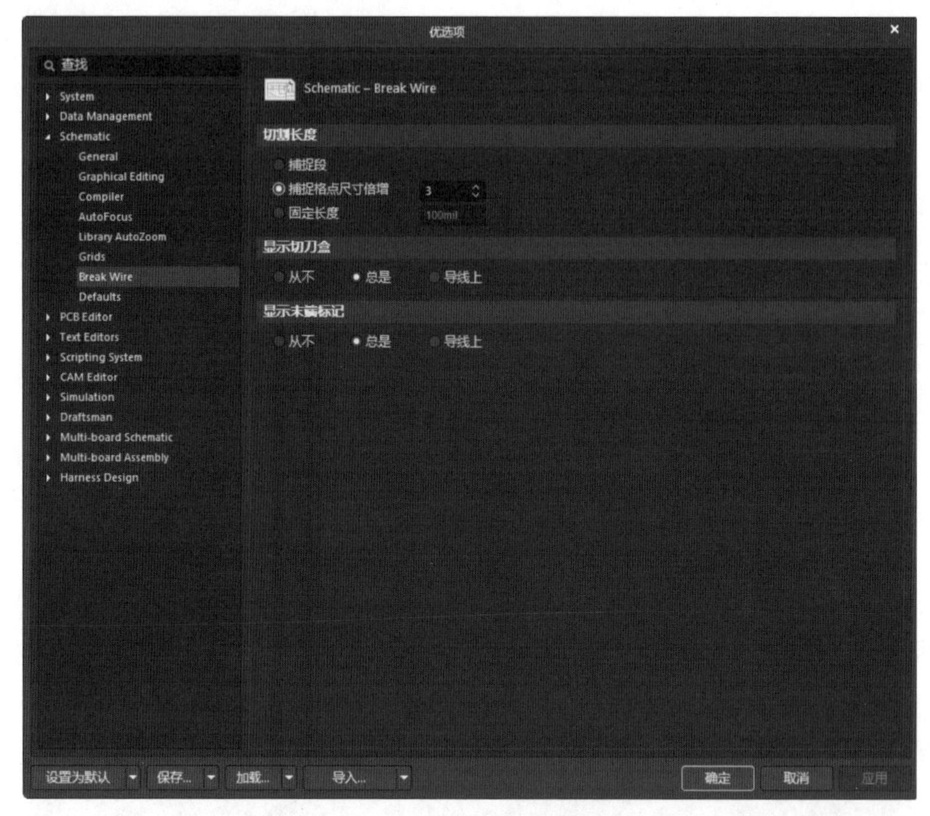

图 2-42 “Break Wire（断开连线）”选项卡

1）“切割长度”选项区域

该选项区域用来设置当执行“Break Wire（断开连线）”命令时，切割导线的长度。该选项区域中有以下 3 个单选按钮。

- “捕捉段”：选中该单选按钮后，当执行“Break Wire（断开连线）”命令时，光标所在的导线被整段切除。
- “捕捉格点尺寸倍增”：选中该单选按钮后，当执行“Break Wire（断开连线）”命令时，每次切割导线的长度都是栅格的整数倍。用户可以在右边的数字栏中设置倍数，倍数的大小设置为 2～10。
- “固定长度”：选中该单选按钮后，当执行“Break Wire（断开连线）”命令时，每次切割导线的长度是固定的。用户可以在右边的文本框中设置每次切割导线的固定长度值。

2）“显示切刀盒”选项区域

该区域用来设置当执行“Break Wire（断开连线）”命令时，是否显示切割框。有 3 个选

项可供选择，分别是“从不”“总是”“导线上”。

3）“显示末端标记”选项区域

该区域用来设置当执行“Break Wire（断开连线）”命令时，是否显示导线的末端标记。有 3 个选项可供选择，分别是“从不”“总是”和“导线上”。

8. Defaults 选项卡的设置

在“优选项”对话框中，单击左侧的“Defaults（默认）”标签，弹出“Defaults（默认）”选项卡，如图 2-43 所示。“Defaults（默认）”选项卡用来设置原理图编辑时常用图元的原始默认值。

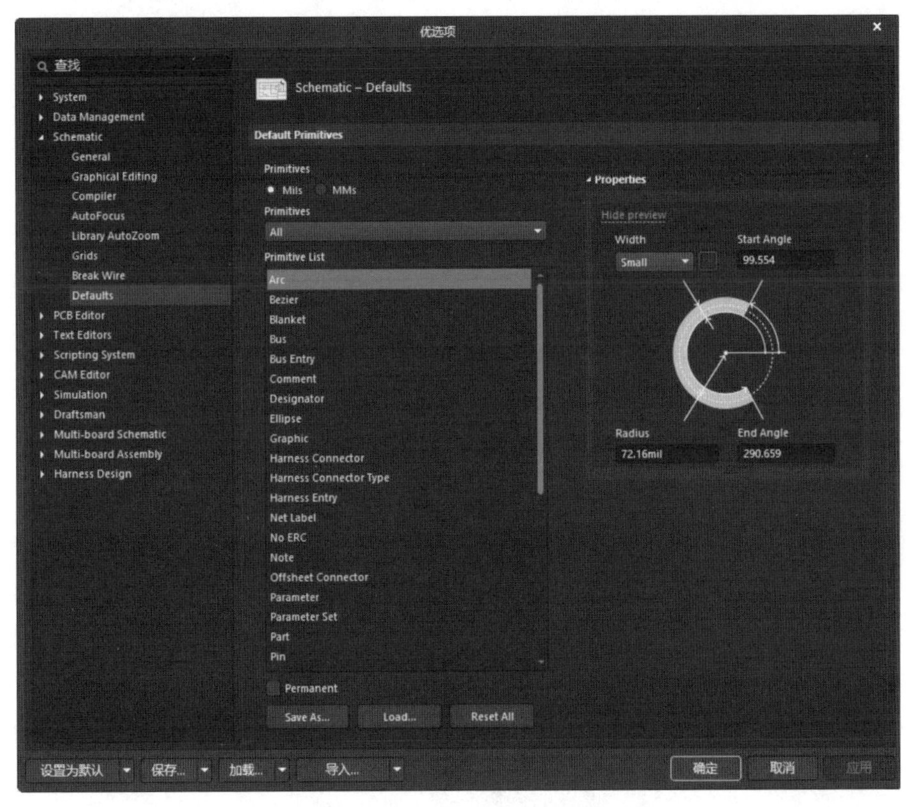

图 2-43　“Defaults（默认）”选项卡

1）“Primitives（原始值）”选项区域

在原理图的绘制中，图元的单位系统可以是英制单位系统（Mils），也可以是公制单位系统（MMs）。

2）“Primitives（原始值）”下拉列表框

在“Primitives（原始值）”下拉列表框中，单击其下拉按钮，弹出下拉列表。选择下拉列表中的某一选项，该类型所包括的对象将在“Primitive List（原始值列表）”列表框中显示。下拉列表框中的选项如下：

- All：全部对象。选择该选项后，在下面的“Primitive List（原始值列表）”列表框中将列出所有的对象。

- Drawing Tools：指绘制非电气原理图工具栏所放置的全部对象。
- Other：指上述类别所没有包括的对象。
- Wiring Objects：指绘制电路原理图工具栏所放置的全部对象。
- Harness Objects：指绘制电路原理图工具栏所放置的线束对象。
- Library Parts：指与元器件库有关的对象。
- Sheet Symbol Objects：指绘制层次图时与子图有关的对象。

3）“Primitive List（原始值列表）”列表框

可以选择“Primitive List（原始值列表）”列表框中显示的对象，并对所选的对象进行属性设置或复位到初始状态。例如，在“Primitive List（原始值列表）”列表框中选中“Pin（管脚）”，如图 2-44 所示，在右侧的基本信息显示文本框中修改相应的参数设置。

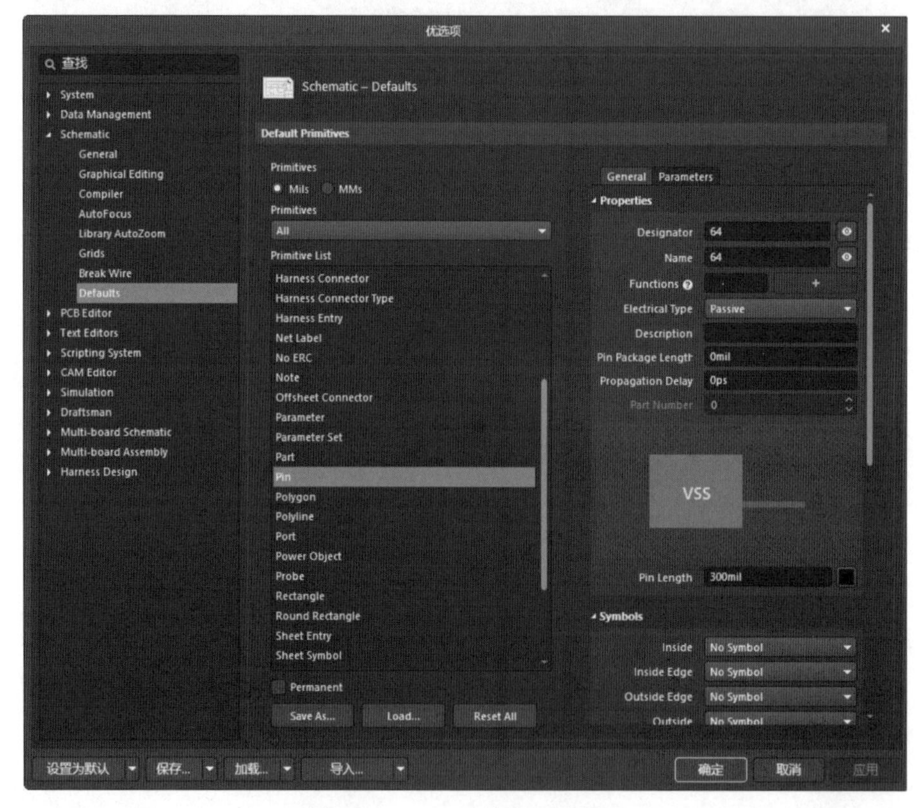

图 2-44 “Pin（管脚）”信息

如果在此处修改相关的参数，那么在原理图上绘制管脚时，默认的管脚属性就是修改过后的。

在“Primitive List（原始值列表）”列表框中选中某一对象，单击“Reset All（复位所有）”按钮，则该对象的属性将复位到初始状态。

4）功能按钮

- Save As（保存为）：保存默认的原始设置，当所有需要设置的对象全部设置完毕后，

单击“Save As（保存为）”按钮，弹出文件保存对话框，保存默认的原始设置。默认的文件扩展名为“*.dft”，以后可以重新进行加载。

- Load（装载）：加载默认的原始设置。要使用以前保存过的原始设置，单击“Load（加载）”按钮，弹出打开文件对话框，选择一个默认的原始设置文档即可加载默认的原始设置。
- Reset All（复位所有）：恢复默认的原始设置。单击“Reset All（复位所有）”按钮，所有对象的属性都将回到初始状态。

2.4.2　栅格和光标设置

1．栅格设置

进入原理图的编辑环境后，会看到编辑窗口的背景是栅格形的。图纸上的栅格为元器件的放置、线路的连接带来了极大的方便。由于这些栅格是可以改变的，所以用户可以根据自己的需求对栅格的类型和显示方式等进行设置。

Altium Designer 24 提供了“Snap Grid（捕捉栅格）”和“Visible Grid（可视栅格）”2 种栅格，对栅格进行具体设置，如图 2-45 所示。

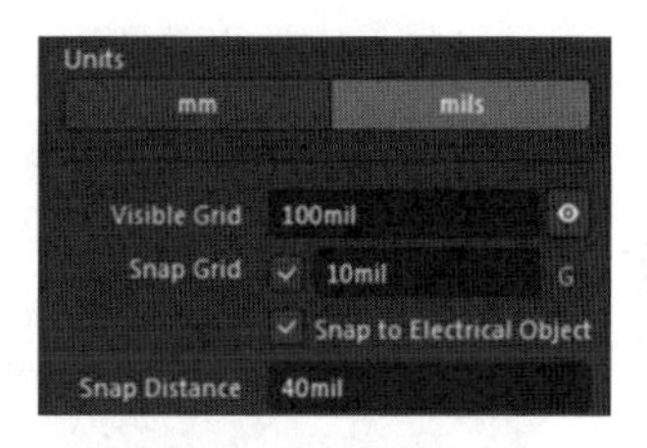

图 2-45　图纸栅格设置

- “Snap Grid（捕捉栅格）”复选框：用于启用图纸上的捕捉栅格功能。若勾选此复选框，光标将以设置的值为单位移动，系统默认值为 10 个像素点；若不勾选此复选框，光标将以 1 个像素点为单位移动。
- “Visible Grid（可视栅格）”复选框：用来启用可视栅格，即在图纸上可以看到栅格。若勾选此复选框，则图纸上的栅格是可见的；若不勾选复选框，则图纸上的栅格将被隐藏。

单击菜单栏中的“视图”→“栅格”命令，其子菜单中有用于切换栅格启用状态的命令，如图 2-46 所示。单击其中的“设置捕捉栅格”命令，系统将弹出如图 2-47 所示的“Choose a snap grid size（选择捕捉栅格尺寸）”对话框，在该对话框中可以输入捕获栅格的参数值。

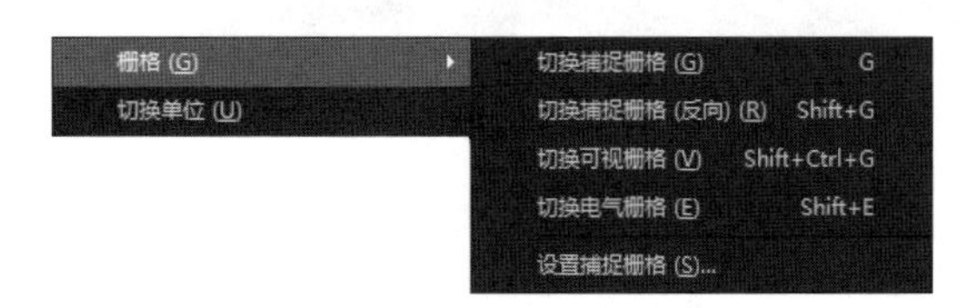

图 2-46　“栅格”命令子菜单

图 2-47　“Choose a snap grid size（选择捕捉栅格尺寸）”对话框

Altium Designer 24 提供 2 种栅格形状，即 Lines Grid（线状栅格）和 Dots Grid（点状栅格），如图 2-48 所示。

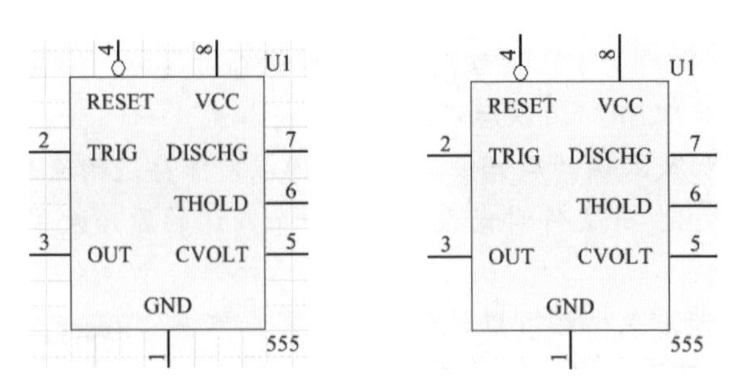

图 2-48　线状栅格和点状栅格

设置线状栅格和点状栅格的具体步骤如下：

01 选择菜单栏中的“工具”→“原理图优先项”命令，或在编辑窗口中右击，在弹出的快捷菜单中选择“原理图优先项”命令，打开“优选项”对话框，在该对话框中选择“Grids（栅格）”选项卡，如图 2-49 所示。

图 2-49　“优选项”对话框

02 在“栅格选项”的“栅格”下拉列表中有两个选项，分别为 Line Grid（线状栅格）和 Dot Grid（点状栅格）。若选择 Line Grid（线状栅格）选项，则在原理图图纸上显示线状栅格；若选择 Dot Grid（点状栅格）选项，则在原理图图纸上显示点状栅格。

03 在“栅格颜色”选项中，单击右侧颜色条可以对栅格颜色进行设置。

2. 光标设置

选择菜单栏中的“工具”→“原理图优先项”命令，或在编辑窗口中右击，在弹出的快捷菜单中选择“原理图优先项”命令，打开“优选项”对话框，在该对话框中选择“Graphical Editing（图形编辑）”选项卡，如图 2-50 所示。

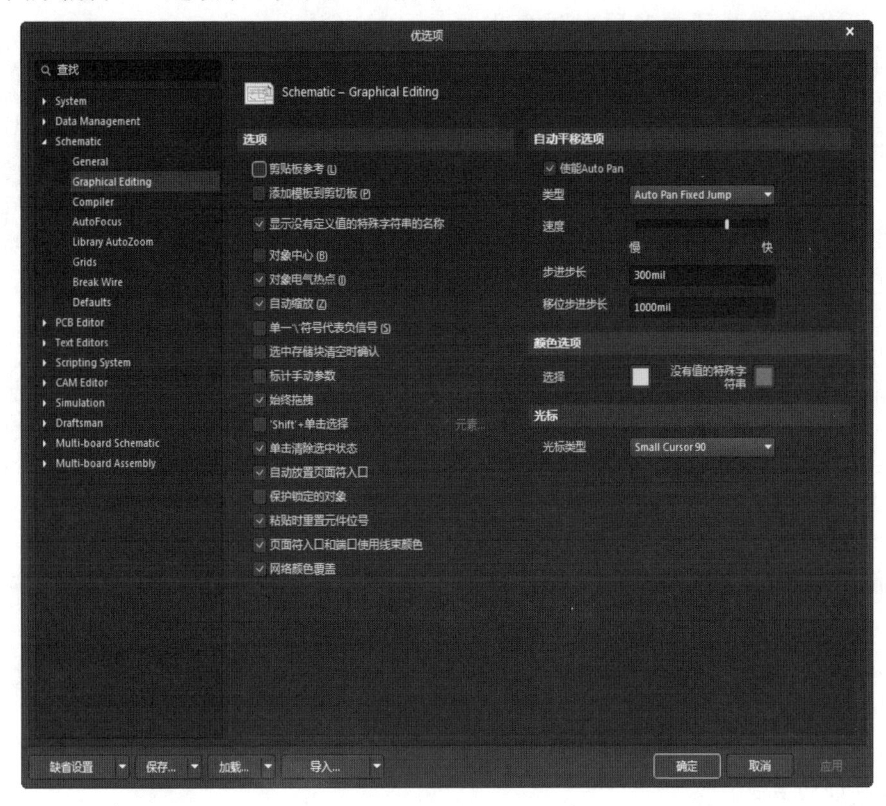

图 2-50　“优选项”对话框

在“Graphical Editing”（图形编辑）选项卡右侧的“光标”选项区域，可以对光标的类型进行设置。光标的类型指的是在绘图、放置元器件或放置导线时光标的形状。单击“光标类型”下拉列表框右侧的下拉按钮，会出现 4 种光标类型：Large Cursor 90、Small Cursor 90、Small Cursor 45、Tiny Cursor 45，如图 2-51 所示。

图 2-51　光标类型

放置元器件时 4 种光标的形状如图 2-52 所示。

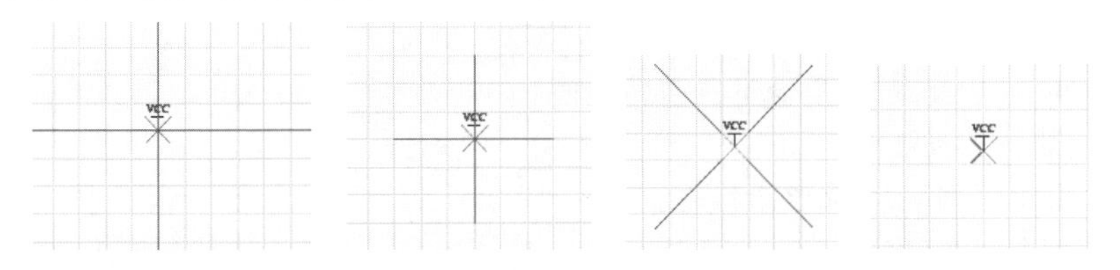

图 2-52　放置元器件时的 Large Cursor 90、Small Cursor 90、Small Cursor 45、Tiny Cursor 45 四种光标

2.4.3 填写图纸设计信息

图纸设计信息记录了电路原理图的设计信息和更新信息，这些信息可以使用户更系统有效地对自己设计的电路原理图进行管理。因此，在设计电路原理图时，要填写图纸设计信息。

在“Properties（属性）”面板中，打开“Parameters（参数）”选项卡，即可对图纸参数信息进行设置，如图 2-53 所示。

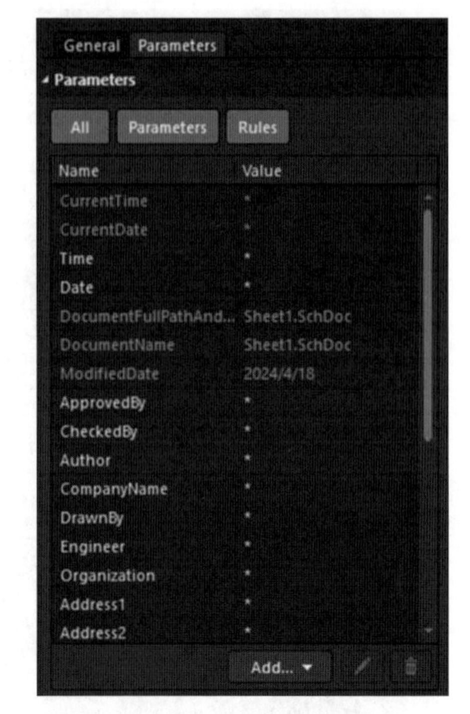

图 2-53 “Parameters（参数）”选项卡

在该选项卡中可以填写的原理图信息很多，简单介绍如下：

- Address1、Address2、Address3、Address4: 用于填写设计公司或单位的地址。
- ApprovedBy: 用于填写项目设计负责人的姓名。
- Author: 用于填写设计者的姓名。
- CheckedBy: 用于填写审核者的姓名。
- CompanyName: 用于填写设计公司或单位的名字。
- CurrentDate; 用于填写当前日期。
- CurrentTime: 用于填写当前时间。
- Date: 用于填写日期。
- DocumentFullPathAndName: 用于填写设计文件名和完整的保存路径。
- DocumentName: 用于填写文件名。
- DocumentNumber: 用于填写文件数量。
- DrawnBy: 用于填写图纸绘制者的姓名。
- Engineer: 用于填写工程师的姓名。
- ImagePath: 用于填写影像路径。
- ModifiedDate: 用于填写修改的日期。
- Organization: 用于填写设计机构名称。
- Revision: 用于填写图纸版本号。
- SheetNumber: 用于填写电路原理图的编号。
- SheetTotal: 用于填写电路原理图的总数。
- Time: 用于填写时间。
- Title: 用于填写电路原理图标题。

在要填写或修改的参数上双击，或选中要修改的参数后，在文本框中修改各个设定值。

2.5　Altium Designer 24 元器件库

Altium Designer 24 为用户提供了包含大量元器件的元器件库。在绘制电路原理图之前，首先要学会使用元器件库，包括元器件库的加载、卸载以及查找自己需要的元器件。

2.5.1　打开“Components”面板

打开“Components（元器件）”面板的方法如下：

（1）将箭头光标放置在工作窗口右侧的“Components（元器件）”标签上，此时会自动弹出“Components（元器件）”面板，如图 2-54 所示。

（2）如果工作窗口右侧没有“Components（元器件）”标签，那么只要单击底部面板控制栏中的“Panels（面板）”→“Components（元器件）”，在工作窗口右侧就会出现“Components（元器件）”标签，并自动弹出“Components（元器件）”面板。

图 2-54　“Components（元件）”面板

2.5.2　元器件的查找

当用户不知道元器件在哪个库中时，就需要进行查找。

1. 查找元器件

在“Components（元器件）”面板右上角单击 按钮，在弹出的菜单中选择“File-based Libraries Search（库文件搜索）”命令，系统将弹出如图 2-55 所示的“基于文件的库搜索”对话框。

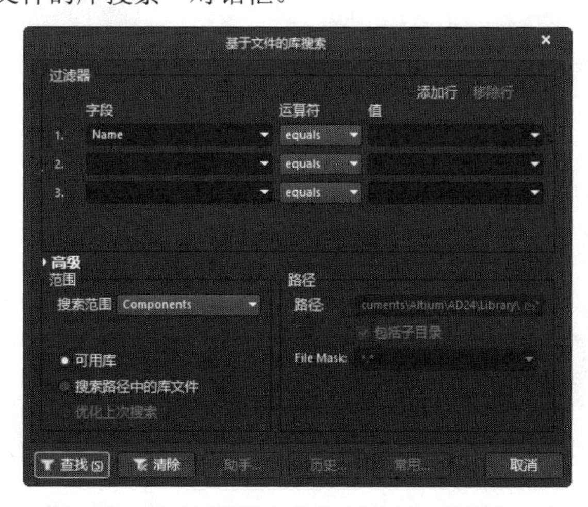

图 2-55　“基于文件的库搜索”对话框

在该对话框中，用户可以搜索需要的元器件。搜索元器件需要设置的参数如下：

（1）“搜索范围”下拉列表框：用于选择查找类型。有 Components（元器件）、Protel Footprints（PCB 封装）、3D Models（3D 模型）和 Database Components（数据库元器件）4 种查找类型。

（2）若单击“可用库”单选按钮，系统会在已经加载的元器件库中查找；若单击“搜索路径中的库文件”单选按钮，系统会按照设置的路径进行查找；若单击“优化上次搜索”单选按钮，系统会在上次查询结果中进行查找。

（3）“路径”选项组：用于设置查找元器件的路径，只有在单击“搜索路径中的库文件”单选按钮时才有效。单击“路径”文本框右侧的按钮，系统将弹出“Select Directory（选择目录）”对话框，供用户设置搜索路径。若勾选“包括子目录”复选框，则包含在指定目录中的子目录也会被搜索到。“File Mask（文件面具）”文本框用于设定查找元器件的文件匹配符，“*”表示匹配任意字符串。

（4）“高级”选项：用于进行高级查询，如图 2-56 所示。在该选项的文本框中，可以输入一些与查询内容有关的过滤语句表达式，有助于系统进行更快捷、更准确的查找。例如在文本框中输入“P80C51FA-4N”，单击“查找”按钮后，系统开始搜索。

2. 显示找到的元器件及其所属元器件库

查找到“P80C51FA-4N”后的“Components（元器件）”面板如图 2-57 所示。可以看到，符合搜索条件的元器件名、描述、所属库文件及封装形式在该面板上被一一列出，供用户浏览参考。

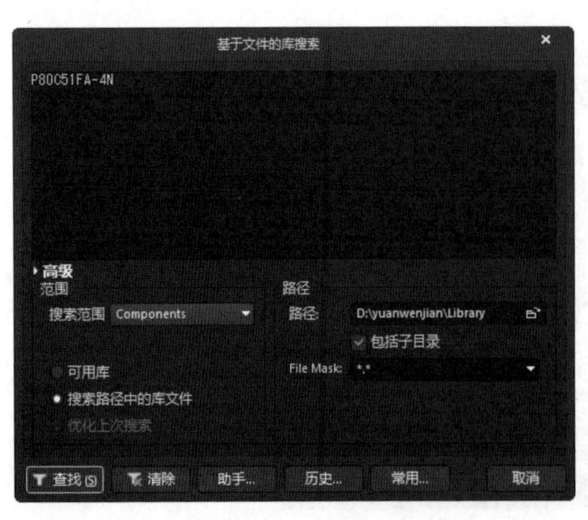

图 2-56 “高级”选项

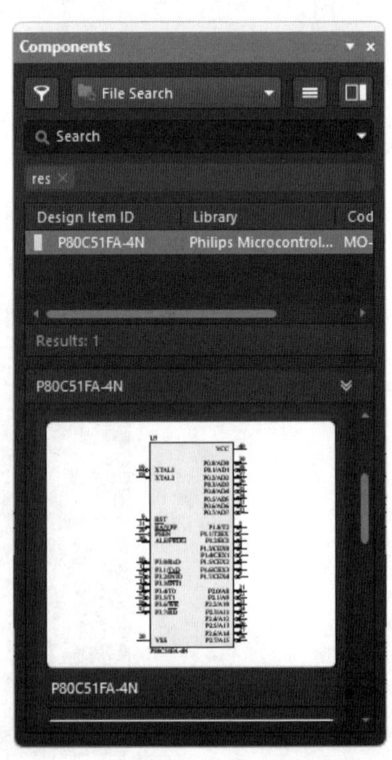

图 2-57 “Components（元器件）”面板

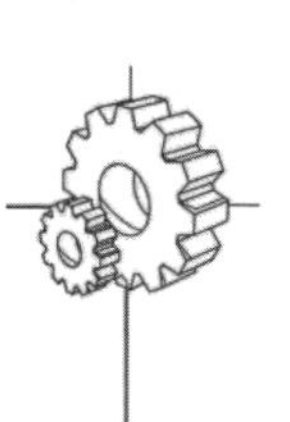

3. 加载找到的元器件所属的元器件库

选中需要的元器件（不在系统当前可用的库文件中）后右击，在弹出的快捷菜单中执行放置元器件命令，系统将弹出如图 2-58 所示的是否加载库文件的提示框。

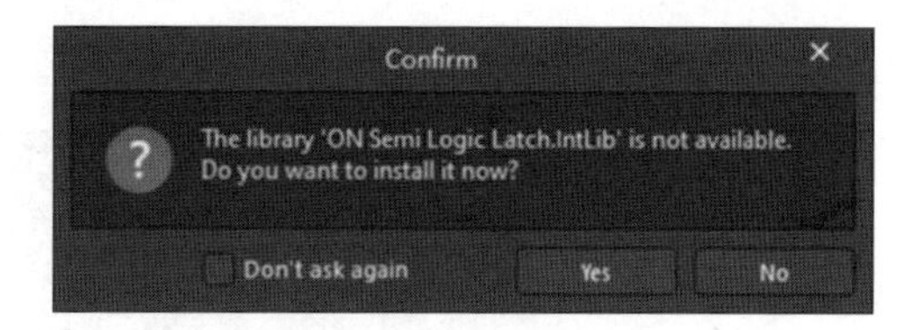

图 2-58　是否加载库文件提示框

单击“Yes（是）”按钮，则元器件所在的库文件被加载；单击“No（否）”按钮，则只使用该元器件而不加载其元器件库。

2.5.3　元器件库的加载与卸载

由于加载到“Components（元器件）”面板的元器件库要占用系统内存，因此当加载的元器件库过多时，就会占用过多的系统内存，影响程序的运行。建议用户只加载当前需要的元器件库，同时卸载不需要的元器件库。

单击“Components（元器件）”面板右上角的 ≡ 按钮，在弹出的菜单中选择“File-based Libraries Preferences（库文件参数）”命令，如图 2-59 所示。系统将弹出“有效的基于文件的库”对话框，如图 2-60 所示。

图 2-59　快捷菜单

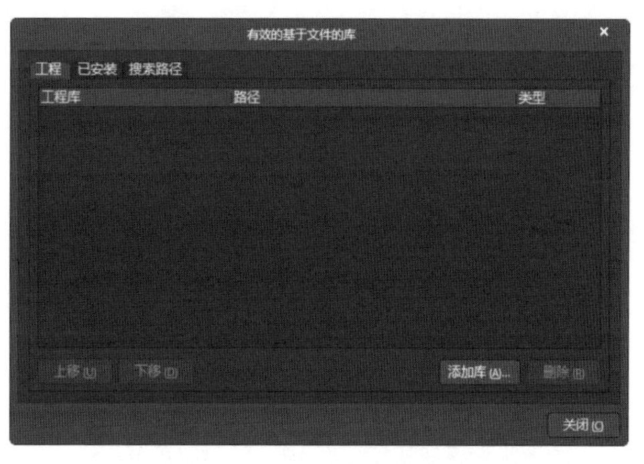

图 2-60　“有效的基于文件的库”对话框

在“有效的基于文件的库”对话框中有 3 个选项卡：“工程”选项卡列出的是用户为当前项目自行创建的库文件，“已安装”选项卡列出的是系统中可用的库文件，“搜索路径”选项卡用来修改库的路径。

1. “已安装”选项卡

打开“已安装”选项卡，显示当前系统中已安装的元器件库，如图 2-61 所示。该选项卡中安装的元器件库适用于所有的项目文件。

1）加载绘图所需的元器件库

当已经安装的元器件库无法满足项目文件中原理图的使用时，需要安装指定的元器件库。具体的安装步骤如下：

01 单击“已安装”选项卡右下角的“安装”按钮，系统将弹出如图 2-62 所示的“打开”对话框。在该对话框中，先选择特定的库文件夹，再选择相应的库文件，最后单击“打开”按钮，所选择的库文件就会出现在“有效的基于文件的库”对话框中。

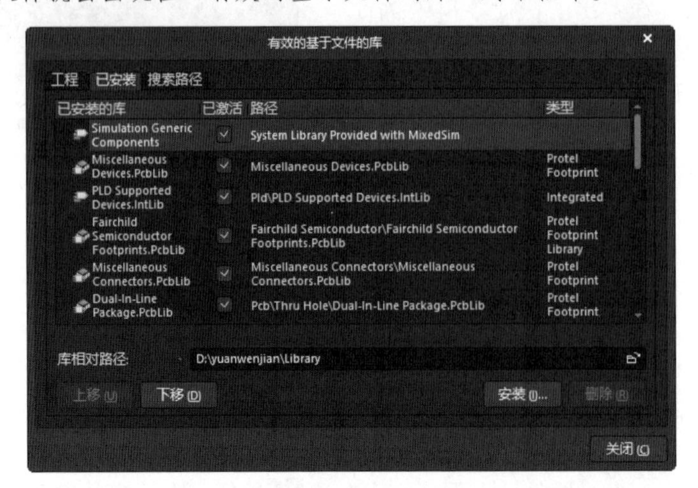

图 2-61 “已安装”选项卡

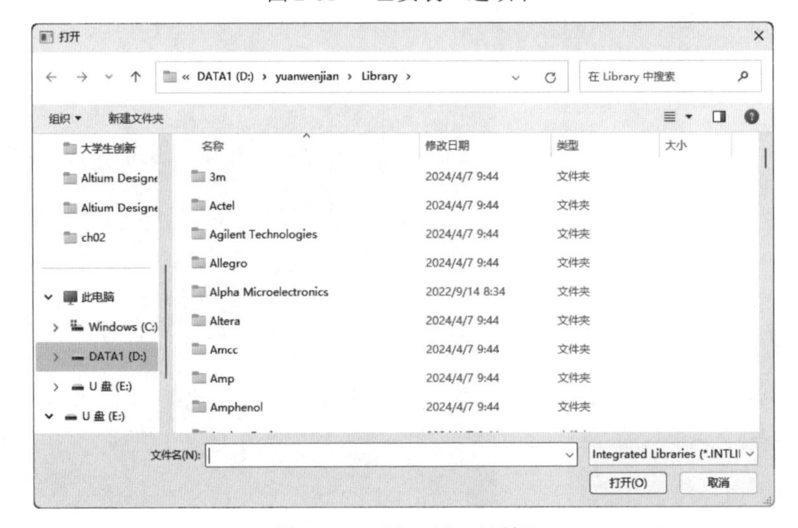

图 2-62 “打开”对话框

02 重复上述操作，把需要的所有库文件添加到系统中，作为当前可用的库文件。

03 加载完毕后，单击“关闭”按钮，关闭“有效的基于文件的库”对话框，这时所有加载的元器件库都显示在“Components（元器件）”面板中，用户可以选择使用。

2）改变元器件库的顺序

在“有效的基于文件的库”对话框中，“上移”和“下移”按钮用来改变元器件库的排列顺序。

3）卸载元器件库

在“有效的基于文件的库”对话框中选择一个库文件，单击“删除”按钮，即可将该元器件库卸载。

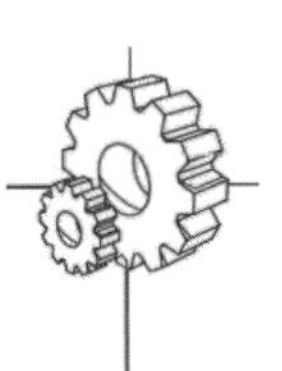

2. “工程”选项卡

在“工程”选项卡中添加元器件库的方法与“已安装”选项卡中的添加方法类似，这里不再赘述，加载后的元器件库如图 2-63 所示。

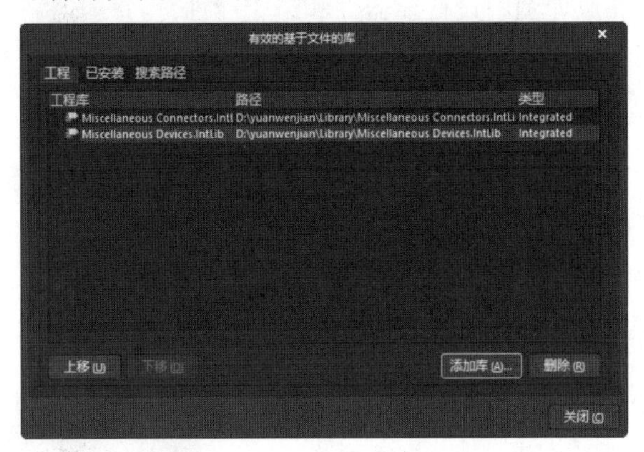

图 2-63　加载后的元器件库

注　意

由于 Altium Designer 10 及后续版本的软件中元器件库的数量大幅减少，无法满足本书中原理图绘制所需的元器件，因此在电子资料包中提供了大量元器件库，供原理图中元器件的放置与查找。在加载元器件库时，可以在“D/yuanwenjian/Library”文件中加载所需库文件。

3. “搜索路径”选项卡

打开“搜索路径”选项卡，单击“路径”按钮，弹出“Options for PCB Project（PCB 项目的选项）”对话框，打开“Options（选项）”选项卡，在“输出路径”文本框中可以看到打开的项目文件的路径，如图 2-64 所示。

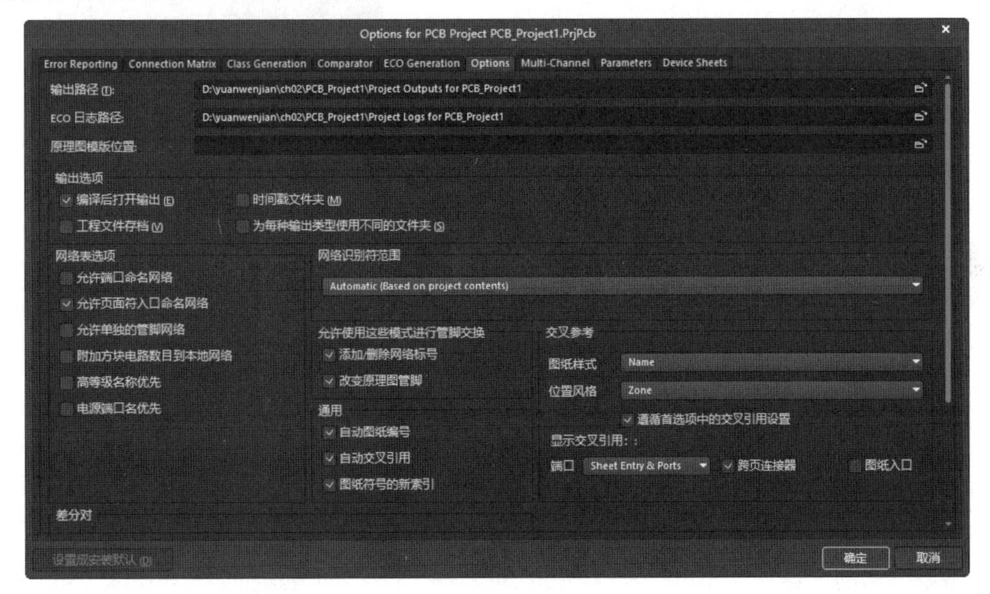

图 2-64　项目文件的路径

2.6 元器件的放置和属性编辑

本节主要介绍如何在原理图中设置元器件和编辑属性。

2.6.1 在原理图中放置元器件

在当前项目中加载了元器件库后，就要在原理图中放置元器件，下面以放置 P80C51FA-4N 为例，说明放置元器件的具体步骤。

01 执行菜单命令“视图”→“适合文件”，或者在图纸上右击，在弹出的快捷菜单中选择“视图”→“适合文件”命令，使原理图图纸显示在整个窗口中。也可以按 Page Down 或 Page Up 键缩小或放大图纸视图；或者右击鼠标，在弹出的快捷菜单中选择“视图”→“放大”或“缩小”命令来放大或缩小图纸视图。

02 在“Components（元器件）”面板的元器件库列表下拉菜单中选择“Philips Microcontroller 8-Bit.IntLib”，使之成为当前库，同时库中的元器件列表显示在库的下方，找到元器件 P80C51FA-4N。

03 使用“Components（元器件）”面板上的过滤器快速定位到需要的元器件：在过滤器栏输入“P80C51FA-4N”，即可直接找到 P80C51FA-4N 元器件。

04 选中 P80C51FA-4N 后，在弹出的菜单中选择“Place P80C51FA-4N”命令或直接双击元器件名，光标变成十字形，同时光标上悬浮着一个 P80C51FA-4N 芯片的轮廓。此时若按 Tab 键，将弹出“Properties（属性）”面板，可以对元器件的属性进行编辑，如图 2-65 所示。

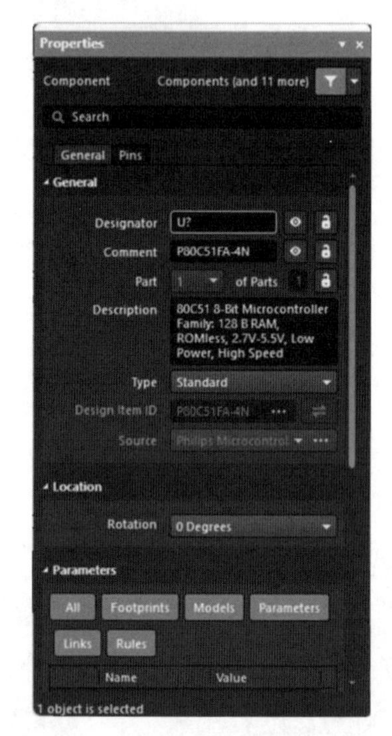

图 2-65 “Properties（属性）”面板

05 将光标移动到原理图中的合适位置后单击，即可把 P80C51FA-4N 放置在原理图上。按 Page Down 和 Page Up 键缩小和放大元器件，观察元器件放置的位置是否合适。按空格键可以使元器件旋转，每按一次空格键，元器件逆时针旋转 90°，可以用来调整元器件放置的方向。

06 放置完元器件后，右击或按 Esc 键退出元器件放置状态，光标恢复为箭头状态。

2.6.2 编辑元器件属性

双击要编辑的元器件，即可打开“Properties（属性）”面板进行编辑，如图 2-65 所示是 P80C51FA-4N 的属性编辑面板。

下面介绍一下 P80C51FA-4N 的“Properties（属性）”面板的设置。

- Designator（标识符）：用来设置元器件序号。在“Designator（标识符）”文本框中输入元器件标识，如 U1、R1 等。“Designator（标识符）”文本框右边的按钮用来设置元器件标识在原理图上是否可见。
- Comment（注释）：用来说明元器件的特征。“Comment（注释）”选项右边的按钮用来设置“Comment（注释）”的内容在图纸上是否可见。
- Description（描述）：对元器件功能和作用的简单描述。
- Type（类型）：元器件符号的类型，单击后面的下拉按钮可以进行选择。
- Design Item ID（设计项目地址）：元器件在库中的图形符号。
- Rotation（旋转）：用来设置元器件在原理图上放置的角度。

2.6.3　元器件的删除

当在电路原理图上放置了错误的元器件时，就要将其删除。在原理图上，我们可以一次删除一个元器件，也可以一次删除多个元器件。

下面以删除 P80C51FA-4N 为例，具体步骤如下：

01 执行菜单命令“编辑”→“删除”，鼠标光标会变成十字形。将十字形光标移到要删除的 P80C51FA-4N 上，如图 2-66 所示。单击 P80C51FA-4N 即可将其从电路原理图上删除。

02 此时，光标仍处于十字形状态，可以继续单击删除其他元器件。若不需要删除元器件，右击或按 Esc 键，即可退出删除元器件命令状态。

03 也可以单击选取要删除的元器件，然后按 Delete 键将其删除。

04 若需要一次性删除多个元器件，用鼠标选取要删除的多个元器件后，执行菜单命令“编辑”→“删除”或按 Delete 键，即可以将选取的多个元器件删除。

对于如何选取单个或多个元器件将在下一节介绍。

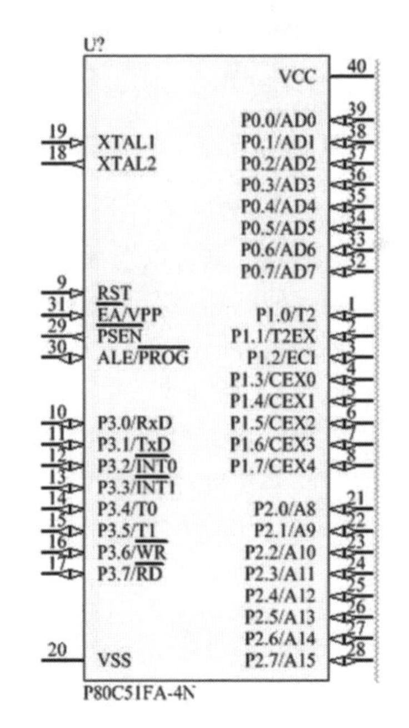

图 2-66　删除元器件

2.6.4　元器件编号管理

对于元器件较多的原理图，当设计完成后，往往会发现元器件的编号变得很混乱，或者有些元器件还没有编号。用户可以逐个手动更改这些编号，但是会比较烦琐，而且容易出现错误。Altium Designer 24 提供了元器件编号管理的功能。

执行菜单命令“工具”→“标注”→“原理图标注”，系统将弹出如图 2-67 所示“标注”对话框。在该对话框中，可以对元器件重新编号。

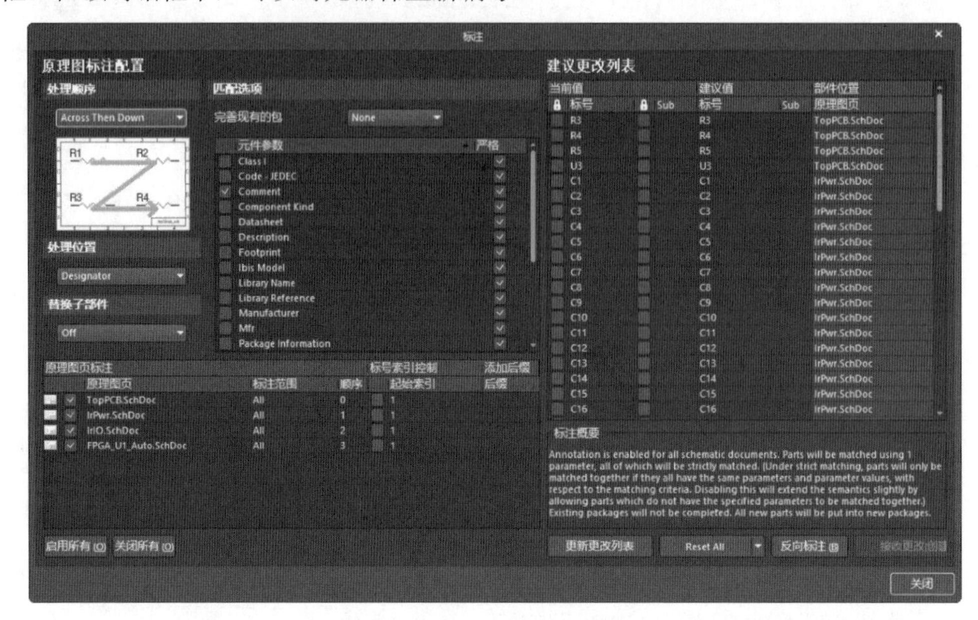

图 2-67 “标注”对话框

“标注”对话框分为左、右两部分：左侧是“原理图标注配置”，右侧是“建议更改列表”。

（1）原理图标注配置：在“原理图页标注”栏中，列出了当前工程中的所有原理图文件。通过文件名前面的复选框可以选择对哪些原理图重新编号。

在左上角的“处理顺序”下拉列表框中，列出了 4 种编号顺序，即 Up Then Across（先向上后左右）、Down Then Across（先向下后左右）、Across Then Up（先左右后向上）和 Across Then Down（先左右后向下）。

在“匹配选项”选项组中，列出了元器件的参数。通过参数名前面的复选框，用户可以选择是否根据这些参数进行编号。

（2）建议更改列表：在“当前值”栏中列出了当前的元器件编号，在“建议值”栏中列出了新的编号。

对原理图中的元器件进行重新编号的操作步骤如下：

01 选择要进行编号的原理图。

02 选择编号的顺序和参照的参数，在“标注”对话框中，单击“Reset All（复位所有）”按钮，对编号进行重置。系统将弹出“Information（信息）”对话框，提示用户编号发生了哪些变化。单击“OK（确定）”按钮，重置后，所有的元器件编号将被清除。

03 单击“更新更改列表”按钮，重新编号，系统将弹出如图 2-68 所示的“Information（信息）”对话框，提示用户更改后的状态相对前一次状态和初始状态发生的改变。

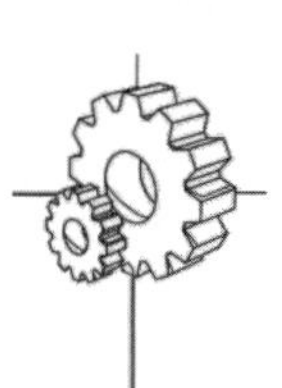

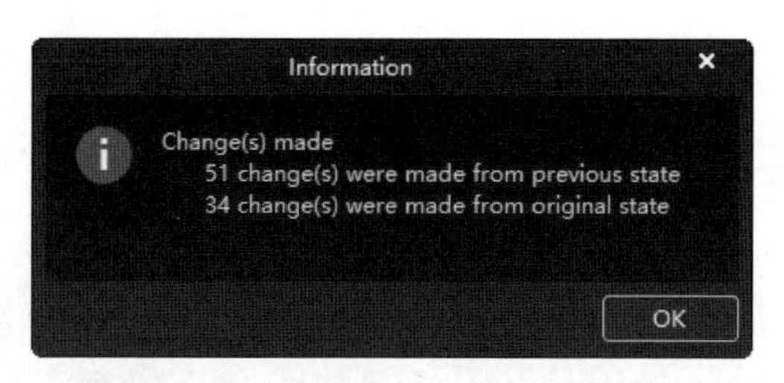

图 2-68　“Information（信息）”对话框

04 在“标注”对话框中可以查看重新编号后的变化。如果对这种编号满意，就单击“接受更改(创建 ECO)”按钮，在弹出的“工程变更指令”对话框中更新修改，如图 2-69 所示。

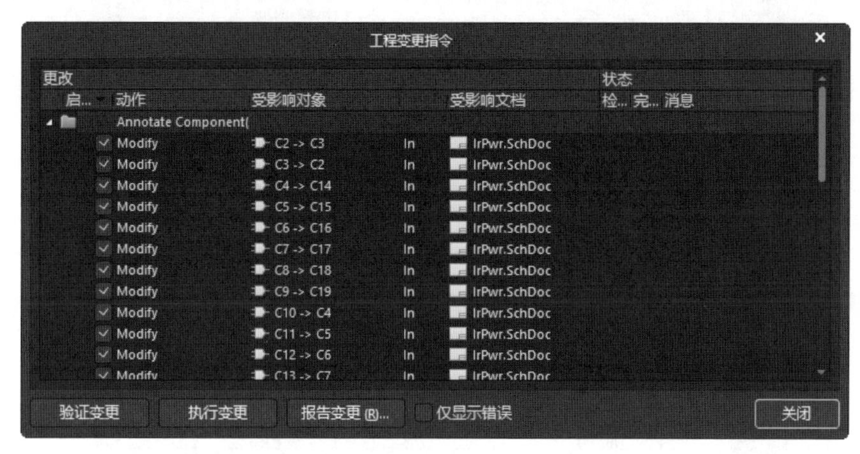

图 2-69　“工程变更指令”对话框

05 在“工程变更指令”对话框中，单击“验证变更”按钮，可以验证修改的可行性，如图 2-70 所示。

图 2-70　验证修改的可行性

06 单击“报告变更”按钮，系统将弹出如图 2-71 所示的“报告预览”对话框，在其中可以将修改后的报表输出。单击“导出”按钮，可以将该报表进行保存，默认文件名为“PcbIrda.PrjPcb And PcbIrda.xls”，是一个 Excel 文件；单击“打开报告”按钮，可以将该报表打开；单击“打印”按钮，可以将该报表打印输出。

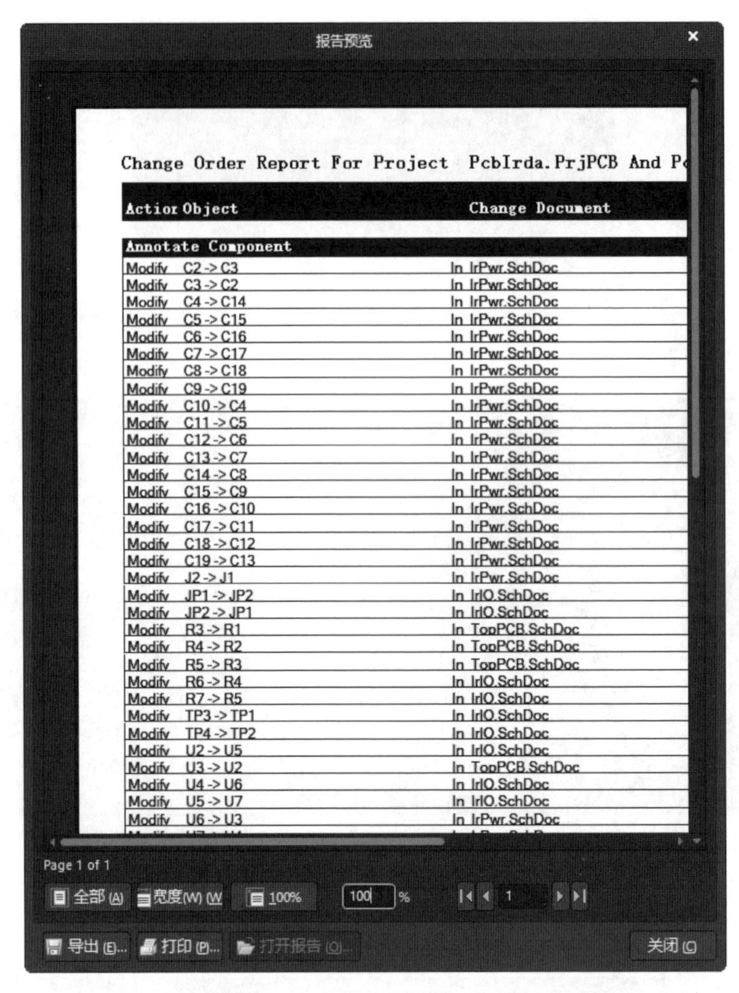

图 2-71 “报告预览”对话框

07 单击“工程变更指令”对话框中的“执行变更”按钮，即可执行修改，这样对元器件的重新编号便完成了，如图 2-72 所示。

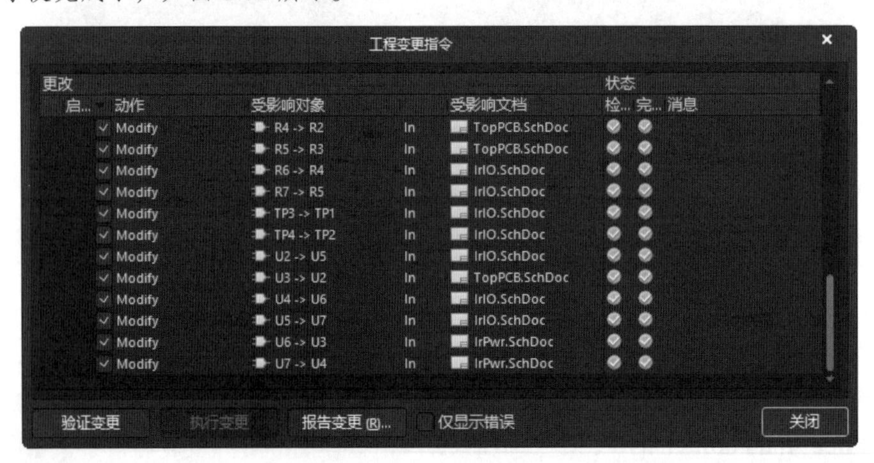

图 2-72 执行变更

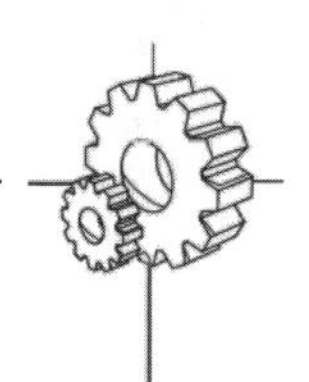

2.7　元器件位置的调整

元器件位置的调整就是利用各种命令将元器件移动到合适的位置，以及实现元器件的旋转、复制与粘贴、排列与对齐等。

2.7.1　元器件的选取和取消选取

1. 元器件的选取

要实现元器件位置的调整，首先要选取元器件。选取的方法很多，几种常用的方法如下：

1）用鼠标直接选取单个或多个元器件

对于单个元器件的情况，将光标移到要选取的元器件上单击即可。这时该元器件周围会出现一个绿色框，表明该元器件已经被选取，如图 2-73 所示。

对于多个元器件的情况，单击鼠标并拖动，拖出一个矩形框，将要选取的多个元器件包含在该矩形框中，释放鼠标后即可选取多个元器件；或者按住 Shift 键，用鼠标逐一单击要选取的元器件，也可以选取多个元器件。

2）利用菜单命令选取

执行菜单命令“编辑”→“选择”，弹出如图 2-74 所示的“选择”菜单。

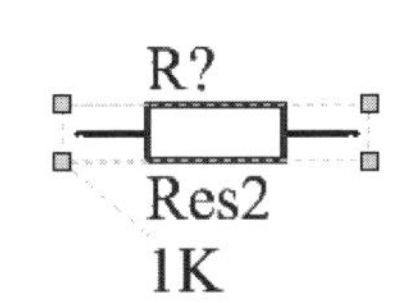

图 2-73　选取单个元器件

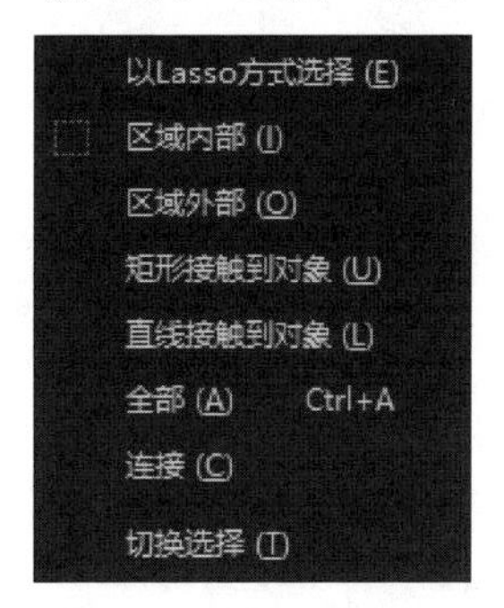

图 2-74　“选择”菜单

菜单中的各个命令说明如下：

- 以 Lasso 方式选择：执行此命令后，光标变成十字形状，用鼠标选取一个区域，则区域内的元器件被选取。
- 区域内部：执行此命令后，光标变成十字形状，用鼠标选取一个区域，则区域内的元器件被选取。
- 区域外部：操作同上，区域外的元器件被选取。
- 全部：执行此命令后，电路原理图上的所有元器件都被选取。
- 连接：执行此命令后，若单击某一导线，则此导线以及与其相连的所有元器件都被选取。
- 切换选择：执行此命令后，元器件的选取状态将被切换，若该元器件原来处于未选取状态，则被选取；若处于选取状态，则取消选取。

2. 取消选取

取消选取也有多种方法，几种常用的方法如下：

（1）直接用鼠标单击电路原理图的空白区域，即可取消选取。

（2）单击主工具栏中的按钮，可以将图纸上所有被选取的元器件取消选取。

（3）执行菜单命令“编辑”→“取消选中”，弹出如图 2-75 所示的取消选中菜单。菜单中的各个命令说明如下：

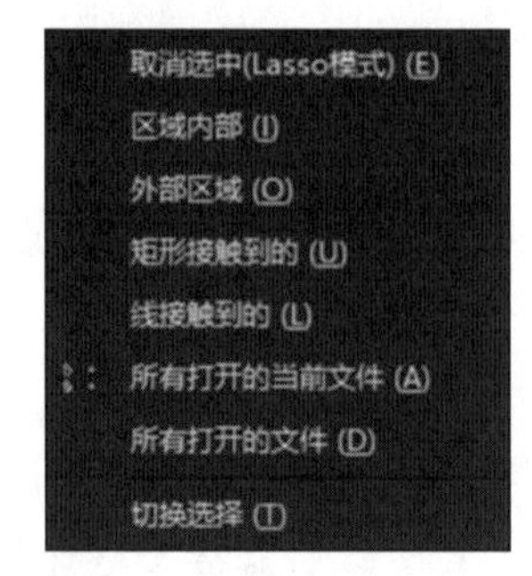

图 2-75　“取消选中”菜单

- 取消选中(Lasso 模式)：执行此命令后，取消区域内元器件的选取。
- 区域内部：执行此命令后，取消区域内元器件的选取。
- 外部区域：执行此命令后，取消区域外元器件的选取。
- 所有打开的当前文件：执行此命令后，取消当前原理图中所有处于选取状态的元器件的选取。
- 所有打开的文件：执行此命令后，取消当前所有打开的原理图中处于选取状态的元器件的选取。
- 切换选择：与“选择”菜单中的此命令的作用相同。

（4）按住 Shift 键，逐一单击已被选取的元器件，也可以将其取消选取。

2.7.2　元器件的移动

要改变元器件在电路原理图上的位置，就要移动单个或者多个元器件。

1. 移动单个元器件

移动单个元器分为移动单个未选取的元器件和移动单个已选取的元器件两种。

1）移动单个未选取的元器件

将光标移到需要移动的元器件上（不需要选取），按住鼠标左键不放，拖动鼠标，元器件将会随光标一起移动，到达指定位置后松开鼠标左键，即可完成移动；或者执行菜单命令“编辑”→“移动”→“移动”，光标变成十字形状，单击需要移动的元器件后，元器件将随光标一起移动，到达指定位置后再次单击，完成移动。

2）移动单个已选取的元器件

将光标移到需要移动的元器件上（该元器件已被选取），同样按住鼠标左键不放，拖动元器件至指定位置后松开鼠标左键，即可完成移动；或者执行菜单命令“编辑”→“移动”→“移动选中对象”，将元器件移动到指定位置；或者单击“原理图标准”栏中的按钮，光标变成十字形状，单击需要移动的元器件后，元器件将随光标一起移动，到达指定位置后再次单击，完成移动。

2. 移动多个元器件

需要同时移动多个元器件时，首先应将要移动的元器件全部选中，然后在其中任意一个元器件上按住鼠标左键并拖动，移动到适当位置后，松开鼠标左键，则所有选中的元器件都移动到了当前的位置；或者单击“原理图标准”工具栏中的按钮，将所有元器件整体移动到指定位置，完成移动。

2.7.3　元器件的旋转

在绘制原理图过程中，为了方便布线，往往要对元器件进行旋转操作。下面介绍几种常用的旋转方法。

1. 利用空格键旋转

单击需要旋转的元器件，然后按空格键对元器件进行旋转操作；或者单击需要旋转的元器件并按住不放，等到鼠标光标变成十字形后，按空格键同样可以进行旋转操作。每按一次空格键，元器件逆时针旋转 90° 。

2. 用 X 键实现元器件左右对调

单击需要对调的元器件并按住不放，等到光标变成十字形后，按 X 键可以对元器件进行左右对调操作，如图 2-76 所示。

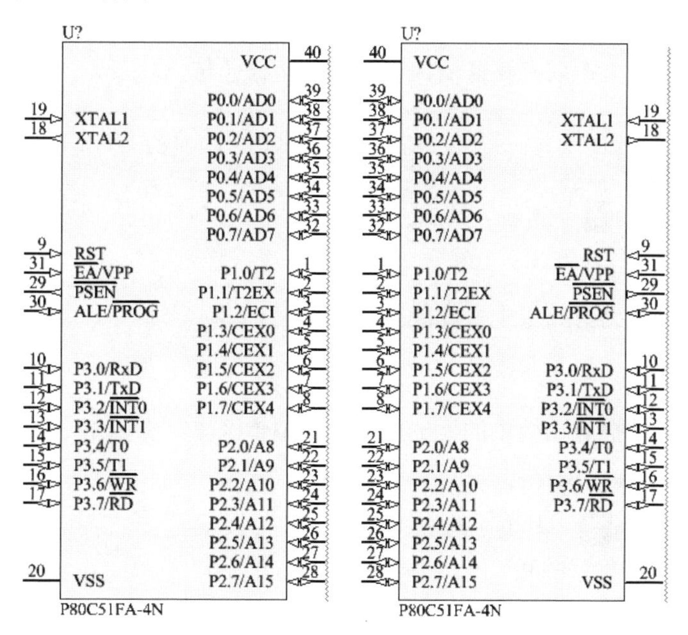

图 2-76　元器件左右对调

3. 用 Y 键实现元器件上下对调

单击需要对调的元器件并按住不放，等到光标变成十字形后，按 Y 键可以对元器件进行上下对调操作，如图 2-77 所示。

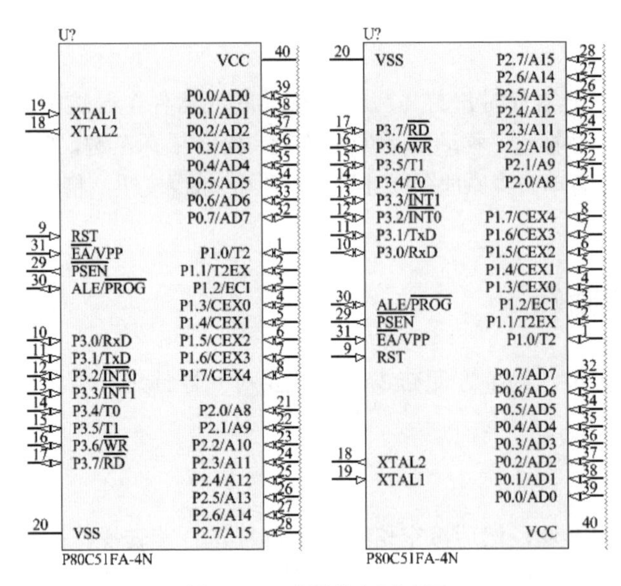

图 2-77　元器件上下对调

2.7.4　元器件的复制与粘贴

1. 元器件的复制

元器件的复制是指将元器件复制到剪贴板中，具体步骤如下：

01 在电路原理图上选取需要复制的元器件或元器件组。

02 进行复制操作，有以下 3 种方法：

- 执行菜单命令“编辑”→“复制”。
- 单击工具栏中的 （复制）按钮。
- 按快捷键 Ctrl+C 或 E+C。

即可将元器件复制到剪贴板中，完成复制操作。

2. 元器件的粘贴

元器件的粘贴就是把剪贴板中的元器件放置到编辑区里，有以下 3 种方法：

- 执行菜单命令“编辑”→“粘贴”。
- 单击工具栏上的 （粘贴）按钮。
- 按快捷键 Ctrl+V 或 E+P。

执行粘贴后，光标变成十字形状并带有欲粘贴元器件的虚影，在指定位置上单击即可完成粘贴操作。

3. 元器件的阵列式粘贴

元器件的阵列式粘贴是指一次性按照指定间距将同一个元器件重复粘贴到图纸上。

要使用阵列粘贴，必须先启动这项功能。执行菜单命令“编辑”→“智能粘贴”或者按快捷

键 Shift+Ctrl+V，弹出“智能粘贴”复选框，勾选“使能粘贴阵列”对话框，如图 2-78 所示。

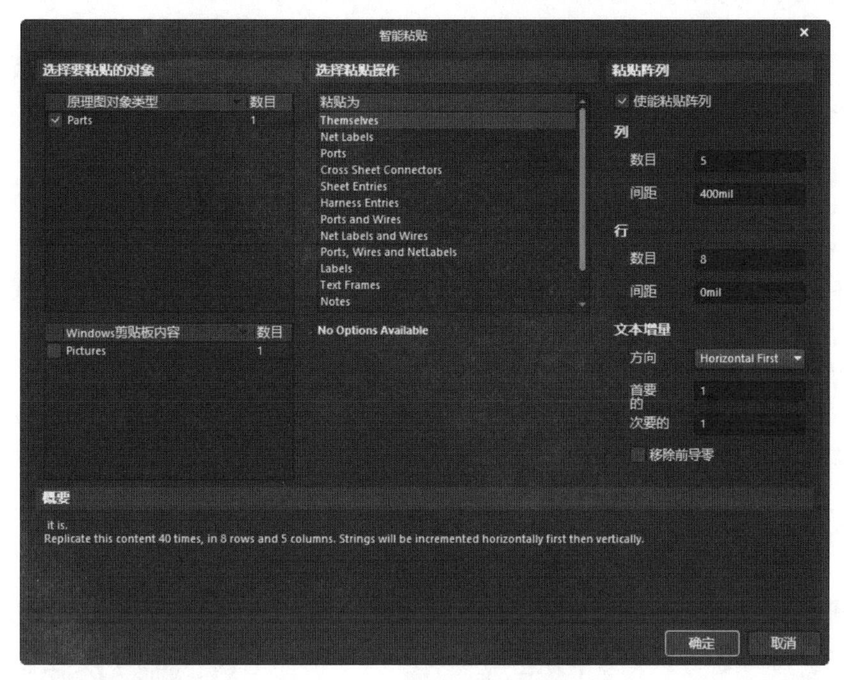

图 2-78　“智能粘贴”对话框

- “列”选项区域：用于设置列参数，“数目”用于设置每一列中所要粘贴的元器件个数；“间距”用于设置每一列中两个元器件的垂直间距。
- “行”选项区域：用于设置行参数，“数目”用于设置每一行中所要粘贴的元器件个数；“间距”用于设置每一行中两个元器件的水平间距。

阵列式粘贴具体操作步骤如下：

01 每次在使用阵列式粘贴前，必须通过复制操作将选取的元器件复制到剪贴板中。

02 执行“编辑”→“智能粘贴”菜单命令，在弹出的“智能粘贴”对话框中进行相应设置，然后单击“确定”按钮。

03 在指定位置单击，即可实现选定元器件的阵列式粘贴。如图 2-79 所示为放置的一组 3×3 的阵列式电阻。

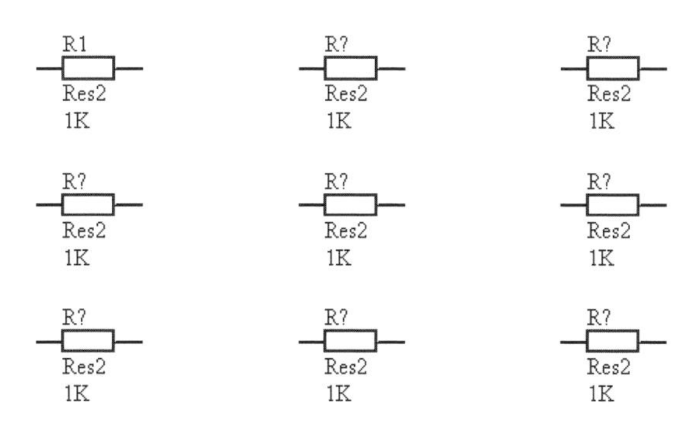

图 2-79　阵列式粘贴电阻

2.7.5 元器件的排列与对齐

执行菜单命令“编辑”→“对齐”，弹出元器件对齐设置命令，如图 2-80 所示。各命令的功能如下：

- 左对齐：将选取的元器件与最左端的元器件对齐。
- 右对齐：将选取的元器件与最右端的元器件对齐。
- 水平中心对齐：将选取的元器件与最左端元器件和最右端元器件的中间位置对齐。
- 水平分布：将选取的元器件在最左端元器件和最右端元器件之间等距离放置。
- 顶对齐：将选取的元器件与最上端的元器件对齐。
- 底对齐：将选取的元器件与最下端的元器件对齐。
- 垂直中心对齐：将选取的元器件与最上端元器件和最下端元器件的中间位置对齐。
- 垂直分布：将选取的元器件在最上端元器件和最下端元器件之间等距离放置。

执行菜单命令“编辑”→“对齐”→“对齐”，弹出“排列对象”对话框，如图 2-81 所示。

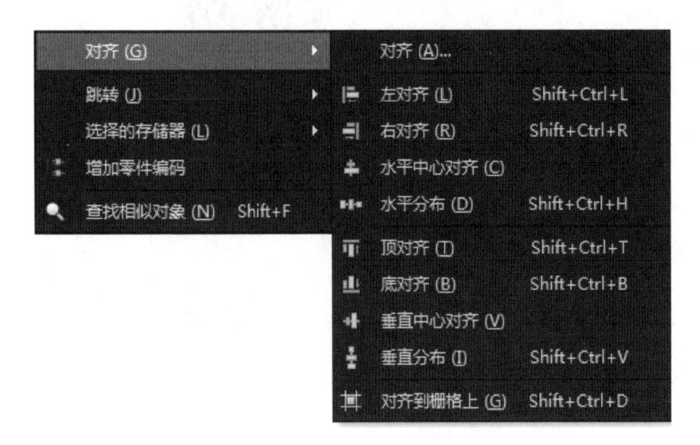

图 2-80 元器件对齐设置命令

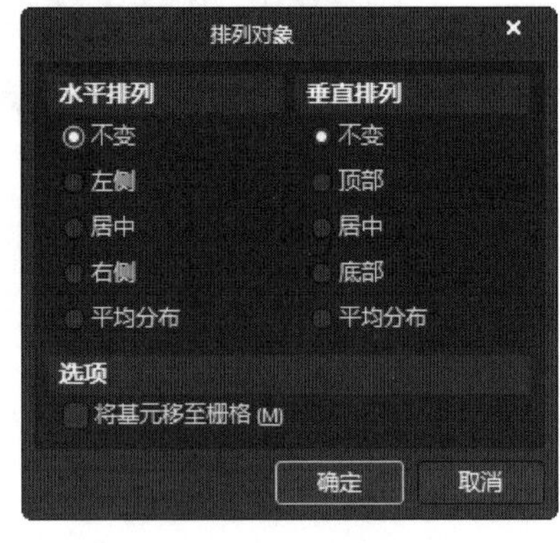

图 2-81 “排列对象”对话框

“排列对象”对话框中主要包含以下 3 部分：

（1）“水平排列”选项区域：用来设置元器件组在水平方向的排列方式。

- 不变：水平方向上保持原状，不进行排列。
- 左侧：水平方向左对齐，等同于“左对齐”命令。
- 居中：水平中心对齐，等同于“水平中心对齐”命令。
- 右侧：水平右对齐，等同于“右对齐”命令。
- 平均分布：水平方向均匀排列，等同于“垂直分布”命令。

（2）“垂直排列”选项区域：

- 不变：垂直方向上保持原状，不进行排列。
- 顶部：顶端对齐，等同于“顶对齐”命令。
- 居中：垂直中心对齐，等同于“垂直中心对齐”命令。
- 底部：底端对齐，等同于“底对齐”命令。

- 平均分布：垂直方向均匀排列，等同于“垂直分布”命令。

（3）“将基元移至栅格”复选项：用于设定元器件对齐时，是否将元器件移动到栅格上。建议勾选此复选框，以便于连线时捕捉到元器件的电气结点。

2.8　绘制电路原理图

本节具体介绍如何绘制电路原理图。

2.8.1　绘制电路原理图的工具

电路原理图主要通过电路图绘制工具来绘制，因此，必须熟练使用电路图绘制工具。启动电路图绘制工具的方法主要有两种。

1. 使用布线工具栏

执行单命令“视图”→“工具栏”→“布线”，如图 2-82 所示，即可打开“布线”工具栏，如图 2-83 所示。

2. 使用菜单命令

执行菜单命令“放置”或在电路原理图的图纸上右击“放置”选项，将弹出“放置”菜单命令，如图 2-84 所示。这些菜单命令与布线工具栏的各个按钮相互对应，功能完全相同。

图 2-82　启动“布线”工具栏的菜单命令

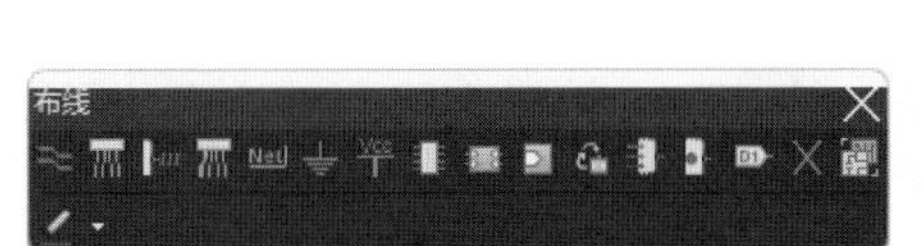

图 2-83　“布线”工具栏

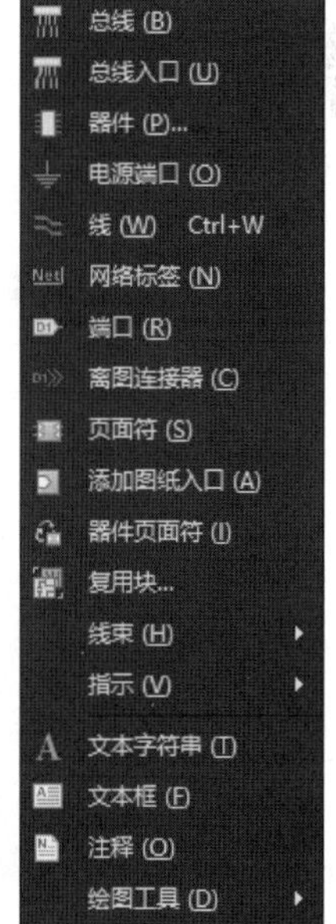

图 2-84　“放置”菜单命令

2.8.2 绘制导线和总线

1. 绘制导线

导线是电路原理图中最基本的电气组件之一，原理图中的导线具有电气连接意义。下面介绍绘制导线的具体步骤和导线的属性设置。

1）启动绘制导线命令

启动绘制导线命令主要有4种方法：

- 单击“布线”工具栏中的（放置线）按钮，进入绘制导线状态。
- 执行菜单命令“放置”→“线”，进入绘制导线状态。
- 在原理图图纸中的空白区域右击，在弹出的快捷菜单中选择“放置”→“线”命令。
- 按快捷键P+W。

2）绘制导线

进入绘制导线状态后，光标变成十字形，系统处于绘制导线状态。绘制导线的具体步骤如下：

01 将光标移到要绘制的导线的起点，若导线的起点是元器件的管脚，当光标靠近元器件管脚时，会自动移动到元器件的管脚上，同时出现一个红色的×表示电气连接的意义。单击确定导线起点。

02 移动光标到导线折点或终点，在导线折点处或终点处单击确定导线的位置，每转折一次都要单击一次。导线转折时，可以通过按Shift+空格键来切换选择导线转折的模式，共有3种模式，分别是直角、45° 角和任意角，如图2-85所示。

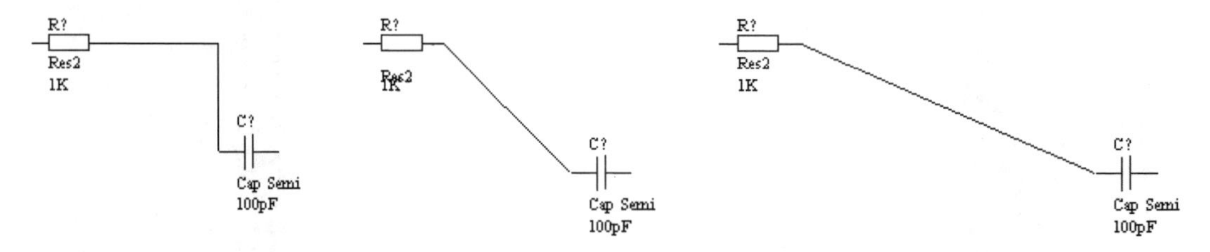

图2-85 直角、45° 角和任意角转折

03 绘制完第一条导线后，右击退出第一条导线，此时系统仍处于绘制导线状态。将光标移动到新的导线的起点，按照上面的方法继续绘制其他导线。

04 绘制完所有的导线后，右击退出绘制导线状态，光标由十字形变成箭头。

3）导线属性设置

在绘制导线状态下，按Tab键，弹出“Properties（属性）”面板，如图2-86所示。或者导线绘制完成后，双击导线，弹出“Wire（导线）”对话框，如图2-87所示。在“Properties（属性）”面板或者“Wire（导线）”对话框中可以对导线的颜色、线宽等参数进行设置。

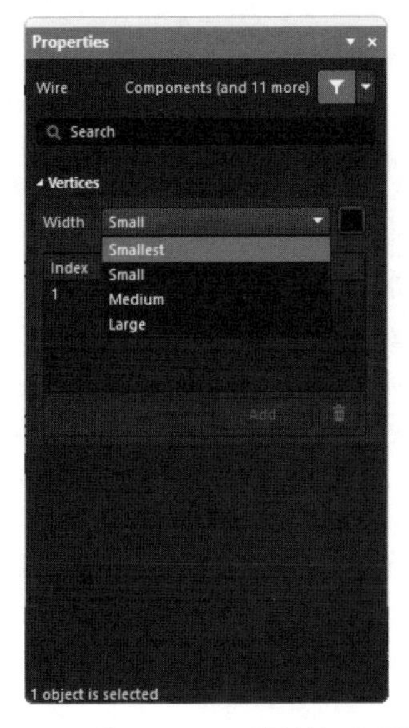

图 2-86　“Properties（属性）”面板

图 2-87　“Wire（导线）”对话框

单击■颜色框，弹出颜色属性对话框，选择合适的颜色作为导线的颜色，如图 2-88 所示。

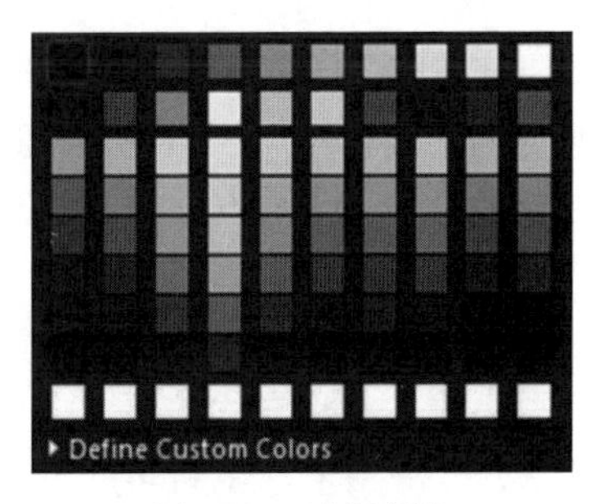

图 2-88　选择颜色

导线的宽度是通过“Width（宽度）”右边的下拉按钮来实现的。共有 4 种选择：Smallest（最细）、Small（细）、Medium（中等）、Large（粗）。一般不需要设置导线属性，采用默认设置即可。

4）绘制导线实例

这里以 P80C51FA-4N 原理图（见图 2-89）为例说明绘制导线工具的使用。后面介绍的所有绘图工具的使用都以 P80C51FA-4N 原理图为例。

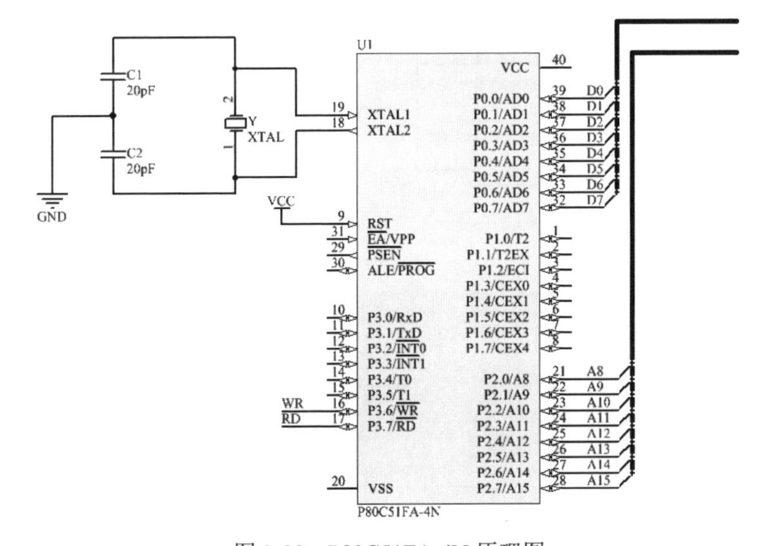

图 2-89　P80C51FA-4N 原理图

前面已经介绍了如何在原理图上放置元器件。按照前面所讲在空白原理图上放置所需的元器件，如图 2-90 所示。下面利用绘制导线命令完成对 P80C51FA-4N 原理图中导线的绘制。

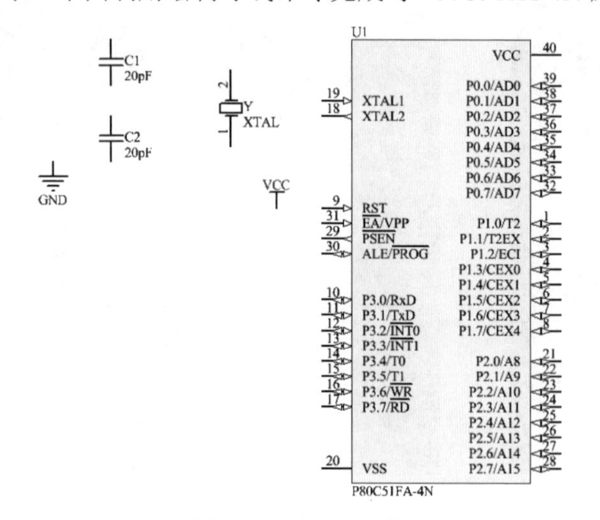

图 2-90　放置元器件

在 P80C51FA-4N 原理图中，主要绘制两部分导线，分别为第 18、19 管脚与电容、电源地等的连接以及第 31 管脚 VPP 与电源 VCC 的连接。其他地址总线和数据总线可以连接一小段导线，便于后面网路标号的放置。

首先启动绘制导线命令，光标变成十字形。将光标移动到 P80C51FA-4N 的第 19 管脚 XTAL1 处，将在 XTAL1 的管脚上出现一个红色的 X，单击确定导线的起点。拖动鼠标到合适位置后单击，将导线转折，并将光标拖至元器件 Y 的第 2 管脚处，此时光标上再次出现红色的 X，单击确定导线的终点，第一条导线就绘制完成，右击退出绘制第一根导线状态。此时光标仍为十字形，采用同样的方法绘制其他导线。只要光标为十字形，就处于绘制导线命令状态下。若要退出绘制导线状态，则右击，光标变成箭头后才表示退出绘制导线命令状态。导线绘制完成后的 P80C51FA-4N 原理图如图 2-91 所示。

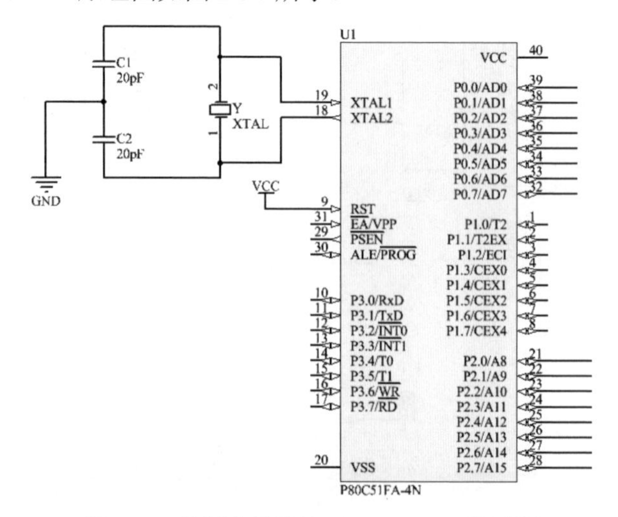

图 2-91　绘制完导线的 P80C51FA-4N 原理图

2. 绘制总线

总线就是用一条线来表达数条并行的导线，如常说的数据总线、地址总线等。这样做是为了简化原理图，便于读图。总线本身没有实际的电气连接意义，必须由总线接出的各个单一导线上的网络名称来完成电气意义上的连接。由总线接出的各单一导线上必须放置网络名称，具有相同网络名称的导线表示实际电气意义上的连接。

1）启动绘制总线的命令

启动绘制总线的命令有如下 4 种方法：

- 单击电路图“布线”工具栏中的（放置总线）按钮。
- 执行菜单命令“放置”→“总线”。
- 在原理图图纸空白区域右击，在弹出的快捷菜单中选择“放置”→“总线”命令。
- 使用快捷键 P+B。

2）绘制总线

启动绘制总线命令后，光标变成十字形，在合适的位置单击确定总线的起点，然后拖动鼠标，在转折处或在总线的末端单击确定。绘制总线的方法与绘制导线的方法基本相同。

3）总线属性设置

在放置总线的过程中，用户可以对总线的属性进行设置。双击总线，弹出如图 2-92 所示的“Bus（总线）”对话框。在该对话框中对总线的属性进行设置。

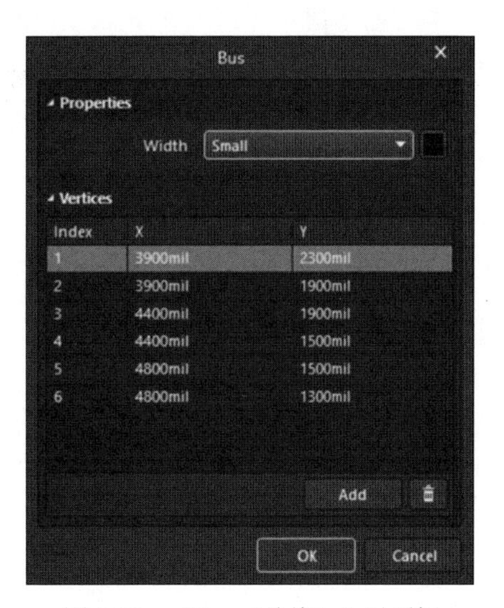

图 2-92　“Bus（总线）”对话框

总线属性的设置与导线设置相同，都是对总线颜色和总线宽度进行设置，在此不再重复讲述。一般情况下采用默认设置即可。

4）绘制总线实例

绘制总线的方法与绘制导线基本相同。启动绘制总线命令后，光标变成十字形，进入绘制总线状态后，在恰当的位置（P0.6 处空一格的位置，空一格位置是为了绘制总线分支）单击确认总线的起点，然后在总线转折处单击，最后在总线的末端再次单击，完成第一条总线的绘制。采用同样的方法绘制剩余的总线。绘制完数据总线和地址总线的 P80C51FA-4N 原理图如图 2-93 所示。

3. 绘制总线分支

总线分支是单一导线进出总线的端点。导线与总线连接时必须使用总线分支，总线和总线分支没有任何的电气连接意义，只是让电路原理图看上去更专业。因此，电气连接功能要由网络标号来完成。

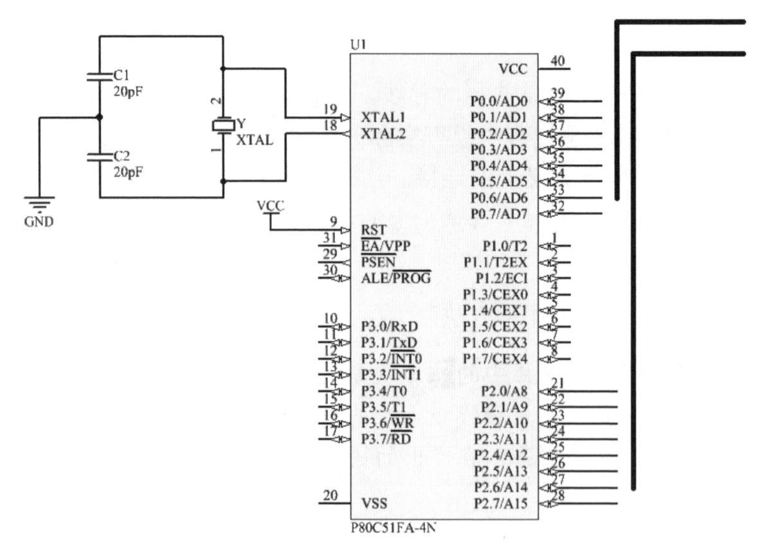

图 2-93　绘制总线后的 P80C51FA-4N 原理图

1）启动总线分支命令

启动总线分支命令主要有以下 4 种方法：

- 单击电路图“布线”工具栏中的按钮。
- 执行菜单命令“放置”→“总线入口”。
- 在原理图图纸空白区域右击，在弹出的快捷菜单中选择“放置”→“总线入口”命令。
- 使用快捷键 P+U。

2）绘制总线分支

绘制总线分支的步骤如下：

01 执行绘制总线分支命令后，光标变成十字形，并有分支线“/”悬浮在游标上。如果需要改变分支线的方向，按空格键即可。

02 移动光标到所要放置总线分支的位置，光标上出现两个红色的十字叉，单击即可完成第一个总线分支的放置。依次放置所有的总线分支。

03 绘制完所有的总线分支后，右击或按 Esc 键退出绘制总线分支状态，光标由十字形变成箭头。

3）总线分支属性设置

在绘制总线分支状态下，双击总线入口，弹出如图 2-94 所示的“Bus Entry（总线入口）”对话框，在该对话框中可以对总线分支线的属性进行设置，例如可以设置总线分支的颜色和线宽。位置一般不需要设置，采用默认设置即可。

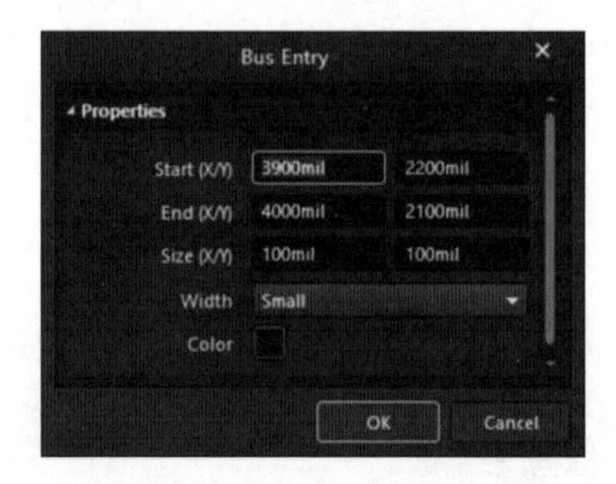

图 2-94　“Bus Entry（总线入口）”对话框

4）绘制总线分支的实例

进入绘制总线分支状态后，十字光标上出现分支线/或\。由于在 P80C51FA-4N 原理图中采用⁄分支线，因此可以通过按空格键来调整分支线的方向。绘制分支线很简单，只需要将十字光标上的分支线移动到合适的位置，单击就可以了。完成了总线分支的绘制后，右击退出总线分支绘制状态。这一点与绘制导线和总线不同，当绘制导线和总线时，需要右击两次退出导线和总线绘制状态，右击一次表示在当前导线和总线绘制完成后，开始下一段导线或总线的绘制。绘制完总线分支后的 P80C51FA-4N 原理图如图 2-95 所示。

提　示
在放置总线分支的时候，总线分支朝向的方向有时是不一样的，左边的总线分支向右倾斜，而右边的总线分支向左倾斜。在放置的时候，只需按空格键就可以改变总线分支的朝向。

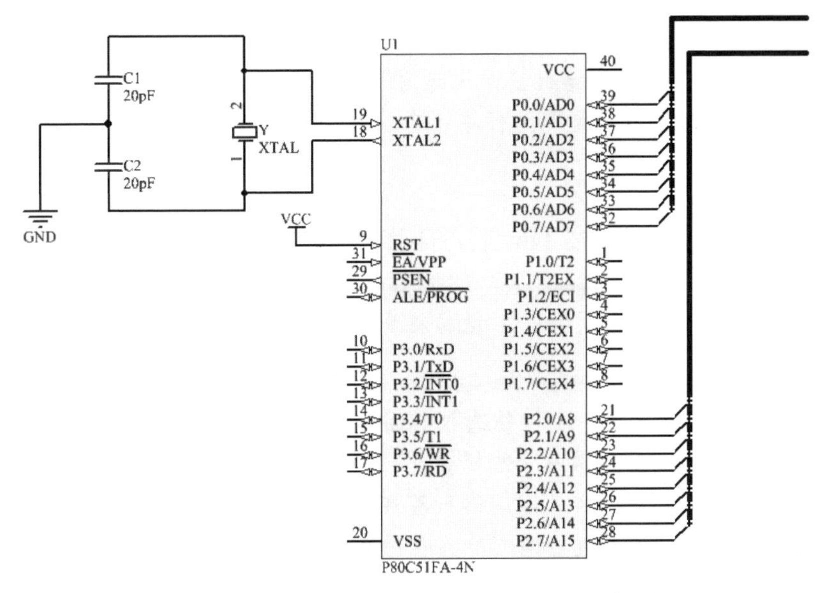

图 2-95　绘制总线分支后的 P80C51FA-4N 原理图

2.8.3　设置网络标签

在原理图绘制过程中，元器件之间的电气连接除了使用导线外，还可以通过设置网络标签来实现。网络标签实际上是一个电气连接点，具有相同网络标签的电气连接表明是连在一起的。网络标签主要用于层次原理图电路和多重式电路中的各个模块之间的连接。也就是说，网络标签的用途是将两个和两个以上没有相互连接的网络命名为相同的网络标签，使它们在电气含义上属于同一网络，这在印制电路板布线时非常重要。当连接线路比较远或线路走线复杂时，使用网络标签代替实际走线会简化电路原理图。

1. 启动放置网络标签命令

启动放置网络标签命令有以下 4 种方法：

- 执行菜单命令“放置”→“网络标签”。
- 单击“布线”工具栏中的Net1（放置网络标签）按钮。
- 在原理图图纸空白区域右击，在弹出的快捷菜单中选择“放置”→“网络标签”命令。

- 使用快捷键 P+N。

2. 放置网络标签

放置网络标签的步骤如下：

01 启动放置网络标签命令后，光标变成十字形，并出现一个虚线方框悬浮在光标上。此方框的大小、长度和内容由上一次使用的网络标签决定。

02 将光标移动到要放置网络名称的位置（导线或总线），光标上出现红色的×，单击就可以放置一个网络标签了。一般情况下，为了避免以后修改网络标签的麻烦，在放置网络标签前，按 Tab 键打开网络标签“Properties（属性）”面板，设置网络标签的属性。

03 移动光标到其他位置继续放置网络标签（放置完第一个网路标签后，不要右击）。在放置网络标签的过程中，如果网络标签的末尾为数字，那么这些数字会自动增加。

04 右击或按 Esc 键退出放置网络标签状态。

3. 网络标签属性设置

启动放置网络标签命令后，按 Tab 键打开网络标签的“Properties（属性）”面板；或者在网络标签放置完成后，双击网络标签打开“Net Label（网络标签）”对话框，如图 2-96 所示。

“Net Label（网络标签）”对话框主要用来设置以下属性：

- Net Name（网络名称）：定义网络标签。在文本栏中可以直接输入想要放置的网络标签，也可以单击右侧的下拉按钮选取前面使用过的网络标签。
- 颜色：单击颜色框■，弹出“选择颜色”对话框，用户可以选择自己喜欢的颜色。
- （X/Y）：选项中的 X、Y 表明网络标签在电路原理图上的水平和竖直坐标。
- Rotation（旋转）：用来设置网络标签在原理图上的放置方向。在“Rotation（旋转）”下拉列表中可以选择网络标签的方向，也可以用空格键实现方向的调整，每按一次空格键，逆时针旋转 90°。
- Font（字体）：单击字体下拉按钮，弹出下拉列表，如图 2-97 所示，用户可以选择自己喜欢的字体。

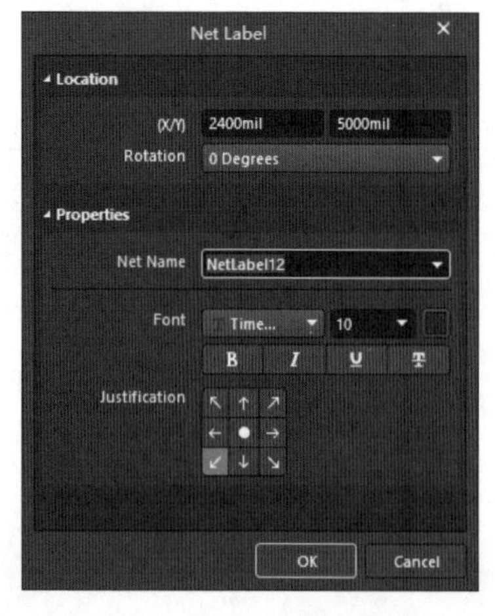

图 2-96 “Net Label（网络标签）”对话框

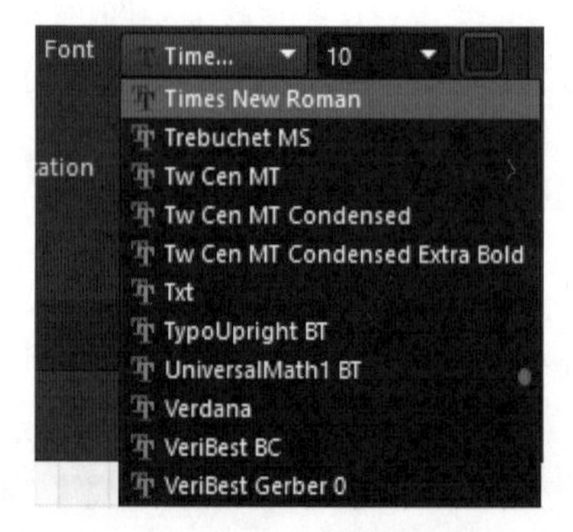

图 2-97 字体设置

4. 放置网络标签实例

在P80C51FA-4N 原理图中，主要放置 WR、RD、数据总线（D0～D7）和地址总线（A8～A15）的网络标签。首先进入放置网络标签状态，按 Tab 键将弹出网络标签的“Properties（属性）”面板，在“Net Name（网络名称）”文本框中输入 D0，其他采用默认设置即可。移动光标到 P80C51FA-4N 的AD0 管脚，出现红色的×符号，单击鼠标，网络标签 D0 的设置完成。依次移动光标到 D1～D7，会发现网络标签的末位数字自动增加。单击鼠标完成 D0～D7 的网络标签的放置。用同样的方法完成其他网络标签的放置后，右击退出放置网络标签状态。完成网络标签的放置后的 P80C51FA-4N 原理图如图 2-98 所示。

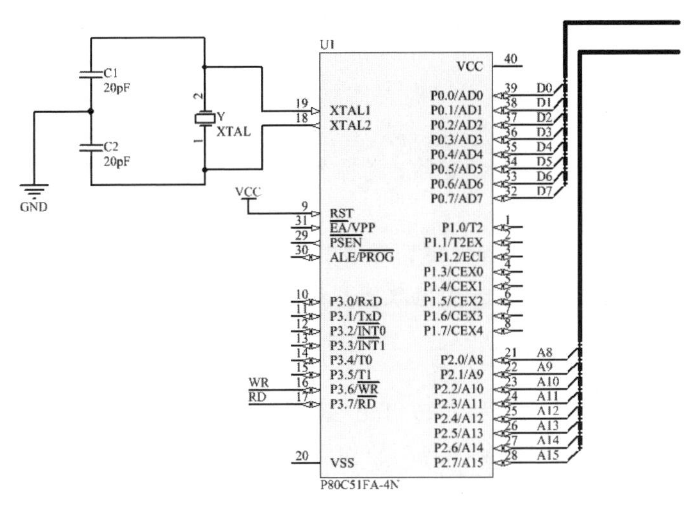

图 2-98　放置完网络标签后的 P80C51FA-4N 原理图

2.8.4　放置电源和接地符号

电源和接地符号的放置一般不采用绘图工具栏中的放置电源和接地菜单命令，通常利用电源和接地符号工具栏来完成。

1. 电源和接地符号工具栏

执行菜单命令“视图”→“工具栏”，选中“应用工具”选项，在编辑窗口上出现如图 2-99 所示的一行工具栏。

单击“应用工具”工具栏中的按钮，弹出电源和接地符号下拉菜单，如图 2-100 所示。

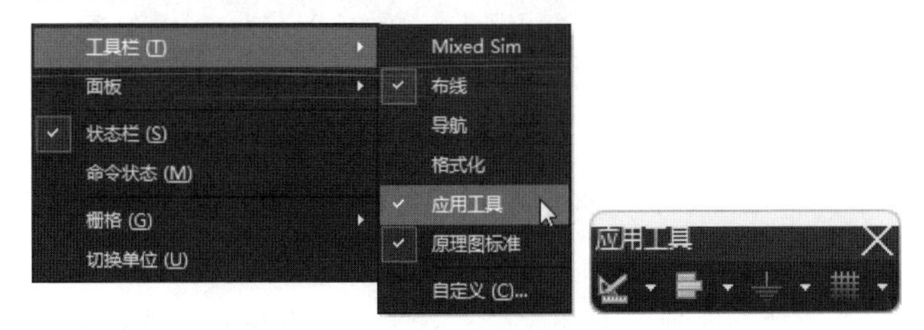

图 2-99　选中“应用工具”选项后出现的工具栏

图 2-100　电源和接地符号下拉菜单

在电源和接地符号下拉菜单中，单击电源和接地图标按钮，可以得到相应的电源和接地符号，非常方便易用。

2. 放置电源和接地符号

放置电源和接地符号主要有以下 5 种方法：

- 单击“布线”工具栏中的（放置 GND 端口）或（放置 VCC 电源端口）按钮。
- 执行菜单命令“放置”→“电源端口”。
- 在原理图图纸空白区域右击，在弹出的快捷菜单中选择“放置”→“电源端口”命令。
- 使用“应用工具”工具栏中的电源和接地符号。
- 使用快捷键 P+O。

放置电源和接地符号的步骤如下：

01 启动放置电源和接地符号命令后，光标变成十字形，同时一个电源或接地符号悬浮在光标上。

02 在适合的位置单击或按 Enter 键，即可放置电源和接地符号。

03 右击或按 Esc 键退出电源和接地放置状态。

3. 设置电源和接地符号的属性

启动放置电源和接地符号命令后，按 Tab 键弹出电源端口和接地符号的“Properties（属性）”面板，或者在完成电源和接地符号的放置后，双击需要设置的电源符号或接地符号，弹出“Power Port（电源端口）”对话框，如图 2-101 所示。

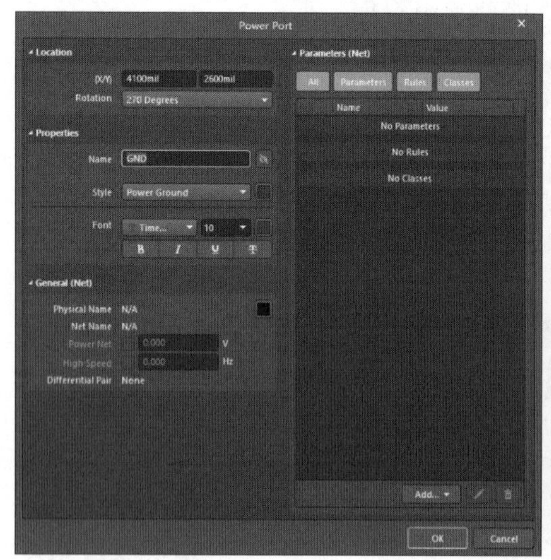

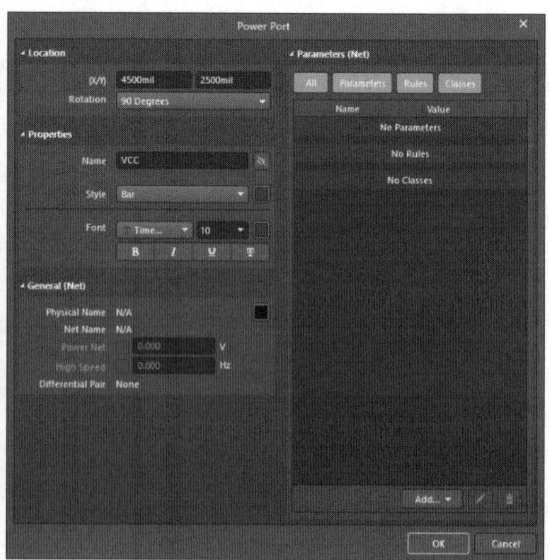

图 2-101 “Power Port（电源端口）”对话框

“Power Port（电源端口）”对话框主要包括如下属性设置：

- 颜色：用来设置电源和接地符号的颜色。单击右边的色块，可以选择颜色。
- Rotation（旋转）：用来设置电源的和接地符号的方向，在下拉列表中可以选择需要

的方向，有 0 Degrees、90 Degrees、180 Degrees、270 Degrees。方向的设置也可以通过在放置电源和接地符号时按空格键来实现，每按一次空格键就逆时针旋转 90°。

- （X/Y）：可以定位 X、Y 坐标，一般采用默认设置即可。
- Style（类型）：在“类型”下拉列表中，有 11 种不同的电源和接地类型，如图 2-102 所示。
- Name（名称）：在网络标签中输入所需要的名字，比如 GND、VCC 等。

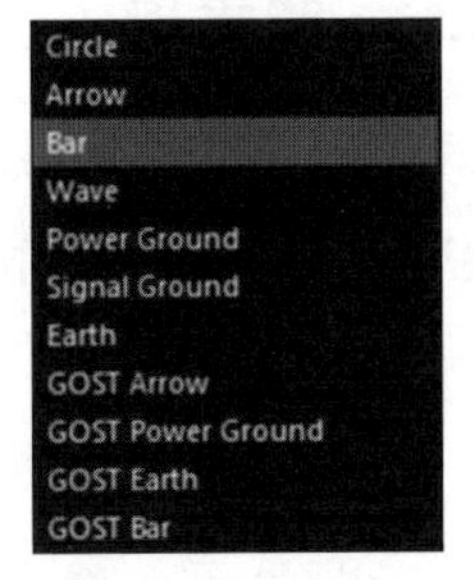

图 2-102　端口的电气类型

4. 放置电源与接地符号实例

在 P80C51FA-4N 原理图中，主要有电容与电源地的连接和 VPP 与电源 VCC 的连接。下面利用电源与接地符号工具栏和绘图工具栏中的放置电源和接地符号命令分别完成电源和接地符号的放置，并比较两者优劣。

1）利用电源与接地符号工具栏放置电源和接地符号

单击“应用工具”工具栏中的 VCC 图标，光标变成十字形，同时有 VCC 图标悬浮在光标上，移动光标到合适的位置后单击，完成 VCC 图标的放置。接地符号的放置与电源符号的放置完全相同，不再叙述。

2）利用绘图工具栏放置电源和接地符号

单击“布线”工具栏的电源符号按钮，光标变成十字形，同时一个电源图标悬浮在光标上，该图标与上一次设置的电源或接地图标相同。按 Tab 键，弹出电源端口的“Properties（属性）”面板，在“Name（名称）”文本框中输入 VCC 作为网络标签，在“Style（类型）”下拉列表中选择“Bar”，其他采用默认设置即可，移动光标到合适的位置后单击，VCC 图标就出现在原理图上。此时系统仍处于放置电源和接地符号状态，采用上述同样的方法继续放置接地符号。完成后右击退出放置电源和接地符号状态。放置电源和接地符号后的 P80C51FA-4N 原理图，如图 2-103 所示。

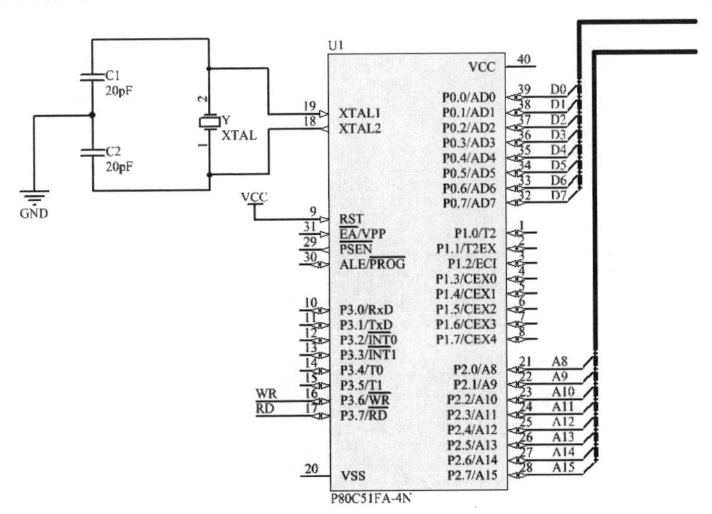

图 2-103　放置电源和接地符号后的 P80C51FA-4N 原理图

2.8.5 放置输入/输出端口

在设计电路原理图时，一个电路网络与另一个电路网络的电气连接有 3 种形式：直接通过导线连接；通过设置相同的网络标签来实现两个网络之间的电气连接；具有相同网络标签的输入/输出端口，在电气意义上也是连接的。输入/输出端口是电路原理图设计中不可缺少的组件。

1. 启动放置输入/输出端口的命令

启动放置输入/输出端口命令主要有以下 4 种方法：

- 单击“布线”工具栏中的 D1（放置端口）按钮。
- 执行菜单命令“放置”→“端口”。
- 在原理图图纸空白区域右击，在弹出的快捷菜单中选择“放置”→“端口”命令。
- 使用快捷键 P+R。

2. 放置输入/输出端口

放置输入/输出端口的步骤如下：

01 启动放置输入/输出端口命令后，光标变成十字形，同时一个输入/输出端口图标悬浮在光标上。

02 移动光标到原理图的合适位置，当光标与导线相交处会出现红色的×时，表明实现了电气连接。单击即可定位输入/输出端口的一端，移动鼠标使输入/输出端口的大小合适，再次单击完成一个输入/输出端口的放置。

03 右击退出放置输入/输出端口状态。

3. 输入/输出端口属性设置

在放置输入/输出端口状态下按 Tab 键，弹出输入/输出端口的“Properies（属性）”面板；或者在退出放置输入/输出端口状态后，双击放置的输入/输出端口符号，弹出“Port（端口）”对话框，如图 2-104 所示。

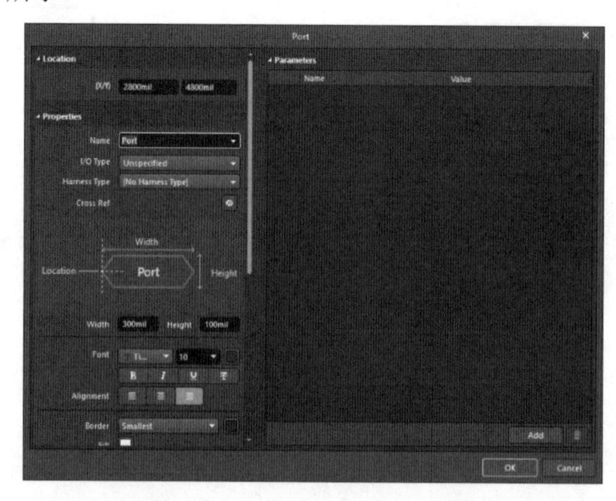

图 2-104 “Port（端口）”对话框

“Port（端口）”对话框主要包括如下属性设置：

- Name（名称）：用于设置端口名称。这是端口最重要的属性之一，具有相同名称的端口在电气上是连通的。
- I/O Type（输入/输出端口的类型）：用于设置端口的电气特性，为后面的电气规则检查提供一定的依据。有 Unspecified（未指明或不确定）、Output（输出）、Input（输入）和 Bidirectional（双向型）4 种类型。
- Harness Type（线束类型）：设置线束的类型。
- Font（字体）：用于设置端口名称的字体类型、字体大小、字体颜色，同时设置字体的加粗、斜体、下画线、横线等效果。
- Border（边界）：用于设置端口边界的线宽、颜色。
- Fill（填充颜色）：用于设置端口内的填充颜色。

2.8.6　放置通用 No ERC 标号

放置通用 No ERC 标号的主要目的是让系统在进行电气规则检查时，忽略对某些结点的检查。例如系统默认输入型管脚必须连接，但实际上某些输入型管脚不连接也是常事，如果不放置通用 No ERC 标号，那么系统在编译时就会生成错误信息，并在管脚上放置错误标记。

1. 启动放置通用 No ERC 标号命令

启动放置通用 No ERC 标号命令，主要有以下 4 种方法：

- 单击“布线”工具栏中的☒（放置通用 No ERC 标号）按钮。
- 执行菜单命令“放置”→“指示”→“通用 No ERC 标号”。
- 在原理图图纸空白区域右击，在弹出的快捷菜单中选择“放置”→“指示”→“通用 No ERC 标号”命令。
- 使用快捷键 P+I+N。

2. 放置通用 No ERC 标号

启动放置通用 No ERC 标号命令后，光标变成十字形，并且在光标上悬浮一个红叉，将光标移动到需要放置通用 No ERC 标号的结点上，单击完成一个通用 No ERC 标号的放置。右击或按 Esc 键退出放置通用 No ERC 标号状态。

3. 通用 No ERC 标号属性设置

在放置通用 No ERC 标号状态下按 Tab 键，弹出通用 No ERC 标号的“Properties（属性）”面板；或在放置通用 No ERC 标号完成后，双击需要设置属性的通用 No ERC 标号符号，弹出“No ERC”对话框，如图 2-105 所示。

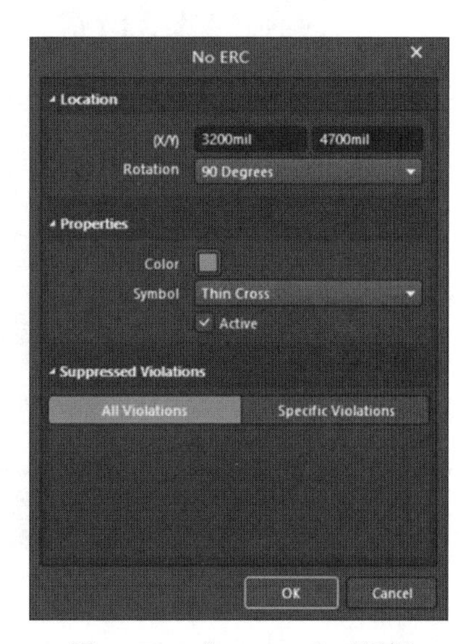

图 2-105　“No ERC”对话框

在该对话框中可以对通用 No ERC 标号的颜色及位置属性进行设置。

2.8.7 设置 PCB 布线标志

Altium Designer 24 允许用户在原理图设计阶段指定网络的铜膜宽度、过孔直径、布线策略、布线优先权和布线板层属性。如果用户在原理图中对某些具有特殊要求的网络设置 PCB 布线标志，在创建 PCB 的过程中就会自动引入这些设计规则。

1. 启动放置 PCB 布线标志命令

启动放置 PCB 布线标志命令，主要有以下 2 种方法：

- 执行菜单命令“放置”→“指示”→“参数设置”。
- 在原理图图纸空白区域右击，在弹出的快捷菜单中选择“放置”→“指示”→“参数设置”命令。

2. 放置 PCB 布线标志

启动放置 PCB 布线标志命令后，光标变成十字形，“PCB Rule”图标悬浮在光标上，将光标移动到要放置 PCB 布线标志的位置后单击，即可完成 PCB 布线标志的放置。右击，退出 PCB 布线标志状态。

3. PCB 布线标志属性设置

在放置 PCB 布线标志状态下按 Tab 键，弹出“Properties（属性）”面板，或者在已放置的 PCB 布线标志上双击，弹出“Parameter Set（参数设置）”对话框，如图 2-106 所示。

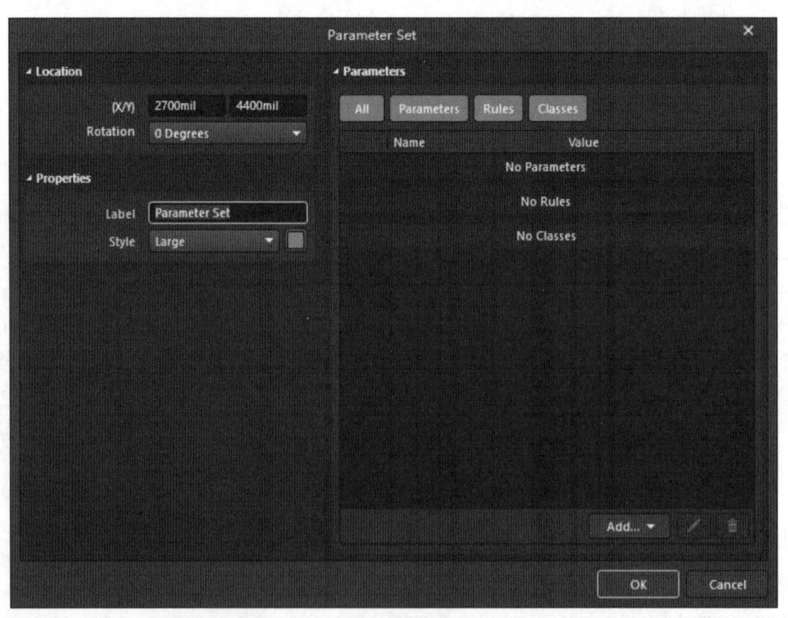

图 2-106 “Parameter Set（参数设置）”对话框

在该对话框中可以对 PCB 布线标志的名称、位置、旋转角度及布线规则等属性进行设置。

- （X/Y）：用于设定 PCB 布线标志符号在原理图上的 X 轴和 Y 轴坐标。
- Label（名称）：用于输入 PCB 布线标志符号的名称。
- Style（类型）：用于设定 PCB 布线标志符号在原理图上的类型，包括“Large（大的）”和“Tiny（极小的）”。
- Parameters（参数）：该窗口中列出了该 PCB 布线标志的相关参数，若需要添加参数，单击“Add（添加）”按钮，从下拉列表中选择需要的选项即可。在此处选择“Net Class（网络类）”或“Parameter（参数）”选项，可直接设置参数。如果选择 Rule（规则）选项，系统将弹出如图 2-107 所示的“选择设计规则类型”对话框，在该对话框中列出了 PCB 布线时能用的所有类型的规则供用户选择。

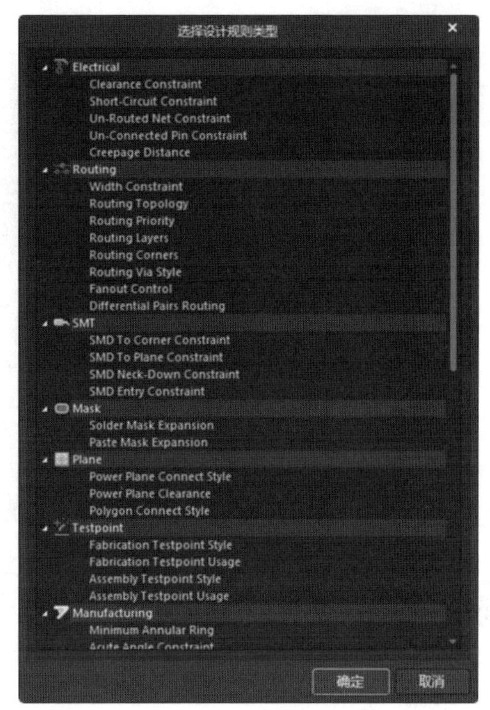

图 2-107　“选择设计规则类型”对话框

2.9　上机实例

通过前面的学习，相信读者对 Altium Designer 24 的原理图编辑环境、原理图编辑器的使用有了一定的了解，并能够完成简单的电路原理图的绘制。本节将通过具体的实例讲述完整的电路原理图的绘制步骤。

2.9.1　绘制抽水机电路

本例绘制的抽水机电路主要由 4 只晶体管组成。潜水泵的供电受继电器的控制，继电器的线圈中的电流是否形成，取决于晶体管 VT4 是否导通。

1. 建立工作环境

具体操作步骤如下：

01 在 Altium Designer 24 主界面中，执行菜单命令“文件”→“新的”→“项目”，弹出“Create Project（新建工程）”对话框。

02 在“Project Name（工程名称）”文本框中输入文件名称“抽水机电路”，在“Folder（路径）”文本框中选择文件路径，如图 2-108 所示。完成设置后，单击“Create（创建）”按钮，关闭该对话框。

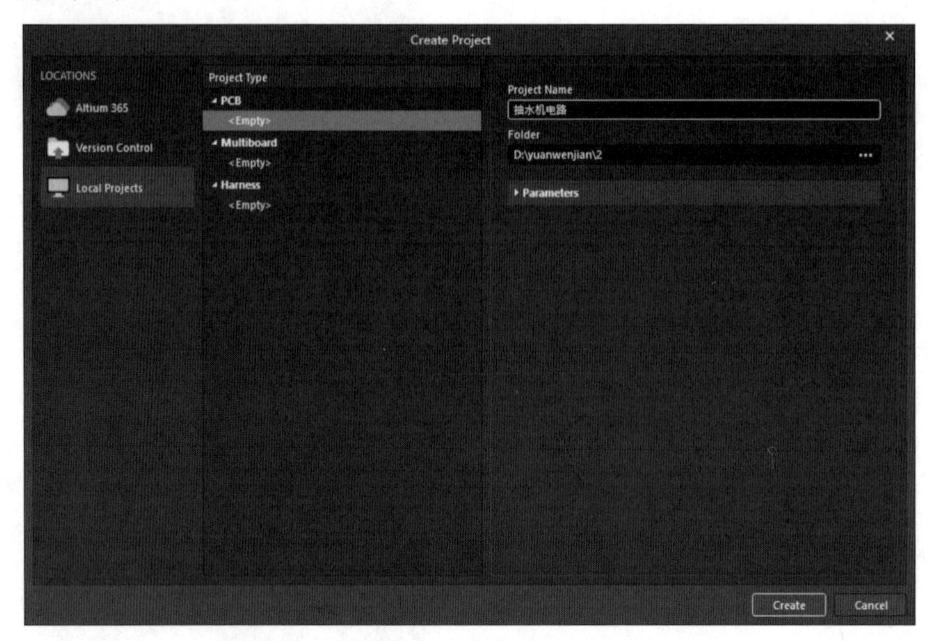

图 2-108　“Create Project（新建工程）”对话框

03 选择菜单栏中的“文件”→“新的”→“原理图”命令，新建电路原理图。在新建的原理图上右击，在弹出的快捷菜单中选择“另存为”命令，将其保存为“抽水机电路.SchDoc”，如图 2-109 所示。在创建原理图文件的同时，也就进入了原理图设计环境。

04 设置图纸参数。单击主界面右下角的“Panels（面板）”按钮，在弹出的菜单中选择“Properties（属性）”命令，打开“Properties（属性）”面板，如图 2-110 所示。在此面板中对图纸参数进行设置。这里将图纸的尺寸设置为 A4，“Orientation（方向）”设置为 Landscape，“Title Block（标题块）”设置为 Standard，其他采用默认设置。

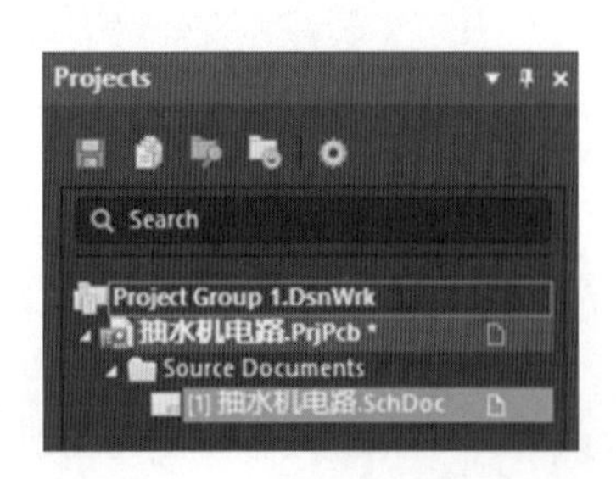

图 2-109　创建新原理图文件

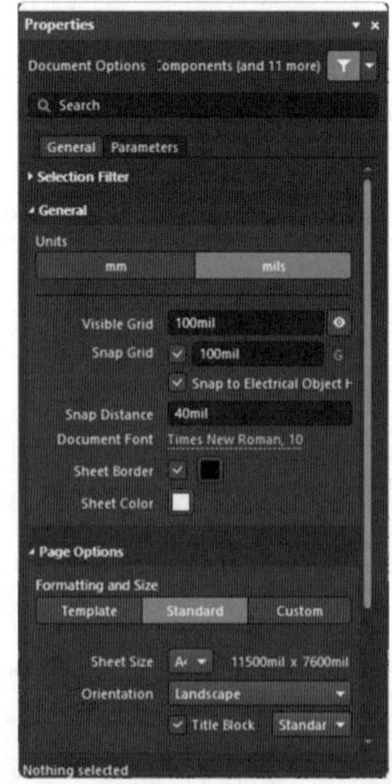

图 2-110　“Properties（属性）”面板

2. 加载元器件库

在“Components（元器件）”面板右上角单击按钮，在弹出的菜单中选择“File-based Libraries Preferences（库文件参数）”命令，系统将弹出“有效的基于文件的库”对话框，在其中加载需要的元器件库。本例中需要加载的元器件库如图 2-111 所示。

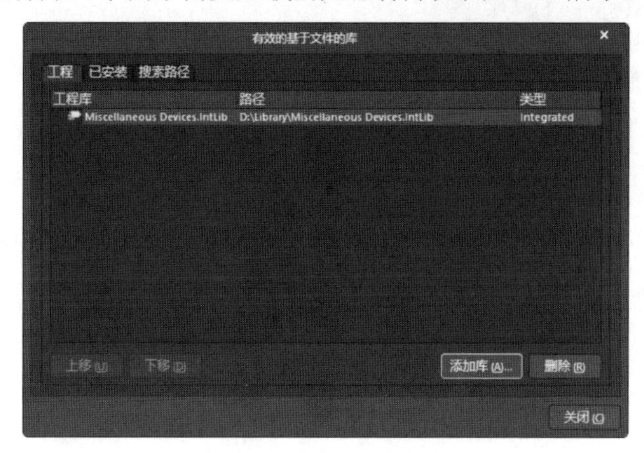

图 2-111　本例中需要的元器件库

3. 查找并放置元器件

在绘制电路原理图的过程中，放置元器件的基本依据是根据信号的流向放置，或从左到右，或从右到左。首先放置电路中的关键元器件，之后放置电阻、电容等外围元器件。本例按照从左到右的顺序放置元器件。

这里我们不知道设计中所用到的 LM394BH 和 MC7812AK 元器件所在的库位置，因此先查找这两个元器件。

01 在“Components（元器件）”面板右上角单击按钮，在弹出的菜单中选择“File-based Libraries Search（库文件搜索）”命令，系统将弹出“基于文件的库搜索”对话框，在该对话框中输入“LM394BH”即可。

02 单击“查找”按钮后，系统开始查找此元器件。查找到的元器件将显示在“Components（元器件）”面板中，如图 2-112 所示。右击查找到的元器件，在弹出的快捷菜单中选择“Place LM394BH”命令，如图 2-113 所示，将其放置到原理图中。以同样的方法查找元器件 MC7812AK，并将其放置在原理图中，结果如图 2-114 所示。

图 2-112　查找到的元器件 LM394BH

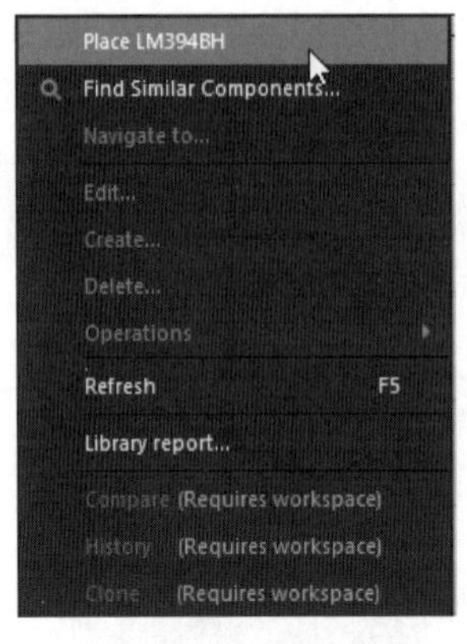

图 2-113　快捷菜单

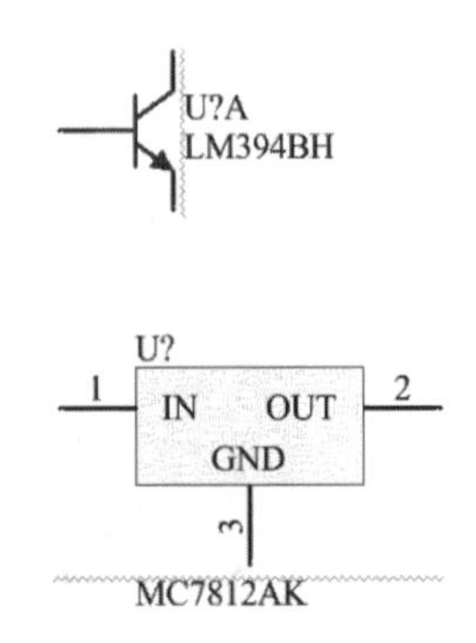

图 2-114　加载的主要元器件

4. 放置外围元器件

01 首先放置 2N3904。打开“Components（元器件）”面板，在当前元器件库名称栏中选择 Miscellaneous Devices.IntLib，在元器件列表中选择 2N3904，如图 2-115 所示。

02 双击元器件列表中的 2N3904，将此元器件放置到原理图中的合适位置。

03 同理放置元器件 2N3906，如图 2-116 所示。

04 放置二极管元器件。在“Components(元器件)”面板的元器件过滤列表中输入“dio”，在元器件预览窗口中显示符合条件的元器件，如图 2-117 所示。在元器件列表中双击“Diode”，将元器件放置到图纸空白处。

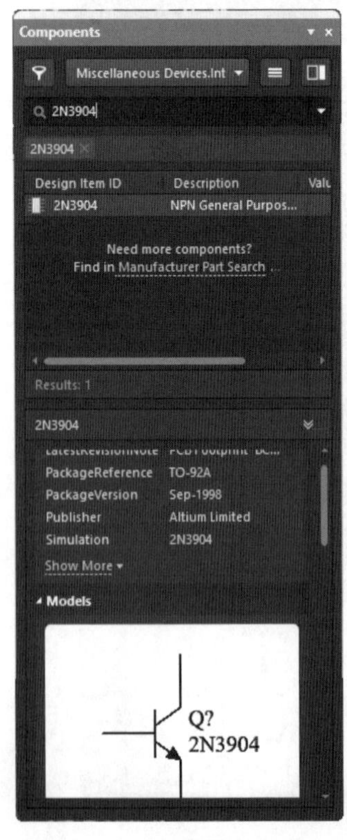

图 2-115　选择元器件 2N3904

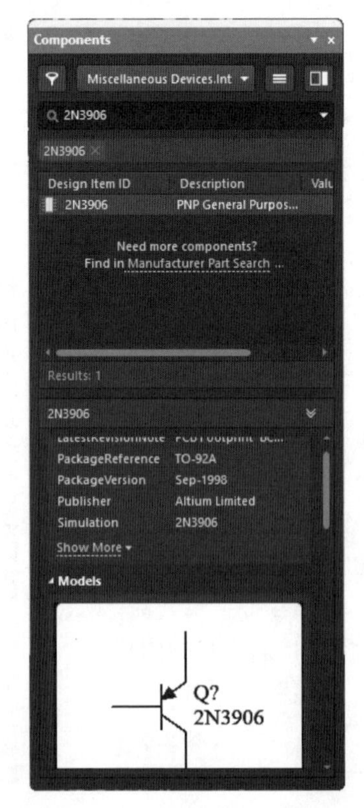

图 2-116　选择元器件 2N3906

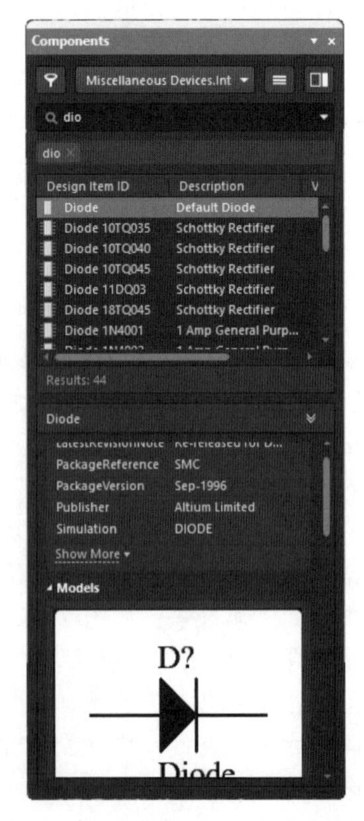

图 2-117　选择元器件 Diode

05 放置发光二极管元器件。在“Components（元器件）”面板的元器件过滤列表中输入“led”，在元器件预览窗口中显示符合条件的元器件，如图 2-118 所示。在元器件列表中双击“LED0”，将元器件放置到图纸空白处。

06 放置整流桥（二极管）元器件。在“Components（元器件）”面板的元器件过滤列表中输入“b”，在元器件预览窗口中显示符合条件的元器件，如图 2-119 所示。在元器件列表中双击“Bridge1”，将元器件放置到图纸空白处。

07 放置变压器元器件。在“Components（元器件）”面板的元器件过滤列表中输入“tr”，在元器件预览窗口中显示符合条件的元器件，如图 2-120 所示。在元器件列表中双击“Trans”，将元器件放置到图纸空白处。

图 2-118　选择元器件 LED0

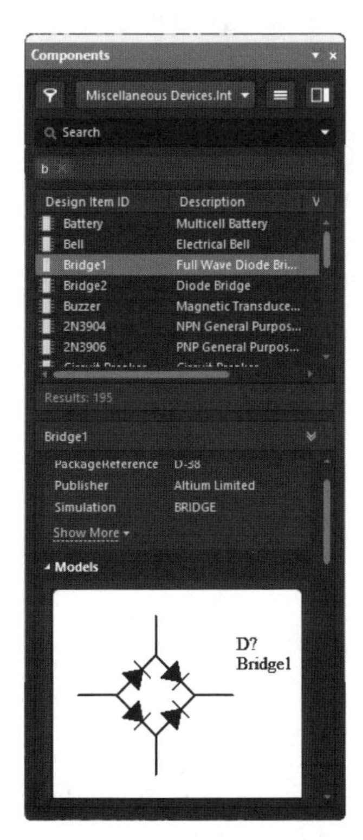

图 2-119　选择元器件 Bridge1

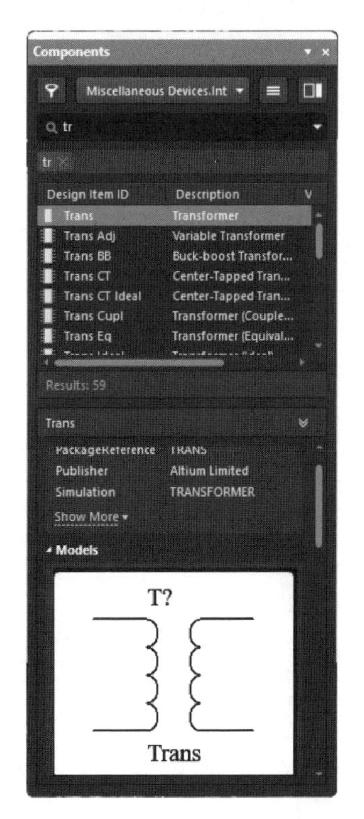

图 2-120　选择元器件 Trans

08 放置电阻、电容。打开“Components（元器件）”面板，在元器件列表中分别选择如图 2-121、图 2-122、图 2-123 所示的电阻和电容进行放置。最终结果如图 2-124 所示。

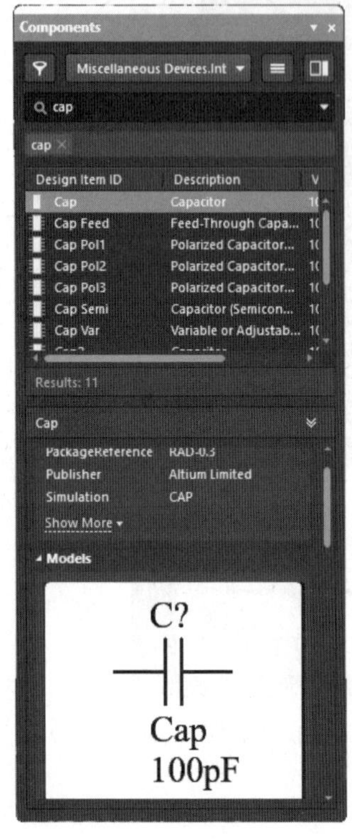

图 2-121　选择元器件 Cap

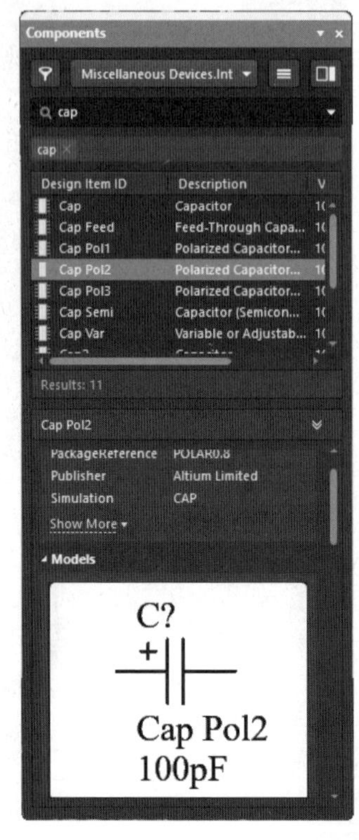

图 2-122　选择元器件 Cap Pol2

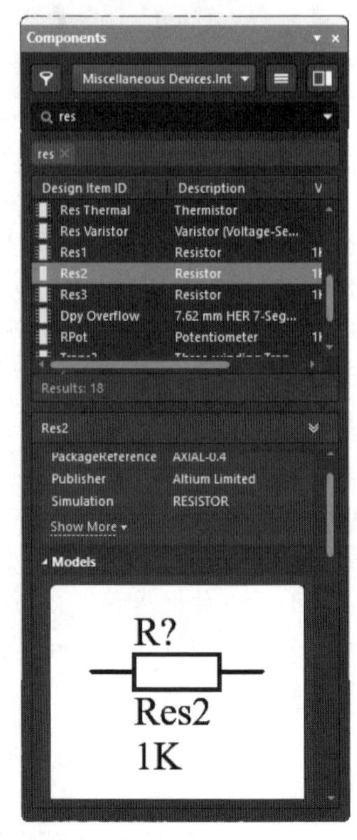

图 2-123　选择元器件 Res2

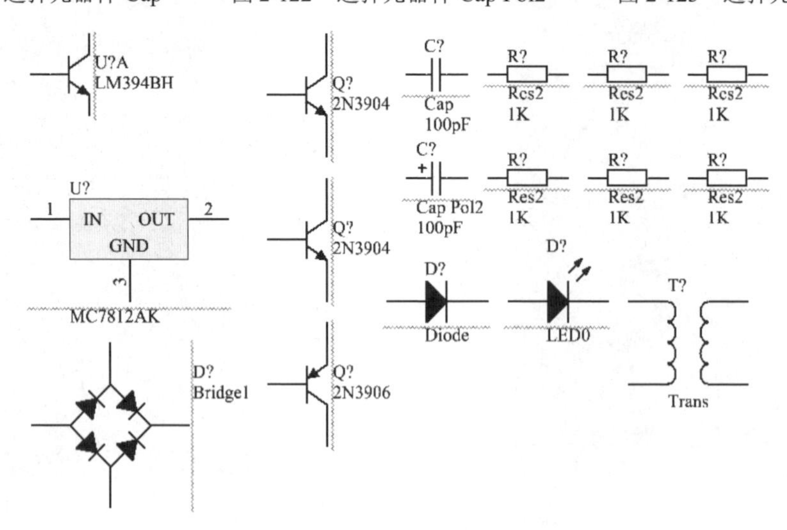

图 2-124　元器件放置结果

5. 布局元器件

元器件放置完成后，需要进行调整，将它们分别排列在原理图中最恰当的位置，这样有助于后续的设计。

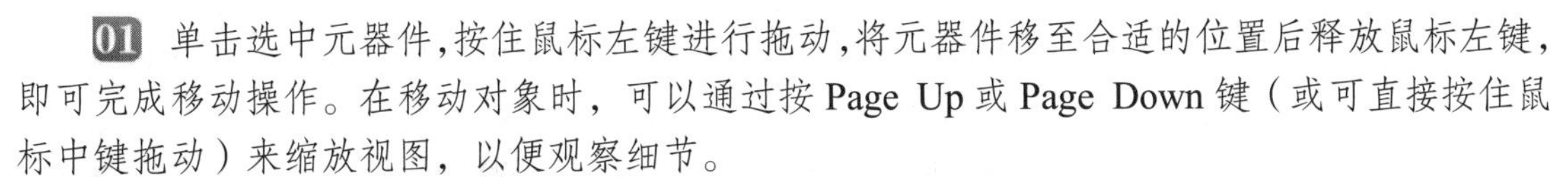

01 单击选中元器件，按住鼠标左键进行拖动，将元器件移至合适的位置后释放鼠标左键，即可完成移动操作。在移动对象时，可以通过按 Page Up 或 Page Down 键（或可直接按住鼠标中键拖动）来缩放视图，以便观察细节。

02 选中元器件的标注部分，按住鼠标左键进行拖动，可以移动元器件标注的位置。

03 采用同样的方法调整所有元器件，效果如图 2-125 所示。

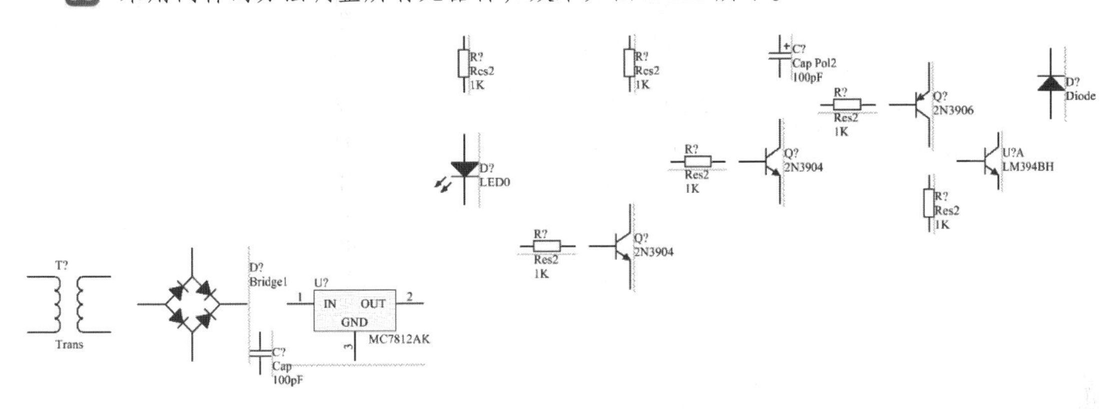

图 2-125　元器件调整效果

在图纸上放置好元器件之后，再对各个元器件的属性进行设置，包括元器件的标识、序号、型号、封装形式等。

04 编辑元器件属性。双击变压器元器件“Trans”，在弹出的“Component（元器件）”对话框中修改元器件属性。将“Designator（标识符）”设为“T1”，将“Comment（注释）”设为不可见，参数设置如图 2-126 所示。

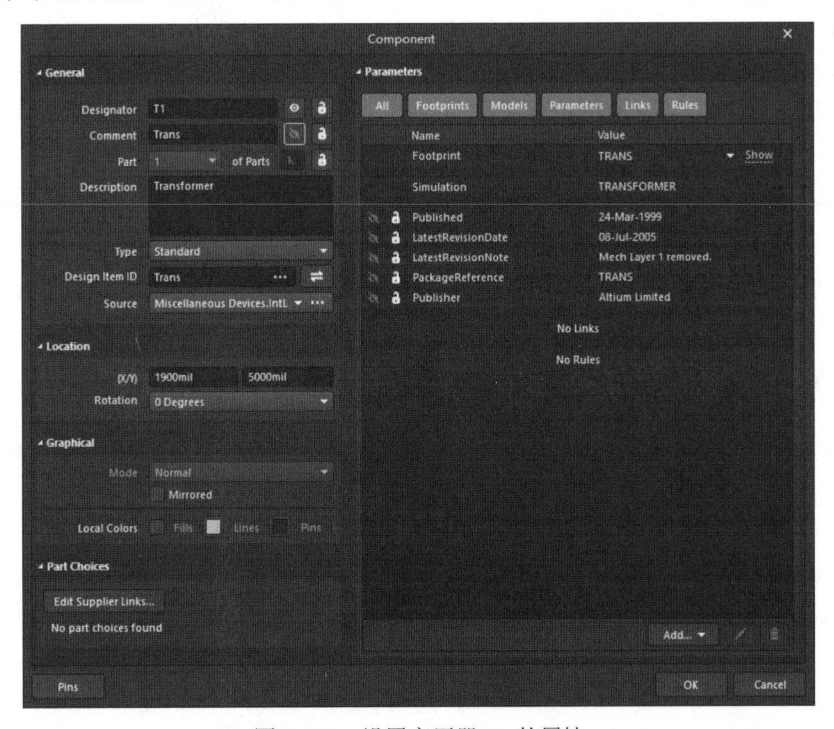

图 2-126　设置变压器 T1 的属性

以同样的方法设置其余元器件，设置好元器件属性的元器件布局如图 2-127 所示。

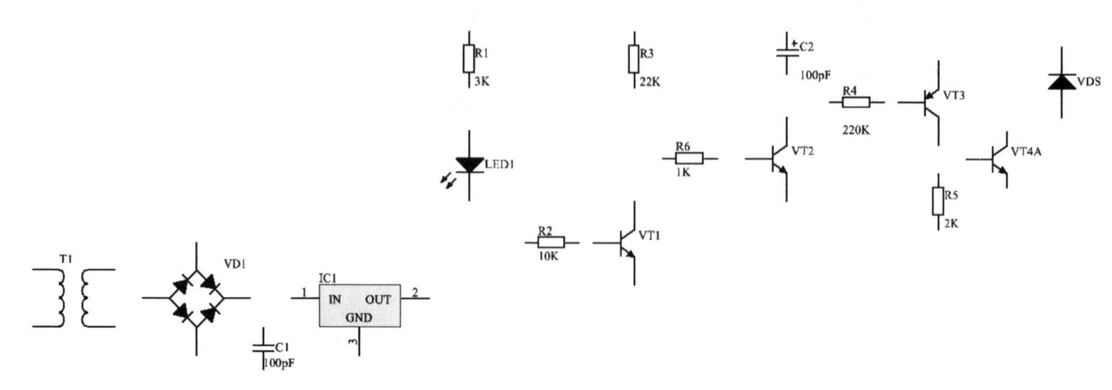

图 2-127　设置好元器件属性后的元器件布局

6. 连接导线

根据电路设计的要求，将各个元器件用导线连接起来。

01 单击“布线”工具栏中的 （绘制导线）按钮，完成元器件之间的电气连接，结果如图 2-128 所示。

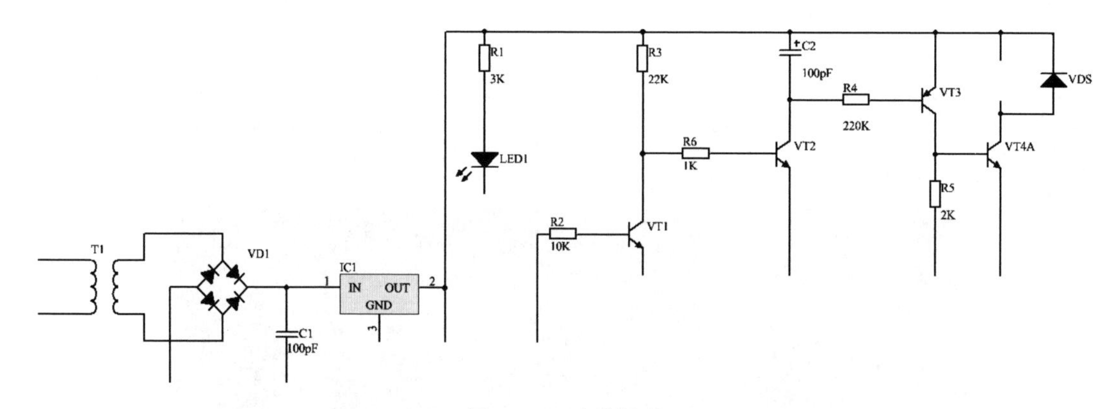

图 2-128　布线结果

02 放置电源和接地符号。单击“布线”工具栏中的 （放置 VCC 电源端口）按钮，按 Tab 键，弹出“Properties（属性）”面板，将“Name（名称）”设置为不可见，“Style（类型）”设置为“Bar”，如图 2-129 所示，在原理图中的元器件 IC1 管脚 2 处、R2 左端点处放置电源符号。

03 继续按 Tab 键，弹出“Properties（属性）”面板，设置“Style（类型）”为“Circle”，在原理图的合适位置放置电源。

04 继续按 Tab 键，弹出“Properties（属性）”面板，设置“Style（类型）”为“Power Ground（电源地）”，如图 2-130 所示，在原理图中放置接地符号。绘制完成的抽水机电路原理图如图 2-131 所示。

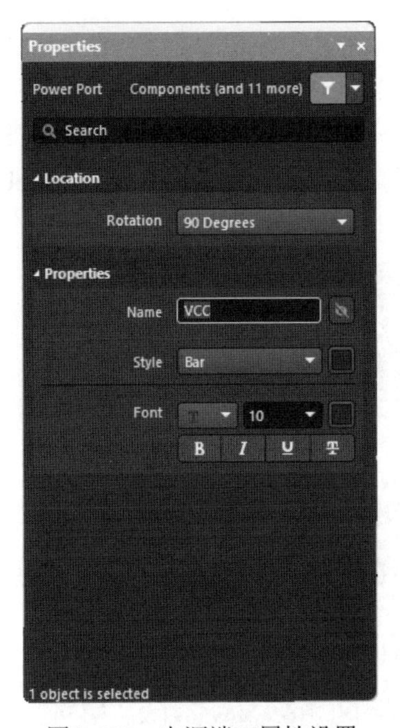

图 2-129　电源端口属性设置

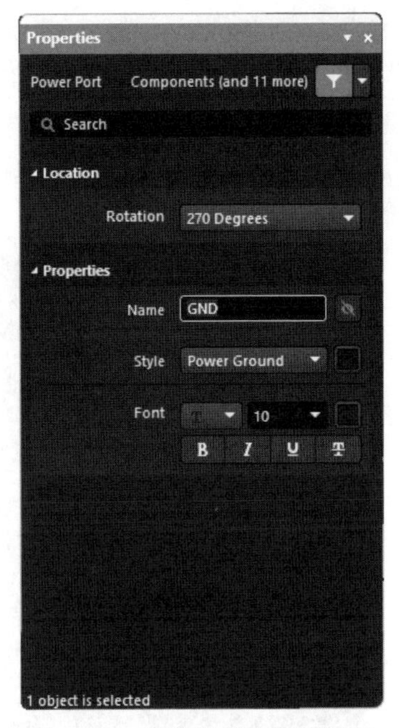

图 2-130　接地符号的属性设置

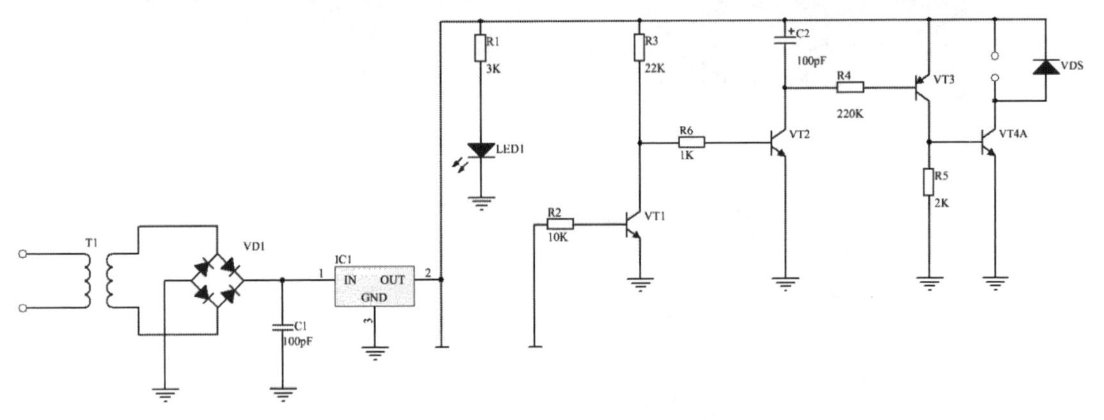

图 2-131　绘制完成的抽水机电路原理图

本例主要介绍了电路原理图的绘制过程，详细讲解了电路原理图设计中经常遇到的一些知识点，包括查找元器件及其对应元器件库的加载和卸载、基本元器件的编辑，以及原理图的布局和布线。

2.9.2　绘制气流控制电路

本小节以气流控制电路为例，继续介绍电路原理图的绘制步骤。

1. 建立工作环境

01 在 Altium Designer 24 主界面中，执行菜单命令“文件”→“新的”→“项目”，弹出“Create Project（新建工程）”对话框，在“Project Name（工程名称）”文本框中输入“气流控制电路”，在“Folder（路径）”文本框中选择文件路径，如图2-132所示。单击“Create（创建）”按钮，在面板中出现了新建的项目文件“气流控制电路.PrjPcb”。

02 在工程文件上右击，在弹出的快捷菜单中选择“添加新的...到项目”→“Schematic（原理图）”命令，如图2-133所示，在项目文件中新建一个默认名称为“Sheet1.SchDoc”的电路原理图文件。

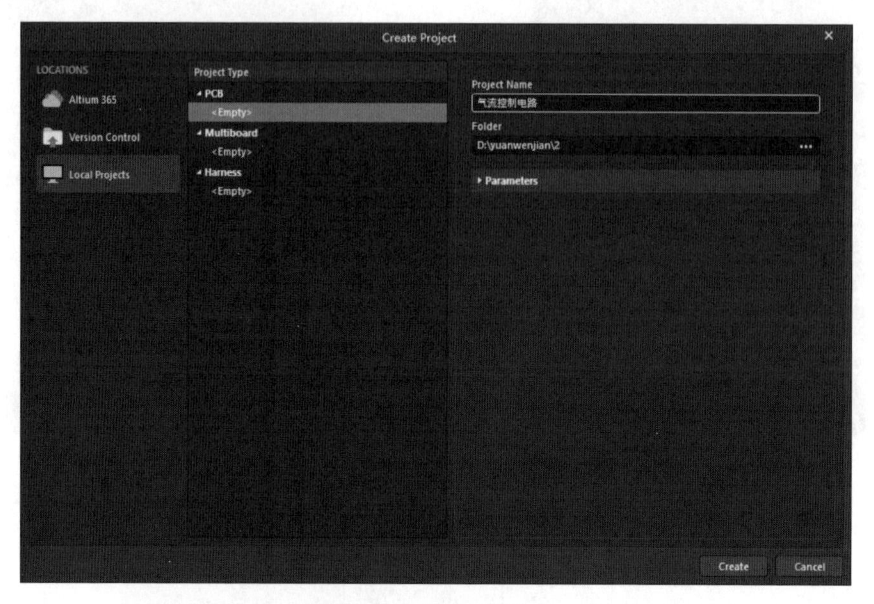

图2-132　创建工程文件

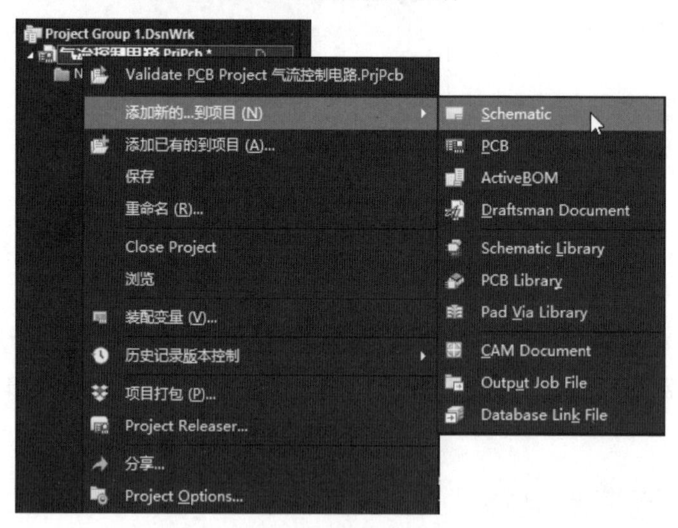

图2-133　新建原理图文件

03 在新建的原理图文件上右击，在弹出的快捷菜单中执行“另存为”命令，弹出保存文件对话框，将文件名称设置“气流控制电路.SchDoc”，保存原理图文件。此时，“Projects（工程）”面板中的项目名字变为“气流控制电路.PrjPcb”，原理图为“气流控制电路.SchDoc”，如图2-134所示。

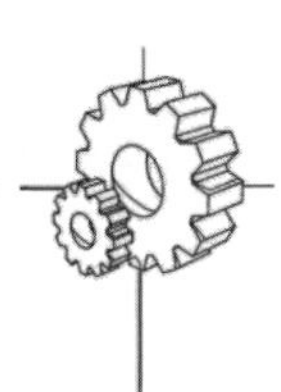

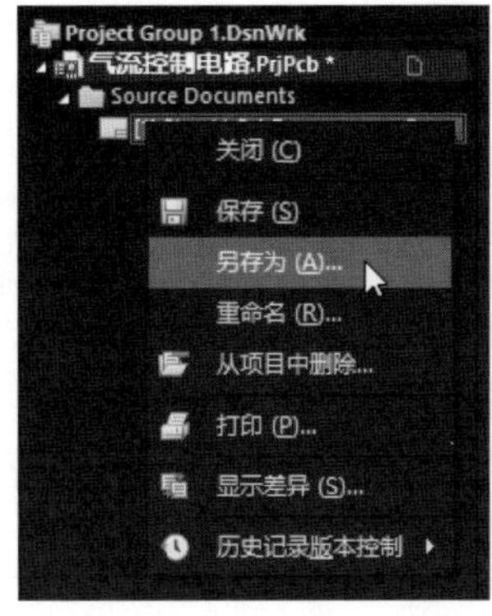

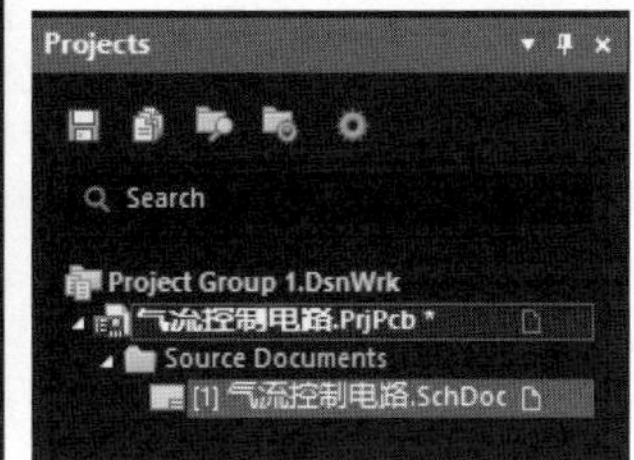

图 2-134　保存原理图文件

04 单击主界面右下角的“Panels（面板）”按钮，在弹出的菜单中选择“Properties（属性）”命令，打开“Properties（属性）”面板，对图纸参数进行设置。具体设置步骤这里不再赘述。

2. 在电路原理图上放置元器件并完成电路原理图

01 在“Components（元器件）”面板右上角单击 ≡ 按钮，在弹出的菜单中选择“File-based Libraries Preferences（库文件参数）”命令，系统将弹出如图 2-135 所示的“有效的基于文件的库”对话框，在该对话框中单击“添加库”按钮，打开相应的选择库文件对话框，添加库文件。

02 打开“Components（元器件）”面板，在元器件过滤栏中输入元器件关键字“tri”，双击所需元器件——三端双向可控硅 Triac，在原理图中显示浮动的带十字标记的元器件符号。按 Tab 键，弹出“Properties（属性）”面板，将“Designator（标识符）”设为“T1”，如图 2-136 所示。

03 在图纸空白处单击，放置元器件。此时，光标处继续显示浮动的元器件符号，标识符自动递增为 T2。在图纸空白处单击，放置元器件 T2。如不再需要放置同类元器件，则右击或按 Esc 键，结束放置操作。

图 2-135　“有效的基于文件的库”对话框

图 2-136　设置元器件 Triac 的属性

以同样的方法在电路原理图上放置其余元器件，布局后的原理图如图 2-137 所示。

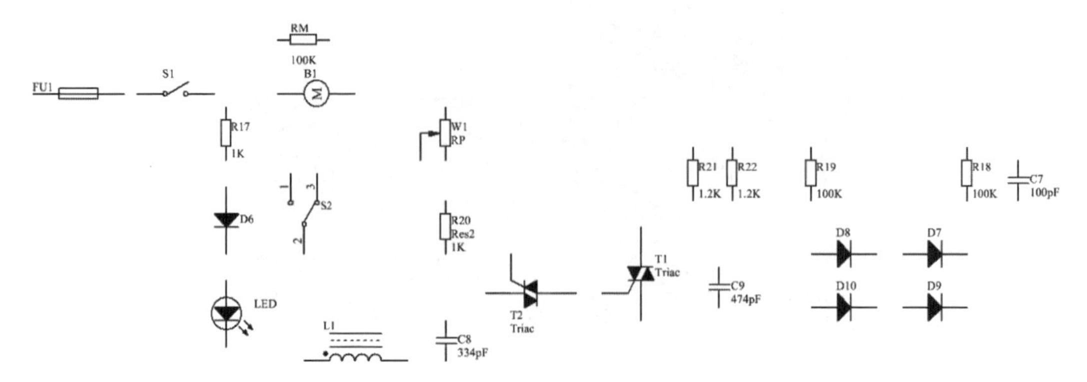

图 2-137　放置关键元器件

3. 连接导线

在放置好各个元器件并设置好相应的属性后，应根据电路设计的要求把各个元器件连接起来。单击“布线”工具栏中的（放置线）按钮，完成元器件之间的端口及管脚的电气连接，结果如图 2-138 所示。

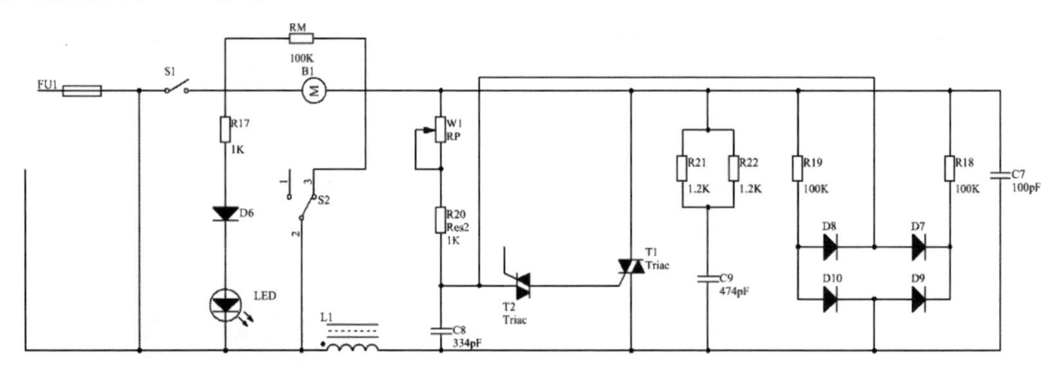

图 2-138　连接导线后的电路原理图

4. 放置电源符号

单击“布线”工具栏中的（放置 VCC 电源端口）按钮，放置电源，绘制完成的电路原理图如图 2-139 所示。

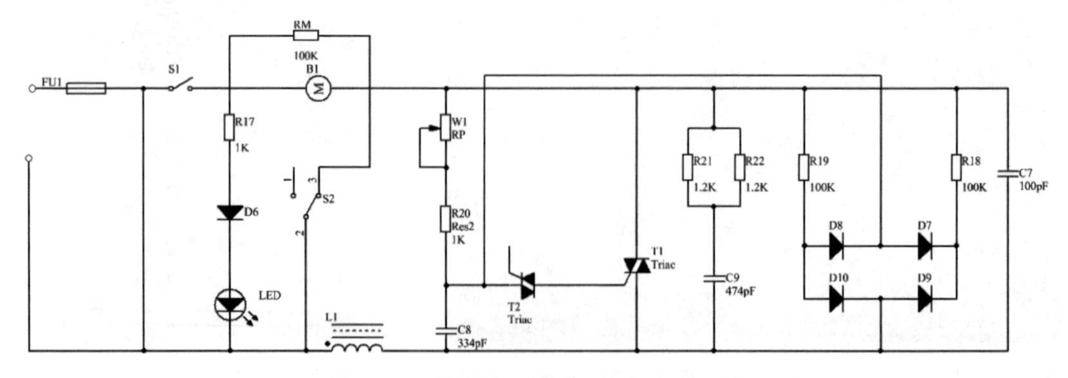

图 2-139　放置电源符号后的电路原理图

5. 放置网络标签

执行菜单命令“放置”→“网络标签”，或单击“布线”工具栏中的（放置网络标签）按钮，这时光标变成十字形状，并带有一个初始标号“Net Label1”。按 Tab 键，打开“Properties（属性）”面板，在“Net Name（网络名称）”文本框中设置网络标签的名称为“220V”，如图 2-140 所示。接着移动光标，将网络标签放置到合适位置。绘制完成的电路原理图如图 2-141 所示。

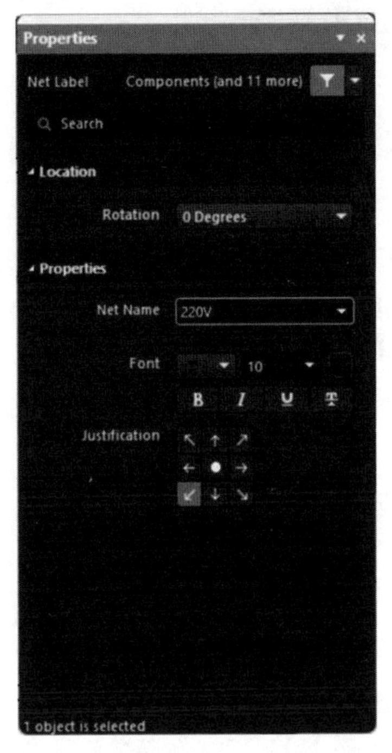

图 2-140　“Properties（属性）”面板

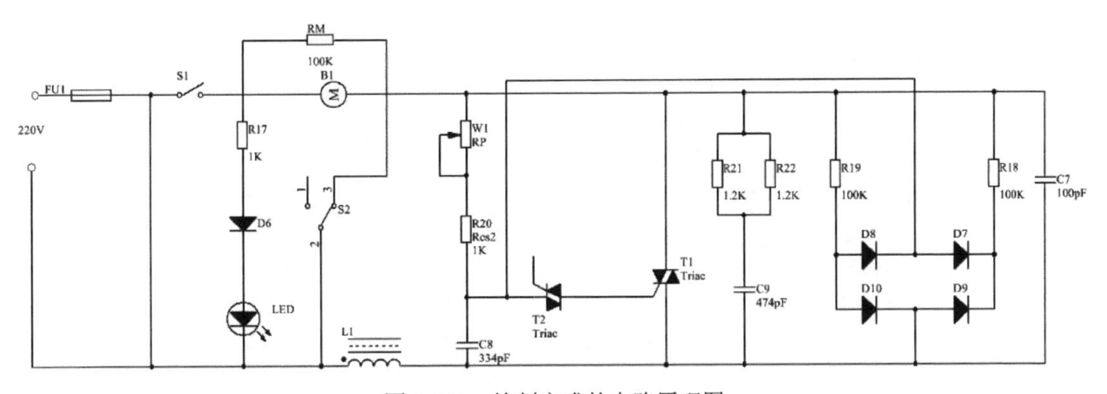

图 2-141　绘制完成的电路原理图

在 2.9.1 节中，我们以菜单命令创建项目文件，而在本小节中，我们以右键快捷命令创建了项目文件，同时详细讲解了网络标签的绘制。

2.9.3　绘制广告彩灯电路

本例绘制的广告彩灯电路其实是一个闪光电路。本广告彩灯电路采用两只 NPN 三极管 8050 驱动多个 LED（发光二极管），每个 8050 三极管可以驱动 8~16 个发光二极管。只有发光电压（不同颜色的发光二极管的工作电压不同）相同的发光二极管才可以并联使用。可以将发光二极管拼接成各种图案，同时调节电位器的大小，可以改变闪烁速度。

1. 建立工作环境

01 启动 Altium Designer 24。

02 执行菜单命令“文件”→“新的”→“项目”，弹出“Create Project（新建工程）”对话框，在“Project Name（工程名称）”文本框中输入“广告彩灯电路”，在“Folder（路径）”文本框中选择文件路径。单击“Create（创建）”按钮，在面板中出现了新建的项目文件“广告彩灯电路.PrjPcb”。

03 执行菜单命令“文件”→“新的”→“原理图”，在项目文件中新建一个默认名称为“Sheet1.SchDoc”电路原理图文件。

04 执行菜单命令“文件”→“另存为”，将原理图文件的名称设置为“广告彩灯电路.SchDoc”，并保存在指定位置。

2. 加载元器件库

在本例中，除了要用到在前面例子中接触到的外围元器件之外，还要用到两个三极管，本例使用的三极管电路元器件为 HIT8550-N，此元器件可以在 Renesas Transistor.IntLib 元器件库中找到。

在“Components（元器件）”面板右上角单击≡按钮，然后在弹出的菜单中选择“File-based Libraries Preferences（库文件参数）”命令，系统将弹出“有效的基于文件的库”对话框，在其中加载需要的元器件库。本例中需要加载的元器件库如图 2-142 所示。

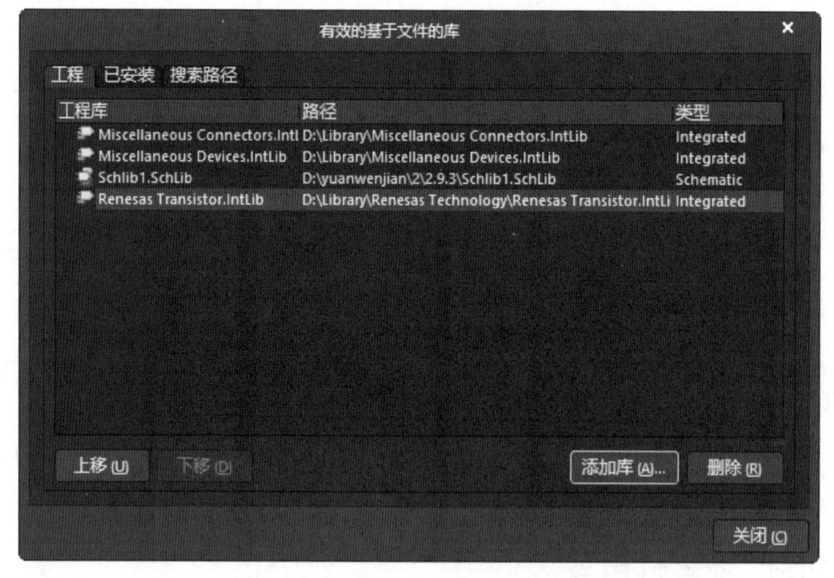

图 2-142　本例中需要的元器件库

3. 放置元器件

在 Renesas Transistor.IntLib 元器件库中找到三极管元器件 HIT 8550-N，再从 Miscellaneous Devices.IntLib、SchLib1. SchLib 中找到其他常用的一些元器件。将它们一一放置在原理图中，并进行简单布局，如图 2-143 所示。

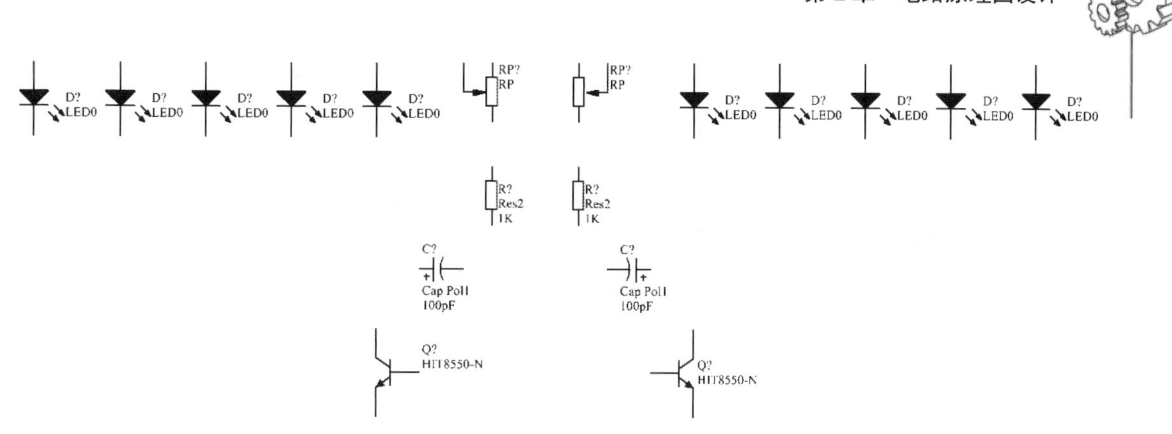

图 2-143　放置原理图中所需的元器件

4. 设置其他元器件的属性

01 在 Altium Designer 24 中，可以使用元器件自动编号功能来为元器件编号。执行菜单命令“工具”→“标注”→“原理图标注”，打开如图 2-144 所示的“标注”对话框。

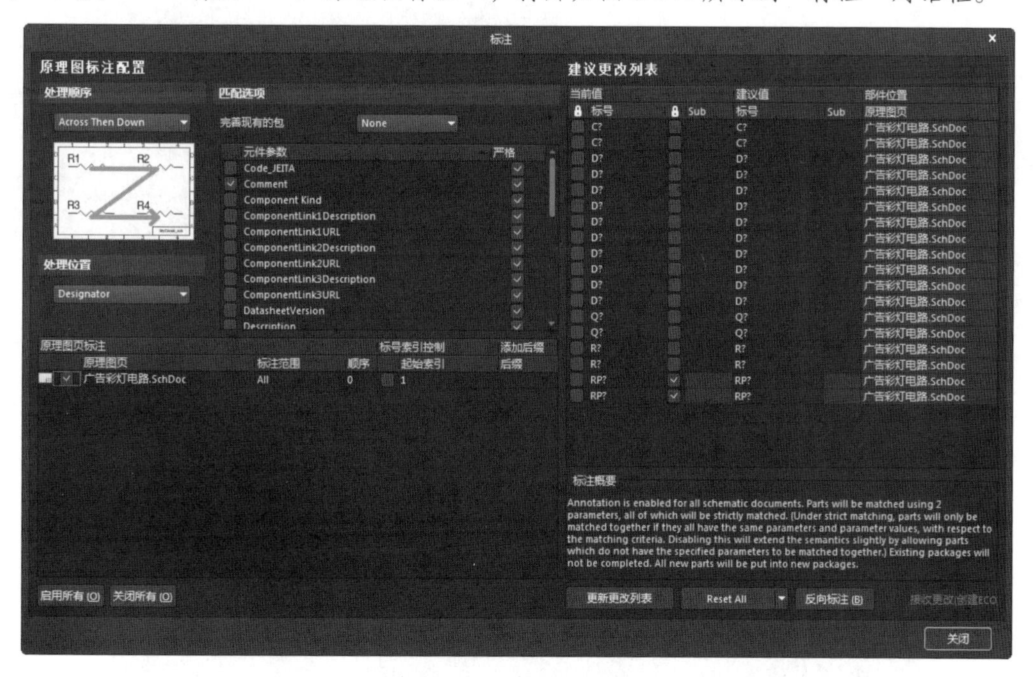

图 2-144　“标注”对话框

02 在“标注”对话框的“处理顺序”选择区域中，可以设置元器件编号的方式，一共有 4 种编号方式可供选择，单击下拉列表选择一种编号方式后，会在下面显示该编号方式的效果，如图 2-145 所示。

03 在“匹配选项”选择区域中，可以设置元器件组合的依据，依据可以有多个，勾选“元件参数”列表框中的复选框，就可以选择元器件的组合依据。

04 在“原理图页标注”列表框中选择要进行自动编号的原理图。在本例中，由于只有一幅原理图，就不用选择了。但是，如果一个设置工程中有多幅原理图或者有层次原理图，那么在列表框中将列出所有的原理图，就需要从中挑选要进行自动编号的原理图。在对话框的右侧，列出了原理图中所有需要编号的元器件。完成设置后，单击“更新更改列表”按钮，弹出如图2-146所示的“Information（信息）”对话框，单击“OK”按钮，就可以在“标注”对话框中看到所有的元器件已经被编号，如图2-147所示。

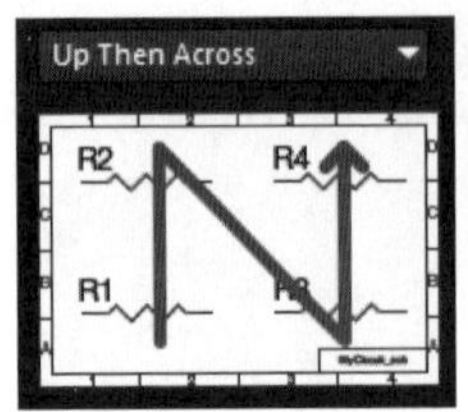

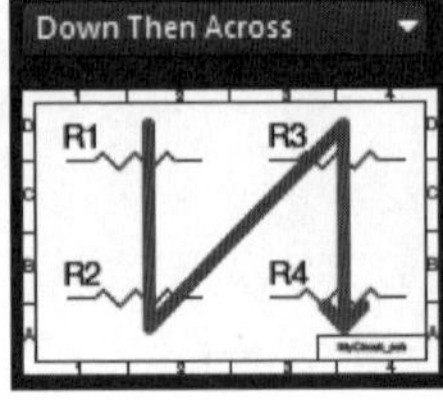

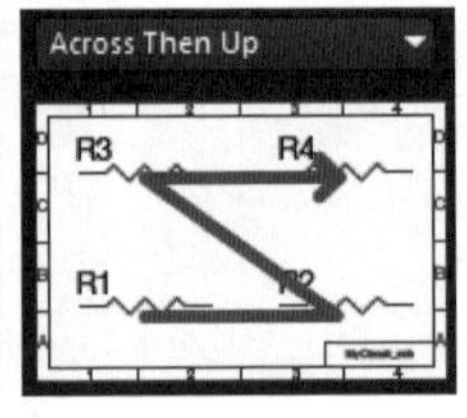

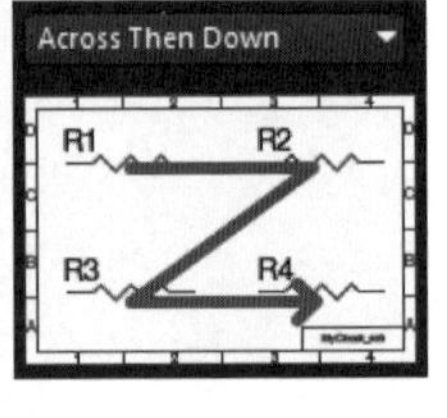

图2-145　元器件的编号方式

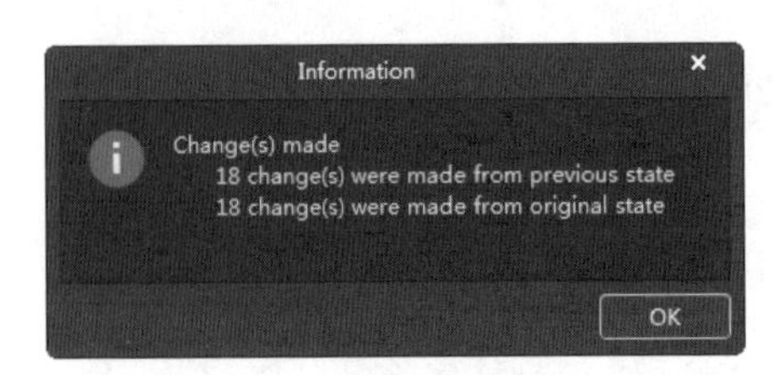

图2-146　“Information（信息）”对话框

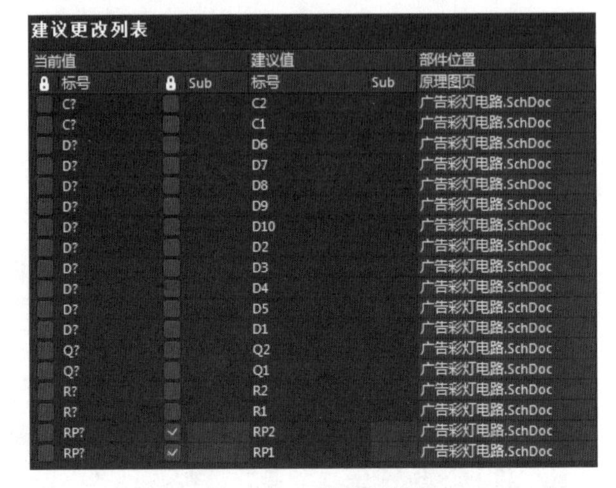

建议更改列表

当前值			建议值		部件位置
标号	Sub		标号	Sub	原理图页
C?			C2		广告彩灯电路.SchDoc
C?			C1		广告彩灯电路.SchDoc
D?			D6		广告彩灯电路.SchDoc
D?			D7		广告彩灯电路.SchDoc
D?			D8		广告彩灯电路.SchDoc
D?			D9		广告彩灯电路.SchDoc
D?			D10		广告彩灯电路.SchDoc
D?			D2		广告彩灯电路.SchDoc
D?			D3		广告彩灯电路.SchDoc
D?			D4		广告彩灯电路.SchDoc
D?			D5		广告彩灯电路.SchDoc
D?			D1		广告彩灯电路.SchDoc
Q?			Q2		广告彩灯电路.SchDoc
Q?			Q1		广告彩灯电路.SchDoc
R?			R2		广告彩灯电路.SchDoc
R?			R1		广告彩灯电路.SchDoc
RP?	✓		RP2		广告彩灯电路.SchDoc
RP?	✓		RP1		广告彩灯电路.SchDoc

图2-147　元器件编号

05 如果对编号不满意，可以取消编号，单击“Reset All（复位所有）”按钮即可将此次编号操作取消，然后重新设置再进行编号。如果对编号结果满意，则单击“接收更改（创建CEO）”按钮，打开“工程变更指令”对话框，在该对话框中单击“验证变更”按钮进行编号合法性检查。在“状态”栏的“检测”目录下显示的对勾表示编号是合法的，如图2-148所示。

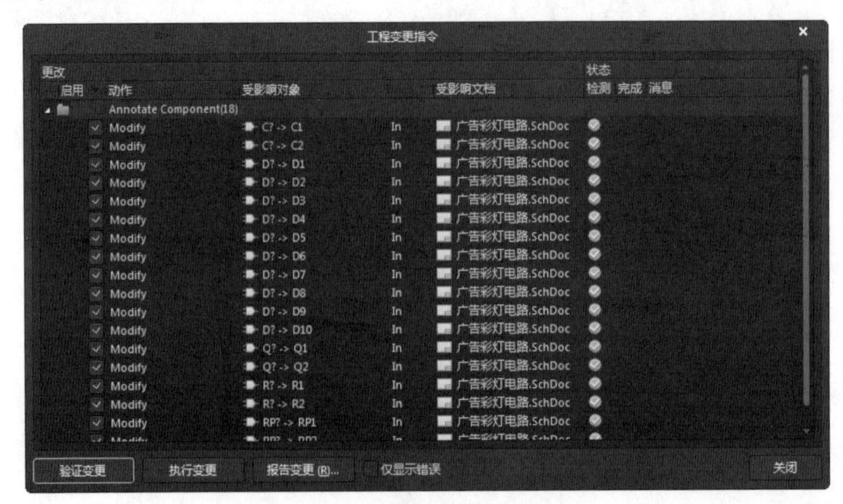

工程变更指令

启用	动作	受影响对象		受影响文档	检测	完成	消息
	Annotate Component(18)						
✓	Modify	C? -> C1	In	广告彩灯电路.SchDoc	✓		
✓	Modify	C? -> C2	In	广告彩灯电路.SchDoc	✓		
✓	Modify	D? -> D1	In	广告彩灯电路.SchDoc	✓		
✓	Modify	D? -> D2	In	广告彩灯电路.SchDoc	✓		
✓	Modify	D? -> D3	In	广告彩灯电路.SchDoc	✓		
✓	Modify	D? -> D4	In	广告彩灯电路.SchDoc	✓		
✓	Modify	D? -> D5	In	广告彩灯电路.SchDoc	✓		
✓	Modify	D? -> D6	In	广告彩灯电路.SchDoc	✓		
✓	Modify	D? -> D7	In	广告彩灯电路.SchDoc	✓		
✓	Modify	D? -> D8	In	广告彩灯电路.SchDoc	✓		
✓	Modify	D? -> D9	In	广告彩灯电路.SchDoc	✓		
✓	Modify	D? -> D10	In	广告彩灯电路.SchDoc	✓		
✓	Modify	Q? -> Q1	In	广告彩灯电路.SchDoc	✓		
✓	Modify	Q? -> Q2	In	广告彩灯电路.SchDoc	✓		
✓	Modify	R? -> R1	In	广告彩灯电路.SchDoc	✓		
✓	Modify	R? -> R2	In	广告彩灯电路.SchDoc	✓		
✓	Modify	RP? -> RP1	In	广告彩灯电路.SchDoc	✓		

验证变更　执行变更　报告变更(R)...　仅显示错误　关闭

图2-148　进行编号合法性检查

06 单击“执行变更”按钮，将编号添加到原理图中，添加的结果如图 2-149 所示，原理图更改结果如图 2-150 所示。

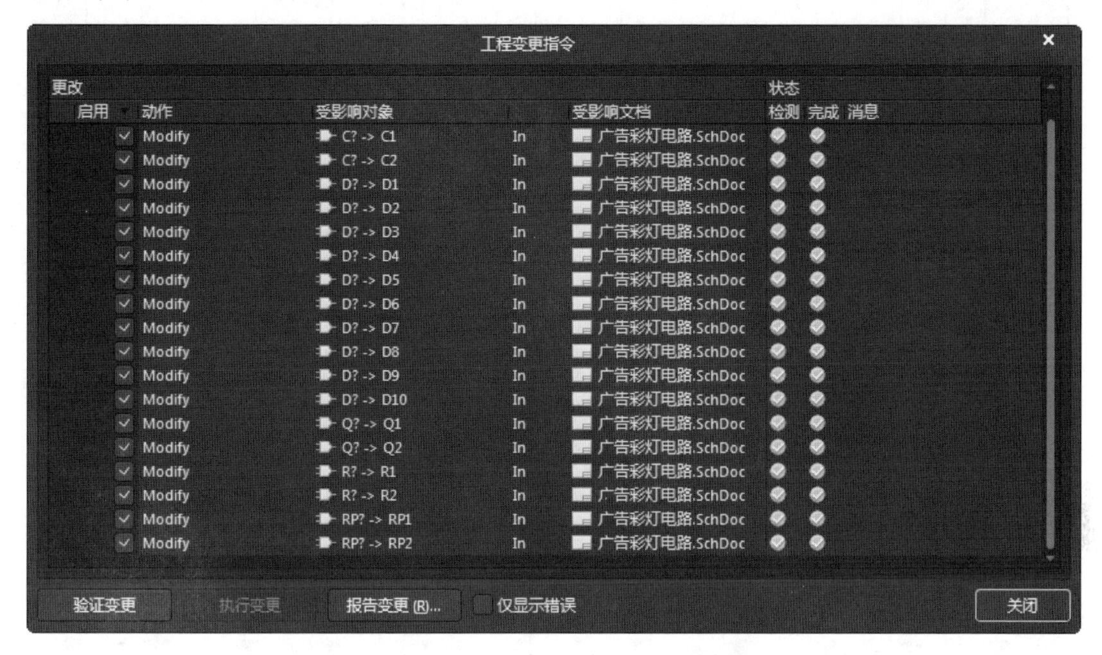

图 2-149　将编号添加到原理图中

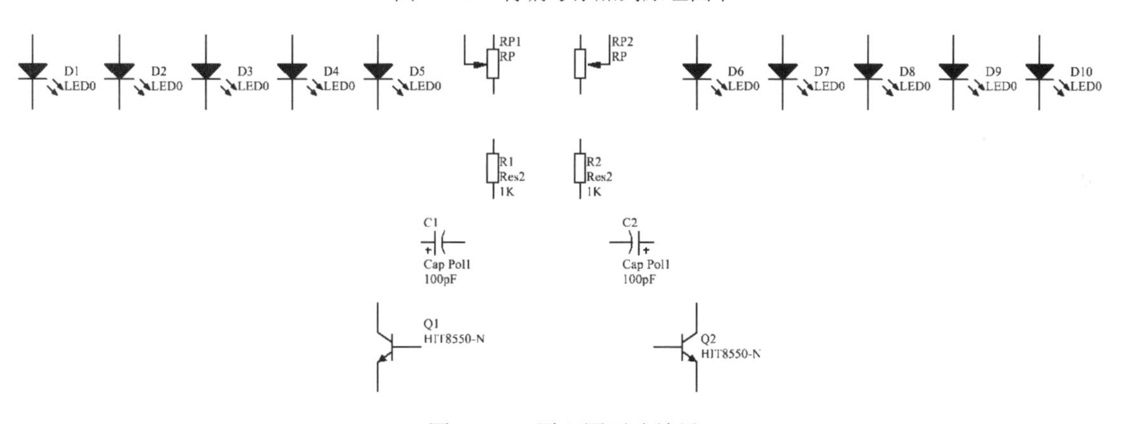

图 2-150　原理图更改结果

提　示

在进行元器件编号之前，如果有的元器件本身已经有了编号，那么需要将它们的编号全部变成“C?”或者“Q?”，然后单击“报告变更”按钮，就可以将原有的编号全部去掉。

5. 元器件布线

单击“布线”工具栏中的 （放置线）按钮，完成元器件之间的端口及管脚的电气连接，如图 2-151 所示。

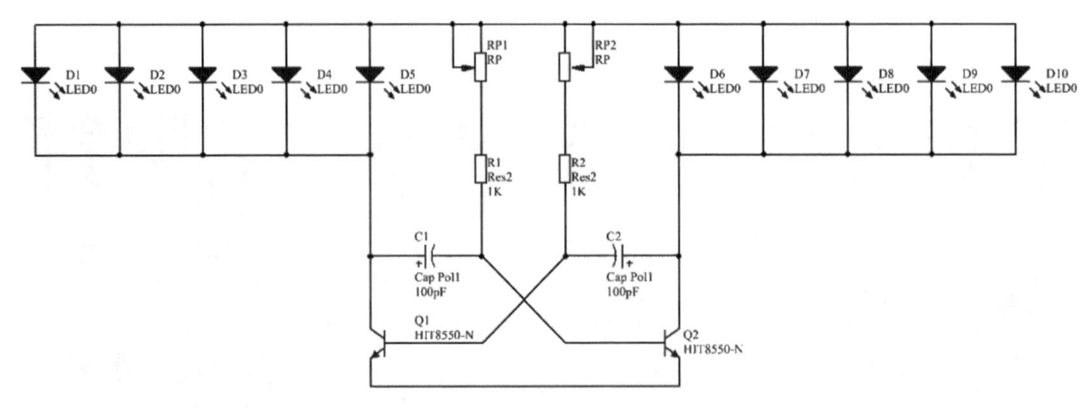

图 2-151　连线结果

6. 放置电源和接地符号

单击“应用工具”工具栏中的 （放置环型电源端口）按钮，放置电源，本例只需要 1 个电源。单击“布线”工具栏中的 （放置 GND 端口）按钮，放置接地符号，本例只需要 1 个接地。完成原理图的设计，最终结果如图 2-152 所示。

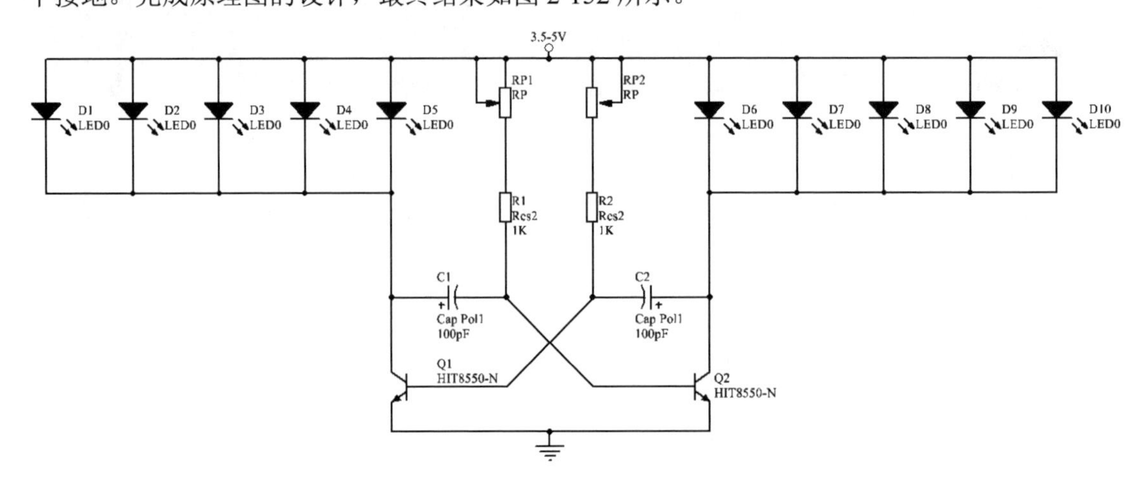

图 2-152　完成原理图设计

在本例中，着重介绍了一种元器件编号方法，利用这种方法可以快速为原理图中的元器件进行编号。当电路原理图的规模较大时，使用这种方法对元器件进行编号，可以有效避免纰漏或者重编的情况。

2.9.4　绘制监听器电路

本例要设计的是无线电监听器电路，此电路先将音频信号放大，再用振荡器发射出去。其优点是没有加密，只需用调频收音机就能接收；缺点是不宜长时间监听，易被发现，保密性不好。

1. 建立工作环境

01 启动 Altium Designer 24。

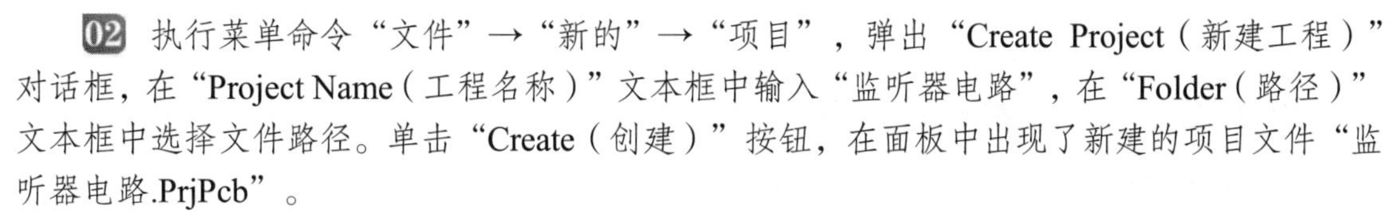

02 执行菜单命令“文件”→“新的”→“项目”，弹出“Create Project（新建工程）”对话框，在“Project Name（工程名称）”文本框中输入“监听器电路”，在“Folder（路径）”文本框中选择文件路径。单击“Create（创建）”按钮，在面板中出现了新建的项目文件“监听器电路.PrjPcb”。

03 执行菜单命令“文件”→“新的”→“原理图”，在项目文件中新建一个默认名称为“Sheet1.SchDoc”的电路原理图文件。

04 执行菜单命令“文件”→“另存为”，将原理图文件的名称更改为“监听器电路.SchDoc”，并保存在指定位置。

2. 加载元器件库

在“Components（元器件）”面板右上角单击 ≡ 按钮，在弹出的菜单中选择“File-based Libraries Preferences（库文件参数）”命令，系统将弹出“有效的基于文件的库”对话框，在其中加载需要的元器件库。本例中需要加载的元器件库如图 2-153 所示。

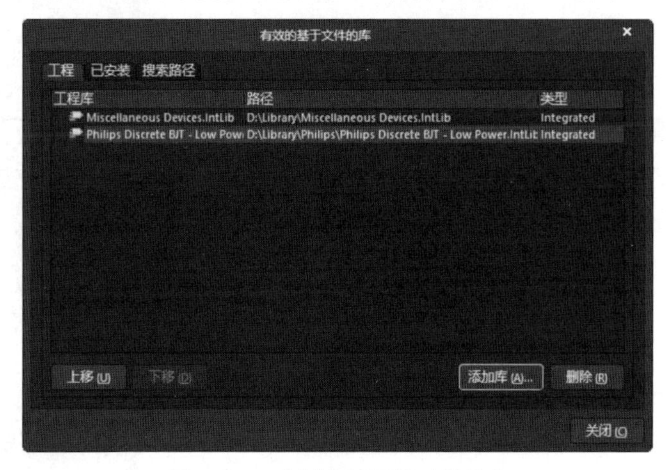

图 2-153　本例中需要的元器件库

3. 放置元器件

在本例中，电路原理图相对简单，除了用到 Miscellaneous Devices.IntLib 元器件库中常用的电阻、电容、话筒和电铃等元器件外，还需要加载 Philips Discrete BJT - Low Power.IntLib 元器件库中的三极管元器件 BC547。将它们一一放置在原理图中，并进行简单布局，如图 2-154 所示。

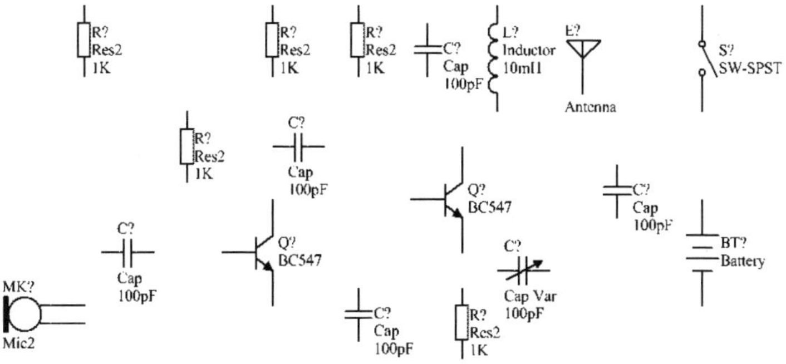

图 2-154　原理图中所需的元器件

4. 元器件布线

在原理图上布线，并编辑元器件属性，原理图的设计如图 2-155 所示。

5. 放置文字说明

执行菜单命令“放置”→“文本字符串”，光标变成十字形，并有一个“Text”文本框跟随光标，这时按 Tab 键打开“Properties（属性）”面板。在其中的文本框中输入文字内容，然后设置文字的字体和颜色，，如图 2-156 所示。按 Enter 键，此时有一个红色的标注文本跟随光标，移动光标到目标位置后单击，即可将文本放置在原理图上。

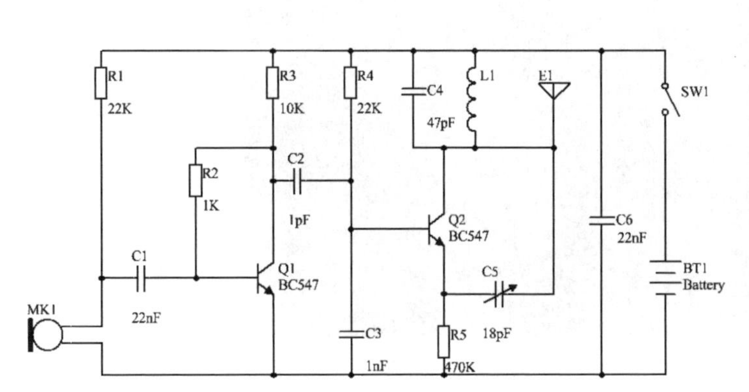

图 2-155　完成原理图布线

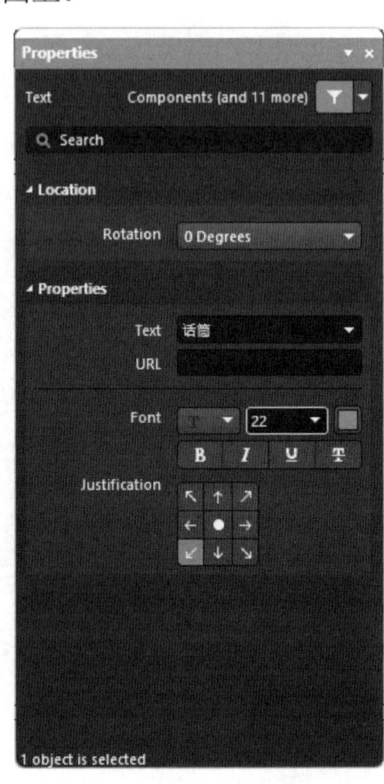

图 2-156　“Properties（属性）”面板

完成放置后，光标上继续显示浮动的红色标注文本，继续利用 Tab 键修改标注内容，并放置在原理图上。最终的电路原理图如图 2-157 所示。

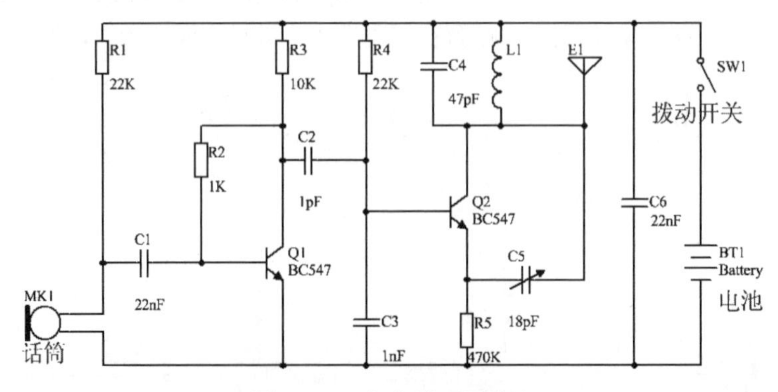

图 2-157　完成原理图设计

提　　示

除了放置文本之外，利用原理图编辑器所带的绘图工具，还可以在原理图上创建并放置各种各样的图形、图片。

本例主要介绍了文本标注的插入，在电路原理图的设计中，常常需要标注文本，这对读懂电路原理图有很大帮助。

2.9.5　绘制话筒放大电路

本例要设计的是一个话筒放大电路，电路信号通过放大器，按照一定的放大系数改变反馈量，调整输出频率与电压，从而达到话筒音量的放大和缩小功能。

1. 建立工作环境

01 在 Altium Designer 24 主界面中，执行菜单命令“文件”→“新的”→“项目”，创建“Projects（工程）”面板，然后执行“文件”→“保存项目为”菜单命令，将新建的工程文件保存为“话筒放大电路.PrjPcb”。

02 执行菜单命令“文件”→“新的”→“原理图”，新建电路原理图，然后在新建的电路原理图上右击，在弹出的快捷菜单上选择“另存为”命令，将其保存为“话筒放大电路.SchDoc”。

03 原理图图纸设置。单击主界面右下角的“Panels（面板）”按钮，在弹出的菜单中选择“Properties（属性）”命令，打开“Properties（属性）”面板，在此面板中对图纸参数进行设置。这里将图纸的尺寸设置为 A2，如图 2-158 所示。

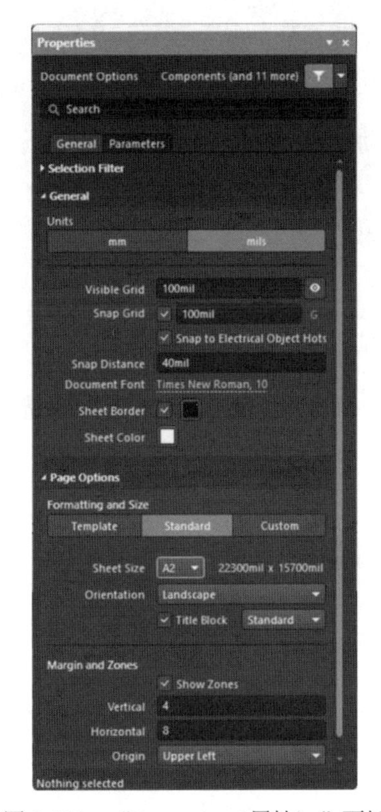

图 2-158　“Properties（属性）”面板

2. 查找元器件，并加载其所在的库

由于不知道设计中所用到放大器元器件 TL084D、LM393H、TL062ACD 和 OP275GP 所在的库位置，因此，先要查找这两个元器件，方法如下。

01 在“Components（元器件）”面板右上角单击 ≡ 按钮，在弹出的菜单中选择“File-based Libraries Search（库文件搜索）”命令，系统将弹出“基于文件的库搜索”对话框，在对话框中的输入 LM393H，如图 2-159 所示。

02 单击“查找”按钮后，系统开始查找此元器件。查找到的元器件将显示在“Components

（元器件）”面板中，如图 2-160 所示。右击查找到的元器件，在弹出的快捷菜单中选择“Place LM393H”命令，弹出元器件库加载确认对话框，如图 2-161 所示，单击“Yes（是）”按钮，加载元器件 LM393H 所在的库。用同样的方法可以查找元器件 TL084D、TL062ACD 和 OP275GP，加载其所在的库，并将其放置在原理图中，结果如图 2-162 所示。

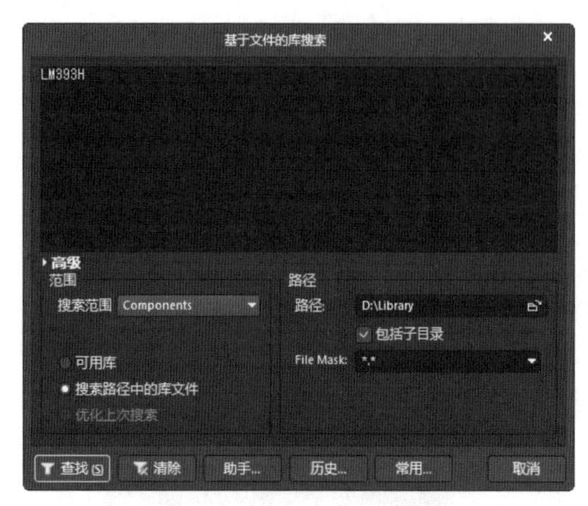

图 2-159　查找元器件 LM393H

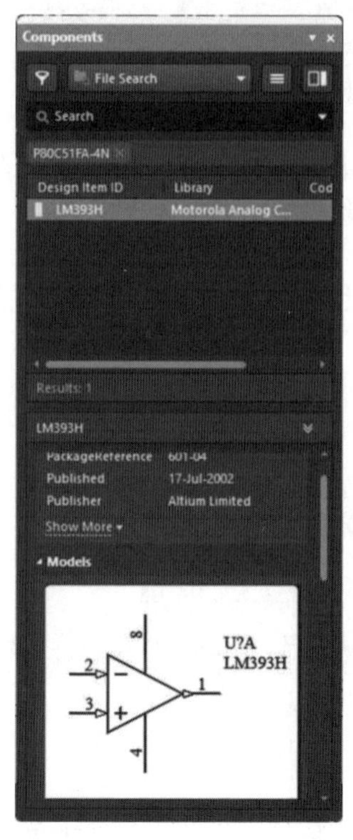

图 2-160　查找元器件 LM393H

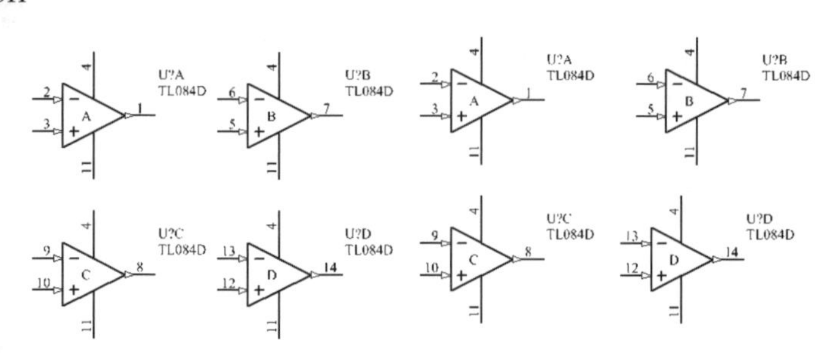

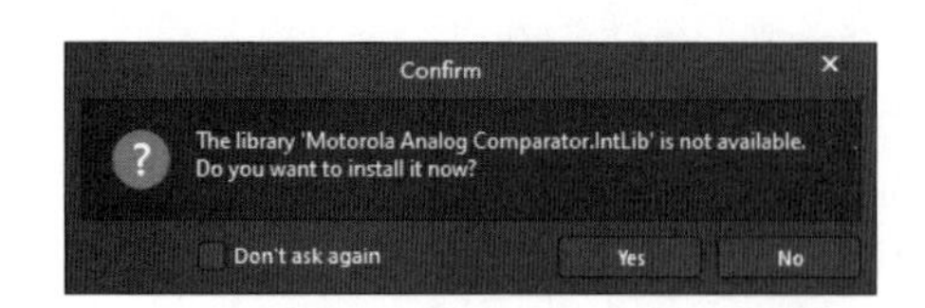

图 2-161　确认对话框

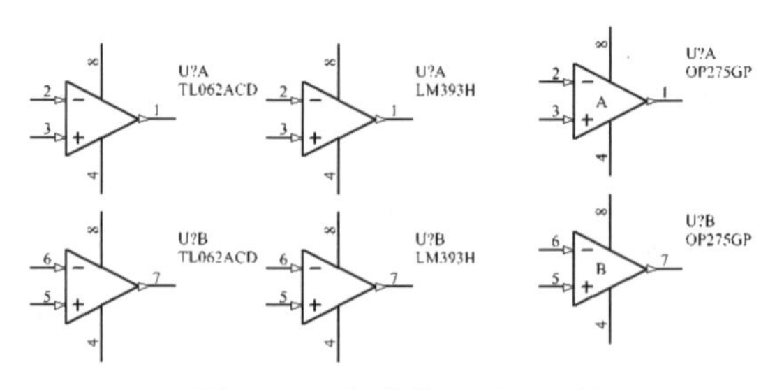

图 2-162　加载的主要元器件

3. 加载元器件库

在“Components（元器件）”面板右上角单击☰按钮，在弹出的菜单中选择“File-based Libraries Preferences（库文件参数）”命令，系统将弹出“有效的基于文件的库”对话框，在其中加载需要的元器件库。本例中需要加载的元器件库如图 2-163 所示。

图 2-163　本例中需要的元器件库

4. 放置外围元器件

完成关键元器件的查找和放置后，接下来放置外围基本元器件，其中有 35 个电阻 Res2、15 个无极性电容 CAP、4 个极性电容 Cap Pol2、5 个二极管 Diode 1N4148、4 个三极管、3 个可调电阻元器件 RP 和 2 个话筒元器件 Mic。最终结果如图 2-164 所示。

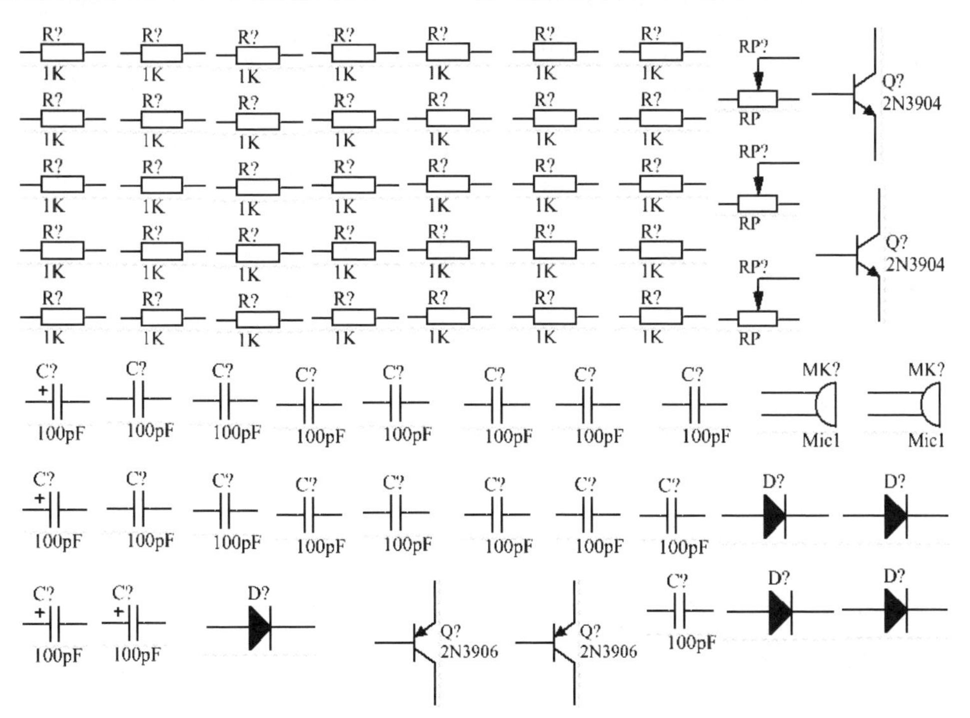

图 2-164　放置外围元器件

5. 布局元器件

元器件放置完成后，需要进行调整，将它们分别排列在原理图中最恰当的位置，效果如图 2-165 所示。

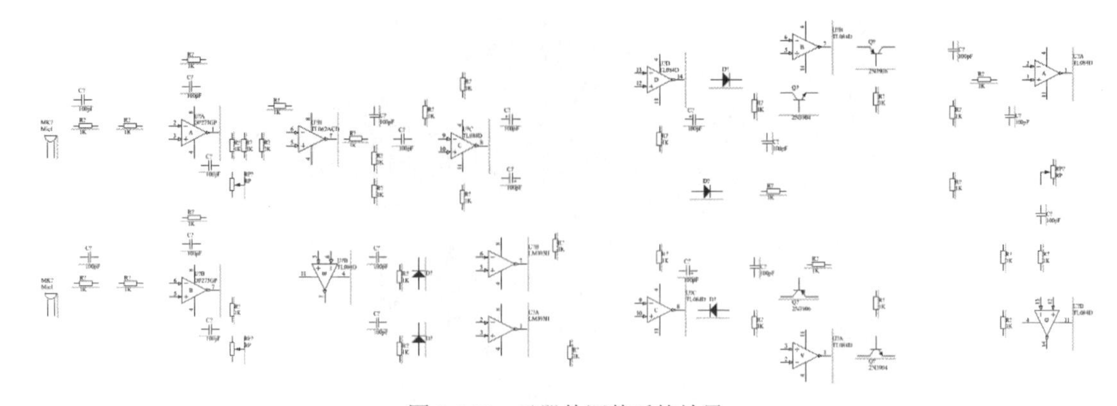

图 2-165　元器件调整后的效果

6. 编辑元器件属性

双击变压器元器件“OP275GP”，在弹出的“Component（元器件）”对话框中修改元器件属性，将“Designator（标识符）”设为“IC1”，参数设置如图 2-166 所示。

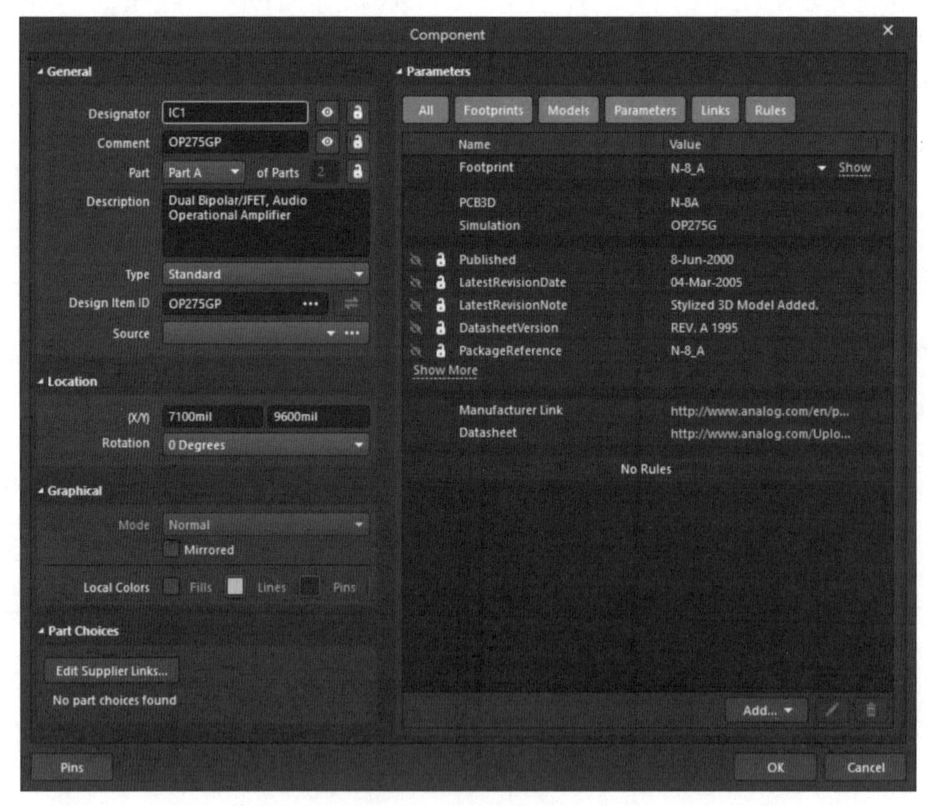

图 2-166　“Component（元器件）”对话框

以同样的方法设置其余元器件，设置好元器件属性的元器件布局如图 2-167 所示。

7. 连接导线

根据电路设计的要求，将各个元器件用导线连接起来。单击“布线”工具栏中的绘制导线按钮，完成元器件之间的电气连接，结果如图 2-168 所示。

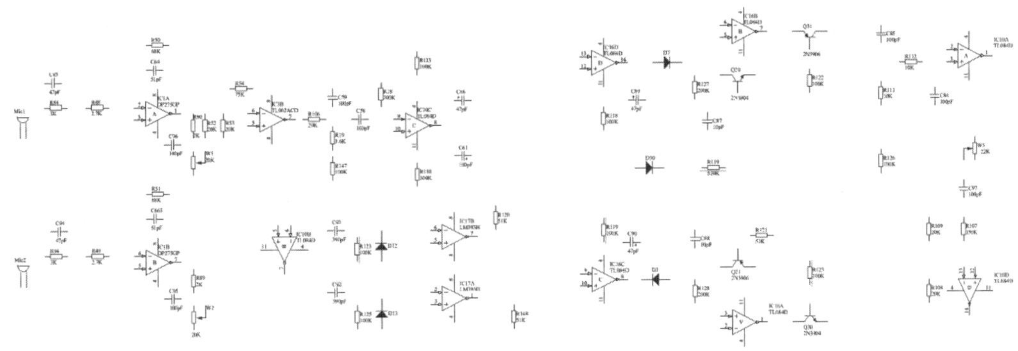

图 2-167　设置好元器件属性后的元器件布局

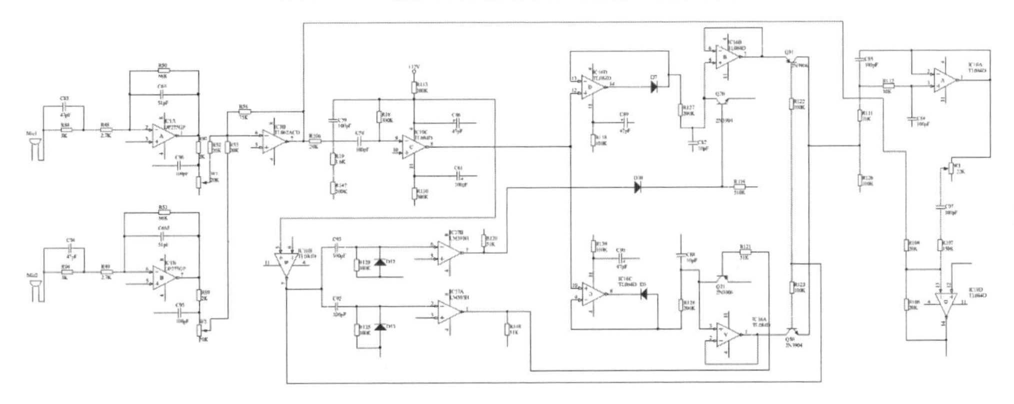

图 2-168　布线结果

8. 放置电源和接地符号

单击“布线”工具栏中的放置 VCC 电源端口按钮，按 Tab 键，弹出电源端口的“Properties（属性）”面板，在该面板中单击按钮取消 VCC 的显示，如图 2-169 所示；或设置“Style（类型）”为“Circle（圆形）”，如图 2-170 所示。以同样的方法在原理图中的对应位置放置不同类型的电源符号并设置其参数。

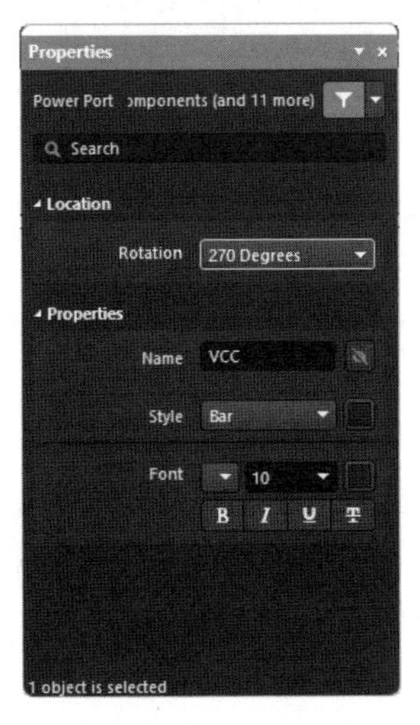

图 2-169　“Properties（属性）”面板

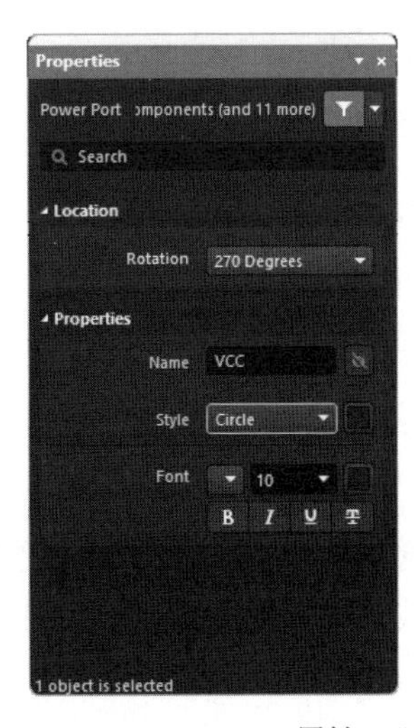

图 2-170　“Properties（属性）”面板

绘制完成的电路原理图如图 2-171 所示。

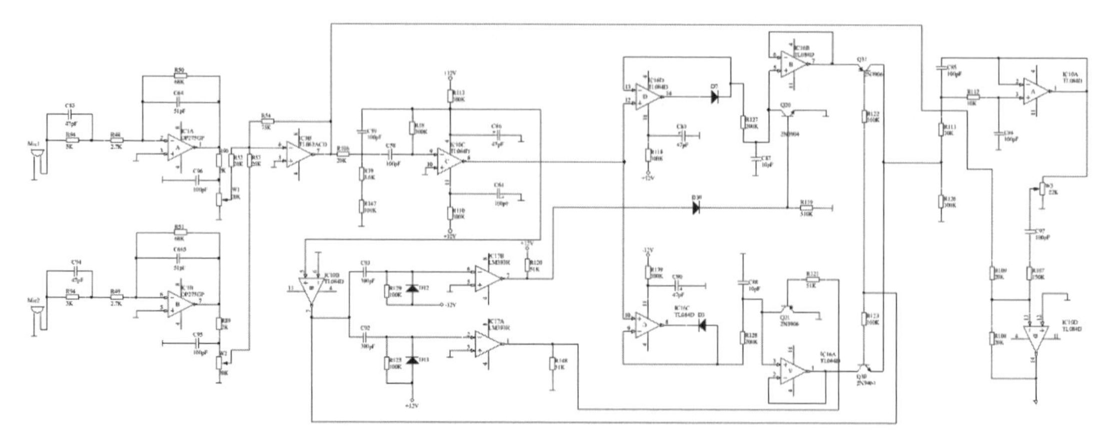

图 2-171　绘制完成的电路原理图

在本例中，元器件的种类和数量相对较多，重点在于元器件的布局，元器件布局是原理图绘制过程中不可或缺的一步。

2.9.6　绘制控制器电路

本例要绘制的控制器电路是由周边元器件和主芯片（或单片机）组成的。周边元器件是一些功能元器件，如执行、采样等，它们是由电阻、传感器、桥式开关电路，以及辅助单片机或专用集成电路完成控制过程的元器件。

1. 建立工作环境

01 在 Altium Designer 24 主界面中，执行菜单命令“文件”→“新的”→“项目”，创建“Projects（工程）”面板，然后执行菜单命令“文件”→“保存项目为”，将新建的工程文件保存为“控制电路.PrjPcb”。

02 执行菜单命令“文件”→“新的”→“原理图”，新建电路原理图，然后在新建的电路原理图上右击，在弹出的快捷菜单中选择“另存为”命令，将其保存为“控制电路.SchDoc”。

2. 加载元器件库

在“Components（元器件）”面板右上角单击按钮，在弹出的菜单中选择“File-based Libraries Preferences（库文件参数）”命令，系统将弹出“有效的基于文件的库”对话框，在其中加载需要的元器件库。本例中需要加载的元器件库如图 2-172 所示。

3. 放置元器件

在 Schlib1.SchLib 元器件库中找到 HT49R50A-1，在 Miscellaneous Devices.IntLib 元器件库中找到常用的电阻 Res2、晶振 XTAL、电容 Cap、二极管 Diode 和开关 SW-PB 元器件。将它们一一放置在原理图中，同时在放置过程中利用 Tab 键上设置元器件属性。布局结果如图 2-173 所示。

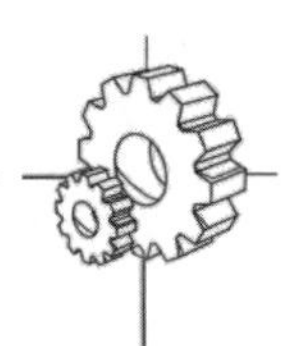

图 2-172　本例中需要的元器件库

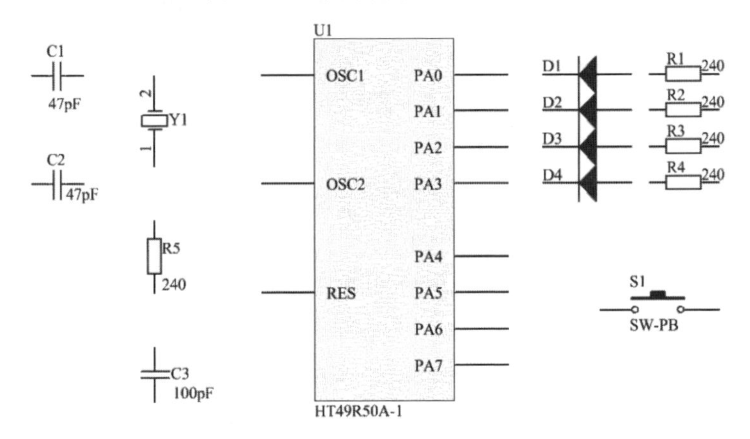

图 2-173　原理图中所需的元器件

4. 绘制总线

执行菜单命令“放置”→“总线”，或单击工具栏中的（放置总线）按钮，这时鼠标光标变成十字形状。在图纸上，单击确定总线的起点，按住鼠标左键不放，拖动鼠标画出总线，在总线拐角处单击，将 HT49R50A-1 芯片上的 PA4～PA7 管脚连接起来。画好的总线如图 2-174 所示。

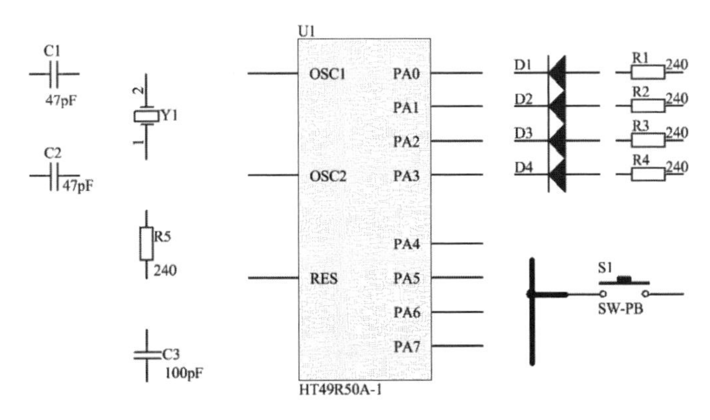

图 2-174　画好的总线

提　示

在绘制总线的时候，要让总线离芯片管脚有一段距离，因为还要放置总线分支，如果总线放置得过于靠近芯片管脚，则在放置总线分支的时候就会有困难。

5. 放置总线分支

执行菜单命令“放置”→“总线入口”，或单击工具栏中的（放置总线入口）按钮，用总线分支将芯片的管脚和总线连接起来，如图 2-175 所示。

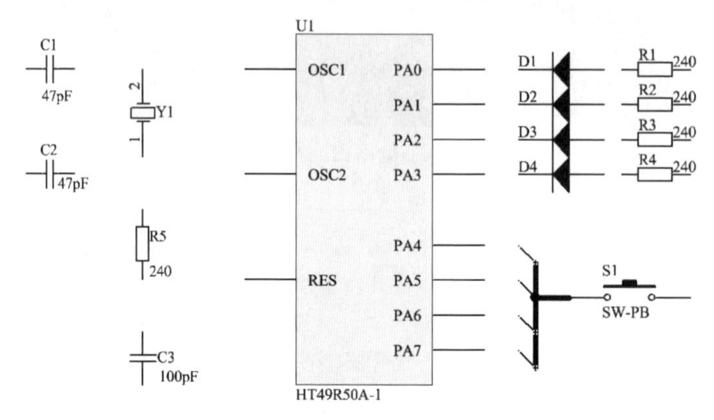

图 2-175　放置总线分支

6. 元器件布线

执行菜单命令“放置”→“线”，或单击“布线”工具栏中的（放置线）按钮，在原理图上布线，并编辑元器件属性，完成元器件之间的端口及管脚的电气连接，结果如图 2-176 所示。

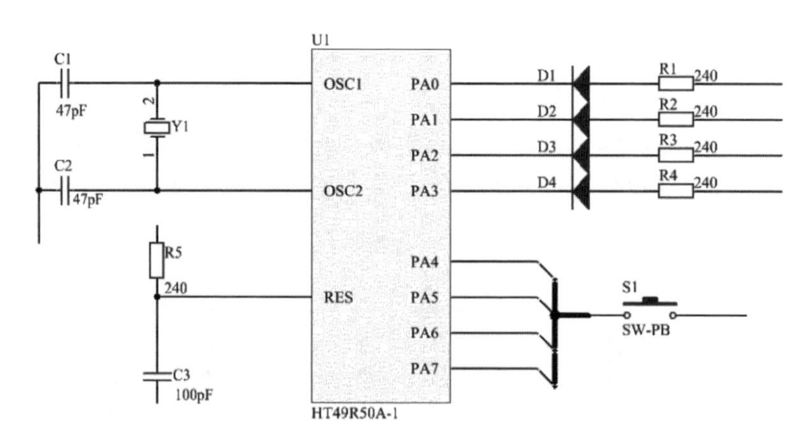

图 2-176　完成原理图布线

7. 放置原理图符号

在布线过程中，已经为原理图符号的放置留出了位置，接下来就应该放置原理图符号了。

01 首先放置网络标签。执行菜单命令“放置”→“网络标签”，或单击工具栏中的（放置网络标签）按钮，这时鼠标光标变成十字形状，按 Tab 键，打开网络标签的“Properties

（属性）”面板，如图 2-177 所示。在该面板中的“Net Name（网络名称）”文本框中输入网络标签的内容；单击面板中的颜色块，将网络标签的颜色设置为红色。移动光标到目标位置并单击，将网络标签放置到原理图中。网络标签放置完成后的原理图如图 2-178 所示。

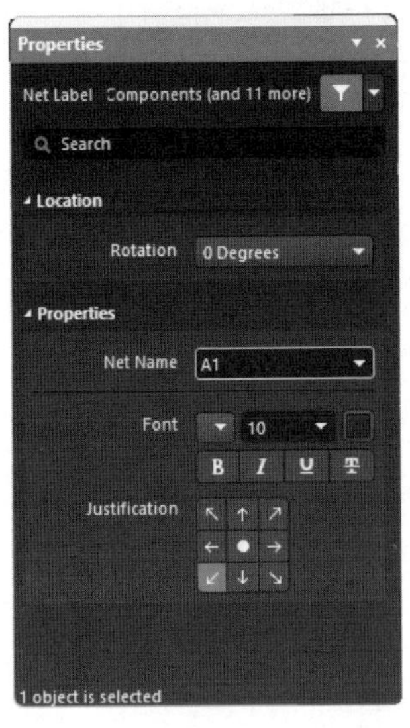

图 2-177　“Properties（属性）”面板

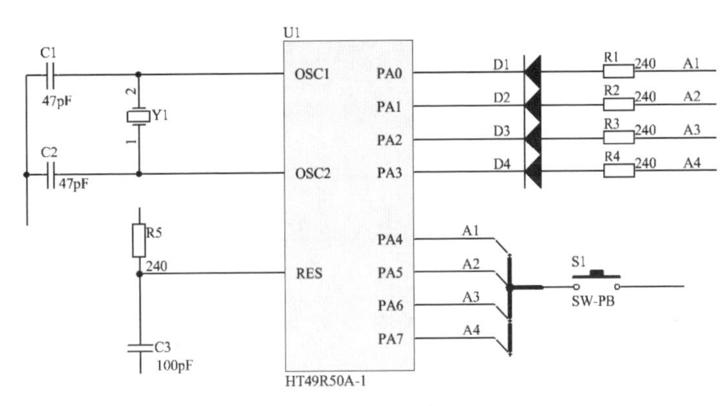

图 2-178　放置网络标签

提　示

在电路原理图中，网络标签是成对出现的，因为具有相同网络标签的管脚或者导线是具有电气连接关系的。如果原理图中有单独的网络标签，则在原理图编译的时候，系统会报错。

02 放置电路端口符号。执行菜单命令“放置”→“端口”，或者单击工具栏中的 D1（放置端口）按钮，光标变为十字形，在适当的位置再次单击，即可完成电路端口的放置。双击一个放置好的电路端口，打开“Port（端口）”属性对话框，在该对话框中对电路端口属性进行设置，如图 2-179 所示。

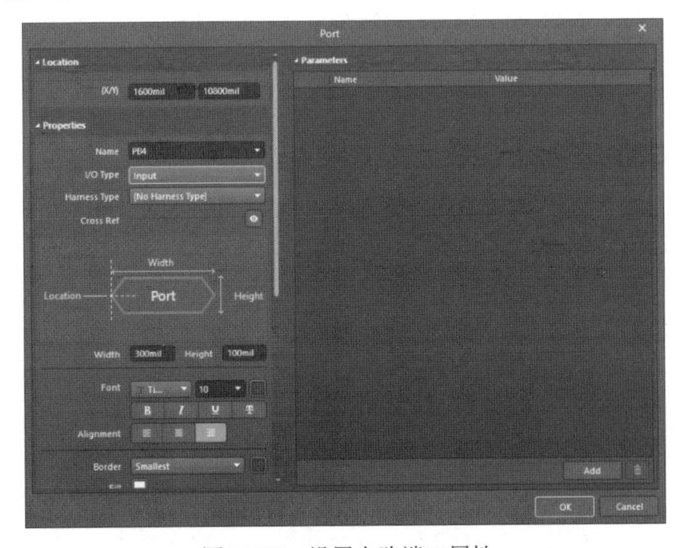

图 2-179　设置电路端口属性

用同样的方法在原理图中放置名称为PB5、PB6、PB7的电路端口，结果如图2-180所示。

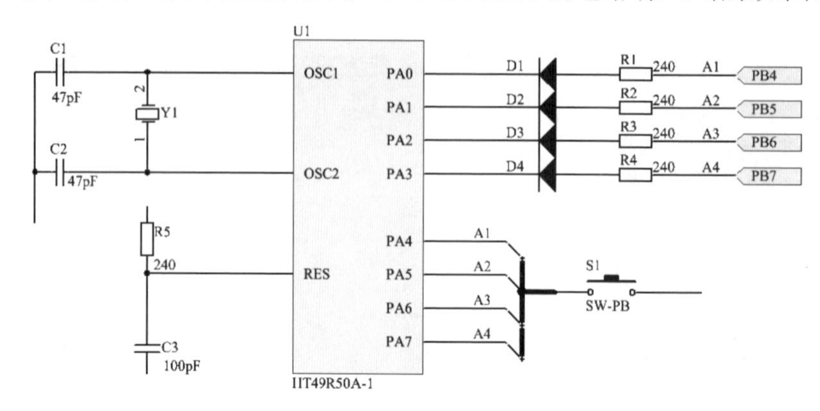

图2-180　放置电路端口

03 放置电源和接地符号。单击“布线”工具栏中的（放置VCC电源端口）按钮，放置电源，本例只需要1个电源。单击“布线”工具栏中的（放置GND端口）按钮，放置接地符号，本例共需要3个接地。设计完成的电路原理图如图2-181所示。

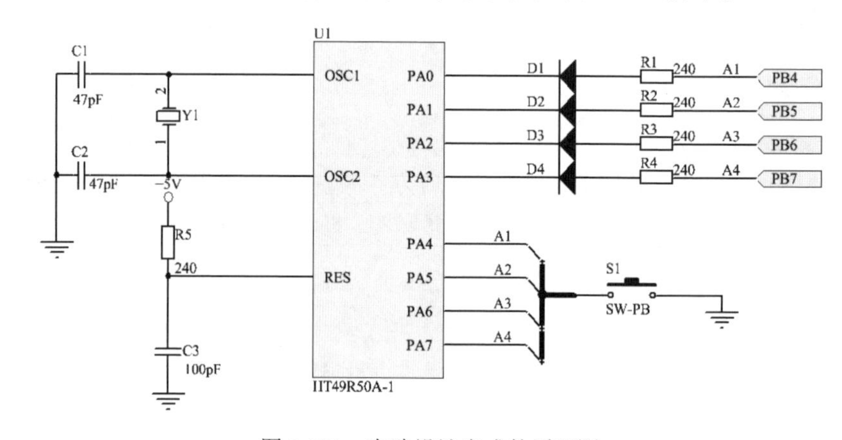

图2-181　电路设计完成的原理图

在本例中，主要介绍了总线和总线分支的放置方法。总线就是由若干条性质相同的线组成的一组线束，例如平时经常接触到的数据总线、地址总线等。总线和导线有着本质上的区别，总线本身是没有任何电气连接意义的，必须由总线接出的各条导线上的网络标签来完成电气连接。因此，总线常常需要和总线分支配合使用。

此外，本例还介绍了原理图符号的放置。原理图符号有电源符号、电路结点、网络标签等，这些原理图符号给原理图设计带来了极大的便利。

2.10　本章小结

本章主要介绍了如何绘制电路原理图，包括电路原理图的编辑环境、图纸参数设置、编辑器工作环境参数设置以及绘制原理图的各种操作——元器件的查找、元器件库的加载、元器件的放置、元器件属性的设置以及电路原理图的布线操作等。另外，通过具体的电路原理图实例，详细介绍了绘制原理图的步骤。

通过本章的学习，相信读者对电路原理图的设计会有总体的了解，能够独立绘制基本的电路原理图。

2.11　课后思考与练习

（1）熟悉电路原理图的编辑环境，并试着设置编辑器工作环境参数。

（2）在原理图编辑区内放置一个元器件，并进行选取、移动、旋转、复制以及粘贴等操作。

（3）简述绘制电路原理图的步骤。

（4）按照电路原理图的绘制步骤，绘制如图 2-182 和图 2-183 所示的电路原理图。

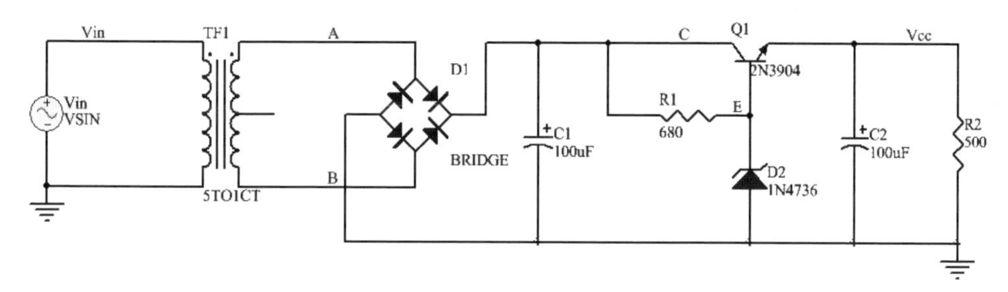

图 2-182　电路原理图 1

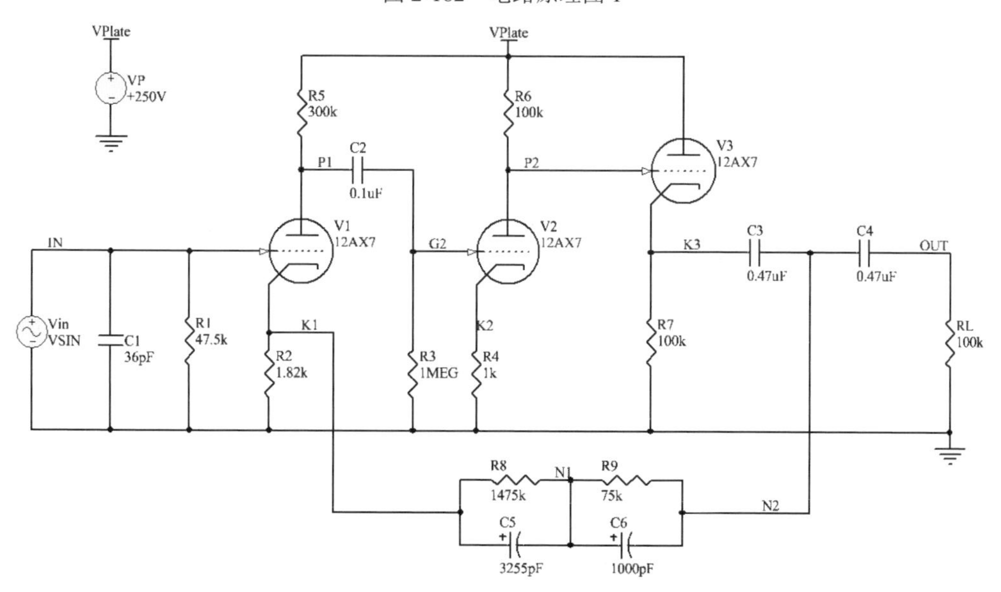

图 2-183　电路原理图 2

第 3 章

绘制元器件图

内容指南

Altium Designer 24 具有强大的绘图功能，系统为用户提供了一组绘图工具。使用这些工具，可以方便地在原理图上绘制直线、曲线等各种图形，还可以利用元器件库编辑器来创建、编辑那些在元器件库中找不到的元器件。

知识重点

- 绘图工具的使用
- 原理图库文件编辑器
- 绘制所需的库元器件
- 库元器件管理
- 库文件输出报表

3.1 绘图工具的使用

本节先介绍一下 Altium Designer 24 的绘图工具，再讲述绘图工具的具体使用。

3.1.1 绘图工具

绘图工具主要用于在原理图中绘制各种标注信息和图形。由于绘制的图形在电路原理图中只起到说明和修饰的作用，不具有任何电气意义，因此当系统做电气检查及转换成网络表时，它们不会产生任何影响。

绘图工具的使用有以下两种方法：

（1）执行菜单命令“放置”→“绘图工具”，弹出如图 3-1 所示的绘图工具菜单，选择菜单中的不同命令，就可以绘制各种图形。

（2）单击“应用工具”工具栏中的（实用工具）按钮，弹出绘图工具栏，如图 3-2 所示。绘图工具栏中的各项与绘图工具菜单中的命令具有对应关系。

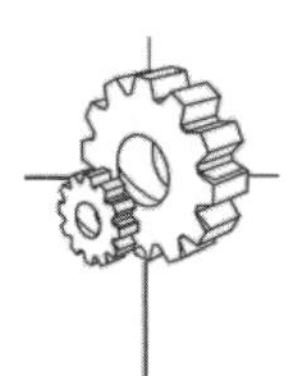

- ：用来绘制直线。
- ：用于绘制圆。
- ：用来绘制多边形。
- ：用来绘制椭圆。
- ：用来绘制贝塞尔曲线。
- ：用来在原理图中添加文字说明。
- ：用来在原理图中添加文本框。
- ：用来绘制直角矩形。
- ：用来绘制圆角矩形。
- ：用来智能粘贴。
- ：用来放置图像。

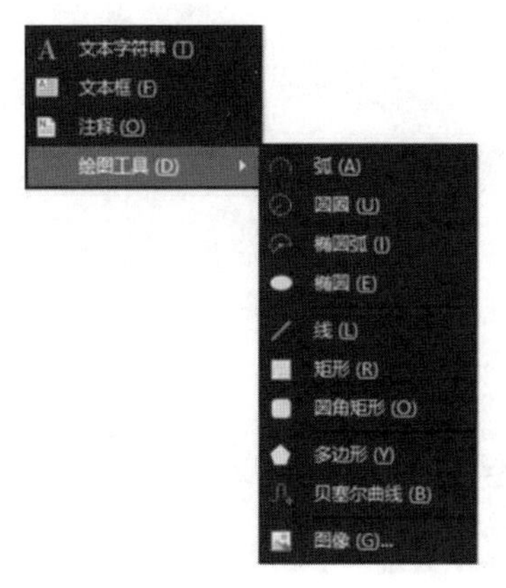

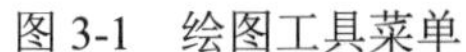
图 3-1　绘图工具菜单

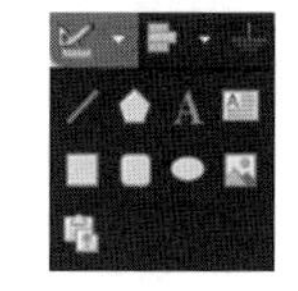
图 3-2　绘图工具栏

3.1.2　绘制直线

在电路原理图中，绘制出的直线在功能上完全不同于前面所讲的导线，它不具有电气连接意义，因此不会影响到电路的电气结构。

绘制直线的步骤如下：

1. 启动绘制直线命令

启动绘制直线命令主要有以下 2 种方法：

（1）执行菜单命令“放置”→“绘图工具”→“线”。

（2）单击“应用工具”工具栏中的（实用工具）按钮，在弹出的绘图工具栏中单击（放置线）按钮。

2. 绘制直线

01 启动绘制直线命令后，光标变成十字形，系统处于绘制直线状态。在指定位置单击确定直线的起点，移动光标形成一条直线，在适当的位置再次单击确定直线终点。

02 若在绘制过程中需要转折，在折点处单击确定直线转折的位置，每转折一次都要单击一次。转折时，可以通过按 Shift+空格键来切换选择直线转折的模式，与绘制导线一样，也有 3 种模式，分别是直角、45° 角和任意角。

03 绘制出第一条直线后，右击退出第一条直线的绘制。此时系统仍处于绘制直线状态，将光标移动到新的直线的起点，按照上面的方法继续绘制其他直线。

04 绘制完成后，右击或按 Esc 键可以退出绘制直线状态。

3. 直线属性设置

在绘制直线状态下，按 Tab 键，打开直线的“Properties（属性）”面板；或者在完成直线绘制后，双击需要设置属性的直线，弹出“Polyline（折线）”对话框，如图 3-3 所示。

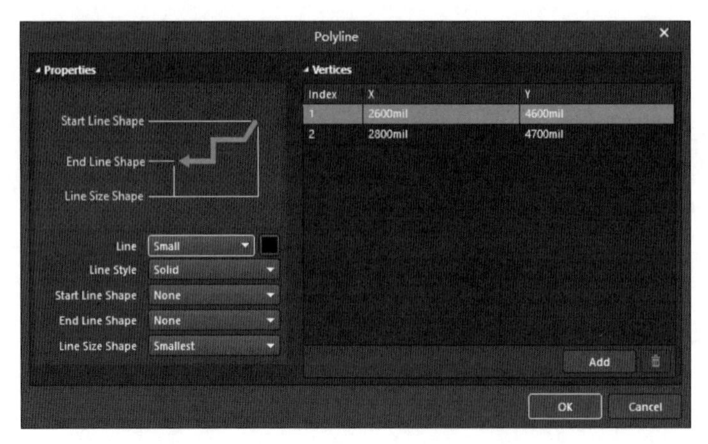

图 3-3 “Polyline（折线）”对话框

直线属性设置如下：

- Line（线宽）：用于设置直线的线宽，有 Smallest（最小）、Small（小）、Medium（中等）和 Large（大）4 种线宽供用户选择。
- 颜色显示框■：单击该颜色显示框■，可以设置直线的颜色。
- Line Style（线种类）：用于设置直线的线型，有 Solid（实线）、Dashed（虚线）和 Dotted（点划线）3 种线型可供选择。
- Start Line Shape（开始线形状）：用于设置直线起始端的线型。
- End Line Shape（结束线形状）：用于设置直线截止端的线型。
- Line Size Shape（线尺寸形状）：用于设置所有直线的线型。
- Vertices（顶点）选项组：用于设置直线各顶点的坐标值。

3.1.3 绘制弧

除了绘制直线以外，用户还可以用绘图工具绘制曲线，比如绘制圆弧。

1. 启动绘制圆弧命令

启动绘制圆弧命令有以下两种方法：

（1）执行菜单命令“放置”→“绘图工具”→“弧”。

（2）在原理图的空白区域右击，在弹出的快捷菜单中执行“放置”→“绘图工具”→“弧”命令。

2. 绘制圆弧

01 启动绘制圆弧命令后，光标变成十字形。将光标移到指定位置，单击确定圆弧的圆心，如图 3-4 所示。

02 此时，光标自动移到圆弧的圆周上，移动鼠标可以改变圆弧的半径。单击确定圆弧的半径，如图 3-5 所示。

03 光标自动移动到圆弧的起始角处，移动鼠标可以改变圆弧的起始点。单击确定圆弧的起始点，如图 3-6 所示。

04 此时，光标移到圆弧的另一端，单击确定圆弧的终止点，如图 3-7 所示。一条圆弧绘制完成后，系统仍处于绘制圆弧状态，若需要继续绘制，则按上面的步骤绘制；若要退出绘制，则右击或按 Esc 键退出绘制圆弧状态。

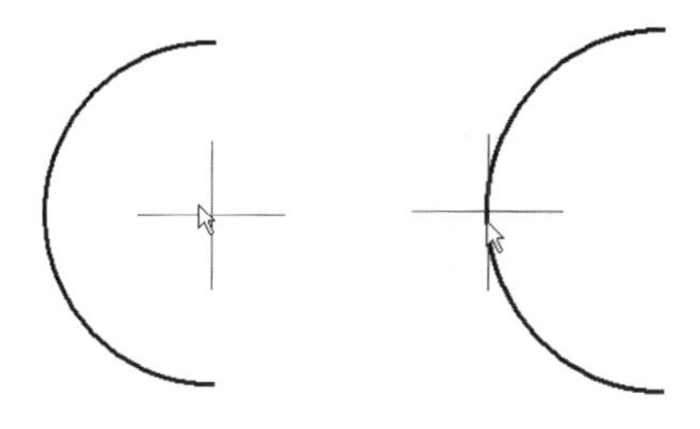

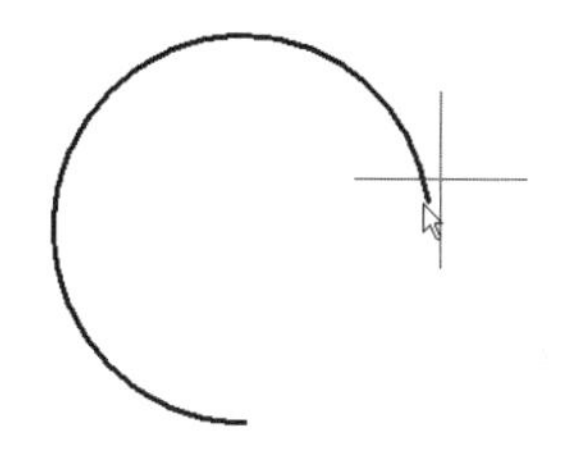

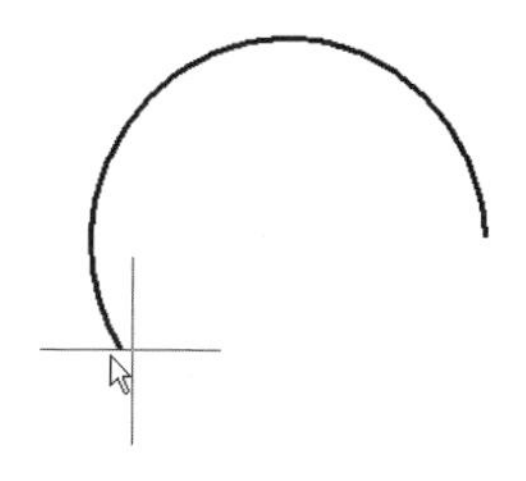

图 3-4　确定圆弧圆心　图 3-5　确定圆弧半径　图 3-6　确定圆弧起始点　图 3-7　确定圆弧终止点

3. 圆弧属性设置

在绘制状态下，按 Tab 键，打开圆弧的“Properties（属性）”面板；或者在绘制完成后，双击需要设置属性的圆弧，弹出“Arc（圆弧）”对话框，如图 3-8 所示。

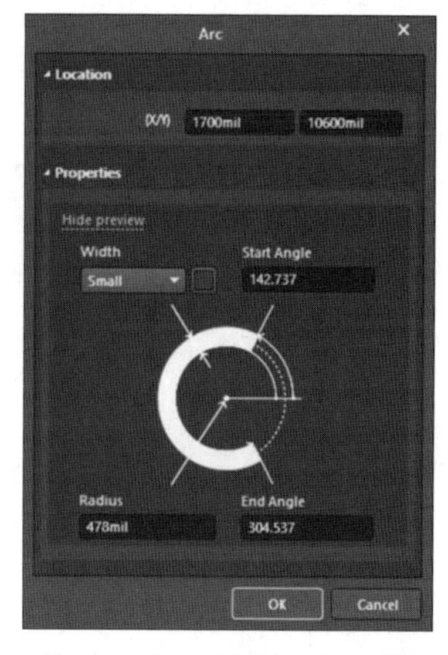

图 3-8　“Arc（圆弧）”对话框

圆弧属性设置如下：

- Width（宽度）：设置弧线的线宽，有 Smallest（最小）、Small（小）、Medium（中等）和 Large（大）4 种线宽可供用户选择。
- 颜色显示框■：单击该显示框，可以设置的颜色。
- Radius（半径）：设置圆弧的半径。
- Start Angle（起始角度）：设置圆弧的起始角度。
- End Angle（终止角度）：设置圆弧的结束角度。

3.1.4　绘制多边形

1. 启动绘制多边形命令

启动绘制多边形命令主要有以下 3 种方法：

（1）执行菜单命令“放置”→“绘图工具”→“多边形”。

（2）在原理图的空白区域右击，在弹出的快捷菜单中执行“放置”→“绘图工具”→“多边形”命令。

（3）单击“应用工具”工具栏中的（实用工具）按钮，在弹出的绘图工具栏中单击（放置多边形）按钮。

2. 绘制多边形

01 启动绘制多边形命令后，光标变成十字形。单击确定多边形的起点，移动光标至多边形的第二个顶点，单击确定第二个顶点，绘制出一条直线，如图 3-9 所示。

02 移动光标至多边形的第三个顶点，单击确定第三个顶点。此时，出现一个三角形，如图 3-10 所示。

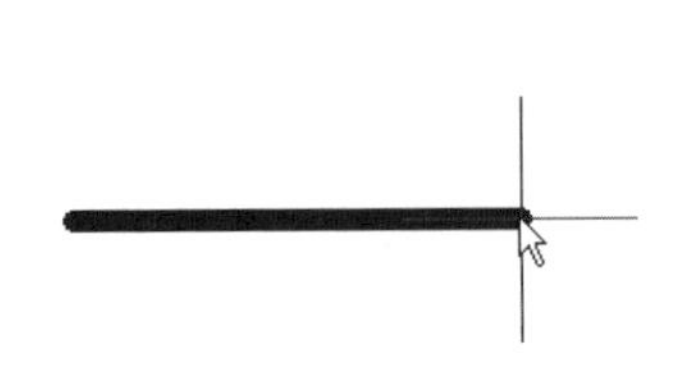

图 3-9　绘制多边形的一边

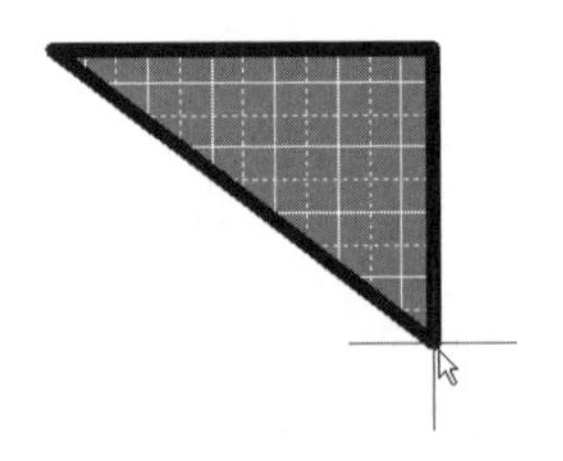

图 3-10　确定多边形第三个顶点

03 继续移动光标，确定多边形的下一个顶点，多边形变成一个四边形或两个相连的三角形，如图 3-11 所示。

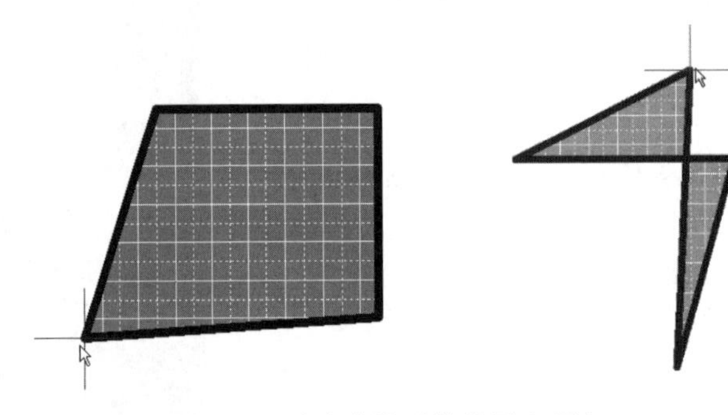

图 3-11　确定多边形的第四个顶点

04 继续移动光标，可以确定多边形的第五、第六……个顶点，绘制出各种形状的多边形，右击，完成此多边形的绘制。

05 此时系统仍处于绘制多边形状态，若需要继续绘制，则按上面的步骤绘制，否则右击或按 Esc 键，退出绘制命令。

3. 多边形属性设置

在绘制状态下，按 Tab 键，打开多边形的"Properties（属性）"面板；或者绘制完成后，双击需要设置属性的多边形，弹出"Region（多边形）"属性设置对话框，如图 3-12 所示。

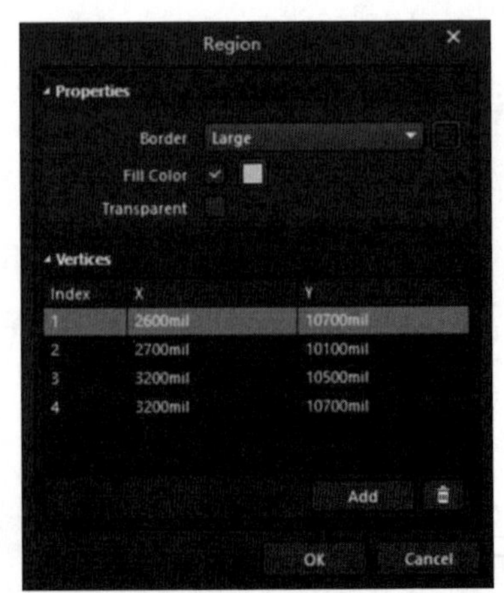

图 3-12　"Region（多边形）"对话框

多边形属性设置如下：

- Border（边界）：设置多边形的边框粗细和颜色，多边形的边框线型有 Smallest、Small、Medium 和 Large 4 种供用户选择。
- Filled Color（填充颜色）：设置多边形的填

充颜色。在颜色块中选中颜色后，多边形将以该颜色填充，此时单击多边形边框或填充部分都可以选中该多边形。

- “Transparent（透明的）”复选框：勾选该复选框后，多边形为透明的，内无填充颜色。

3.1.5　绘制矩形

Altium Designer 24 中绘制的矩形分为直角矩形和圆角矩形两种。绘制直角矩形的步骤如下：

1. 启动绘制直角矩形命令

启动绘制直角矩形命令有以下 3 种方法：

（1）执行菜单命令“放置”→“绘图工具”→“矩形”。

（2）在原理图的空白区域右击，在弹出的快捷菜单中执行“放置”→“绘图工具”→“矩形”命令。

（3）单击“应用工具”工具栏中的（实用工具）按钮，在弹出的绘图工具栏中单击（放置矩形）按钮。

2. 绘制直角矩形

01 启动绘制直角矩形的命令后，光标变成十字形。将十字光标移到指定位置，单击确定矩形左上角位置，如图 3-13 所示。

02 此时，光标自动跳到矩形的右上角，拖动鼠标，调整矩形至合适大小，再次单击，确定右下角位置，如图 3-14 所示。矩形绘制完成。

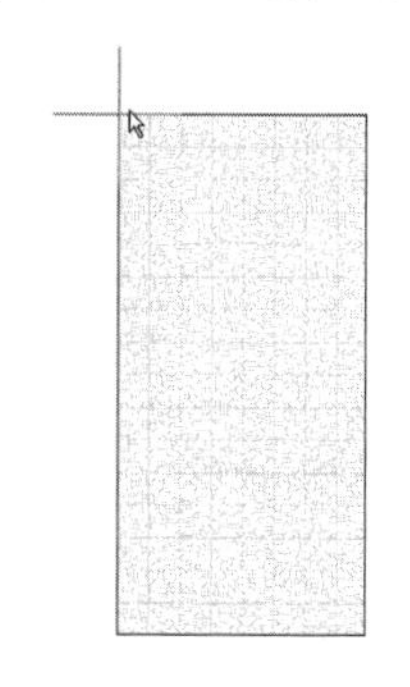

图 3-13　确定矩形左上角

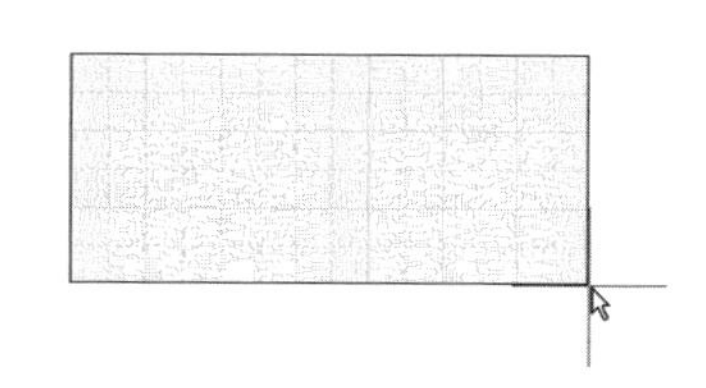

图 3-14　确定矩形右下角

03 此时系统仍处于绘制矩形状态，若需要继续绘制，则按上面的方法绘制，否则右击或按 Esc 键，退出绘制命令。

3. 直角矩形属性设置

在绘制状态下，按 Tab 键，打开矩形的“Properties（属性）”面板；或者绘制完成后，双击需要设置属性的矩形，弹出“Rectangle（矩形）”属性编辑对话框，如图 3-15 所示。此对话框可用来设置矩形的 X/Y（坐标）、宽度（Width）、高度（Height）、边界（Border）、填充颜色（Fill Color）等。

圆角矩形的绘制方法与直角矩形的绘制方法基本相同，不再重复讲述。圆角矩形的属性设置如图 3-16 所示。在该对话框中多出两项，一个用来设置圆角矩形转角的宽度（Corner X Radius），另一个用来设置转角的高度（Corner Y Radius）。

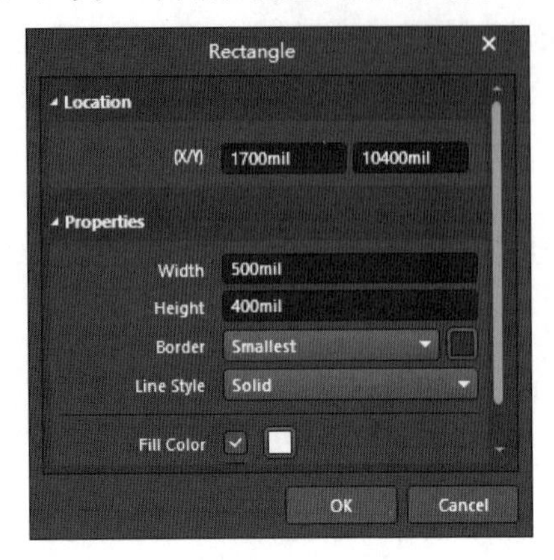

图 3-15　“Rectangle（矩形）”对话框

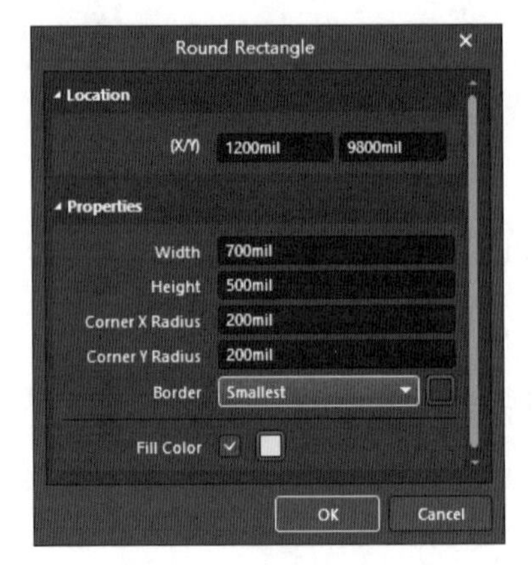

图 3-16　“Round Rectangle（圆角矩形）”对话框

3.1.6　绘制贝塞尔曲线

贝塞尔曲线在电路原理图中应用得比较多，可以用于绘制正弦波、抛物线等。

1. 启动绘制贝塞尔曲线命令

启动绘制贝塞尔曲线命令有以下两种方法：

（1）执行菜单命令“放置”→“绘图工具”→“贝塞尔曲线”。

（2）在原理图的空白区域右击，在弹出的快捷菜单中执行“放置”→“绘图工具”→“贝塞尔曲线”命令。

2. 绘制贝塞尔曲线

01 启动绘制贝塞尔曲线命令后，鼠标光标变成十字形。将十字光标移到指定位置，单击确定贝塞尔曲线的起点。然后移动光标，再次单击确定第二个点，绘制出一条直线，如图 3-17 所示。

02 继续移动光标，在合适位置单击确定第三个点，生成一条弧线，如图 3-18 所示。

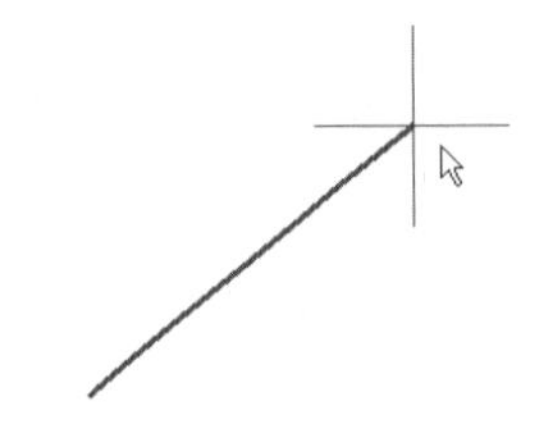

图 3-17　绘制一条直线

图 3-18　确定贝塞尔曲线的第三个点

03 继续移动光标，曲线将随光标的移动而变化，单击确定此段贝塞尔曲线，如图 3-19 所示。

04 继续移动光标，重复上述操作，绘制出一条完整的贝塞尔曲线，如图 3-20 所示。

05 此时系统仍处于绘制贝塞尔曲线状态，若需要继续绘制，则按上面的步骤绘制，否则

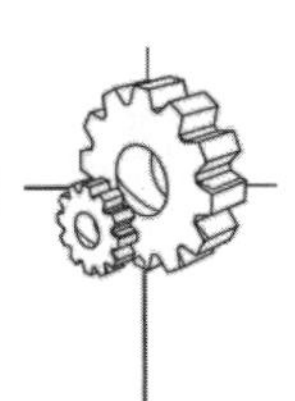

右击或按 Esc 键，退出绘制命令。

图 3-19　确定一段贝塞尔曲线

图 3-20　完整的贝塞尔曲线

3. 贝塞尔曲线属性设置

双击绘制完成的贝塞尔曲线，弹出贝塞尔曲线属性编辑对话框，如图 3-21 所示。此对话框只用来设置贝塞尔曲线的宽度（Curve Width）和颜色。

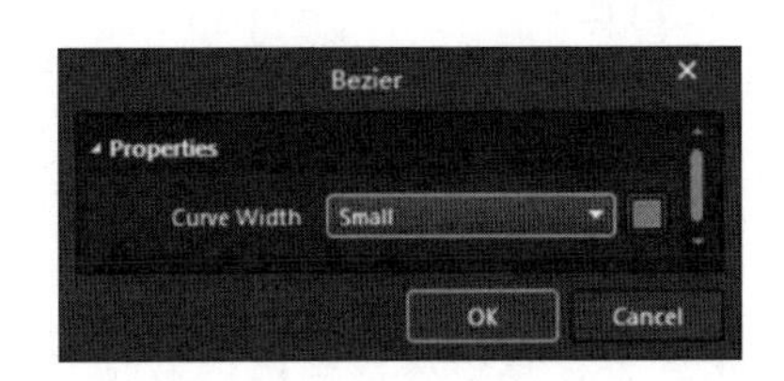

图 3-21　贝塞尔曲线属性编辑对话框

4. 绘制贝塞尔曲线实例

正弦波属于一种常用的贝塞尔曲线，下面介绍一下如何绘制一条标准的正弦波。

当绘制贝塞尔曲线时，启动绘制命令后，进入绘制状态，光标变成十字形。由于一条曲线是由 4 个点确定的，因此只要定义 4 个点就可以形成一条曲线。但是，对于正弦波，这 4 个点不是随便定义的，在这里给读者介绍一些技巧。

（1）首先在曲线起点处单击，确定第一个点；再将光标从这个点向右移动 2 个栅格，向上移动 4 个栅格，单击确定第二个点；然后，将第一个点向右边水平方向移动 4 个栅格，单击确定第三个点；第四个点和第三个点位置相同，即在第三个点的位置单击两次（若不用此法，很难绘制出一个标准的正弦波）。此时完成了半周正弦波的绘制，如图 3-22 所示。

（2）采用同样的方法在第四个点的下面绘制另外一个半周正弦波，或者采用复制的方法，完成一个周期的绘制，如图 3-23 所示。

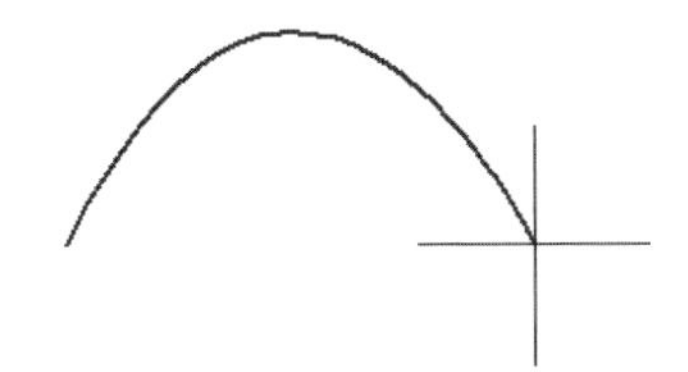

图 3-22　绘制半周正弦曲线

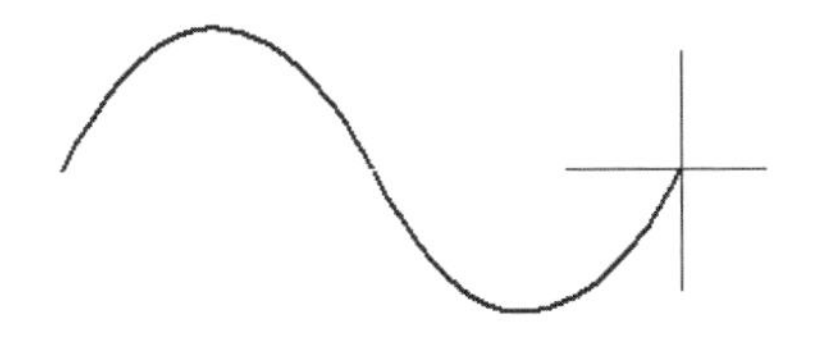

图 3-23　绘制完一周期正弦曲线

（3）用同样的方法绘制其他周期的正弦曲线。

若要改变正弦曲线周期的大小，只需在第一步绘制时按比例改变各点的位置即可。

3.1.7　绘制椭圆或圆

Altium Designer 24 中绘制椭圆和圆的工具是一样的。当椭圆的长轴和短轴的长度相等时，就会变成圆。因此，绘制椭圆与绘制圆本质上是一样的。

1. 启动绘制椭圆命令

启动绘制椭圆命令的方法有以下 3 种：

（1）执行菜单命令“放置”→“绘图工具”→“椭圆”。

（2）在原理图的空白区域右击，在弹出的快捷菜单中执行“放置”→“绘图工具”→“椭圆”命令。

（3）单击“应用工具”工具栏中的 （实用工具）按钮，在弹出的绘图工具栏中单击（放置椭圆）按钮。

2. 绘制椭圆

01 启动绘制椭圆命令后，光标变成十字形。将光标移到指定位置，单击确定椭圆的圆心位置，如图 3-24 所示。

02 此时光标自动移到椭圆的右顶点处，水平移动光标改变椭圆水平轴的长度，在合适位置单击确定水平轴的长度，如图 3-25 所示。

03 此时光标自动移到椭圆的上顶点处，垂直拖动鼠标改变椭圆垂直轴的长度，在合适位置单击，完成一个椭圆的绘制，如图 3-26 所示。

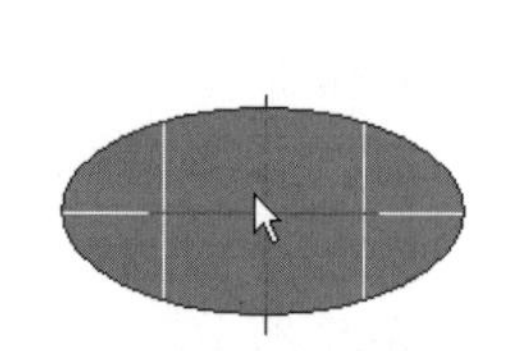

图 3-24　确定椭圆圆心

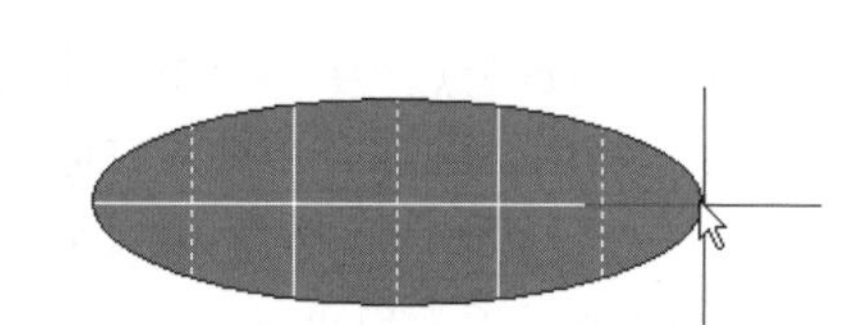

图 3-25　确定椭圆水平轴长度

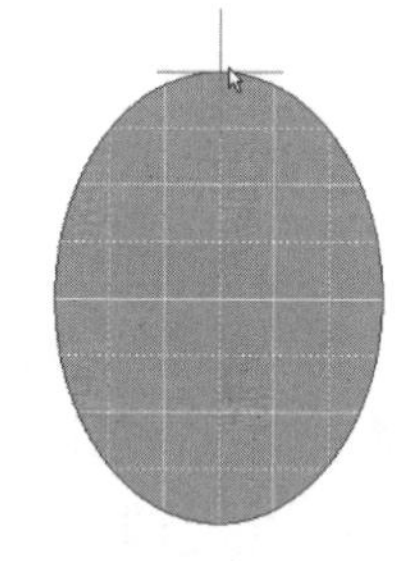

图 3-26　绘制完成的椭圆

04 此时系统仍处于绘制椭圆状态，可以继续绘制椭圆。若要退出，右击或按 Esc 键即可。

3. 椭圆属性设置

在绘制状态下，按 Tab 键，打开椭圆的“Properties（属性）”面板；或者绘制完成后，双击需要设置属性的椭圆，弹出“Ellipse（椭圆）”属性编辑对话框，如图 3-27 所示。

此对话框用来设置椭圆的圆心坐标（X/Y）、水平轴长度（X Radius）、垂直轴长度（Y Radius）、边界宽度、边界颜色以及填充颜色（Filled Color）等。

当需要绘制一个正圆时，直接绘制存在一定的难度，用户可以先绘制一个椭圆，然后在其属性面板中设置水平轴长度（X Radius）等于垂直轴长度（Y Radius），即可以得到一个正圆。

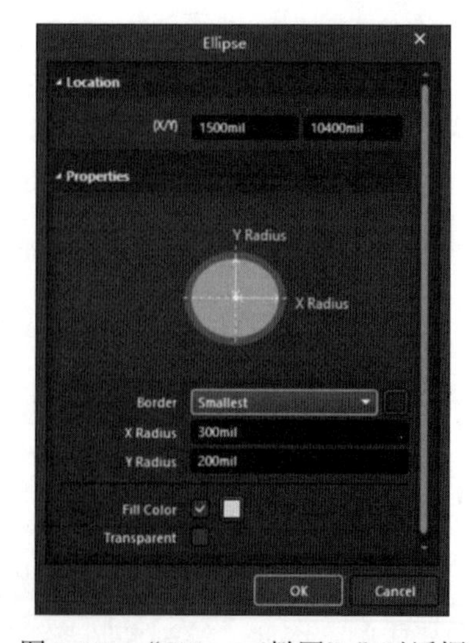

图 3-27　“Ellipse（椭圆）”对话框

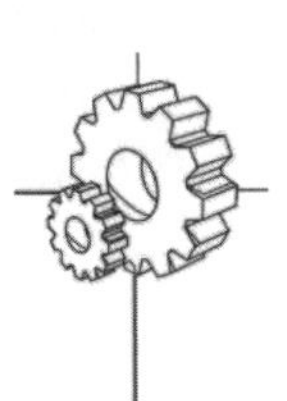

3.1.8　放置文本字符串和文本框

在绘制电路原理图的时，为了增加原理图的可读性，设计者会在原理图的关键位置添加文字说明，即添加文本字符串和文本框。当需要添加少量的文字时，可以直接放置文本字符串，而当需要添加大段文字说明时，就需要用文本框。

1. 放置文本字符串

1）启动放置文本字符串命令

启动放置文本字符串命令有以下 3 种方法：

（1）执行菜单命令“放置”→“文本字符串”。

（2）在原理图的空白区域右击，在弹出的快捷菜单中执行“放置”→“文本字符串”命令。

（3）单击“应用工具”工具栏中的（实用工具）按钮，在弹出的绘图工具栏中单击（放置文本字符串）按钮。

2）放置文本字符串

启动放置文本字符串命令后，光标变成十字形，并带有一个文本字符串“Text”。移动光标至需要添加文字说明处，单击即可放置文本字符串，如图 3-28 所示。

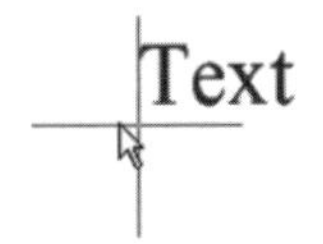

图 3-28　放置文本字

3）文本字符串属性设置

在放置状态下，按 Tab 键打开文本字符串的“Properties（属性）”面板；或者放置完成后，双击需要设置属性的文本字符串，弹出“Text（文本）”属性编辑对话框，如图 3-29 所示。

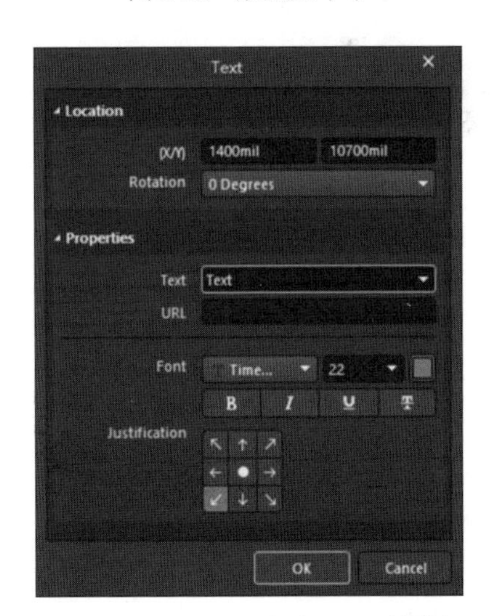

图 3-29　“Text（文本）”对话框

文本字符串属性设置如下：

- 颜色：用于设置文本字符串的颜色。
- （X/Y）：设置字符串的位置。
- Rotation（旋转）：设置文本字符串在原理图中的放置方向，有 0 Degrees、90 Degrees、180 Degrees 和 270 Degrees 4 个选项。
- Text（文本）：在该栏输入名称。
- Font（字体）：用于设置输入文字的字体。

2. 放置文本框

1）启动放置文本框命令

启动放置文本框命令有以下 3 种方法：

（1）执行菜单命令“放置”→“文本框”。

（2）在原理图的空白区域右击，在弹出的快捷菜单中执行“放置”→“文本框”命令。

（3）单击“应用工具”工具栏中的（实用工具）按钮，在弹出的绘图工具栏中单击（放置文本框）按钮。

2）放置文本框

启动放置文本框命令后，光标变成十字形。移动光标到指定位置，单击确定文本框的一个顶点，然后移动光标到合适位置，再次单击确定文本框对角线上的另一个顶点，完成文本框的放置，如图3-30所示。

图3-30　文本框的放置

3）文本框属性设置

在放置状态下，按Tab键打开文本框的“Properties（属性）”面板；或者放置完成后，双击需要设置属性的文本框，弹出“Text Frame（文本框）”属性编辑对话框，如图3-31所示。

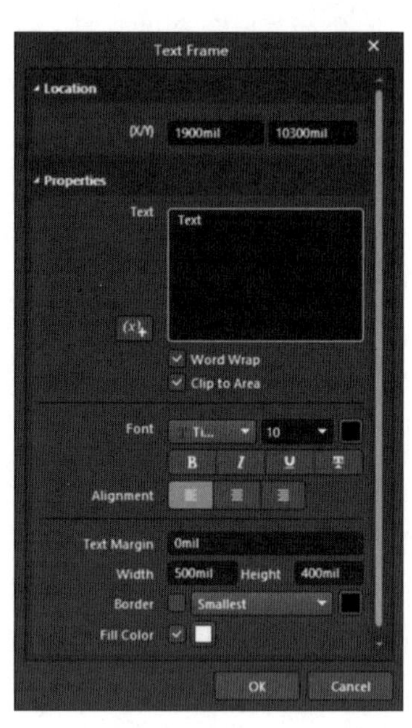

图3-31　“Text Frame（文本框）”对话框

文本框的设置和文本字符串的设置大致相同，相同设置这里不再赘述，有两个不同设置的地方：

- Word Wrap（自动换行）：勾选该复选框，则文本框中的内容将自动换行。
- Clip to Area（剪切到区域）：勾选该复选框，则文本框中的内容将被剪切到区域。

3.1.9　放置图片

在电路原理图的设计过程中，有时需要添加一些图片文件，例如元器件的外观、厂家标志等。

1. 启动放置图片命令

启动放置图片命令有以下3种方法：

（1）执行菜单命令“放置”→“绘图工具”→“图像”。

（2）在原理图的空白区域右击，在弹出的快捷菜单中执行“放置”→“绘图工具”→“图像”命令。

（3）单击“应用工具”工具栏中的（实用工具）按钮，在弹出的绘图工具栏中单击（放置图像）按钮。

2. 放置图片

01 启动放置图片命令后，光标变成十字形，并附有一个矩形框。移动光标到指定位置，单击确定矩形框的一个顶点，如图3-32所示。

02 此时光标自动跳到矩形框的另一顶点，移动光标可改变矩形框的大小，在合适位置再

次单击确定另一顶点，如图 3-33 所示。

03 此时将弹出选择图片对话框，选择图片路径“X:\Users\Public\Documents \Altium\AD 24\Templates”如图 3-34 所示。选择好以后，单击“打开”按钮，即可将图片添加到原理图中。

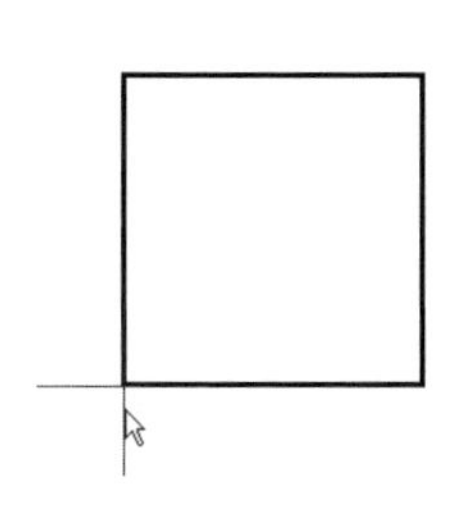

图 3-32　确定起点位置

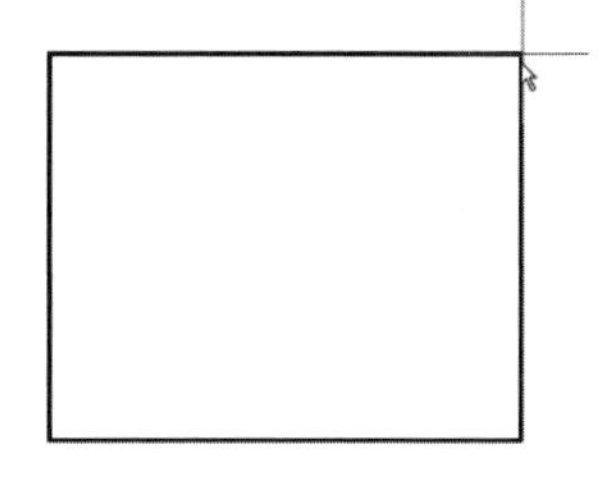

图 3-33　确定终点位置

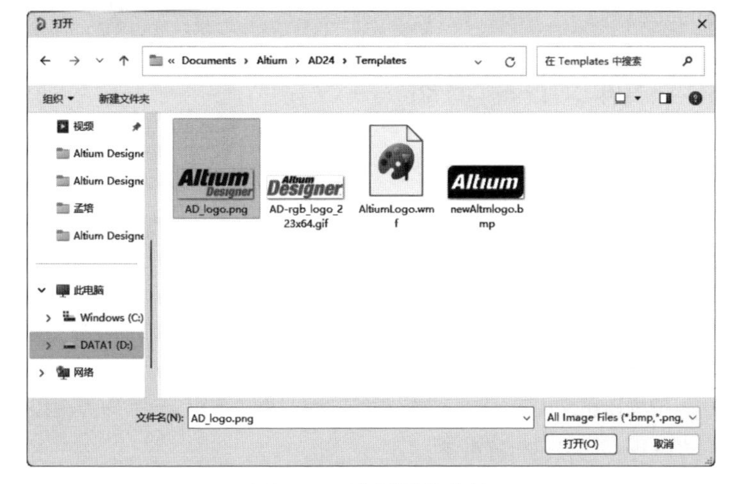

图 3-34　选择图片路径

3. 图片属性设置

在放置图片状态下，按下 Tab 键打开图片的“Properties（属性）”面板；或者放置完成后，双击需要设置属性的图片，弹出“Image（图像）”属性编辑对话框，如图 3-35 所示。

图片属性设置如下：

- 边界颜色：用于设置图片边框的颜色。
- Border（边界）：设置图形边框的线宽和颜色，线宽有 Smallest、Small、Medium 和 Large 4 种供用户选择。
- （X/Y）（位置）：设置图形框的对角顶点位置。
- File Name（文件名）：选择图片所在的文件路径名。

图 3-35　“Image（图像）”对话框

- Embedded（嵌入式）：选中该复选框后，图片将被嵌入原理图文件中，这样可以方便文件的转移。如果取消该复选框的选中状态，则在文件传递时需要将图片的链接也转移过去，否则将无法显示该图片。
- Width（宽度）：设置图片的宽度。
- Height（高度）：设置图片的高度。

3.2 原理图库文件编辑器

对于元器件库中没有的元器件，用户可以利用 Altium Designer 24 提供的库文件编辑器来设一个自己所需要的元器件。本节就来介绍一下原理图库文件编辑器。

3.2.1 启动原理图库文件编辑器

通过新建一个原理图库文件，或者打开一个已有的原理图库文件，都可以进入原理图库文件编辑环境中。

1. 新建一个原理图库文件

执行菜单栏命令“文件”→“新的”→“库”，打开“New Library（新库）”对话框，如图 3-36 所示。在该对话框中选择“Schematic Library（原理图库）”选项，单击“Create（创建）”按钮，系统会在“Projects（工程）”面板中创建一个默认名为 SchLib1. SchLib 的原理图库文件，同时启动原理图库文件编辑器。

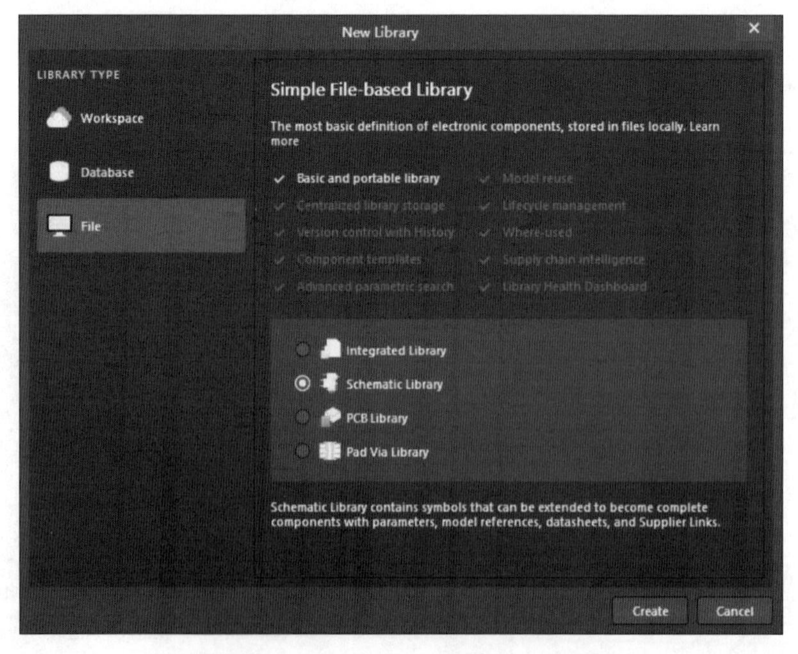

图 3-36 “New Library（新库）”对话框

2. 保存并重新命名原理图库文件

执行菜单命令“文件”→“保存”或单击主工具栏上的 (保存）按钮，弹出保存文件对话框。在该对话框中将原理图库文件重新命名为“MySchLib1.SchLib”，并保存在指定位置。保存后返回到原理图库文件编辑环境中，如图 3-37 所示。

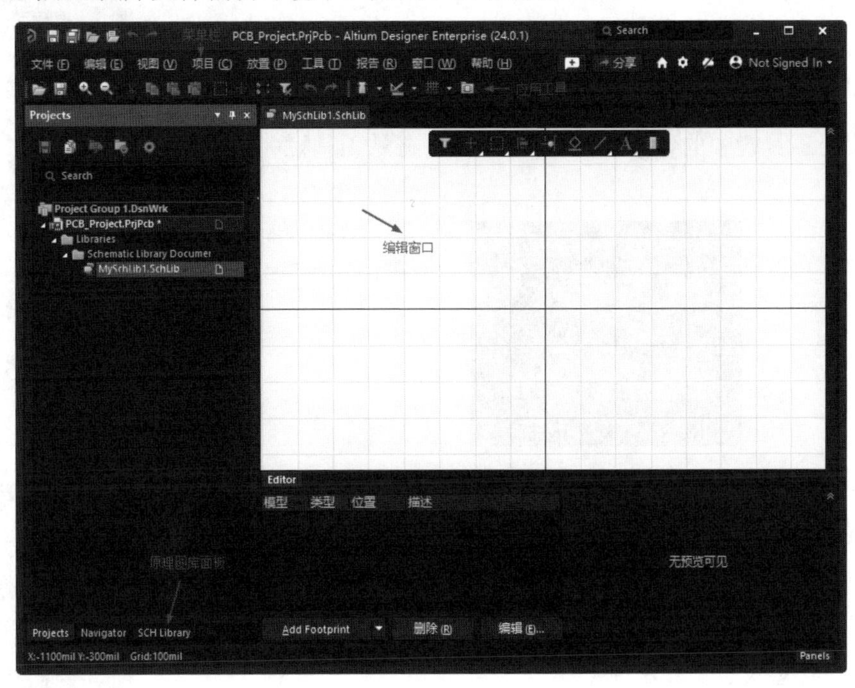

图 3-37 原理图库文件编辑环境

3.2.2 原理图库文件编辑环境

图 3-37 所示为原理图库文件编辑环境，主要由菜单栏、应用工具栏、编辑窗口及原理图库面板等几大部分构成。原理图库文件编辑环境与电路原理图编辑环境很相似，操作方法也基本相同。

3.2.3 实用工具栏介绍

1. 原理图符号绘制工具栏

在菜单栏右侧空白区域右击，在弹出的快捷菜单中选择“应用工具”选项，调出应用工具栏，单击应用工具栏中的 (实用工具）按钮，弹出原理图符号绘制工具栏，如图 3-38 所示。

此工具栏中的大部分按钮与“放置”菜单中的命令相对应，如图 3-39 所示。

图 3-38 原理图符号绘制工具栏

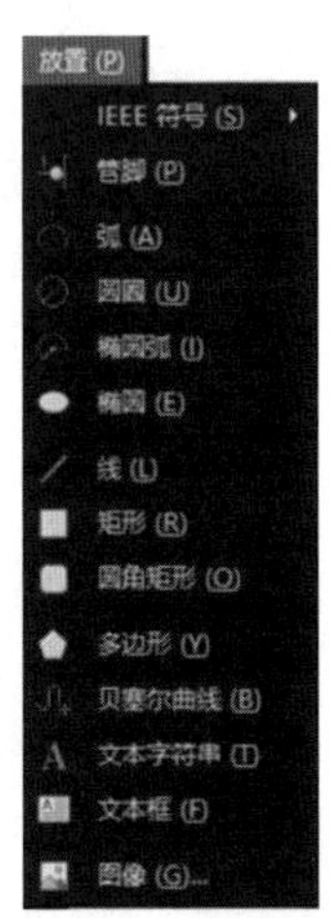

图 3-39 “放置”菜单

其中大部分按钮的功能与 3.1 节介绍的绘图工具中的相同，在此不再重复讲述，只将增加的几项简单介绍一下。

- ：用于创建元器件。
- ：用于添加元器件部件。
- ：用于放置元器件管脚。

2. IEEE 符号工具栏

单击应用工具栏中的按钮，弹出 IEEE 符号工具栏，如图 3-40 所示。

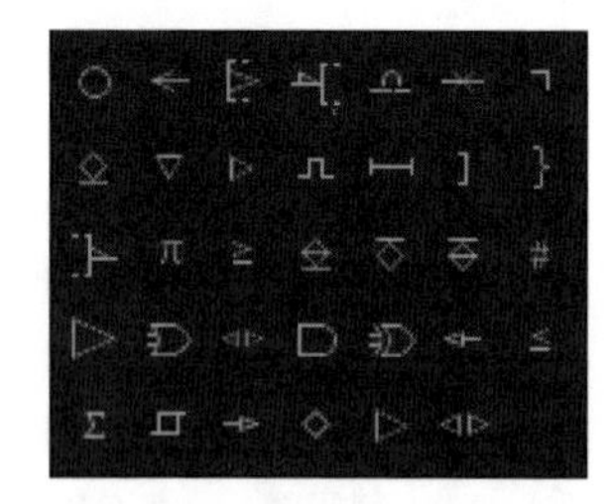

图 3-40　IEEE 符号工具栏

这些按钮的功能与原理图库文件编辑器中“放置”→“IEEE Symbols”（IEEE 符号）菜单中的命令相对应，如图 3-41 所示。

图 3-41　IEEE Symbols

各个按钮的功能说明如下：

- ：放置低电平触发符号。
- ：放置信号左向传输符号，用来指示信号传输的方向。
- ：放置时钟上升沿触发符号。
- ：放置低电平输入触发符号。
- ：放置模拟信号输入符号。
- ：放置无逻辑性连接符号。
- ：放置延时输出符号。
- ：放置集电极开极输出符号。
- ：放置高阻抗符号。
- ：放置大电流符号。
- ：放置脉冲符号。
- ：放置延时符号。
- ：放置 I/O 组合符号。
- ：放置二进制组合符号。
- ：放置低电平触发输出符号。
- ：放置 π 符号。
- ：放置大于等于号。
- ：放置具有上拉电阻的集电极开极输出符号。
- ：放置发射极开极输出符号。

- ：放置具有下拉电阻的发射极开极输出符号。
- ：放置数字信号输入符号。
- ：放置反相器符号。
- ：放置或门符号。
- ：放置双向信号流符号。
- ：放置与门符号。
- ：放置异或门符号。
- ：放置数据信号左移符号。
- ：放置小于等于号。
- ：放置Σ加法符号。
- ：放置带有施密特触发的输入符号。
- ：放置数据信号右移符号。
- ：放置开极输出符号。
- ：放置信号右向传输符号。
- ：放置信号双向传输符号。

3. 模式工具栏

在菜单栏右侧空白区域右击，在弹出的快捷菜单中选择“模式”选项，调出模式工具栏，如图 3-42 所示。模式工具栏用来控制当前元器件的显示模式。

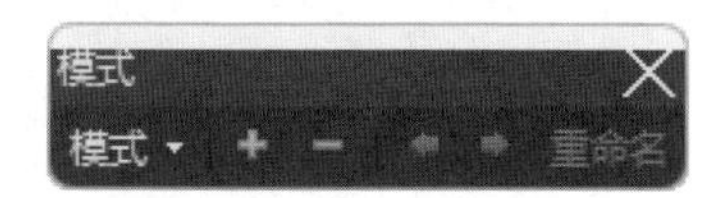

图 3-42　模式工具栏

各按钮的功能说明如下：

- 模式：用来为当前元器件选择一种显示模式，系统默认为 Normal（正常）。
- ：用来为当前元器件添加一种显示模式。
- ：用来删除元器件的当前显示模式。
- ：用来切换到前一种显示模式。
- ：用来切换到后一种显示模式。
- “重命名”按钮：单击该按钮，可以重命名备用件符号图名称。

3.2.4　“工具”菜单的元器件管理命令

在原理图库文件编辑环境中，系统为用户提供了一系列管理元器件的命令。执行菜单命令“工具”，弹出元器件管理菜单命令，如图 3-43 所示。下面介绍主要的几个命令。

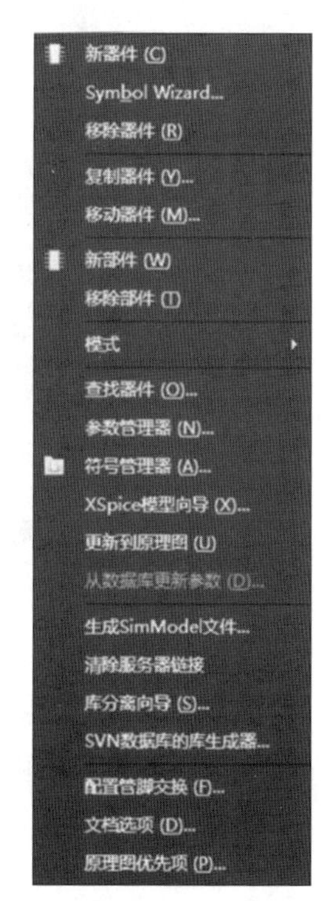

图 3-43　“工具”菜单命令

- 新器件：用来创建一个新的元器件。
- 移除器件：用来删除当前元器件库中选中的元器件。
- 复制器件：用来将选中的元器件复制到指定的元器件库中。
- 移动器件：用来把当前选中的元器件移动到指定的元器件库中。
- 新部件：用来放置元器件的子部件，其功能与原理图符号绘制工具栏中的▮按钮相同。
- 移除部件：用来删除子部件。
- 模式：用来管理元器件的显示模式，其功能与模式工具栏相同。
- 查找器件：用来查找元器件，其功能与“Components（元器件）”面板中的“查找”按钮相同。
- 参数管理器：用来进行参数管理。执行该命令后，弹出“参数编辑选项”对话框，如图 3-44 所示。在该对话框中，“包含以下参数”选项区中有 7 个复选框，主要用来设置所要显示的参数，如元器件、网络（参数设置）、页面符、管脚、模型、端口、文件。单击“确定”按钮后，系统会弹出当前原理图库文件的参数编辑器，如图 3-45 所示。

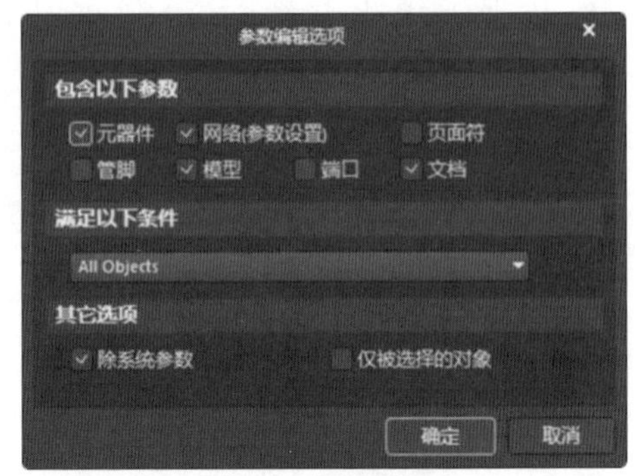

图 3-44　“参数编辑选项”对话框

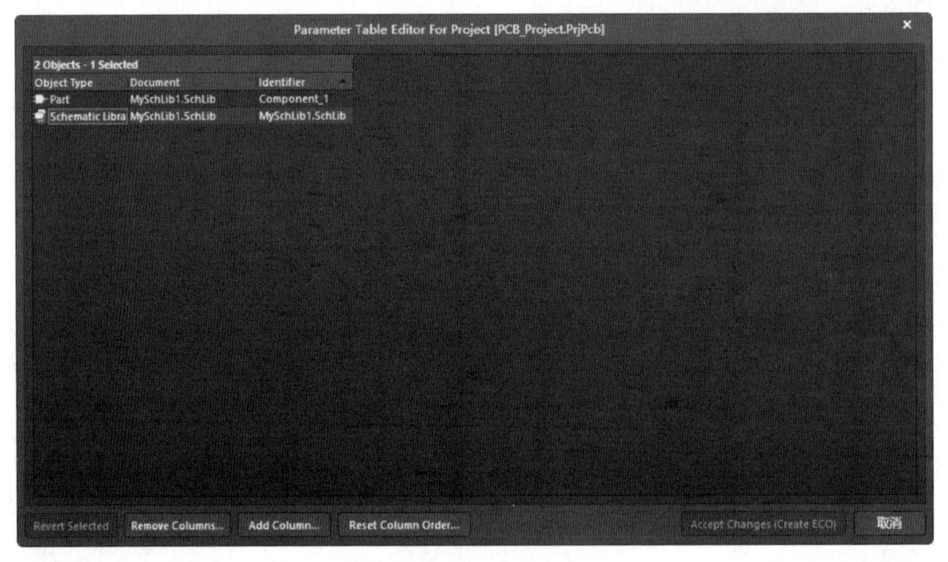

图 3-45　参数编辑器

- 符号管理器：用来为当前选中的元器件添加其他模型，包括 PCB 模型、信号完整性分析模型、仿真模型以及 PCB 3D 模型等。执行该命令后，弹出如图 3-46 所示的“模式管理器”对话框。
- XSpice 模型向导：用来引导用户为所选中的元器件添加一个 XSpice 模型。
- 更新到原理图：用来将当前库文件在原理图元器件库文件编辑器中所做的修改，更新到打开的电路原理图中。

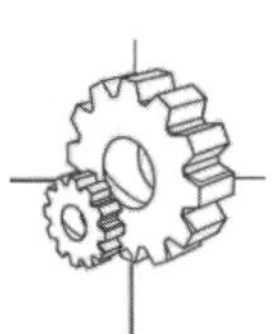

图 3-46　“模式管理器”对话框

3.2.5　原理图库文件面板介绍

在原理图库文件编辑器中，单击工作面板中的“SCH Library（SCH 元器件库）”标签，即可显示“SCH Library（SCH 元器件库）”面板，如图 3-47 所示。该面板是原理图库文件编辑环境中的主面板。列出了当前所打开的原理图库文件中的所有元器件，包括原理图符号名称及相应的描述等。其中各按钮的功能说明如下：

- “放置”按钮：用于将选定的元器件放置到当前原理图中。
- “添加”按钮：用于在该库文件中添加一个元器件。
- “删除”按钮：用于删除选定的元器件。
- “编辑”按钮：用于编辑选定元器件的属性。

图 3-47　“SCH Library”面板

3.3　绘制所需的元器件

通过前面的学习，相信读者对原理图库文件编辑环境以及相应的工具栏、原理图库文件面板有了初步的了解。本节将绘制一个具体的元器件，使用户了解和学习创建原理图元器件的方法和步骤。

3.3.1　新建一个原理图元器件库文件

下面以 LG 半导体公司生产的 GMS97C2051 微控制芯片为例，绘制其原理图符号。

执行菜单命令“文件”→“新的”→“库”，打开“New Library（新库）”对话框，选择“Schematic Library（原理图库）”选项，单击“Create（创建）”按钮，系统会在“Projects（工程）”面板中创建一个默认名为 SchLib1.SchLib 的原理图库文件，同时启动原理图库文件编辑器。然后执行菜单命令“文件”→“保存为”，保存新建的库文件，并命名为 My GMS97C2051.SchLib，如图 3-48 所示。

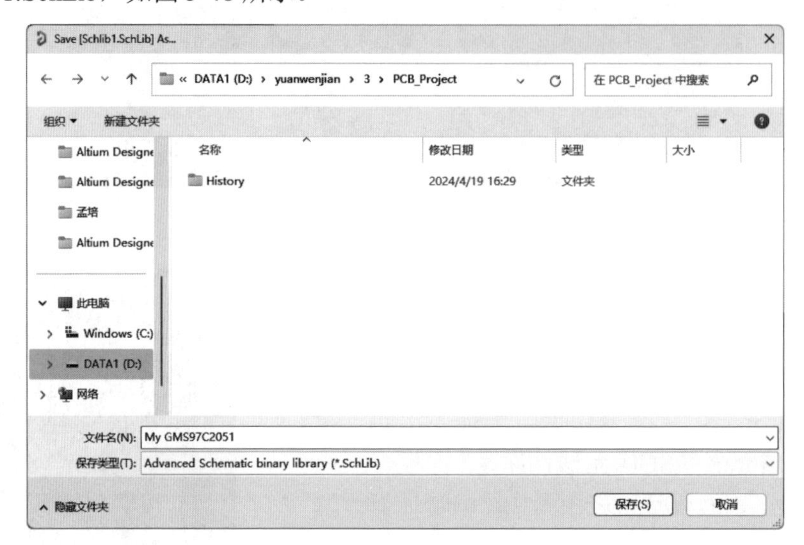

图 3-48　保存新建的库文件

3.3.2　绘制元器件

1. 新建元器件原理图符号名称

在创建一个新的原理图库文件的同时，系统会自动为该库添加一个默认名为 Component_1 的元器件原理图符号名称。新建一个元器件原理图符号名称有以下两种方法：

（1）单击“应用工具”工具栏中的（实用工具）按钮，在弹出的绘图工具栏中单击（创建元器件）按钮，弹出“New Component（新元件）”对话框，在此对话框中输入用户自己要绘制的元器件名称 GMS97C2051，如图 3-49 所示。

（2）在“SCH Library（SCH 元器件库）”面板中，单击原理图符号名称栏下面的“添加”按钮，同样会弹出如图 3-49 所示的“New Component（新元件）”对话框。

2. 绘制元器件原理图符号

1）绘制矩形框

单击“应用工具”工具栏中的（实用工具）按钮，在弹出的绘图工具栏中单击（放置矩形）按钮，光标变成十字形状，在编辑窗口的第四象限内绘制一个矩形框，如图 3-50 所示。矩形框的大小由要绘制的元器件的管脚数决定。

2）放置管脚

单击“应用工具”工具栏中的（实用工具）按钮，在弹出的绘图工具栏中单击（放置管脚）按钮，或者执行菜单命令“放置”→“管脚”，光标变成十字形，同时附有一个管脚符号。移动光标到矩形的合适位置，单击完成一个管脚的放置，如图 3-51 所示。

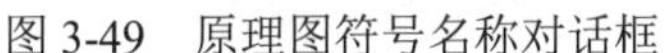

图 3-49　原理图符号名称对话框　　图 3-50　绘制矩形框　　图 3-51　放置元器件的管脚

在放置元器件管脚时，要保证其具有电气属性的一端（即带有“×”的一端）朝外。

3）管脚属性设置

在放置管脚时按下 Tab 键，系统将弹出元器件管脚的“Properties（属性）”面板，如图 3-52 所示。在该面板中，可以对元器件管脚的各项属性进行设置。

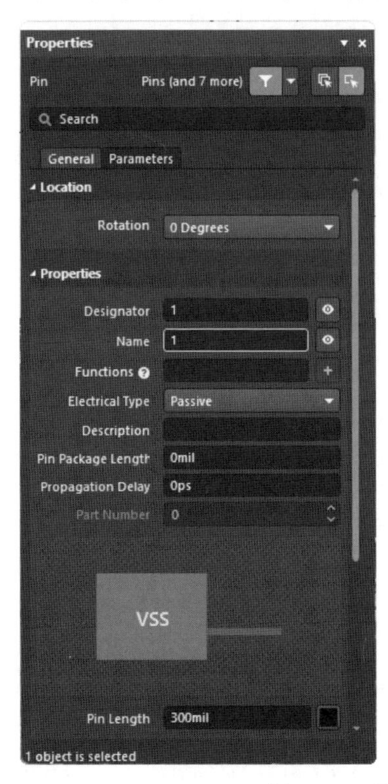

图 3-52　“Properties（属性）”面板

管脚属性面板中各项属性的含义如下：

（1）General（常规）选项卡：

- “Location（位置）”选项组：
  - Rotation(旋转):用于设置管脚放置的角度，有 0 Degrees、90 Degrees、180 Degrees、270 Degrees 4 种选择。
- “Properties（属性）”选项组：
  - “Designator（标识符）”文本框：用于设置管脚的编号，应该与实际的管脚编号相对应。
  - “Name（名称）”文本框：用于设置管脚的名称。例如，把管脚设定为第 9 管脚。由于 C8051F320 的第 9 管脚是元器件的复位管脚，低电平有效，同时也是 C2 调试接口的时钟信号输入管脚；另外，在原理图“Preferences（参数）”对话框中的“Graphical Editing（图形编辑）”选项卡中，已经选中了“Single '\' Negation（简单\否定）”复选框，因此在这里设置名称为“R\S\T\/C2CK”，并单击右侧的 （可见）按钮。
  - “Electrical Type（电气类型）”下拉列表：用于设置管脚的电气特性，有 Input（输入）、I/O（输入/输出）、Output（输出）、OpenCollector（打开集流器）、Passive（中性的）、Hiz（高阻型）、Open Emitter（发射器）和 Power（激励）8 个选项。在这里，选择“Passive（中性的）”选项，表示不设置电气特性。
  - “Description（描述）”文本框：用于填写管脚的特性描述。
  - “Pin Package Length（管脚包长度）”文本框：用于填写管脚封装长度。
  - “Pin Length（管脚长度）”文本框：用于填写管脚的长度。
- “Symbols（符号）”选项组：根据管脚的功能及电气特性为该管脚设置不同的 IEEE 符号，作为读图时的参考。可放置在原理图符号的 Inside（内部）、Inside Edge（内部边沿）、Outside Edge（外部边沿）或 Outside（外部）等不同位置，设置 Line Width（线宽），没有任何电气意义。
- “Font Settings（字体设置）”选项组：设置元器件的“Designator（标识符）”和“Name（名称）”的字体参数。

（2）“Parameters（参数）”选项卡：用于设置元器件的 VHDL 参数。

设置完成后，按 Enter 键即可。例如要设置 GMS97C2051 的第一个管脚属性，在“Name（名字）”文本框中输入“RST”，在“Designator（标识符）”文本框中输入“1”，设置好属性的管脚如图 3-53 所示。

用同样的方法放置 GMS97C2051 的其他管脚，并设置相应的属性。放置所有管脚后的 GMS97C2051 元器件原理图符号如图 3-54 所示。

3. 元器件属性设置

绘制好元器件原理图符号以后，还要设置其属性。双击“SCH Library（SCH 元器件库）”面板的原理图符号名称栏中的元器件 GMS97C2051，弹出元器件属性设置面板，如图 3-55 所示。

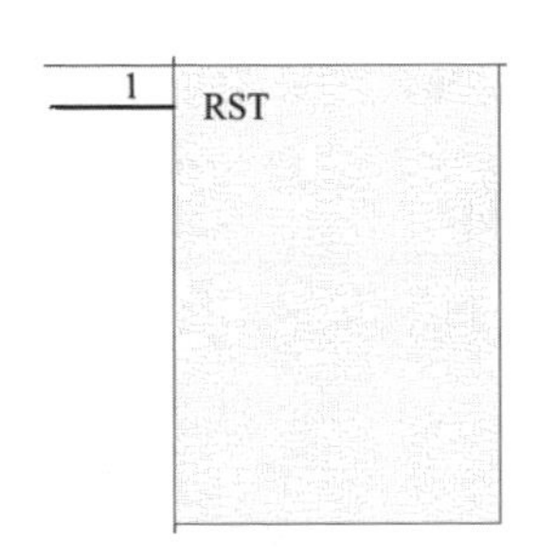

图 3-53　设置好属性的管脚

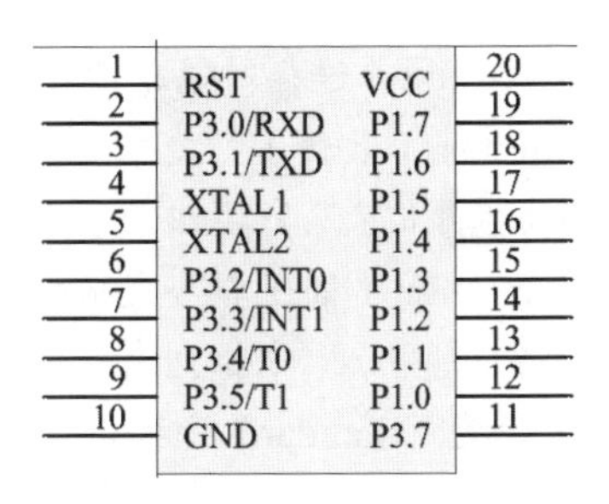

图 3-54　放置所有管脚后的原理图符号

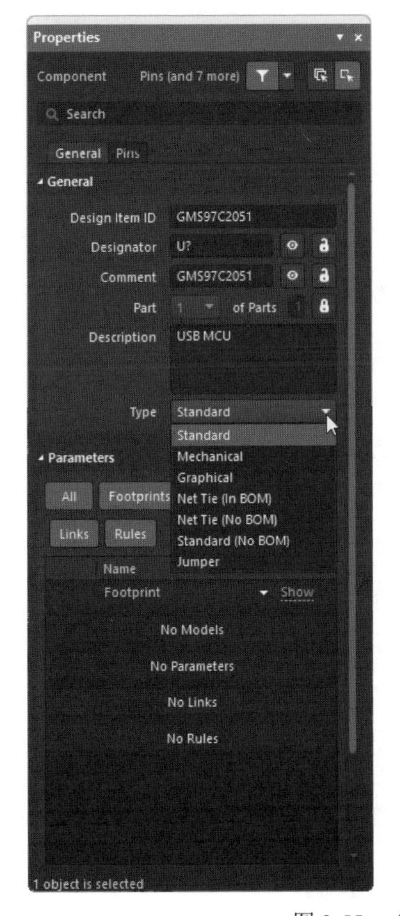

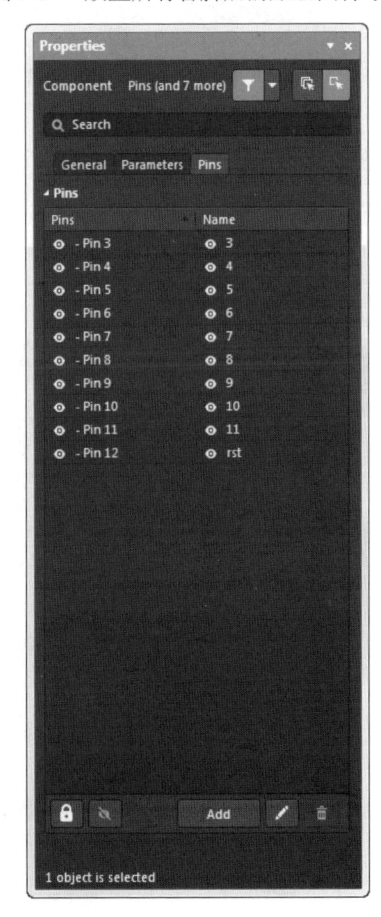

图 3-55　“Properties（属性）”面板

在该面板中可以对自己绘制的元器件的各项属性进行设置。

1）“General（常规）”选项卡

（1）“General（常规）”选项组：

- “Design Item ID（设计项目标识）”文本框：用于设置元器件名称。
- “Designator（标识符）”文本框：用于设置元器件标号，即把该元器件放置到原理图中时，系统最初默认显示的元器件标号。这里设置为“U?”，并单击右侧的（可见）按钮，则在放置该元器件时，序号“U?”会显示在原理图上。单击（锁定管脚）按钮，所有的管脚将和元器件成为一个整体，不能在原理图上单独移动管脚。建议用户单击该按钮，这样对电路原理图的绘制和编辑有很大好处，可以减少不必要的麻烦。

- “Comment（注释）”文本框：用于说明元器件型号。这里设置为 C8051F320，并单击右侧的（可见）按钮，则在放置该元器件时，C8051F320 会显示在原理图上。
- “Description（描述）”文本框：用于描述元器件功能。这里输入 USB MCU。
- “Type（类型）”下拉列表：用于设置元器件符号类型，可以选择设置。这里采用系统默认设置“Standard（标准）”。

（2）“Parameters（参数）”选项组：单击“Add（添加）”按钮，可以为该元器件添加各种模型。

（3）“Graphical（图形）”选项组：用于设置图形中的线条颜色、填充颜色和管脚颜色。

2）“Pins（管脚）”选项卡

在该选项卡中可以一次性地对元器件的所有管脚进行编辑。单击（编辑）按钮，弹出“元器件管脚编辑器”对话框，如图 3-56 所示。

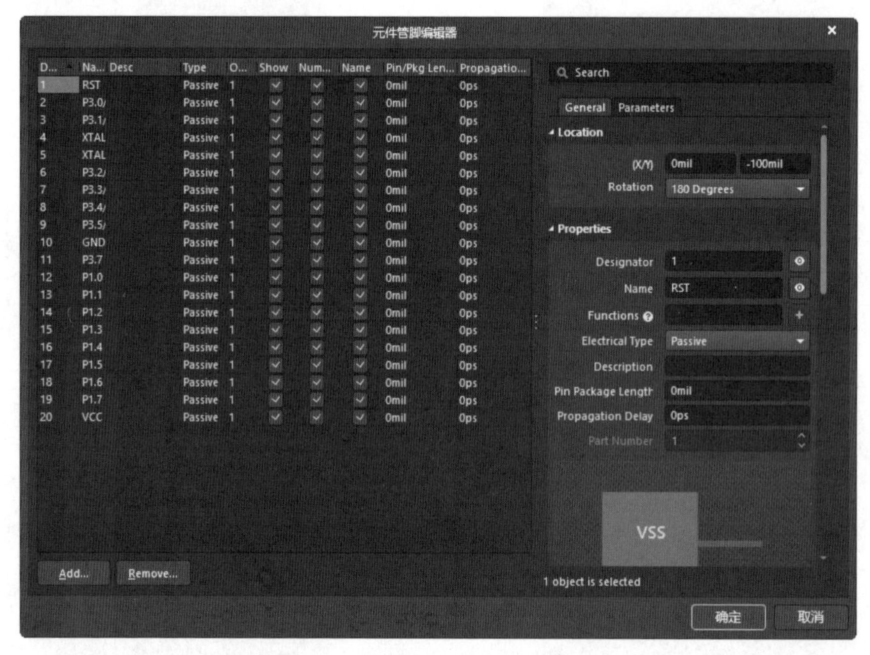

图 3-56 “元件管脚编辑器”对话框

在该对话框中，对管脚进行设置，设置完成后，按 Enter 键，将 GMS97C2051 原理图符号放置到电路原理图中，如图 3-57 所示。

保存绘制完成的 GMS97C2051 原理图符号。以后在绘制电路原理图时，若需要此元器件，只需打开该元器件所在的库文件，就可以随时调用了。

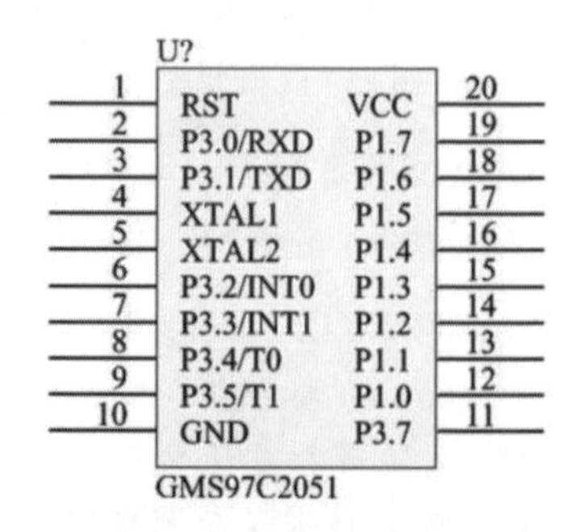

图 3-57 在电路原理图中放置的 GMS97C2051

3.4　库文件输出报表

Altium Designer 24 的原理图库文件编辑器具有生成报表的功能，可以生成 3 种报表：元器件报表、元器件规则检查报表以及元器件库报表。用户可以通过报表列出的信息，帮助自己进行元器件规则的有关检查，使自己创建的元器件以及元器件库更加准确。

本节还是以前面创建的库文件 My GMS97C2051.SchLib 为例，介绍各种报表的生成方法。

3.4.1　元器件报表

生成元器件报表的步骤如下：

01 打开库文件 My GMS97C2051.SchLib。

02 在“SCH Library（SCH 元器件库）”面板的原理图符号名称栏中选择需要生成元器件报表的元器件。

03 执行菜单命令“报告”→“器件”，系统将自动生成该元器件的报表，如图 3-58 所示。它是一个后缀为“.cmp”的文本文件，用户可以通过该报表文件检查元器件的属性及其各管脚的配置情况。

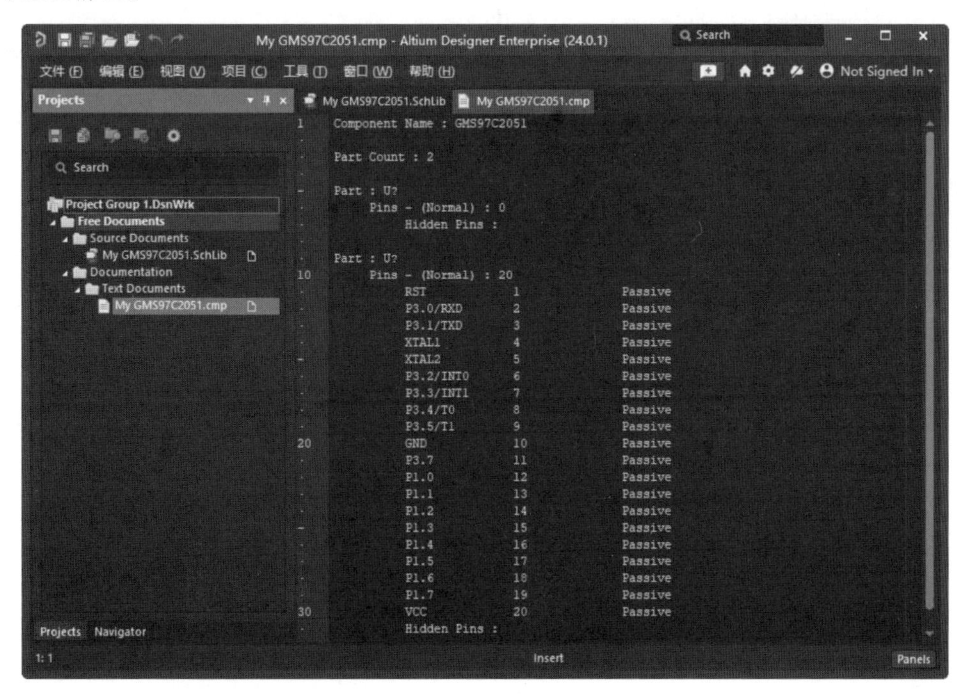

图 3-58　元器件报表

3.4.2　元器件规则检查报表

元器件规则检查报表的功能是检查元器件库中的元器件是否有错，将有错的元器件列出来，并指出错误的原因。

生成元器件规则检查报表的步骤如下：

01 打开库文件 My GMS97C2051.SchLib。

02 在“SCH Library（SCH 元器件库）”面板的原理图符号名称栏中选择需要生成元器件规则检查报表的元器件。

03 执行菜单命令“报告”→“器件规则检查”，弹出“库元件规则检测”对话框，如图 3-59 所示。

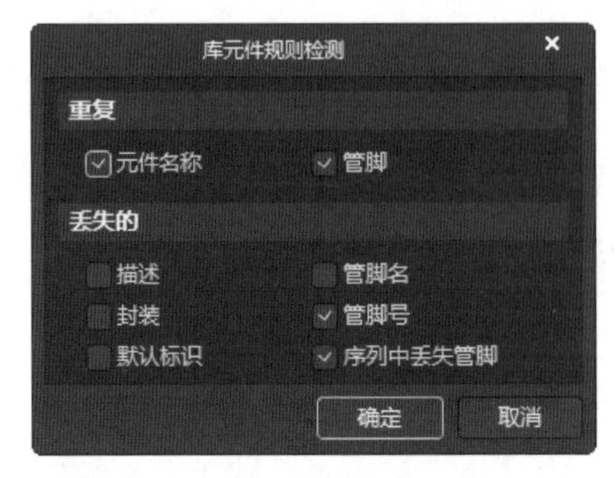

图 3-59　“库元件规则检测”对话框

在“库元件规则检测”对话框中，各项设置的含义如下：

- 元件名称：用于设置是否检查库文件中重复的元器件名。若勾选该复选框，则当库文件中存在重复的元器件名称时，系统会提示出错，并显示在错误报表中；否则，系统不检查该项。
- 管脚：用于设置是否检查元器件的重复管脚名称。若勾选该复选框，则系统会检查元器件管脚的同名错误，并给出相应报告；否则，系统不检查此项。
- 描述：用于设置是否检查元器件属性中的“Description（描述）”栏。若勾选该复选框，则系统将检查元器件属性中的“Description（描述）”栏是否空缺，空缺则给出错误报告。
- 管脚名：用于设置是否检查元器件管脚名称的空缺。若勾选该复选框，则系统将检查元器件是否存在管脚名称空缺，空缺则给出错误报告。
- 封装：用于设置是否检查元器件属性中的“Footprint”栏。若勾选该复选框，则系统将检查元器件属性中的“Footprint”栏是否空缺，空缺则给出错误报告。
- 管脚号：用于设置是否检查元器件管脚编号的空缺。若勾选该复选框，则系统将检查元器件的管脚编号是否空缺，空缺则给出错误报告。
- 默认标识：用于设置是否检查元器件标识符的空缺。若勾选该复选框，则系统将检查元器件是否存在标识符空缺的情况，空缺则给出错误报告。
- 序列中丢失管脚：用于设置是否检查元器件管脚编号的丢失。若勾选该复选框，则系统将检查元器件是否存在管脚编号丢失的情况，存在则给出错误报告。

04 设置完成后，单击“确定”按钮，关闭元器件规则检查设置对话框，系统将自动生成该元器件的规则检查报表，如图 3-60 所示。该报表是一个后缀名为“.ERR”的文本文件。

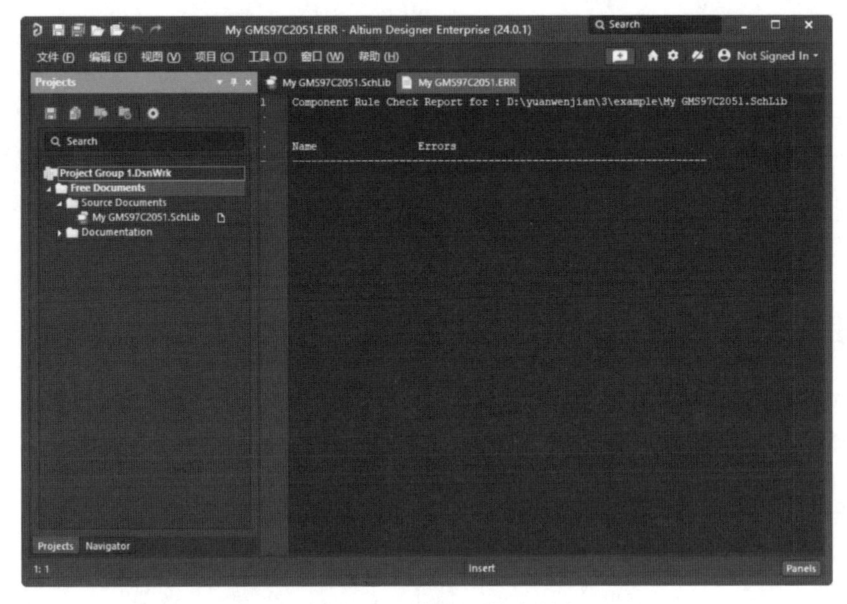

图 3-60　元器件规则检查报表

3.4.3　元器件库报表

元器件库报表列出了当前元器件库中的所有元器件名称。

生成元器件库报表的步骤如下：

01 打开库文件 My GMS97C2051.SchLib。

02 在“Projects（工程）”面板上选中原理图库文件 My GMS97C2051.SchLib。

03 执行菜单命令“报告”→“库列表”，系统将自动生成该元器件库的报表，如图 3-61 所示。

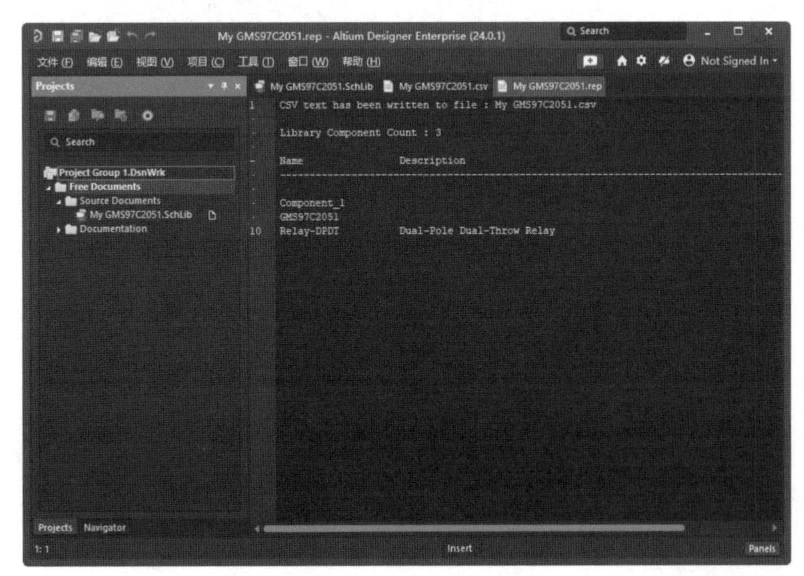

图 3-61　元器件库报表

3.5　上机实例

在设计元器件时，除了要绘制各种芯片外，还可能要绘制一些接插件、继电器、变压器等元器件。变压器的绘制在分立元器件中属于稍有难度的一种，因为它的元器件原理图符号中含有线圈，不容易画好。本节就简单介绍一下变压器的绘制及报告检查。

3.5.1　绘制变压器

变压器的绘制与一般的数字芯片的绘制不一样，它分为原边和副边，中间含有铁芯。具体绘制步骤如下：

1. 创建一个新原理图库文件

执行菜单命令“文件”→“新的”→“库”，打开“New Library（新库）”对话框，选择“Schematic Library（原理图库）”选项，单击“Create（创建）”按钮，系统会在“Projects（工程）”面板中创建一个默认名为 SchLib1. SchLib 的原理图库文件，同时进入原理图库文件编辑环境。

2. 保存并重新命名原理图库文件

执行菜单命令“文件”→“保存”，或单击主工具栏上的（保存）按钮，弹出保存文件对话框。在该对话框中将原理图库文件重新命名为“My Transformer.SchLib”，并保存在指定位置。保存后返回到原理图库文件编辑环境中，如图 3-62 所示。

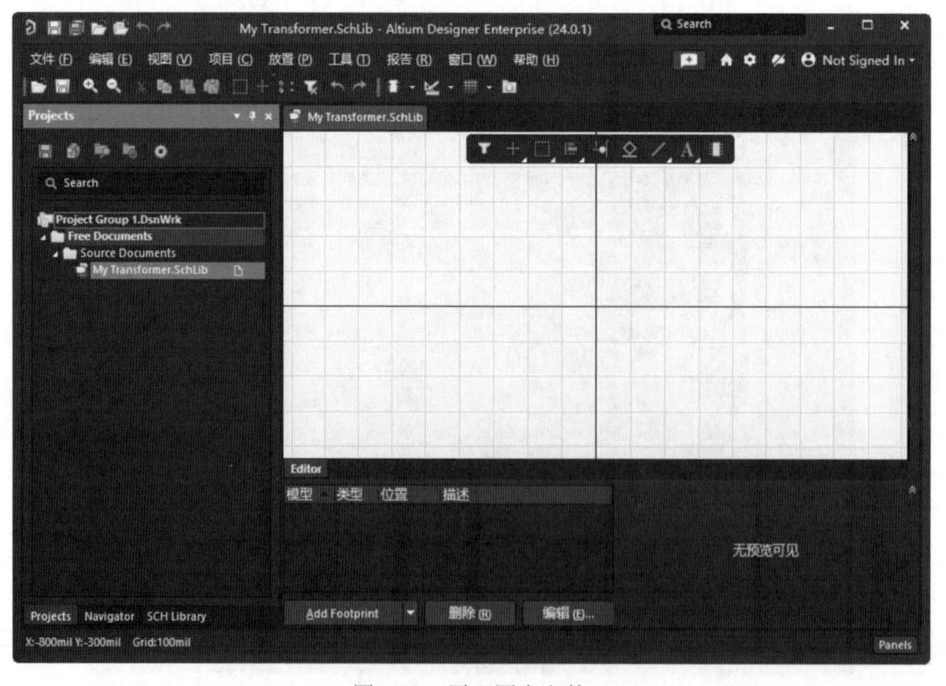

图 3-62　原理图库文件

3. 绘制变压器

01 执行菜单命令“工具”→“新器件”，或在“SCH Library（SCH 元器件库）”面板中单击原理图符号名称栏下面的“添加”按钮，在弹出的对话框中设置新元器件名字为“Transformer”。

02 执行菜单命令“放置”→“弧”，或在原理图的空白区域右击，在弹出的快捷菜单中执行“放置”→“弧”命令，启动绘制圆弧命令。此时，光标变成十字形，在编辑区的第四象限绘制一个半圆，如图 3-63 所示。然后通过复制、粘贴命令，绘制出变压器的原边和副边线圈，如图 3-64 所示。

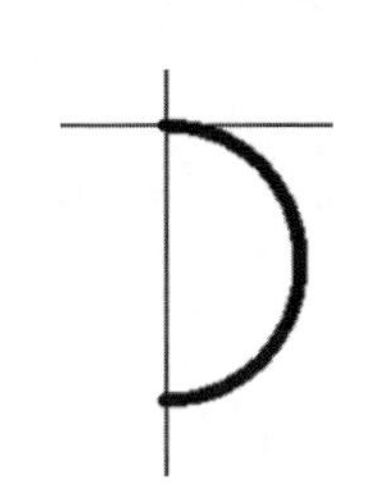

图 3-63　绘制一个半圆

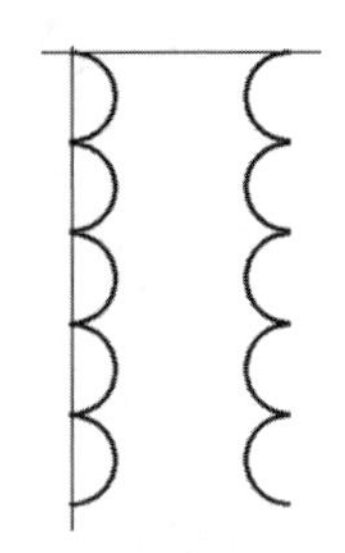

图 3-64　变压器的原边和副边线圈

03 执行菜单命令“放置”→“线”，或者单击“应用工具”工具栏中的（实用工具）按钮，在弹出的绘图工具栏中单击（放置线）按钮，启动绘制线命令，在变压器的原边和副边线圈中间绘制两条直线表示铁芯。然后，执行菜单命令“放置”→“椭圆”，或者单击“应用工具”工具栏中的（实用工具）按钮，在弹出的绘图工具栏中单击（放置椭圆）按钮，启动绘制椭圆命令，在两条直线的上方绘制两个实心圆表示同名端，如图 3-65 所示。

04 执行菜单命令“放置”→“管脚”，或者单击“应用工具”工具栏中的（实用工具）按钮，在弹出的绘图工具栏中单击（放置管脚）按钮，放置管脚，并设置其属性。

05 绘制好变压器符号后，设置其属性。完成绘制的变压器符号如图 3-66 所示。

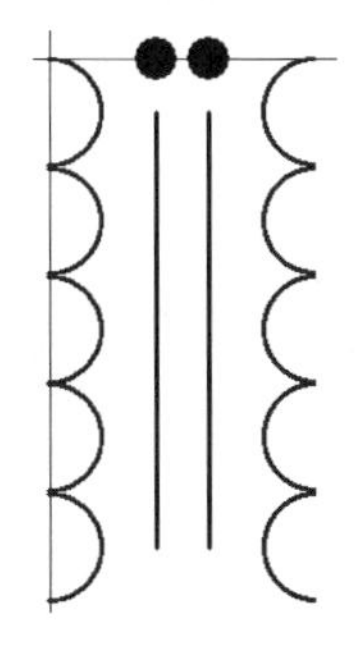

图 3-65　添加铁芯和同名端的变压器

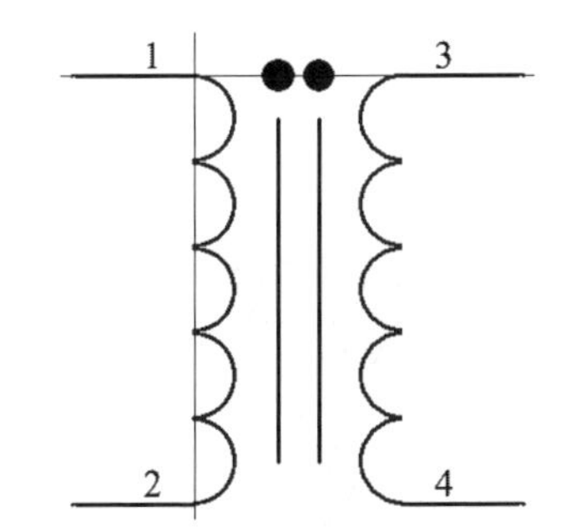

图 3-66　完成绘制的变压器符号

3.5.2　变压器的元器件报表

绘制完变压器符号以后，可以通过生成元器件报表来检查元器件的属性及其各管脚的配置情况。

01 在“SCH Library（SCH 元器件库）”面板的原理图符号名称栏中选择需要生成元器件报表的元器件 My Transformer。

02 执行菜单命令“报告”→“器件”，系统将自动生成该元器件的报表“My Transformer.cmp”，如图 3-67 所示。

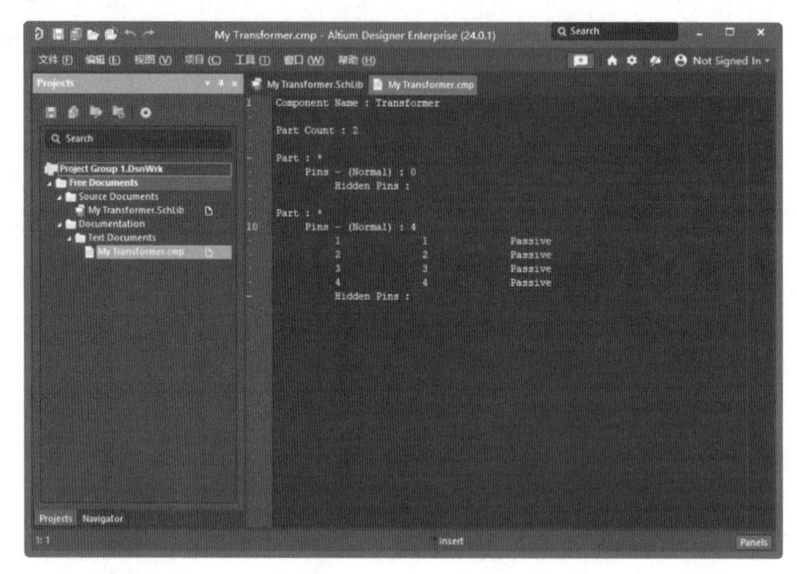

图 3-67　元器件报表

3.5.3　变压器的元器件库报表

绘制完变压器符号以后，除了检查元器件的属性及其各管脚的配置情况之外，还可以利用“库列表”命令列出当前元器件库中的所有元器件名称。

01 在“Projects（工程）”面板上选中原理图库文件 My Transformer.SchLib。

02 执行菜单命令“报告”→“库列表”，系统将自动生成该元器件库的报表，分别以“.csv”和“.rep”为后缀，如图 3-68 和图 3-69 所示。

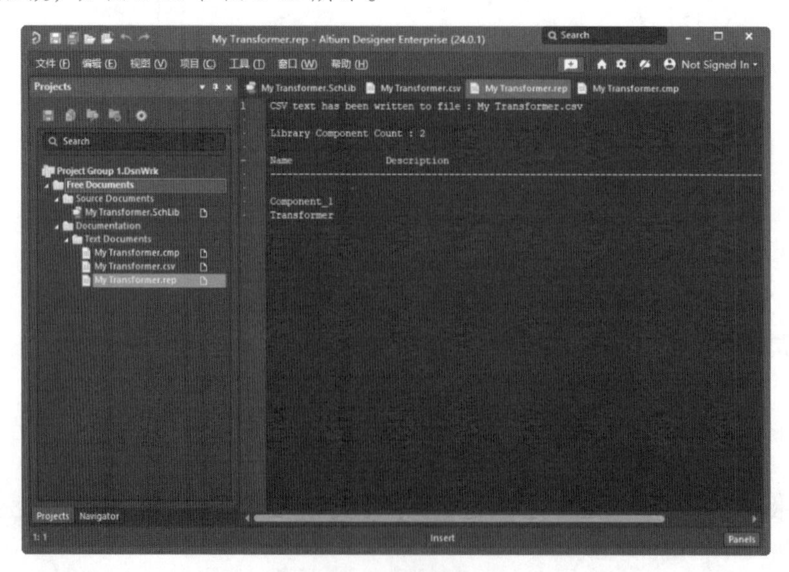

图 3-68　元器件库报表 1

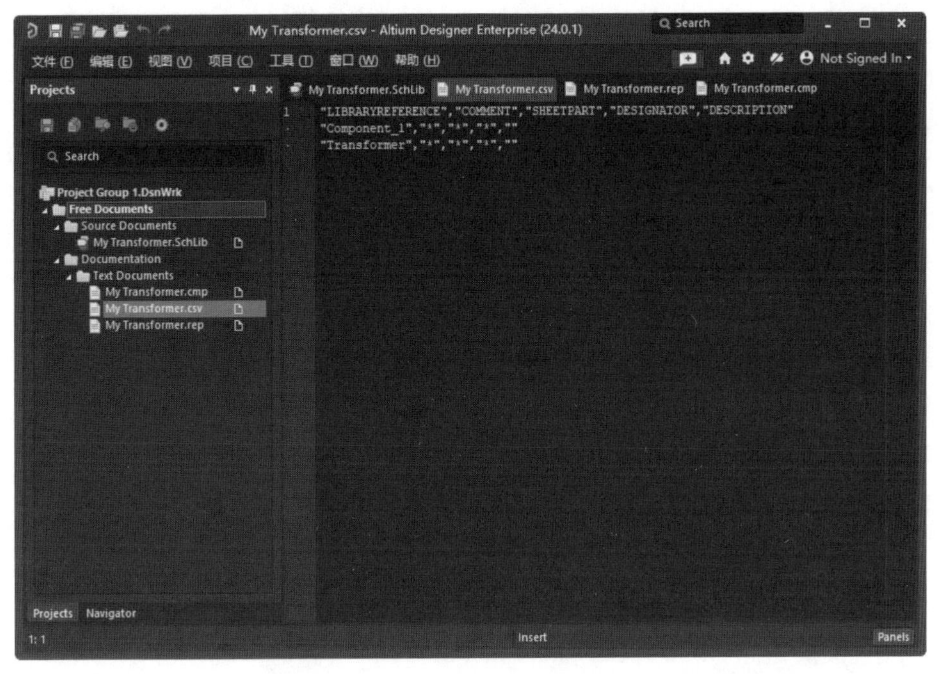

图 3-69　元器件库报表 2

3.5.4　变压器的元器件规则检查报表

对原理图的报告检查，如果只是罗列元器件信息是不够的，还需要检查元器件库中的元器件是否有错，并列出原因。

01 返回“My Transformer”库文件编辑环境，在“SCH Library（SCH 元器件库）”面板的原理图符号名称栏中选中“Transformer”。

02 执行菜单命令“报告”→“器件规则检查”，弹出“库元件规则检测”对话框，勾选所有复选框，如图 3-70 所示。

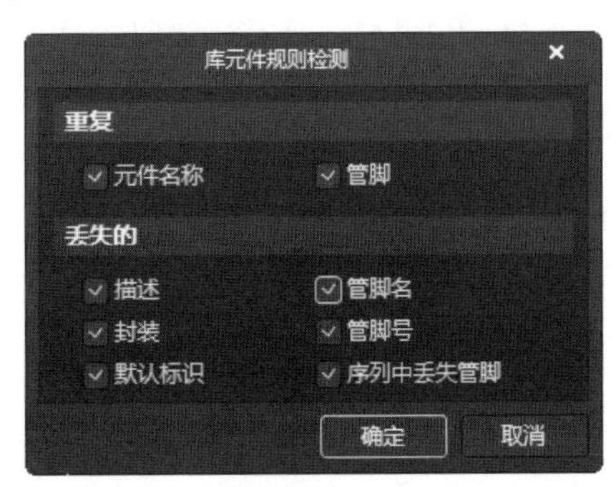

图 3-70　“库元件规则检测”对话框

03 设置完成后，单击“确定”按钮，关闭“库元件规则检测”对话框，系统将自动生成该元器件的规则检查报表，如图 3-71 所示。该报表是一个名为“My Transformer.ERR”的文本文件。

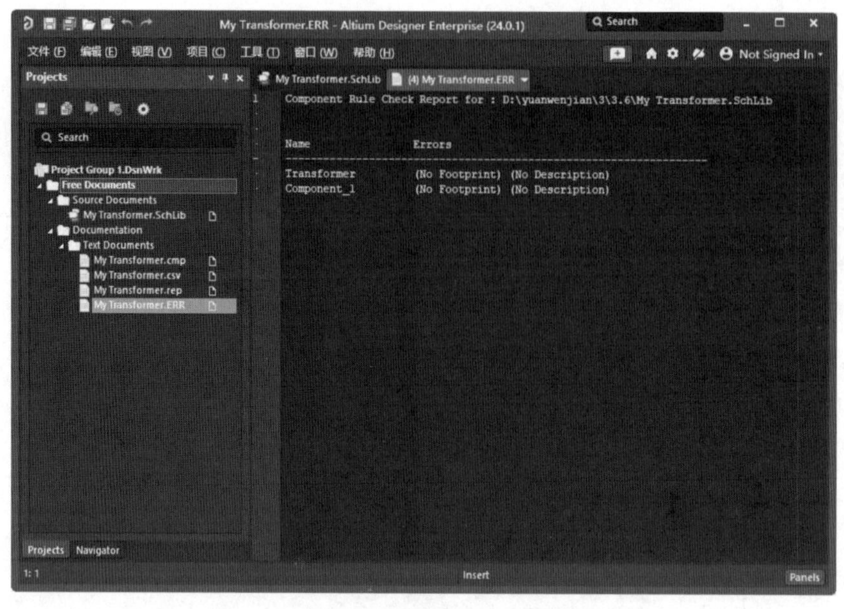

图 3-71　元器件规则检查报表

3.6　本章小结

本章首先详细介绍了绘图工具的使用，然后讲解了原理图库文件编辑器的使用，并通过实例讲述了如何创建原理图库文件以及绘制库元器件；最后在此基础上，介绍了库元器件的管理以及库文件输出报表的方法。

通过本章的学习，读者可以对绘图工具以及原理图库文件编辑器的使用有一定的了解，能够完成简单的原理图符号的绘制。

3.7　课后思考与练习

（1）简述如何使用绘图工具栏中的各种绘图工具。

（2）简述绘制元器件原理图符号的基本步骤。

（3）简述生成各种库文件输出报表的方法。

（4）创建一个原理图库文件，绘制如图 3-72 所示的变压器原理图符号，并生成各种库文件输出报表。

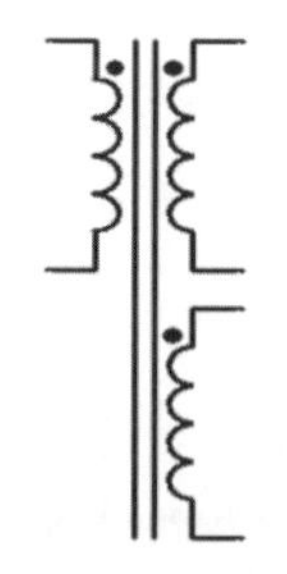

图 3-72　变压器原理图符号

第 4 章

层次原理图的设计

内容指南

前面章节介绍的是在一张图纸上绘制一般电路原理图的方法，这种方法只适用于规模较小、逻辑结构比较简单的系统电路设计。随着电子技术的发展，所要绘制的电路越来越复杂，在一张图纸上就很难绘制出完整的电路原理图，即使绘制出来，也不利于用户的阅读、分析与检测。对此，可以绘制层次原理图。本章将介绍如何绘制层次原理图。

知识重点

- 层次原理图概述
- 层次原理图的设计方法
- 层次原理图之间的切换

4.1 层次原理图概述

当一个电路比较复杂时，就应该采用层次原理图来设计，即先将整个电路系统按功能划分成若干个模块，每一个模块都有相对独立的功能，然后在不同的原理图纸上分别绘制出各个功能模块。

4.1.1 层次原理图的基本概念

首先介绍一下层次原理图的基本概念。在设计原理图的过程中，用户常常会遇到这种情况——由于设计的电路系统过于复杂，导致无法在一张图纸上完整绘制出整个电路原理图。

为了解决这个问题，我们需要把一个完整的电路系统按照功能划分为若干个模块，即功能电路模块。如果需要的话，还可以把功能电路模块进一步划分为更小的电路模块。这样就可以把每一个功能电路模块的相应原理图绘制出来，我们称之为“子原理图”。然后，在这些子原理图之间建立连接关系，从而完成整个电路系统的设计。

在 Altium Designer 24 电路设计系统中，原理图编辑器为用户提供了一种强大的层次原理图设计功能。层次原理图是由顶层原理图和子原理图构成的。

- 顶层原理图：由方块电路符号、方块电路 I/O 端口符号以及导线构成，其主要功能是展示子原理图之间的层次连接关系。其中，每一个方块电路符号代表一张子原理图；方块电路 I/O 端口符号代表子原理图之间的端口连接关系；导线用来将代表子原理图的方块电路符号组成一个完整的电路系统原理图。
- 子原理图：由各种电路元器件符号组成的实实在在的电路原理图，通常对应着电路系统中的一个功能模块。

4.1.2 层次原理图的基本结构

Altium Designer 24 系统提供的层次原理图的设计功能非常强大，能够实现多层的层次电路原理图的设计。用户可以把一个完整的电路系统按照功能划分为若干个模块，而每一个功能模块又可以进一步划分为更小的电路模块，这样依次细分下去，就可以把整个电路系统划分成多层。

如图 4-1 所示为一个二级层次原理图的基本结构图。

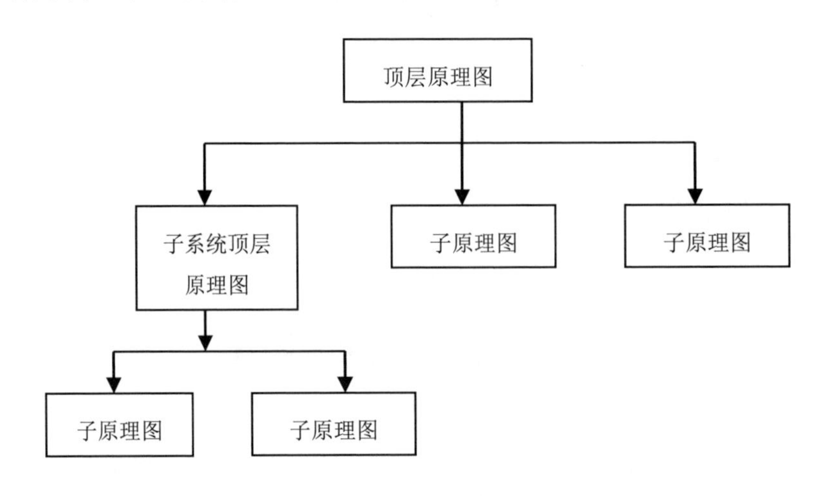

图 4-1　二级层次原理图的基本结构图

4.2 层次原理图的设计方法

层次原理图的设计实际上就是对顶层原理图和若干个子原理图分别进行设计，目前有两种设计方法：一种是自上而下的层次原理图设计；另一种是自下而上的层次原理图设计。

4.2.1 自上而下的层次原理图设计

自上而下的层次原理图设计就是先绘制出顶层原理图，然后将顶层原理图中的各个方块图对应的子原理图分别绘制出来。采用这种方法时，首先要根据电路的功能把整个电路划分为若干个功能模块，然后把它们正确地连接起来。

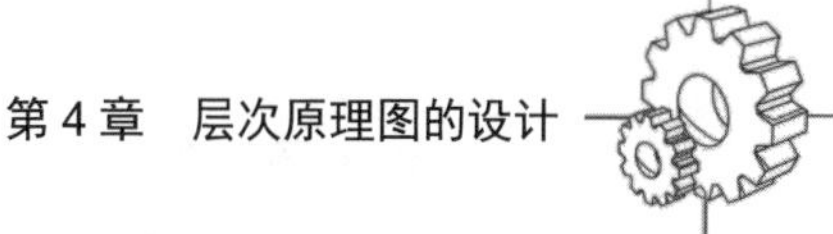

下面以系统提供的锁相环路电路原理图为例，介绍自上而下的层次原理图设计的具体步骤。

1. 绘制顶层原理图

01 执行菜单命令“文件”→“新的”→“项目”，建立一个新项目文件，保存并输入项目文件名称“PLI.PrjPcb”。

02 执行菜单命令“文件”→“新的”→“原理图”，在新项目文件中新建一个原理图文件，将其保存为“Top.SchDoc”。

03 执行菜单命令“放置”→“页面符”，或者单击“布线”工具栏中的按钮，放置方块电路图。此时光标变成十字形，并带有一个方块电路。

04 移动光标到指定位置，单击确定方块电路的一个顶点，然后拖动鼠标，在合适位置再次单击，确定方块电路的另一个顶点，如图 4-2 所示。

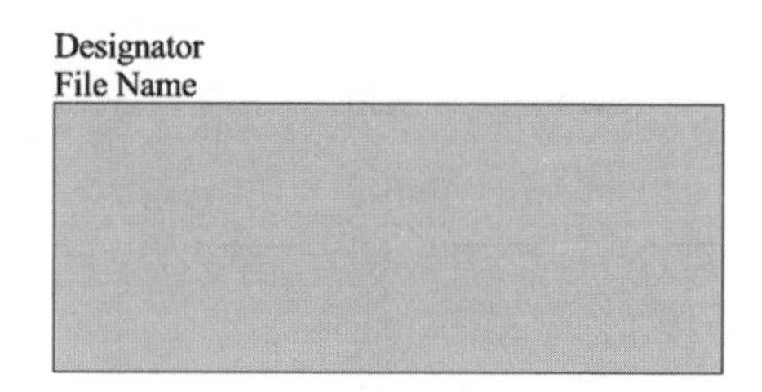

图 4-2　放置方块图

05 此时系统仍处于绘制方块电路状态，用同样的方法绘制另一个方块电路。绘制完成后，右击或按 Esc 键退出绘制状态。

06 双击绘制完成的方块电路图，弹出“Sheet Symbol（图纸符号）”对话框，如图 4-3 所示。在该对话框中设置方块图属性。

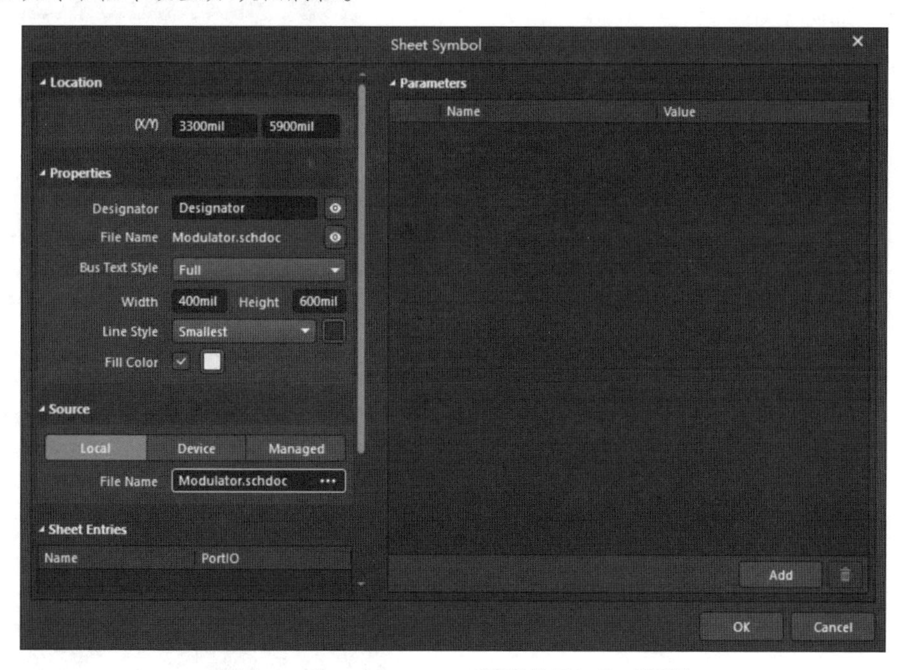

图 4-3　“Sheet Symbol（图纸符号）”对话框

（1）“Properties（属性）”选项组中各选项的含义如下：

- Designator（标识符）：用于设置页面符的名称。
- File Name（文件名）：用于显示该页面符所代表的下层原理图的文件名。
- Bus Text Style（总线文本类型）：用于设置线束连接器中的文本显示类型。单击后面的下三角按钮，有 2 个选项可供选择：Full（全程）、Prefix（前缀）。

- Line Style（线类型）：用于设置页面符边框的宽度，有 4 个选项可供选择：Smallest、Small、Medium 和 Large。
- Fill Color（填充颜色）：若勾选该复选框，则页面符内部被填充；否则，页面符是透明的。

（2）“Source（资源）”选项组中的选项的含义如下：

- File Name（文件名）：用于设置该页面符所代表的下层原理图的文件名，输入“Modulator.SchDoc（调制器电路）”。

（3）“Sheet Entries（图纸入口）”选项组：在该选项组中，可以为页面符添加、删除和编辑与其余元器件连接的图纸入口。在该选项组下添加图纸入口，与工具栏中的“添加图纸入口”按钮作用相同。

单击“Add（添加）”按钮，在该面板中自动添加图纸入口，如图 4-4 所示。

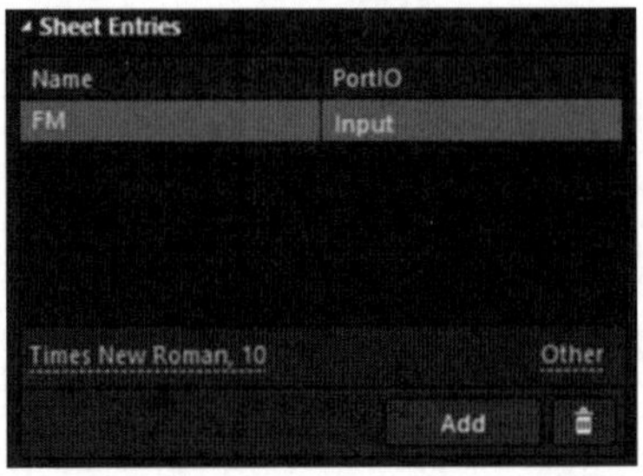

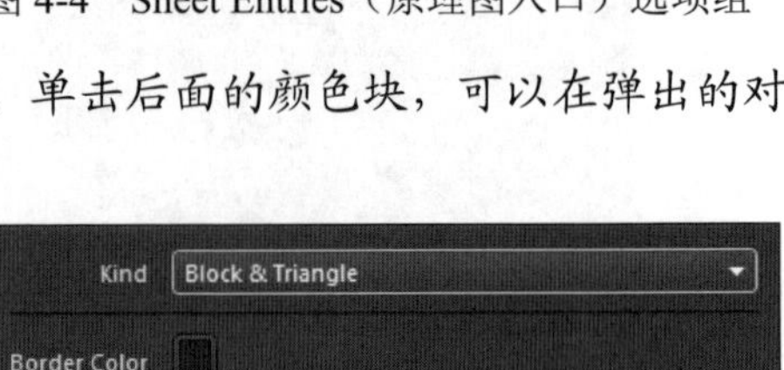

图 4-4　Sheet Entries（原理图入口）选项组

- Times New Roman, 10：用于设置页面符文字的字体类型、大小、颜色，同时设置字体的加粗、斜体、下画线、横线等效果，如图 4-5 所示。
- Other（其余）：用于设置页面符中图纸入口的电气类型、边框的颜色和填充颜色。单击后面的颜色块，可以在弹出的对话框中设置颜色，如图 4-6 所示。

图 4-5　文字设置

Kind　Block & Triangle
Border Color
Fill Color

图 4-6　图纸入口参数

（4）“Parameters（参数）”选项组：可以为页面符的图纸符号添加、删除和编辑标注文字。单击“Add（添加）”按钮，添加的参数显示如图 4-7 所示。

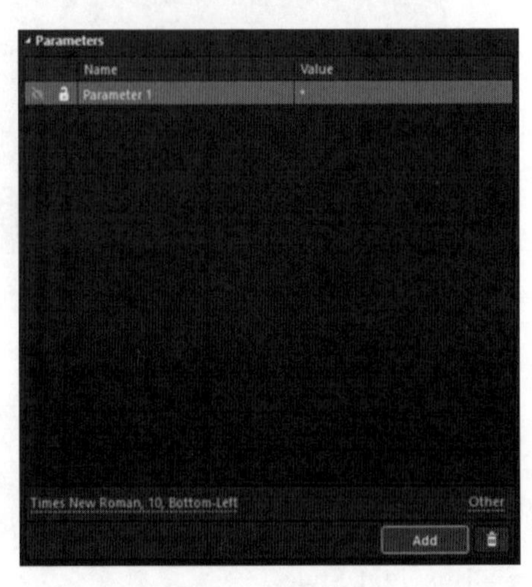

图 4-7　添加参数

在该选项组中可以设置标注文字的“Name（名称）”和“Value（值）”。单击按钮，显示 Value（值）；单击按钮，锁定（名称）和（值）。

设置好属性的方块电路如图 4-8 所示。

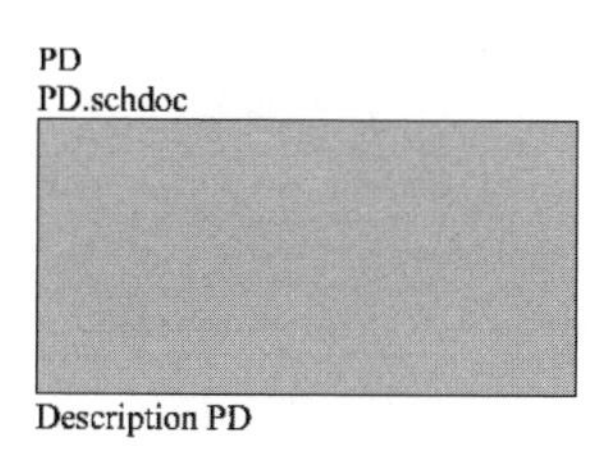

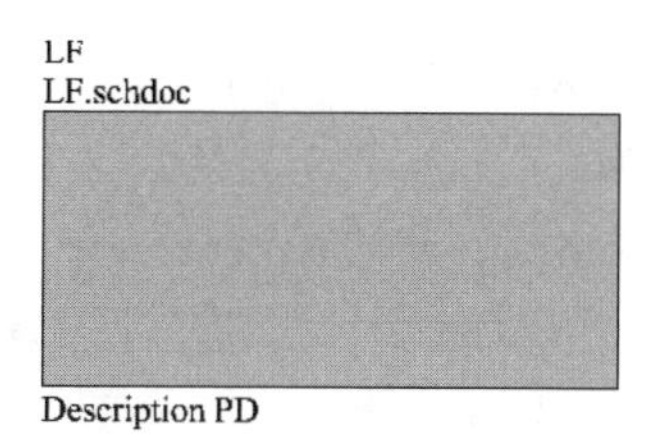

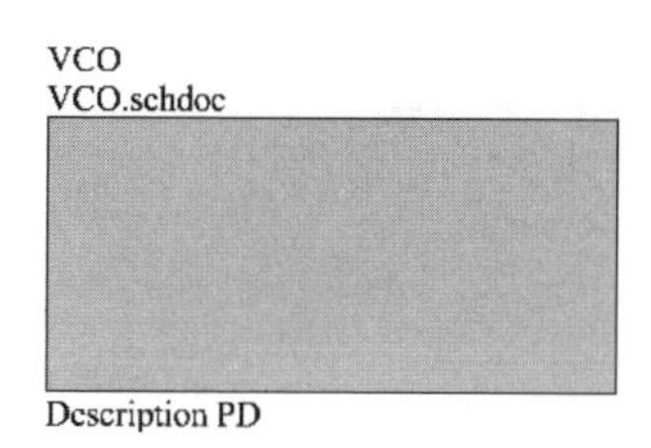

图 4-8 设置好属性的方块电路

07 执行菜单命令“放置”→“添加图纸入口”，或者单击“布线”工具栏中的 (放置图纸入口)按钮，放置方块图的图纸入口。此时光标变成十字形，在方块图的内部单击，光标上出现一个图纸入口符号。移动光标到指定位置，单击放置一个入口。此时系统仍处于放置图纸入口状态，继续单击放置需要的入口。全部放置完成后，右击或按 Esc 键退出放置状态。

08 双击放置的入口，系统弹出“Sheet Entry (图纸入口)”对话框，如图 4-9 所示。在该对话框中可以设置图纸入口的属性。

图 4-9 “Sheet Entry (图纸入口)”对话框

- Name (名称)：用于设置图纸入口名称。这是图纸入口最重要的属性之一，具有相同名称的图纸入口在电气上是连通的。
- I/O Type (输入/输出端口的类型)：用于设置图纸入口的电气特性，为后面的电气规则检查提供一定的依据。有 Unspecified (未指明或不确定)、Output (输出)、Input (输入)和 Bidirectional (双向型) 4 种类型，如图 4-10 所示。

- Harness Type（线束类型）：设置线束的类型。
- Font（字体）：用于设置端口名称的字体类型、大小和颜色，同时设置字体的加粗、斜体、下画线、横线等效果。
- Border Color（边界）：用于设置端口边界的颜色。
- Fill Color（填充颜色）：用于设置端口内的填充颜色。
- Kind（类型）：用于设置图纸入口的箭头类型。单击右侧的下三角按钮，有 4 个选项可供选择，如图 4-11 所示。

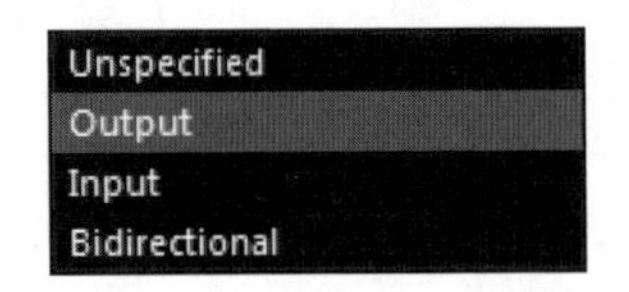

图 4-10　输入/输出端口的类型

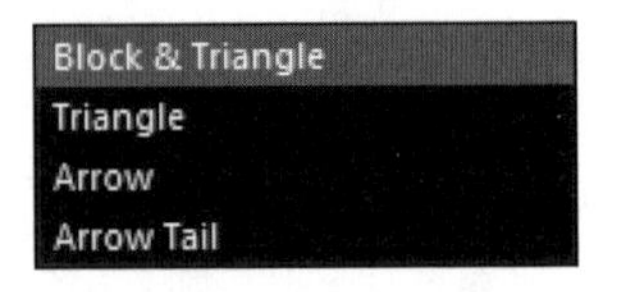

图 4-11　箭头类型

完成属性设置的原理图如图 4-12 所示。

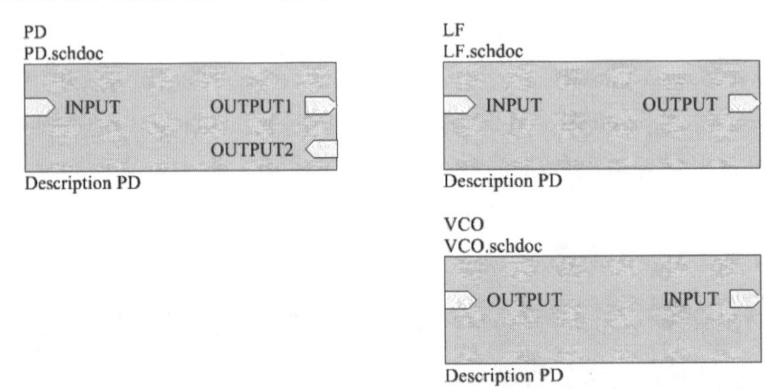

图 4-12　完成属性设置的原理图

09 使用导线将各个方块图的图纸入口连接起来，并绘制其他部分原理图。绘制完成的顶层原理图如图 4-13 所示。

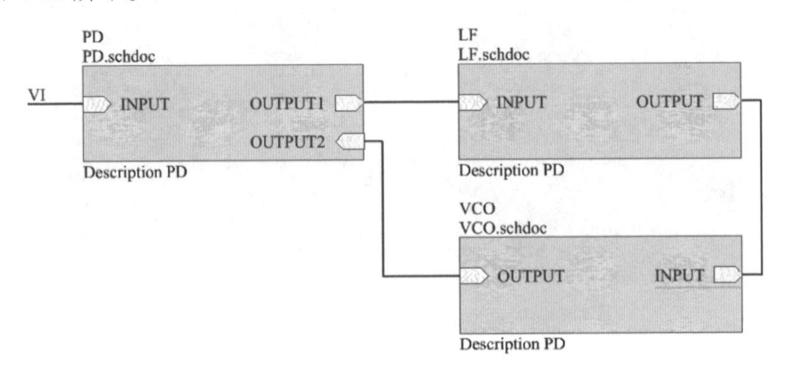

图 4-13　绘制完成的顶层原理图

2. 绘制子原理图

完成了顶层原理图的绘制以后，我们要把顶层原理图中的每个方块对应的子原理图绘制出来，每一个子原理图中还可以包括方块电路。

01 执行菜单命令“设计”→“从页面符创建图纸”，光标变成十字形。将光标移到方块电路 PD 内部空白处后单击，系统会自动生成一个与该方块图同名的子原理图文件，名称为“PD.SchDoc”，如图 4-14 所示。

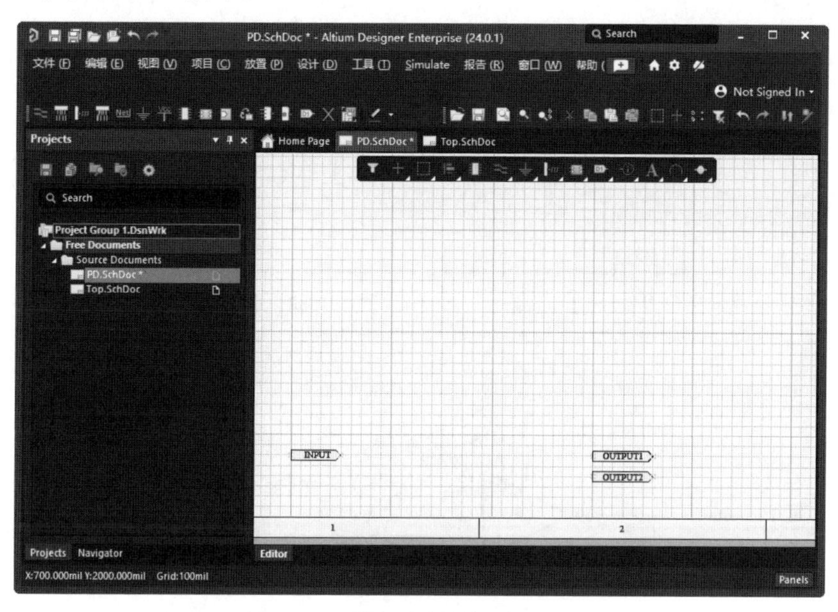

图 4-14　子原理图文件 PD.SchDoc

02 用同样的方法为另两个方块电路创建同名原理图文件。

03 绘制子原理图。子原理图的绘制方法与第 2 章中一般原理图的绘制方法相同。绘制完成的子原理图 PD.SchDoc 如图 4-15 所示。

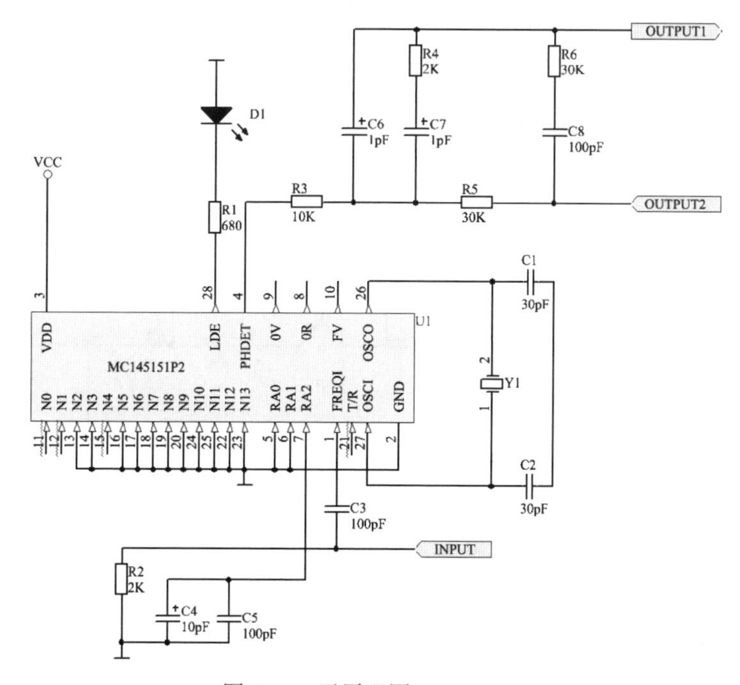

图 4-15　子原理图 PD.SchDoc

04 采用同样的方法绘制另一张子原理图 LF.SchDoc，绘制完成的原理图如图 4-16 所示。

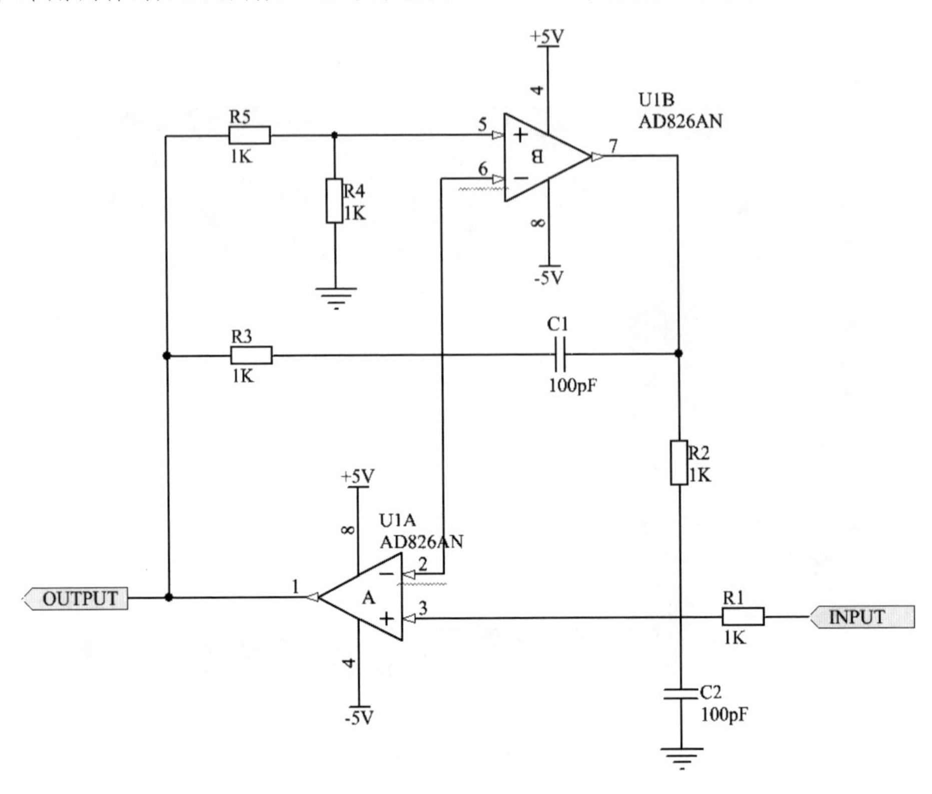

图 4-16　子原理图 LF.SchDoc

05 采用同样的方法绘制另一张子原理图 VCO.SchDoc，绘制完成的原理图如图 4-17 所示。

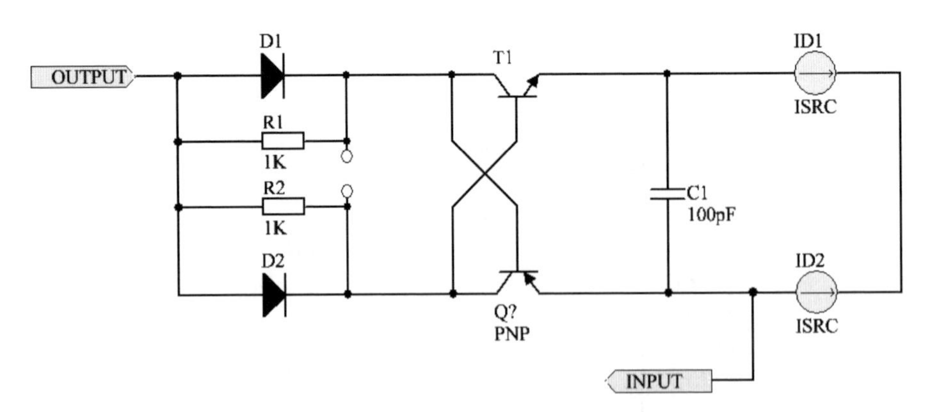

图 4-17　子原理图 VCO.SchDoc

3. 电路编译

执行菜单命令“工程”→“Compile PCB 工程”（编译印制电路板工程），将本设计工程编译，编译结果如图 4-18 所示。

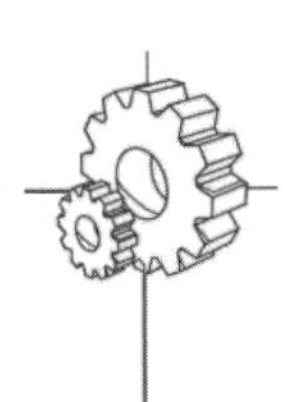

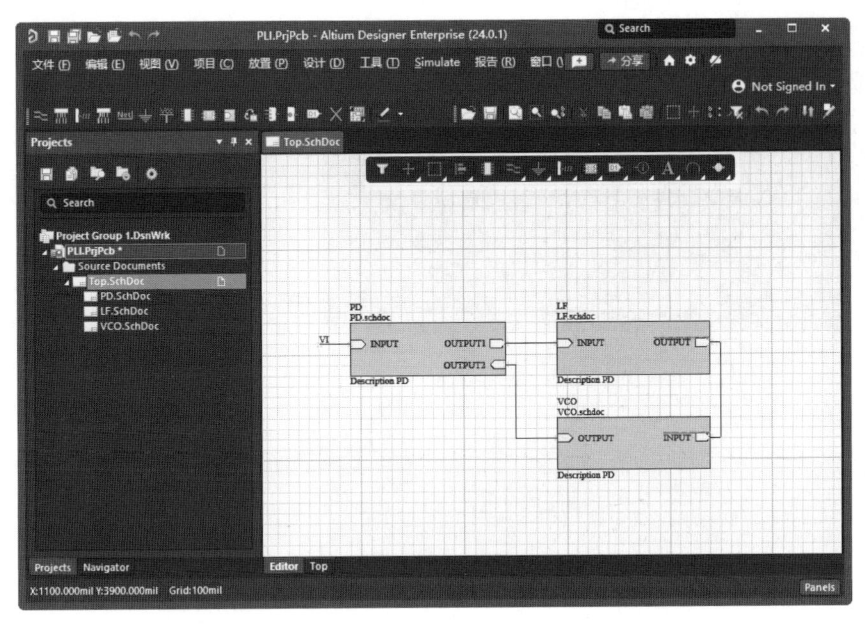

图 4-18　工程编译结果

4.2.2　自下而上的层次原理图设计

在设计层次原理图的时候，经常会碰到这样的情况：对于不同功能模块的不同组合，会形成功能不同的电路系统。此时，我们可以采用另一种层次原理图的设计方法，即自下而上的层次原理图设计。用户首先根据功能电路模块绘制出子原理图，然后由子图生成方块电路，最后组合生成一个符合自己设计需要的完整电路系统。

下面我们仍以锁相环路电路原理图为例，介绍自下而上的层次原理图设计步骤。

1. 绘制子原理图

01 新建项目文件 PLI.PrjPcb 和电路原理图文件 Top1.SchDoc。

02 根据功能电路模块绘制出子原理图 PD.SchDoc、LF.SchDoc、VCO.SchDoc。

03 在子原理图中放置输入/输出端口。绘制完成的子原理图如 4.2.1 节中的图 4-12 和图 4-13 所示。

2. 绘制顶层原理图

01 在项目中新建一个原理图文件后，执行菜单命令“设计”→“Create Sheet Symbol From Sheet（原理图生成图纸符号）”，系统弹出“Choose Document to Place（选择文件放置）”对话框，如图 4-19 所示。

02 在该对话框中选择子原理图文件“LF.schdoc”后，单击“OK”按钮，光标上出现一个方块电路虚影，如图 4-20 所示。

03 在指定位置单击，将方块电路放置在顶层原理图中，然后设置方块电路的属性。

04 采用同样的方法放置其余方块电路并设置其属性。放置完成的方块电路如图 4-21 所示。

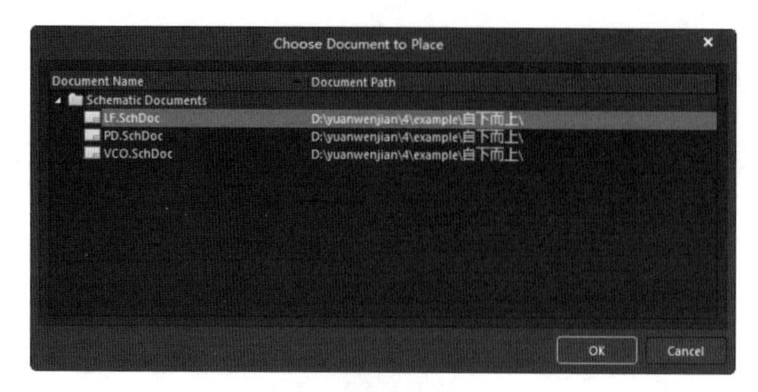

图 4-19　选择文件放置对话框

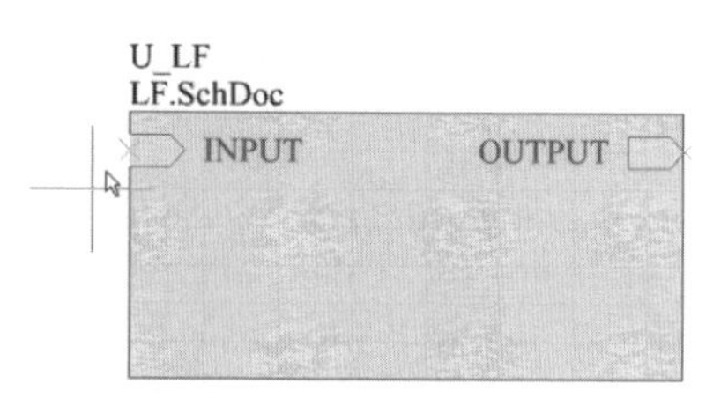

图 4-20　光标上出现的方块电路

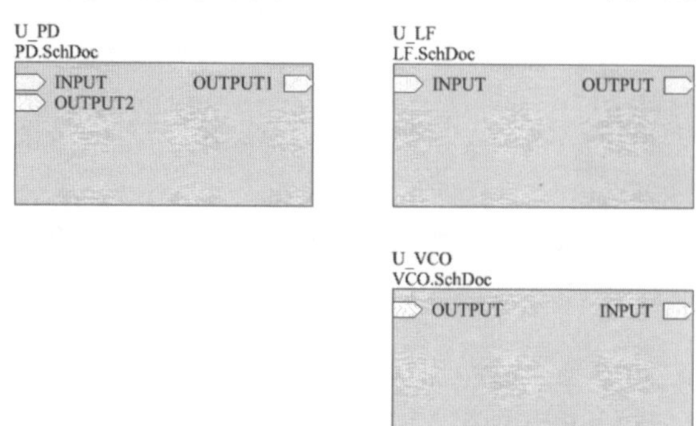

图 4-21　放置完成的方块电路

05 用导线将方块电路连接起来，并绘制电路图的剩余部分（按照图 4-13 绘制完成顶层电路图）。

3. 电路编译

执行菜单命令“项目”→“Validate PCB Project”（编译印制电路板工程），将本设计工程编译，编译结果如图 4-22 所示。

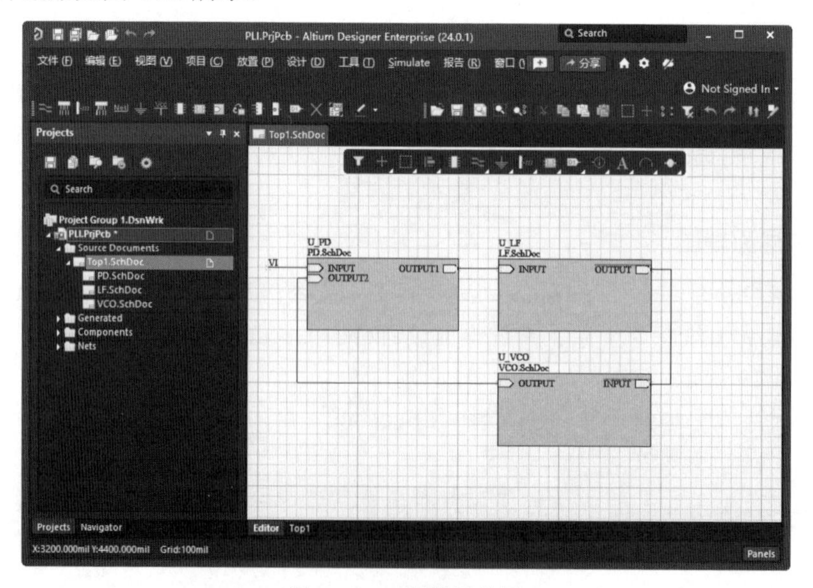

图 4-22　工程编译结果

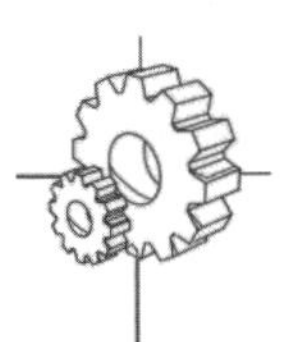

4.3　层次原理图之间的切换

层次原理图之间的切换有两种方式：用“Projects（工程）”面板切换和用命令方式切换。

4.3.1　用“Projects（工程）”面板切换

打开“Projects（工程）”面板（见图 4-23），单击面板中相应的原理图文件名，在原理图编辑区内就会显示对应的原理图。

图 4-23　“Projects（工程）”面板

4.3.2　用命令方式切换

1. 由顶层原理图切换到子原理图

（1）打开项目文件，执行菜单命令“项目”→“Validate PCB Project PLI. PrjPcb”，编译整个电路系统。

（2）打开顶层原理图，执行菜单命令“工具”→“上/下层次”，或者单击主工具栏中的按钮，光标变成十字形。移动光标至顶层原理图中的欲切换的子原理图对应的方块电路上，单击其中一个图纸入口，如图 4-24 所示。

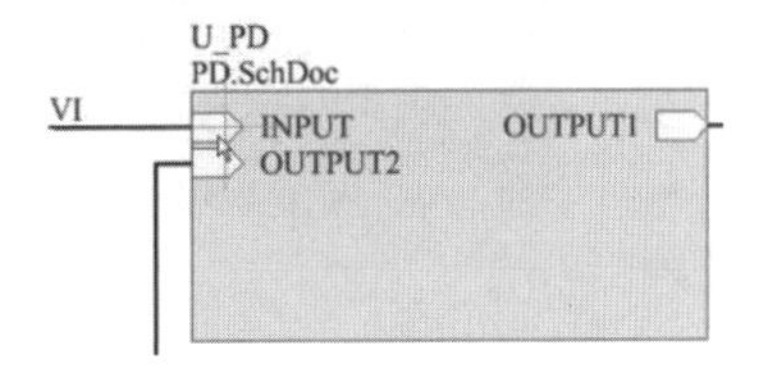

图 4-24　单击图纸入口

（3）在原理图中单击后，系统将自动打开子原理图，并将其切换到原理图编辑区内。此时，子原理图中与前面单击的图纸入口同名的端口处于高亮状态，如图 4-25 所示。

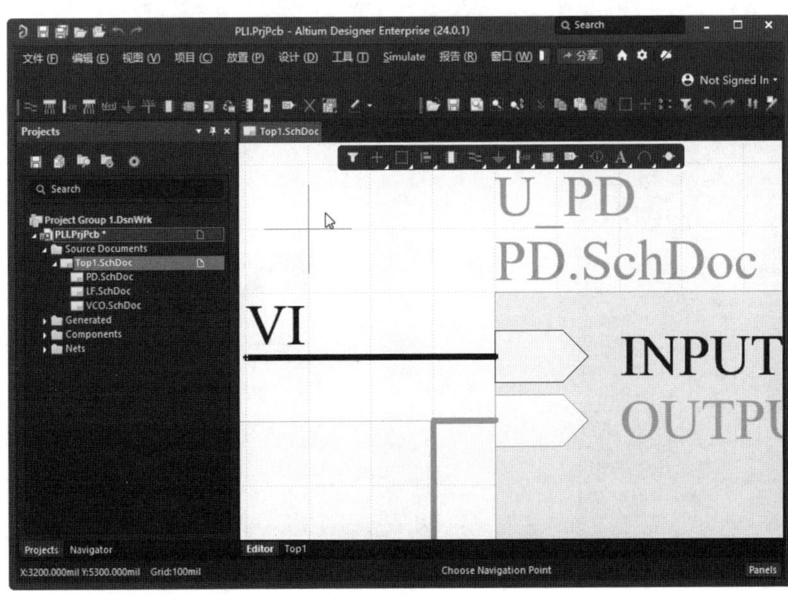

图 4-25　切换到子原理图

2. 由子原理图切换到顶层原理图

（1）打开子原理图 LF.SchDoc，执行菜单命令“工具”→“上/下层次”，或者单击主工具栏中的按钮，光标变成十字形。

（2）移动光标到子原理图的一个输入端口上，如图 4-26 所示。

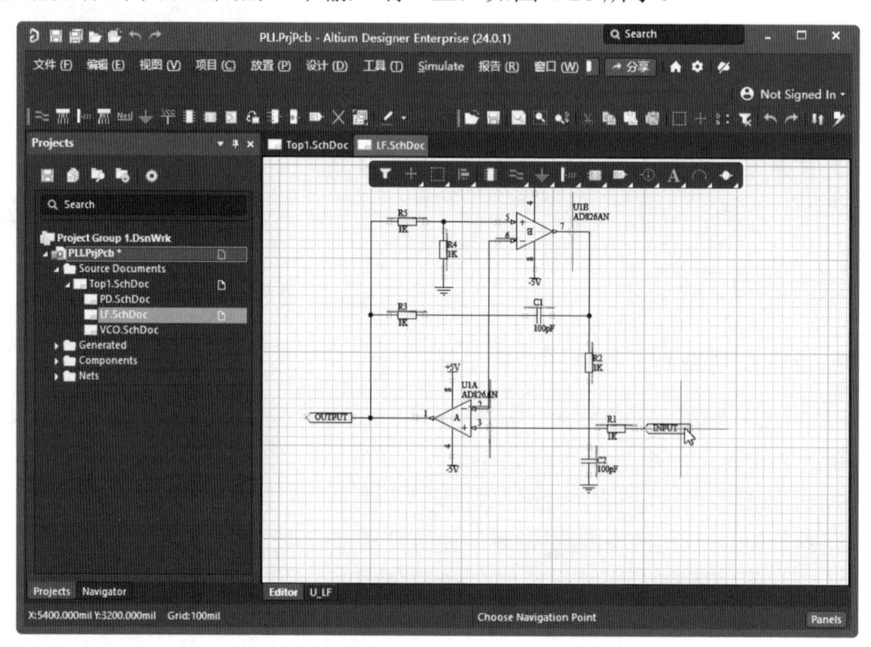

图 4-26　选择子原理图的一个输入端口

（3）单击该端口，系统将自动打开并切换到顶层原理图，如图 4-27 所示。

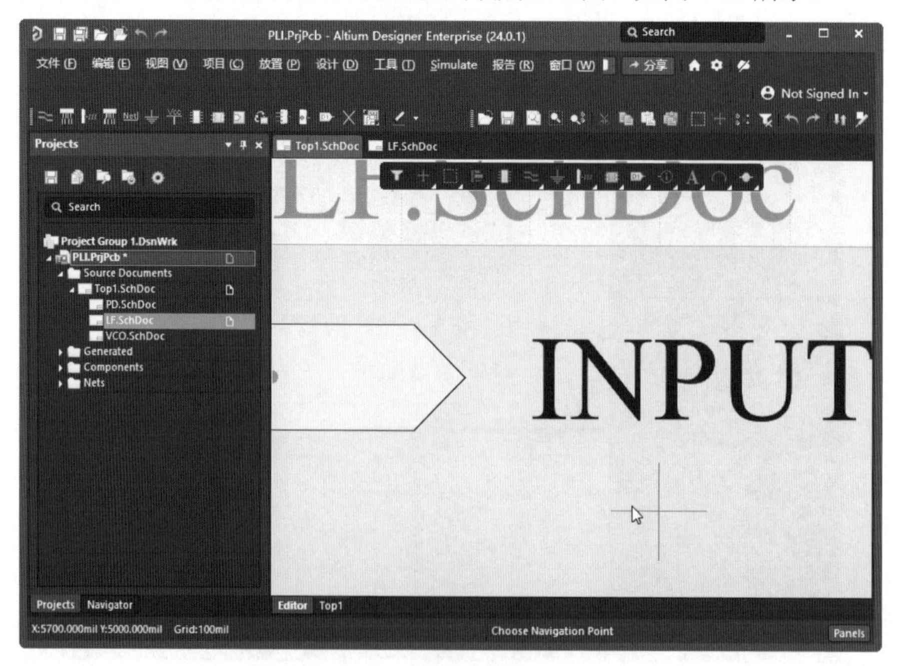

图 4-27　切换到顶层原理图

4.4　上机实例

本例主要讲述自下而上的层次原理图设计。在电路的设计过程中，有时候会遇到这样一种情况，即事先不能确定端口的情况。这时就不能将整个工程的母图绘制出来，因此自上而下的方法就不能胜任了，要采用自下而上的设计方法，即先设计好原理图的子图，然后由子图生成母图。

1. 建立工作环境

01 在 Altium Designer 24 主界面中，执行菜单命令“文件”→“新的”→“项目”，在弹出的对话框中创建工程文件“存储器接口.PrjPcb”。

02 执行菜单命令“文件”→“新的”→“原理图”，新建原理图文件。然后执行菜单命令“文件”→“另存为”，将新建的原理图文件另存为“寻址.SchDoc”。

2. 加载元器件库

在“Components（元器件）”面板右上角单击 按钮，在弹出的菜单中选择“File-based Libraries Preferences（库文件参数）”命令，系统将弹出“有效的基于文件的库”对话框，在其中加载需要的元器件库。本例中需要加载的元器件库如图 4-28 所示。

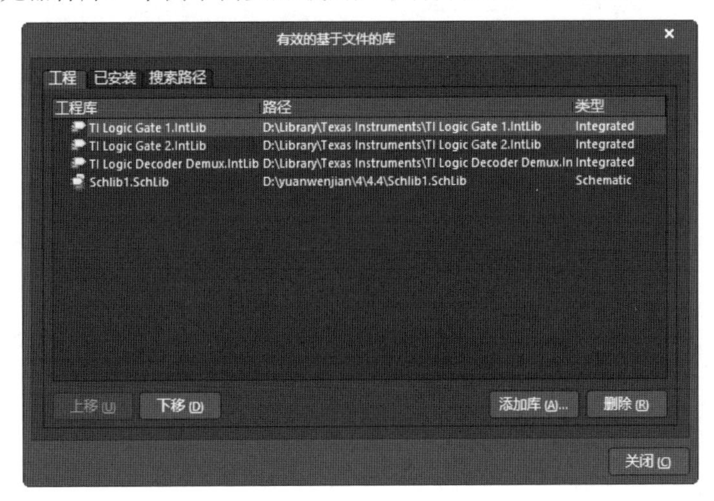

图 4-28　加载需要的元器件库

3. 放置元器件

打开“Components（元器件）”面板，在刚刚加载的元器件库 TI Logic Decoder Demux. IntLib 中找到所需的译码器 SN74LS138D，然后将其放置在图纸上。在其他的元器件库中找出需要的另外一些元器件，并将它们放置到原理图中。对这些元器件进行布局，布局的结果如图 4-29 所示。

4. 元器件布线

01 连接导线。执行菜单命令“放置”→“线”，或单击“布线”工具栏中的 （放置线）按钮，进入绘制导线状态，绘制导线，连接各元器件，如图 4-30 所示。

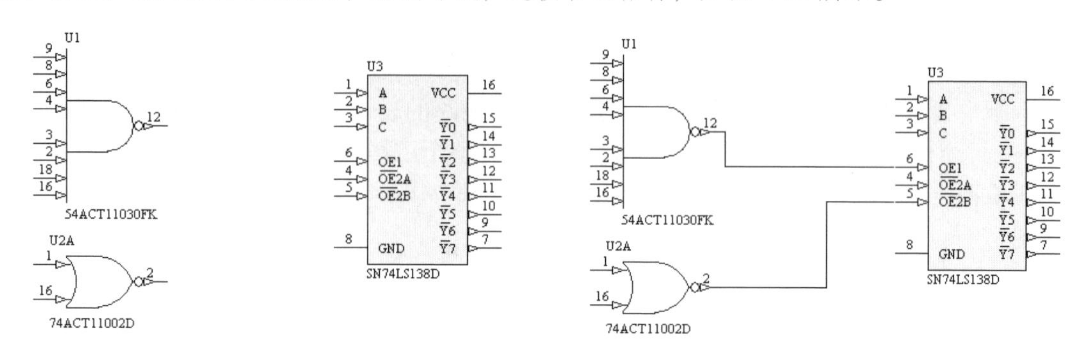

图 4-29　元器件放置完成　　　　图 4-30　放置导线

02 放置网络标签。执行菜单命令“放置”→“网络标签”，或单击“布线”工具栏中的（放置网络标签）按钮，在需要放置网络标签的管脚上添加正确的网络标签，并添加接地和电源符号，将输出的电源端接到 VCC 端口上，将接地端连接到 GND 端口上，如图 4-31 所示。

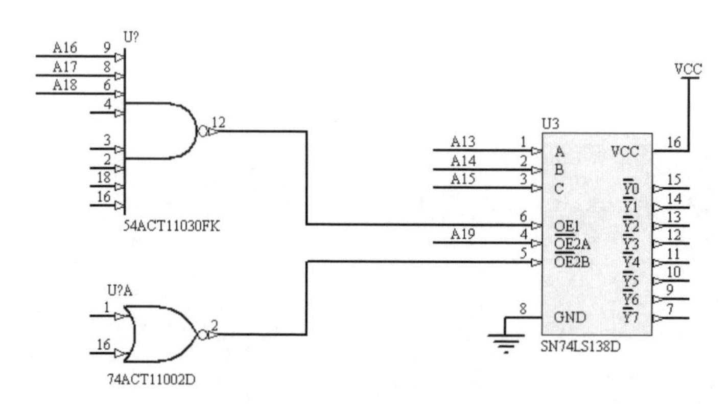

图 4-31　放置网络标签

提　示

由于本电路为接口电路，有一部分管脚会连接到系统的地址和数据总线上。因此，本图中的网络标签并不是成对出现的。

5．放置输入/输出端口

01 输入/输出端口是子原理图和其他子原理图的接口。选择菜单栏中的“放置”→“端口”命令，或者单击“布线”工具栏中的（放置端口）按钮，进入放置输入/输出端口状态。移动鼠标到目标位置，单击确定输入/输出端口的一个顶点，然后拖动鼠标到合适位置，再次单击确定输入/输出端口的另一个顶点，这样就放置了一个输入/输出端口。

02 双击放置完的输入/输出端口，打开“Port（端口）”对话框，如图 4-32 所示。在该对话框中设置输入/输出端口的名称、I/O 类型等参数。

03 使用同样的方法，放置电路中所有的输入/输出端口，如图 4-33 所示。这样就完成了“寻址”子原理图的设计。

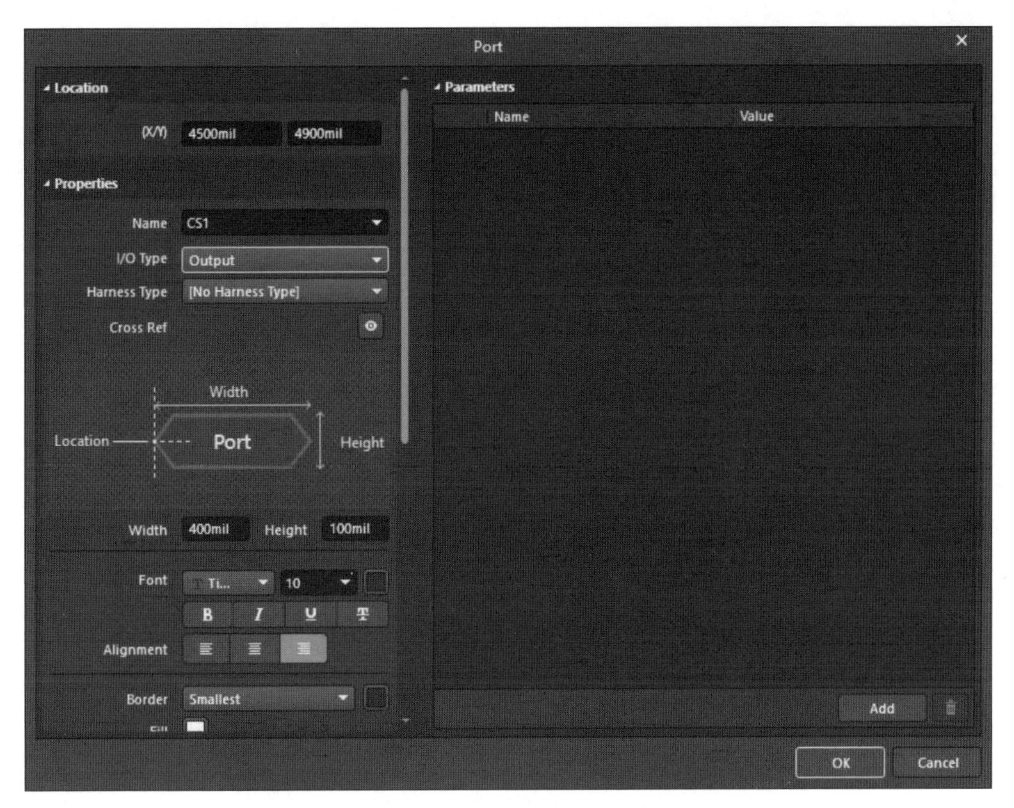

图 4-32　“Port 端口”对话框

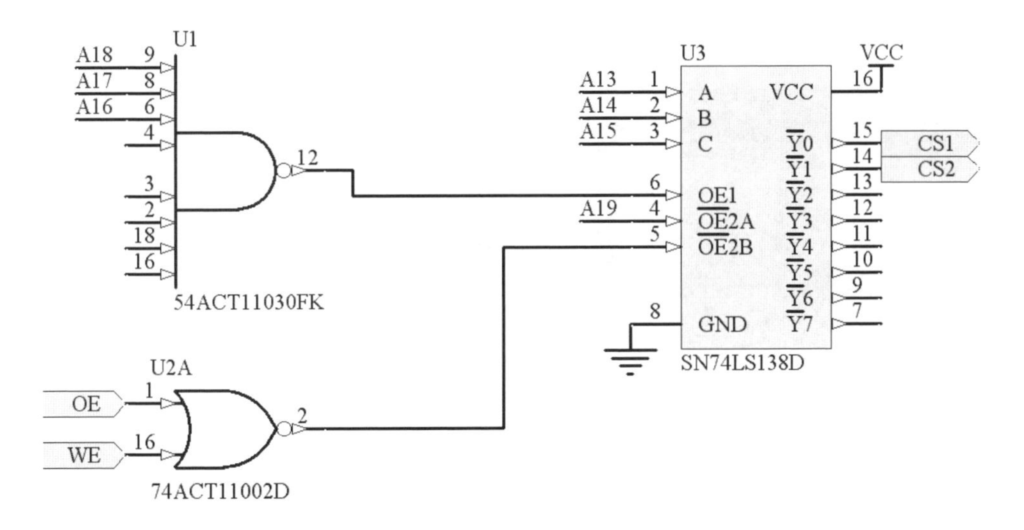

图 4-33　“寻址”子原理图

6. 绘制“存储”子原理图

采用与绘制“寻址”子原理图同样的方法，绘制“存储”子原理图，如图 4-34 所示。

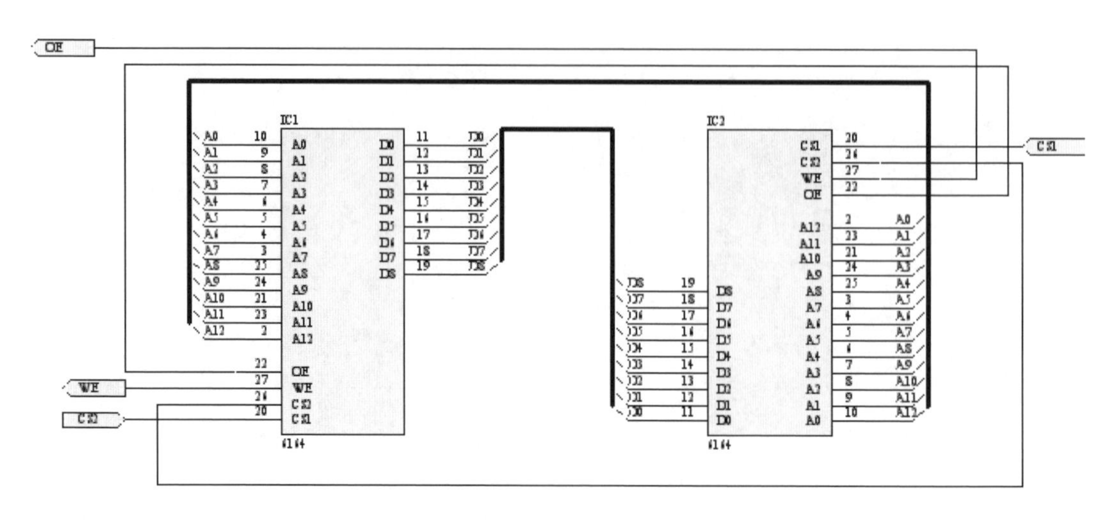

图 4-34　“存储”子原理图

7. 设计存储器接口电路母图

01 选择菜单栏中的“文件”→“新的”→“原理图”命令，新建原理图文件，然后选择菜单栏中的“文件”→“另存为”命令，将新建的原理图文件另存为“存储器接口.SchDoc”。

02 选择菜单栏中的“设计”→“Create Sheet Symbol From Sheet（原理图生成图纸符号）”命令，打开“Choose Document to Place”（选择文件位置）对话框，如图 4-35 所示。

03 在“Choose Document to Place”（选择文件位置）对话框中列出了所有的子原理图。选择“存储.SchDoc”子原理图，单击“OK”按钮，光标上就会出现一个方块图，移动光标到原理图中适当的位置，单击就可以将该方块图放置在图纸上，如图 4-36 所示。

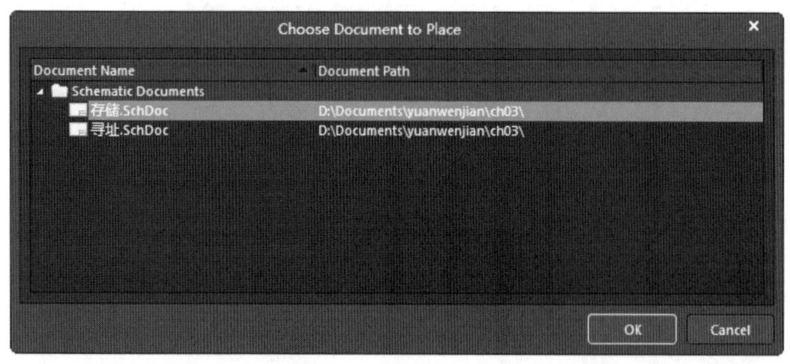

图 4-35　“Choose Document to Place（选择文件位置）”对话框

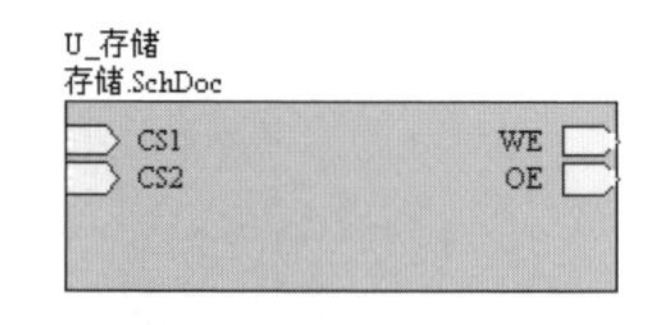

图 4-36　放置好的方块图

提　示

在自上而下的层次原理图设计方法中，当母图向子图转换时，不需要新建一个空白原理图文件，系统会自动生成一个空白的原理图文件。但是在自下而上的层次原理图设计方法中，一定要先新建一个空白原理图文件，才能进行由子图向母图的转换。

04 以同样的方法将由“寻址.SchDoc”子原理图生成的方块图放置到图纸中，如图 4-37 所示。

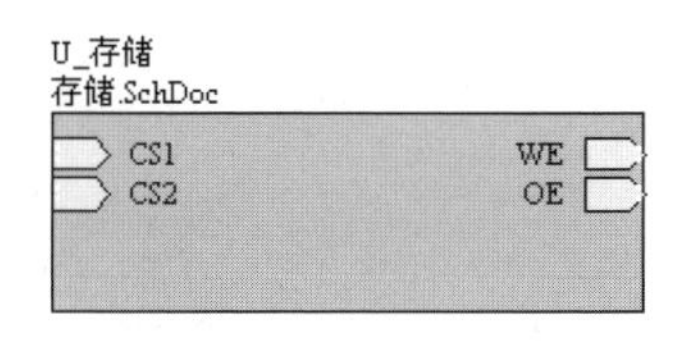

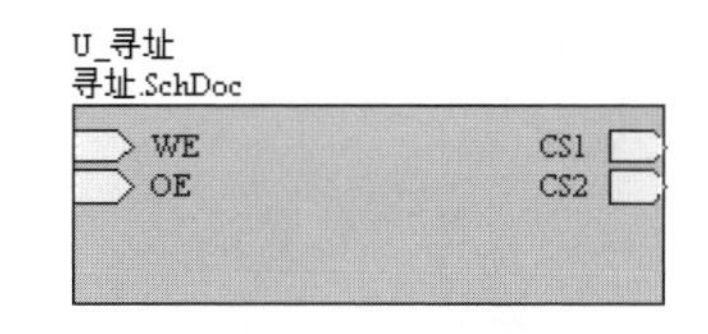

图 4-37　生成的母图方块图

05 用导线将具有电气关系的端口连接起来，就完成了整个原理图母图的设计，如图 4-38 所示。

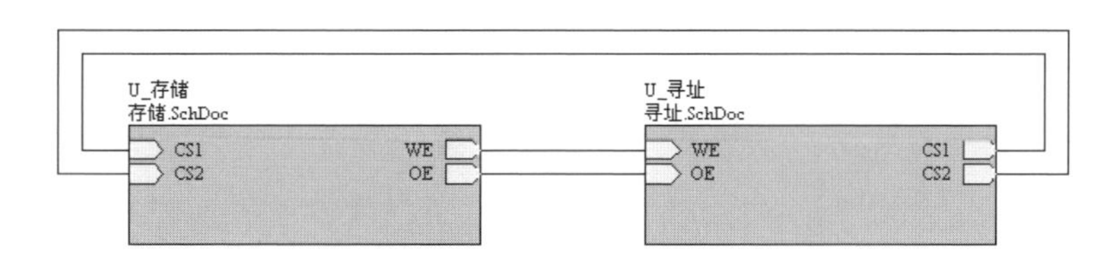

图 4-38　存储器接口电路母图

8. 电路编辑

选择菜单栏中的“项目”→“Validate PCB Project 存储器接口.PrjPcb”命令，将原理图进行编译，在“Projects（工程）”面板中就会显示层次原理图中母图和子图的关系。

4.5　本章小结

本章主要介绍了层次原理图的相关概念、设计方法以及原理图之间的切换等。对于大规模的复杂电路系统，采用层次原理图设计是一个很好的选择。层次原理图设计方法有 2 种，一种是自上而下的层次原理图设计，另一种是自下而上的层次原理图设计。掌握层次原理图的设计思路和方法，对用户进行大规模电路设计非常有帮助。

4.6　课后思考与练习

（1）简述层次原理图中顶层原理图的组成及各部分的功能。
（2）简述层次原理图的基本结构。
（3）简述层次原理图的 2 种设计方法的步骤。
（4）掌握层次原理图之间的切换方法。

第 5 章

项目编译与报表输出

内容指南

在制作印制电路板之前，需要把设计好的电路原理图传送到 PCB 编辑器中，以获得可用于生产的印制电路板文件。由于绘制的电路原理图或多或少地会存在一些错误，因此，为了能顺利地进行接下来的设计工作，需要对整个电路原理图进行错误检查。在 Altium Designer 24 中，通过项目编译功能来实现对电路原理图的查错。

知识重点

- 项目编译
- 报表的输出
- 输出任务配置文件
- 查找与替换操作

5.1 项目编译

项目编译就是在设计的电路原理图中进行电气规则检查。所谓电气规则检查，就是查看电路原理图的电气特性是否一致，以及电气参数的设置是否合理。

5.1.1 项目编译参数设置

项目编译参数设置包括错误报告（Error Reporting）、连接矩阵（Connection Matrix）、比较器（Comparator）、ECO 生成等。

任意打开一个 PCB 项目文件，这里以系统提供的“Examples/Circuit Simulation/Common-Base Amplifier”中的 PCB 项目 Common-Base Amplifier.PrjPcb 为例。

执行菜单命令“项目”→“Project Options（工程选项）”，打开“Options for PCB Project…（项目管理选项）”对话框，如图 5-1 所示。所有与项目有关的选项，都可以在该对话框中进行设置。

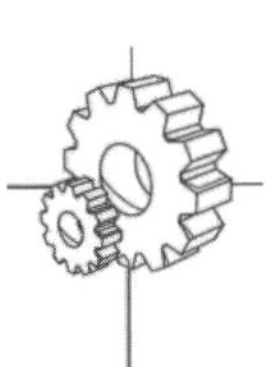

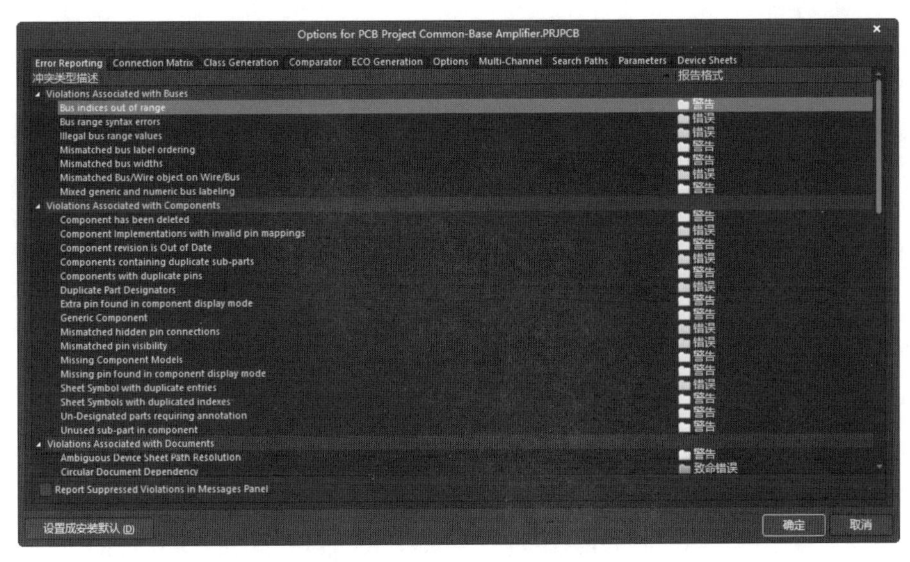

图 5-1 项目管理选项对话框

该对话框中各选项卡的说明如下：

（1）“Error Reporting（错误报告）”选项卡：用于报告原理图设计的错误，报告类型有错误、警告、致命错误以及不报告四种。

（2）“Connection Matrix（连接矩阵）”选项卡：用于设置电路连接方面的检测规则。当对文件进行编译时，通过该选项卡的设置，可以对原理图中的电路连接进行检测。

（3）“Classes Generation（自动生成分类）”选项卡：用于设置自动生成分类。

（4）“Comparator（比较器）”选项卡：当对两个文档进行比较时，系统将根据此选项卡中的设置进行检查。

（5）“ECO Generation（ECO 生成）”选项卡：依据比较器发现的不同，对该选项卡进行设置，决定是否导入改变后的信息，大多用于原理图与 PCB 间的同步更新。

（6）“Options（选项）”选项卡：用于对文件输出、网络表和网络标签等相关选项进行设置。

（7）“Multi-Channel（多通道）”选项卡：用于设置多通道设计。

（8）“Search Paths（搜索路径）”选项卡：用于指定项目的库和模型文件的搜索路径。

（9）“Parameters（参数）”选项卡：用于设置项目文件参数。

（10）“Device Sheets（硬件设备列表）”选项卡：用于设置硬件设备列表。

在该对话框的各选项卡中，与原理图检测有关的主要有“Error Reporting（错误报告）”选项卡和“Connection Matrix（连接矩阵）”选项卡。当对工程进行编译操作时，系统会根据该对话框中的设置进行原理图的检测，系统检测出的错误信息将在“Messages（信息）”面板中列出。

5.1.2 执行项目编译

将以上参数设置完成后，用户就可以对自己的项目进行编译了。这里还是以 Common-Base

Amplifier.PrjPcb 项目为例来讲解项目编译。

正确的电路原理图如图 5-2 所示。

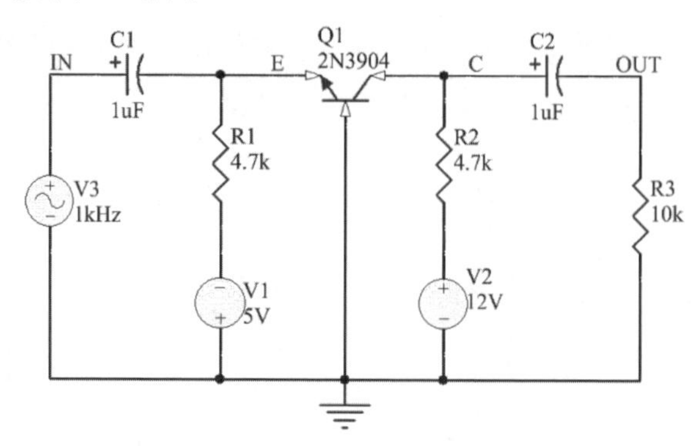

图 5-2　正确的电路原理图

如果在设计电路原理图的时候，Q1 没有与 C1、R1 连接，如图 5-3 所示，我们就可以通过项目编译来找出这个错误。

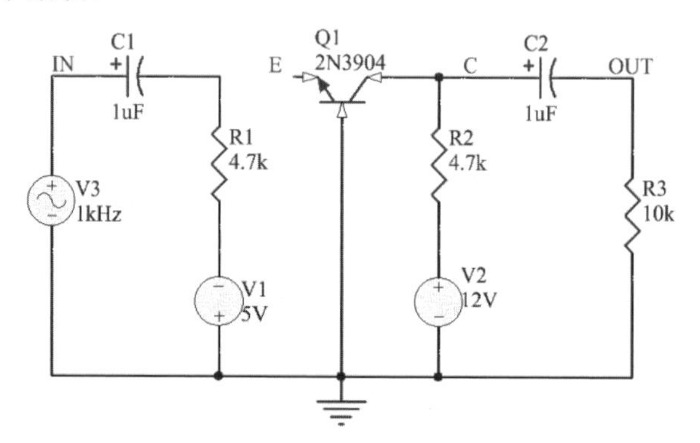

图 5-3　错误的电路原理图

执行项目编译的具体步骤如下：

01 执行菜单命令“项目”→“Validate PCB Project Common-Base Amplifier. PrjPcb（编译 PCB 工程 Common-Base Amplifier. PrjPcb）”，系统开始对项目进行编译。

02 编译完成后，如果原理图绘制有误，系统会弹出“Messages（信息）”面板，如图 5-4 所示。如果原理图绘制正确，将不弹出“Messages（信息）”面板。

Messages

Class	Document	Source	Message	Time	Date	No.
[Error]	Common-Base A	Compile	Net NetQ1_3 contains floating input pins (Pin Q1-3)	10:40:35	2024/4/21	1
[Warnir	Common-Base A	Compile	Floating Net Label E at (5800mil,4800mil)	10:40:35	2024/4/21	2
[Warnir	Common-Base A	Compile	Footprint of component Component C1 1uF cannot be found	10:40:35	2024/4/21	3
[Warnir	Common-Base A	Compile	Footprint of component Component C2 1uF cannot be found	10:40:35	2024/4/21	4
[Warnir	Common-Base A	Compile	Footprint of component Component Q1 2N3904 cannot be found	10:40:35	2024/4/21	5
[Warnir	Common-Base A	Compile	Footprint of component Component R3 10k cannot be found	10:40:35	2024/4/21	6
[Warnir	Common-Base A	Compile	Footprint of component Component V1 5V cannot be found	10:40:35	2024/4/21	7
[Warnir	Common-Base A	Compile	Footprint of component Component V2 12V cannot be found	10:40:35	2024/4/21	8
[Warnir	Common-Base A	Compile	Footprint of component Component V3 1kHz cannot be found	10:40:35	2024/4/21	9

细节

Net NetQ1_3 contains floating input pins (Pin Q1-3)

Pin Q1-3

图 5-4　“Messages（信息）”面板

03 双击出错的信息，在“细节”选项组中显示了与错误有关的原理图信息。同时，原理图中出错位置会突出显示，如图 5-5 所示。

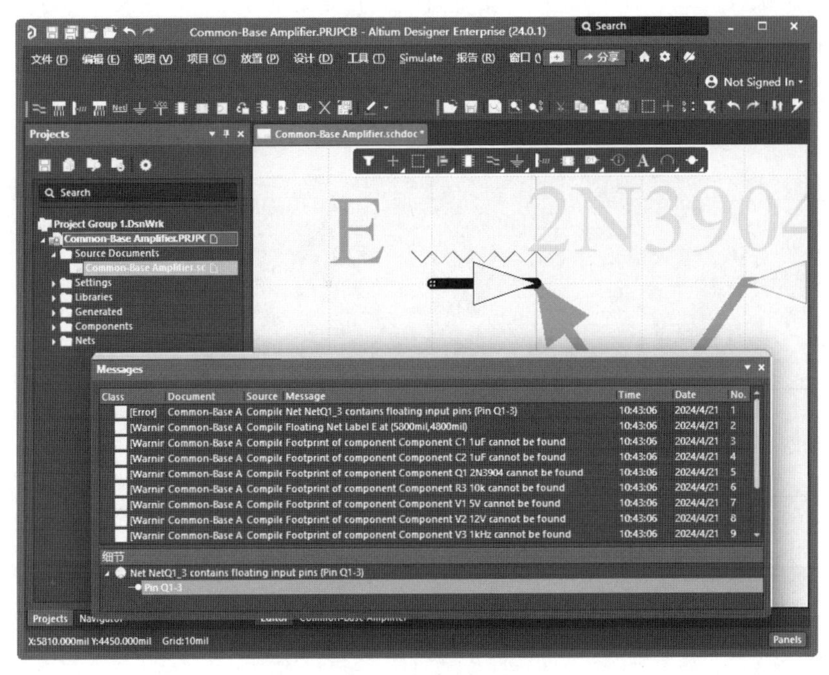

图 5-5　显示编译错误

04 根据出错信息提示，对电路原理图进行修改，修改后再次编译，直到没有错误信息出现为止，即编译时不会弹出“Messages（信息）”面板。对于电路原理图中一些不需要进行检查的结点，可以放置一个忽略 ERC 检查测试点。

5.2　报表的输出

Altium Designer 24 具有丰富的报表功能，用户可以使用这些功能方便地生成各种类型的报表，比如网络报表、元器件报表、元器件交叉引用报表等。

5.2.1　网络报表

对于电路设计而言，网络报表是电路原理图的精髓。所谓网络报表，指的是彼此连接在一起的一组元器件管脚。一个电路实际上就是由若干个网络报表组成。网络报表是电路板自动布线的灵魂，没有网络报表，就没有电路板的自动布线。它也是电路原理图设计软件与印制电路板设计软件之间的接口。网络报表包含两部分信息：元器件信息和网络连接信息。

Altium Designer 24 中的网络报表有两种，一种是单个原理图文件的网络报表；另一种是整个项目的网络报表。

下面通过实例来介绍如何生成网络报表。

1. 设置网络报表选项

在生成网络报表之前，用户首先需要设置网络报表选项。

01 打开PCB项目Common-Base Amplifier.PrjPcb中的电路原理图文件，执行菜单命令“项目”→“Project Options（工程选项）”，打开项目管理选项对话框。

02 单击“Options（选项）”标签，弹出“Options（选项）”选项卡，如图5-6所示。

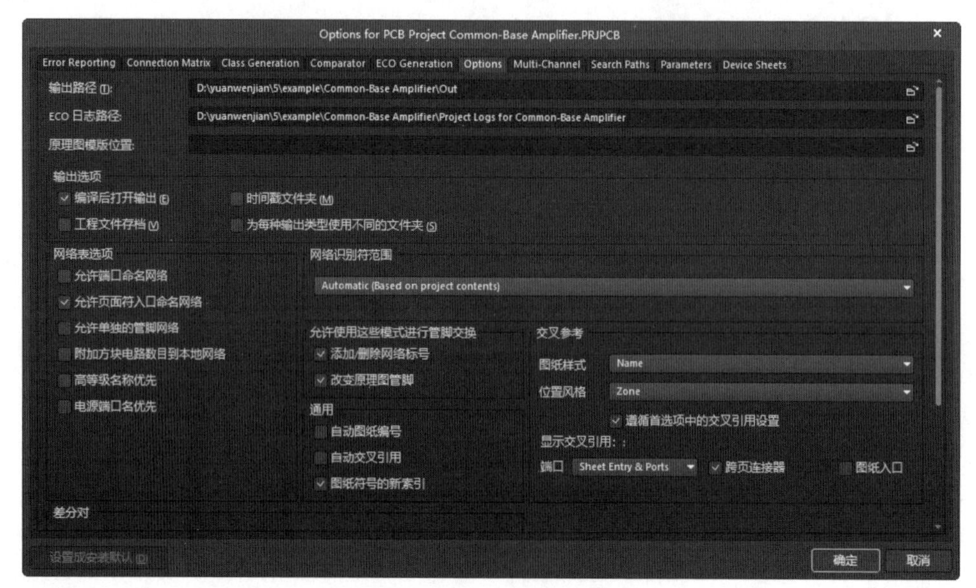

图5-6 Options选项卡

在该选项卡中可以对网络报表的有关选项进行设置。

（1）“输出路径”文本框：用于设置各种报表的输出路径。默认的路径是系统在当前项目文件夹内创建的，比如本例中，路径为“D:\yuanwenjian\5\example\Common-Base Amplifier\Out”（本书中使用的所有源文件均放置在网盘目录下）。单击右侧的（打开）按钮，用户可以自己设置路径。

（2）“ECO日志路径”文本框：用于设置ECO Log文件的输出路径，系统会根据当前项目所在的文件夹自动创建默认路径。单击右侧的（打开）按钮，可以对默认路径进行更改。

（3）“输出选项“选项组：用于设置网络报表的输出选项，一般保持默认设置即可。

（4）“网络表选项”选项组：用来设置生成网络报表的条件，其包括如下选项。

- “允许端口命令网络”复选框：用于设置是否允许使用系统产生的网络名代替与电路输入/输出端口相关联的网络名。若设计的项目只是简单的电路原理图文件，不包含层次关系，则可勾选此复选框。
- “允许页面符入口命名网络”复选框：用于设置是否允许使用系统生成的网络名代替与图纸入口相关联的网络名，系统默认勾选此复选框。
- “允许单独的管脚网络”复选框：用于设置生成网络报表时，是否允许系统自动将管脚号添加到各个网络名称中。
- “附加方块电路数目到本地网络”复选框：用于设置生成网络报表时，是否允许系统自动将图纸号添加到各个网络名称中。当一个项目中包含多个原理图文件时，勾选该复选框，以便于查找错误。

- “高等级名称优先”复选框：用于设置生成网络报表时的排序优先权。勾选该复选框，系统将以名称对应结构层次的高低来决定优先权。
- “电源端口名优先”复选框：用于设置生成网络报表时的排序优先权。勾选该复选框，系统将对电源端口的命名给予更高的优先权。

（5）“网络识别符范围”选项组：用来设置网络标识的认定范围。单击右边的下三角按钮可以选择网络标识的认定范围，有 5 个选项可供选择，如图 5-7 所示。

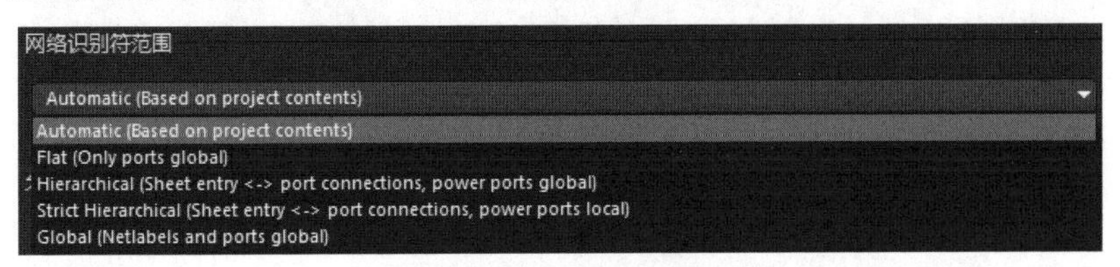

图 5-7　网络标识的认定范围

2. 生成网络报表

1）单个原理图文件的网络报表的生成

Common-Base Amplifier.PrjPcb 项目中只有一个电路图文件 Common-Base Amplifier.SchDoc，因此只需生成单个原理图文件的网络报表即可。

01 打开原理图文件，设置好网络报表选项后，执行菜单命令“设计”→“文件的网络表”，系统弹出网络报表格式选择菜单，如图 5-8 所示。在 Altium Designer 24 中，针对不同的设计项目，可以创建多种网络报表格式。这些网络报表文件不但可以在 Altium Designer 24 系统中使用，而且可以被其他 EDA 设计软件调用。

02 在网络报表格式选择菜单中，选择“Protel（生成原理图网络表）”命令，系统自动生成当前原理图文件的网络报表文件，并存放在当前“Projects（工程）”面板中的 Generated 文件夹中。单击 Generated 文件夹前面的+，双击打开网络报表文件，如图 5-9 所示。

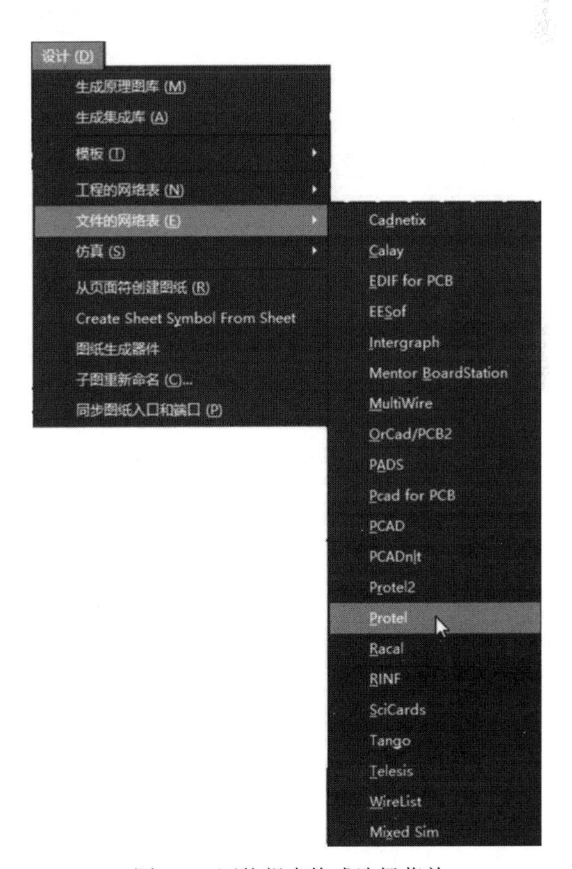

图 5-8　网络报表格式选择菜单

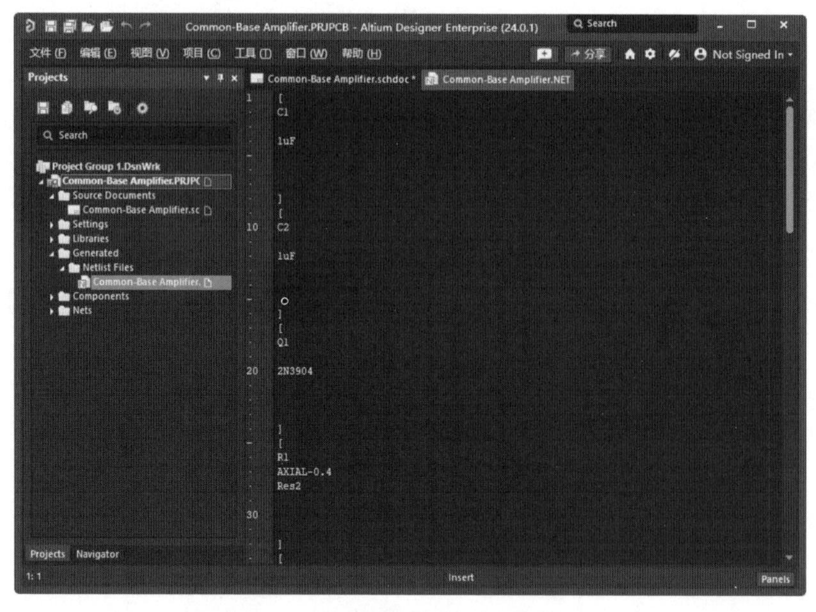

图 5-9　单个原理图文件的网络报表

该网络报表是一个简单的 ASCII 码文本文件，包含两部分，一部分是元器件信息，另一部分是网络连接信息。

元器件信息由若干小段组成，每一个元器件的信息为一小段，用方括号隔开，空行由系统自动生成，如图 5-10 所示。

网络连接信息同样由若干小段组成，每一个网络的信息为一小段，用圆括号隔开，如图 5-11 所示。

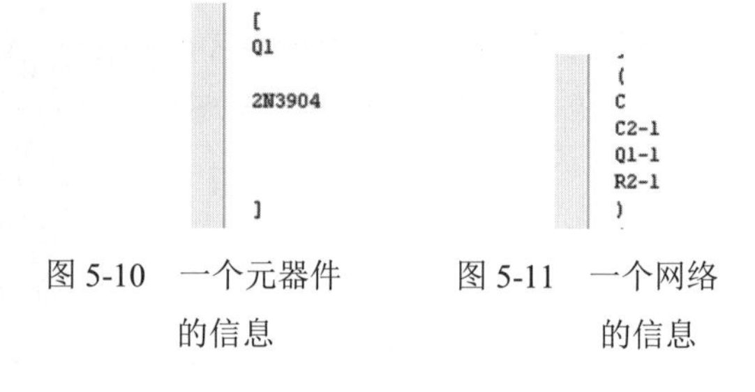

图 5-10　一个元器件的信息　　图 5-11　一个网络的信息

从网络报表中可以看出元器件是否重名、是否缺少封装信息等问题。

2）整个项目的网络报表的生成

对于一些比较复杂的电路系统，常常采用层次电路原理图来设计，此时一个项目中会含有多个电路原理图文件。这里以系统提供的“Examples/Circuit Simulation/Common-Base Amplifier”中的 Common-Base Amplifier 项目为例，讲述如何生成整个项目的网络报表。

01 任意打开 Common-Base Amplifier.PrjPcb 项目中的一个电路图文件，设置好网络报表选项后，执行菜单命令“设计”→“工程的网络表”，系统弹出网络报表格式选择菜单，如图 5-12 所示。

02 执行“Protel（生成原理图网络表）”命令，系统自动生成当前项目的网络报表文件，并存放在当前“Projects（工程）”面板中的 Generated 文件夹中，

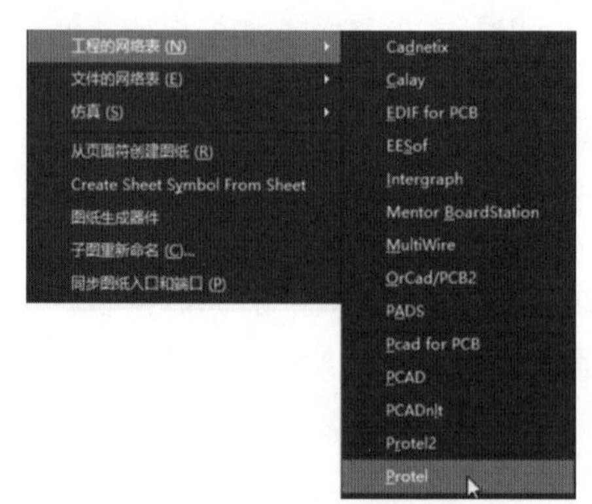

图 5-12　网络报表格式选择菜单

该网络报表的组成形式与单个原理图文件的网络报表文件是一样的，在此不再赘述。

5.2.2　元器件报表

元器件报表主要用来列出当前项目中用到的所有元器件的信息，相当于一份元器件采购清单。依照这份清单，用户可以查看项目中用到的元器件的详细信息。同时，在制作电路板时，它也可以作为采购元器件的参考。

下面还是以 Common-Base Amplifier.PrjPcb 项目为例，介绍如何生成元器件报表。

1. 设置元器件报表选项

01 打开 Common-Base Amplifier.PrjPcb 项目中的电路原理图文件 Common-Base Amplifier.SchDoc。

02 执行菜单命令“报告”→“Bill of Materials”（材料清单），系统弹出元器件报表对话框，如图 5-13 所示。

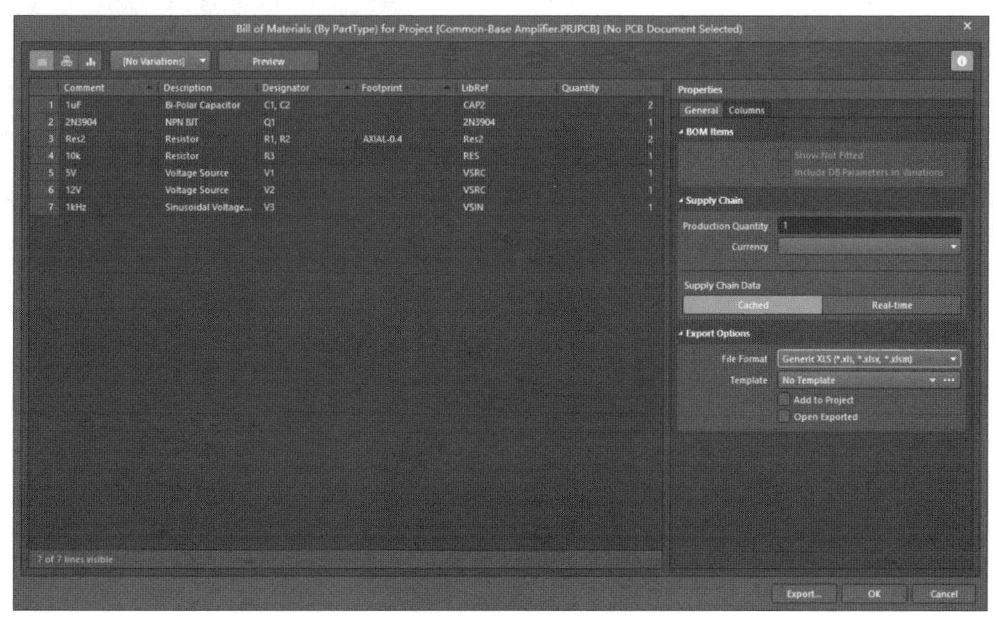

图 5-13　元器件报表对话框

在该对话框中，可以对创建的元器件报表进行选项设置。对话框右侧有两个选项卡，它们的功能说明如下：

（1）“General（常规）”选项卡：一般用于设置常用参数。部分选项说明如下：

- “File Format（文件格式）”下拉列表框：用于为元器件报表设置文件输出格式。单击右侧的下拉按钮▾，可以选择不同的文件输出格式，如 CVS、Excel、PDF、HTML、TXT、XML 格式等。
- “Add to Project（添加到项目）”复选框：若勾选该复选框，则系统在创建了元器件报表之后会将报表直接添加到项目里面。

- “Open Exported（打开输出报表）”复选框：若勾选该复选框，则系统在创建了元器件报表以后，会自动以相应的格式打开。
- “Template（模板）”下拉列表框：用于为元器件报表设置显示模板。单击右侧的下拉按钮，可以使用曾经用过的模板文件，也可以单击按钮重新选择。选择时，如果模板文件与元器件报表在同一目录下，则可以勾选下面的“Relative Path to Template File（模板文件的相对路径）”复选框，使用相对路径搜索，否则应该使用绝对路径搜索。

（2）“Columns（纵队）”选项卡：用于列出系统提供的所有元器件属性信息，如 Description（描述）、Component Kind（元器件种类）等。部分选项说明如下：

- “Drag a column to group（将列拖到组中）”列表框：用于设置元器件的归类标准。如果将“Columns（纵队）”列表框中的某一属性信息拖到该列表框中，则系统将以该属性信息为标准，对元器件进行归类，显示在元器件报表中。
- “Columns（纵队）”列表框：单击按钮，将其进行显示，即将在元器件报表中显示需要查看的信息，如图 5-14 所示。

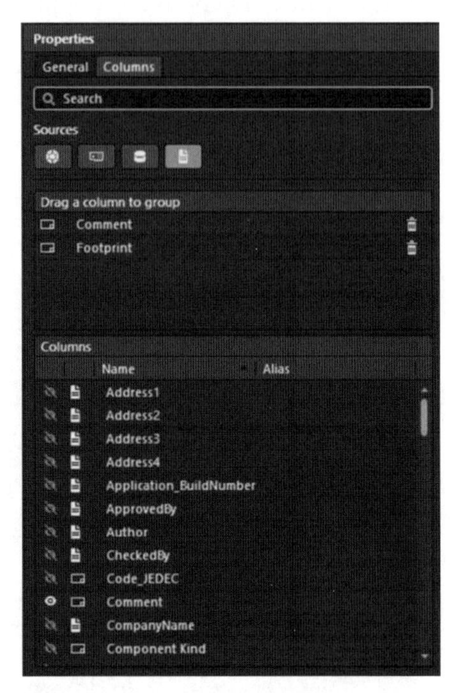

图 5-14 元器件的归类显示

2. 生成元器件报表

01 在元器件报表对话框中，单击“Template（模板）”文本框右侧的…按钮，选择元器件报表模板文件 BOM Default Template.XLT，如图 5-15 所示。

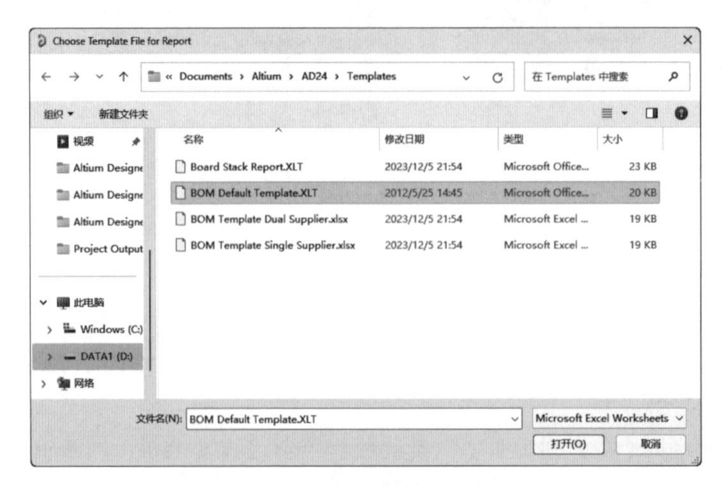

图 5-15 选择元器件报表模板

02 单击“打开”按钮后，返回元器件报表对话框，并勾选“Add to Project(添加到项目)”复选框和“Open Exported（打开输出报表）”复选框。

03 单击“Export(输出)”按钮，可以将该报表进行保存，默认文件名为“Common-Base Amplifier.xls”，是一个 Excel 文件。单击“保存”按钮，进行保存，并打开该报表，如图 5-16 所示。

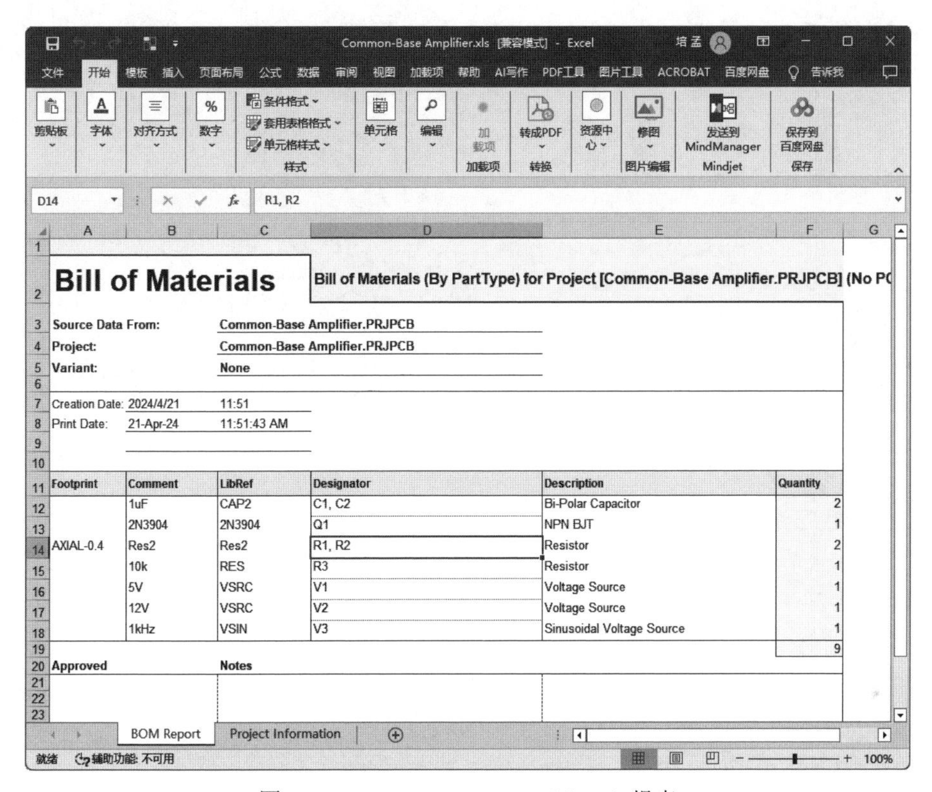

Footprint	Comment	LibRef	Designator	Description	Quantity
	1uF	CAP2	C1, C2	Bi-Polar Capacitor	2
	2N3904	2N3904	Q1	NPN BJT	1
AXIAL-0.4	Res2	Res2	R1, R2	Resistor	2
	10k	RES	R3	Resistor	1
	5V	VSRC	V1	Voltage Source	1
	12V	VSRC	V2	Voltage Source	1
	1kHz	VSIN	V3	Sinusoidal Voltage Source	1
					9

图 5-16　Common-Base Amplifier.xls 报表

5.2.3　元器件交叉引用报表

元器件交叉引用报表用于生成整个工程中各原理图的元器件报表，相当于一份元器件清单报表。

生成元器件交叉引用报表的步骤如下：

01 打开项目文件 Amplified Modulator.PrjPcb 中的电路原理图文件 Common-Base Amplifier.SchDoc。

02 执行菜单命令“报告”→“Component Cross Reference（元器件交叉引用报表）”，系统弹出元器件交叉引用报表对话框，如图 5-17 所示。它把整个项目中的元器件按照所属的不同电路原理图分组显示出来。

其实元器件交叉用报表就是一张元器件清单报表，该对话框与元器件报表对话框基本相同，这里不再赘述。

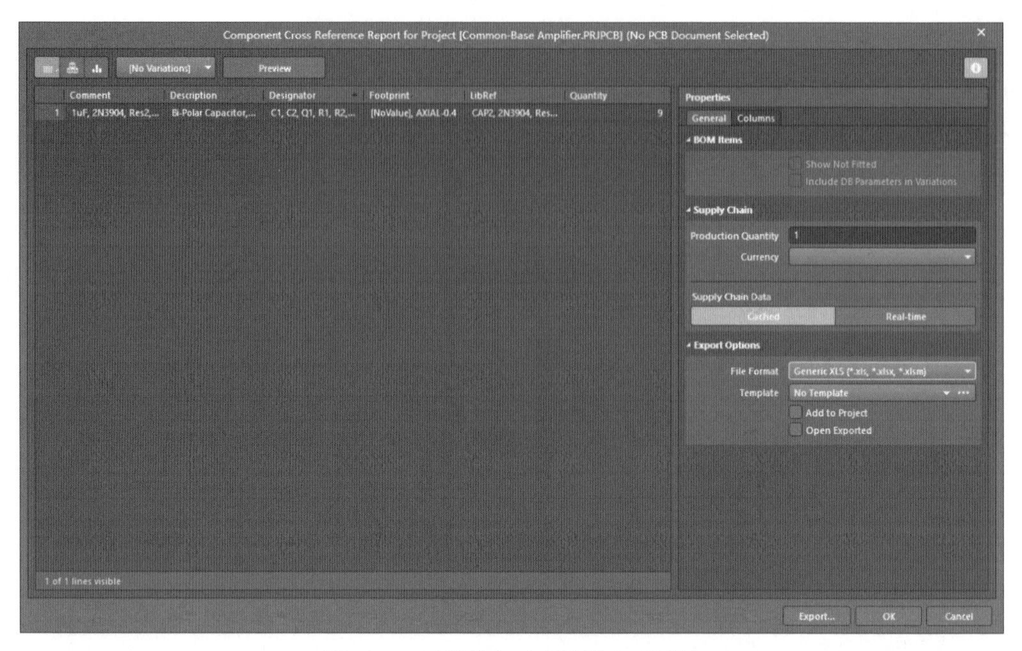

图 5-17　元器件交叉引用报表对话框

5.2.4　测量元器件距离

Altium Designer 24 还为用户提供了测量原理图中两对象之间的距离的功能。

测量元器件之间的距离，其步骤如下：

01 打开项目文件 Common-Base Amplifier.PrjPcb 中的电路原理图文件 Common-Base Amplifier.SchDoc。

02 执行菜单命令“报告”→“测量距离”，显示浮动十字光标，分别选择图 5-18 中的点 A 和点 B，弹出“Information（信息）”对话框，如图 5-19 所示，显示 A、B 两点的间距。

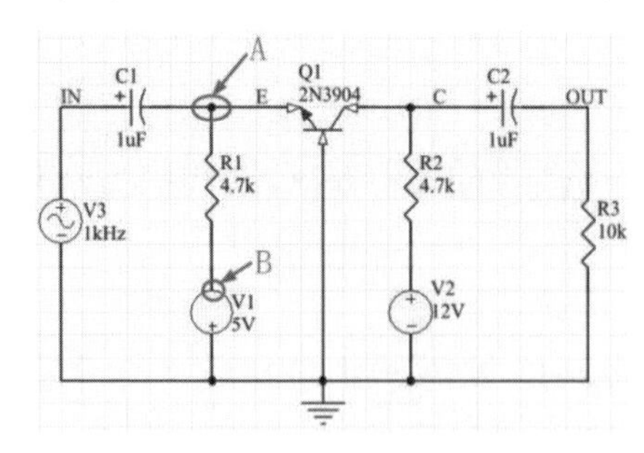

图 5-18　显示测量点

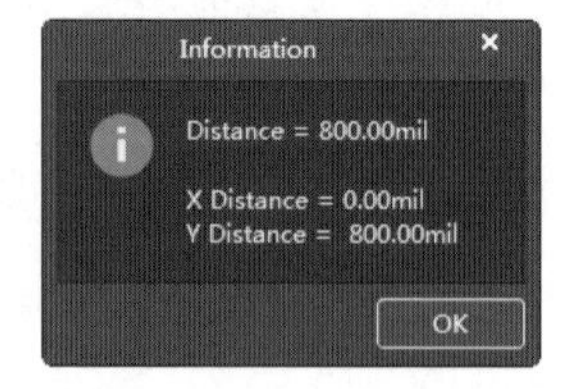

图 5-19　“Information（信息）”对话框

5.3　输出任务配置文件

在 Altium Designer 24 中，对于各种报表文件，可以采用 5.2 节中介绍的方法逐个生成并

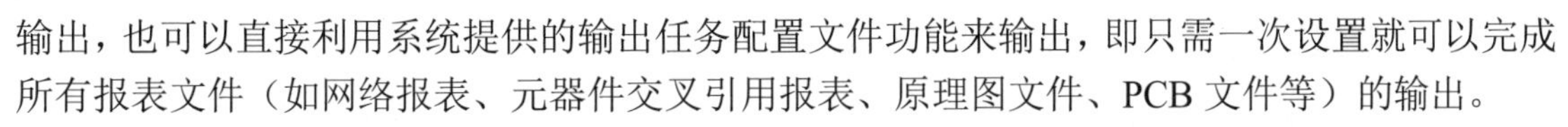

输出，也可以直接利用系统提供的输出任务配置文件功能来输出，即只需一次设置就可以完成所有报表文件（如网络报表、元器件交叉引用报表、原理图文件、PCB 文件等）的输出。

下面介绍文件打印输出、创建输出任务配置文件的方法和步骤。

5.3.1　文件打印输出

为方便原理图的浏览和交流，经常需要将原理图打印到图纸上。Altium Designer 24 提供了直接打印输出原理图的功能。

在打印之前首先进行页面设置。单击菜单栏中的“文件”→“打印”命令，弹出如图 5-20 所示的“Preview SCH（预览 SCH）”对话框。在该对话框中可以对 Page Size（页面大小）、Oricntation（方向）和 Scale Mode（缩放模式）等参数进行设置，设置完成后，单击“Print（打印）”按钮，打印原理图。

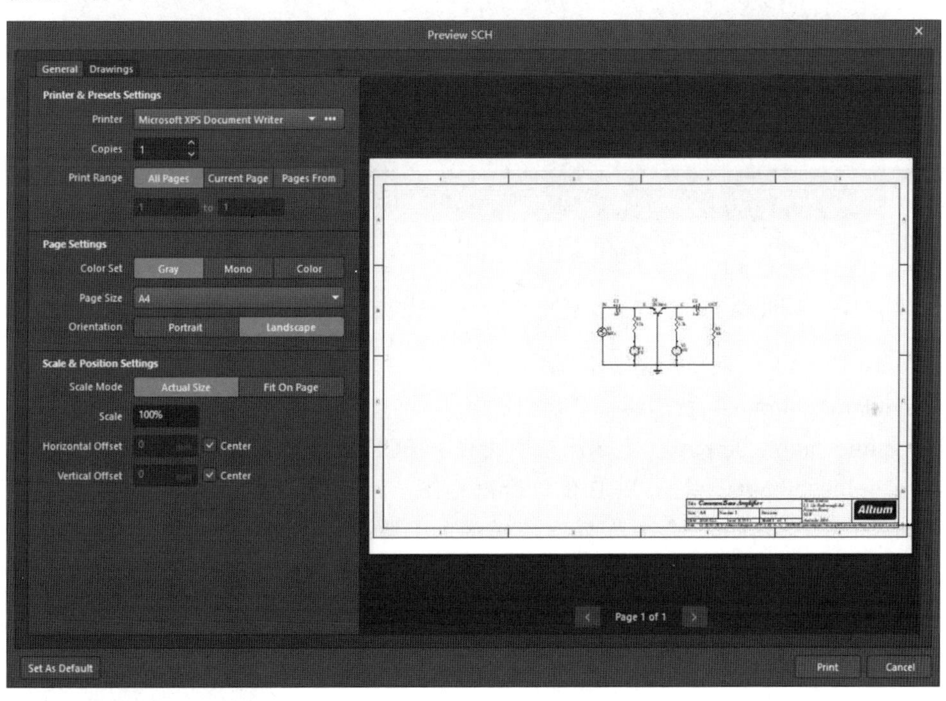

图 5-20　“Preview SCH（预览 SCH）”对话框

5.3.2　创建输出任务配置文件

利用输出任务配置文件批量生成报表文件之前，必须先创建输出任务配置文件，步骤如下：

01 打开项目文件 Common-Base Amplifier.PrjPcb 中的电路原理图文件 Common-Base Amplifier.SchDoc。

02 执行菜单命令“文件”→“新的”→“Output Job 文件”，或者在“Projects（工程）”面板上，单击“Projects（工程）”按钮，在弹出的菜单中执行“添加新的…到项目”→“Output Job File（输出工作文件）”命令，弹出一个默认名为“Job1.OutJob”的输出任务配置文件。

然后执行菜单命令“文件”→“另存为”，保存该文件，并取名为“Common-Base Amplifier.OutJob”，如图 5-21 所示。

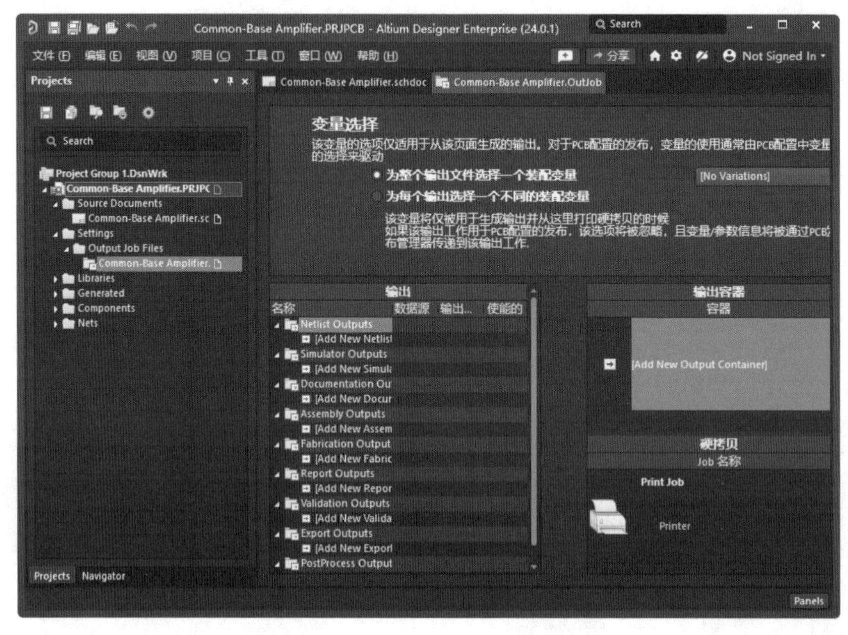

图 5-21 输出任务配置文件

在该文件中，按照数据类型将输出文件分为 9 大类：

- Netlist Outputs：表示网络报表输出文件。
- Simulator Outputs：表示模拟器输出文件。
- Documentation Outputs：表示原理图文件和 PCB 文件的打印输出文件。
- Assembly Outputs：表示 PCB 汇编输出文件。
- Fabrication Outputs：表示与 PCB 有关的加工输出文件。
- Report Outputs：表示各种报表输出文件。
- Validation Outputs：表示各种生成的输出文件。
- Export Outputs：表示各种输出文件。
- PostProcess Outputs：表示后处理输出文件。

03 在对话框中的任意输出任务配置文件上右击，弹出输出配置环境菜单，如图 5-22 所示。

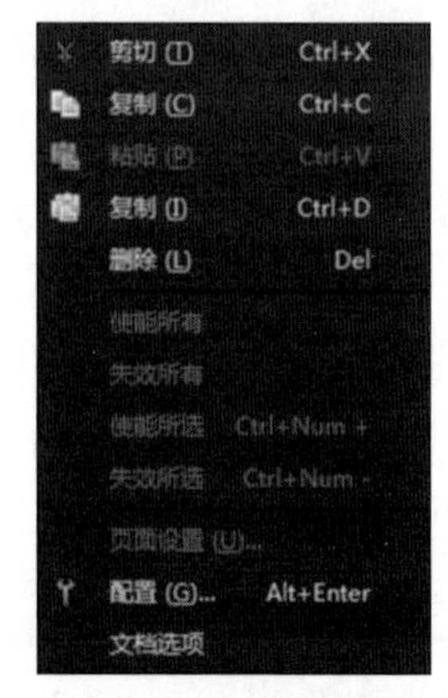

图 5-22 输出配置环境菜单

- 剪切：用于剪切选中的输出文件。
- 复制 (C)：用于复制选中的输出文件。
- 粘贴：用于粘贴剪贴板中的输出文件。
- 复制 (I)：用于在当前位置直接添加一个输出文件。
- 删除：用于删除选中的输出文件。
- 页面设置：用于进行打印输出的页面设置，该文件只对需要打印的文件有效。

- 配置：用于对输出报表文件进行选项设置。

5.4　查找与替换操作

在 Altium Designer 24 中，除了使用前面介绍的方法逐个查找并放置元器件，也可以直接使用查找、替换等命令。这为复杂的电路绘制提供了便利。

5.4.1　“查找文本”命令

该命令用于在电路图中查找指定的文本。通过此命令可以迅速找到包含某一文字标识的图元。下面介绍该命令的使用方法。

执行菜单命令“编辑”→“查找文本”，或者按快捷键 Ctrl+F，系统将弹出如图 5-23 所示的“查找文本”对话框。

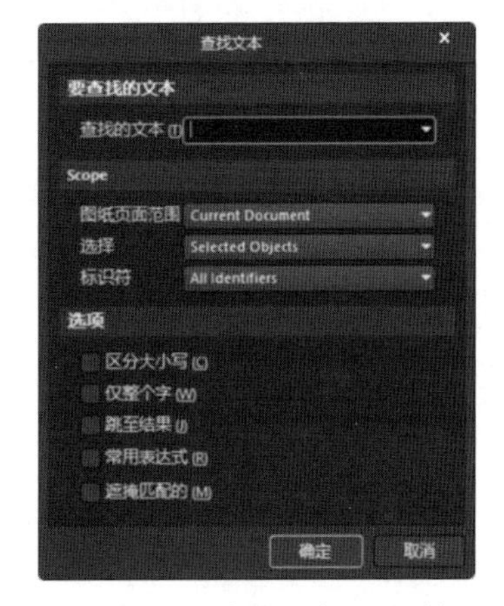

图 5-23　“查找文本”对话框

“查找文本”对话框中各个选项的功能说明如下：

（1）“查找的文本”文本框：用于输入或选择需要查找的文本。

（2）“Scope（范围）”选项组：包含“图纸页面范围”“选择”和“标识符”3 个下拉列表框。

- “图纸页面范围”下拉列表框：用于设置所要查找的电路图范围，包含 Current Document（当前文档）、Project Documents（项目文档）、Open Documents（已打开的文档）和 Project Physical Documents（项目实物文件）4 个选项。
- “选择”下拉列表框：用于设置需要查找的文本对象的范围，包含 All Objects（所有对象）、Selected Objects（选择的对象）和 Deselected Objects（未选择的对象）3 个选项。All Objects（所有对象）表示对所有的文本对象进行查找，Selected Objects（选择的对象）表示对选中的文本对象进行查找，Deselected Objects（未选择的对象）表示对没有选中的文本对象进行查找。
- “标识符”下拉列表框：用于设置查找的电路图标识符范围，包含 All Identifiers（所有 ID）、Net Identifiers Only（仅网络 ID）和 Designators Only（仅标号）3 个选项。

（3）“选项”选项组：用于匹配查找对象所具有的特殊属性，包含“区分大小写”“仅整个字”“跳至结果”“常用表达式”“遮掩匹配的”5 个复选框。勾选“区分大小写”复选框表示查找时要注意大小写的区别；勾选“仅整个字”复选框表示查找文本时必须按原样搜索，而不是搜索带该字符串的一部分；勾选“跳至结果”复选框表示查找后跳到结果处；勾选“常用表达式”复选框表示用表达式进行查找；勾选“遮掩匹配的”复选框表示查找时可根据系统设置在设计空间中遮掩匹配的文本。

用户按照自己的实际情况设置完此对话框的选项内容后，单击“确定”按钮开始查找。

5.4.2 “文本替换”命令

该命令用于将电路图中指定文本用新的文本替换掉。该操作在需要将多处相同文本修改成另一文本时非常有用。执行菜单命令“编辑”→“替换文本”，或按快捷键 Ctrl+H，系统将弹出如图 5-24 所示的“查找并替换文本”对话框。

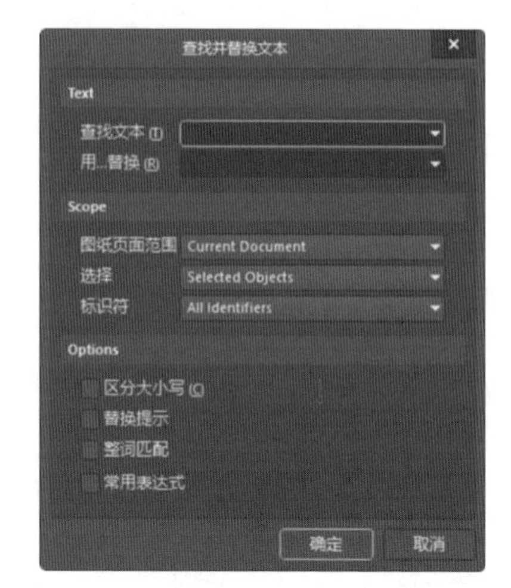

图 5-24　“查找并替换文本”对话框

对比图 5-23 和图 5-24 所示的两个对话框，可以看出这两个对话框非常相似。对于相同的部分，这里不再赘述，读者可以参看“查找文本”命令，下面只对不同的选项进行解释。

（1）“用…替换”文本框：用于输入替换原文本的新文本。

（2）“替换提示”复选框：用于设置是否显示确认替换提示对话框。如果勾选该复选框，则在进行替换之前，显示确认替换提示对话框，反之不显示。

（3）“整词匹配”复选框：用于设置是否只查找具有整个单词匹配的文本，要查找的网络标识包含的内容有网络标签、电源端口、I/O 端口和方块电路 I/O 口。

5.4.3 “发现下一个”命令

该命令用于查找“查找文本”对话框中指定的文本，也可以按 F3 键来执行该命令。

5.4.4 “查找相似对象”命令

在原理图编辑器中，提供了查找相似对象的功能。具体的操作步骤如下：

01 执行菜单命令“编辑”→“查找相似对象”，工作窗口中的光标将变成十字形状。

02 移动光标到某个对象上，单击，系统将弹出如图 5-25 所示的“查找相似对象”对话框，在该对话框中列出了该对象的一系列属性。通过对各项属性进行匹配程度的设置，可以决定搜索的结果。

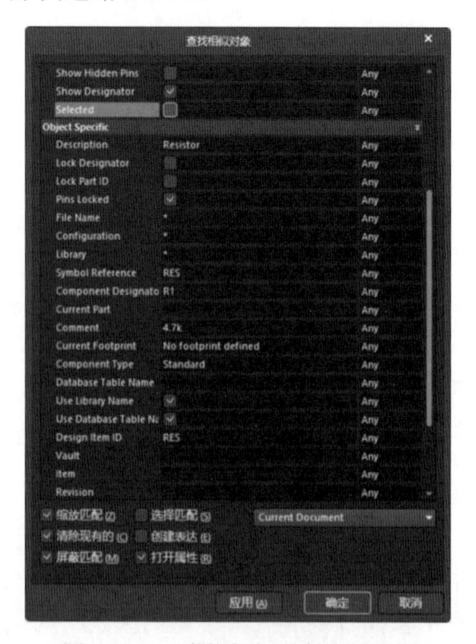

图 5-25　“查找相似对象”对话框

（1）“Kind（种类）”选项组：显示对象类型。

（2）“Design（设计）”选项组：显示对象所在的文档。

（3）“Graphical（图形）”选项组：显示对象图形属性。

- X1：X1 坐标值。
- Y1：Y1 坐标值。
- Orientation（方向）：放置方向。
- Locked（锁定）：确定是否锁定。
- Mirrored（镜像）：确定是否镜像显示。
- Display Model（显示模式）：确定是否显示模型。
- Show Hidden Pins（显示隐藏管脚）：确定是否显示隐藏管脚。
- Show Designator（显示标号）：确定是否显示标号。

（4）“Object Specific（对象特性）”选项组：显示对象特性。

- Description（描述）：对象的基本描述。
- Lock Designator（锁定标号）：确定是否锁定。
- Lock Part ID（锁定元器件 ID）：确定是否锁定元器件 ID。
- Pins Locked（管脚锁定）：锁定的管脚。
- File Name（文件名称）：文件名称。
- Configuration（配置）：文件配置。
- Library（元器件库）：库文件。
- Symbol Reference（符号参考）：符号参考说明。
- Component Designator（组成标号）：对象所在的元器件标号。
- Current Part（当前元器件）：对象当前包含的元器件。
- Comment（注释）：关于元器件的说明。
- Current Footprint（当前封装）：当前元器件的封装。
- Current Type（当前类型）：当前元器件的类型。
- Database Table Name（数据库表的名称）：数据库中表的名称。
- Use Library Name（所用元器件库的名称）：所用元器件库的名称。
- Use Database Table Name（所用数据库表的名称）：当前对象所用的数据库表的名称。
- Design Item ID（设计 ID）：元器件设计 ID。

在选中元器件的每一栏属性后都另有一栏，在该栏上单击将弹出下拉列表框，在下拉列表框中可以选择搜索时当前对象和被查找的对象在该项属性上的匹配程度，包含以下 3 个选项。

- Same（相同）：被查找对象的该项属性必须与当前对象相同。
- Different（不同）：被查找对象的该项属性必须与当前对象不同。
- Any（忽略）：查找时忽略该项属性。

单击“应用”按钮，在工作窗口中将屏蔽所有不符合搜索条件的对象，并跳转到最近的一个符合要求的对象上。此时可以逐个查看这些相似的对象。

5.5 上机实例

完成电路原理图的绘制后，需要对设计好的电路原理图进行检查，防止错误的产生，同时通过各种报表文件对正确的电路进行分析。本节通过两个上机实例，帮助读者熟练掌握对电路原理图的查错。

5.5.1 话筒放大电路报表的输出

本例要检查的是如图 5-26 所示的话筒放大电路，具体绘制过程在 2.9.5 节已经讲解，在本例中主要学习原理图绘制完成后的原理图编译和报表输出。

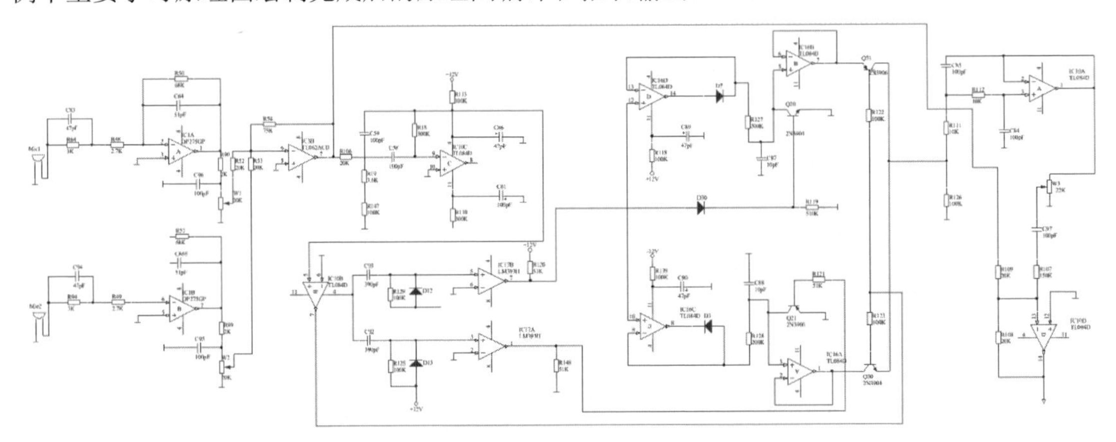

图 5-26 话筒放大电路（可参看配套资源中的相关文件）

1. 打开工程文件

01 在 Altium Designer 24 主界面中，执行菜单命令“文件”→“打开”，弹出“Choose Document to Open（选择打开文件）”对话框，选择工程文件“话筒放大电路.PrjPcb”，单击“打开”按钮，打开工程文件。

02 双击“话筒放大电路.SchDoc”，进入原理图编辑环境。单击“原理图标准”工具栏中的（适合所有对象）按钮，合理显示所有电路。

2. 编译参数设置

01 执行菜单命令“项目”→“Project Options（工程选项）”，弹出工程属性对话框，如图 5-27 所示。在“Error Reporting（错误报告）”选项卡列表中罗列了网络构成、原理图层次、设计错误类型等报告信息。

02 单击“Connection Matrix”选项，显示“Connection Matrix”（连接矩阵）选项卡，如图 5-28 所示。通过单击矩阵的上半部分与右侧对应的是元器件引脚或端口的交叉点，用户可以设置相应的错误报告类型。这些交叉点被视作矩阵的元素，用户可以根据需要单击相应的颜色元素以选择并设置所需的错误报告类型。

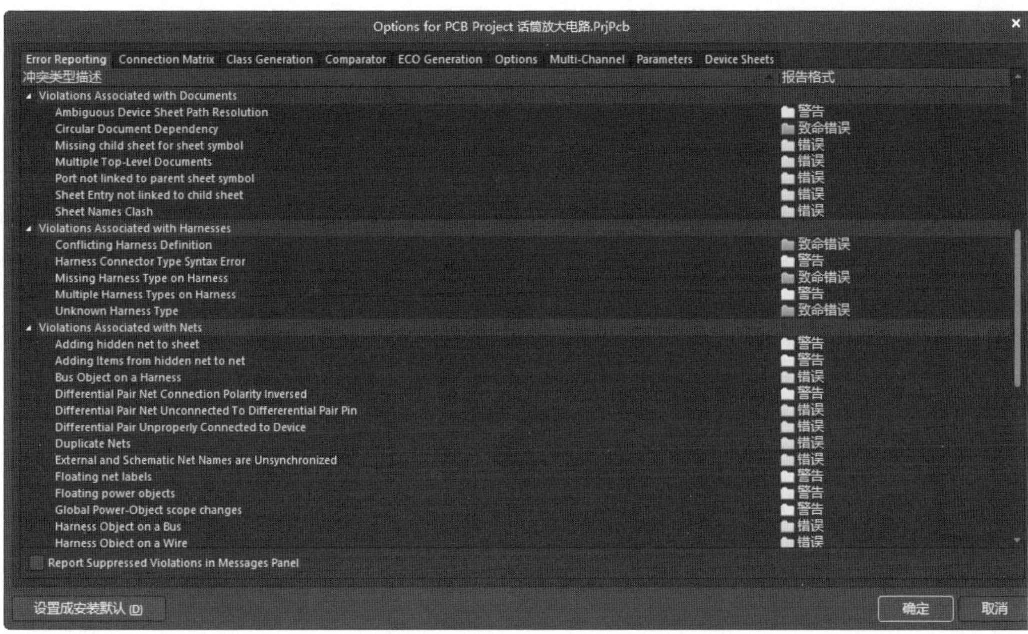

图 5-27　工程属性对话框

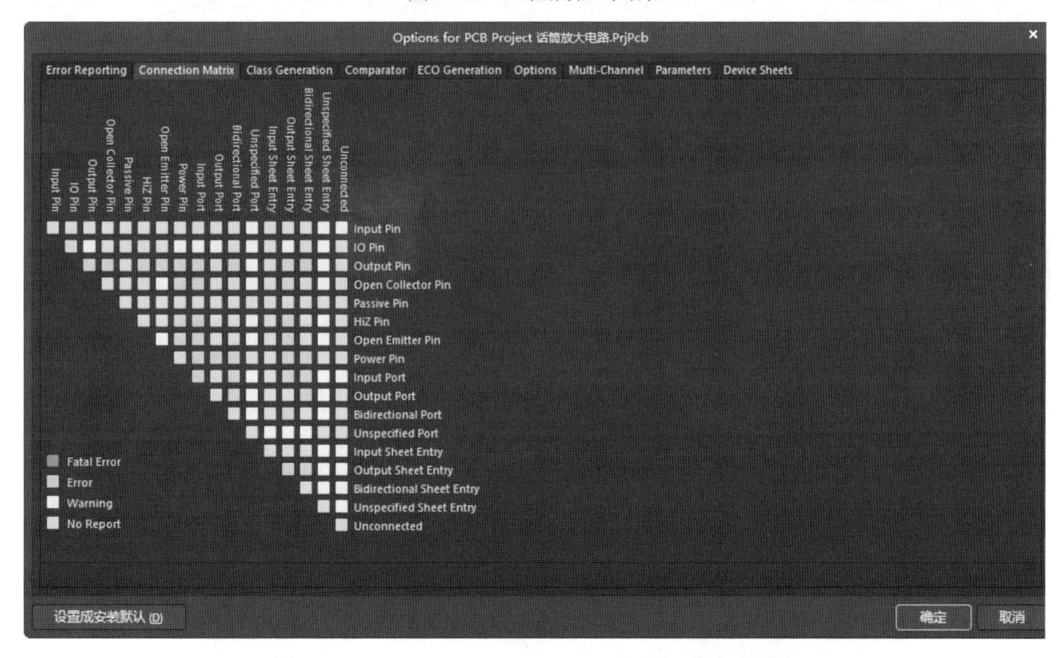

图 5-28　“Connection Matrix”（连接矩阵）选项卡

03 单击“Comparator”选项，显示“Comparator”（比较器）选项卡，如图 5-29 所示。在列表中设置元器件连接、网络连接和参数连接的差别比较类型。本例选用默认参数。

04 单击“确定”按钮，退出对话框。

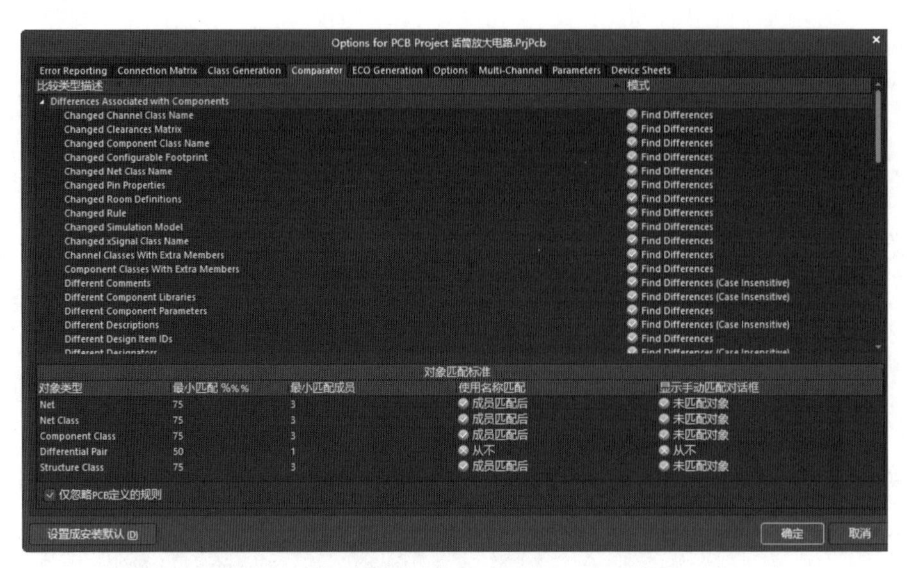

图 5-29　“Comparator（比较器）”选项卡

3. 编译工程

01 执行菜单命令“项目”→“Validate PCB Project 话筒放大电路. PrjPcb”（编译 PCB 工程话筒放大电路.PrjPcb），对工程进行编译，弹出如图 5-30 所示的工程编译信息提示框。

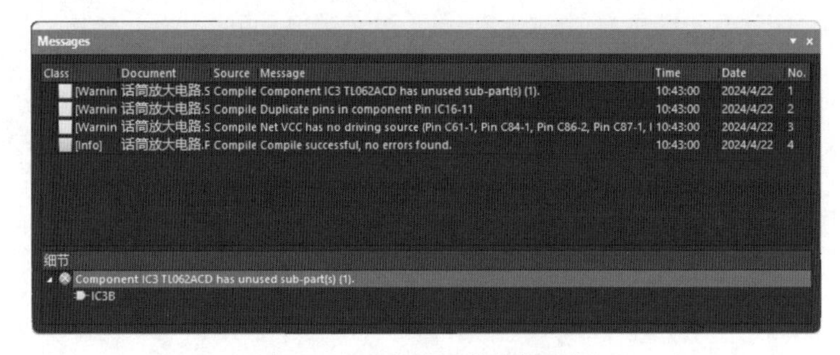

图 5-30　工程编译信息提示框

02 检查出错误，查看错误报告，根据错误报告信息进行原理图的修改，然后重新编译，直到没有错误为止。最终得到如图 5-31 所示的结果。

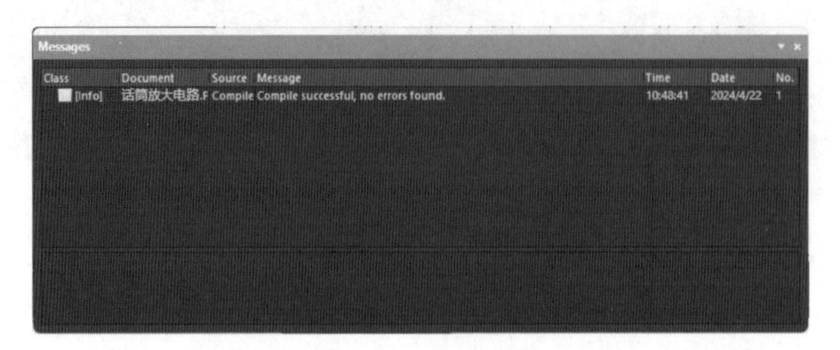

图 5-31　编译成功

4. 创建网络表

执行菜单命令“设计”→“文件的网络表”→“Protel（生成原理图网络表）”，系统自动生成当前原理图的网络表文件“话筒放大电路.NET”，并存放在当前工程下的“Generated\Netlist Files”文件夹中。双击打开“话筒放大电路.NET”文件，如图 5-32 所示。

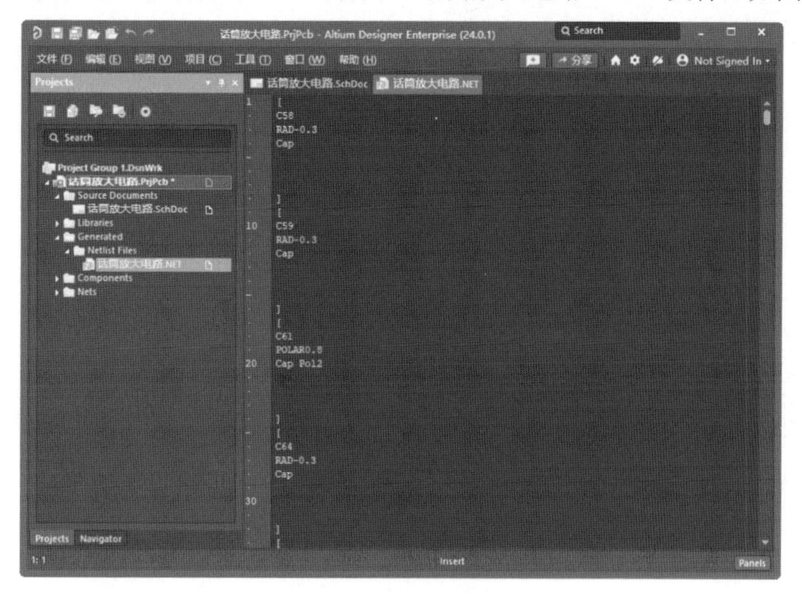

图 5-32　原理图网络表

由于本例工程文件夹下只有一个原理图文件，因此该原理图网络表的组成形式与上述基于整个工程的网络表是一样的，在此不再重复。

5. 元器件报表的创建

01 关闭网络表文件，返回原理图窗口。执行菜单命令“报告”→“Bill of Materials”（材料清单），系统弹出相应的元器件报表对话框，如图 5-33 所示。

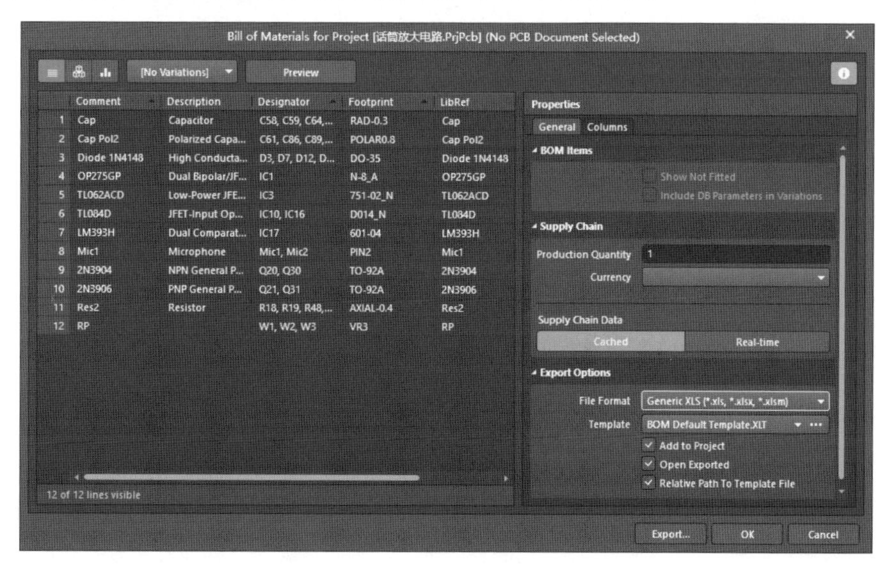

图 5-33　元器件报表对话框

02 在元器件报表对话框中，单击“Template（模板）”文本框右侧的 ··· 按钮，在

“D:\yuanwenjian”目录下选择元器件报表模板文件“BOM Default Template.XLT”，如图 5-34 所示。

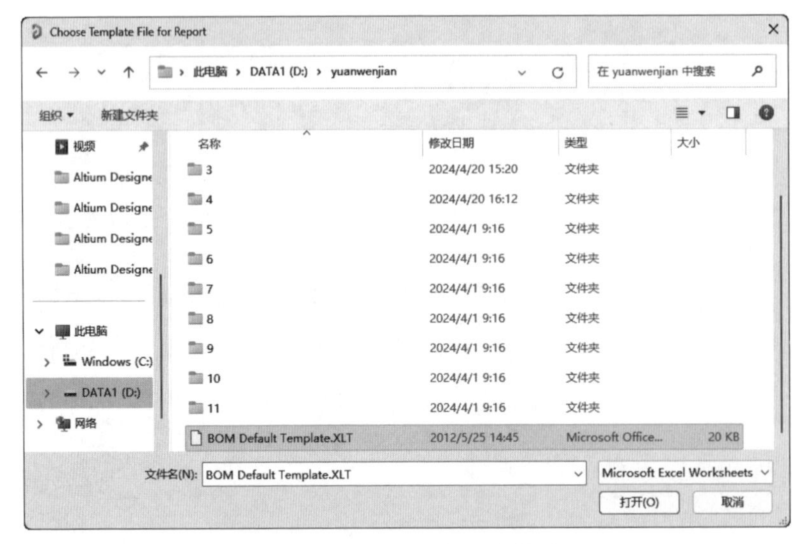

图 5-34　选择元器件报表模板

03 单击“打开”按钮后，返回元器件报表对话框，完成模板的添加。

04 单击“Export（输出）”按钮，可以将该报表进行保存，默认文件名为“话筒放大器电路.xls”，是一个 Excel 文件，如图 5-35 所示。

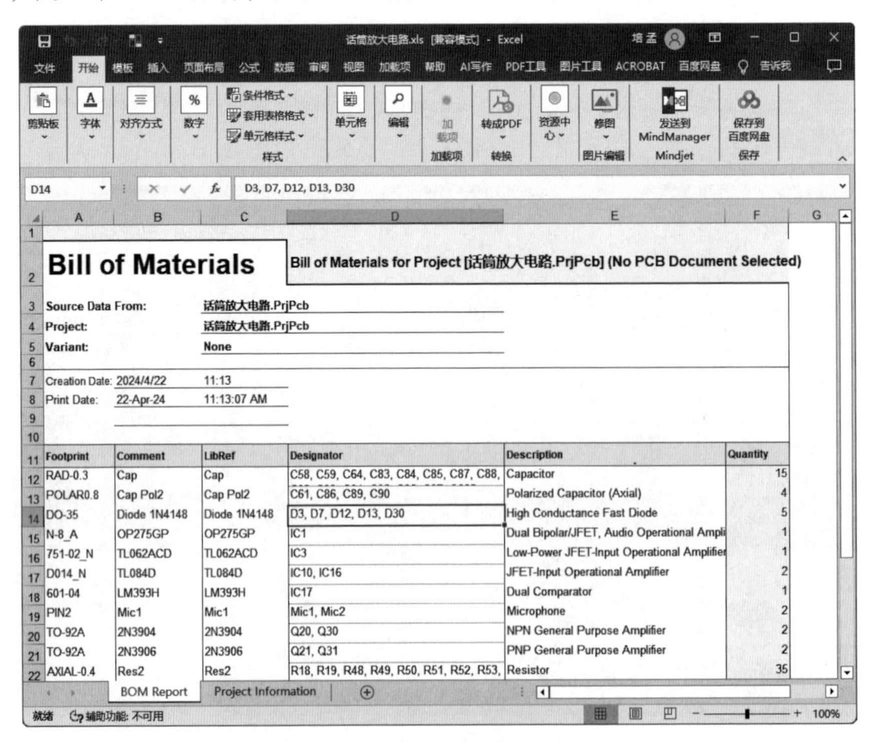

图 5-35　生成的元器件报表文件

05 单击“OK”按钮，退出对话框。

5.5.2　正弦逆变器电路报表的输出

本例要检查的是正弦逆变器电路，观察原理图的报表输出结果。

1. 打开工程文件

01 在 Altium Designer 24 主界面中，执行菜单命令“文件”→“打开”，弹出“Choose Document to Open（选择打开文件）”对话框，选择工程文件“Sine Wave Inverter.PrjPcb”，单击“打开”按钮，打开工程文件。

02 双击“Sine Wave Oscillation.SchDoc”，进入原理图编辑环境。单击“原理图标准”工具栏中的（适合所有对象）按钮，合理显示所有电路。

Sine Wave Inverter.PrjPcb 项目中有 6 个电路图文件，此时将生成不同的原理图文件的网络报表。

03 执行菜单命令“设计”→“文件的网络表”→“Protel（生成原理图网络表）”，系统弹出网络报表格式选择菜单。针对不同的原理图，可以创建不同的网络报表格式。

04 系统自动生成当前原理图文件的网络报表文件，并存放在当前“Projects（工程）”面板中的 Generated 文件夹中，单击 Generated 文件夹前面的+，双击打开网络报表文件，如图 5-36 所示。

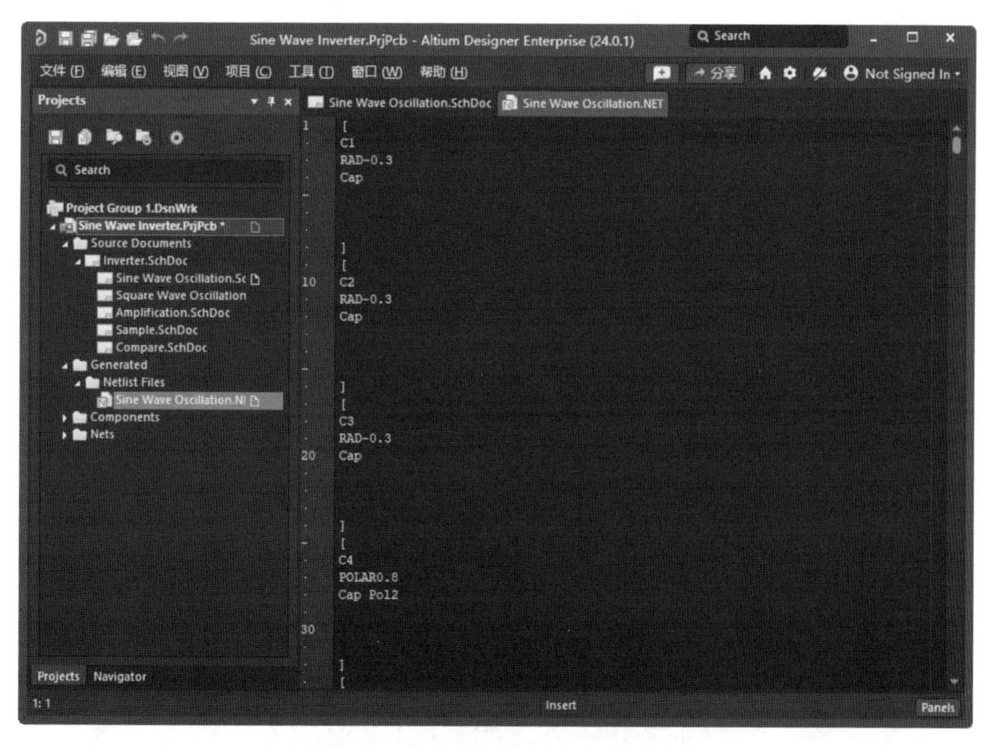

图 5-36　单个原理图文件的网络报表

原理图对应的网络表文件显示原理图的管脚信息等，如图 5-37 所示。

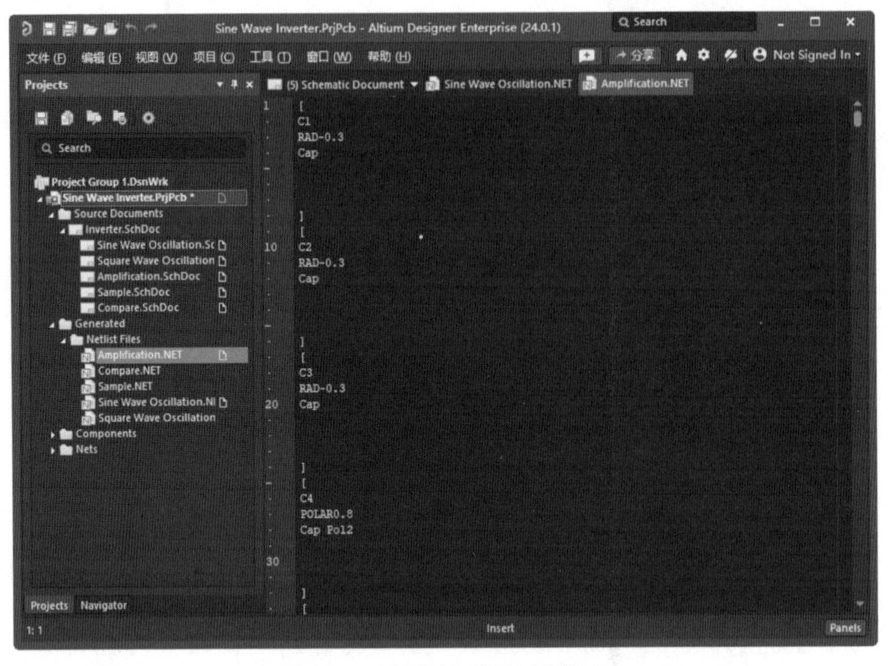

图 5-37　原理图文件的网络报表

2. 元器件报表

01 打开项目文件 Sine Wave Inverter.PrjPcb 中的电路原理图文件 Compare.SchDoc。

02 执行菜单命令“报告”→“Bill of Materials”（材料清单），系统弹出元器件报表对话框，勾选“Add to Project（添加到项目）”和“Open Exported（打开输出报表）”复选框，如图 5-38 所示。

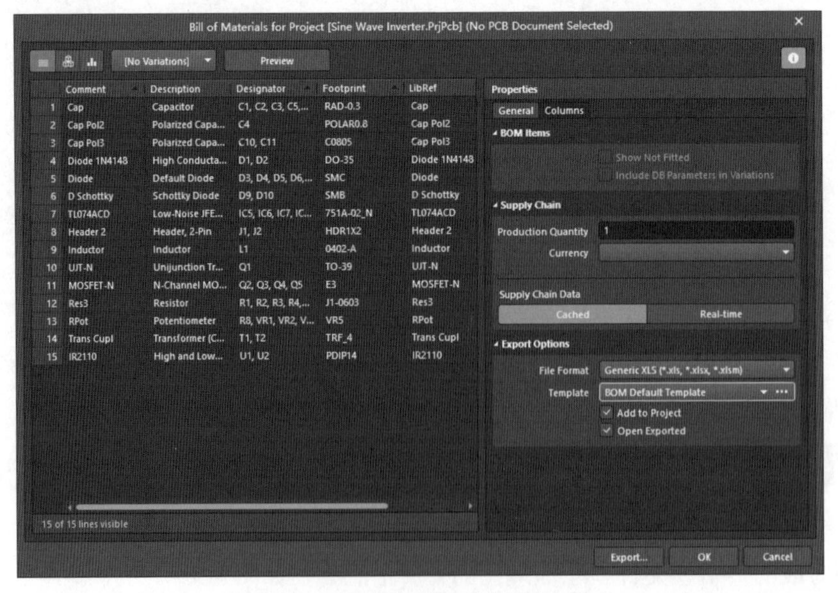

图 5-38　元器件报表对话框

03 单击“Export（输出）”按钮，可以将该报表进行保存，默认文件名为“Sine Wave

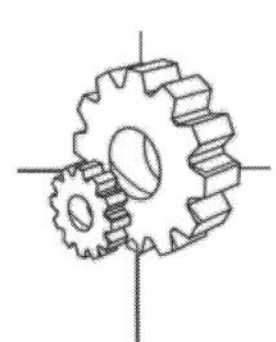

Inverter.xls”，系统将自动打开该文件，如图 5-39 所示。

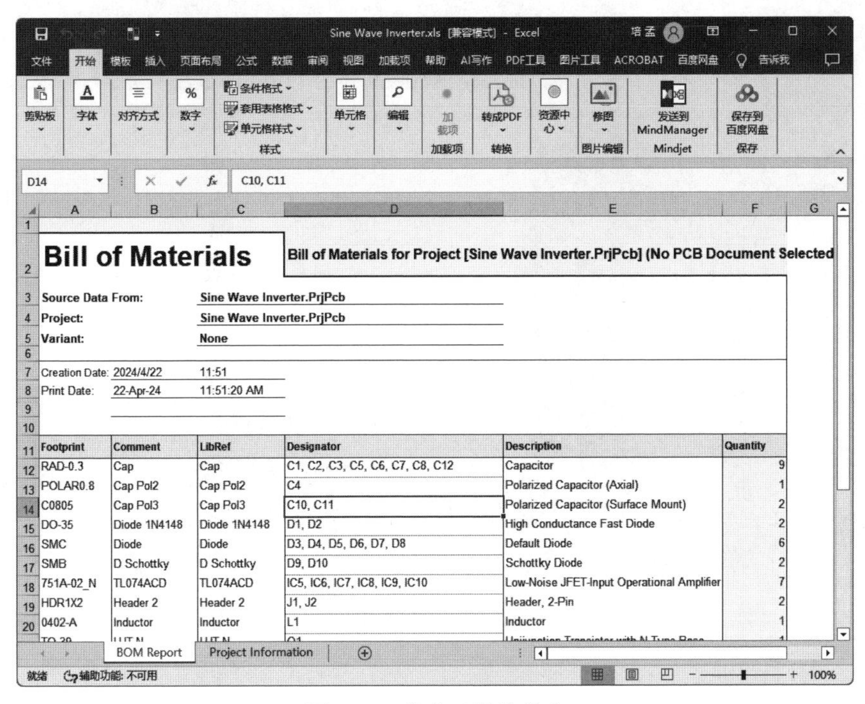

Bill of Materials

Bill of Materials for Project [Sine Wave Inverter.PrjPcb] (No PCB Document Selected

Source Data From: Sine Wave Inverter.PrjPcb

Project: Sine Wave Inverter.PrjPcb

Variant: None

Creation Date: 2024/4/22 11:51

Print Date: 22-Apr-24 11:51:20 AM

Footprint	Comment	LibRef	Designator	Description	Quantity
RAD-0.3	Cap	Cap	C1, C2, C3, C5, C6, C7, C8, C12	Capacitor	9
POLAR0.8	Cap Pol2	Cap Pol2	C4	Polarized Capacitor (Axial)	1
C0805	Cap Pol3	Cap Pol3	C10, C11	Polarized Capacitor (Surface Mount)	2
DO-35	Diode 1N4148	Diode 1N4148	D1, D2	High Conductance Fast Diode	2
SMC	Diode	Diode	D3, D4, D5, D6, D7, D8	Default Diode	6
SMB	D Schottky	D Schottky	D9, D10	Schottky Diode	2
751A-02_N	TL074ACD	TL074ACD	IC5, IC6, IC7, IC8, IC9, IC10	Low-Noise JFET-Input Operational Amplifier	7
HDR1X2	Header 2	Header 2	J1, J2	Header, 2-Pin	2
0402-A	Inductor	Inductor	L1	Inductor	1

图 5-39　输出元器件报表

04 关闭表格文件，返回元器件报表对话框，单击“OK”按钮，完成设置并退出对话框。

由于显示的是整个工程文件的元器件报表，因此在任意原理图文件编辑环境下执行菜单命令，结果都是相同的。

用户还可以根据自己的需要生成其他格式的元器件报表，只需在元器件报表对话框中选择输出格式即可，此处不再讲述。

3. 元器件交叉引用报表

01 打开项目文件 Sine Wave Inverter.PrjPcb 中的电路原理图文件 Compare.SchDoc。

02 执行菜单命令“报告”→“Component Cross Reference（元器件交叉引用报表）”，系统将弹出元器件交叉引用报表对话框。它把整个项目中的元器件按照所属的不同电路原理图分组显示出来。

其实元器件交叉用报表就是一张元器件清单报表，该对话框与元器件报表对话框基本相同，因此参数设置同上。

03 单击“Export（输出）”按钮，保存该报表。

4. 打印输出文件

01 打开项目文件 Sine Wave Inverter.PrjPcb 中的电路原理图文件 Compare.SchDoc。

02 执行菜单命令“文件”→“打印”，弹出如图 5-40 所示的对话框。在该对话框中设置“Page Size（页面大小）”为 A4，“Orientation（方向）”为 Landscape（横向）。设置完成后，单击“Print（打印）”按钮，打印原理图。

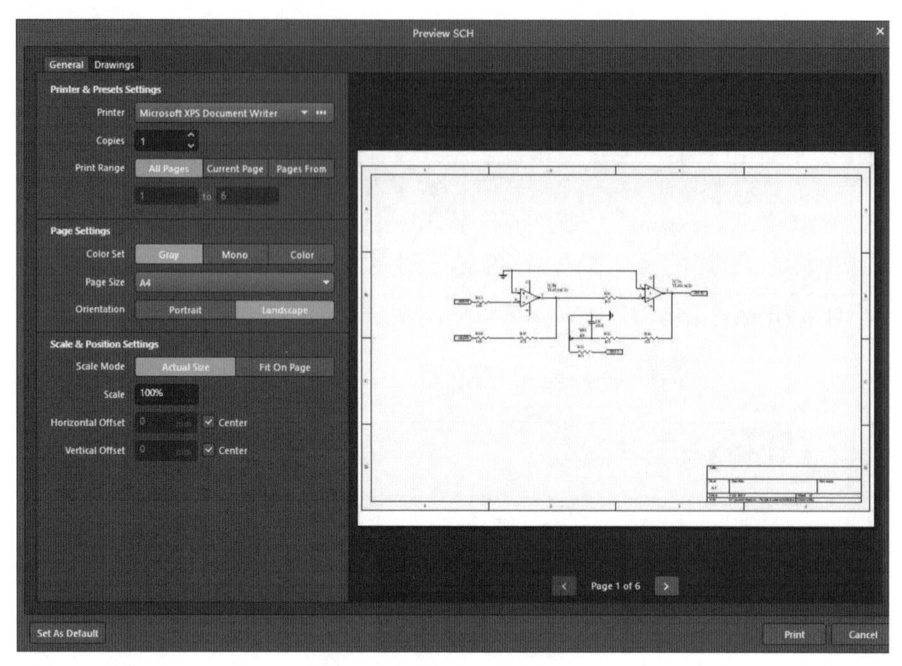

图 5-40　打印原理图

5.6　本章小结

本章主要讲述了使用项目编译对绘制的电路图进行 ERC 检查，以及输出各种原理图报表的方法和步骤，包括网络报表、元器件报表、元器件交叉引用报表等，并通过实例加以演习。

通过对本章的学习，读者应能够对电路图进行 ERC 检查，并能输出各种报表。

5.7　课后思考与练习

（1）简述项目编译之前如何进行参数设置。

（2）简述原理图报表的输出方法与步骤。

（3）项目编译第 2 章课后思考与练习中图 2-182 和图 2-183 所示的两个电路原理图。

（4）输出上述两个电路图（图 2-182 和图 2-183）的原理图报表。

（5）使用输出任务配置功能批量输出上述两个电路图（图 2-182 和图 2-183）的原理图报表。

第 6 章

元器件的封装

内容指南

前面几章介绍了如何绘制电路原理图，以及如何对绘制完成的电路原理图进行项目编译和生成各种报表等。本章将介绍与元器件封装有关的内容。

虽然 Altium Designer 24 为用户提供了丰富的元器件封装库资源，但随着电子元器件技术的发展，Altium Designer 24 不可能提供所有的封装类型。因此，我们在了解有关元器件封装的一般知识的基础上，还要掌握如何创建自己的元器件封装库。

知识重点

- 元器件封装概述
- 常用元器件的封装
- PCB 库文件编辑器
- 元器件的封装设计
- 创建元器件集成库

6.1 元器件封装概述

电路原理图中的元器件只表示一个实际元器件的电气模型，其尺寸、形状都是无关紧要的。而元器件封装就是元器件的外形和管脚的分布图，是实际元器件的几何模型，其尺寸至关重要。元器件封装的作用就是指示出实际元器件焊接到电路板时所处的位置，并提供焊点。

元器件的封装信息主要包括两个部分：外形和焊盘。元器件的外形（包括标注信息）一般在 Top Overlay（丝印层）上绘制。而焊盘的情况就要复杂一些，若是穿孔焊盘，则涉及穿孔所经过的每一层；若是贴片元器件的焊盘，一般在 Top Overlay（丝印层）绘制。

6.2 常用元器件的封装介绍

随着电子技术的发展，电子元器件的种类越来越多，每一种元器件又分为多个品种和系列，每个系列的元器件封装都不完全相同。即使是同一个元器件，由于生产厂家的不同也可能导致封装不同。为了解决元器件封装标准化的问题，近年来，国际电工协会发布了关于元器件封装的相关标准。下面介绍常见的几种元器件的封装形式。

6.2.1 分立元器件的封装

分立元器件出现最早，种类也最多，包括电阻、电容、二极管、三极管和继电器等。这些元器件的封装，一般可以在 Miscellaneous Devices.IntLib 封装库中找到。下面将逐一介绍几种分立元器件的封装。

1）电阻的封装

电阻只有两个管脚，它的封装形式也最为简单。电阻的封装可以分为插式封装和贴片封装两类。在每一类封装中，由于承受功率的不同，电阻的体积也不相同，一般体积越大，承受的功率也越大。

电阻的插式封装如图 6-1 所示。对于插式电阻的封装，主要需要下面几个指标：焊盘中心距、电阻直径、焊盘大小以及焊盘过孔的大小等。在 Miscellaneous Devices.IntLib 封装库中可以找到这些插式电阻的封装，名字为“AXIAL×××”。例如 AXIAL-0.4，0.4 是指焊盘中心距为 0.4in，即 400mil。

电阻的贴片封装如图 6-2 所示。这些贴片电阻的封装也可以在 Miscellaneous Devices.IntLib 封装库中找到。

图 6-1　插式电阻封装

图 6-2　贴片电阻封装

2）电容的封装

电容大体上可分为两类：一类为电解电容，另一类为无极性电容。每一类电容又可以分为插式封装和贴片封装两大类。在进行 PCB 设计的时候，若是容量较大的电解电容，如几十微法（μF）以上，一般选用插式封装，如图 6-3 所示。例如，在 Miscellaneous Devices.IntLib 封装库中有名为“RB7.6-15”和“POLA0.8”的电容封装。RB7.6-15 表示焊盘间距为 7.6mm，外径为 15mm；POLA0.8 表示焊盘中心距为 800mil。

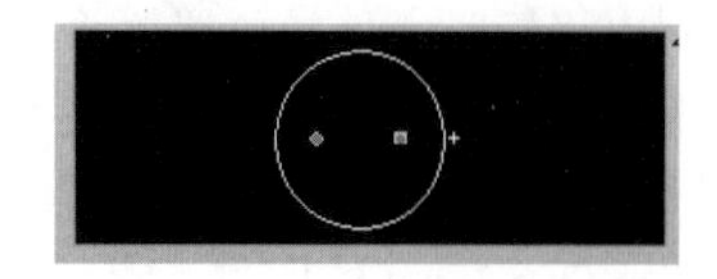

图 6-3　插式电容的封装

若是容量较小的电解电容，比如几微法到几十微法，既可以选择插式封装，也可以选择贴片封装，如图 6-4 所示为电解电容的贴片封装。

容量更小的电容一般是无极性的。现在的无极性电容已广泛采用贴片封装，如图 6-5 所示。这种封装与贴片电阻相似。

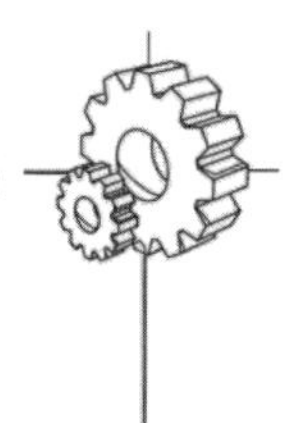

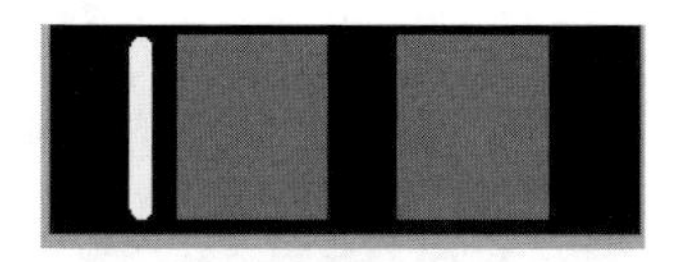

图 6-4　电解电容的贴片封装

图 6-5　无极性电容贴片封装

在确定电容使用的封装时，应该注意以下几个指标：

- 焊盘中心距：如果这个尺寸不合适，对于插式安装的电容，只有将管脚掰弯才能焊接。而对于贴片电容就要麻烦得多，可能要采用特别的措施才能焊到电路板上。
- 圆柱形电容的直径或片状电容的厚度：若这个尺寸设置过大，在电路板上，元器件会摆得很稀疏，浪费资源；若这个尺寸设置过小，将元器件安装到电路板时会有困难。
- 焊盘大小：焊盘必须比焊盘过孔大，在选择了合适的过孔大小后，可以使用系统提供的标准焊盘。
- 焊盘孔大小：选定的焊盘过孔大小应该比管脚稍微大一些。
- 电容极性：对于电解电容还应注意其极性，要在封装图上明确标出正负极。

3）二极管的封装

二极管的封装与插式电阻的封装类似，只是二极管有正负极而已。二极管的封装如图 6-6 所示。发光二极管的封装如图 6-7 所示。

4）三极管的封装

三极管分为 NPN 和 PNP 两种，它们的封装相同，如图 6-8 所示。

图 6-6　二极管的封装

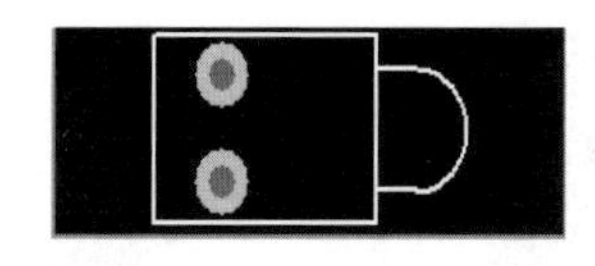

图 6-7　发光二极管的封装

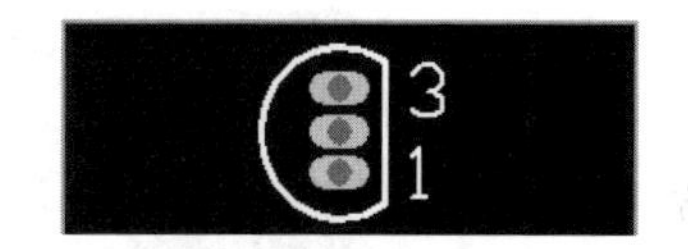

图 6-8　三极管的封装

6.2.2　集成电路的封装

所谓集成电路（Integrated Circuit），就是把一定数量的常用电子元器件，如电阻、电容、晶体管等，以及这些元器件之间的连线，通过半导体工艺集成在一起的具有特定功能的电路。集成电路的封装有以下 6 种形式。

1）DIP 封装

DIP 为双列直插元器件的封装，如图 6-9 所示。双列直插元器件的封装是目前最常见的集成电路封装。

标准双列直插元器件封装的焊盘中心距是 100mil，边缘间距为 50mil，焊盘直径为 50mil，孔直径为 32mil。封装中第一管脚的焊盘一般为正方形，其他各管脚为圆形。

2）PLCC 封装

PLCC 封装为有引线的塑料芯片载体，是表面贴装型封装之一，如图 6-10 所示。采用此封装形式的芯片，其管脚在芯片体底部向内弯曲，紧贴芯片体。

图 6-9　DIP 封装

图 6-10　PLCC 封装

3）SOP 封装

SOP 为小外形封装，如图 6-11 所示。与 DIP 封装相比，SOP 封装的芯片体积大大减小。

4）OFP 封装

OFP 为方形扁平封装，如图 6-12 所示。此封装是当前芯片使用较多的一种封装形式。

图 6-11　SOP 封装

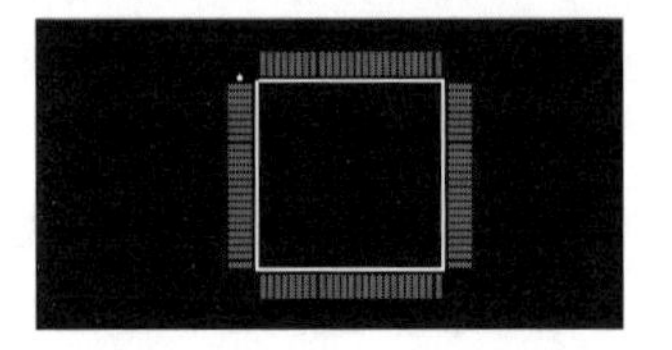

图 6-12　OFP 封装

5）BGA 封装

BGA 为球形阵列封装，如图 6-13 所示。

6）SIP 封装

SIP 为单列直插封装，如图 6-14 所示。

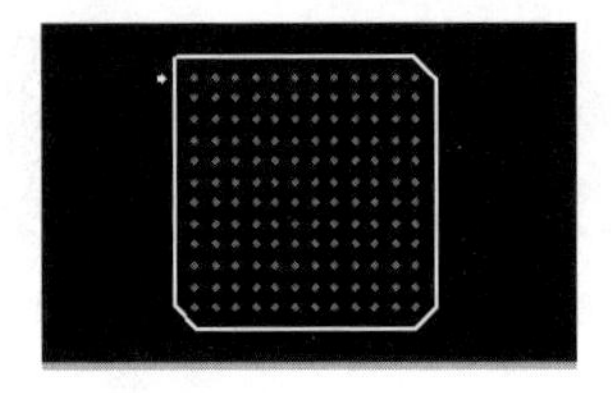

图 6-13　BGA 封装

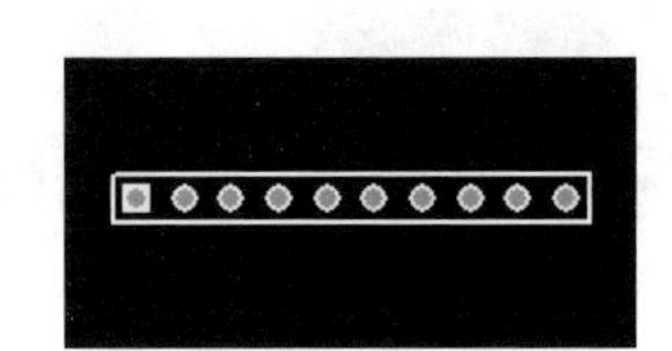

图 6-14　SIP 封装

6.3　PCB 库文件编辑器

如果要对元器件进行封装，就需要用到 PCB 库文件编辑器。本节将介绍 PCB 库文件编辑器的使用。

6.3.1　创建 PCB 库文件

创建一个 PCB 库文件的步骤如下：

01 选择菜单栏中的“文件”→“新的”→“库”命令，打开“New Library（新库）”对话框，选择“PCB Library（PCB 库）”选项，单击“Create（创建）”按钮，进入 PCB 库编辑环境，新建一个空白 PCB 库文件 PcbLib1.PcbLib，如图 6-15 所示。

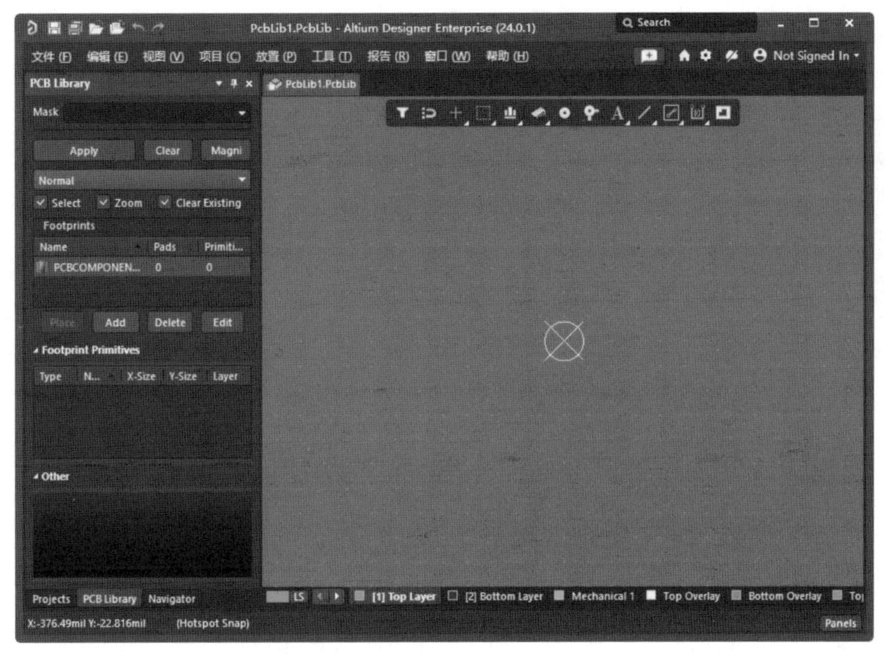

图 6-15　PCB 库文件编辑环境

02 执行“文件”→“保存”命令，更改该 PCB 库文件的名称后保存。此时，在“Projects（工程）”面板上将显示改过名称的 PCB 库文件名。

6.3.2　PCB 库文件编辑环境

PCB 库文件编辑环境大体可以分为菜单栏、元器件封装编辑区、主工具栏、“PCB 库放置”工具栏以及“PCB Library（PCB 库）”面板等。它与原理图库文件编辑环境大体相似，下面介绍不同之处。

1.“PCB 库放置”工具栏

“PCB 库放置”工具栏用于在创建元器件封装时，在图纸上绘制各种图形，如图 6-16 所示。它与元器件封装编辑环境的“放置”菜单中的命令相对应，如图 6-17 所示。

图 6-16　“PCB 库放置”工具栏

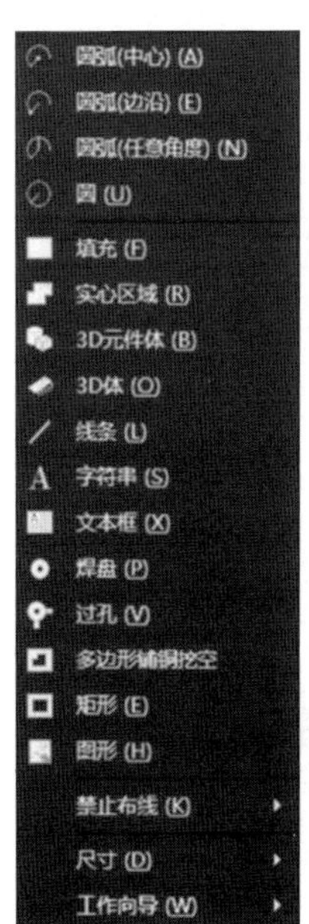

图 6-17　“放置”菜单命令

各项的意义如下：

- ：用于绘制直线。
- ：用于放置焊盘。
- ：用于放置过孔。
- ：用于放置字符串。

- ：用于放置文本框。
- ：用于中心法绘制圆弧。
- ：用于边缘法绘制圆弧。
- ：用于绘制任意圆弧。
- ：用于绘制整圆。
- ：用于绘制矩形填充。
- ：用于阵列式粘贴。

对于以上各项的操作，将在第 7 章中详细讲解。

2. “PCB Library（PCB 库）”面板

单击主界面右下角的“Panels（面板）”按钮，在弹出的菜单中选择 PCB Library 命令，如图 6-18 所示。此时，系统打开“PCB Library（PCB 库）”面板，如图 6-19 所示。

该面板有四个区域：Mask（屏蔽查询栏）、Footprints（封装列表）、Footprints Primitives（封装图元列表）和 Other（其他）。

（1）Mask（屏蔽查询栏）：用于对该库文件内的所有元器件封装进行查询，并将符合屏蔽栏中内容的元器件封装显示在元器件封装列表栏中。

（2）Footprints（封装列表）：用于显示库文件中所有符合屏蔽栏中内容的元器件封装，并注明其焊盘数、图元数等基本属性。若单击列表中的元器件封装名，封装编辑区内将显示该元器件的封装，可以对它进行编辑操作。若双击列表中的元器件封装名，封装编辑区内将显示该元器件的封装，并弹出 PCB 库封装的属性面板，如图 6-20 所示。

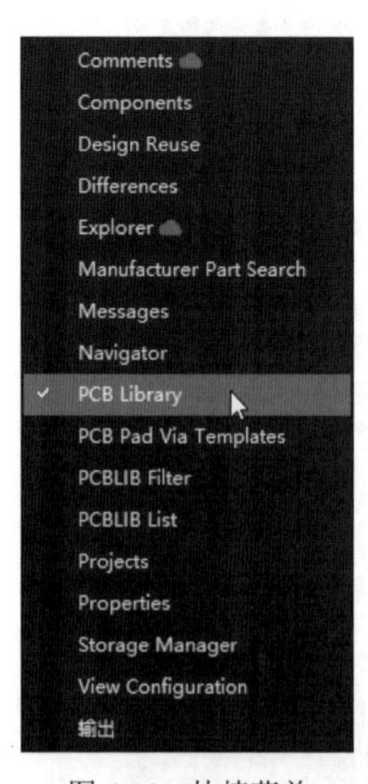

图 6-18　快捷菜单

图 6-19　“PCB Library（PCB 库）”面板

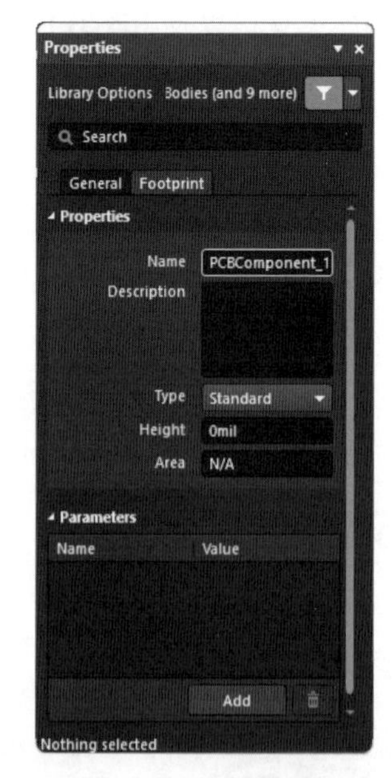

图 6-20　PCB 库封装属性面板

在该面板中可以设置元器件封装的名称、高度以及描述信息，其中高度是供 PCB 3D 仿真用的。

右击元器件封装列表栏，系统弹出的快捷菜单如图 6-21 所示。

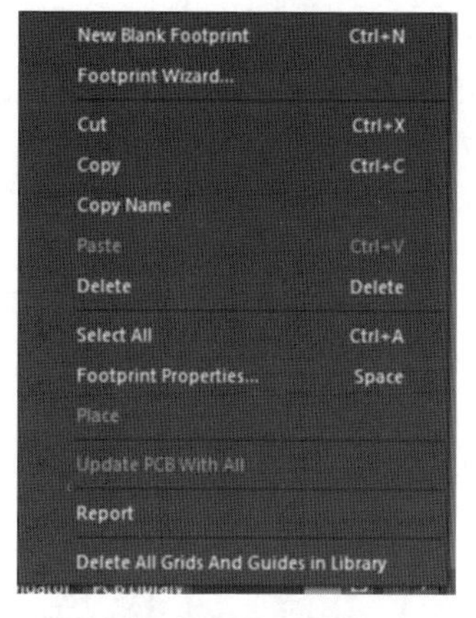

图 6-21　快捷菜单

- New Blank Footprint（新建空白封装）：用于在列表栏中创建一个默认名为“PCBComponent_1”的新的空白封装。
- Footprint Wizard（封装向导）：用于帮助用户创建一个新的元器件封装。
- Cut（剪切）：用于从当前库文件中删除已选的元器件封装，将其复制到剪贴板中。
- Copy Name（复制名称）：用于将当前选中的元器件封装名称复制到剪贴板中。
- Paste（粘贴）：用于将剪贴板中的元器件封装粘贴到当前库文件中。
- Delete（删除）：用于永久性删除当前选中的元器件封装。
- Copy（复制）：用于将当前选中的元器件封装复制到剪贴板中。
- Select All（选择所有）：用于选中元器件封装列表栏中所有的元器件封装。
- Footprint Properties（封装属性）：用于打开 PCB 库文件对话框。
- Place（放置）：用于将所选元器件封装放置到 PCB 设计文件中。
- Update PCB With All（为全部更新 PCB）：用于将当前库文件中所有做过修改的元器件封装更新到所有打开的 PCB 文件中。
- Report（报告）：用于生成当前选中的元器件封装的报告。

6.4　元器件的封装设计

将 PCB 库文件编辑环境设置完成后，就可以进行元器件的封装设计了，本节将讲述如何创建一个新的元器件封装。创建元器件封装有两种方式：一种是利用封装向导创建元器件封装，另一种是手工创建元器件封装。

在绘制元器件封装前，我们应该了解元器件的相关参数，如外形尺寸、焊盘类型、管脚排列、安装方式等。

6.4.1　利用封装向导创建元器件封装

绘制元器件封装是相当复杂的工作，Altium Designer 24 为了方便用户绘制元器件封装，提供了利用封装向导创建元器件封装的方法，但是它只能创建 12 种标准形式的封装。下面就以第 3 章中绘制的 20 管脚双列直插封装的 GMS97C2051 为例，介绍利用封装向导创建元器件封装的方法。

利用封装向导创建元器件封装的步骤如下：

01 执行菜单命令“文件”→“新的”→“库”，打开“New Library（新库）”对话框，选择“PCB Library（PCB 库）”选项，单击“Create（创建）”按钮，系统在“Projects（工程）”面板中新建一个默认名为“PcbLib1.PcbLib”的 PCB 库文件，并命名为 MyGMS97C2051.PcbLib，进入 PCB 库文件编辑环境。

02 执行菜单命令“工具”→“元器件向导”，系统弹出“Footprint Wizard（封装向导）”对话框，如图 6-22 所示。

03 单击“Next（下一步）”按钮，进入元器件封装模型选择对话框，如图 6-23 所示。在该对话框中提供了 12 种封装模式，在此选择 Dual In-line Packages（DIP）项。

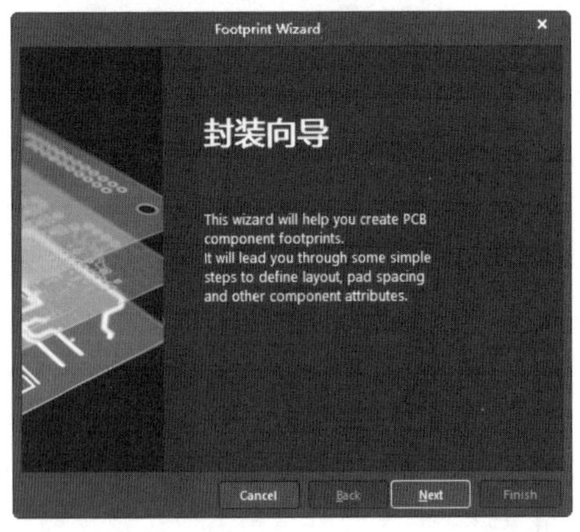

图 6-22 “Footprint Wizard”对话框

图 6-23 元器件封装模型选择对话框

04 单击“Next（下一步）”按钮，进入焊盘尺寸设置对话框，如图 6-24 所示。在此对话框中，可以设置焊盘孔的直径和整个焊盘的直径，单击要修改的数据后，即可输入自己需要的数值。

05 单击“Next（下一步）”按钮，进入焊盘间距设置对话框，如图 6-25 所示。系统默认两列管脚间距为 600mil，每一列中两管脚间距为 100mil。若需要修改间距，则单击要修改的数据，即可输入自己需要的数值。

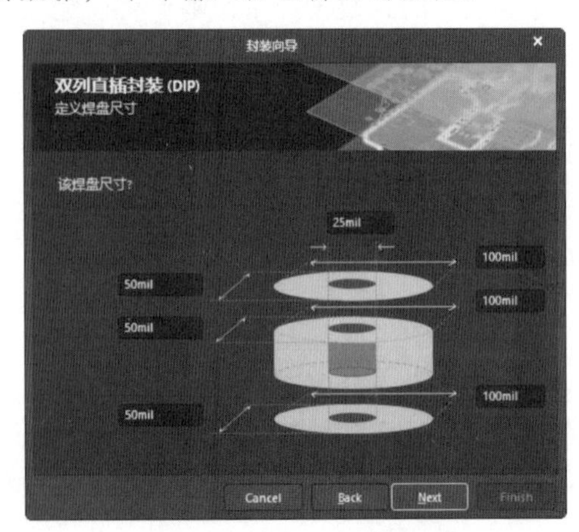

图 6-24 焊盘尺寸设置对话框

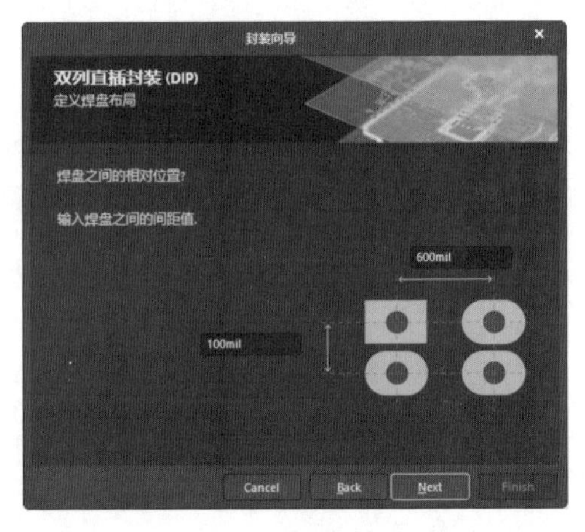

图 6-25 焊盘间距设置对话框

06 单击“Next（下一步）”按钮，进入元器件封装轮廓线宽度设置对话框，如图 6-26 所示。系统默认为 10mil，用户也可以自行修改。

07 单击“Next（下一步）”按钮，进入焊盘数量设置对话框，如图 6-27 所示。在此，我们设置为 20 个。

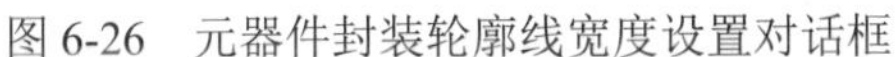
图 6-26　元器件封装轮廓线宽度设置对话框

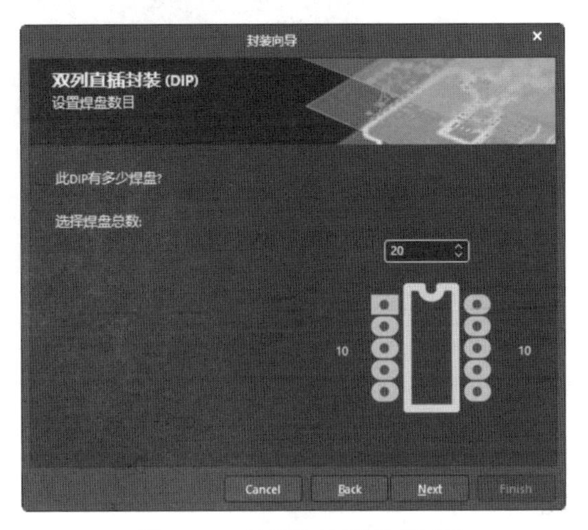

图 6-27　焊盘数量设置对话框

08 单击“Next（下一步）”按钮，进入元器件封装名称设置对话框，如图 6-28 所示。用户可以在文本框中输入元器件封装名称。

09 单击“Next（下一步）”按钮，进入元器件封装完成对话框，如图 6-29 所示。单击“Finish（完成）”按钮，完成封装设计。

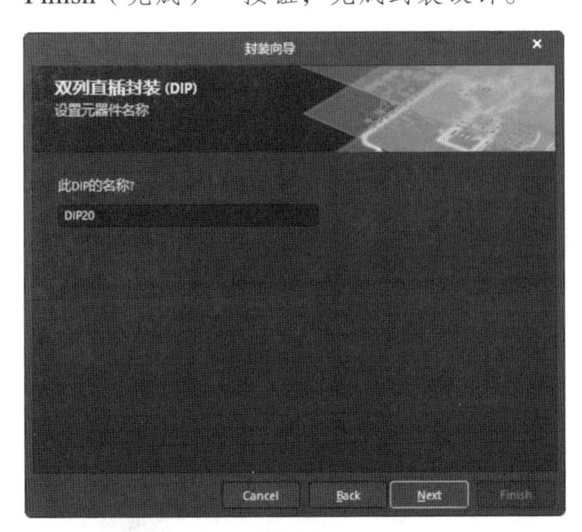

图 6-28　元器件封装名称设置对话框

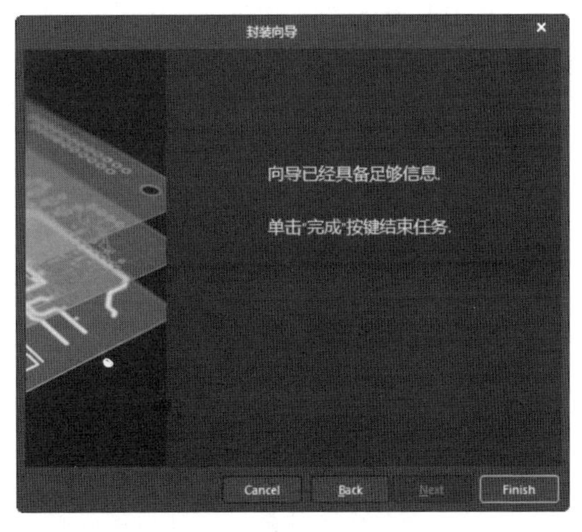

图 6-29　元器件封装完成对话框

在以上每一步中，用户都可以单击“Back（返回）”按钮返回到上一步。

封装创建完成后，该元器件的封装名将在“PCB Library（PCB 库）”面板的元器件封装列表栏中显示出来，同时在库文件编辑区也将显示新设计的元器件封装，如图 6-30 所示。

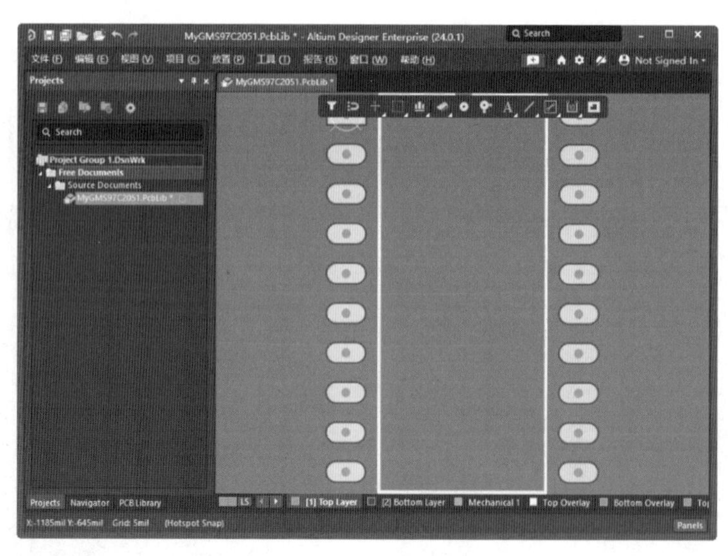

图 6-30　创建完成的元器件封装

6.4.2　手工创建元器件封装

用户也可以手工创建一个元器件封装。下面还是以 20 管脚双列直插封装的 GMS97C2051 为例，介绍手工创建元器件封装的方法。

手工创建元器件封装的具体步骤如下：

01 执行菜单命令“文件”→“新的”→“库”，打开“New Library（新库）”对话框，选择“PCB Library（PCB 库）”选项，单击“Create（创建）”按钮，创建一个 PCB 库文件，并命名为“MyGMS97C2051.PcbLib”，进入 PCB 库文件编辑环境。

02 设置 PCB 选项。执行菜单命令“工具”→“优先选项”，系统弹出“优选项”对话框。在该对话框中设置栅格大小、电气栅格等。

03 设置完成后，单击板层标签中的“Top Overlay（丝印层）”标签，将其设置为当前层。

04 单击绘图工具栏中的（放置线条）按钮，绘制元器件封装外部轮廓线，如图 6-31 所示。

05 双击绘制完成的轮廓线，打开轮廓线属性设置面板，如图 6-32 所示。在该面板中，可以设置轮廓线的起始坐标、终止坐标、线宽、所在层面等。

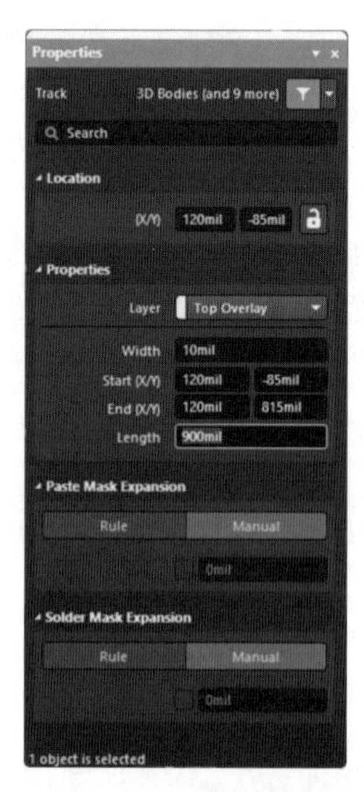

图 6-32　轮廓线属性设置面板

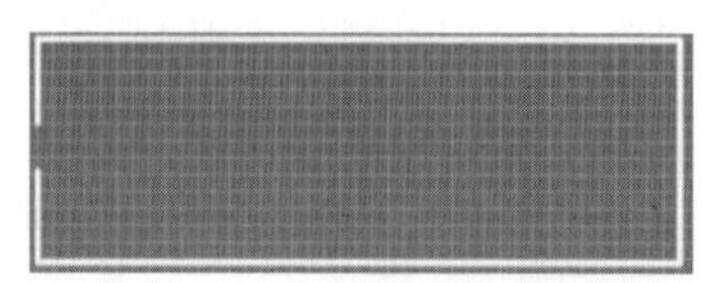

图 6-31　元器件封装外部轮廓线

06 单击绘图工具栏中的（通过边沿放置圆弧）按钮，或者执行菜单命令“放置”→“圆弧（边沿）”，绘制圆弧，如图 6-33 所示。

07 圆弧绘制完成后，双击该圆弧，打开圆弧属性设置面板，如图 6-34 所示。在此面板中可以设置圆弧起始角、终止角、线宽、圆弧所在的圆心坐标以及圆弧所在层面等。

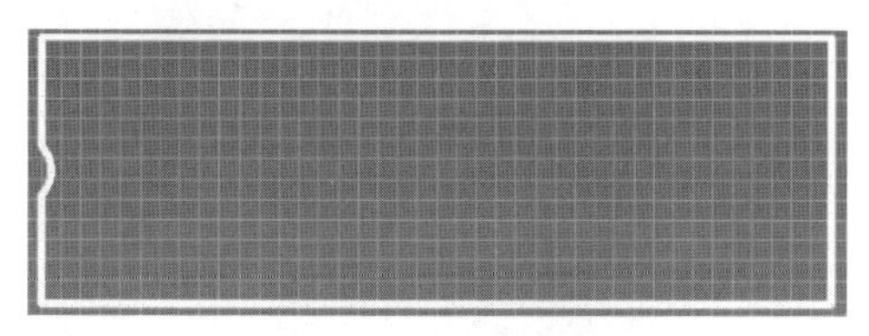

图 6-33　绘制圆弧

图 6-34　圆弧属性设置面板

08 单击绘图工具栏中的（放置焊盘）按钮，或者执行菜单命令“放置”→“焊盘”后，光标变成十字形，进入绘制焊盘状态。移动光标到合适位置，单击放置焊盘，在图纸上放置 20 个焊盘，如图 6-35 所示。

09 双击需要设置属性的焊盘，打开焊盘属性设置面板，如图 6-36 所示。在该面板中，将第 1 个焊盘设置成正方形：单击“Pad Stack”中的“Simple”选项卡，在“Shape”后的下拉菜单中选择“Rectangle（矩形）”即可，如图 6-37 所示。

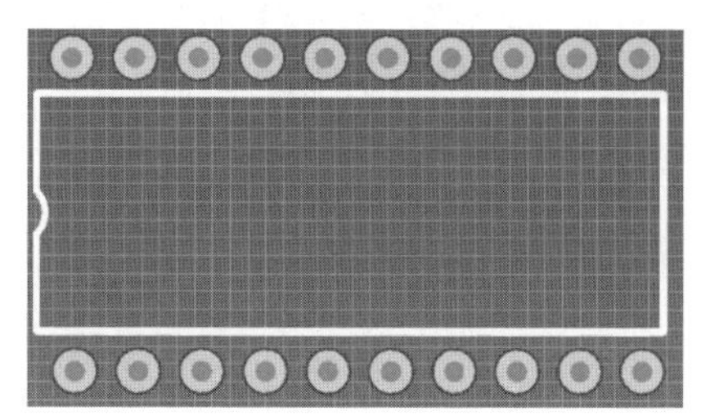

图 6-35　放置焊盘

图 6-36　焊盘属性设置面板

10 此时，手工创建元器件封装完成，该元器件封装的默认名为“PCBComponent_1”。在“PCB Library（PCB 库）”面板中双击该元器件封装名，在弹出的 PCB 库封装属性面板中输入新的元器件封装名，如图 6-38 所示。

创建完成的 GMS97C2051 封装图如图 6-39 所示。

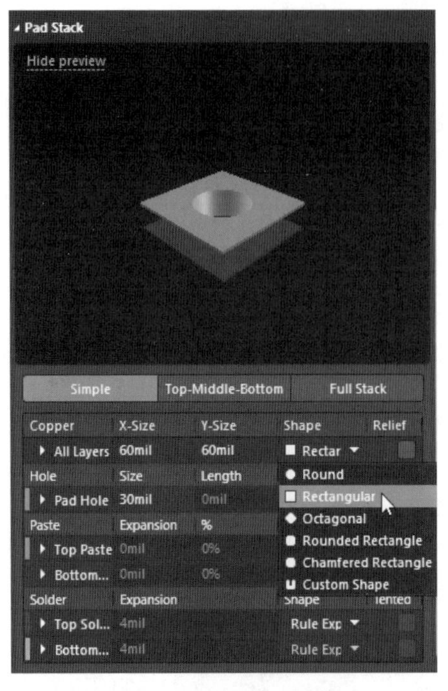

图 6-37　选择“Rectangle（矩形）”选项

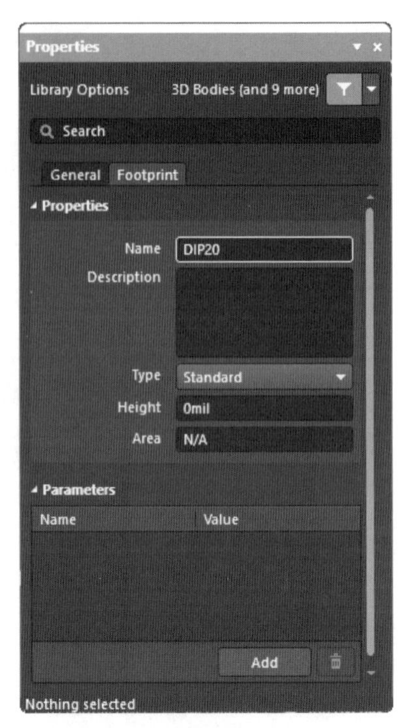

图 6-38　设置元器件封装名

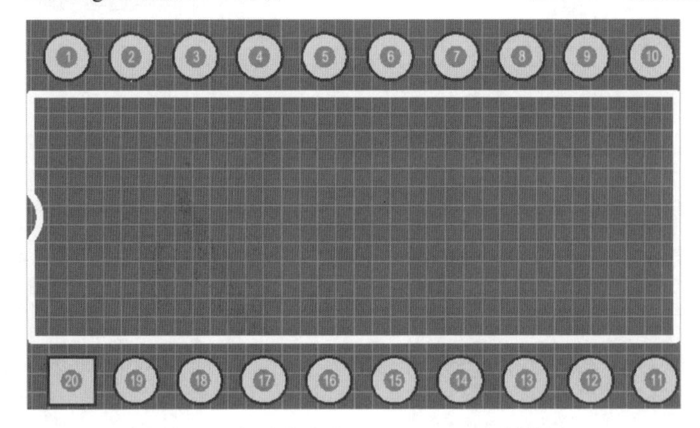

图 6-39　创建完成的 GMS97C2051 封装图

6.5　创建集成元器件库

对于用户自己创建的元器件库，要么是后缀为“.SchLib”的元器件原理图符号，要么是后缀为“.PcbLib”的封装库文件，这样使用起来极不方便。Altium Designer 24 提供了集成库形式的文件，能将原理图库和与其对应的模型库文件（如 PCB 元器件封装库模型、信号完整性分析模型等）集成在一起。

下面以为 MyGMS97C2051.SchLib 和 MyGMS97C2051.PcbLib 创建一个集成元器件库为例，讲述如何创建集成元器件库。

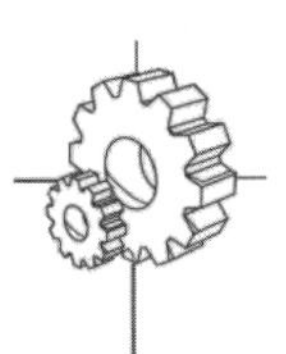

创建集成元器件库的具体步骤如下：

01 执行菜单命令“文件”→“新的”→“库”，打开“New Library（新库）”对话框，选择“Integrated Library（集成库）”选项，单击“Create（创建）”按钮，创建一个元器件集成库。新创建的集成库默认名为“Integrated_Library1.LibPkg”，如图 6-40 所示。

02 执行菜单命令“文件”→“保存项目为”，保存该文件，并将其重命名为“My GMS97C2051.LibPkg”。

03 向集成库文件中添加原理图符号。执行菜单命令“项目”→“添加已有的到项目”，或者右击 My GMS97C2051.LibPkg，在弹出的快捷菜单中选择执行“添加已有的到项目”命令，系统将弹出选择文件对话框，如图 6-41 所示。

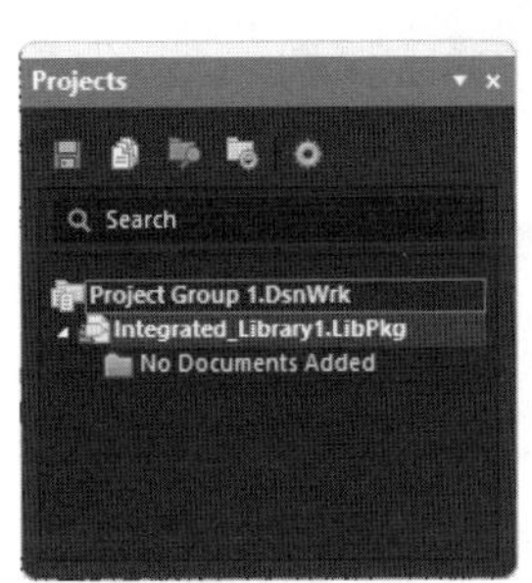

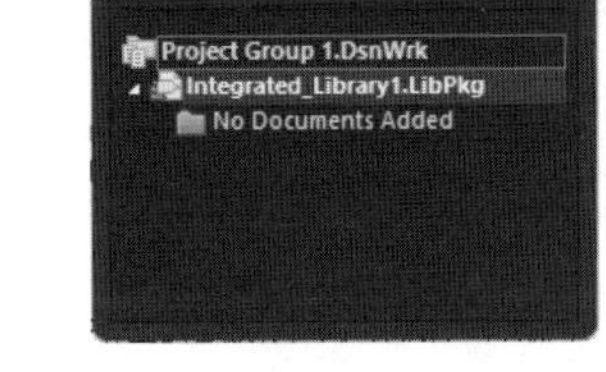

图 6-40　新创建的集成库文件

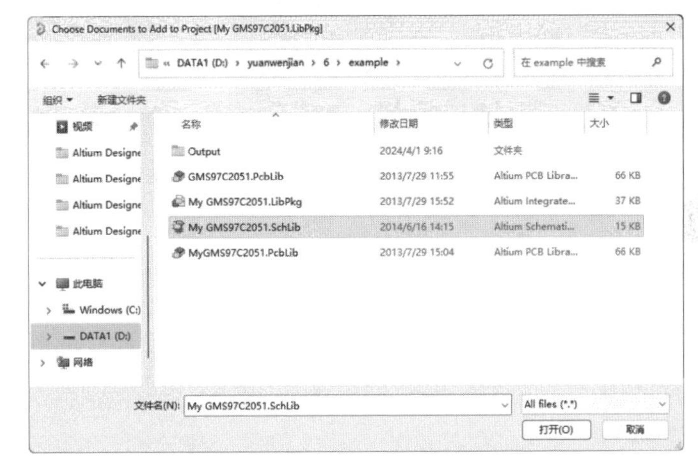

图 6-41　选择文件对话框

选择要添加的原理图符号库文件后单击“打开”按钮，即可将原理图符号库文件添加到集成库文件中，如图 6-42 所示。

04 在“Projects（工程）”面板中双击 My GMS97C2051.SchLib 文件，打开原理图符号库文件，进入原理图符号编辑环境。

05 打开“SCH Library（SCH 库）”面板选择一个原理图符号，单击下方的下三角按钮，在下拉菜单中选择 Footprint（封装）选项，如图 6-43 所示，系统弹出“PCB 模型”对话框，如图 6-44 所示。单击“名称”文本框后面的“浏览”按钮，打开“浏览库”对话框，如图 6-45 所示。

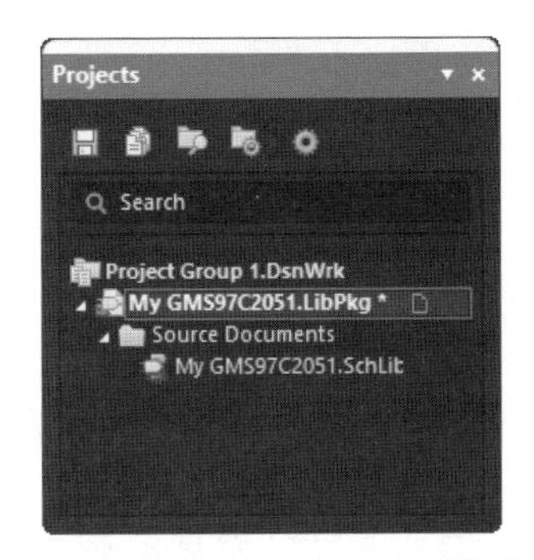

图 6-42　原理图符号库文件添加到集成库

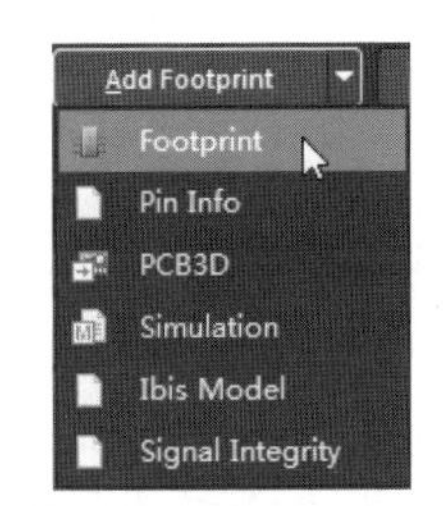

图 6-43　添加元器件封装

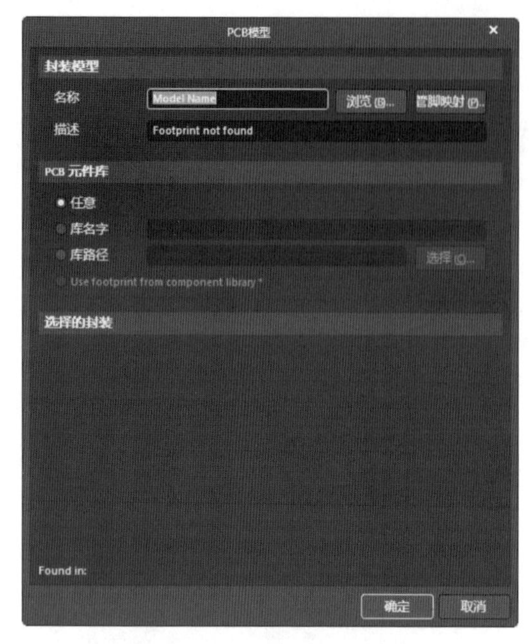

图 6-44 “PCB 模型”对话框

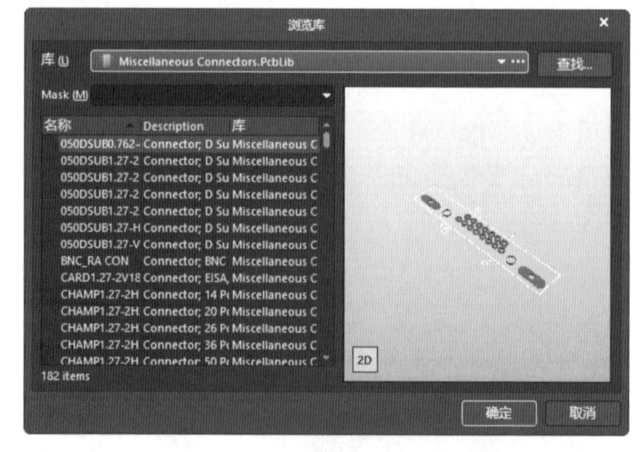

图 6-45 “浏览库”对话框

06 在“浏览库”对话框中选择与原理图符号相对元器件封装。单击“库”下拉列表右侧的 ··· 按钮，弹出“有效的基于文件的库”对话框，在该对话框中已添加 My GMS97C2051.SchLib。单击“添加库”按钮，弹出“打开”对话框，选择 MyGMS97C2051.PcbLib 文件，如图 6-46 所示。

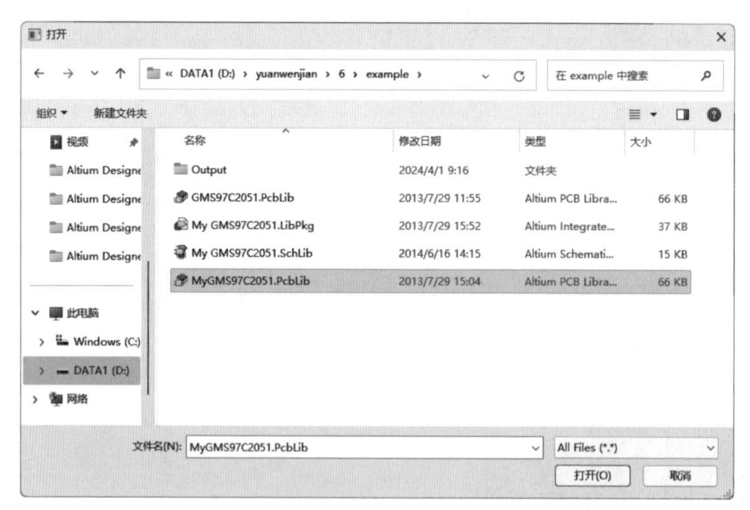

图 6-46 “打开”对话框

07 单击“打开”按钮，返回“有效的基于文件的库”对话框，如图 6-47 所示。关闭该对话框，返回“浏览库”对话框，显示原理图对应封装模型，如图 6-48 所示。选中“DIP20”，单击“确定”按钮，返回“PCB 模型”对话框，如图 6-49 所示，显示添加结果。单击“确定”按钮，完成封装模型的添加，如图 6-50 所示。采用同样的方法为原理图库文件中其他元器件原理图符号添加一个封装。在本例中，库文件中只有一个原理图符号需要添加封装。

图 6-47　“有效的基于文件的库”对话框

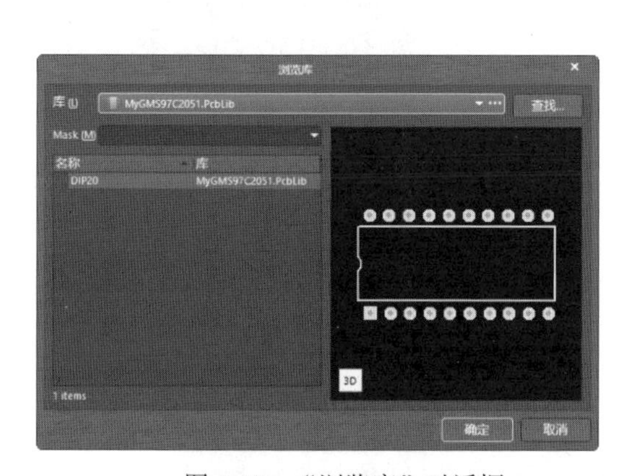

图 6-48　“浏览库”对话框

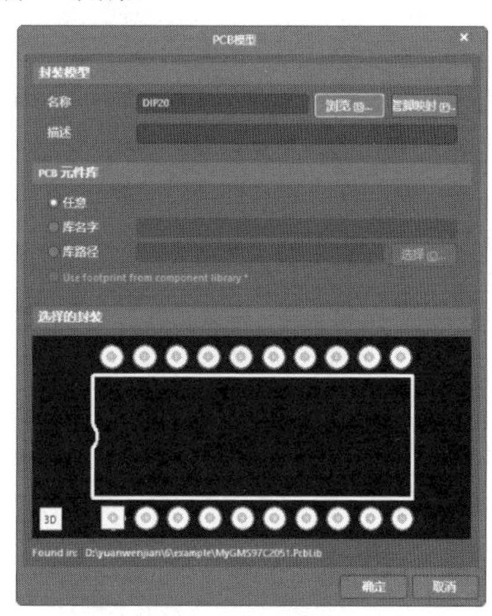

图 6-49　“PCB 模型”对话框

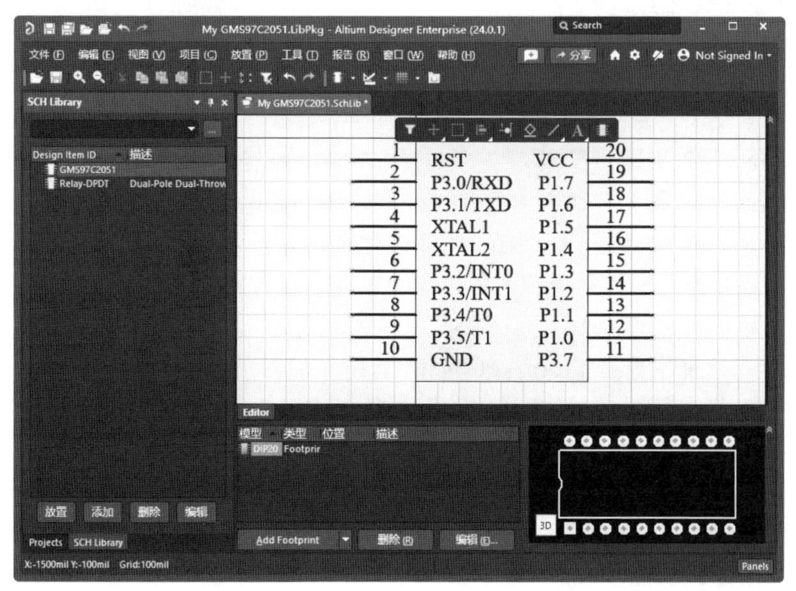

图 6-50　封装模型添加结果

08 添加完成后，执行菜单命令“项目”→“Compile Integrated Library My GMS97C2051. LibPkg（编译集成库文件）”，编译集成库文件，此时系统弹出编译确认对话框，如图 6-51 所示。

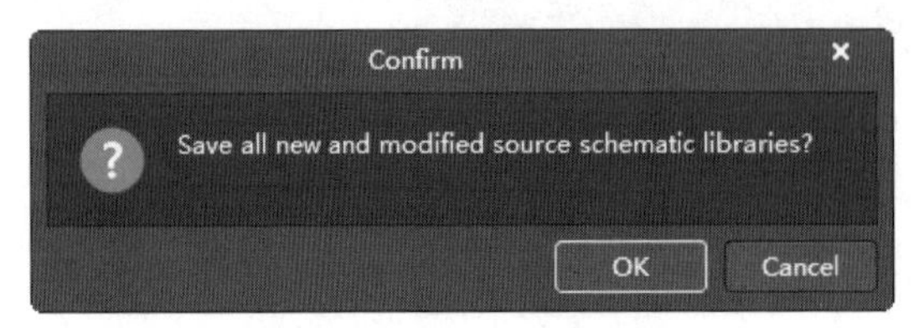

图 6-51　编译确认对话框

单击“OK”按钮，集成库创建完成，此时在“Properties（属性）”面板中将显示新创建的集成库，如图 6-52 所示。

图 6-52　新创建的集成库

6.6　上机实例

本节将实战创建元器件封装的两种方法——利用封装向导创建和手工创建。

6.6.1　向导创建 PLCC 封装

本小节将以 ATMEL 公司的 ATF750C-10JC 为例，利用封装向导创建一个封装元器件。ATF750C-10JC 为 28 管脚的 PLCC 封装。

具体步骤如下：

01 执行菜单命令“文件”→“新的”→“库”，打开“New Library（新库）”对话框，选择“PCB Library（PCB 库）”选项，单击“Create（创建）”按钮，进入 PCB 库文件编辑环境，在“Projects（工程）”面板中新建一个默认名为“PcbLib1.PcbLib”的 PCB 库文件。

02 执行菜单命令“文件”→“另存为”，将新建的库文件命名为“F750C-10JC.PcbLib”。

03 执行菜单命令“工具”→“元器件向导”，系统将弹出元器件封装向导对话框。

04 单击对话框中的“Next（下一步）”按钮，进入元器件封装模型选择对话框，如图 6-53 所示。在此对话框中选择 Leadless Chip Carriers（LCC）项。

05 单击对话框中的“Next（下一步）”按钮，进入焊盘尺寸设置对话框，如图 6-54 所示。在此对话框中可以设置焊盘的长度和宽度。

06 设置完成后，单击对话框中的“Next（下一步）”按钮，进入焊盘形状设置对话框，如图 6-55 所示。这里设置所有焊盘形状都为长方形。

07 设置完成后，单击对话框中的“Next（下一步）”按钮，进入封装轮廓线宽度设置对话框，如图 6-56 所示。这里采用系统的默认设置 10mil。

图 6-53　元器件封装模型选择对话框

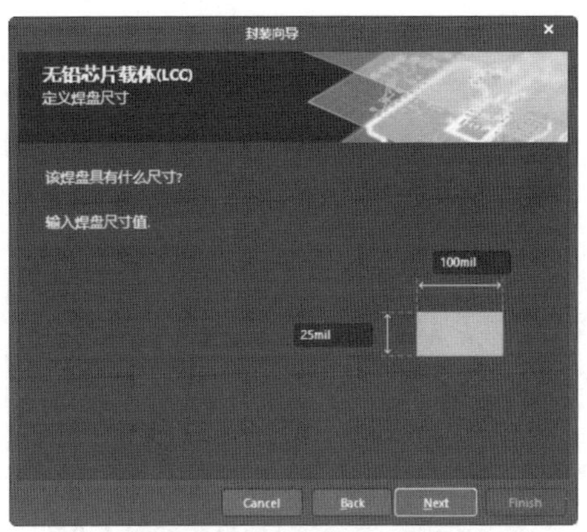

图 6-54　焊盘尺寸设置对话框

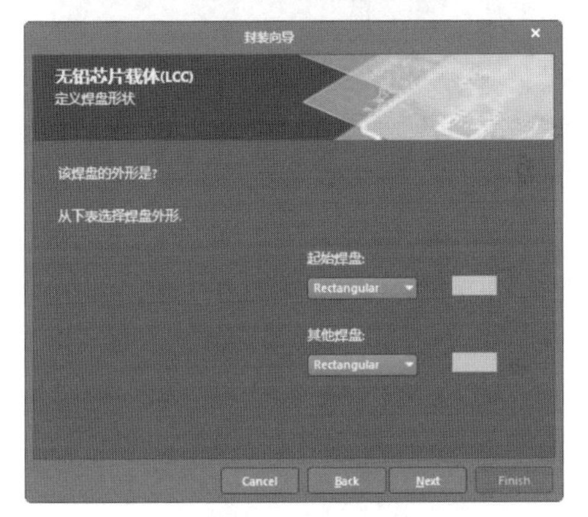

图 6-55　焊盘形状设置对话框

图 6-56　封装轮廓线宽度设置对话框

08 设置完成后，单击对话框中的“Next（下一步）”按钮，进入焊盘间距设置对话框，如图 6-57 所示。根据元器件的实际尺寸设置此对话框。

09 设置完成后，单击对话框中的“Next（下一步）”按钮，进入管脚顺序设置对话框，如图 6-58 所示。在此对话框中可以设置第一个管脚的位置以及管脚的排列顺序，这里选择最上面一行的中间管脚为第一管脚，管脚排列顺序为逆时针。

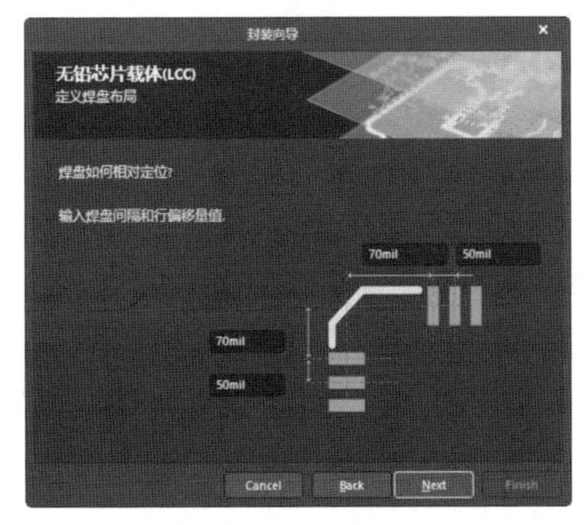

图 6-57　焊盘间距设置对话框

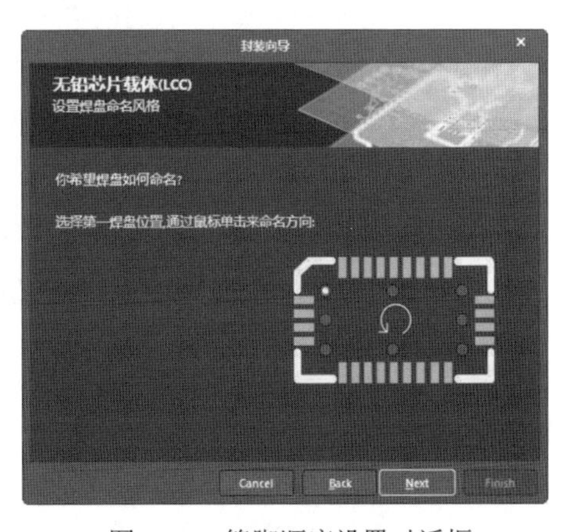

图 6-58　管脚顺序设置对话框

10 设置完成后，单击对话框中的“Next（下一步）”按钮，进入元器件管脚数设置对话框，如图 6-59 所示。这里设置 X 方向上为 7 个管脚，Y 方向上也为 7 个管脚。

11 设置完成后，单击对话框中的“Next（下一步）”按钮，进入元器件封装名设置对话框，如图 6-60 所示。在文本输入栏中输入自己创建的元器件封装名。

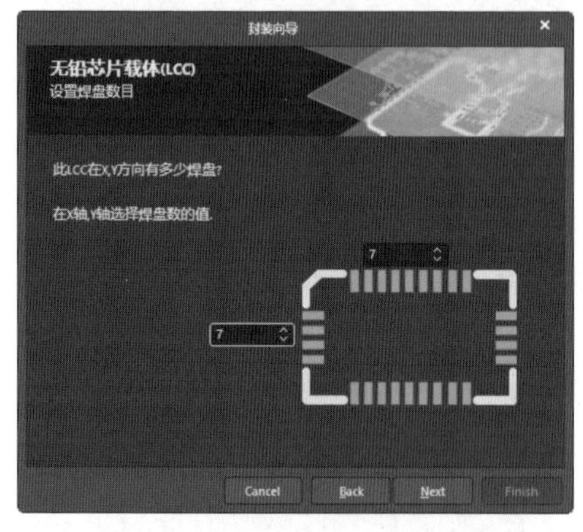

图 6-59　元器件管脚数设置对话框

图 6-60　元器件封装名设置对话框

12 设置完成后，单击对话框中的“Next（下一步）”按钮，进入封装创建完成确认对话框。单击对话框中的“Finish（完成）”按钮，完成封装的创建。

封装创建完成后，该元器件的封装名将在“PCB Library（PCB 库）”面板的元器件封装列表栏中显示出来，同时在库文件编辑区也将显示新设计的元器件封装，如图 6-61 所示。

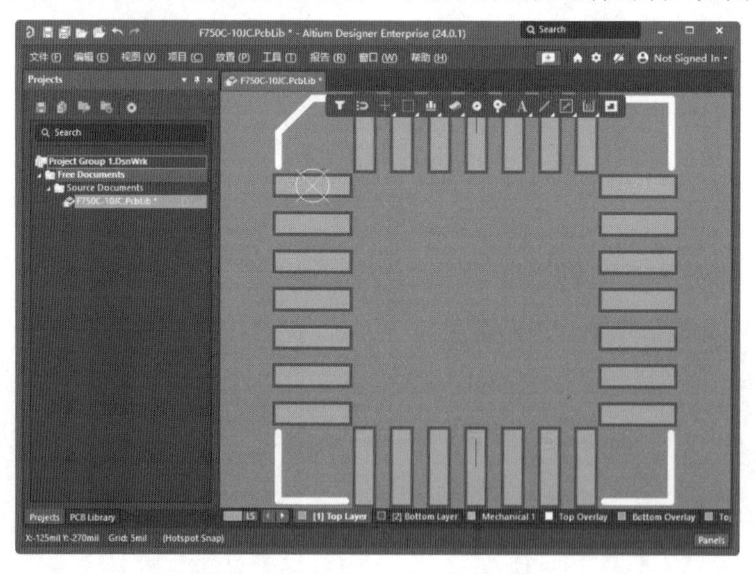

图 6-61　创建完成的元器件封装

6.6.2　手工创建元器件封装

本小节以第 3 章的变压器元器件为例，创建 4 管脚封装文件，实战手工创建元器件封装。

手工创建元器件封装的具体步骤如下：

01 执行菜单命令“文件”→“新的”→“库”，打开“New Library（新库）”对话框，选择“PCB Library（PCB库）”选项，单击“Create（创建）”按钮，创建一个PCB库文件，并命名为“My Transformer.PcbLib”，进入PCB库文件编辑环境。

02 单击板层标签中的“Top Overlay(丝印层)”标签，将其设置为当前层。

03 单击绘图工具栏中的 (放置线条)按钮，绘制两个封闭矩形，如图6-62所示。

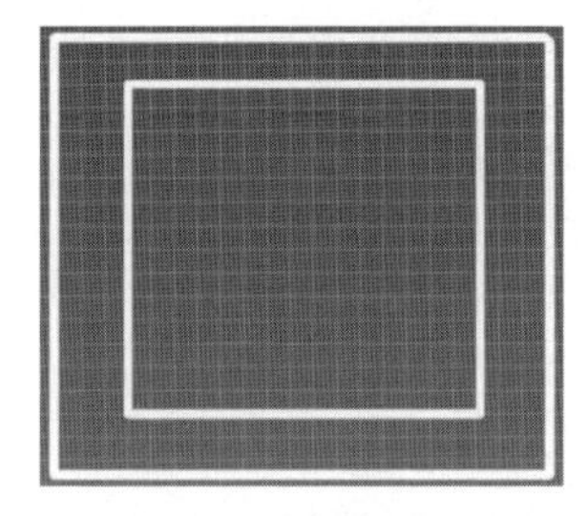

图6-62　元器件封装外部轮廓线

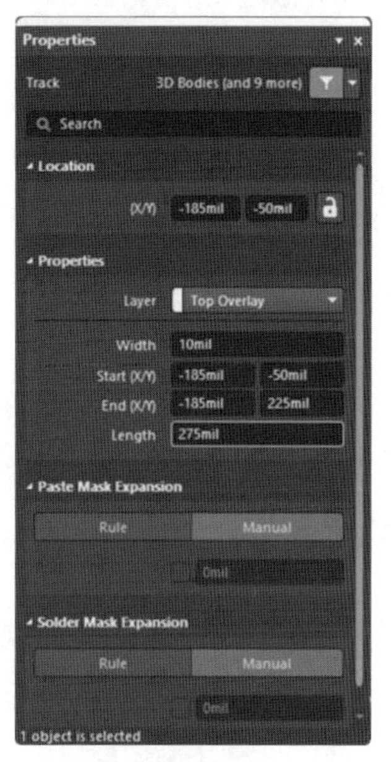

图6-63　轮廓线属性设置对话框

04 双击绘制完成的轮廓线，打开轮廓线属性设置面板，如图6-63所示。在该面板中，可以设置轮廓线的起始坐标、终止坐标、线宽、所在层面等。

05 单击绘图工具栏中的 (放置焊盘)按钮，或者执行菜单命令“放置”→“焊盘”后，光标变成十字形，进入绘制焊盘状态。移动光标到合适位置，单击放置焊盘，在图纸上放置4个焊盘，如图6-64所示。

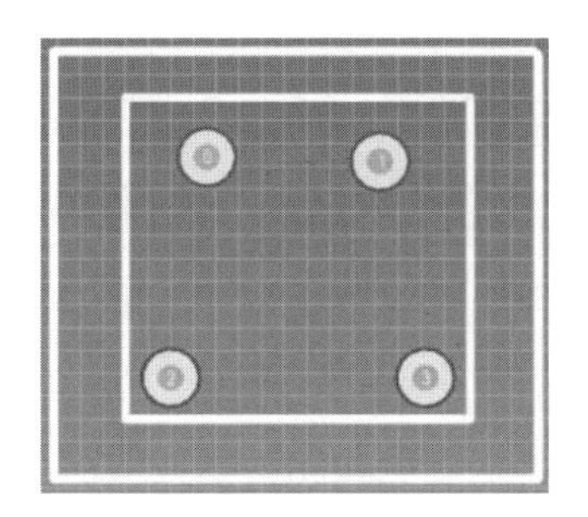

图6-64　放置焊盘

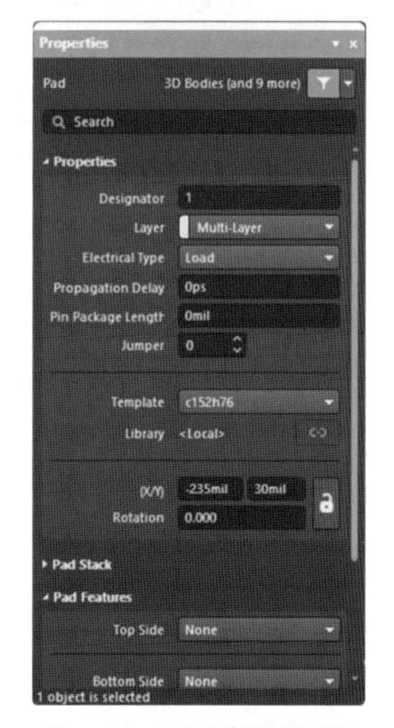

图6-65　焊盘属性设置面板

06 双击需要设置属性的焊盘，打开焊盘属性设置面板，在“Properties（属性）”选项组下“Designator（标识符）”栏输入对应标识符，如图6-65所示。分别修改4个焊盘，结果如图6-66所示。

07 此时，手工创建元器件封装完成，该元器件封装的默认名为“PCBComponent_1”。

在“PCB Library（PCB库）”面板中双击该元器件封装名，在弹出的“PCB库封装”属性面板中输入新的元器件封装名，如图6-67所示。创建完成的My Transformer.PcbLib封装图如图6-68所示。

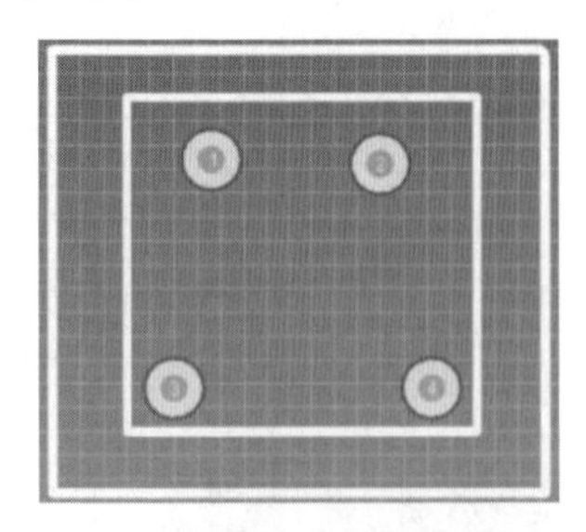

图6-66　焊盘属性设置结果

图6-67　设置元器件封装名

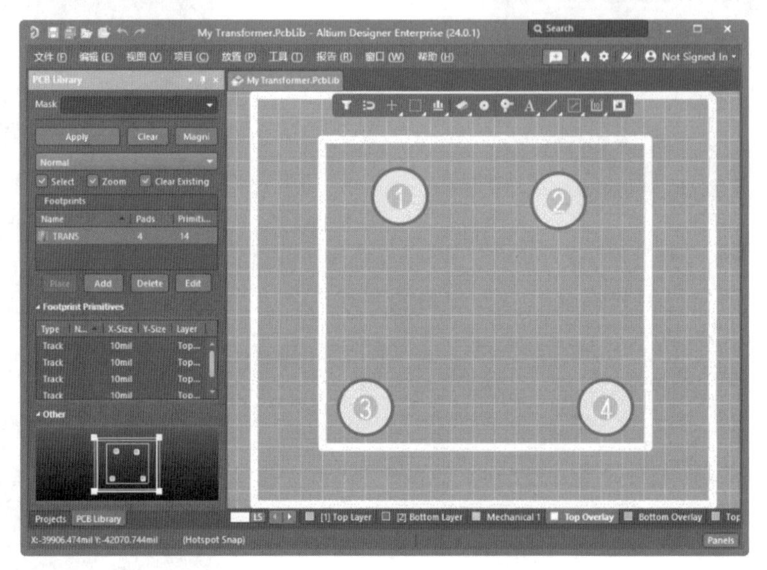

图6-68　创建完成的My Transformer.PcbLib封装图

6.6.3　创建变压器集成库

本例利用第3章的变压器原理图库文件及6.6.2节的PCB库文件，创建集成库文件，具体步骤如下：

01 执行菜单命令“文件”→“新的”→“库”，打开“New Library（新库）”对话框，选择“Integrated Library（集成库）”选项，单击“Create（创建）”按钮，创建一个元器件集成库。新创建的集成库默认名为“Integrated_Library1.LibPkg”。

02 执行菜单命令“文件”→“保存项目”，保存该文件，并将其重命名为“My Transformer.LibPkg”。

03 执行菜单命令“项目”→“添加已有的到项目”，或者右击My Transformer.LibPkg，在弹出的快捷菜单中选择执行“添加已有的到项目”命令，系统将弹出选择文件对话框，如图6-69所示。

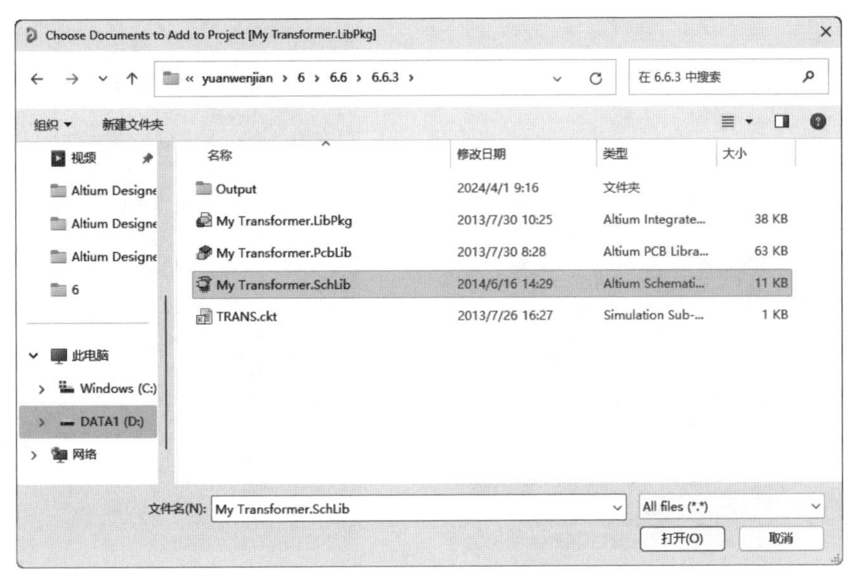

图 6-69　选择文件对话框

选择要添加的原理图符号库文件后，单击“打开”按钮，即可将原理图符号库文件添加到集成库文件中。

04 用同样的方法将 My Transformer.PcbLib、TRANS.ckt 文件添加到集成库中，如图 6-70 所示。

05 在“Projects（工程）”面板中双击“My Transformer.SchLib”文件，打开原理图符号库文件，进入原理图符号编辑环境。

06 打开“Properties（属性）”面板，在“Parameters（参数）”选项组的“Footprint（封装）”选项组中单击“Add（添加）”按钮，在弹出的下拉菜单中选择“Footprint（封装）”选项，系统弹出“PCB 模型”对话框，如图 6-71 所示。单击“名称”文本框后面的“浏览”按钮，打开“浏览库”对话框，如图 6-72 所示。

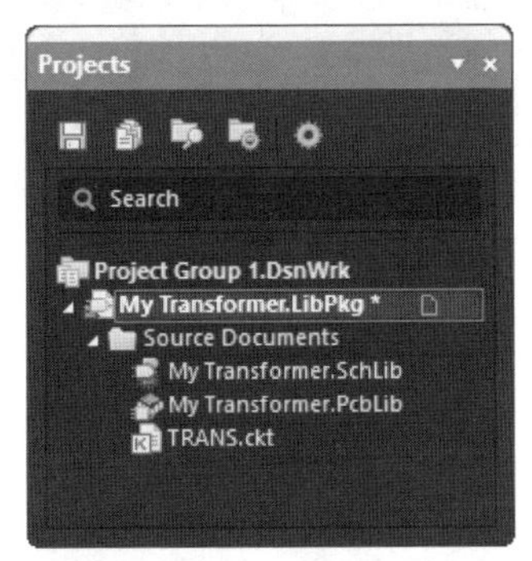

图 6-70　原理图符号库文件添加到集成库中

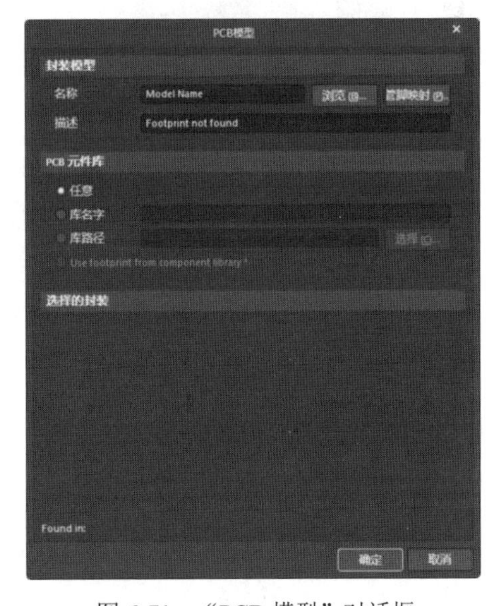

图 6-71　“PCB 模型”对话框

选中“Trans”，单击“确定”按钮，返回“PCB 模型”对话框，如图 6-73 所示。单击“确定”按钮，完成封装模型的添加，如图 6-74 所示。

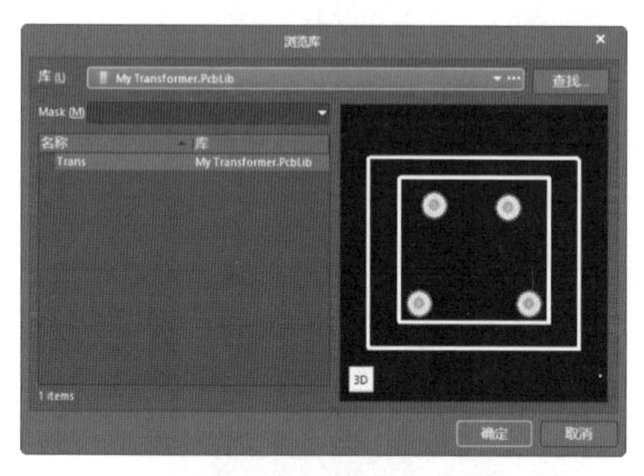

图 6-72 “浏览库”对话框

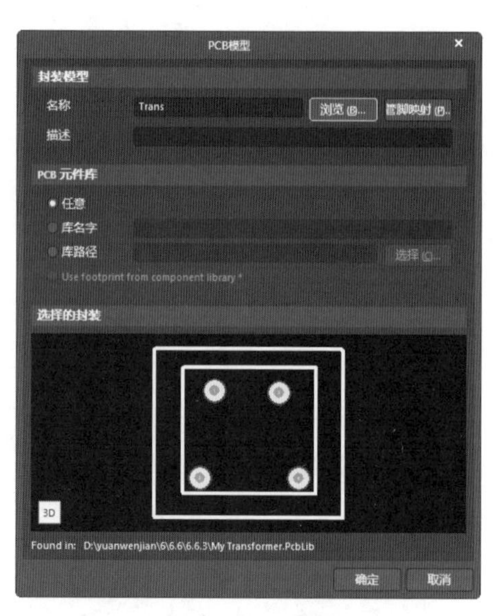

图 6-73 “PCB 模型”对话框

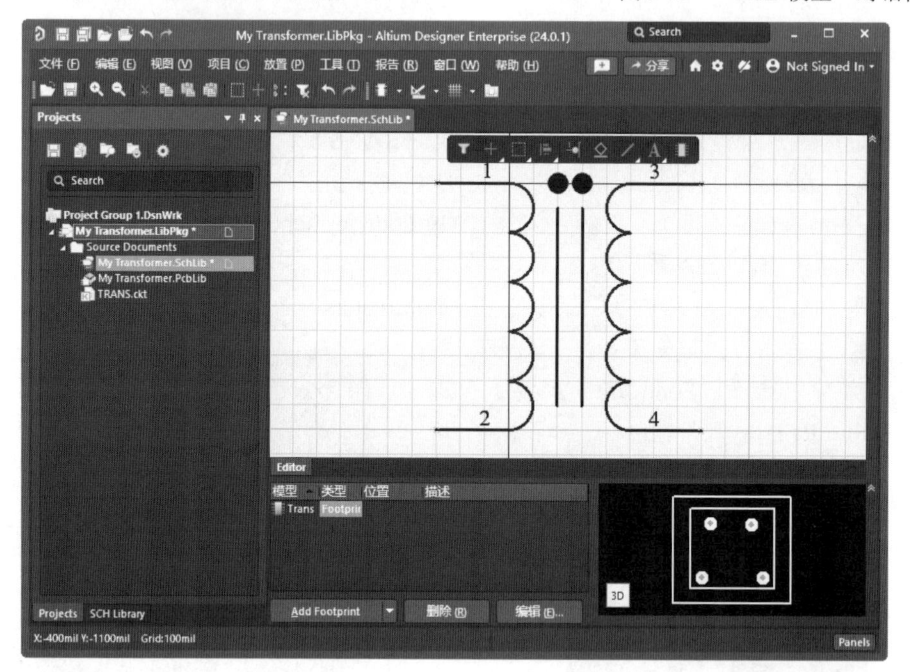

图 6-74 封装模型添加结果

07 在“SCH Library（SCH 库）”面板中单击“Add Footprint（添加封装）”下拉列表框右侧的下三角按钮，在下拉列表中选择“Simulation（仿真）”选项，如图 6-75 所示，系统将弹出仿真模型设置对话框，如图 6-76 所示。

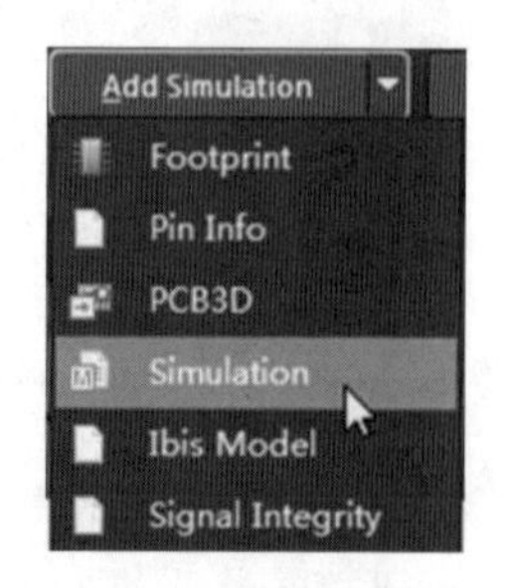

图 6-75 添加仿真封装

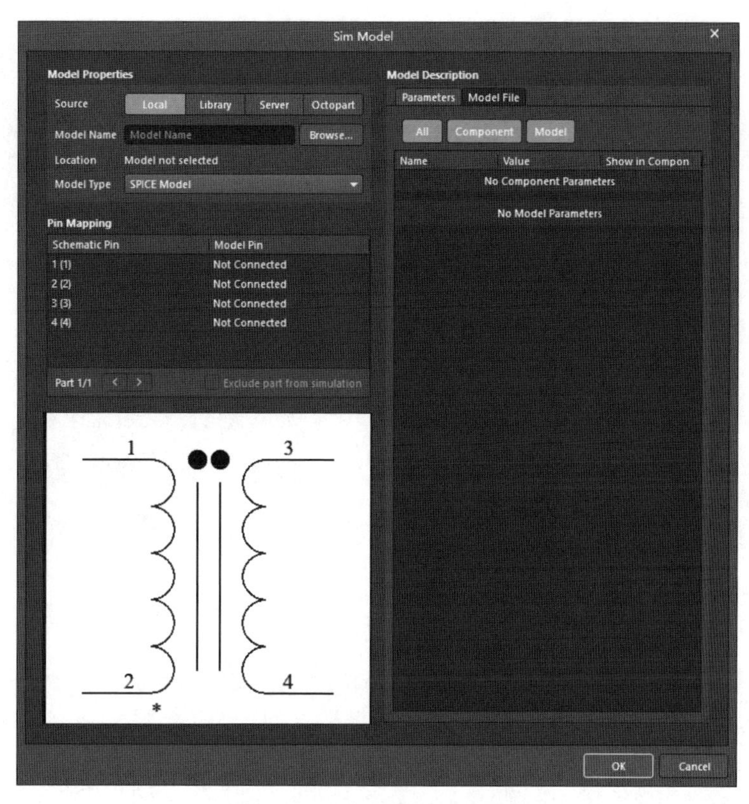

图 6-76　仿真模型设置对话框

08 单击“Model Name（模型名称）”文本框后面的“Browse（浏览）”按钮，弹出“打开”对话框，如图 6-77 所示。

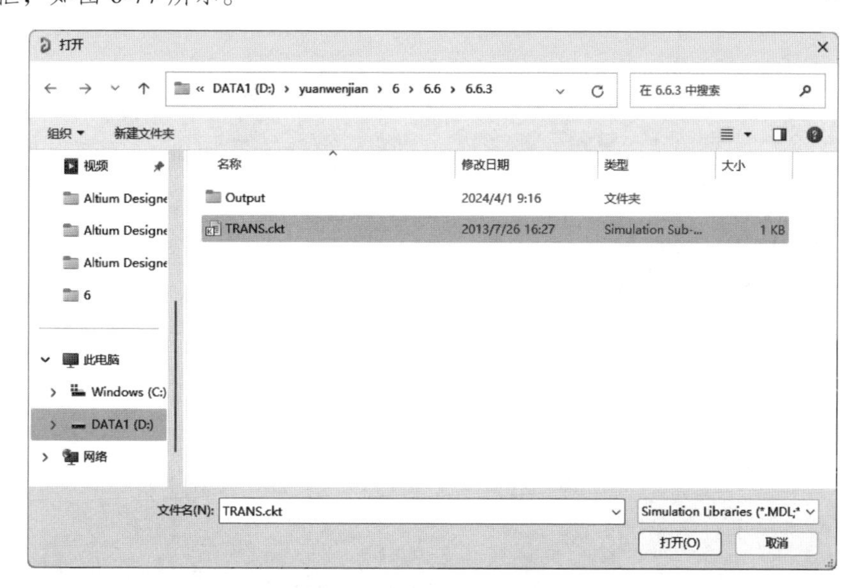

图 6-77　“打开”对话框

选中 TRANS.ckt 文件，单击“打开”按钮，返回仿真模型设置对话框，在“Parameter（参数）”选项卡中，观察参数添加结果，如图 6-78 所示。

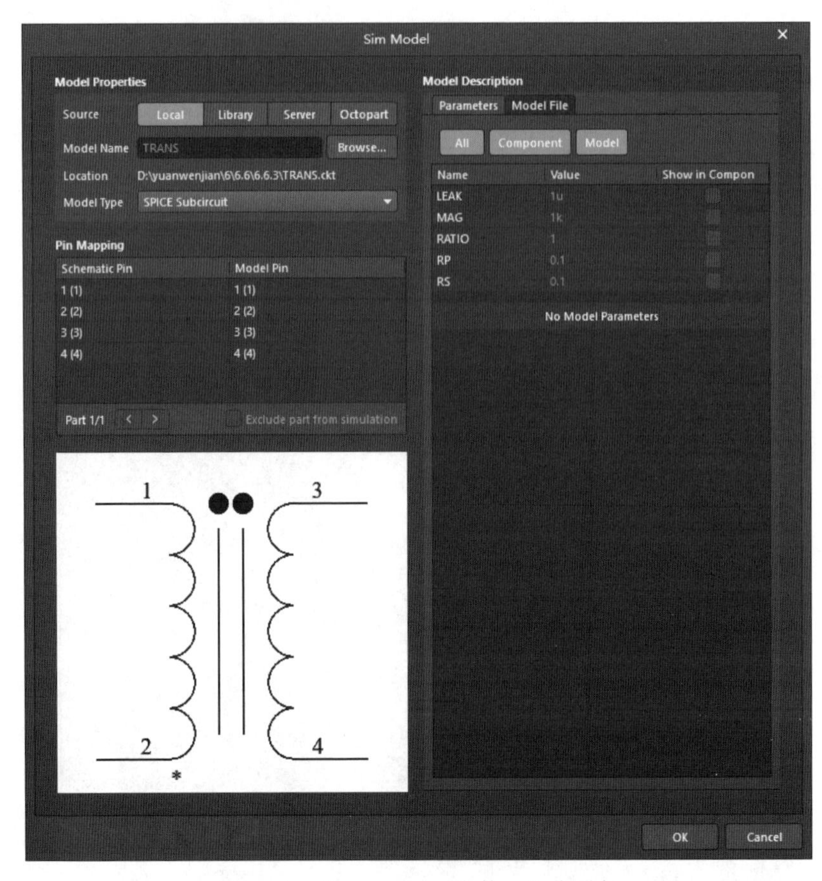

图 6-78　“Parameter（参数）”选项卡

单击“OK”按钮，退出对话框，在窗口中显示添加结果，如图 6-79 所示。

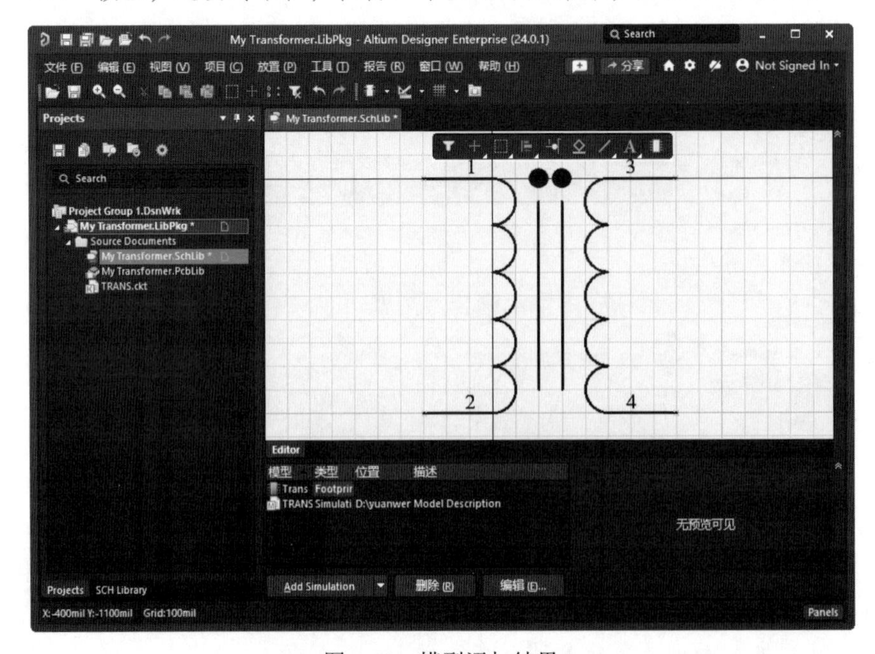

图 6-79　模型添加结果

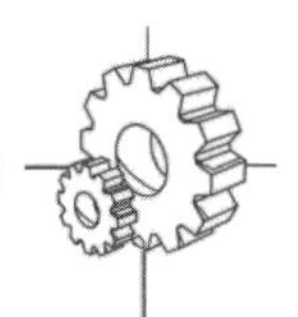

若有其他模型需要添加，可采用同样的方法，本例只添加此两种模型。

09 执行菜单命令“项目”→“Compile Integrated Library My Transformer.LibPkg（编译集成库文件）”，编译集成库文件，此时系统将弹出编译确认对话框，如图 6-80 所示。单击“OK”按钮，集成库创建完成，此时打开的“Properties（属性）”面板如图 6-81 所示。

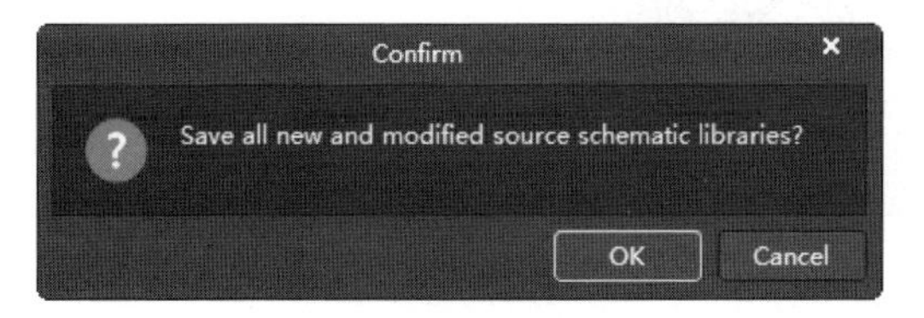

图 6-80　编译确认对话框

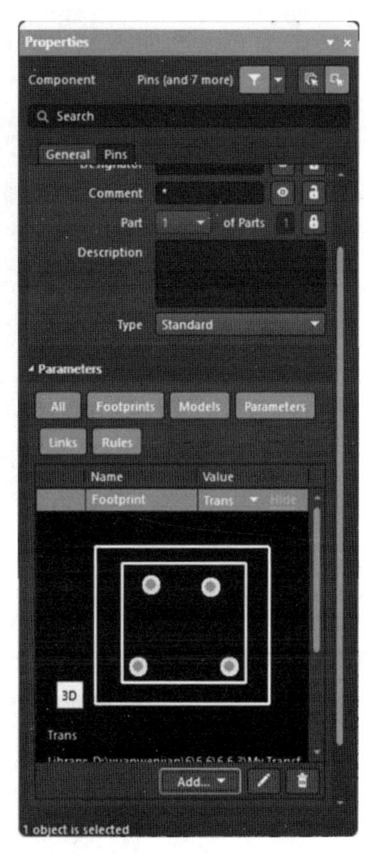

图 6-81　新创建的集成库

6.7　本章小结

本章针对元器件的封装，首先介绍了几种常见元器件的封装形式和特点，然后介绍了封装库文件的创建以及封装编辑环境，最后介绍了创建元器件封装的两种方法，并通过实例讲述了创建元器件封装的具体步骤。

通过对本章内容的学习，读者应该能够自己封装元器件。

6.8　课后思考与练习

（1）简述如何创建并保存一个元器件封装库文件。

（2）分别使用封装向导和手工创建的方式创建一个 SOP24 的元器件封装，如图 6-82 所示。

图 6-82　SOP24

提　示

使用封装向导创建封装时，元器件图案的选择如图 6-83 所示。

Footprint Wizard

器件图案

Page Instructions

从所列的器件图案中选择你想要创建的:

Dual In-line Packages (DIP)
Edge Connectors
Leadless Chip Carriers (LCC)
Pin Grid Arrays (PGA)
Quad Packs (QUAD)
Resistors
Small Outline Packages (SOP)
Staggered Ball Grid Arrays (SBGA)
Staggered Pin Grid Arrays (SPGA)

用什么单位来描述器件?

选择单位: Imperial (mil)

Cancel　Back　Next　Finish

图 6-83　封装向导对话框

（3）结合前面的内容，建立一个原理图库文件，并绘制元器件原理图符号，如图 6-84 所示。

（4）利用上面创建的两个库文件，创建一个集成库文件。

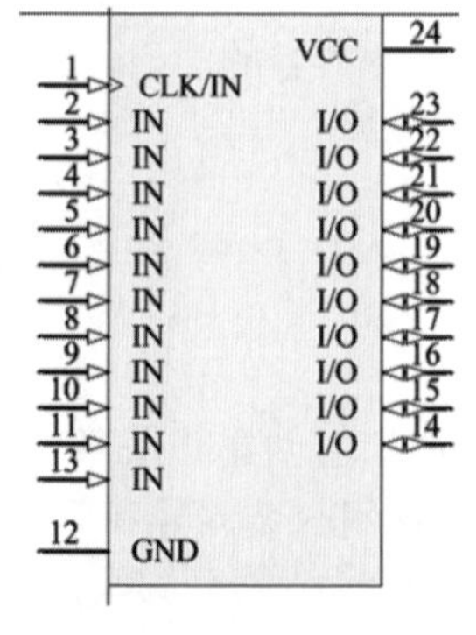

图 6-84　ATF750C-10SC 原理图符号

第 7 章

印制电路板的设计

内容指南

PCB 的设计是电路设计工作中最关键的阶段，只有真正完成 PCB 的设计，才能进行实际电路的设计。因此，PCB 的设计是每一个电路设计者必须掌握的技能。本章将主要介绍印制电路板设计的一些基本概念，以及印制电路板的设计方法和步骤等。

知识重点

- 印制电路板的设计基础
- PCB 编辑环境
- 使用菜单命令创建 PCB 文件
- PCB 的视图操作管理
- PCB 编辑器的编辑功能
- PCB 设计规则
- PCB 图的绘制
- 在 PCB 编辑器中导入网络报表
- 元器件的布局
- 3D 效果图
- PCB 的布线
- 建立覆铜和补泪滴
- PCB 的输出

7.1 印制电路板的设计基础

在设计 PCB 之前，首先介绍一些有关印制电路板的基础知识，以便读者能更好地理解和掌握 PCB 的设计过程。

7.1.1 印制电路板的概念

印制电路板是以绝缘覆铜板为材料，经过印制、腐蚀、钻孔以及后处理等工序，在覆铜板上刻蚀出 PCB 图上的导线，将电路中的各种元器件固定并实现各元器件之间的电气连接，使其具有某种功能。随着电子设备的飞速发展，PCB 越来越复杂，上面的元器件越来越多，功能也越来越强大。

印制电路板根据导电层数的不同，可以分为单面板、双面板和多层板 3 种。

- 单面板：单面板只有一面覆铜，另一面用于放置元器件，因此只能利用覆了铜的一面设计电路导线和元器件的焊接。单面板结构简单，价格便宜，适用于相对简单的电路设计。对于复杂的电路，由于只能单面走线，因此布线比较困难。
- 双面板：双面板是一种双面都覆有铜的电路板，分为顶层（Top Layer）和底层（Bottom Layer）。它双面都可以布线焊接，中间一层为绝缘层，元器件通常放置在顶层。由于双面都可以走线，因此双面板可以设计比较复杂的电路。它是目前使用最广泛的印制电路板结构。
- 多层板：如果在双面板的顶层和底层之间加上别的层，如信号层、电源层或者接地层，即构成了多层板。通常的 PCB 包括顶层、底层和中间层，层与层之间是绝缘的，用于隔离布线，两层之间的连接是通过过孔实现的。一般的电路系统设计用双面板或四层板即可满足设计需要，只是在较高级电路设计中，或者有特殊要求时，比如对抗高频干扰要求很高的情况下，需要使用六层或六层以上的多层板。多层板制作工艺复杂，层数越多，设计时间越长，成本也越高。但是随着电子技术的发展，电子产品越来越小巧精密，电路板的面积要求越来越小，因此目前多层板的应用也日益广泛。

下面介绍几个印制电路板中常用的概念。

1. 元器件封装

元器件封装是印制电路设计中非常重要的概念。元器件封装就是实际元器件焊接到印制电路板时的焊接位置与焊接形状，包括了实际元器件的外形尺寸、空间位置、各管脚之间的间距等。元器件封装是一个空间的概念，对于不同的元器件可以有相同的封装，同样一种封装可以用于不同的元器件。因此，在制作电路板时，必须知道元器件的名称，同时也要知道该元器件的封装形式。

对于元器件封装，在第 6 章中已经有过详细讲述，在此不再赘述。

2. 过孔

过孔是用来连接不同板层之间的导线的孔。过孔内侧一般由焊锡连通，用于元器件管脚的插入。过孔可分为 3 种类型：通孔（Through）、盲孔（Blind）和隐孔（Buried）。从顶层直接通到底层，贯穿整个 PCB 板子的过孔称为通孔；只从顶层或底层通到某一层，并没有穿透所有层的过孔称为盲孔；只在中间层之间相互连接，没有穿透底层或顶层的过孔就称为隐孔。

3. 焊盘

焊盘主要用于将元器件管脚焊接固定在印制板上，并将管脚与 PCB 上的铜膜导线连接起来，以实现电气连接。通常焊盘有 3 种形状，圆形、矩形和正八边形，如图 7-1 所示。

图 7-1 焊盘

4. 铜膜导线和飞线

铜膜导线是印制电路板上的实际走线，用于连接各个元器件的焊盘。它不同于印制电路板布线过程中的飞线。所谓飞线，又叫预拉线，是系统在装入网络报表以后自动生成的不同元器件之间错综交叉的线。

铜膜导线与飞线的本质区别在于铜膜导线具有电气连接特性，而飞线则不具有。飞线只是一种形式上的连线，只是在形式上表示出各个焊盘之间的连接关系，没有实际电气连接意义。

7.1.2 印制电路板的设计流程

要想制作一块实际的电路板，首先要了解印制电路板的设计流程。印制电路板的设计流程如图 7-2 所示。

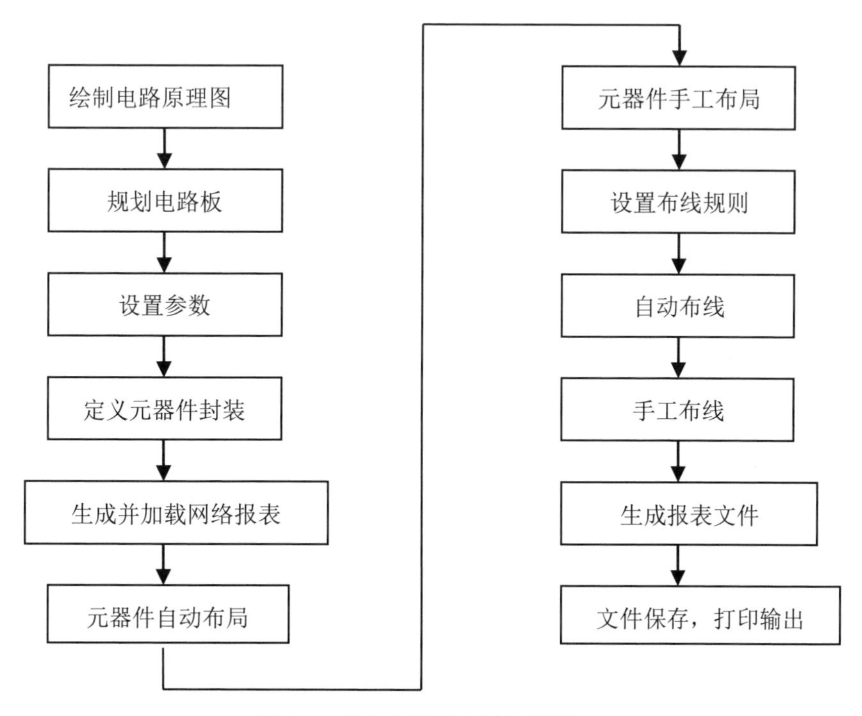

图 7-2 印制电路板的设计流程

1. 绘制电路原理图

电路原理图是设计印制电路板的基础，此工作主要在电路原理图的编辑环境中完成。如果电路图很简单，也可以不用绘制原理图，直接进入 PCB 电路设计。

2. 规划电路板

印制电路板是一个实实在在的电路板，其规划包括电路板的规格、功能、工作环境等诸多因素。因此，在绘制电路板之前，应该对电路板有一个总体的规划，具体是确定电路板的物理尺寸、元器件的封装、采用几层板以及各元器件的摆放位置等。

3. 设置参数

主要是设置电路板的结构及尺寸、板层参数、过孔的类型、栅格大小等。

4. 定义元器件封装

原理图绘制完成后，正确加入网络报表，系统会自动地为大多数元器件提供封装。但是，对于用户自己设计的元器件或者某些特殊元器件，必须由用户自己创建或修改元器件的封装。

5. 生成并加载网络报表

网络报表是连接电路原理图和印制电路板设计之间的桥梁，是电路板自动布线的灵魂。只有将网络报表装入 PCB 系统后，才能进行电路板的自动布线。在设计好的 PCB 上加载网络报表，必须保证生成的网络报表没有任何错误，所有元器件都能够加载到 PCB 中。加载网络报表后，系统将产生一个内部的网络报表，形成飞线。

6. 元器件自动布局

元器件自动布局是指电路原理图根据网络报表转换成 PCB 图。对于电路板上元器件较多且比较复杂的情况，可以采用自动布局。由于一般元器件自动布局都不会很规则，甚至有的会相互重叠，因此必须手动调整元器件的布局。

元器件布局的合理性将影响到布线的质量。对于单面板设计，如果元器件布局不合理，将无法完成布线操作；而对于双面板或多层板的设计，如果元器件布局不合理，布线时将会放置很多过孔，使电路板走线变得很复杂。

7. 元器件手工布局

对于那些自动布局不合理的元器件，可以进行手工调整。

8. 设置布线规则

飞线设置好后，在实际布线之前，要进行布线规则的设置，这是 PCB 设计必须设置的一步。在这里用户要设置布线的各种规则，比如安全距离、导线宽度等。

9. 自动布线

Altium Designer 24 提供了强大的自动布线功能，在设置好布线规则之后，可以利用系统提供的自动布线功能进行自动布线。只要设置的布线规则正确、元器件布局合理，一般都可以成功完成自动布线。

10. 手工布线

在自动布线结束后，有可能因为元器件布局不合理，导致自动布线无法完全解决问题或产生布线冲突，此时就需要通过手工布线来进行调整。如果自动布线完全成功，则不必手工布线。另外，对于一些有特殊要求的电路板，不能采用自动布线，必须由用户手工布线来完成设计。

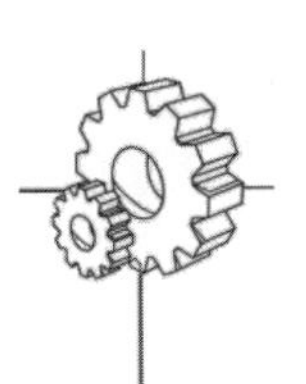

11. 生成报表文件

印制电路板布线完成之后，可以生成相应的报表文件，比如元器件报表清单、电路板信息报表等。这些报表可以帮助用户更好地了解所设计的印制板和管理所使用的元器件。

12. 文件保存，打印输出

生成了各种报表文件后，可以将其打印输出并保存。PCB 文件和其他报表文件均可打印，以便今后工作中使用。

7.1.3 印制电路板设计的基本原则

印制电路板中元器件的布局、走线的质量，对电路板的抗干扰能力和稳定性有很大的影响，所以在设计电路板时应遵循 PCB 设计的基本原则。

1. 元器件布局

元器件布局不仅影响电路板的美观，而且还影响电路的性能。在元器件布局时，应注意以下几点：

- 先按照关键元器件布局，即首先布置关键元器件，如单片机、DSP、存储器等，然后按照地址线和数据线的走向布置其他元器件。
- 高频元器件管脚引出的导线应尽量短，以减少对其他元器件以及电路的影响。
- 模拟电路模块与数字电路模块分开布置，不要混乱地放置在一起。
- 带强电的元器件与其他元器件的距离尽量远一些，并布置在调试时不易接触到的地方。
- 对于重量较大的元器件，安装到电路板上时要加一个支架固定，防止元器件脱落。
- 对于一些发热严重的元器件，可以安装散热片。
- 电位器、可变电容等元器件应放置在便于调试的地方。

2. 布线

在布线时，应遵循以下基本原则：

- 输入端与输出端的导线应尽量避免平行布线，以避免发生反馈耦合。
- 对于导线的宽度，应尽量宽些，最好取 15mil 以上，最小不能小于 10mil。
- 导线间的最小间距是由线间绝缘电阻和击穿电压决定的，在条件允许的范围内尽量大一些，一般不能小于 12mil。
- 微处理器芯片的数据线和地址线尽量平行布线。
- 布线时走线尽量少拐弯，若需要拐弯，一般取 45° 走向或圆弧形。在高频电路中，拐弯时不能取直角或锐角，以防止高频信号在导线拐弯时发生信号反射现象。
- 在条件允许范围内，尽量使电源线和接地线粗一些。

7.2 PCB 编辑环境

本节主要介绍 PCB 的编辑环境。

7.2.1 启动印制电路板编辑环境

在 Altium Designer 24 系统中，打开一个 PCB 文件后，即可进入印制电路板的编辑环境中。

01 执行菜单命令“文件”→“打开”，在弹出的对话框中选择一个 PCB 文件，如图 7-3 所示。

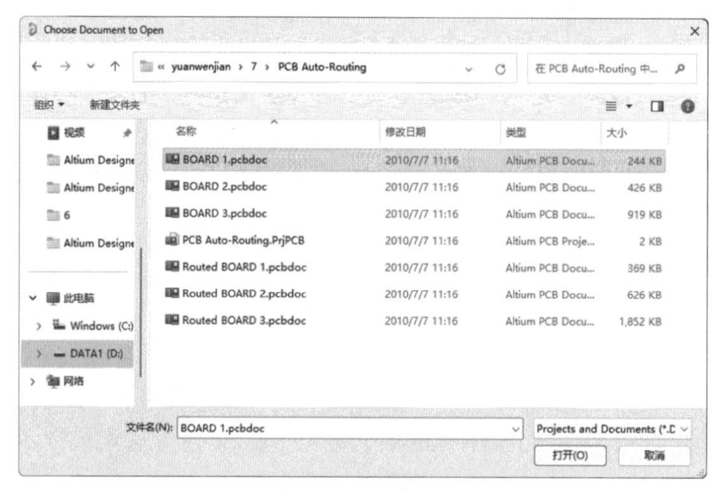

图 7-3 打开 PCB 文件对话框

02 单击“打开”按钮后，系统打开一个 PCB 文件，进入 PCB 编辑环境，如图 7-4 所示。

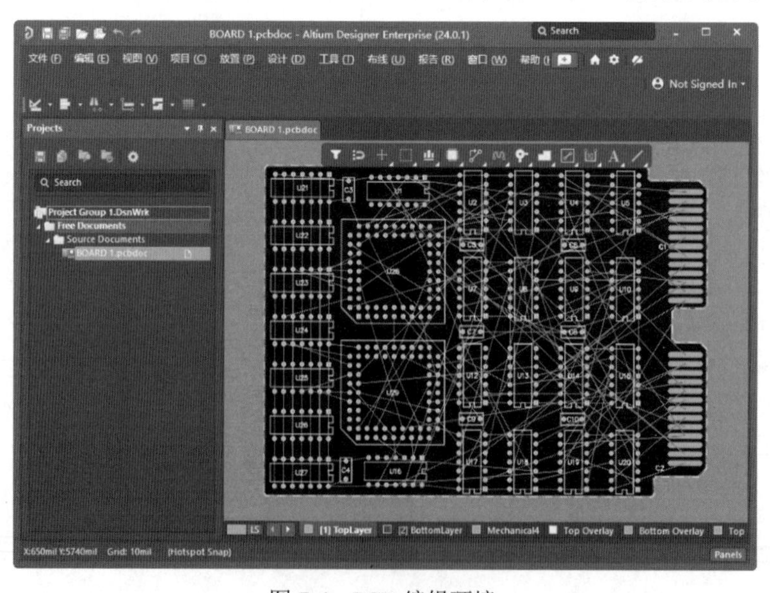

图 7-4 PCB 编辑环境

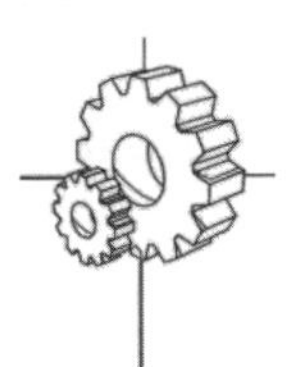

7.2.2　PCB 编辑环境界面介绍

1. 主菜单

PCB 编辑环境的主菜单与电路原理图编辑环境的主菜单风格类似，不同的是提供了许多用于 PCB 编辑操作的功能选项，如图 7-5 所示。在 PCB 设计过程中，各项操作都可以通过主菜单栏中的相应命令来完成。对于主菜单中的各项具体命令，我们将在以后用到时再详细讲解。

文件 (F)　编辑 (E)　视图 (V)　项目 (C)　放置 (P)　设计 (D)　工具 (T)　布线 (U)　报告 (R)　窗口 (W)　帮助 (H)

图 7-5　PCB 编辑环境中的主菜单

2. “PCB 标准”工具栏

PCB 编辑环境的标准工具栏如图 7-6 所示。该工具栏为用户提供了一些常用操作的快捷方式。

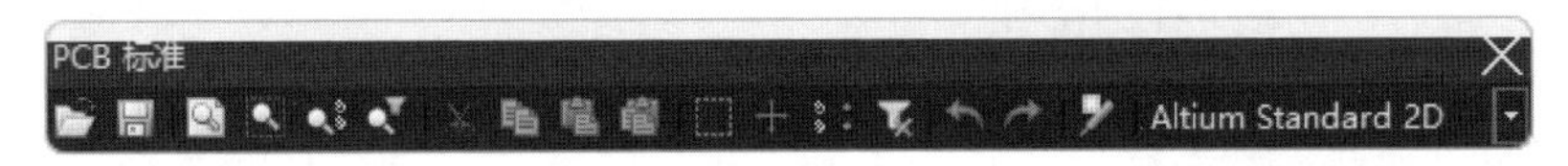

图 7-6　“PCB 标准”工具栏

执行菜单命令“视图”→“工具栏”→“PCB 标准”，可以打开或关闭该工具栏。

3. “布线”工具栏

该工具栏主要用于 PCB 布线时放置各种图元，如图 7-7 所示。

执行菜单命令“视图”→“工具栏”→“布线”，可以打开或关闭该工具栏。

4. “应用工具”工具栏

该工具栏中包括 6 个按钮，每一个按钮都有一个下拉菜单，如图 7-8 所示。

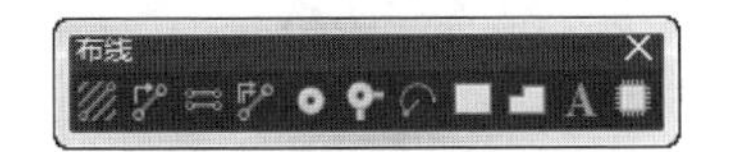

图 7-7　布线工具栏

图 7-8　“应用工具”工具栏

执行菜单命令“视图”→“工具栏”→“应用工具”，可以打开或关闭该工具栏。

5. “过滤器”工具栏

该工具栏可以根据网络、元器件号或者元器件属性等过滤参数，使符合条件的图元在编辑区内高亮显示，不符合条件的则变暗，如图 7-9 所示。

执行菜单命令“视图”→“工具栏”→“过滤器”，可以打开或关闭该工具栏。

6. “导航”工具栏

该工具栏主要用于实现不同界面之间的快速切换，如图 7-10 所示。

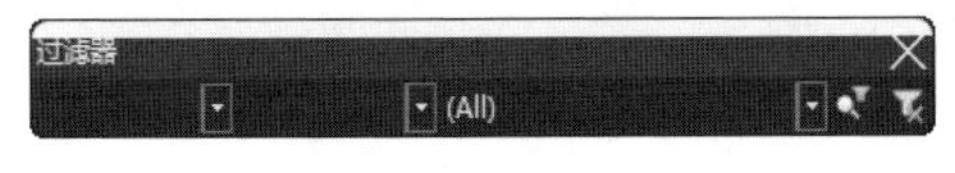

图 7-9　过滤器工具栏

图 7-10　导航工具栏

执行菜单命令“视图”→“工具栏”→“导航”，可以打开或关闭该工具栏。

7. 层次标签

单击层次标签页，可以显示不同的层次图纸，如图 7-11 所示。每层的元器件和走线都用不同颜色加以区分，以便于对多层次电路板进行设计。

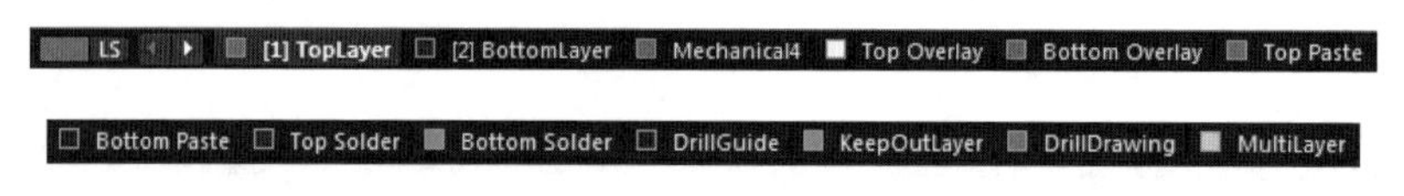

图 7-11　层次标签

7.2.3　PCB 面板

单击编辑区右下角的“Panels（面板）”按钮，在弹出的菜单中选择 PCB 命令项，系统将弹出“PCB”面板，如图 7-12 所示。

单击 Nets 中的下三角按钮，可以为面板模式选择参数，如图 7-13 所示。

若选择前 3 种，则进入浏览模式；若选择第 4~6 种，则进入相应的编辑器中。

对于下面的“Net Classes”“Nets”“Primitives”栏，显示的是符合它们的前面几栏的内容。

最后一栏为取景框栏，取景框栏中的取景框可以任意移动，也可以放大缩小。它显示了当前编辑区内的图形在 PCB 上所处的位置。

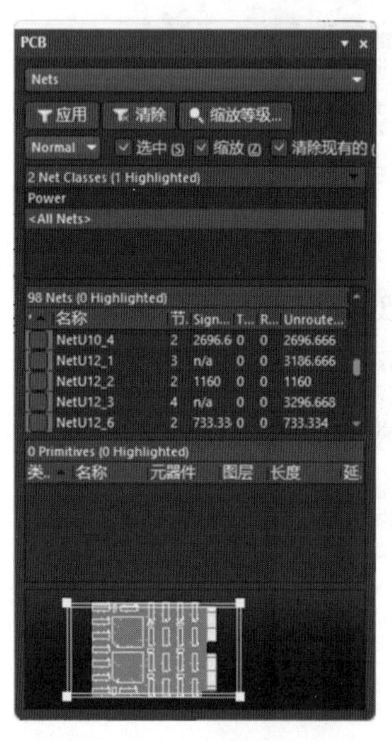

图 7-12　PCB 面板

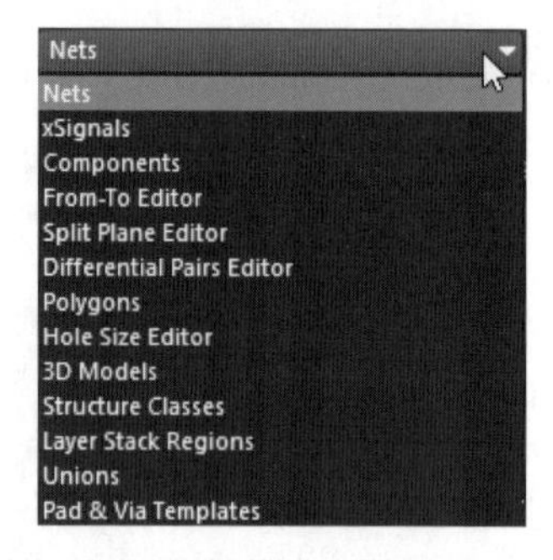

图 7-13　面板模式选择参数菜单

“PCB”面板上还有以下 3 个复选框：

- 选中：若选中该复选框，则图元在高亮的同时被选中。该复选框在 From-To 编辑器中不能使用。
- 缩放：该复选框主要用于决定编辑区内的取景是否随着选中的图元区域的大小进行缩放，从而使选中的图元充满整个编辑区。
- 清除现有的：该复选框用于清除选中图元，使其退出高亮状态。

7.3　使用菜单命令创建 PCB 文件

除了通过 PCB 向导创建 PCB 文件以外，用户还可以使用菜单命令创建 PCB 文件。

首先创建一个空白的 PCB 文件，然后设置 PCB 的各项参数。

执行菜单命令“文件”→“新的”→“PCB（印制电路板文件）”，或者选择菜单栏中的“项目”→“添加新的…到项目”→“PCB（PCB 文件）”命令，即可进入 PCB 编辑环境中。此时的 PCB 文件还没有设置参数，用户需要对该文件的各项参数进行设置。

7.3.1　PCB 板层设置

Altium Designer 24 提供了一个图层堆栈管理器，用于对各种板层进行设置和管理。在图层堆栈管理器中，可以添加、删除、移动工作层面等。

电路板层的具体设置步骤如下：

01 执行菜单命令“设计”→“层叠管理器”，系统将在层叠管理器中打开后缀名为“.pcbdoc”的文件，如图 7-14 所示。在该管理器中可以增加层、删除层、移动层所处的位置以及对各层的属性进行编辑。

图 7-14　后缀名为“.pcbdoc”的文件

02 该文件的中心显示了当前 PCB 图的层结构。默认的设置为双层板，即只包括“Top Layer（顶层）”和“Bottom Layer（底层）”两层，右击某一个层，弹出快捷菜单，如图 7-15 所示，用户可以在快捷菜单中插入、删除或移动新的层。

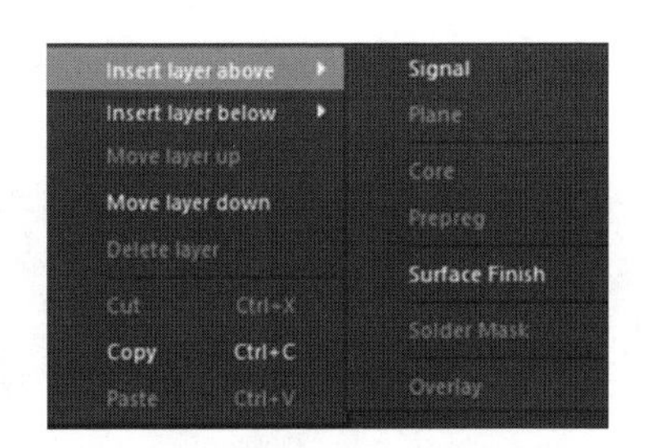

图 7-15　快捷菜单

03 双击某一层的名称，可以直接修改该层的属性，对该层的名称及厚度进行设置。

04 PCB 设计中最多可添加 32 个信号层、26 个电源层和地线层。各层的显示与否可在“View Configuration（视图配置）”面板中进行设置，单击各层中的（显示）按钮即可。

05 在电路板的层叠结构中，不仅包括拥有电气特性的信号层，还包括无电气特性的绝缘层。两种典型的绝缘层主要是指“Core（填充层）”和“Prepreg（塑料层）”。

层的堆叠类型主要是指绝缘层在电路板中的排列顺序，默认的 3 种堆叠类型包括 Layer Pairs（Core 层和 Prepreg 层自上而下间隔排列）、Internal Layer Pairs（Prepreg 层和 Core 层自上而下间隔排列）和 Build-up（顶层和底层为 Core 层，中间全部为 Prepreg 层）。改变层的堆叠类型将会改变 Core 层和 Prepreg 层在栈中的分布，只有在信号完整性分析需要用到盲孔或深埋过孔时，才需要进行层的堆叠类型的设置。

7.3.2 工作层颜色设置

工作层颜色设置对话框用于设置 PCB 板层的颜色，用户可以根据个人习惯进行设置，并且可以决定该层是否在编辑器内显示出来。

1. 打开“View Configuration（视图配置）”面板

在主界面右下角单击“Panels（面板）”按钮，弹出菜单，选择“View Configuration（视图配置）”命令，打开“View Configuration（视图配置）”面板，如图 7-16 所示，该面板包括电路板层颜色设置和系统默认颜色设置两部分。

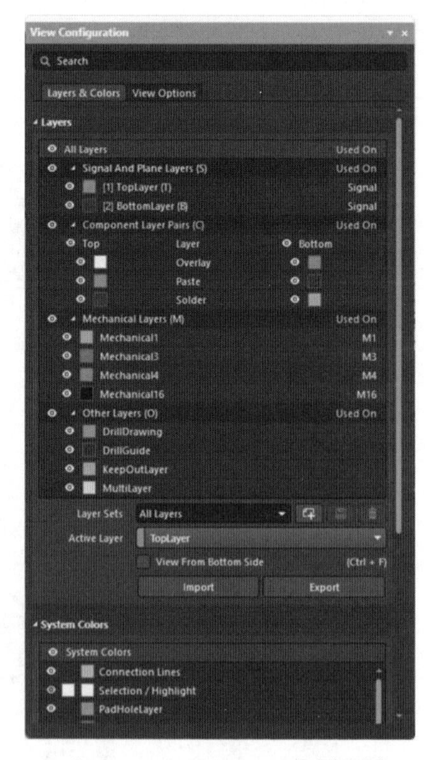

图 7-16 “View Configuration（视图配置）”面板

2. 设置对应层的显示与颜色

在“Layers（层）”选项组下设置对应层和系统的显示颜色。

（1）（显示）按钮用于决定此层是否在 PCB 编辑器内显示。不同位置的（显示）按钮启用/禁用不同的层。

- 每个层组中启用或禁用一个层、多个层或所有层：如图 7-17 所示启用/禁用了全部的 Component Layers。

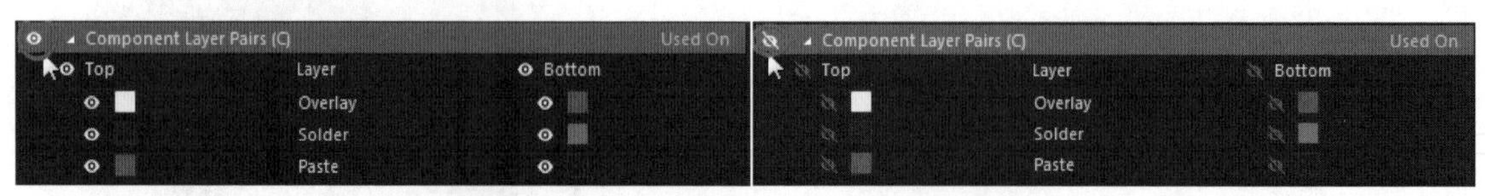

图 7-17 启用/禁用了全部的元器件层

● 启用/禁用整个层组：如图 7-18 所示启用/禁用了所有的 Top Layers。

图 7-18　启用/禁用 Top Layers

● 启用/禁用每个组中的单个条目：如图 7-19 所示突出显示的个别条目已禁用。

（2）如果要修改某层的颜色或系统的颜色，单击其对应的颜色栏内的色条，即可在弹出的选择颜色列表中进行修改，如图 7-20 所示。

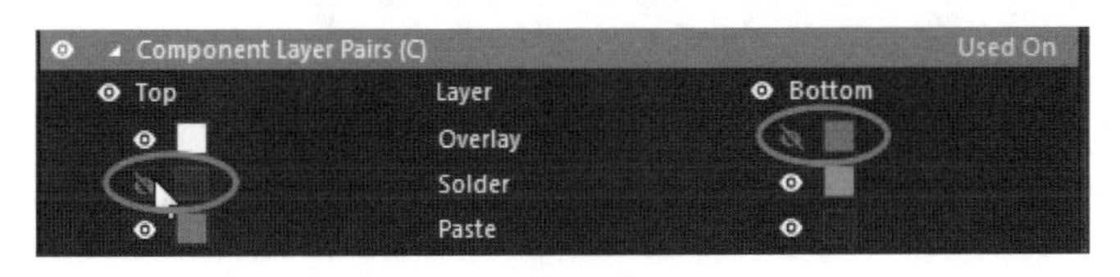

图 7-19　启用/禁用单个条目

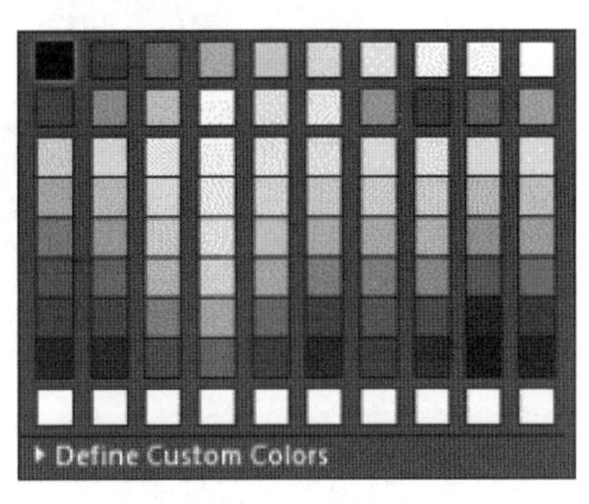

图 7-20　选择颜色列表

（3）在“Layer Sets（层设置）”下拉列表框中，有“All Layers（所有层）”“Signal Layers（信号层）”“Plane Layers（平面层）”“NonSignal Layers（非信号层）”“Mechanical Layers（机械层）”5 个选项，它们分别对应其上方的信号层、电源层、地线层和机械层。选择“All Layers（所有层）”表示在板层和颜色面板中显示全部的层，或者只显示图层堆栈中设置的有效层。一般地，为了使面板简洁明了，默认选择“All Layers（所有层）”，只显示有效层，对未用层可以忽略其颜色设置。

单击“Used On（使用的层打开）”按钮，即可选中该层的■（显示）按钮，清除其余所有层的选中状态。

3. 显示系统的颜色

在“System Colors（系统颜色）”选项组中，可以对系统的两种可视栅格类型的显示或隐藏进行设置，还可以对不同的系统对象进行设置。

7.3.3　环境参数设置

在设计 PCB 之前，除了要设置电路板的板层参数外，还需要设置环境参数。

执行菜单命令“工具”→“优先选项”，或者在 PCB 图纸编辑区内右击，在弹出的快捷菜单中选择“优先选项”命令，打开“优选项”对话框，如图 7-21 所示。在该对话框中设置环境参数。

图 7-21 “优选项”对话框

7.3.4 PCB 的边界设定

PCB 的边界设定包括物理边界设定和电气边界设定两个方面。物理边界用来界定 PCB 板的外部形状，而电气边界用来界定元器件放置和布线的区域范围。

1. 物理边界设定

执行菜单命令“设计”→“板子形状”，系统弹出板形状设定命令菜单，如图 7-22 所示。

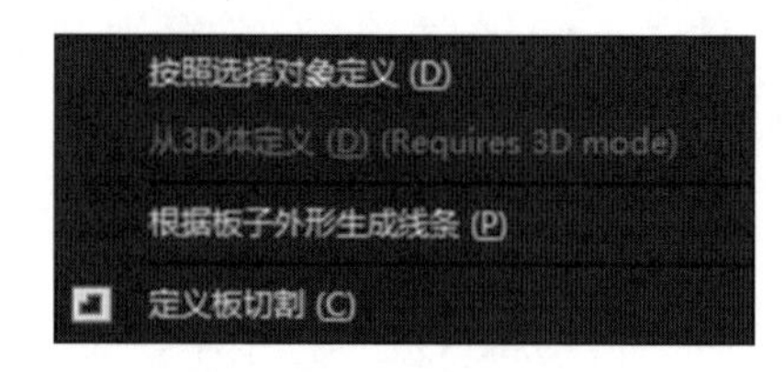

图 7-22 板形状设定命令

- 按照选择对象定义：在机械层或其他层利用线条或圆弧定义一个内嵌的边界，以新建对象为参考重新定义板形。具体操作方法为：执行“放置”→“圆弧”命令，在电路板上绘制一个圆，如图 7-23 所示。选中刚才绘制的圆，然后执行“设计”→“板子形状”→“按照选择对象定义”命令，电路板将变成圆形，如图 7-24 所示。

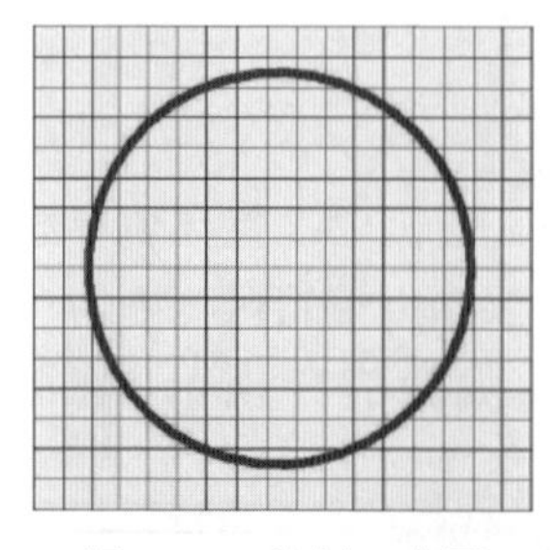

图 7-23 绘制一个圆

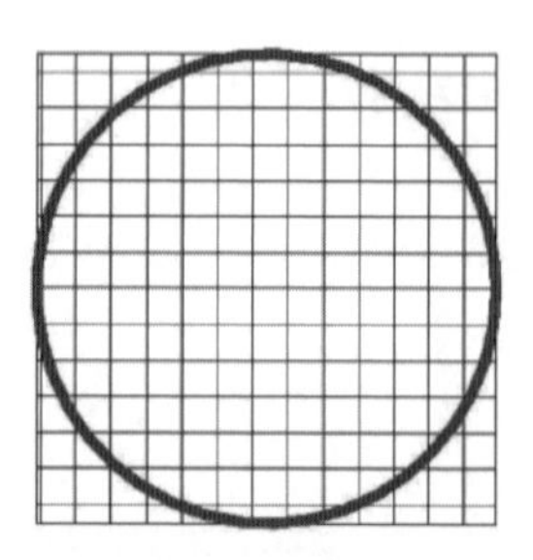

图 7-24 改变后的板形

- 根据板子外形生成线条：在机械层或其他层将板子边界转换为线条。具体操作方法为：执行“设计”→“板子形状”→“根据板子外形生成线条”命令，弹出“来自板形状的线/弧基元对象”对话框，如图 7-25 所示。按照需要设置参数，设置完成后单击“确定”按钮，退出对话框，板边界自动转换为线条，如图 7-26 所示。

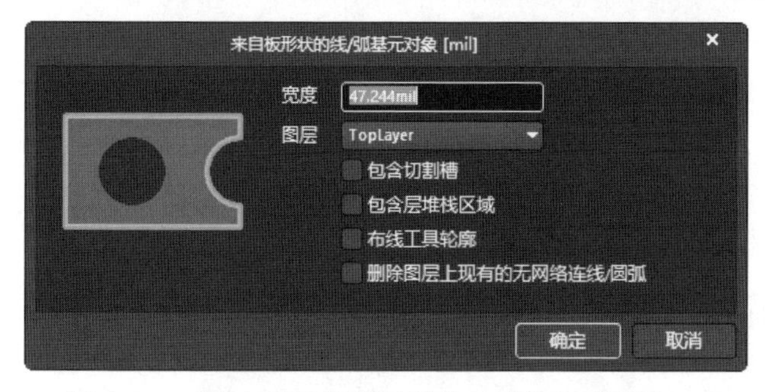

图 7-25　“来自板形状的线/弧基元对象”对话框

图 7-26　转换边界

重新设定了 PCB 板形状以后，单击编辑区左下方的板层标签的“Mechanical1（机械层 1）”标签，将其设置为当前层。然后执行菜单命令“放置”→“线条”，光标变成十字形，沿 PCB 板边缘绘制一个闭合区域，即可设定 PCB 的物理边界。

2. 设定电气边界

在 PCB 的元器件自动布局和自动布线时，电气边界是必需的，它界定了元器件放置和布线的范围。

设定电气边界的步骤如下：

01 在设定了物理边界的情况下，单击板层标签的“Keep-Out Layer（禁止布线层）”标签，将其设定为当前层。

02 执行菜单命令“放置”→“Keepout（禁止布线）”→“线路”，光标变成十字形，绘制一个封闭的多边形。

03 绘制完成后，右击退出绘制状态。

此时，PCB 的电气边界设定完成。

7.4　PCB 视图操作

为了使 PCB 设计能够快速顺利地进行下去，需要对 PCB 视图进行移动、缩放等基本操作。本节将介绍一些视图操作的方法。

7.4.1　视图移动

在编辑区内移动视图的方法有以下 3 种：

（1）使用鼠标拖动编辑区边缘的水平滚条或竖直滚条。

（2）使用鼠标滚轮，上下滚动鼠标滚轮，视图将上下移动；若按住 Shift 键的同时上下滚动鼠标滚轮，视图将左右移动。

（3）在编辑区内，按住鼠标左键不放，光标变成手形后，可以任意拖动视图。

7.4.2 视图的放大或缩小

1. 整张图纸的缩放

在编辑区内，对整张图纸进行缩放有以下 3 种方法：

（1）使用菜单命令“放大”或“缩小”对整张图纸进行缩放操作。

（2）使用快捷键 Page Up（放大）和 Page Down（缩小）。利用快捷键进行缩放时，放大和缩小是以鼠标光标为中心的，因此最好将鼠标光标放在合适位置。

（3）使用鼠标滚轮放大或缩小。若要放大视图，则按住 Ctrl 键的同时向上滚动滚轮；若要缩小视图，则按住 Ctrl 键的同时向下滚动滚轮。

2. 区域放大

1）设定区域的放大

执行菜单命令“视图”→“区域”，或者单击主工具栏中的■（合适指定的区域）按钮，光标变成十字形，在编辑区中需要放大的区域上单击，拖动鼠标形成一个矩形区域，如图 7-27 所示。再次单击，则该区域被放大，如图 7-28 所示。

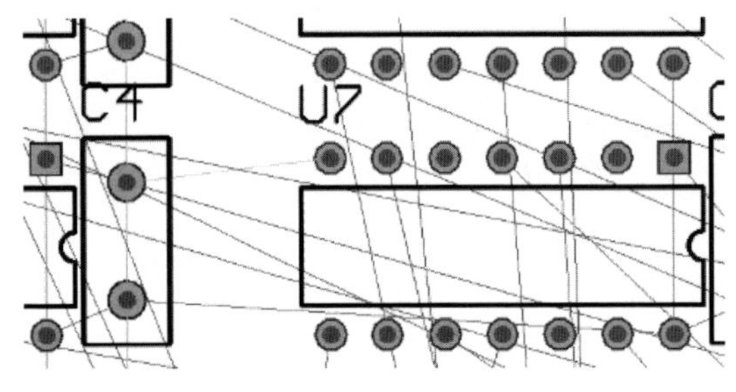

图 7-27　选定放大区域

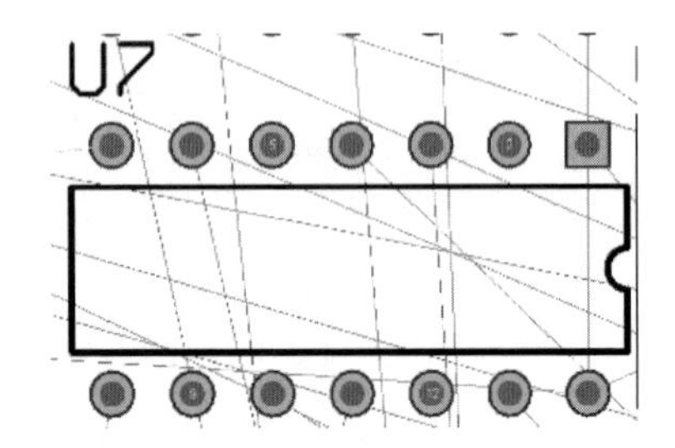

图 7-28　选定区域被放大

2）以鼠标光标为中心的区域放大

执行菜单命令“视图”→“点周围”，鼠标光标变成十字形。在编辑区中的指定区域上单击，确定放大区域的中心点，然后拖动鼠标，形成一个以中心点为中心的矩形；再次单击，选定的区域将被放大。

3. 对象放大

在 PCB 上选中需要放大的对象，执行菜单命令“视图”→“被选中的对象”，或者单击主工具栏中的■（合适选择的对象）按钮，则所选对象被放大，如图 7-29 所示。

图 7-29　所选对象被放大

7.4.3　整体显示

1. 显示整个 PCB 图文件

执行菜单命令“视图”→“适合文件”，或者在主工具栏中单击按钮，显示整个 PCB 图文件，如图 7-30 所示。

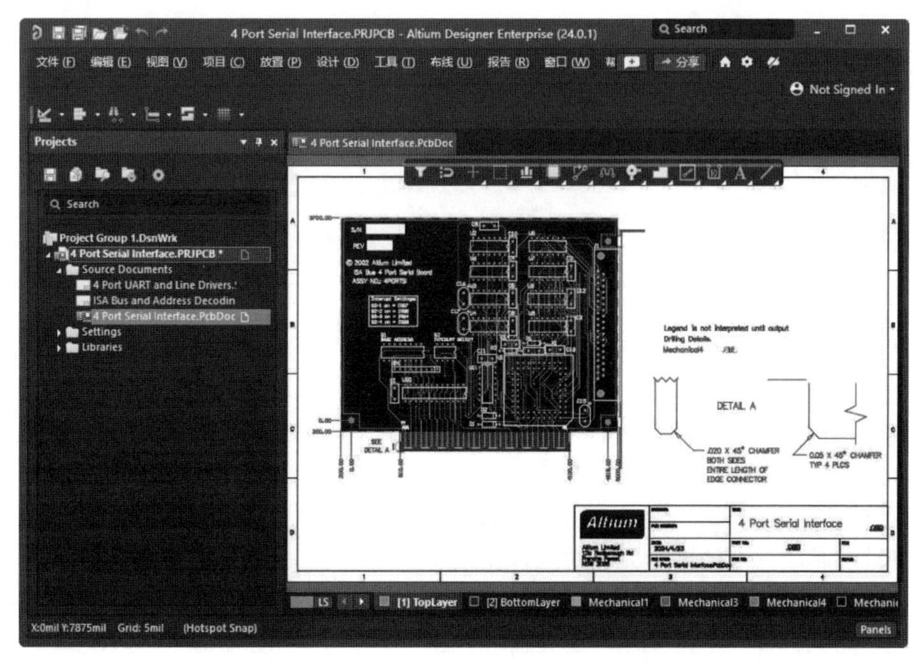

图 7-30　显示整个 PCB 图文件

2. 显示整个 PCB 板

执行菜单命令“视图”→“适合板子”，系统显示整个 PCB 板，如图 7-31 所示。

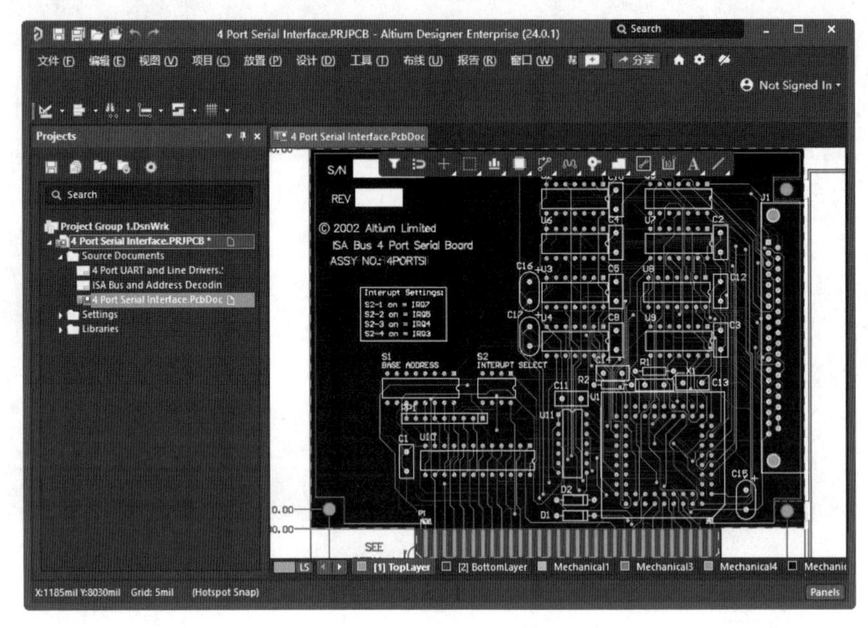

图 7-31 显示整个 PCB 板

7.5 PCB 编辑器的编辑功能

PCB 编辑器的编辑功能包括对象的选取、取消选取、移动、删除、复制、粘贴、翻转以及对齐等。利用这些功能，我们可以很方便地对 PCB 图进行修改和调整。下面介绍这些功能。

7.5.1 对象的选取和取消选取

1. 对象的选取

对象的选取有以下 3 种方法：

1）用鼠标直接选取单个或多个元器件

对于单个元器件的情况，将光标移到要选取的元器件上单击即可。这时整个元器件变成灰色，表明该元器件已经被选取，如图 7-32 所示。

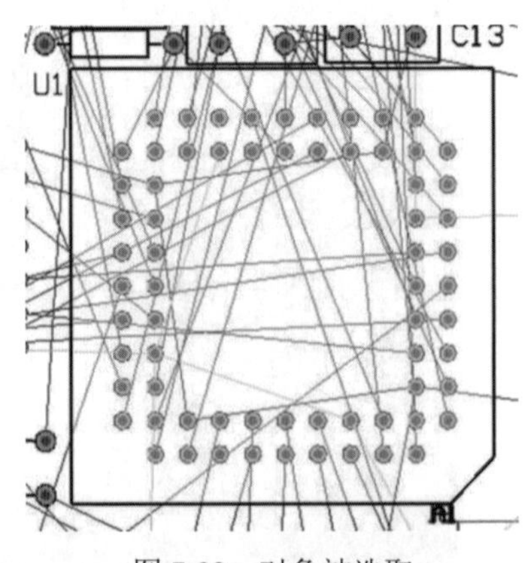

图 7-32 对象被选取

对于多个元器件的情况，单击并拖动鼠标，拖出一个矩形框，将要选取的多个元器件包含在该矩形框中，释放鼠标后即可选取多个元器件；或者按住 Shift 键，用鼠标逐一单击要选取的元器件，也可选取多个元器件。

2）用工具栏的（选择区域内部）按钮选取

单击（选择区域内部）按钮，光标变成十字形，在欲选取区域单击，确定矩形框的一个端点，拖动鼠标将选取的对象包含在矩形框中，再次单击，确定矩形框的另一个端点，此时矩形框内的对象被选取。

3）用菜单命令选取

执行菜单命令“编辑”→“选中”，弹出如图 7-33 所示的菜单。其中常用的菜单命令说明如下：

- 区域内部：执行此命令后，光标变成十字形状，用鼠标选取一个区域，则区域内的对象被选取。
- 区域外部：用于选取区域外的对象。
- 全部：执行此命令后，PCB 图纸上的所有对象都被选取。
- 板：该命令用来选取整个 PCB，包括板边界上的对象，而板外的对象不会被选取。
- 网络：用于选取指定网络中的所有对象。执行该命令后，光标变成十字形，单击指定网络对象即可选中整个网络。
- 连接的铜皮：用于选取与指定的对象具有铜连接关系的所有对象。
- 物理连接：用于选取指定的物理连接。
- 器件连接：用于选取与指定元器件的焊盘相连接的所有导线、过孔等。
- 器件网络：用于选取当前文件中与指定元器件相连的所有网络。

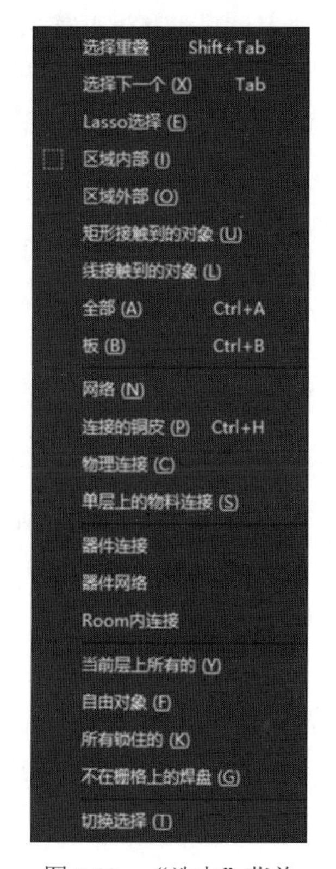

图 7-33　“选中”菜单

- Room 内连接：用于选取处于指定 Room 空间中的所有连接导线。
- 当前层上所有的：用于选取当前层上的所有对象。
- 自由对象：用于选取当前文件中除元器件外的所有自由对象，如导线、焊盘、过孔等。
- 所有锁住的：用于选中所有锁定的对象。
- 不在栅格上的焊盘：用于选中所有不对准网络的焊盘。
- 切换选择：执行该命令后，对象的选取状态将被切换，即若该对象原来处于未选取状态，则被选取；若处于选取状态，则取消选取。

2. 取消选取

取消选取也有多种方法，这里介绍几种常用的方法。

（1）在 PCB 图纸上的空白区域单击，即可取消选取。

（2）单击工具栏中的（取消所有选定）按钮，可以将图纸上所有被选取的对象取消选取。

（3）执行菜单命令“编辑”→“取消选中”，弹出如图 7-34 所示的菜单。其中常用的菜单命令说明如下：

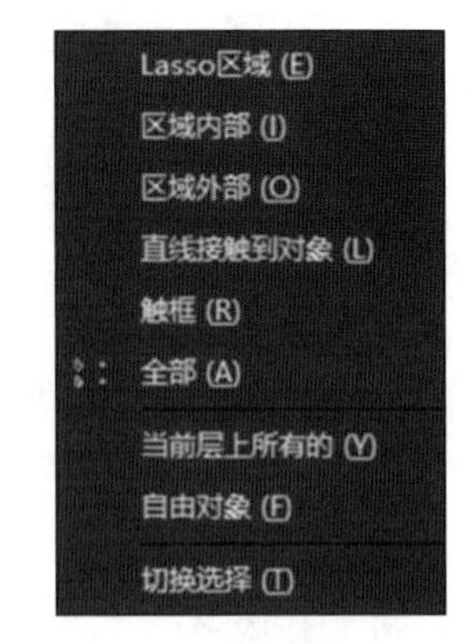

图 7-34 “取消选中”菜单

- 区域内部：用于取消区域内的对象的选取。
- 区域外部：用于取消区域外的对象的选取。
- 全部：用于取消当前 PCB 图中所有处于选取状态的对象的选取。
- 当前层上所有的：用于取消当前层上的所有对象的选取。
- 自由对象：用于取消当前文件中除元器件以外的所有自由对象的选取，如导线、焊盘、过孔等。
- 切换选择：执行该命令后，对象的选取状态将被切换，即若该对象原来处于未选取状态，则被选取；若处于选取状态，则取消选取。

（4）按住 Shift 键，逐一单击已被选取的对象，可以取消其选取状态。

7.5.2 对象的移动和删除

1. 单个对象的移动

1）单个未选取对象的移动

将光标移到需要移动的对象上（不需要选取），按住鼠标左键不放，拖动鼠标，对象将随光标一起移动，到达指定位置后松开鼠标左键，即可完成移动；或者执行菜单命令“编辑”→“移动”→“移动”，光标变成十字形状，单击需要移动的对象后，对象将随光标一起移动，到达指定位置后再次单击，完成移动。

2）单个已选取对象的移动

将光标移到需要移动的对象上（该对象已被选取），按住鼠标左键不放，拖动鼠标至指定位置后松开鼠标左键；或者执行菜单命令“编辑”→“移动”→“移动选中对象”，将对象移动到指定位置；或者单击工具栏中的（移动选择）按钮，光标变成十字形状，单击需要移动的对象后，对象将随光标一起移动，到达指定位置后再次单击，完成移动。

2. 多个对象的移动

需要同时移动多个对象时，首先要将所有要移动的对象选中，然后在其中任意一个对象上按住鼠标左键不放，拖动鼠标，所有选中的对象将随光标整体移动，到达指定位置后松开鼠标左键；或者执行菜单命令“编辑”→“移动”→“移动选中对象”，将所有对象整体移动到指定位置；或者单击主工具栏中的（移动选择）按钮，将所有对象整体移动到指定位置，完成移动。

3. 菜单命令移动

除了上面介绍的两种菜单移动命令外，系统还提供了其他菜单移动命令。执行菜单命令“编辑”→“移动”，弹出如图 7-35 所示的命令菜单。

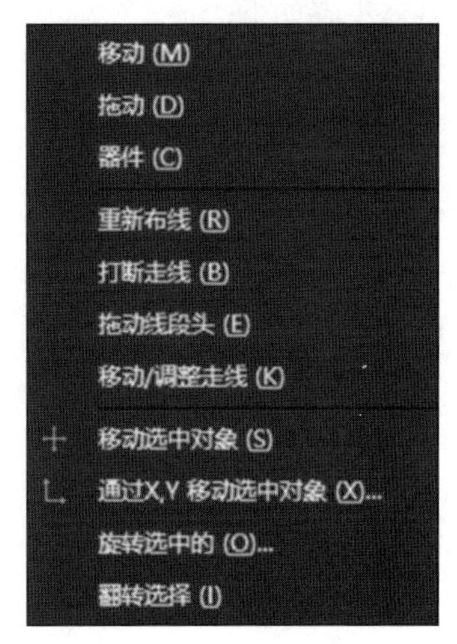

图 7-35　“移动”菜单

- 移动：用于移动未选取的对象。
- 拖动：使用该命令移动对象时，与该对象连接的导线也随之移动或拉长，不断开该对象与其他对象的电气连接关系。
- 器件：执行该命令后，光标变成十字形，单击需要移动的元器件后，元器件将随光标一起移动，再次单击，即可完成移动；或者在 PCB 编辑区空白区域内单击，将弹出元器件选择对话框，在对话框中可以选择要移动的元器件。
- 重新布线：执行该命令后，光标变成十字形，单击选取要移动的导线，可以在不改变其两端端点位置的情况下改变布线路径。
- 旋转选中的…：用于将选取的对象按照设定角度旋转。
- 翻转选择：用于镜像翻转已选取的对象。

4. 对象的删除

删除对象有以下两种方法：

（1）单击选取要删除的对象，然后按 Delete 键将其删除。

（2）若需要一次性删除多个对象，则用鼠标选取要删除的多个对象后，执行菜单命令“编辑”→“删除”，即可以将选取的多个对象删除。

7.5.3　对象的复制、剪切和粘贴

1. 对象的复制

对象的复制是指将对象复制到剪贴板中，具体步骤如下：

01 在 PCB 图上选取需要复制的对象。

02 执行复制命令，有以下 3 种方法：

- 执行菜单命令“编辑”→“复制”。
- 单击工具栏中的（复制）按钮。
- 使用快捷键 Ctrl+C 或 E+C。

03 执行复制命令后，光标变成十字形，单击已被选取的复制对象，即可将对象复制到剪贴板中，完成复制操作。

2. 对象的剪切

具体步骤如下：

01 在 PCB 图上选取需要剪切的对象。
02 执行剪切命令，有以下 3 种方法：

- 执行菜单命令“编辑”→“剪切”。
- 单击工具栏中的 （剪切）按钮。
- 使用快捷键 Ctrl+X 或 E+T。

03 执行剪切命令后，光标变成十字形，单击要剪切的对象，该对象将从 PCB 图上消失，同时被复制到剪贴板中，完成剪切操作。

3. 对象的粘贴

对象的粘贴就是把剪贴板中的对象放置到编辑区里，有以下 3 种方法：

- 执行菜单命令“编辑”→“粘贴”。
- 单击工具栏上的 （粘贴）按钮。
- 使用快捷键 Ctrl+V 或 E+P。

执行粘贴命令后，光标变成十字形状，并带有欲粘贴对象的虚影，在指定位置上单击即可完成粘贴操作。

4. 对象的橡皮图章粘贴

使用橡皮图章粘贴时，执行一次操作命令，可以进行多次粘贴，具体步骤如下：

01 选取要进行橡皮图章粘贴的对象。
02 执行橡皮图章粘贴命令，有以下 3 种方法：

- 执行菜单命令“编辑”→“橡皮图章”。
- 单击工具栏中的 （橡皮图章）按钮。
- 使用快捷键 Ctrl+R 或者 E+B。

03 执行命令后，光标变成十字形，单击被选中的对象后，该对象被复制并随光标移动。在图纸指定位置单击，放置被复制的对象。此时仍处于放置状态，可连续放置。
04 放置完成后，右击或按 Esc 键退出橡皮图章粘贴命令。

5. 对象的特殊粘贴

前面所讲的粘贴命令中，对象仍然保持其原有的层属性，若要将对象放置到其他层中，就要使用特殊粘贴命令。具体步骤如下：

01 将对象欲放置的层设置为当前层。
02 执行特殊粘贴命令，有以下 2 种方法：

- 执行菜单命令“编辑”→“特殊粘贴”。

- 使用快捷键 E+A。

03 执行命令后，系统弹出如图 7-36 所示的特殊粘贴对话框。用户根据需要勾选合适的复选框，以实现不同的功能。各复选框的意义如下：

- 粘贴到当前层：若勾选该复选框，则表示将剪贴板中的对象粘贴到当前的工作层中。
- 保持网络名称：若勾选该复选框，则表示保持网络名称。
- 重复位号：若勾选该复选框，则复制对象的元器件序列号将与原始元器件的序列号相同。
- 添加到元器件类：若勾选该复选框，则将所粘贴的元器件纳入同一类元器件。

04 设置完成后，单击“粘贴”按钮，进行粘贴操作，或者单击“阵列式粘贴”按钮，进行阵列粘贴。

6. 对象的阵列式粘贴

具体步骤如下：

01 将对象复制到剪贴板中。

02 执行菜单命令“编辑”→“特殊粘贴”，在弹出的对话框中单击“阵列式粘贴”按钮，或者单击实用工具栏中的（应用工具）按钮，在弹出的菜单中选择（阵列式粘贴）项，系统弹出“设置粘贴阵列”对话框，如图 7-37 所示。

图 7-36　特殊粘贴对话框

图 7-37　“设置粘贴阵列”对话框

在该对话框中，各项设置的意义如下：

- 对象数量：用于输入需要粘贴的对象的个数。
- 文本增量：用于输入粘贴对象序列号的递增数值。
- 圆形：若选中该单选按钮，则阵列式粘贴是圆形布局。
- 线性：若选中该单选按钮，则阵列式粘贴是直线布局。

若选中“圆形”单选按钮，则“环形阵列”选项区域被激活。

- 旋转项目到匹配：若选中该复选框，则粘贴对象随角度旋转。
- 间距：用于输入旋转的角度。

若选中“线性”单选按钮，则“线性阵列”选项区域被激活。

- X 轴间距：用于输入每个对象的水平间距。
- Y 轴间距：用于输入每个对象的垂直间距。

03 设置完成后，单击“确定”按钮，光标变成十字形，在图纸的指定位置处单击，即可完成阵列式粘贴，如图 7-38 所示。

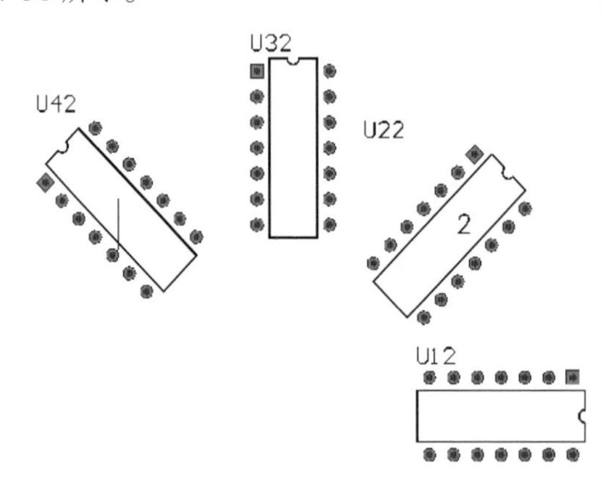

图 7-38 阵列式粘贴

7.5.4 对象的翻转

在 PCB 设计过程中，为了方便布局，往往要对对象进行翻转操作。下面介绍几种常用的翻转方法。

1. 利用空格键

单击需要翻转的对象并按住不放，等到光标变成十字形后，按空格键可以进行翻转。每按一次空格键，对象逆时针旋转 90°。

2. 用 X 键实现元器件左右对调

单击需要对调的对象并按住不放，等到光标变成十字形后，按 X 键可以对对象进行左右对调操作。

3. 用 Y 键实现元器件上下对调

单击需要对调的对象并按住不放，等到光标变成十字形后，按 Y 键可以对对象进行上下对调操作。

7.5.5 对象的对齐

执行菜单命令“编辑”→“对齐”，弹出“对齐”菜单命令，如图 7-39 所示。

各项命令的说明如下：

（1）对齐：执行该命令后，弹出“排列对齐”对话框，如图 7-40 所示。该对话框中主要包括两部分：

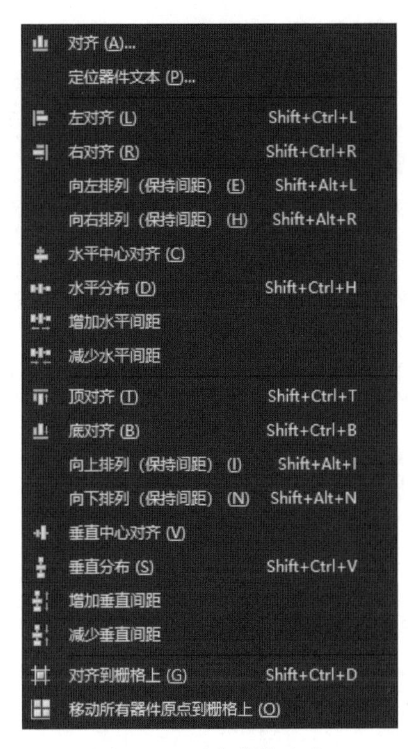

图 7-39　对齐菜单命令

图 7-40　“排列对象”对话框

- “水平”选项区域：用来设置对象在水平方向的排列方式。
  - 不变：水平方向上保持原状，不进行排列。
  - 左侧：水平方向左对齐，等同于“左对齐”命令。
  - 居中：水平中心对齐，等同于“水平中心对齐”命令。
  - 右侧：水平方向右对齐，等同于“右对齐”命令。
  - 等间距：水平方向均匀排列，等同于“水平对齐”命令。
- “垂直”选项区域：用来设置对象在垂直方向的排列方式。
  - 不变：垂直方向上保持原状，不进行排列。
  - 顶部：顶端对齐，等同于“顶对齐”命令。
  - 居中：垂直中心对齐，等同于“垂直中心对齐”命令。
  - 底部：底端对齐，等同于“底对齐”命令。
  - 等间距：垂直方向均匀排列，等同于“垂直分布”命令。

（2）左对齐：将选取的对象与最左端的对象对齐。

（3）右对齐：将选取的对象与最右端的对象对齐。

（4）水平中心对齐：将选取的对象与最左端对象和最右端对象的中间位置对齐。

（5）水平分布：将选取的对象在最左端对象和最右端组对象之间等距离排列。

（6）增加水平间距：将选取的对象水平等距离排列，并加大对象组内各对象之间的水平距离。

（7）减少水平间距：将选取的对象水平等距离排列，并缩小对象组内各对象之间的水平距离。

（8）顶对齐：将选取的对象与最上端的对象对齐。

（9）底对齐：将选取的对象与最下端的对象对齐。

（10）向上排列：将选取的对象与最上端对象和最下端对象的中间位置对齐。

（11）向下排列：将选取的对象在最上端对象和最下端对象之间等距离排列。

（12）增加垂直间距：将选取的对象垂直等距离排列，并加大对象组内各对象之间的垂直距离。

（13）减少垂直间距：将选取的对象垂直等距离排列，并缩小对象组内各对象之间的垂直距离。

7.5.6　PCB 图纸上的快速跳转

在 PCB 设计过程中，经常需要将光标快速跳转到某个位置或某个元器件上，在这种情况下，可以使用系统提供的快速跳转命令。

执行菜单命令“编辑”→“跳转”，弹出跳转菜单，如图 7-41 所示。常用命令说明如下：

- 绝对原点：用于将光标快速跳转到 PCB 的绝对原点。
- 当前原点：用于将光标快速跳转到 PCB 的当前原点。
- 新位置：执行该命令后，弹出如图 7-42 所示的对话框。在该对话框中输入坐标值后，单击“确定”按钮，光标将跳转到指定位置。
- 器件：执行该命令后，系统弹出如图 7-43 所示的对话框。在该对话框中输入元器件标识符后，单击“确定”按钮，光标将跳转到该元器件处。

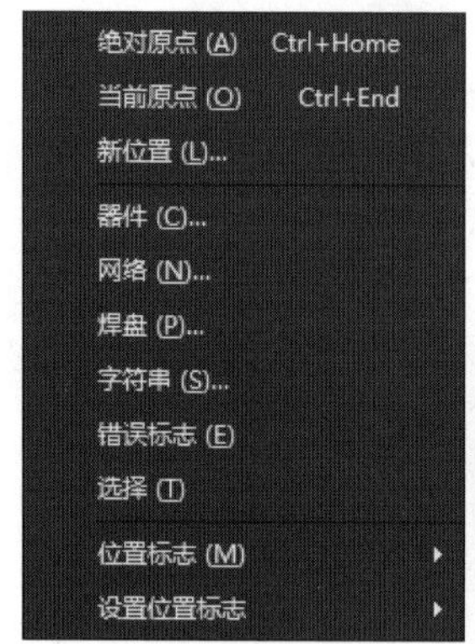

图 7-41　跳转菜单

图 7-42　“Jump To Location”对话框

图 7-43　“Component Designator”对话框

- 网络：用于将光标跳转到指定网络处。
- 焊盘：用于将光标跳转到指定焊盘上。
- 字符串：用于将光标跳转到指定字符串处。
- 错误标志：用于将光标跳转到错误标志处。
- 选择：用于将光标跳转到选取的对象处。
- 位置标志：用于将光标跳转到指定的位置标志处。
- 设置位置标志：用于设置位置标志。

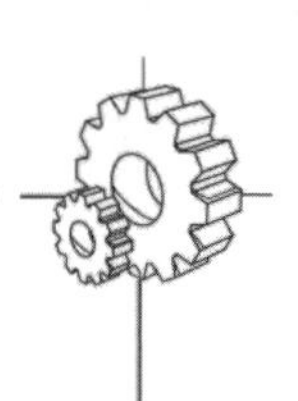

7.6　PCB 设计规则

对于 PCB 的设计，Altium Designer 24 提供了 10 种不同的设计规则，这些设计规则涉及导线的放置、导线的布线方法、元器件放置、布线规则、元器件移动和信号完整性等方面。Altium Designer 24 系统将根据这些规则进行自动布局和自动布线。布线能否成功和布线质量的高低，在很大程度上取决于设计规则的合理性，也依赖于用户的设计经验。

对于具体的电路需要采用不同的设计规则，若用户设计的是双面板，很多规则可以采用系统默认值（系统默认值就是对双面板进行设置的）。

7.6.1　设计规则概述

在 PCB 编辑环境中，执行菜单命令"设计"→"规则"，弹出"PCB 规则及约束编辑器"对话框，如图 7-44 所示。

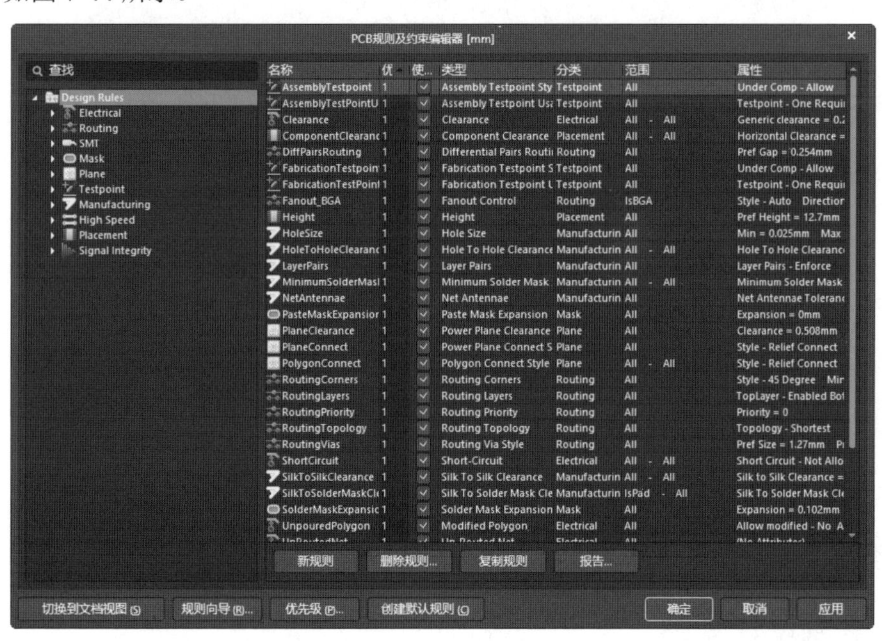

图 7-44　"PCB 规则及约束编辑器"对话框

该对话框左侧显示的是设计规则的类型，共有 10 种，包括 Electrical（电气设计规则）、Routing（布线设计规则）、SMT（表贴封装规则）、Mask（阻焊层设计规则）、Plane（内电层设计规则）、Testpoint（测试点设计规则）、Manufacturing（加工设计规则）、High Speed（高速电路设计规则）、Placement（布局设计规则）以及 Signal Integrity（信号完整性分析规则）等。右边则显示对应设计规则的设置属性。

在左侧列表栏内右击，弹出一个快捷菜单，如图 7-45 所示。

图 7-45　快捷菜单

该菜单中，各项命令的意义如下：

- 新规则：用于建立新的设计规则。
- 重复的规则：用于建立重复的设计规则。
- 删除规则：用于删除所选的设计规则。
- 报告：用于生成 PCB 规则报表，将当前规则以报表文件的方式给出。
- Export Rules：用于将当前规则导出为文件，并以“.rul”为后缀名。
- Import Rules：用于导入设计规则。

此外，在“PCB 规则及约束编辑器”对话框的左下角还有两个按钮需要说明。

- “规则向导”按钮：用于启动规则向导，为 PCB 添加新的设计规则。
- “优先级”按钮：用于设置设计规则的优先级，单击该按钮，弹出“编辑规则优先级”对话框，如图 7-46 所示。

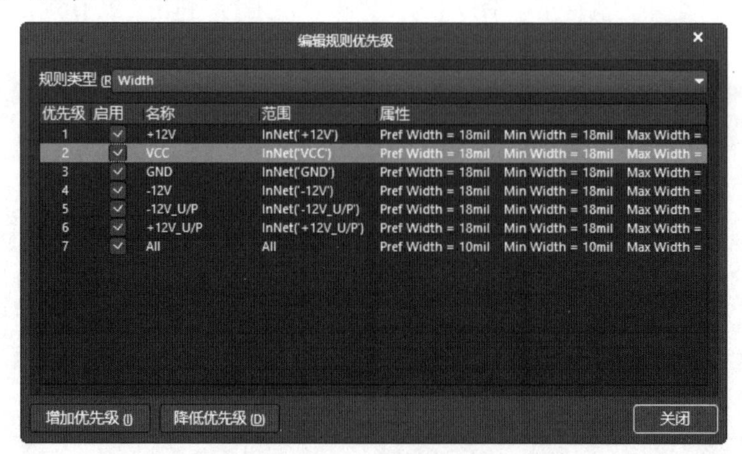

图 7-46 “编辑规则优先级”对话框

在该对话框中列出了同一类型的所有规则，规则越靠上，说明优先级越高。单击选中需要修改优先级的规则后，在对话框的左下角单击“增加优先级”按钮，可以提高该项的优先级；单击“降低优先级”按钮，可以降低该项的优先级。

7.6.2 电气设计规则

在“PCB 规则”及“约束编辑器”对话框左侧的列表框中单击 Electrical，打开电气设计规则列表，如图 7-47 所示。

单击 Electrical 前面的■号将其展开后，可以看到它包括以下几个方面：

- Clearance：安全距离设置。
- Short-Circuit：短路规则设置。
- Un-Routed Net：未布网络规则设置。
- Un-Connected Pin：未连接管脚规则设置。
- Modified Polygon：修改后的多边形规则设置。

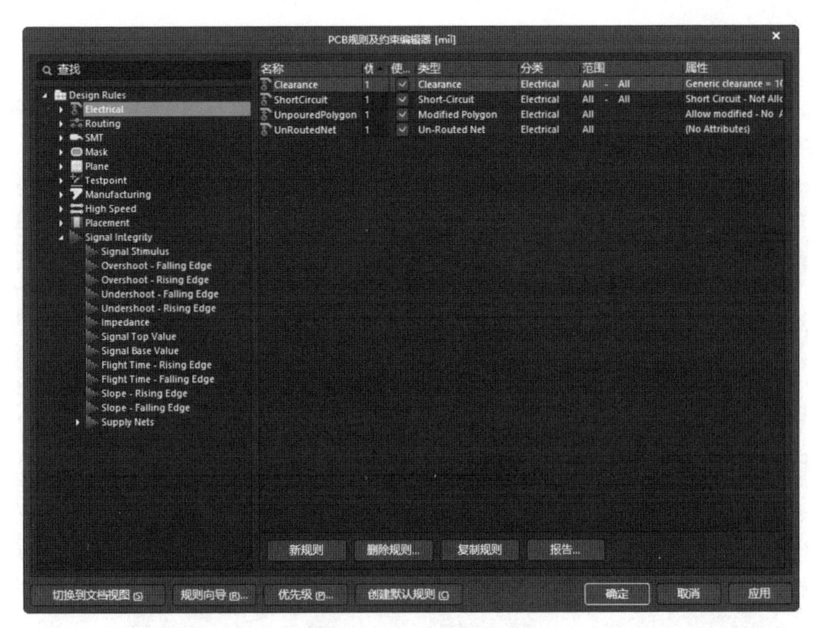

图 7-47　电气设计规则

1. Clearance

安全距离是在布置 PCB 的铜膜导线时，焊盘与焊盘之间、焊盘与导线之间、导线与导线之间的最小距离，如图 7-48 所示。

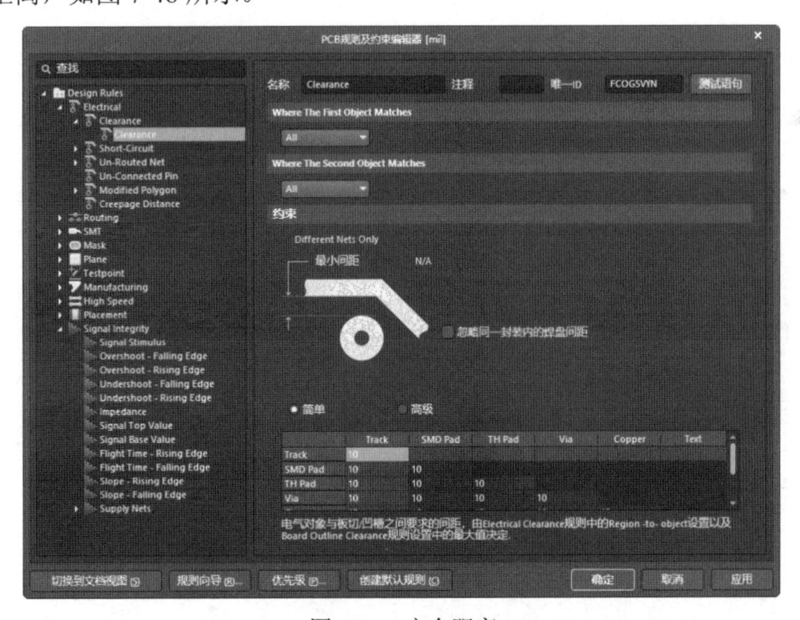

图 7-48　安全距离

在该对话框中有两个匹配对象区域：Where The First Object Matches（优先应用对象）和 Where The Second Object Matches（其次应用对象）。用户可以设置不同网络间的安全距离。

在“约束”选项区域的“最小间距”文本框中，可以设置安全距离的值。系统默认值为 10mil。

2. Short-Circuit

短路规则设置就是是否允许电路中有导线交叉短路，如图 7-49 所示。系统默认不允许短路，即取消“允许短路”复选项的勾选。

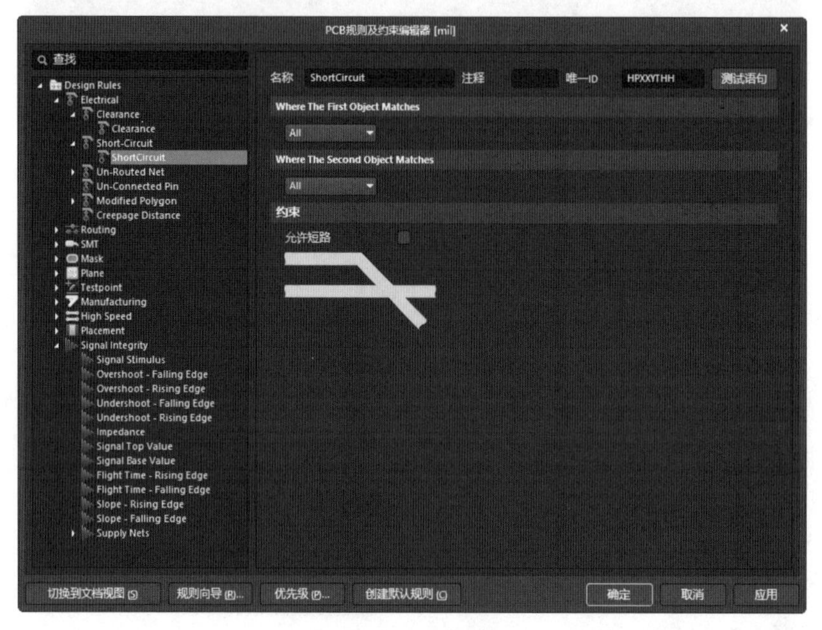

图 7-49　短路规则

3. Un-Routed Net

未布线网络规则用于检查网络布线是否成功，如果不成功，仍将保持用飞线连接，如图 7-50 所示。

图 7-50　未布线网络规则

4. Un-connected Pin

未连接管脚规则用于对指定的网络检查是否所有元器件的管脚都连接到网络，对于未连接的管脚，给予提示，显示为高亮状态。系统默认无此规则，一般不设置。

5. Modified Polygon

修改后的多边形规则用于设置在 PCB 上是否可以修改多边形区域。

7.6.3　布线设计规则

在“PCB 规则及约束编辑器”对话框左侧的列表框中单击“Routing”（线路），打开布线设计规则列表，如图 7-51 所示。

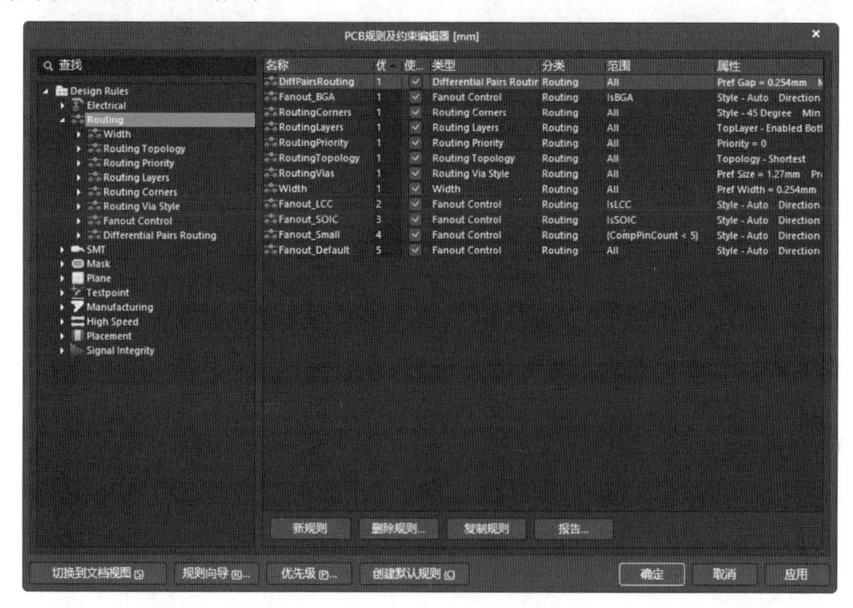

图 7-51　布线设计规则

单击 Routing 前面的+号将其展开后，可以看到它包括以下几个配置项：

- Width：导线宽度规则设置。
- Routing Topology：布线拓扑规则设置。
- Routing Priority：布线优先级别规则设置。
- Routing Layers：板层布线规则设置。
- Routing Corners：拐角布线规则设置。
- Routing Via Style：过孔布线规则设置。
- Fanout Control：扇出式布线规则设置。
- Differential Pairs Routing：差分对布线规则设置。

1. Width

导线的宽度有 3 处可以设置，分别是“最大宽度”“首选宽度”“最小宽度”，如图 7-52

所示。导线宽度的默认值为 10mil，单击每项可以直接输入数值进行修改。

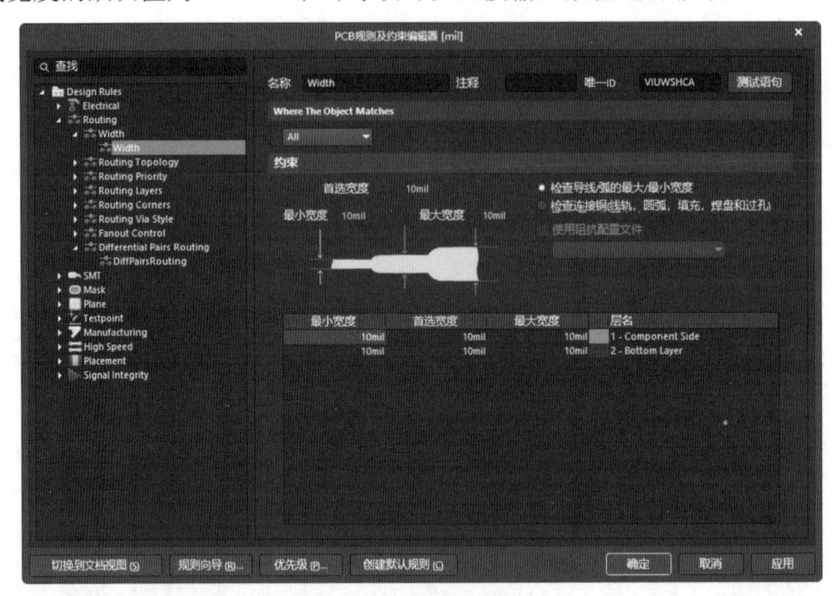

图 7-52　导线宽度规则

2. Routing Topology

拓扑规则是指采用的布线拓扑逻辑约束。Altium Designer 24 中常用的布线约束为统计最短逻辑规则，如图 7-53 所示。用户可以根据具体设计选择不同的布线拓扑规则。

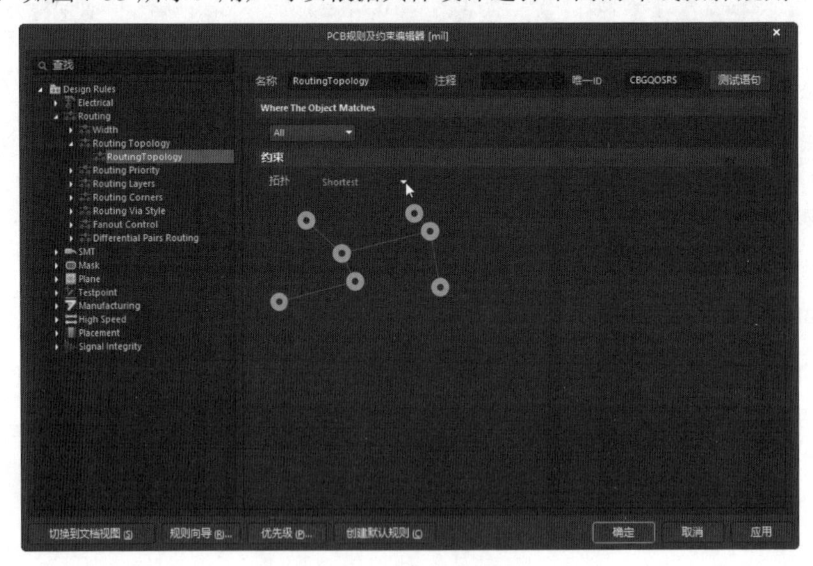

图 7-53　布线拓扑规则

单击“约束”栏中“拓扑”后面的下三角按钮，可以看到 Altium Designer 24 提供了以下 7 种布线拓扑规则。

1）Shortest（最短规则）

最短规则如图 7-54 所示，该选项表示在布线时连接所有结点的连线的总长度最短。

2）Horizontal（水平规则）

水平规则如图 7-55 所示，它表示连接结点的水平方向连线总长度最短，即尽可能选择水平走线。

3）Vertical（垂直规则）

垂直规则如图 7-56 所示，它表示连接所有结点的垂直方向连线总长度最短，即尽可能选择垂直走线。

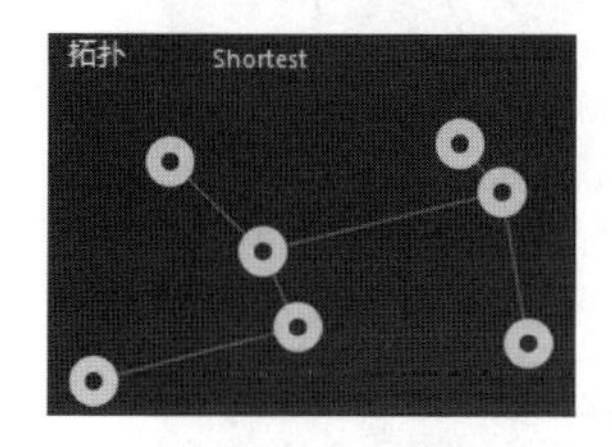

图 7-54　最短规则

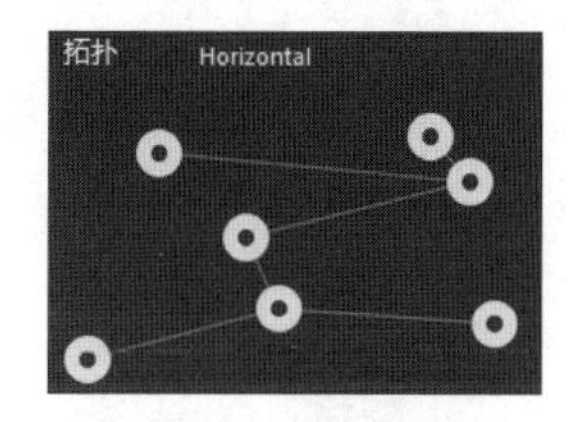

图 7-55　水平规则

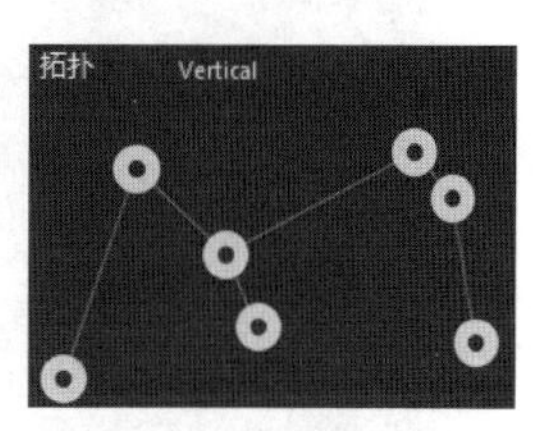

图 7-56　垂直规则

4）Daisy Simple（简单链状规则）

简单链状规则如图 7-57 所示，它表示使用链式连通法则，从一点到另一点连通所有的结点，并使连线总长度最短。

5）Daisy-MidDriven（链状中点规则）

链状中点规则如图 7-58 所示，该规则选择一个中间点为 Source（源点），以它为中心向左右连通所有的结点，并使连线最短。

6）Daisy Balanced（链状平衡规则）

链状平衡规则如图 7-59 所示，它也是先选择一个源点，再将所有的中间结点数目平均分成组，所有的组都连接在源点上，并使连线最短。

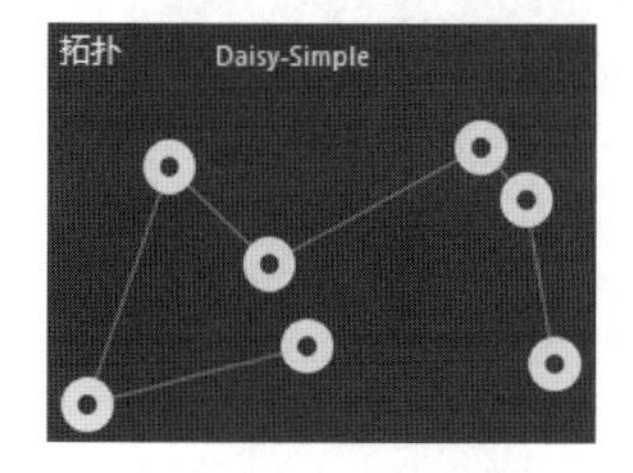

图 7-57　简单链状规则

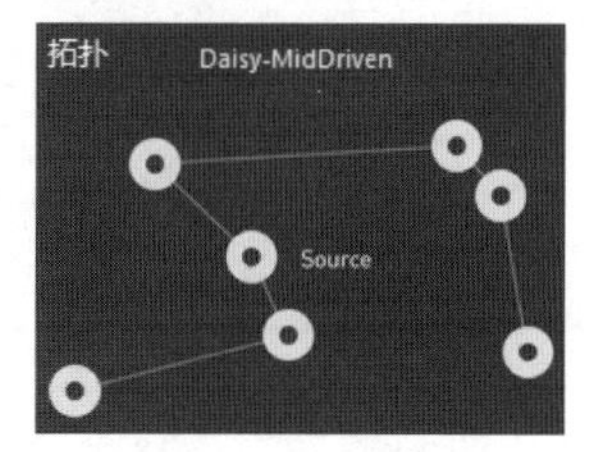

图 7-58　链状中点规则

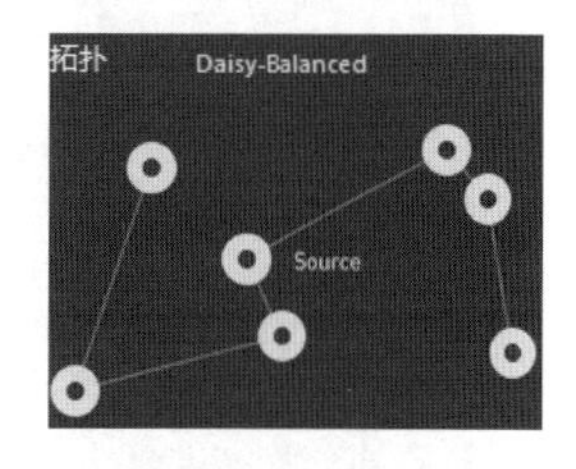

图 7-59　链状平衡规则

7）Star Burst（星形规则）

星形规则如图 7-60 所示，该规则也是先选择一个源点，再以星形方式去连接别的结点，并使连线最短。

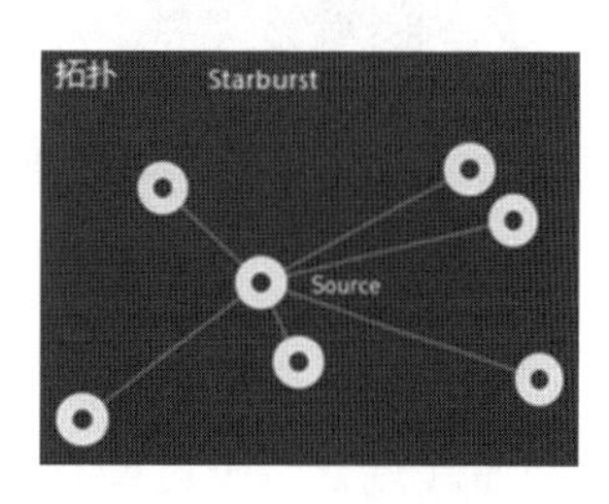

图 7-60　星型规则

3. Routing Priority

布线优先级别规则用于设置布线的优先级。单击“约束”栏中“布线优先级”后面的按钮，可以进行设置，设置的范围为 0~100，数值越大，优先级越高，如图 7-61 所示。

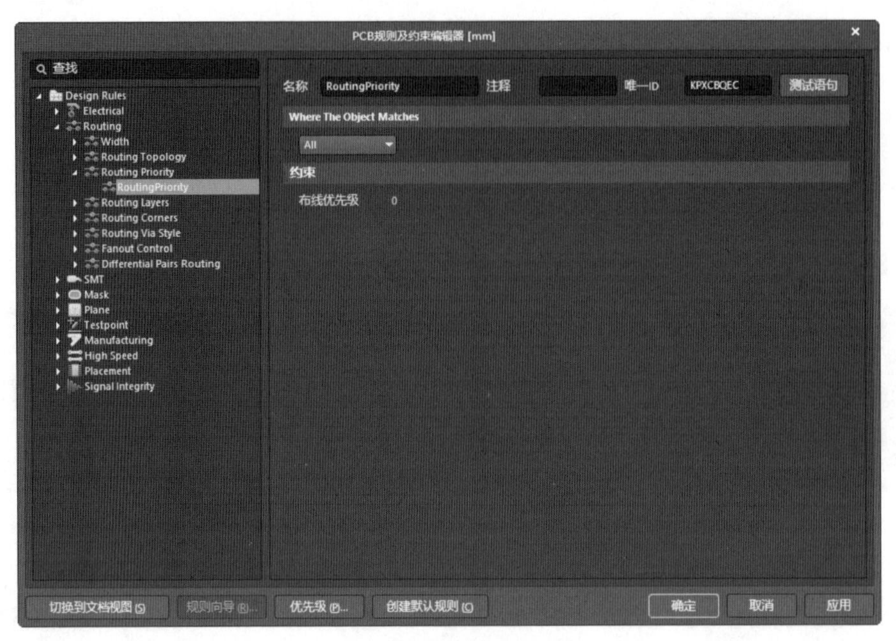

图 7-61　布线优先级规则

4. Routing Layers

板层布线规则用于设置自动布线过程中允许布线的层，如图 7-62 所示。这里设计的是双面板，允许两面都布线。

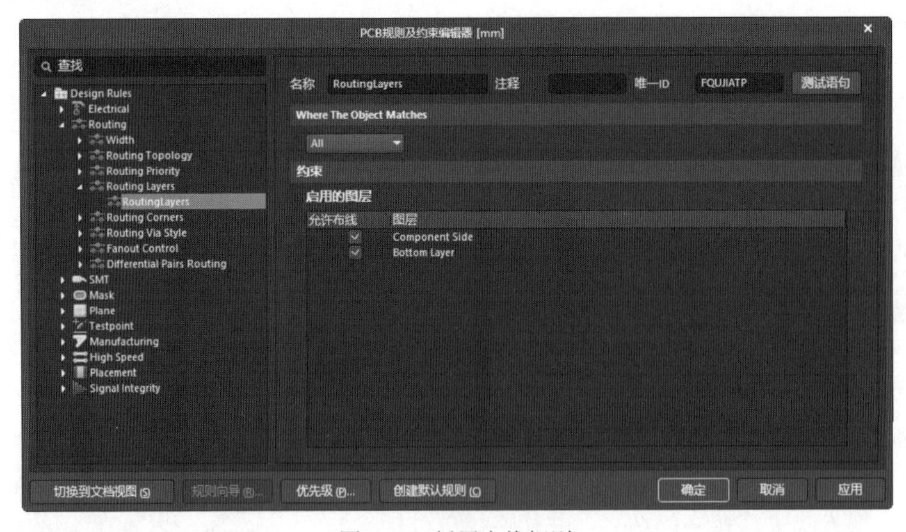

图 7-62　板层布线规则

5. Routing Corners

拐角布线规则用于设置 PCB 走线采用的拐角方式，如图 7-63 所示。

单击“约束”栏中“类型”右侧的下三角按钮，可以选择拐角方式，有 45° 拐角、90° 拐角和圆形拐角 3 种，如图 7-64 所示。“阻碍”文本框用于设定拐角的长度，“到”文本框用于设置拐角的大小。

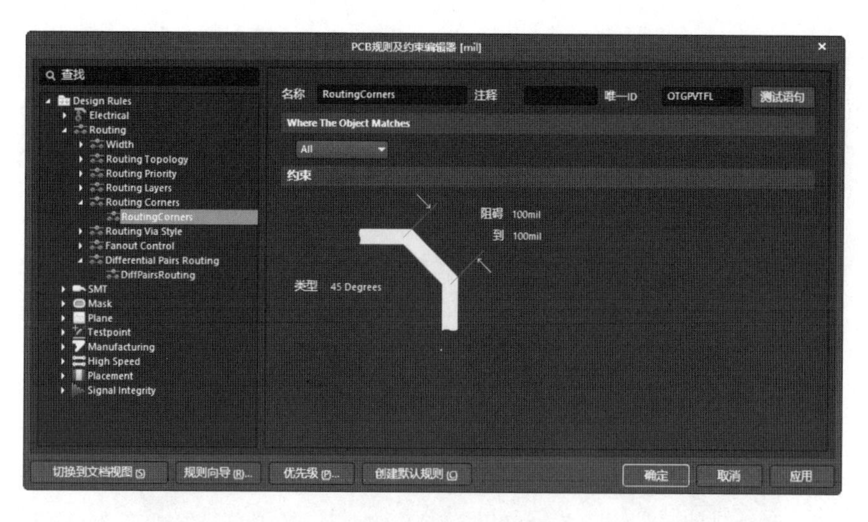

图 7-63　拐角布线规则

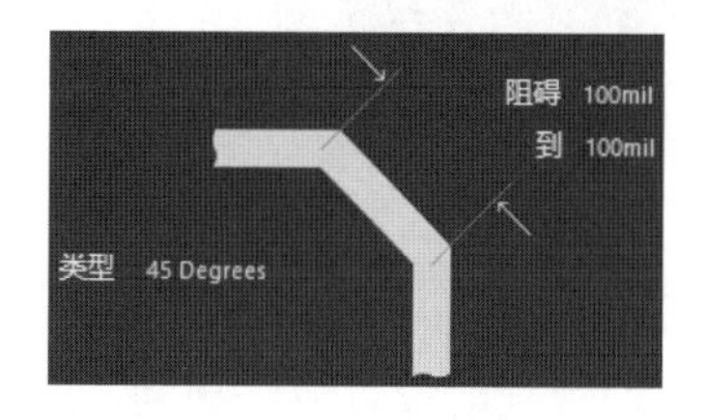

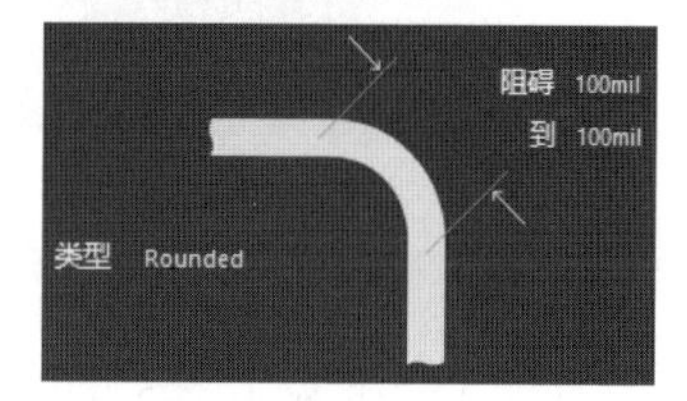

图 7-64　拐角设置

6. Routing Via Style

过孔布线规则用于设置布线中过孔的尺寸，如图 7-65 所示。

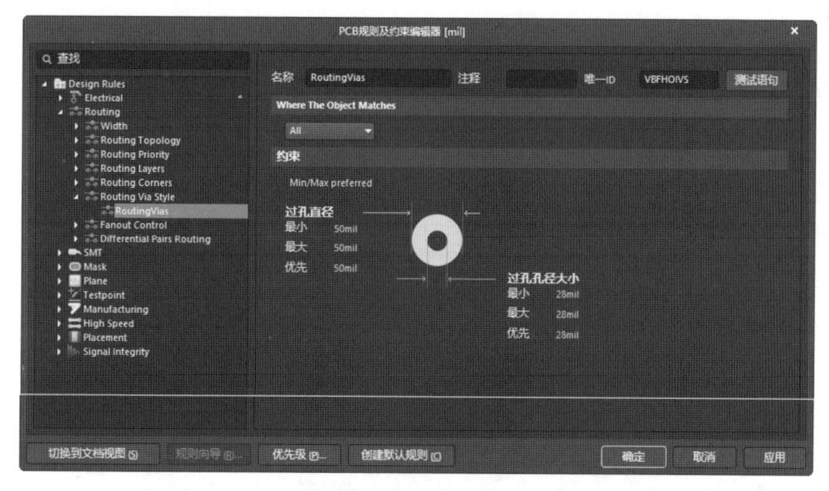

图 7-65　过孔布线规则

在该对话框中可以设置“过孔直径”和“过孔孔径大小”，包括“最大”“最小”和“优先”。在设置时，需要注意过孔直径和过孔孔径的差值不宜太小，否则将不利于制板加工，合适的差值应该在 10mil 以上。

7. Fanout Control

扇出式布线规则用于设置表面贴片元器件的布线方式，如图 7-66 所示。

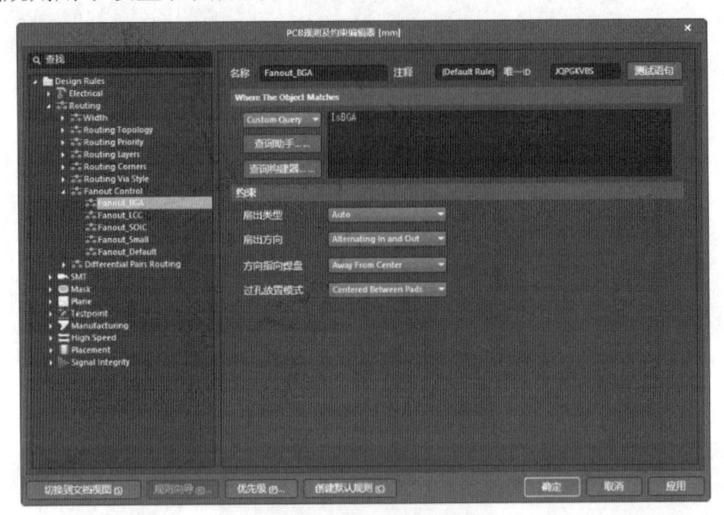

图 7-66　扇出式布线规则

系统针对不同的贴片元器件提供了 5 种扇出规则：Fanout-BGA、Fanout-LCC、Fanout-SOIC、Fanout-Small（管脚数小于 5 的贴片元器）、Fanout-Default。每种规则的设置方法相同，在“约束”栏中提供了扇出类型、扇出方向、方向指向焊盘以及过孔放置模式等选择项，用户可以根据具体电路中的贴片元器件的特点进行设置。

8. Differential Pairs Routing

差分对布线规则用于设置差分信号的布线，如图 7-67 所示。在该对话框中可以设置差分布线时的“最小宽度”“最小间隙”“优选宽度”“优选间隙”“最大宽度”以及“最大间隙”参数。一般情况下，差分信号走线要尽量短且平行、长度尽量一致、间隙尽量小一些，根据这些原则，用户可以设置对话框中的参数值。

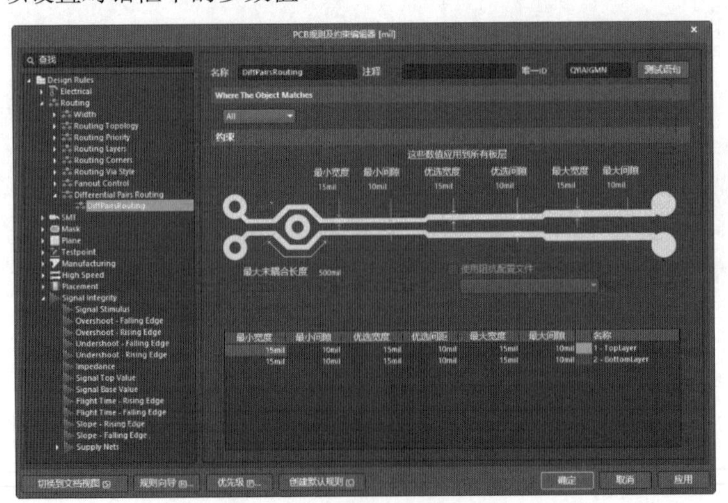

图 7-67　差分对布线规则

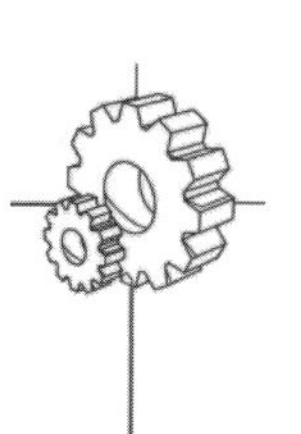

7.6.4　表贴封装规则

表贴封装规则主要用于设置表面安装型元器件的走线规则，其中包括以下 3 种设计规则。

1. SMD To Corner（表面安装元器件的焊盘与导线拐角处最小间距规则）

该规则用于设置表面安装元器件的焊盘出现走线拐角时，拐角和焊盘之间的距离，如图 7-68（a）所示。通常，走线时引入拐角会导致电信号的反射，引起信号之间的串扰，因此需要限制从焊盘引出的信号传输线至拐角的距离，以减小信号串扰。可以针对每一个焊盘、每一个网络甚至整个 PCB 设置拐角和焊盘之间的距离，默认间距为 0mil。

2. SMD To Plane（表面安装元器件的焊盘与中间层间距规则）

该规则用于设置表面安装元器件的焊盘连接到中间层的走线距离。该项设置通常出现在电源层向芯片的电源管脚供电的场合。可以针对每一个焊盘、每一个网络甚至整个 PCB 设置焊盘和中间层之间的距离，默认间距为 0mil，如图 7-68（b）所示。

3. SMD Neck Down（表面安装元器件的焊盘颈缩率规则）

该规则用于设置表面安装元器件的焊盘连线的导线宽度，如图 7-68（c）所示。在该规则中，可以设置导线线宽上限占据焊盘宽度的百分比，通常走线宽度总是比焊盘宽度小。可以根据实际需要对每一个焊盘、每一个网络甚至整个 PCB 设置焊盘上的走线宽度与焊盘宽度之间的最大比率，默认值为 50%。

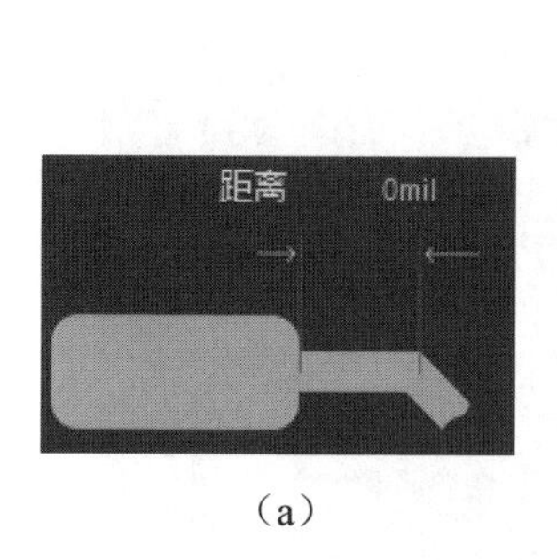

（a）

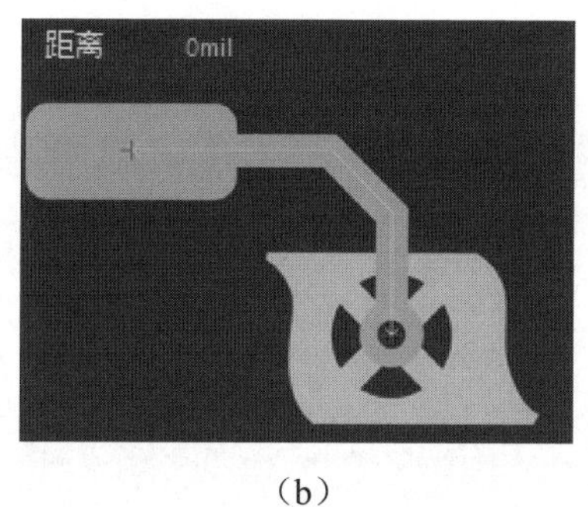

（b）

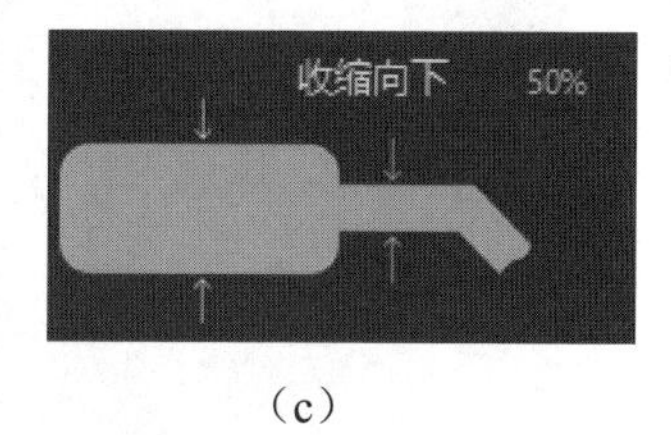

（c）

图 7-68　“SMT”（表贴封装规则）的设置

7.6.5　阻焊层设计规则

阻焊层设计规则用于设置焊盘到阻焊层的距离，有如下两种规则：

1. Solder Mask Expansion（阻焊层延伸量规则）

该规则用于设计从焊盘到阻焊层之间的延伸距离，如图 7-69 所示。在制作电路板时，阻焊层要预留一部分空间给焊盘。这个延伸量就是防止阻焊层和焊盘相重叠。用户可以在“约束”栏中的外扩后面设置延伸量的大小，系统默认值为 4mil。

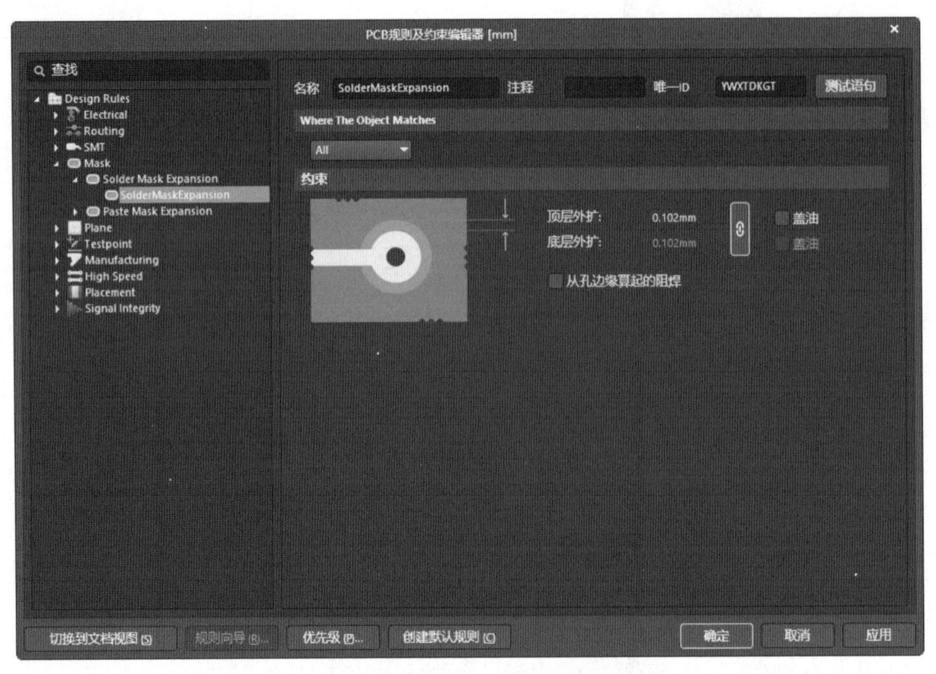

图 7-69 阻焊层延伸量规则

2. Paste Mask Expansion（表面贴片元器件延伸量规则）

该规则设置表面贴片元器件的焊盘和焊锡层孔之间的距离，如图 7-70 所示。“外扩”项可以设置延伸量的大小。

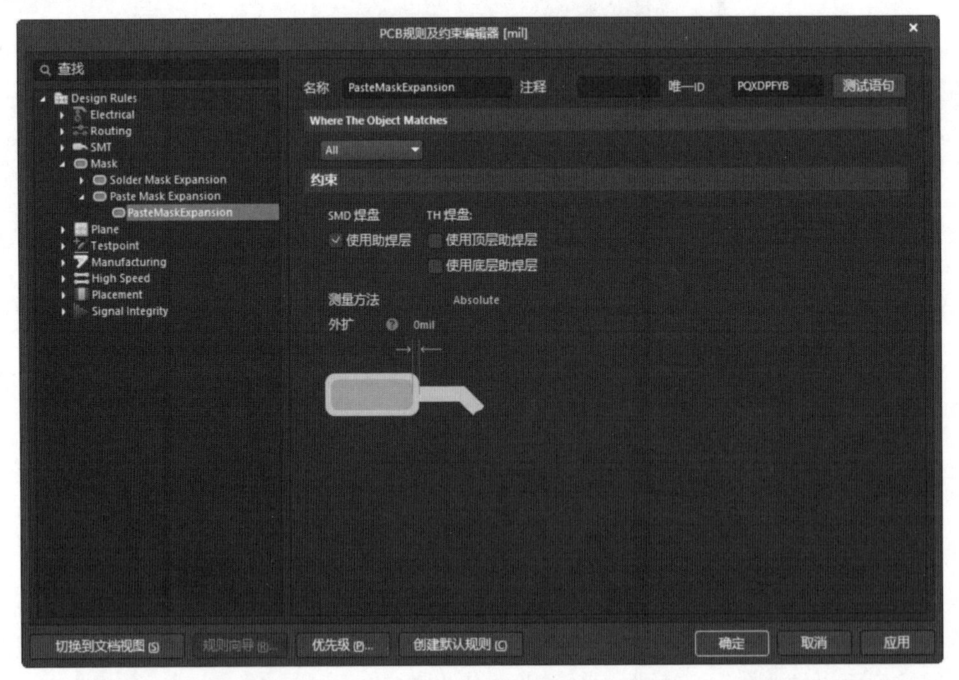

图 7-70 表面贴片元器件延伸量规则

7.6.6　内电层设计规则

内电层设计规则用于多层板设计中，有如下 3 种设置规则。

1. Power Plane Connect Style（电源层连接方式规则）

电源层连接方式规则用于设置过孔到电源层的连接，如图 7-71 所示。

图 7-71　电源层连接方式规则

在“约束”栏中有以下 5 个设置项：

- 连接方式：用于设置电源层和过孔的连接方式。在下拉列表中有 3 个选项可供选择：Relief Connect（发散状连接）、Direct connect（直接连接）和 No Connect（不连接）。PCB 中多采用发散状连接方式。
- 导体宽度：用于设置导线宽度。
- 导体：用于选择连通的导线的数目，有 2 条或 4 条导线可供选择。
- 空气间隙：用于设置空隙的间隔宽度。
- 外扩：用于设置从过孔到空隙的间距。

2. Power Plane Clearance（电源层安全距离规则）

该规则用于设置电源层与穿过它的过孔之间的安全距离，即防止导线短路的最小距离，如图 7-72 所示。系统默认值为 20mil。

3. Polygon Connect style（覆铜连接方式规则）

该规则用于设置多边形覆铜与焊盘之间的连接方式，如图 7-73 所示。

该对话框中“连接方式”“导体”和“导体宽度”的设置与“Power Plane Connect Style

（电源层连接方式）”选项设置的意义相同。此外，可以设置覆铜与焊盘之间的连接角度，有90°和45°两种。

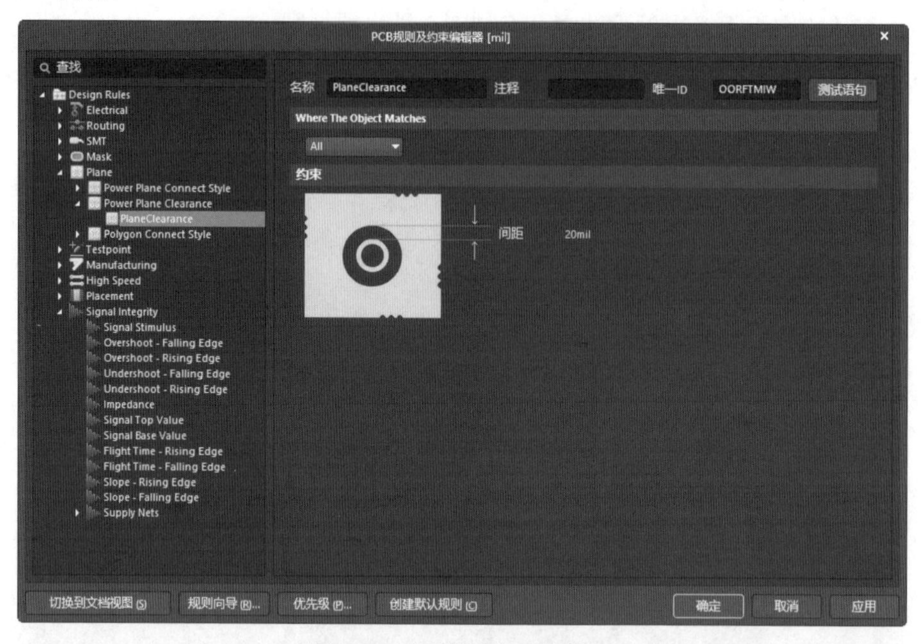

图 7-72　电源层安全距离规则

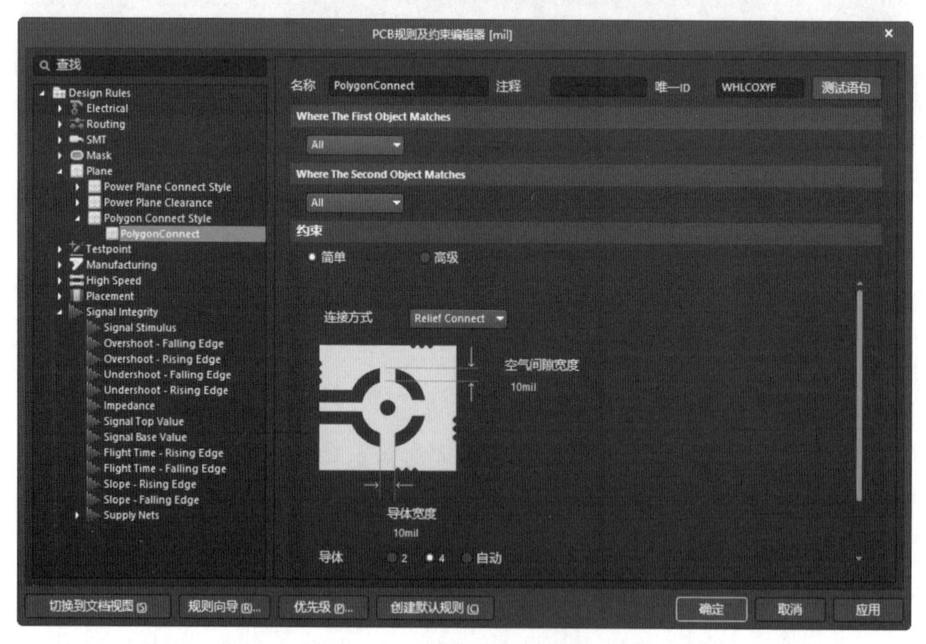

图 7-73　覆铜连接方式规则

7.6.7　测试点设计规则

测试点设计规则用于设置测试点的形状、用法等，有如下两种规则。

1. FabricationTestpoint（装配测试点规则）

该规则用于设置测试点的形式。为了方便电路板的调试，在 PCB 上引入了测试点。测试点连接在某个网络上，形式和过孔类似，在调试过程中可以通过测试点引出电路板上的信号。如图 7-74 所示为该规则的设置对话框，在该对话框中可以设置测试点的形式和各种参数。

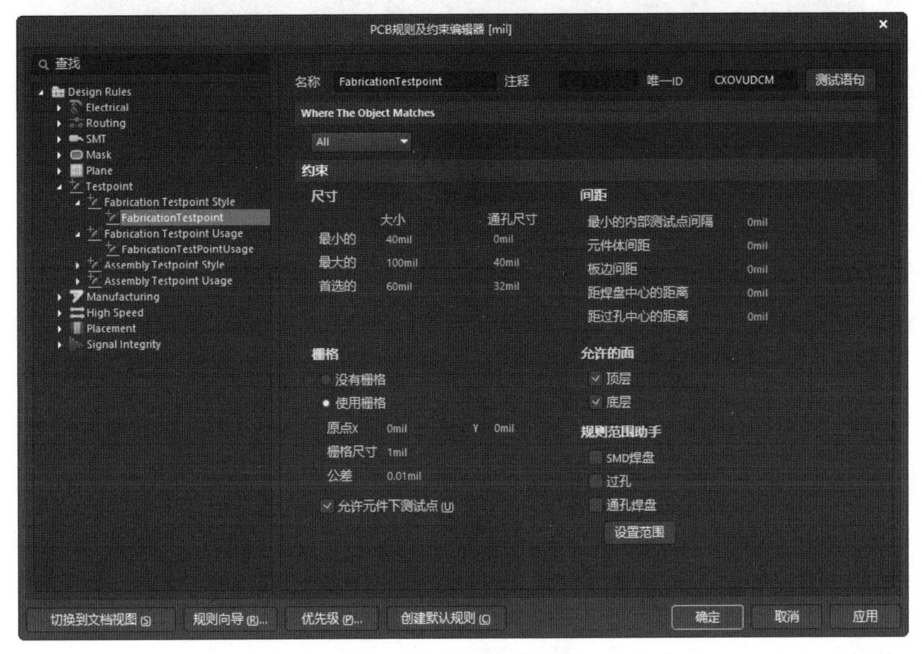

图 7-74　配测试点规则

该对话框的“约束”栏中有如下选项：

- 尺寸：用于设置测试点的大小，可以设置“最小的”“最大的”和“首选的”。
- 栅格：用于设置测试点的栅格大小。系统默认为 1mil。
- 允许元件下测试点：用于设置是否允许将测试点放置在元器件下面。
- 允许的面：用于选择可以将测试点放置在哪些层面上，可以选择“顶层”和“底层”。

2. FabricationTestPointUsage（装配测试点使用规则）

该规则用于设置测试点的使用参数。如图 7-75 所示为该规则的设置对话框，在该对话框中可以设置是否允许使用测试点和同一网络上是否允许使用多个测试点。

- “必需的”单选按钮：选中该单选按钮，表示每一个目标网络都使用一个测试点。该项为默认设置。
- “禁止的”单选按钮：选中该单选按钮，表示所有网络都不使用测试点。
- “无所谓”单选按钮：选中该单选按钮，表示每一个网络可以使用测试点，也可以不使用测试点。
- “允许更多测试点（手动分配）”复选框：勾选该复选框后，系统将允许在一个网络上使用多个测试点。默认设置为不勾选该复选框。

图 7-75　装配测试点使用规则

7.6.8　加工设计规则

Manufacturing 根据 PCB 制作工艺来设置有关参数，主要用于在线 DRC 和批处理 DRC 执行过程中，其中包括 9 种设计规则。

1. Minimum Annular Ring（最小环孔限制规则）

该规则用于设置环状图元内外径间距下限，如图 7-76 所示。在 PCB 设计时引入的环状图元（如过孔）中，如果内径和外径之间的差很小，在工艺上可能无法制作出来，此时的设计实际上是无效的。通过该项设置可以检查出所有工艺无法制作的环状物。默认值为 10mil。

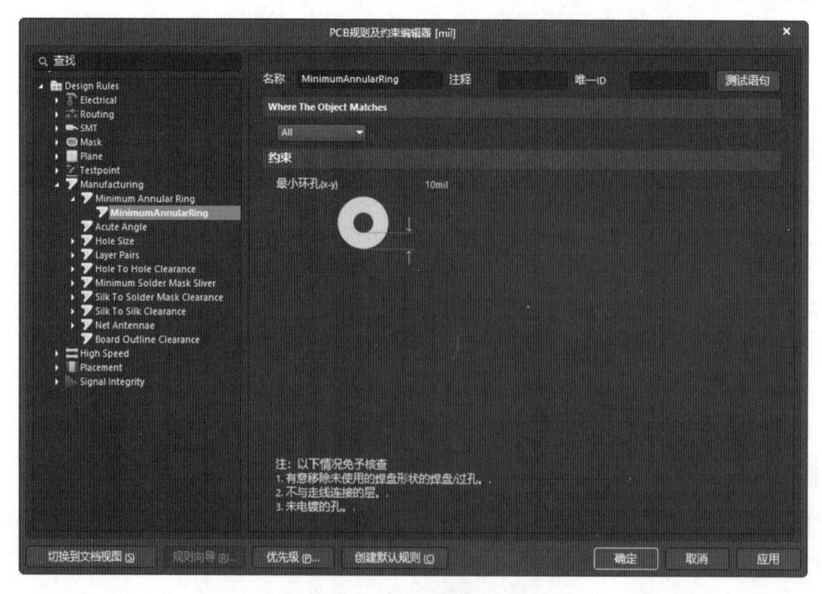

图 7-76　最小环孔限制规则

2. Acute Angle（锐角限制规则）

该规则用于设置锐角走线角度限制，如图 7-77 所示。在 PCB 设计时，如果没有规定走线角度最小值，则可能出现拐角很小的走线，工艺上可能无法达到这样的拐角，此时的设计实际上是无效的。通过该项设置可以检查出所有工艺无法达到的锐角走线。默认值为 90° 。

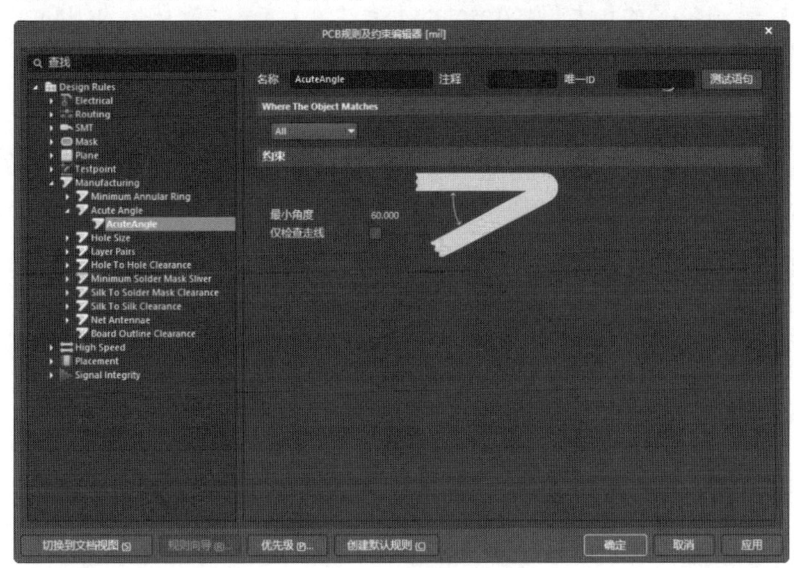

图 7-77　锐角限制规则

3. Hole Size（钻孔尺寸设计规则）

该规则用于设置钻孔孔径的上限和下限，如图 7-78 所示。与设置环状图元内外径间距下限类似，过小的钻孔孔径可能在工艺上无法制作，从而导致设计无效。通过设置通孔孔径的范围，可以防止 PCB 设计出现类似错误。

图 7-78　钻孔尺寸设计规则

- 测量方法：测量孔径尺寸的方法有 Absolute（绝对值）和 Percent（百分数）两种。默认设置为 Absolute（绝对值）。
- 最小的：设置孔径的最小值。Absolute（绝对值）方式的默认值为 1mil，Percent（百分数）方式的默认值为 20%。
- 最大的：设置孔径的最大值。Absolute（绝对值）方式的默认值为 100mil，Percent（百分数）方式的默认值为 80%。

4. Layer Pairs（工作层对设计规则）

该规则用于检查使用的 Layer-pairs（工作层对）是否与当前的 Drill-pairs（钻孔对）匹配。使用的 Layer-pairs（工作层对）是由板上的过孔和焊盘决定的。Layer-pairs（工作层对）是指一个网络的起始层和终止层。该项规则除了应用于在线 DRC 和批处理 DRC 外，还可以应用在交互式布线过程中。对话框中的“加强层对设定”复选框，用于确定是否强制执行此项规则的检查。勾选该复选框时，将始终执行该项规则的检查。

7.6.9 高速电路设计规则

High Speed 用于设置高速信号线布线规则，其中包括以下 8 种设计规则。

1. Parallel Segment（平行导线段间距限制规则）

该规则用于设置平行走线间距限制，如图 7-79 所示。在 PCB 的高速设计中，为了保证信号传输正确，需要采用差分对来传输信号。它与单根线传输信号相比，可以得到更好的效果。在该对话框中可以设置差分对的各项参数，包括差分对的层、间距和长度等。

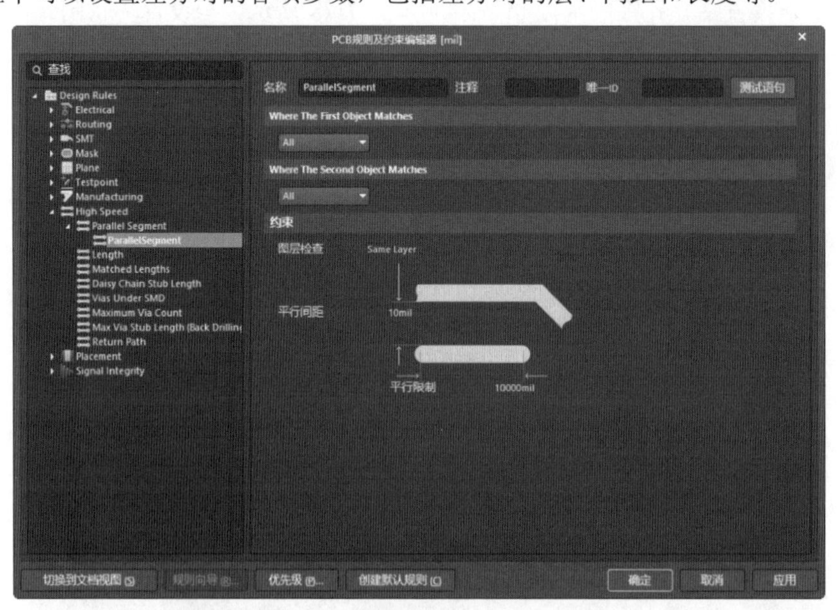

图 7-79　平行导线段间距限制规则

- 图层检查：用于设置两段平行导线所在的工作层面属性，有“Same Layer（位于同一个工作层）”和“Adjacent Layers（位于相邻的工作层）”两种选择。默认设置为“Same

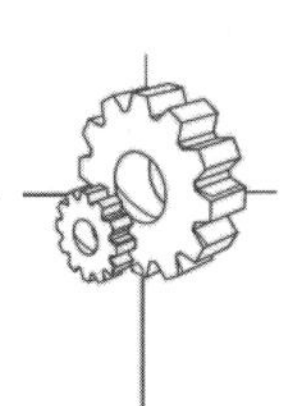

Layer（位于同一个工作层）”。

- 平行间距：用于设置两段平行导线之间的距离。默认设置为 10mil。
- 平行限制：用于设置平行导线的最大允许长度（在使用平行走线间距规则时）。默认设置为 10000mil。

2. Length（网络长度限制规则）

该规则用于设置传输高速信号的导线的长度，如图 7-80 所示。在高速 PCB 设计中，为了保证阻抗匹配和信号质量，对网络长度也有一定的要求。在该对话框中可以设置网络长度的下限和上限。

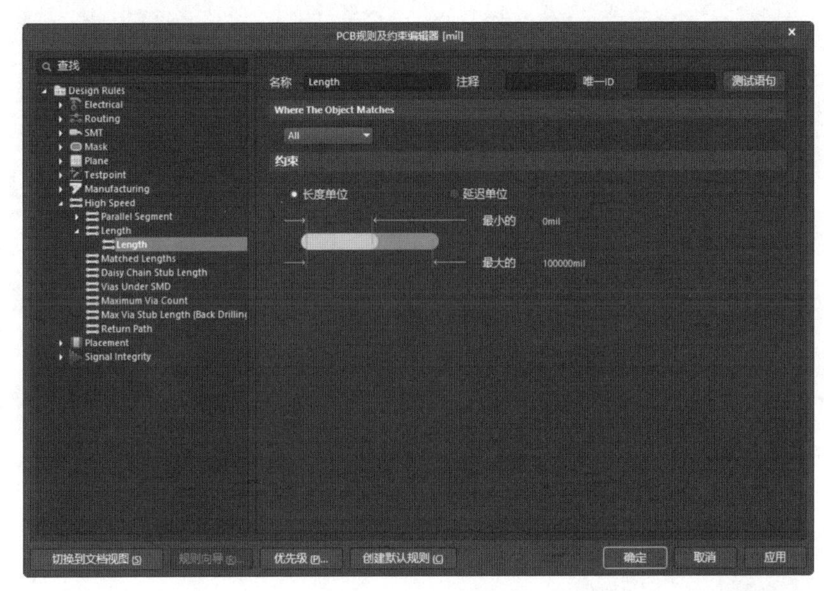

图 7-80　网络长度限制规则

- 最小的：用于设置网络最小允许长度值。默认设置为 0mil。
- 最大的：用于设置网络最大允许长度值。默认设置为 100000mil。

3. Matched Lengths（匹配传输导线的长度规则）

该规则用于设置匹配网络传输导线的长度，如图 7-81 所示。在高速 PCB 设计中，通常需要对部分网络的导线进行匹配布线。在该对话框中，可以设置匹配走线的各项参数。

- “公差”选项：在高速电路设计中要考虑传输线的长度问题，传输线太短将产生串扰等传输线效应。该项定义了一个传输线长度值，将设计中的走线长度与此长度值进行比较，当走线长度小于此长度值时，选择菜单栏中的“工具”→“网络等长”命令，系统将自动延长走线的长度以满足此处的设置需求。默认设置为 1000mil。

4. Daisy Chain Stub Length（菊花状布线主干导线长度限制规则）

该规则用于设置 90° 拐角和焊盘的距离，如图 7-82 所示。在高速 PCB 设计中，通常情况下为了减少信号的反射，是不允许出现 90° 拐角的，在必须有 90° 拐角的场合中将引入焊盘和拐角之间距离的限制。

5. Vias Under SMD（SMD 焊盘下过孔限制规则）

该规则用于设置表面安装的元器件焊盘下是否允许出现过孔，如图 7-83 所示为该规则的设置示意图。在 PCB 中，需要尽量减少在表面安装的元器件焊盘中引入过孔，但是在特殊情况下（如中间电源层通过过孔向电源管脚供电）可以引入过孔。

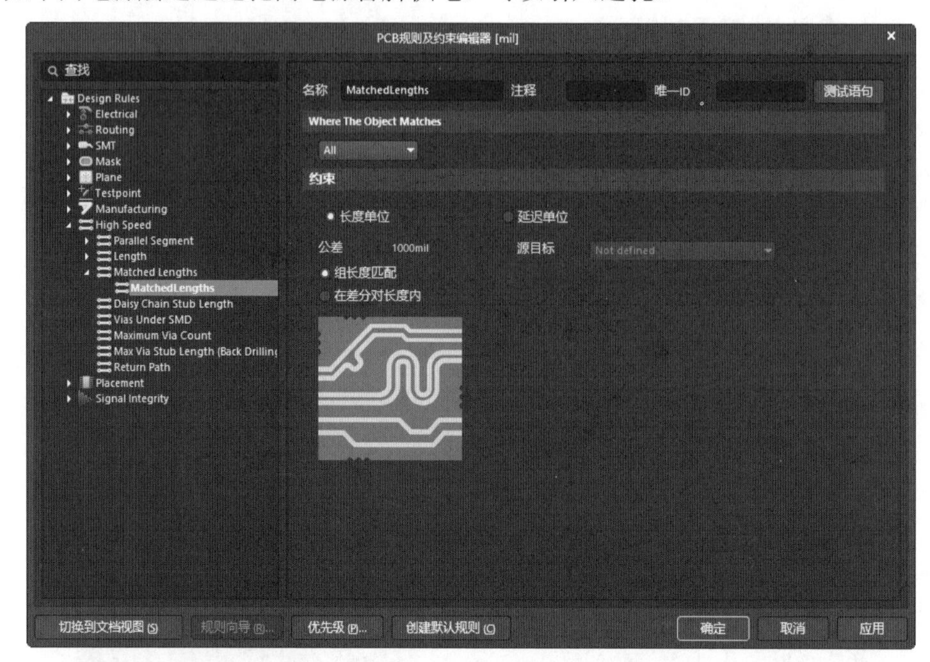

图 7-81　匹配传输导线的长度规则

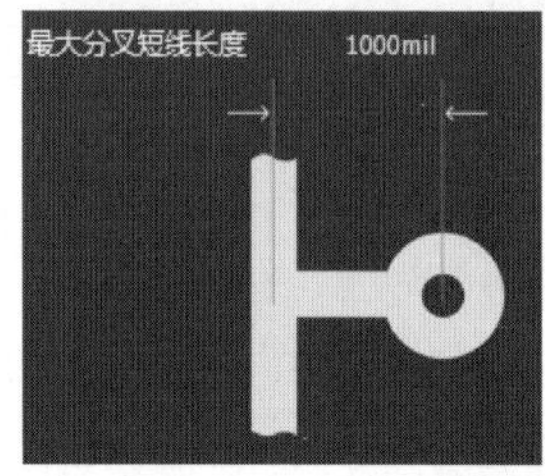

图 7-82　设置菊花状布线主干导线长度限制规则

图 7-83　设置 SMD 焊盘下过孔限制规则

6. Maximun Via Count（最大过孔数量限制规则）

该规则用于设置布线时过孔数量的上限。默认设置为 1000。

7. Max Via Stub Length(Back Drilling)（最大过孔短截线长度（反钻））

该规则用于设置布线时过孔短截线的长度。

8. Return Path（返回路径）

该规则指定了沿目标信号上方或下方的指定参考层的连续信号返回路径。

7.6.10　布局设计规则

Placement 用于设置元器件布局的规则。在布线时可以引入元器件的布局规则，这些规则一般只在对元器件布局有严格要求的场合中使用。

前面章节已经有详细介绍，这里不再赘述。

7.6.11　信号完整性分析规则

Signal Integrity（信号完整性）用于设置信号完整性所涉及的各项要求，如对信号上升沿、下降沿等的要求。这里的设置会影响到电路的信号完整性仿真，下面对其进行简单介绍。

- Signal Stimulus（激励信号规则）：如图 7-84 所示为该规则的设置示意图。激励信号的类型有 Constant Level（直流）、Single Pulse（单脉冲信号）、Periodic Pulse（周期性脉冲信号）3 种。还可以设置激励信号初始电平（低电平或高电平）、开始时间、终止时间和周期等。

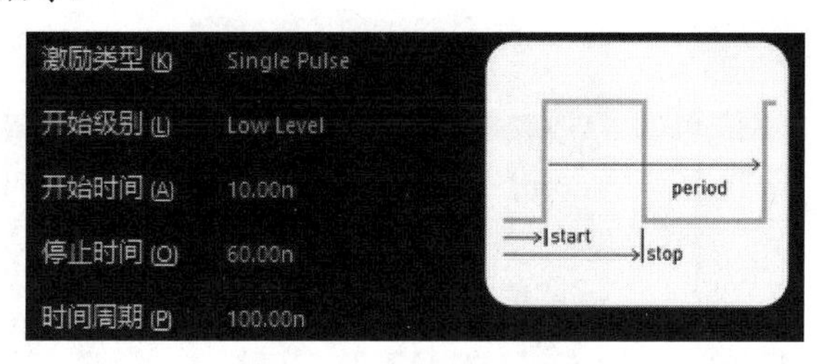

图 7-84　激励信号规则

- Overshoot-Falling Edge（信号下降沿的过冲约束规则）：如图 7-85 所示为该规则的设置示意图。
- Overshoot- Rising Edge（信号上升沿的过冲约束规则）：如图 7-86 所示为该规则的设置示意图。

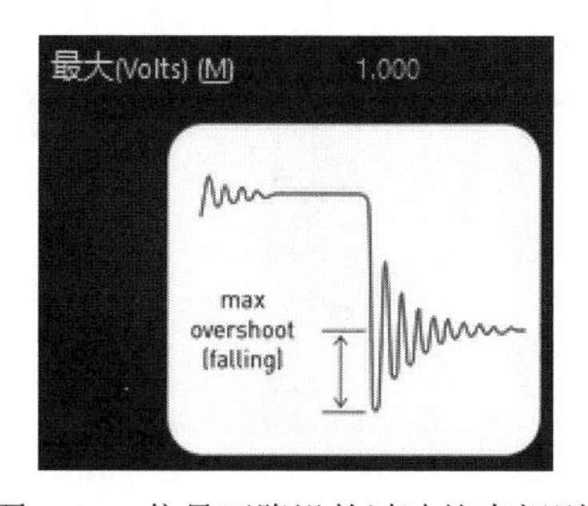

图 7-85　信号下降沿的过冲约束规则

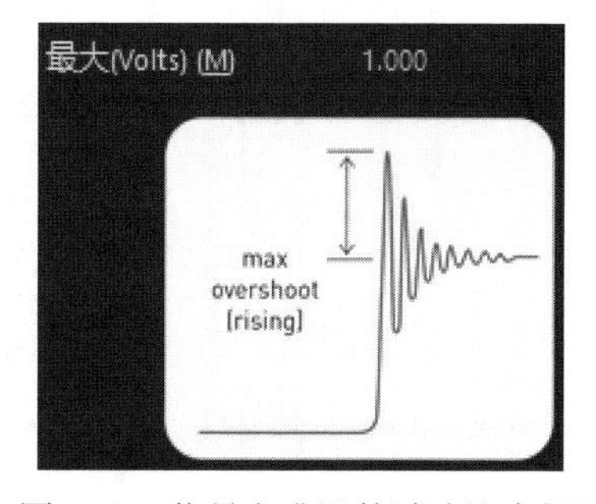

图 7-86　信号上升沿的过冲约束规则

- Undershoot-Falling Edge（信号下降沿的反冲约束规则）：如图 7-87 所示为该规则的设置示意图。
- Undershoot-Rising Edge（信号上升沿的反冲约束规则）：如图 7-88 所示为该规则的设置示意图。
- Impedance（阻抗约束规则）：如图 7-89 所示为该规则的设置示意图。

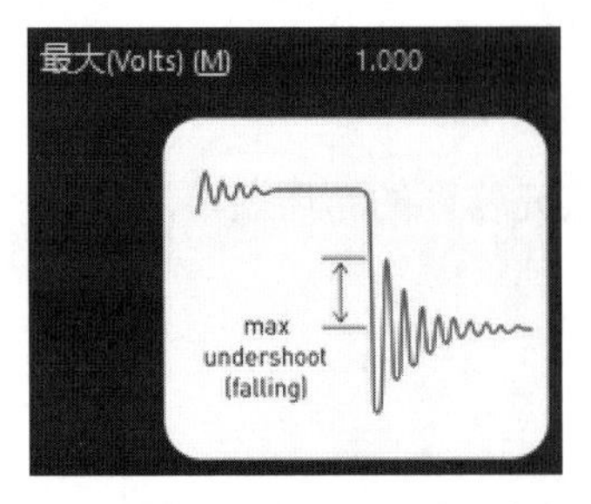

图 7-87 信号下降沿的反冲约束规则

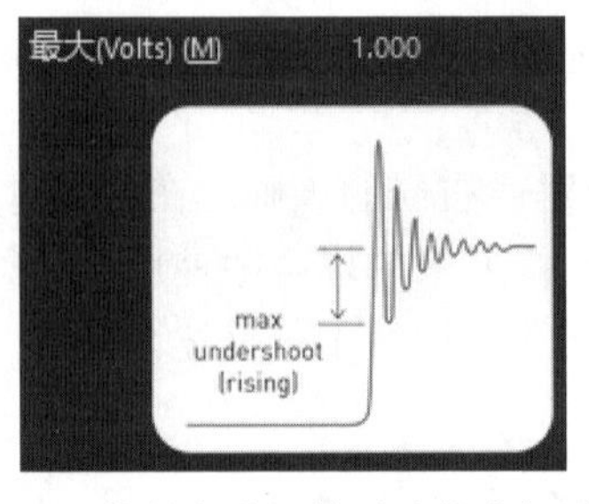

图 7-88 信号上升沿的反冲约束规则

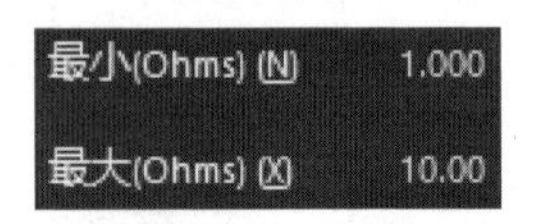

图 7-89 阻抗约束规则

- Signal Top Value（信号高电平约束规则）：用于设置高电平的最小值。如图 7-90 所示为该规则的设置示意图。
- Signal Base Value（信号基准约束规则）：用于设置低电平的最大值。如图 7-91 所示为该规则的设置示意图。
- Flight Time-Rising Edge（上升沿的上升时间约束规则）：如图 7-92 所示为该规则的设置示意图。

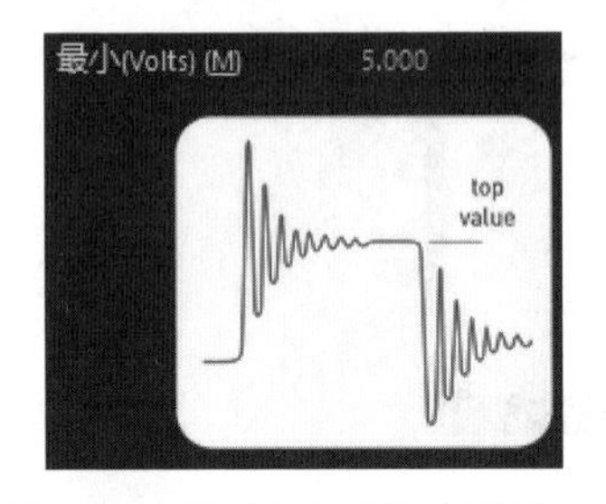

图 7-90 信号高电平约束规则

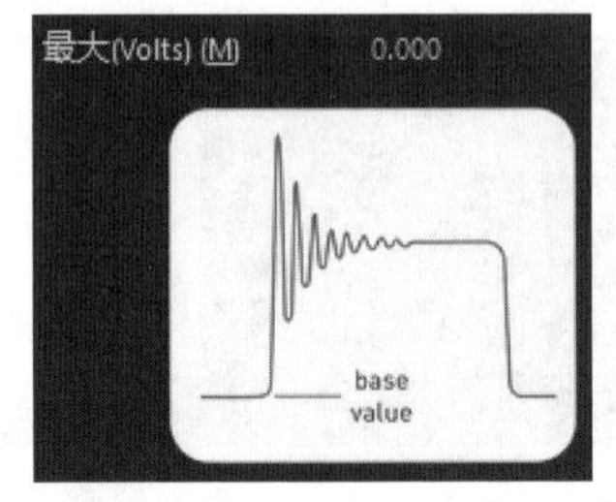

图 7-91 信号基准约束规则

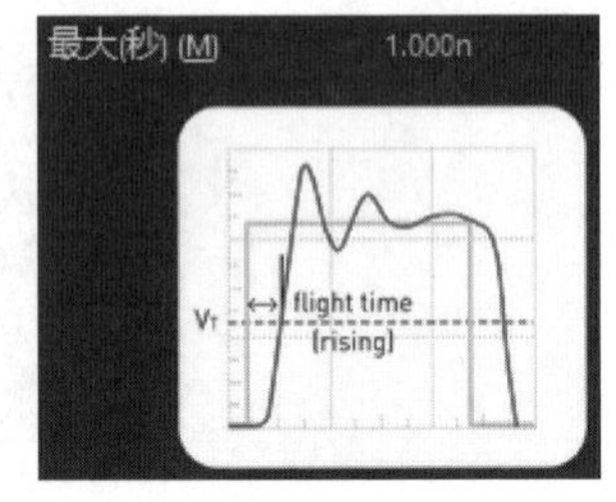

图 7-92 上升沿的上升时间约束规则

- Flight Time-Falling Edge（下降沿的下降时间约束规则）：如图 7-93 所示为该规则的设置示意图。
- Slope-Rising Edge（上升沿斜率约束规则）：如图 7-94 所示为该规则的设置示意图。
- Slope-Falling Edge（下降沿斜率约束规则）：如图 7-95 所示为该规则的设置示意图。

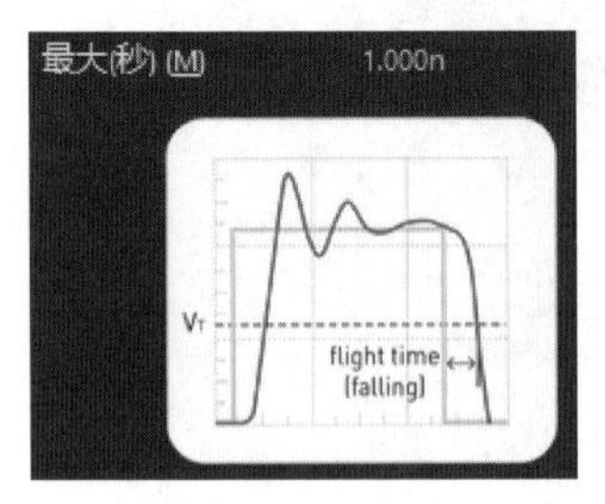

图 7-93 下降沿的下降时间约束规则

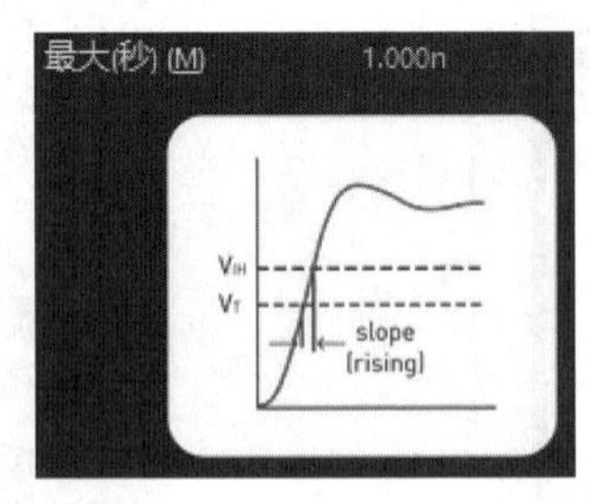

图 7-94 上升沿斜率约束规则

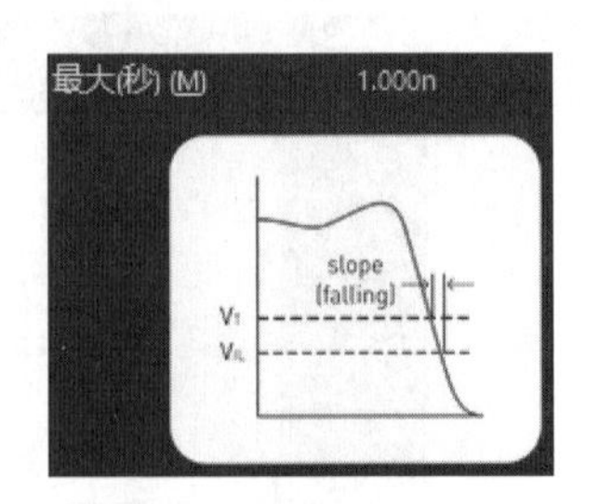

图 7-95 下降沿斜率约束规则

- Supply Nets：用于提供网络约束规则。

从以上对 PCB 布线规则的说明可知，Altium Designer 24 对 PCB 布线做了全面规定。这些规定只有一部分运用在元器件的自动布线中，而所有规则将运用在 PCB 的 DRC 检测中。在对 PCB 手动布线时可能会违反设定的 DRC 规则，在对 PCB 进行 DRC 检测时将检测出所有违反这些规则的地方。

7.7　PCB 图的绘制

本节将介绍在 PCB 编辑中常用到的一些操作，包括在 PCB 图中绘制和放置各种元素，如线条、焊盘、过孔等。在 Altium Designer 24 的 PCB 编辑器的“放置”菜单中，提供了各种元素的绘制和放置命令，同时这些命令对应的按钮也可以在工具栏中找到，如图 7-96 所示。

图 7-96　“放置”菜单和工具栏

7.7.1　绘制铜膜导线

在绘制导线之前，单击板层标签，选定导线要放置的层面，将其设置为当前层。

1. 启动绘制铜膜导线命令

启动绘制铜膜导线命令有以下 4 种方法：

- 执行菜单命令“放置”→“走线”。
- 单击“布线”工具栏中的（交互式布线连接）按钮。
- 在 PCB 编辑区内右击，在弹出的快捷菜单中选择“交互式布线”命令。
- 使用快捷键 P+T。

2. 绘制铜膜导线

01 启动绘制命令后，光标变成十字形，在指定位置单击，确定导线起点。

02 移动光标绘制导线，在导线拐弯处单击，然后继续绘制导线，在导线终点处再次单击，结束该导线的绘制。

03 此时，光标仍处于十字形状态，可以继续绘制导线。绘制完成后，右击或按 Esc 键，退出绘制状态。

3. 导线的属性设置

在绘制导线过程中，按 Tab 键，或者双击导线，弹出“Properties（属性）”面板，如图 7-97 所示。

在该面板中，可以设置导线宽度、所在层面、过孔直径以及过孔孔径，同时还可以重新设置布线宽度规则和过孔布线规则等。此设置将作为绘制下一段导线的默认值。

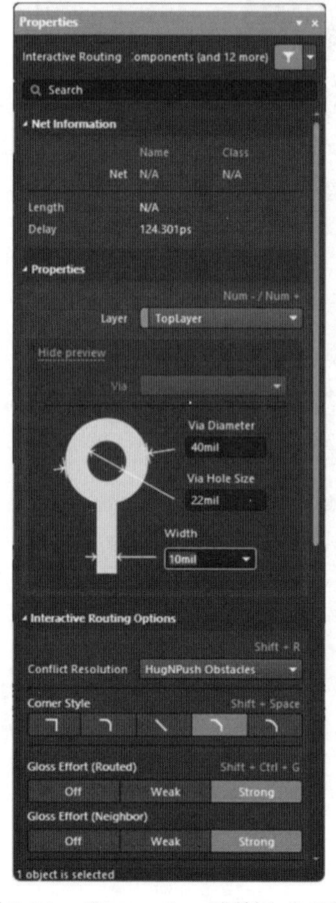

图 7-97 “Properties（属性）”面板

7.7.2 绘制直线

这里绘制的直线多指与电气属性无关的线，它的绘制方法和属性设置与导线的基本相同，只是启动绘制命令的方法不同。

启动绘制直线命令有以下 3 种方法：

- 执行菜单命令“放置”→“线条”。
- 单击“应用工具”工具栏中的 （实用工具）按钮，在弹出的绘图工具栏中单击 （放置线）按钮。
- 使用快捷键 P+L。

对于绘制方法与属性设置，不再赘述。

7.7.3 放置元器件封装

在 PCB 设计过程中，有时候会因为在电路原理图中遗漏了部分元器件，而使设计达不到预期的目的。若重新设计将耗费大量的时间，这种情况下就可以直接在 PCB 中添加遗漏的元器件封装。

1. 启动放置元器件封装命令

启动放置元器件封装命令有以下 3 种方法：

- 执行菜单命令“放置”→“器件”。
- 单击工具栏中的 （放置元器件封装）按钮。
- 使用快捷键 P+C。

2. 放置元器件封装

启动放置命令后，系统弹出“Components（元器件）”面板，如图 7-98 所示。在该面板

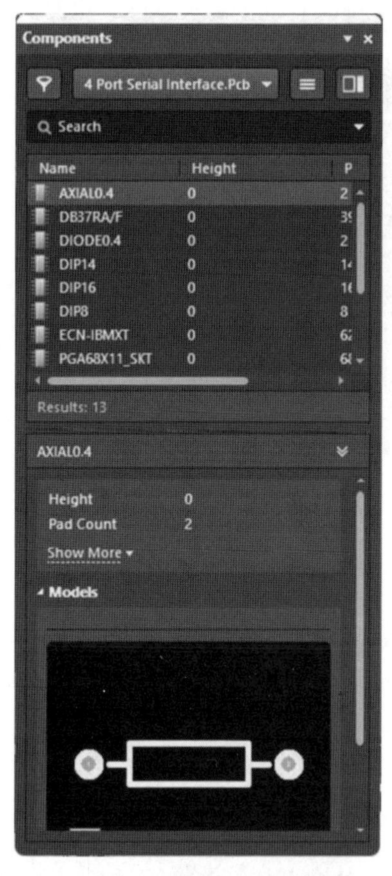

图 7-98　“Components（元器件）”面板

中可以选择我们要放置的元器件封装，步骤如下：

01 在“Components（元器件）”面板右上角单击 ≡ 按钮，在弹出的菜单中选择“File-based Libraries Preferences（库文件参数）”命令，打开“有效的基于文件的库”对话框，如图 7-99 所示。

图 7-99　“有效的基于文件的库”对话框

02 单击“安装”按钮，弹出“打开”对话框，如图 7-100 所示，从中选择需要的封装库。

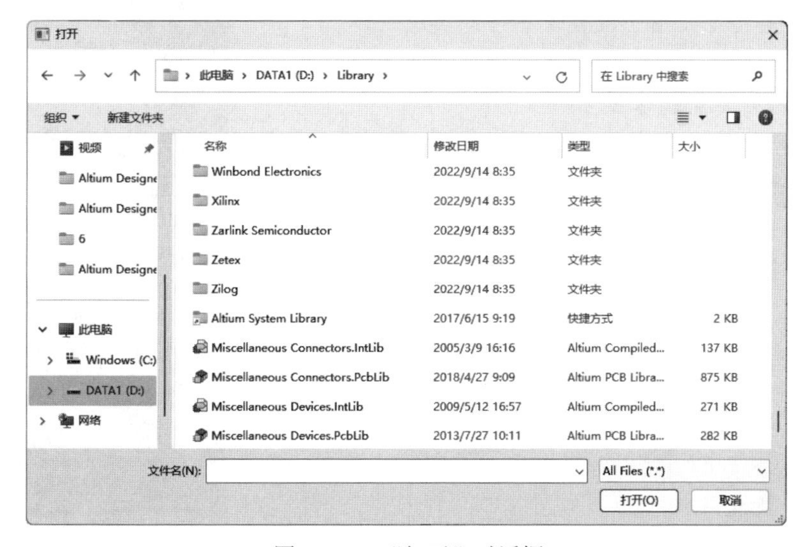

图 7-100　“打开”对话框

03 若已知要放置的元器件封装名称，则将封装名称输入搜索栏中进行搜索即可。如若搜索不到，则在“Components（元器件）”面板右上角单击按钮，在弹出的菜单中选择“File-based Libraries Search（库文件搜索）”命令，打开“基于文件的库搜索”对话框，如图 7-101 所示。

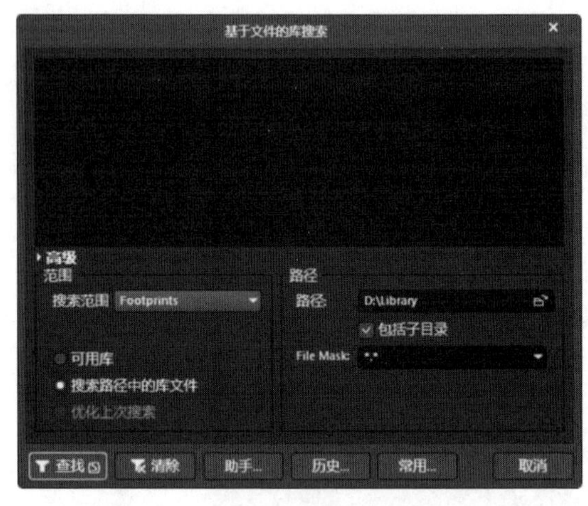

图 7-101　“基于文件的库搜索”对话框

04 在“搜索范围”下拉列表中选择“Footprints（封装）”，然后输入要搜索的元器件封装名称进行搜索。

05 选定元器件封装后，在“Components（元器件）”面板中将显示元器件封装符号和元器件模型的预览。双击元器件封装符号，则元器件的封装外形将随光标移动，在图纸的合适位置单击，放置该封装。

3. 设置元器件属性

双击放置完成的元器件封装，或者在放置状态下按 Tab 键，系统弹出元器件的“Properties（属性）”面板，如图 7-102 所示。该面板中部分参数的意义如下：

- （X/Y）：用于设置元器件的位置坐标。
- Rotation（旋转）：用于设置元器件放置时旋转的角度。
- Layer（层）：用于设置元器件放置的层面。
- Type（类型）：用于设置元器件的类型。
- Height（高度）：用于设置元器件的高度，作为 PCB 3D 仿真时的参考。

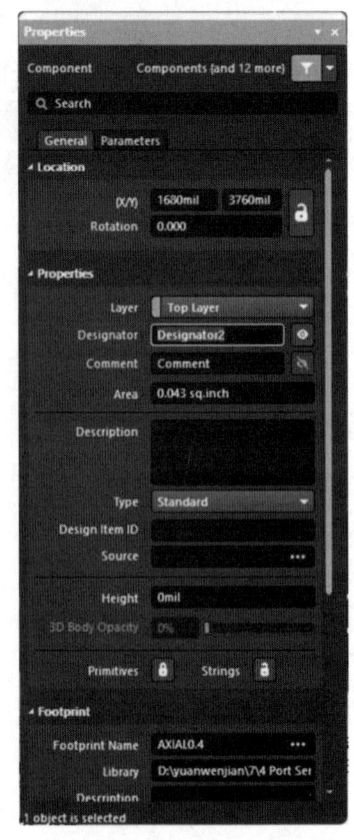

图 7-102　元器件属性设置面板

7.7.4　放置焊盘和过孔

1. 放置焊盘

1）启动放置焊盘命令

启动放置焊盘命令有如下 3 种方法：

- 执行菜单命令“放置”→“焊盘”。
- 单击工具栏中的（放置焊盘）按钮。
- 使用快捷键 Alt+P。

2）放置焊盘

启动命令后，光标变成十字形并带有一个焊盘图形，

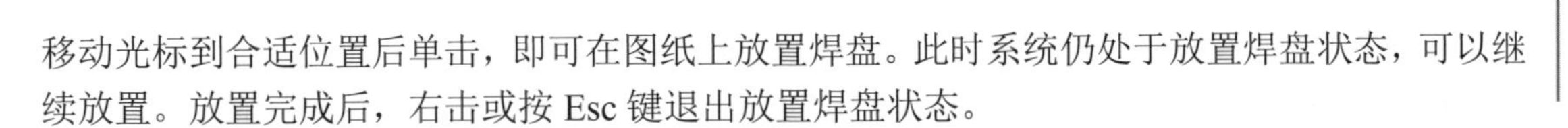

移动光标到合适位置后单击，即可在图纸上放置焊盘。此时系统仍处于放置焊盘状态，可以继续放置。放置完成后，右击或按 Esc 键退出放置焊盘状态。

3）设置焊盘属性

在焊盘放置状态下按 Tab 键，或者双击放置好的焊盘，打开焊盘的“Properties（属性）”面板，如图 7-103 所示。

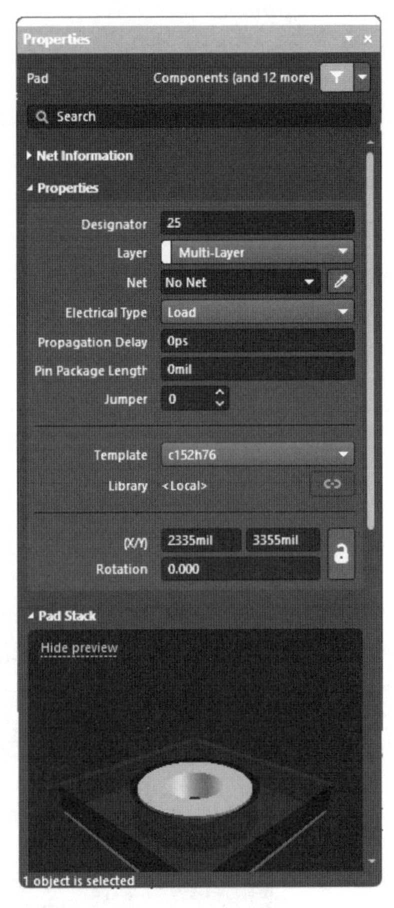

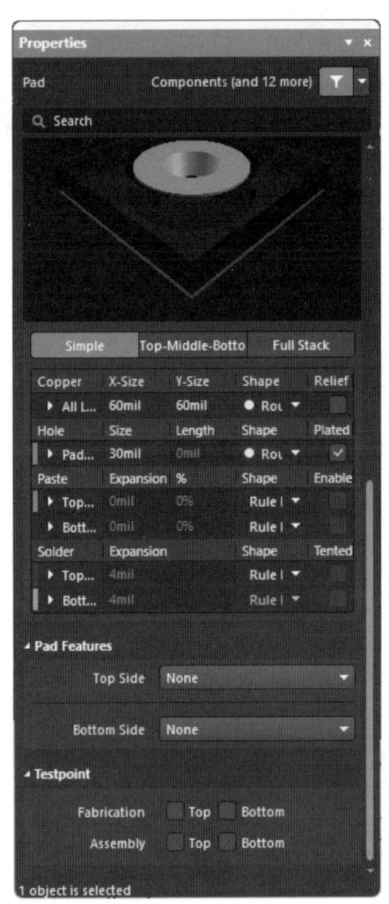

图 7-103　“Properties（属性）”面板

在该面板中，焊盘的部分属性设置如下：

（1）“Properties（属性）”选项组：

- Designator（标识符）：设置焊盘标号。
- Layer（层）：设置焊盘所在层面。对于插式焊盘，应选择 Multi-Layer；对于表面贴片式焊盘，应根据焊盘所在层面选择 Top-Layer 或 Bottom-Layer。
- Electrical Type（电气类型）：设置电气类型，有 3 个选项可选：Load（负载点）、Terminator（终止点）和 Source（源点）。
- Pin Package Length：设置管脚长度。
- Jumper（跳线）：设置跳线尺寸。

- （X/Y）：设置焊盘中心点的 X 坐标或 Y 坐标。
- Rotation（旋转）：设置焊盘旋转角度。

（2）Pad Stack（焊盘堆栈）选项组：

- “Simple（简单的）”选项卡：若选中该选项卡，则 PCB 图中所有层面的焊盘都采用同样的形状。
- “Top-Middle-Bottom（顶层-中间层-底层）”选项卡：若选中该选项卡，则顶层、中间层和底层使用不同形状的焊盘。
- “Full Stack（完成堆栈）”选项卡：此选项卡与“Top-Middle-Bottom（顶层-中间层-底层）”选项卡设置类似，不再赘述。

2. 放置过孔

过孔主要用来连接不同板层之间的布线。一般情况下，在布线过程中，换层时系统会自动放置过孔，用户也可以自己放置。

1）启动放置过孔命令

启动放置过孔命令有以下 3 种方法：

- 执行菜单命令“放置”→“过孔”。
- 单击工具栏中的（放置过孔）按钮。
- 使用快捷键 P+V。

2）放置过孔

启动命令后，光标变成十字形并带有一个过孔图形，移动光标到合适位置后单击，即可在图纸上放置过孔。此时系统仍处于放置过孔状态，可以继续放置。放置完成后，右击或按 Esc 键退出。

3）过孔属性设置

在放置过孔状态下按 Tab 键，或者双击放置好的过孔，打开过孔属性设置面板，如图 7-104 所示。部分选项功能如下：

- Diameter（过孔外径）：用于设置过孔的外径，这里将过孔作为安装孔使用，因此过孔内径比较大，设置为 100mil。
- Hole Size（孔大小）：用于设置内孔的尺寸，默认设置为 28mil。

图 7-104　过孔属性设置面板

7.7.5　放置文字标注

文字标注主要用来解释说明 PCB 图中的一些元素。

1. 启动放置文字标注命令

启动放置文字标注命令有如下 3 种方法：

- 执行菜单命令“放置”→“字符串”。
- 单击工具栏中的 （放置字符串）按钮。
- 使用快捷键 P+S。

2. 放置文字标注

启动放置文字标注命令后，光标变成十字形并带有一个字符串虚影，移动光标到图纸中需要文字标注的位置，单击放置字符串。此时系统仍处于放置状态，可以继续放置字符串。放置完成后，右击鼠标或按 Esc 键退出。

3. 字符串属性设置

在放置状态下按 Tab 键，或者双击放置完成的字符串，系统弹出字符串属性设置面板，如图 7-105 所示。该面板中部分属性说明如下：

- Text Height（文本高度）：用于设置字符串高度。
- Rotation（旋转）：用于设置字符串的旋转角度。
- （X/Y）：用于设置字符串的位置坐标。
- Text（文本）：设置文字标注的内容，可以自定义输入。
- Layer（层）：设置文字标注所在的层面。
- Font（字体）：设置字体。在下拉列表中选择需要的字体。

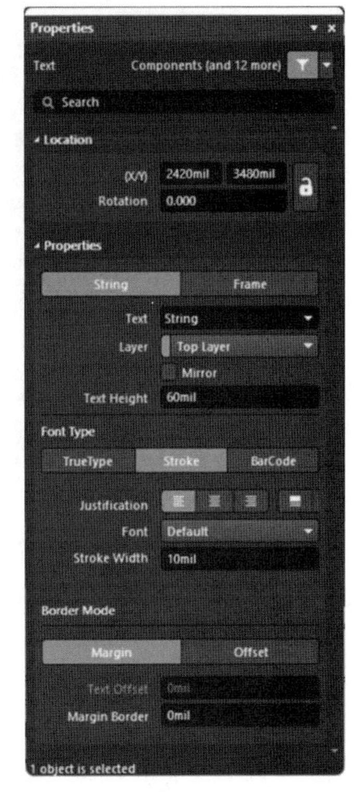

图 7-105　字符串属性设置面板

7.7.6　放置坐标原点

在 PCB 编辑环境中，系统提供了一个坐标系，它是以图纸的左下角为坐标原点的，用户可以根据需要建立自己的坐标系。

1. 启动放置坐标原点命令

启动放置坐标原点命令有以下 3 种方法：

- 执行菜单命令“编辑”→“原点”→“设置”。
- 单击“应用工具”工具栏中的 （实用工具）按钮，在弹出的绘图工具栏中单击 （设置原点）按钮。
- 使用快捷键 E+O+S。

2. 放置坐标原点

启动命令后，光标变成十字形，将光标移到要设置成原点的位置，单击即可。若要恢复到原来的坐标系，则执行菜单命令“编辑”→“原点”→“复位”。

7.7.7　放置尺寸标注

在 PCB 设计过程中，系统提供了多种标注命令，用户可以使用这些命令在电路板上进行尺寸标注。

1. 启动尺寸标注命令

启动尺寸标注命令有以下两种方法：

- 执行菜单命令“放置”→“尺寸”，系统弹出尺寸标注命令菜单，如图 7-106 所示。选择执行菜单中的一个命令。
- 单击“应用工具”工具栏中的（放置尺寸）按钮，打开尺寸标注按钮菜单，如图 7-107 所示。选择执行菜单中的一个按钮。

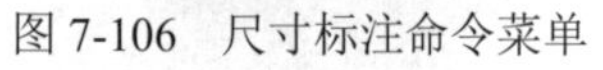
图 7-106　尺寸标注命令菜单

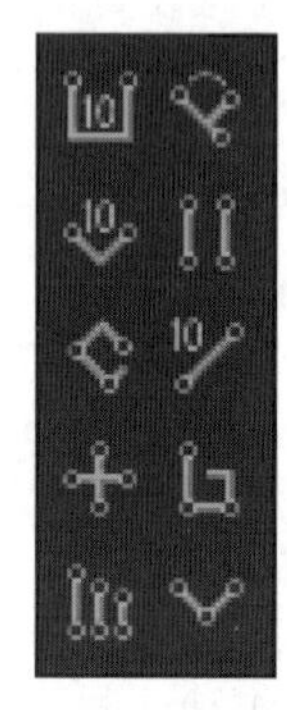

图 7-107　尺寸标注按钮菜单

2. 放置尺寸标注

1）放置直线尺寸标注（线性尺寸）

01 启动命令后，移动光标到指定位置，单击确定标注的起始点。

02 移动光标到另一个位置，再次单击确定标注的终止点。

03 继续移动光标，可以调整标注的放置位置，在合适位置单击完成一次标注。

04 此时仍可继续放置尺寸标注，也可右击退出。

2）放置角度尺寸标注（角度）

01 启动命令后，移动光标到要标注的角的顶点或一条边上，单击确定标注的第一个点。

02 移动光标，在同一条边上距第一点稍远处，再次单击确定标注的第二点。

03 移动光标到另一条边上，单击确定第三点。

04 移动光标，在第二条边上距第三点稍远处，再次单击。

05 此时标注的角度尺寸确定，移动光标可以调整放置位置，在合适位置单击完成一次标注。

06 此时可以继续放置尺寸标注，也可右击退出。

3）放置半径尺寸标注（径向）

01 启动命令后，移动光标到圆或圆弧的圆周上并单击，则半径尺寸被确定。

02 移动光标，调整放置位置，在合适位置单击完成一次标注。

03 此时可以继续放置尺寸标注，也可右击退出。

4）放置前导标注（引线）

前导标注主要用来提供对某些对象的提示信息。

01 启动命令后，移动光标至需要标注的对象附近，单击确定前导标注箭头的位置。

02 移动光标调整标注线的长度，单击确定标注线的转折点，继续移动鼠标并单击，完成放置。

03 右击退出放置状态。

5）放置数据标注（基准）

数据标注用来标注多个对象间的线性距离。用户使用该命令可以标注两个或两个以上对象的距离。

01 启动该命令后，移动光标到需要标注的第一个对象上，单击确定基准点位置，此位置的标注值为 0。

02 移动光标到第二个对象上，单击确定第二个参考点。

03 继续移动光标到下一个对象，单击确定该对象的参考点。以同样方法确定所有参考点。

04 选择完所有对象后，右击，停止选择对象。移动光标调整标注放置的位置，在合适位置右击，完成放置。

6）放置基线尺寸标注（基线）

01 启动命令后，移动光标到基线位置，单击确定标注基准点。

02 移动光标到下一个位置，单击确定第二个参考点，该点的标注被确定。移动光标可以调整标注位置，在合适位置单击确定标注位置。

03 移动光标到下一个位置，按照上面的方法继续标注。标注完所有的参考点后，右击退出。

7）放置中心尺寸标注（中心）

中心尺寸标注用来标注圆或圆弧的中心位置，标注后，在中心位置上会出现一个十字标记。

01 启动命令后，移动光标到需要标注的圆或圆弧的圆周上，单击，光标将自动跳到圆或圆弧的圆心位置，并出现一个十字标记。

02 移动光标调整十字标记的大小，在调整至合适大小时单击确定。

03 可以继续选择标注其他圆或圆弧，也可以右击退出。

8）放置直线式直径尺寸标注（直径）

01 启动命令后，移动光标到圆的圆周上，单击确定直径标注的尺寸。

02 移动光标调整标注放置位置，在合适位置再次单击，完成标注。

03 此时，系统仍处于标注状态，可以继续标注，也可以右击退出。

9）放置射线式直径尺寸标注（半径）

该标注方法与前面所讲的放置直线式直径尺寸标注方法基本相同。

10）放置尺寸标注（尺寸）

01 启动命令后，移动光标到指定位置，单击确定标注的起始点。

02 移动光标到另一个位置，再次单击确定标注的终止点。

03 继续移动光标，可以调整标注的放置位置，可 360° 旋转，在合适位置单击，完成一次标注。

04 此时仍可继续放置尺寸标注，也可右击退出。

3. 设置尺寸标注属性

对于上面所讲的各种尺寸标注，它们的属性设置大体相同，这里以线性尺寸标注为例进行讲解。双击放置的线性尺寸标注，系统弹出“Properties（属性）”面板，如图 7-108 所示，在该面板中设置尺寸标注属性。

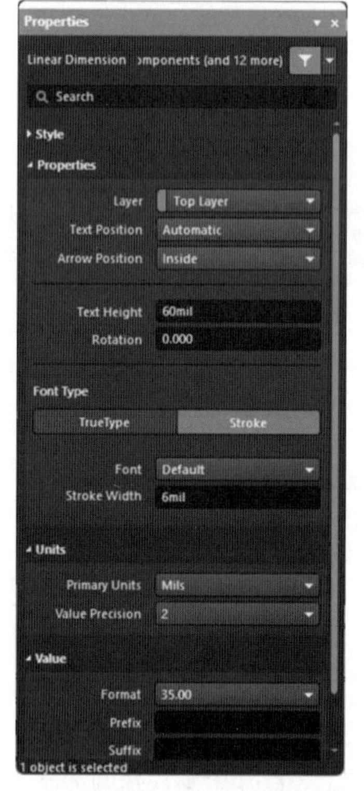

图 7-108 尺寸标注属性设置面板

7.7.8 绘制圆弧

1. 中心法绘制圆弧

1）启动中心法绘制圆弧命令

启动中心法绘制圆弧命令有以下 3 种方法：

- 执行菜单命令“放置”→“圆弧（中心）”。
- 单击“应用工具”工具栏中的（实用工具）按钮，在弹出的绘图工具栏中单击（从中心放置圆弧）按钮。
- 使用快捷键 P+A。

2）绘制圆弧

01 启动命令后，光标变成十字形，移动光标，在合适位置单击，确定圆弧中心。

02 移动光标，调整圆弧的半径大小，在调整至合适大小时单击确定。

03 继续移动光标，在合适位置单击确定圆弧起点位置。

04 此时光标自动跳到圆弧的另一个端点处。移动光标，调整端点位置，并单击确定，

05 此时可以继续绘制下一个圆弧，也可右击退出。

3）设置圆弧属性

在绘制圆弧状态下按 Tab 键，或者单击绘制完成的圆弧，打开圆弧属性设置面板，如

图 7-109 所示。在该面板中，可以设置圆弧的（X/Y）中心位置坐标、Start Angle（起始角度）、End Angle（终止角度）、Width（宽度）、Radius（半径），以及圆弧所在的层面、所属的网络等参数。

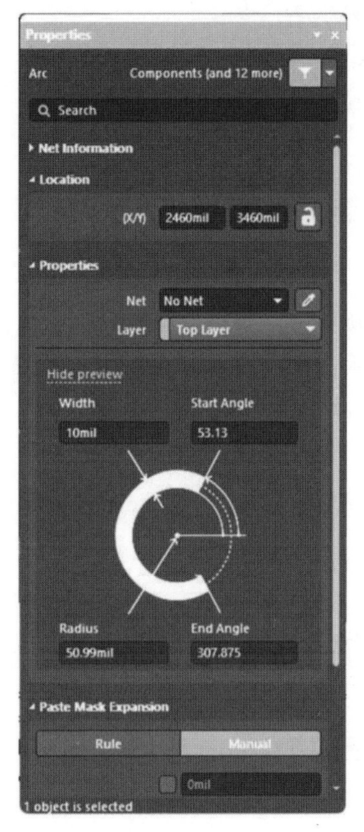

图 7-109　圆弧属性设置面板

2. 边缘法绘制圆弧

1）启动边缘法绘制圆弧命令

启动边缘法绘制圆弧命令有以下两种方法：

- 执行菜单命令“放置”→“圆弧（边沿）”。
- 使用快捷键 P+E。

2）绘制圆弧

01 启动命令后，光标变成十字形，移动光标到合适位置，单击确定圆弧的起点。

02 移动光标，再次单击确定圆弧的终点，一段圆弧绘制完成。

03 此时可以继续绘制圆弧，也可以右击退出。

采用此方法绘制出的都是 90° 圆弧，用户可以通过设置属性改变其弧度值。

3）圆弧属性设置

其设置方法同中心法绘制的圆弧。

3. 绘制任何角度的圆弧

1）启动绘制命令

启动绘制命令有以下 3 种方法：

- 执行菜单命令“放置”→“圆弧（任意角度）”。
- 单击“应用工具”工具栏中的（放置尺寸）按钮，打开尺寸标注按钮菜单，单击（通过边沿放置圆弧（任意角度））按钮。
- 使用快捷键 P+N。

2）绘制圆弧

01 启动命令后，光标变成十字形，移动光标到合适位置，单击确定圆弧起点。

02 拖动光标，调整圆弧半径大小，在调整至合适大小时再次单击确定。

03 此时光标会自动跳到圆弧的另一端点处。移动光标，在合适位置单击确定圆弧的终止点。

04 此时可以继续绘制下一个圆弧，也可右击退出。

3）圆弧属性设置

其设置方法同中心法绘制的圆弧。

7.7.9 绘制圆

1. 启动绘制圆命令

启动绘制圆命令有以下 3 种方法：

- 执行菜单命令“放置”→“圆弧”→“圆”。
- 单击“应用工具”工具栏中的（放置尺寸）按钮，打开尺寸标注按钮菜单，单击（放置圆）按钮。
- 使用快捷键 P+U。

2. 绘制圆

01 启动绘制命令，光标变成十字形，移动光标到合适位置，单击确定圆的圆心位置。

02 此时光标自动跳到圆周上，移动光标可以改变半径大小，再次单击确定半径大小，一个圆绘制完成。

03 此时可以继续绘制，也可右击退出。

3. 设置圆属性

在绘制圆状态下按 Tab 键，或者单击绘制完成的圆，打开圆属性设置面板，其属性设置与 7.7.8 节中的圆弧的属性设置相同。

7.7.10 放置填充区域

1. 放置矩形填充

1）启动放置矩形填充命令

启动放置矩形填充命令有以下 3 种方法：

- 执行菜单命令“放置”→“填充”。
- 单击工具栏中的（放置填充）按钮。
- 使用快捷键 P+F。

2）放置矩形填充

01 启动命令后，光标变成十字形，移动光标到合适位置，单击确定矩形填充的一角。

02 移动鼠标，调整矩形的大小，在调整至合适大小时再次单击确定矩形填充的对角，一个矩形填充放置完成。

03 此时可以继续放置，也可以右击退出。

3）矩形填充属性设置

在放置状态下按 Tab 键，或者单击放置完成的矩形填充，打开矩形填充属性设置面板，如图 7-110 所示。该面板中，可以设置矩形填充的旋转角度以及填充所在的层面、所属网络等参数。

2. 放置多边形填充

1）启动放置多边形填充命令

启动放置多边形填充命令有以下两种方法：

- 执行菜单命令“放置”→“实心区域”。
- 使用快捷键 P+R。

2）放置多边形填充

01 启动绘制命令，光标变成十字形，移动光标到合适位置，单击确定多边形的第一条边的起点。

02 移动光标，单击确定多边形第一条边的终点，同时也作为第二条边的起点。

03 以此类推，直到最后一条边，右击退出该多边形的放置。

04 此时可以继续绘制其他多边形填充，也可以右击退出。

3）设置多边形填充属性

在放置状态下按 Tab 键，或者单击放置完成的多边形填充，打开多边形填充属性设置面板，如图 7-111 所示。在该面板中，可以设置多边形填充所在的层面和所属网络等参数。

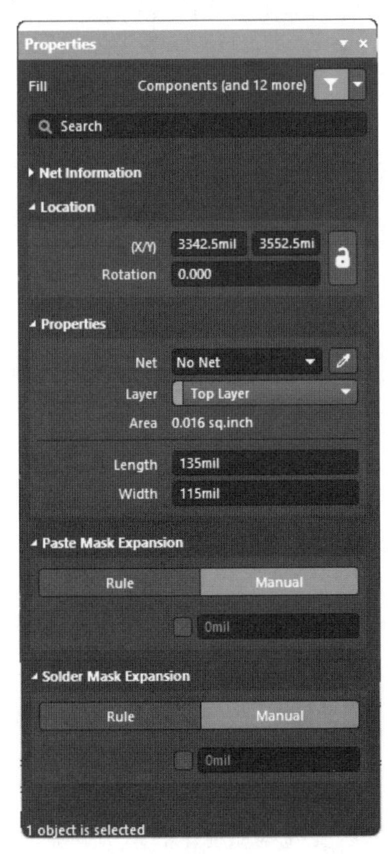

图 7-110　矩形填充属性设置

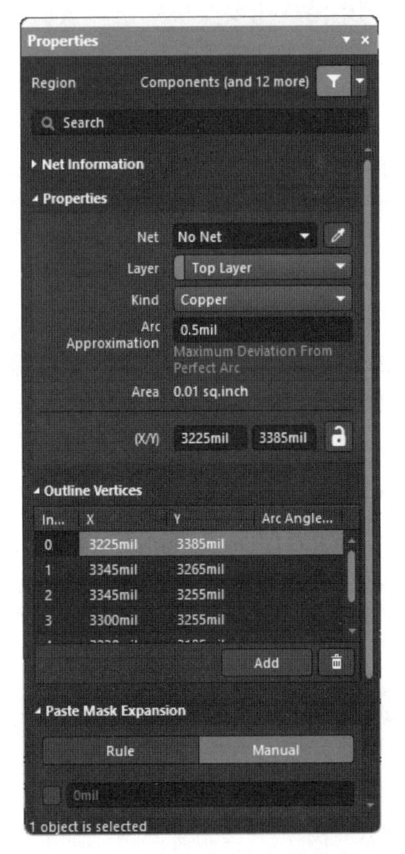

图 7-111　多边形填充属性设置

7.8 在 PCB 编辑器中导入网络报表

在前面几节中，主要介绍了 PCB 设计过程中常用的一些基础知识。从本节开始，将介绍如何完整地设计一块 PCB。这里以原理图文件 ISA Bus and Address Decoding.SchDoc 为例。

7.8.1 准备工作

1. 准备电路原理图和网络报表

网络报表是电路原理图的精髓，是原理图和 PCB 连接的桥梁，没有网络报表，就没有电路板的自动布线。对于如何生成网络报表，在第 5 章中已经详细讲过。

2. 新建一个 PCB 文件

在电路原理图所在的项目中，新建一个 PCB 文件。进入 PCB 编辑环境后，设置 PCB 环境，包括设置栅格大小和类型、光标类型、板层参数、布线参数等。大多数参数都可以用系统默认值，而且这些参数经过设置之后，符合用户个人的习惯，以后无须修改。

3. 规划电路板

规划电路板主要是确定电路板的边界，包括电路板的物理边界和电气边界。在需要放置固定孔的地方放上适当大小的焊盘。

4. 装载元器件库

在导入网络报表之前，要把电路原理图中所有元器件所在的库添加到当前库中，保证原理图中指定的元器件封装形式能够在当前库中找到。

7.8.2 导入网络报表

完成了前面的准备工作后，即可将网络报表里的信息导入 PCB，为电路板的元器件布局和布线做准备。导入网络报表的具体步骤如下：

01 在 SCH 原理图编辑环境下，执行菜单命令“设计”→“Update PCB Document ISA Bus and Address Decoding.PcbDoc（更新 PCB 文件）”；或者在 PCB 编辑环境下执行菜单命令“设计”→“Import Changes From ISA Bus and Address Decoding.PrjPcb（从项目文件更新）”。系统将弹出“工程变更指令”对话框，如图 7-112 所示。

该对话框中显示出当前对电路进行的修改内容，左边为“更改”列表，右边是对应修改的“状态”。

02 单击“工程变更指令”对话框中的“验证变量”按钮，系统将检查所有的更改是否都有效，如果有效，将在右边的“检查”栏对应位置打勾；若有错误，“检测”栏中将显示红色错误标识。一般的错误都是因为元器件封装定义不正确，系统找不到给定的封装，或者设计 PCB 时没有添加对应的集成库。此时需要返回到电路原理图编辑环境中，对有错误的元器件

进行修改，直到修改完所有的错误，即“检查”栏中全为正确内容为止。

03 若用户需要输出变化报告，可以单击对话框中的“报告变更”按钮，系统弹出报告预览对话框，如图 7-113 所示。在该对话框中可以打印输出该报告。

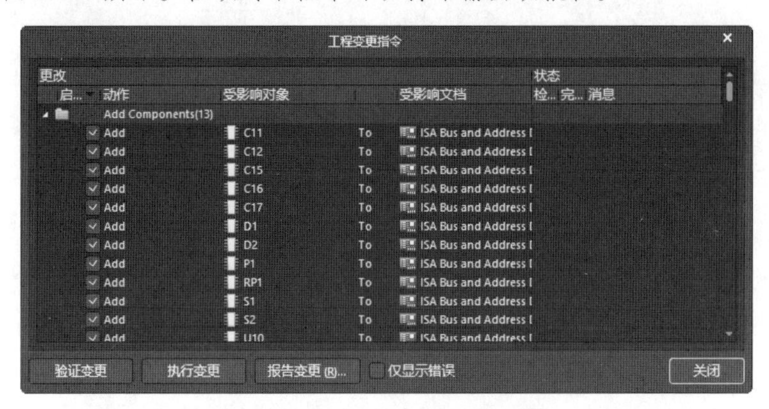

图 7-112　“工程变更指令”对话框

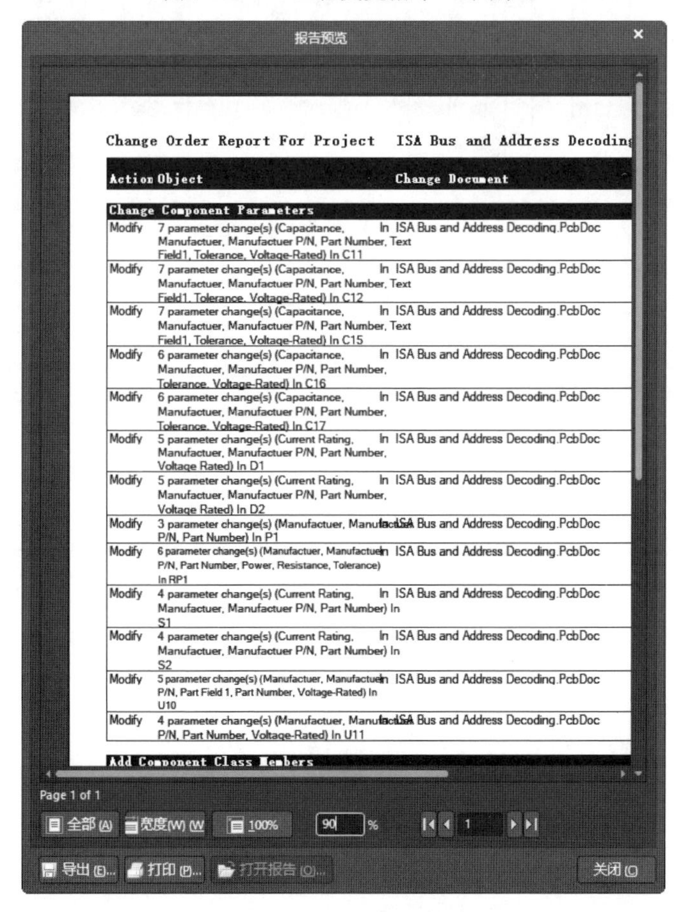

图 7-113　报告预览对话框

04 单击“工程变更指令”对话框中的“执行变更”按钮，系统执行所有的更改操作。如果执行成功，“状态”下的“完成”列表栏将被勾选，执行结果如图 7-114 所示。此时，系统将网络报表和元器件封装等装载到 PCB 文件中，如图 7-115 所示。

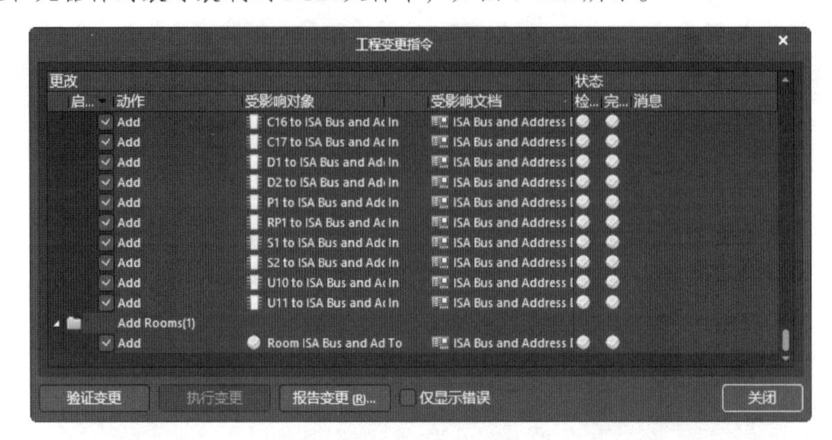

图 7-114　执行更改

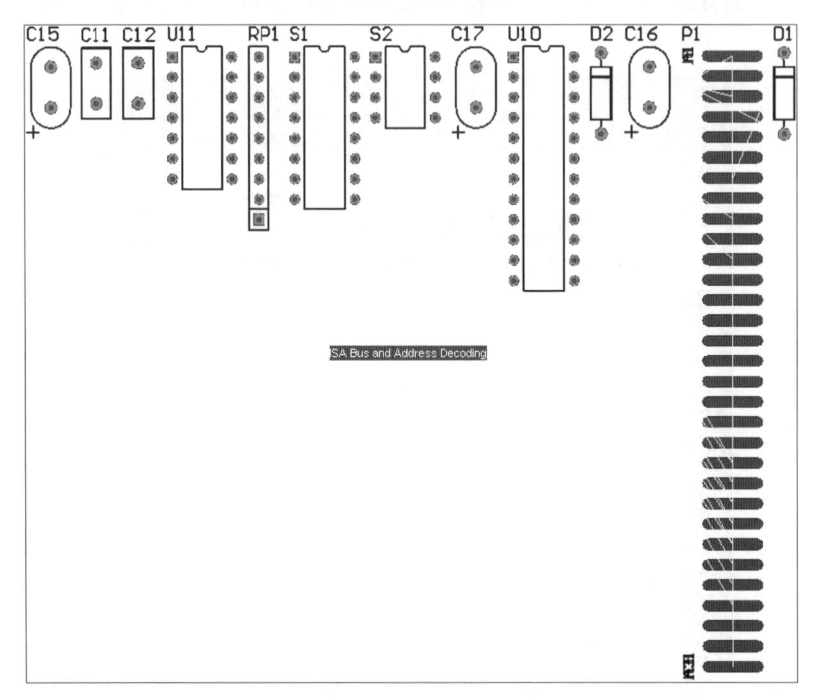

图 7-115　加载网络报表和元器件封装的 PCB 图

7.9　元器件的布局

导入网络报表后，所有元器件的封装就已经加载到 PCB 上，我们需要对这些封装进行布局。合理的布局是 PCB 布线的关键。若单面板元器件布局不合理，将无法完成布线操作；若双面板元器件布局不合理，则布线时将会放置很多过孔，使电路板导线变得非常复杂。

Altium Designer 24 提供了两种元器件布局的方法，一种是自动布局，另一种是手工布局。这两种方法各有优劣，用户应根据不同的电路设计选择合适的布局方法。

7.9.1　自动布局

自动布局适用于元器件比较多的情况。Altium Designer 24 提供了强大的自动布局功能，设置好合理的布局规则参数后，采用自动布局将大大提高设计电路板的效率。在 PCB 编辑环境下，执行菜单命令“工具”→“器件摆放”，其子菜单中包含了与自动布局有关的命令，如图 7-116 所示。

图 7-116　“器件摆放”命令的子菜单

- “按照 Room 排列”命令：用于在指定的空间内部排列元器件。单击该命令后，光标变为十字形，在要排列元器件的空间区域内单击，元器件即自动排列到该空间内部。
- “在矩形区域内排列”命令：用于将选中的元器件排列到矩形区域内。使用该命令前，需要将要排列的元器件选中。此时光标变为十字形，在要放置元器件的区域内单击，确定矩形区域的一角，拖动光标，至矩形区域的另一角后再次单击。确定该矩形区域后，系统会自动将已选择的元器件排列到矩形区域中。
- “排列板子外的器件”命令：用于将选中的元器件排列在 PCB 的外部。使用该命令前，需要将要排列的元器件选中，系统自动将选择的元器件排列到 PCB 范围以外的右下角区域。

- “依据文件放置”命令：用于导入自动布局文件进行布局。
- “重新定位选择的器件”命令：按照元器件实际布局要求重新对电路板进行规划。
- “交换器件”命令：用于交换选中的元器件在 PCB 上的位置。

7.9.2 手工布局

在系统自动布局后，手工对元器件布局进行调整。

1. 调整元器件位置

手工调整元器件的布局时，需要移动元器件，其方法在 7.5 节“PCB 编辑器的编辑功能”中讲过。

2. 排列相同元器件

在 PCB 上，经常把相同的元器件排列在一起，如电阻、电容等。若 PCB 上这类元器件较多，逐个调整就会很麻烦，可以采用以下方法。

01 查找相似元器件。执行菜单命令“编辑”→“查找相似对象”，光标变成十字形，在 PCB 图纸上单击选取一个电阻，系统弹出“查找相似对象”对话框，如图 7-117 所示。在该对话框中的“Footprint（封装）”栏中选择“Same（相似）”，单击“应用“按钮，再单击“确定”按钮，此时 PCB 图中所有电容都处于选取状态。

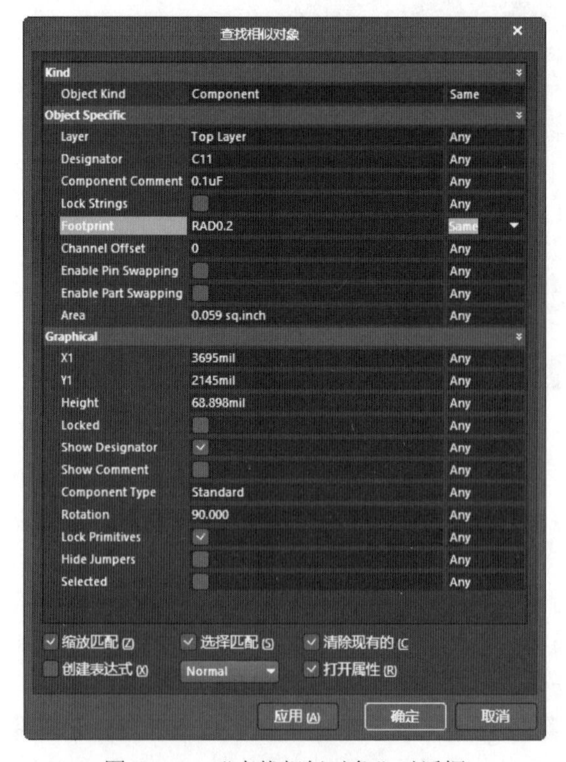

图 7-117 “查找相似对象”对话框

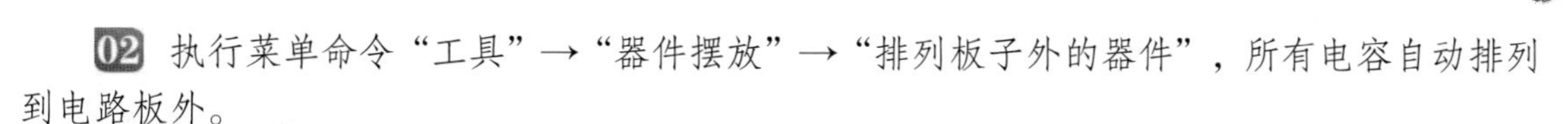

02 执行菜单命令“工具”→“器件摆放”→“排列板子外的器件”，所有电容自动排列到电路板外。

03 执行菜单命令“工具”→“器件摆放”→“在矩形区域排列”，光标变成十字形，在 PCB 板外绘制一个矩形，此时所有的电容都自动排列到该矩形区域内。再手工稍微调整，如图 7-118 所示。

04 由于标号重叠，为了让图纸清晰、美观，执行“水平分布”和“增加水平间距”命令，调整电容元器件之间的距离，结果如图 7-119 所示。

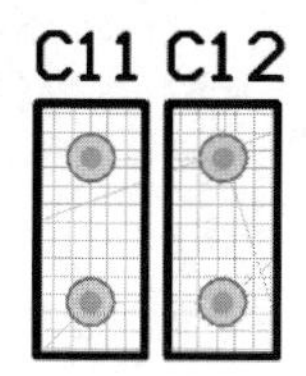

图 7-118　排列电容

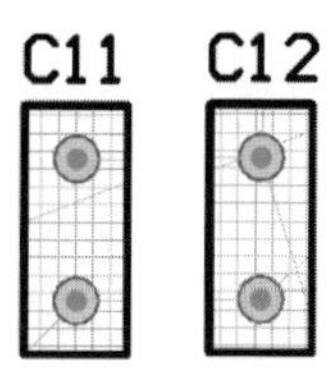

图 7-119　调整电阻元器件间距

05 将排列好的电阻元器件拖动到电路板中合适的位置。使用同样的方法对其他元器件进行排列。手工调整后，元器件的布局如图 7-120 所示。

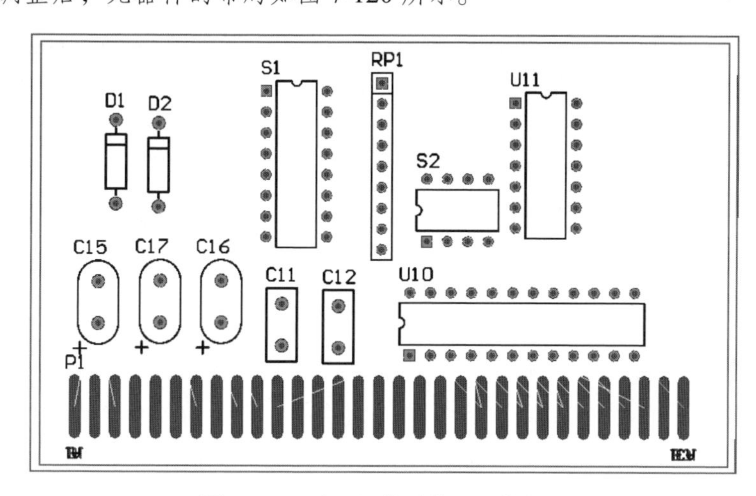

图 7-120　手工调整后的元器件布局

7.10　3D 效果图

手工布局完成以后，用户可以查看 3D 效果图，以检查布局是否合理。

7.10.1　三维效果图显示

执行菜单命令“视图”→“切换到三维模式”，系统自动切换到 3D 显示图。按住 Shift 键显示旋转图标，在方向箭头上按住鼠标右键，即可旋转电路板，如图 7-121 所示。

在 PCB 编辑器内，单击主界面右下角的“Panels（面板）”按钮，在弹出的菜单中选择

“PCB”，打开“PCB”面板，如图 7-122 所示。在“PCB”面板中，显示类型为“3D Models”。

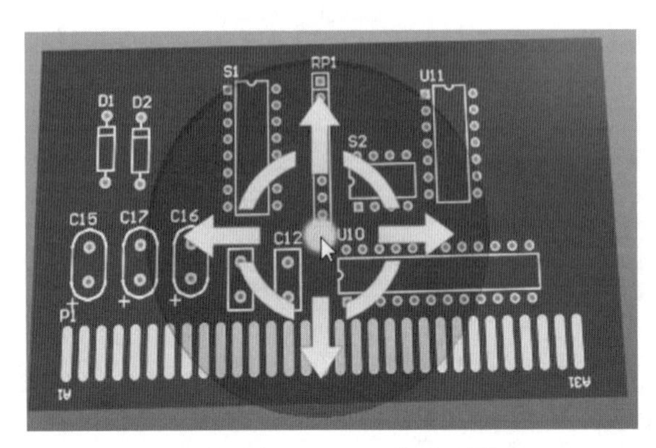

图 7-121 三维显示图

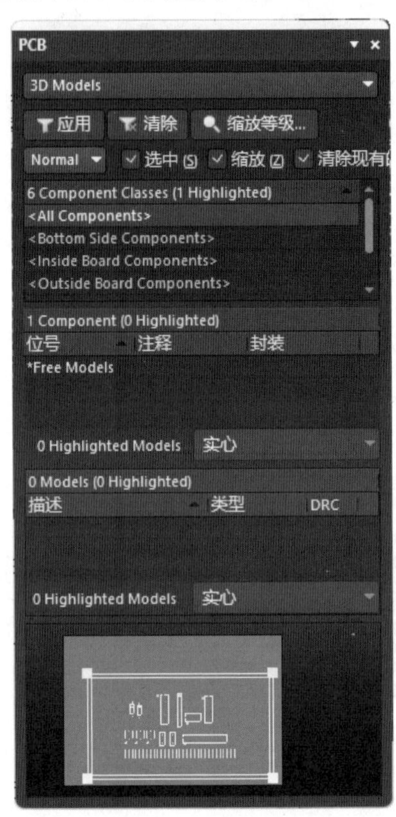

图 7-122 PCB 面板

1. 浏览区域

该区域列出了当前 PCB 文件内的所有三维模型。对于网络有 Normal（正常）、Mask（遮挡）和 Dim（变暗）3 种显示方式，用户可以通过面板中的下拉列表框进行选择。

- Normal（正常）：直接高亮显示用户选择的网络或元器件，其他网络及元器件的显示方式不变。
- Mask（遮挡）：高亮显示用户选择的网络或元器件，其他元器件和网络以遮挡方式显示（灰色），这种显示方式更为直观。
- Dim（变暗）：高亮显示用户选择的网络或元器件，其他元器件或网络按色阶变暗显示。

对于显示控制，有 3 个控制选项，即选中、缩放和清除现有的。

2. 显示区域

该区域用于控制 3D 效果图中的模型材质的显示方式，如图 7-123 所示。

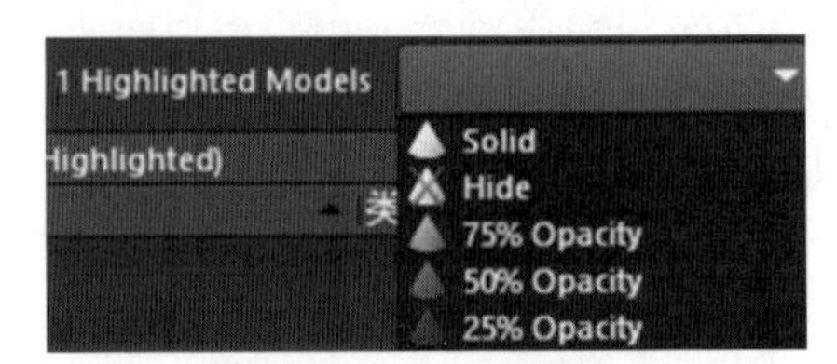

图 7-123 模型材质

3. 预览框区域

将光标移到该区域以后，单击并按住左键

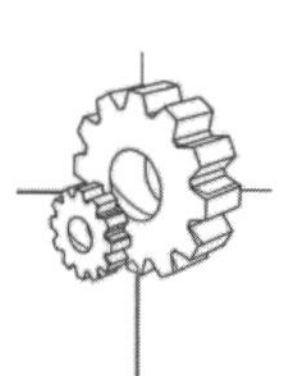

不放，拖动光标，3D 图将跟着旋转，展示不同方向上的效果。

7.10.2　“View Configuration（视图配置）”面板

在 PCB 编辑器内，单击主界面右下角的“Panels（面板）”按钮，在弹出的菜单中选择“View Configuration（视图配置）”，打开“View Configuration（视图配置）”面板，设置电路板基本环境。

在“View Configuration（视图配置）”面板的“View Options（视图选项）”选项卡中，显示三维面板的基本设置。不同情况下面板显示略有不同，这里重点讲解三维模式下的面板参数设置，如图 7-124 所示。

（1）“General Settings（常规设置）”选项组：显示配置和 3D 主体。

- Configuration（配置）：用于选择三维视图设置模式，默认选择“Custom Configuration（通用配置）”模式，如图 7-125 所示。

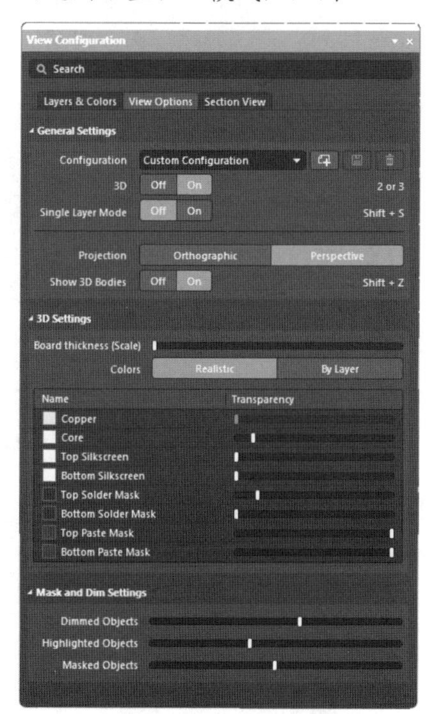

图 7-124　“View Options（视图选项）”选项卡

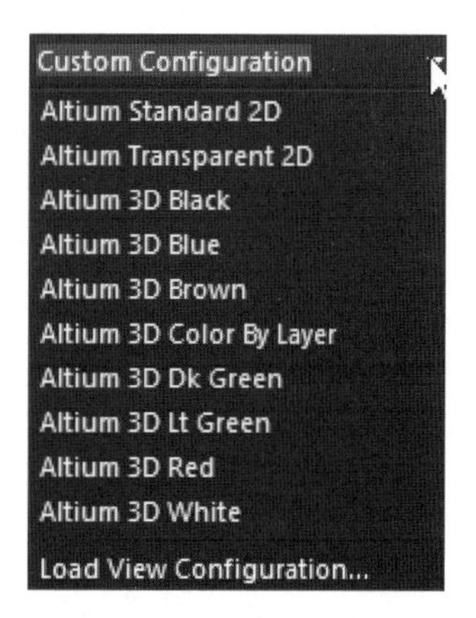

图 7-125　三维视图模式

- 3D：用于控制电路板三维模式的开和关，作用同菜单命令“视图”→“切换到三维模式”。
- Signal Layer Mode（单层模式）：用于控制三维模型中信号层的显示模式。打开与关闭单层模式如图 7-126 所示。
- Projection（投影）：用于设置投影显示模式，包括 Orthographic（正射投影）和 Perspective（透视投影）。
- Show 3D Bodies（显示 3D 主体）：用于控制是否显示元器件的三维主体。

（a）打开单层模式

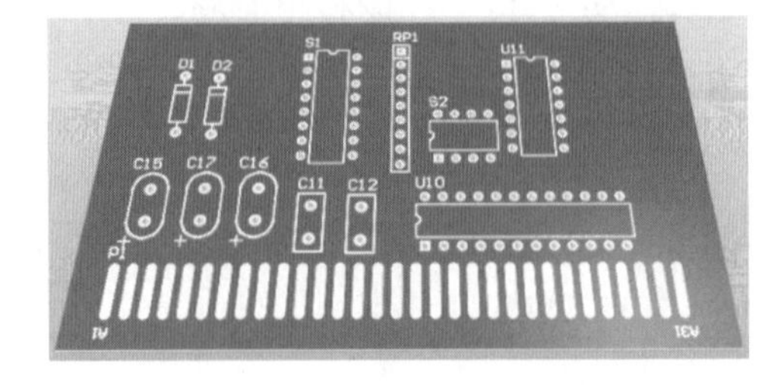

（b）关闭单层模式

图 7-126　三维视图模式

（2）3D Setting（三维设置）选项组：

- Board thickness（Scale）：通过拖动滑动块，设置电路板的厚度，按比例显示。
- Colors：设置电路板颜色模式，包括 Realistic（逼真）和 By Layer（随层）。

（3）“Mask and Dim Setting（屏蔽和调光设置）”选项组：用来控制对象屏蔽、调光和高亮设置。

- Dimmed Objects（屏蔽对象）：设置对象屏蔽程度。
- Highlighted Objects（高亮对象）：设置对象高亮程度。
- Masked Objects（调光对象）：设置对象调光程度。

在“Configuration（配置）”下拉列表中选择“Altium Standard 2D”或执行菜单命令“视图”→“切换到二维模式”，切换到 2D 模式，电路板的面板设置如图 7-127 所示。

- “Additional Options（附加选项）”选项组：在该区域包括 11 种控件，允许配置各种显示设置。
- “Object Visibility（对象可视化）”选项组：在该区域设置电路板中不同对象的透明度和是否添加草图。

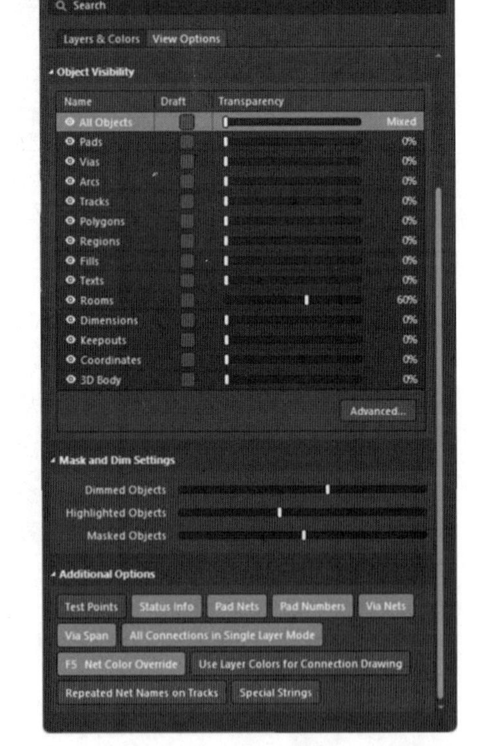

图 7-127　2D 模式下“View Options（视图选项）”选项卡

7.10.3　三维动画制作

Altium Designer 24 提供了动画功能来生成电路板上的指定元件点到点运动的简单动画。

01 在 PCB 编辑器内，单击主界面右下角的“Panels（面板）”按钮，在弹出的菜单中

选择“PCB 3D Movie Editor（印制电路板三维动画编辑器）”命令，打开“PCB 3D Movie Editor（印制电路板三维动画编辑器）”面板，如图 7-128 所示。

02 在“Movie Title（动画标题）”区域的“3D Movie（三维动画）”下拉列表中选择“New（新建）”命令或单击“New（新建）”按钮，在该区域创建 PCB 文件的三维模型动画，默认动画名称为“PCB 3D Video”。

03 在“Key Frame（关键帧）”区域创建动画关键帧。在“Key Frame（关键帧）”下拉列表中选择“New（新建）”→“Add（添加）”命令，或单击“New（新建）”→“Add（添加）”按钮，创建第一个关键帧，电路板如图 7-129 所示。

04 单击“New（新建）”→“Add（添加）”按钮，继续添加关键帧，将时间设置为 3 秒，按住鼠标中键拖动，将视图缩放，如图 7-130 所示。

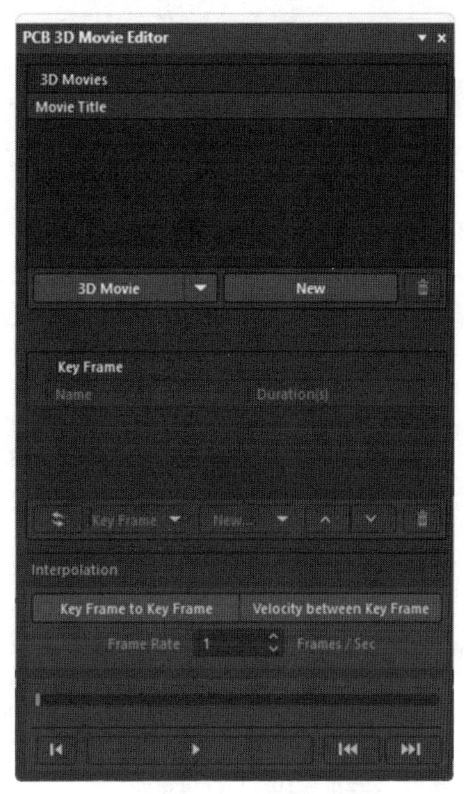

图 7-128　“PCB 3D Movie Editor（印制电路板三维动画编辑器）”面板

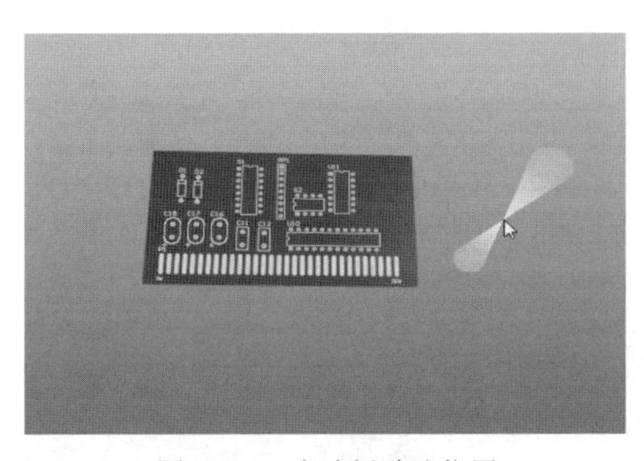

图 7-129　电路板默认位置

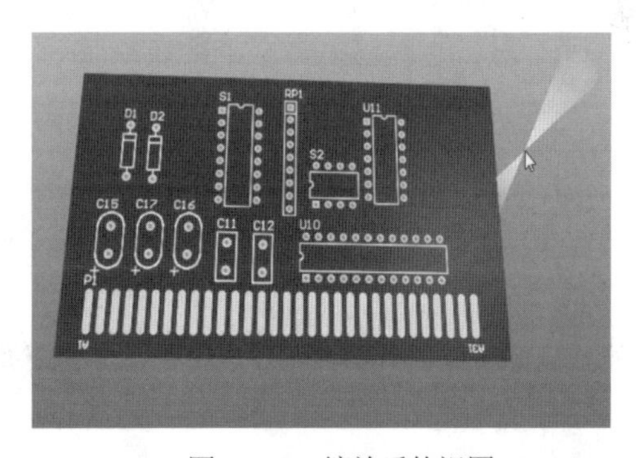

图 7-130　缩放后的视图

05 单击“New（新建）”→“Add（添加）”按钮，继续添加关键帧，将时间设置为 3 秒，按住 Shift 键与鼠标右键，将视图旋转，如图 7-131 所示。

06 单击工具栏上的▷键，动画设置如图 7-132 所示。

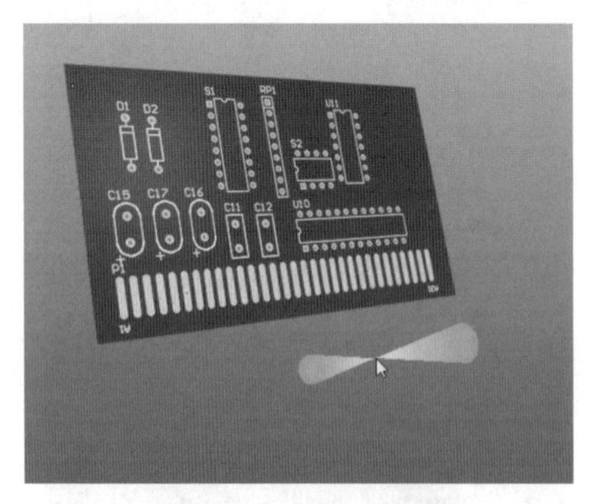

图 7-131　旋转后的视图

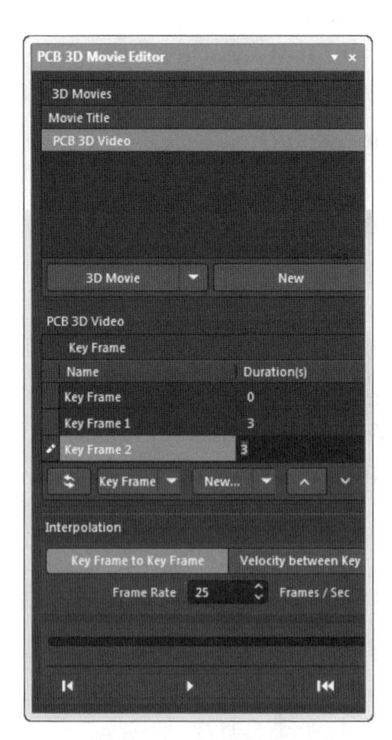

图 7-132　动画设置

7.10.4　三维动画输出

01 执行菜单栏中的“文件”→“新的”→“Output Job 文件”命令，在“Project（工程）”面板中“Settings（设置）”文件夹下显示输出文件，系统提供的默认名为“Job1.OutJob”，如图 7-133 所示。

在主界面右侧的工作区中打开编辑区，如图 7-134 所示。

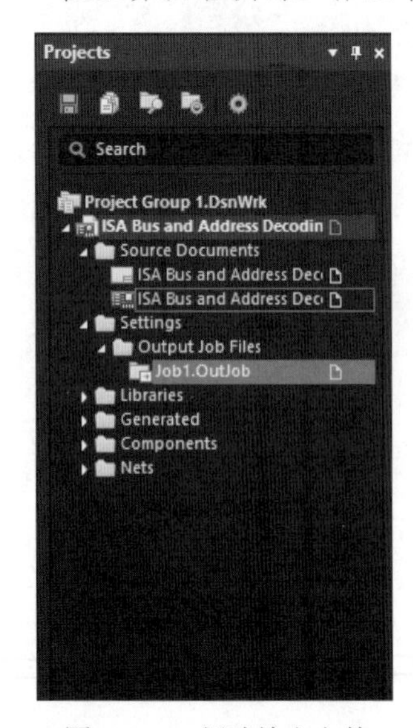

图 7-133　新建输出文件

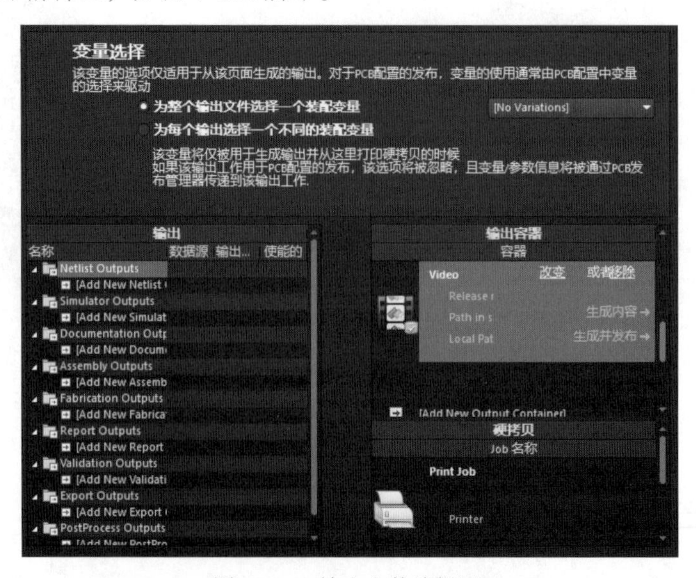

图 7-134　输出文件编辑区

- “变量选择”选择组：设置输出文件中变量的保存模式。
- “输出”选项组：显示不同的输出文件类型。
- “输出容器”选项组：设置加载的输出文件保存路径。

02 加载输出文件。在输出选项组的“Documentation Outputs（文档输出）”下方的“Add New Documentation Output（添加新文档输出）”上单击，弹出如图 7-135 所示的菜单，选择“PCB 3D Video”命令，选择默认的 PCB 文件作为输出文件依据，或者重新选择文件。加载的输出文件如图 7-136 所示。

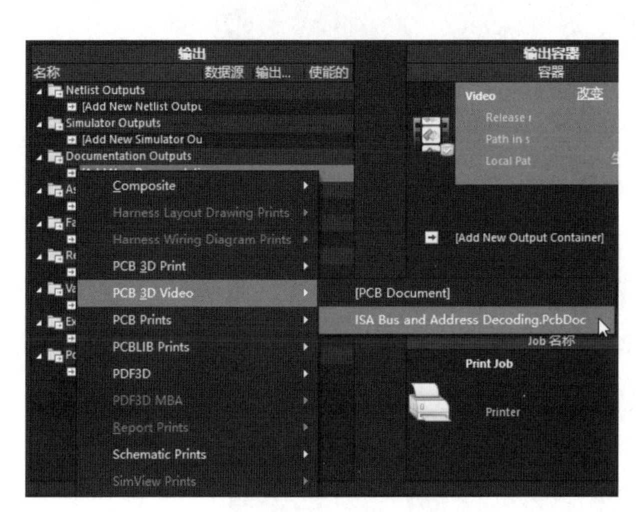

图 7-135　菜单命令

图 7-136　加载的输出文件

03 在加载的输出文件上右击，弹出如图 7-137 所示的快捷菜单，选择“配置”命令，弹出如图 7-138 所示的“PCB 3D 视频”对话框，单击“确定”按钮，关闭对话框，默认输出视频配置。

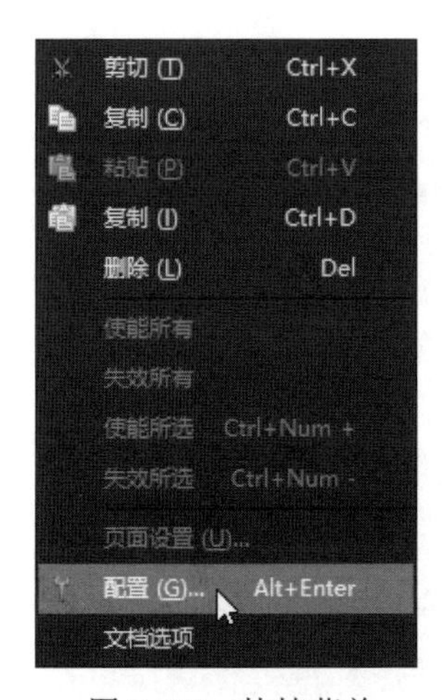

图 7-137　快捷菜单

图 7-138　“PCB 3D 视频”对话框

04 单击添加的文件右侧的单选按钮，建立加载的文件与输出文件容器的联系，如图 7-139 所示。

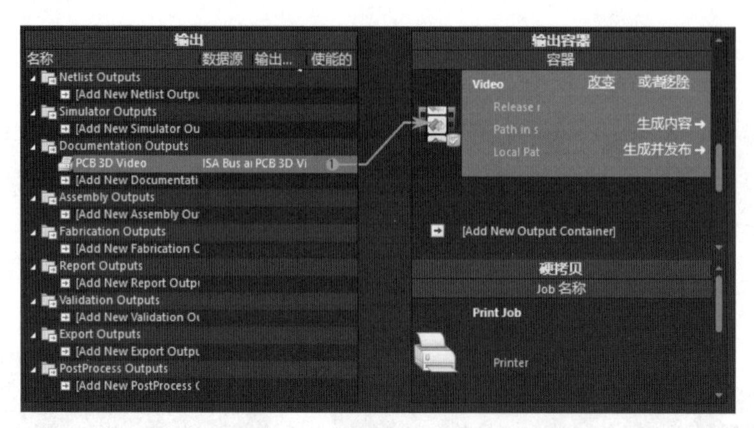

图 7-139　连接加载的文件

05 单击“Add New Output Containers（添加新输出）”选项，弹出如图 7-140 所示的菜单，选择添加的文件类型。

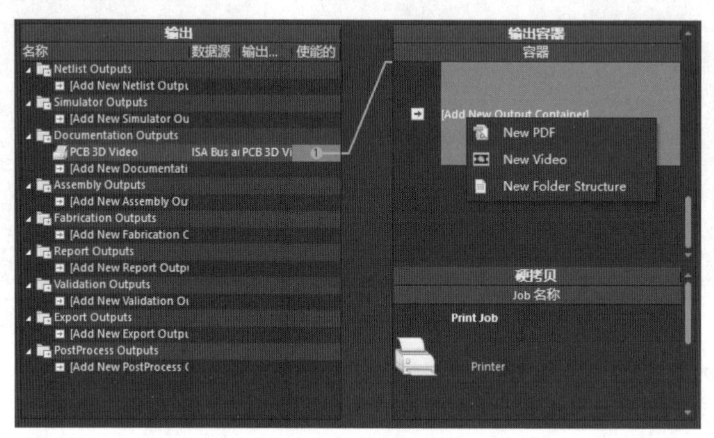

图 7-140　添加输出文件

06 在“Video”选项组中单击“改变”命令，弹出如图 7-141 所示的“Video settings（视频设置）”对话框，显示预览生成的位置。

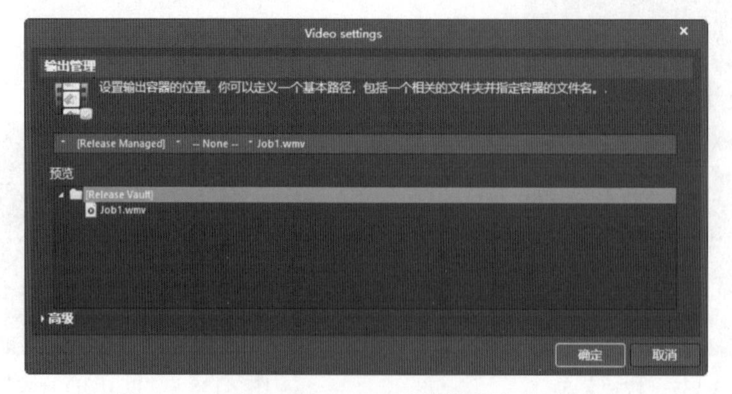

图 7-141　“Video settings（视频设置）”对话框

单击“高级”按钮展开对话框，在“多媒体设置”选项组中，将“类型”设置为“Video(FFmpeg)”，将“格式”设置为“FLV(Flash Video)”(*.flv)，大小设置为 704×576，如图 7-142 所示。

图 7-142　“高级”设置

在“Release Managed（发布管理）”中设置视频保存位置，如图 7-143 所示。

- 单击“发布管理”单选按钮，则将视频保存在系统默认路径中。
- 单击“手动管理”单选按钮，则手动选择视频保存位置。
- 勾选“使用相对路径”复选框，则默认发布的视频与 PCB 文件同路径。

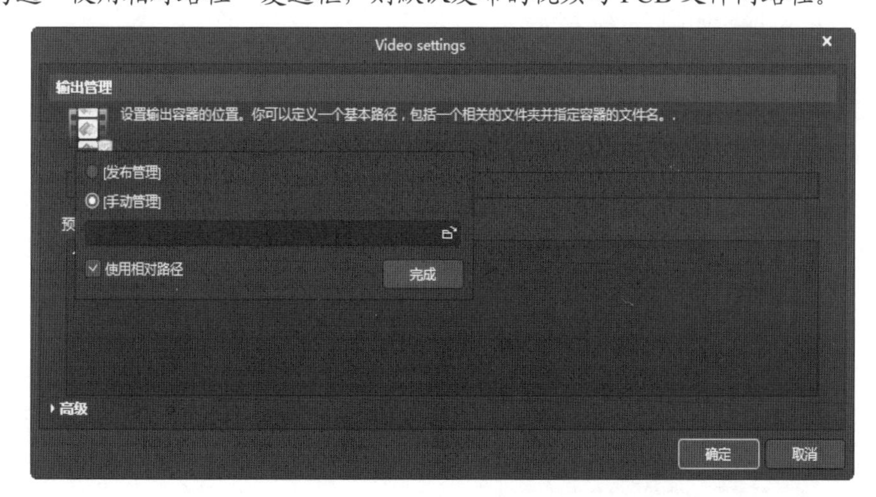

图 7-143　设置视频保存位置

07 单击“生成内容”按钮，则在设置的路径下生成视频。利用播放器打开视频，示例如图 7-144 所示。

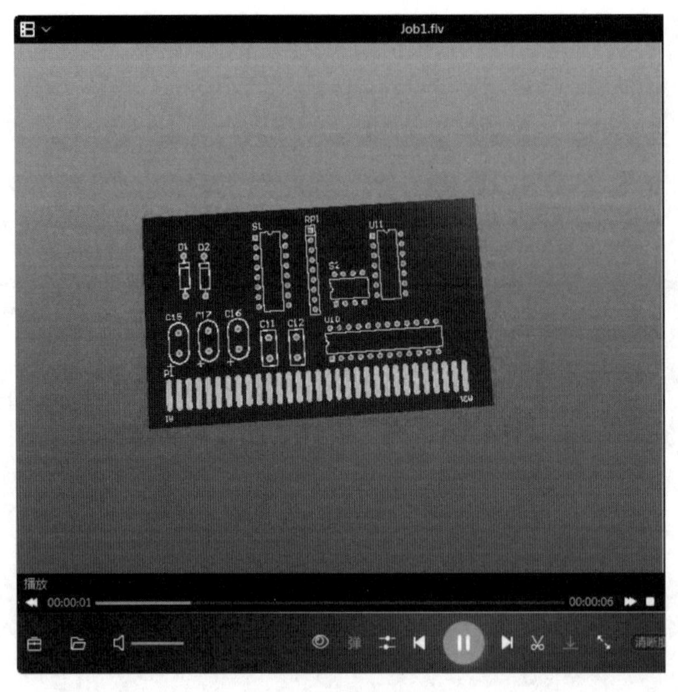

图 7-144　视频文件

7.10.5　三维 PDF 输出

执行菜单栏中的“文件”→“导出”→“PDF 3D”命令，弹出如图 7-145 所示的“Export File（输出文件）”对话框，输出电路板的三维模型 PDF 文件。

单击“保存”按钮，弹出“Export 3D”对话框。在该对话框中还可以选择 PDF 文件中显示的视图、进行页面设置、设置输出文件中的对象，如图 7-146 所示。单击“Export（输出）”按钮，输出 PDF 文件，如图 7-147 所示。

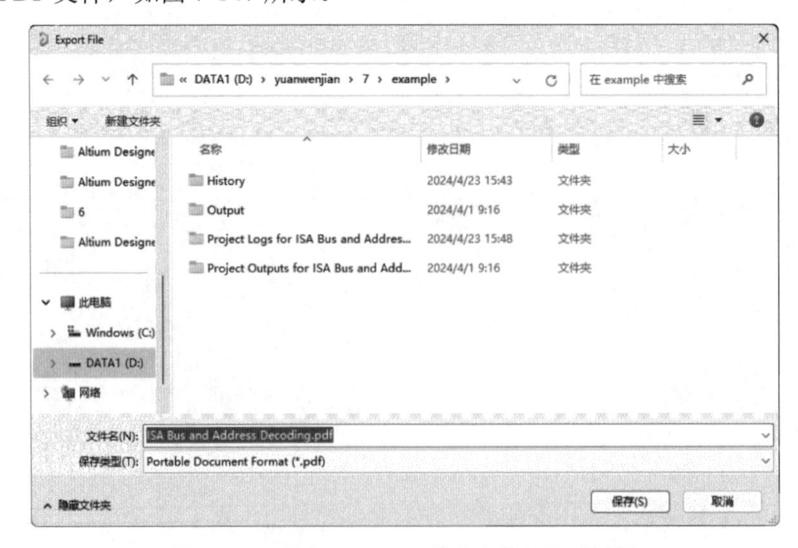

图 7-145　“Export File（输出文件）”对话框

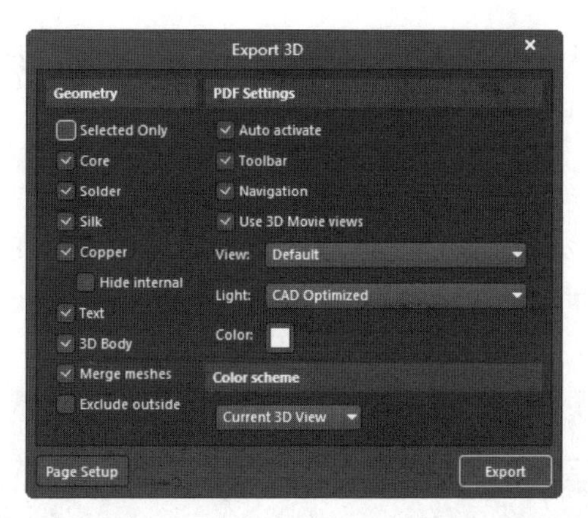

图 7-146　“Export 3D”对话框

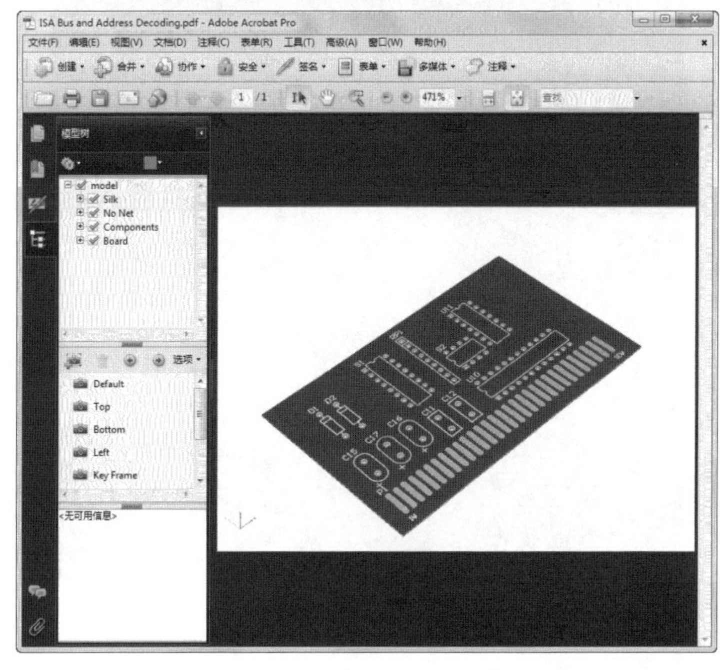

图 7-147　输出的 PDF 文件

还可以输出其他类型的文件，这里不再赘述，请读者自行练习。

7.11　PCB 的布线

在对 PCB 进行了布局以后，就可以进行 PCB 布线了。PCB 布线可以采取两种方式：自动布线和手工布线。

7.11.1　自动布线

Altium Designer 24 提供了强大的自动布线功能，适用于元器件数目较多的情况。

在自动布线之前，首先要设置布线规则，使系统按照规则进行自动布线。对于布线规则的设置，7.6.3 节已经详细讲解过，此处不再赘述。

1. 自动布线策略设置

在进行自动布线操作之前，先要对自动布线策略进行设置。在 PCB 编辑环境中，执行菜单命令“布线”→“自动布线”→“设置”，弹出如图 7-148 所示的“Situs 布线策略”对话框。

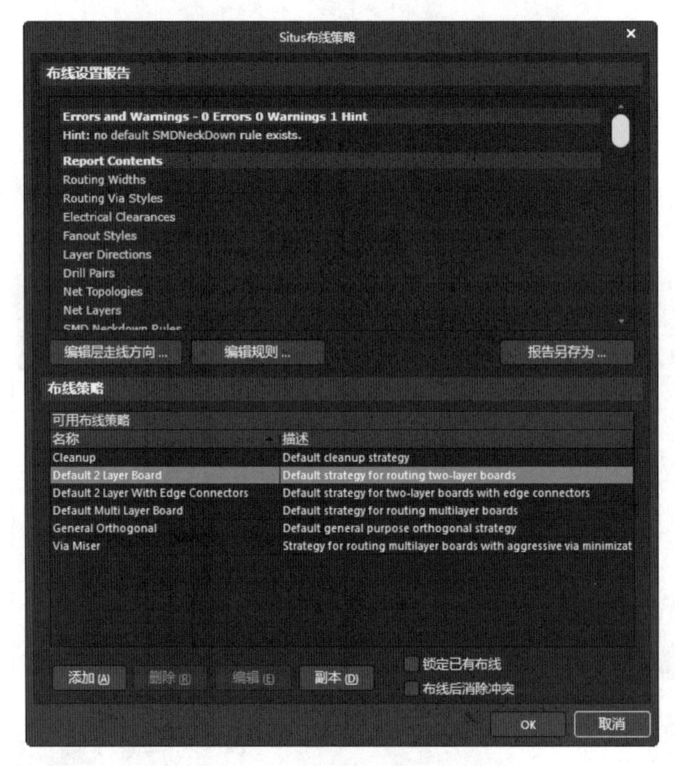

图 7-148 “Situs 布线策略”对话框

1）“布线设置报告”区域

该区域列出了详细的布线规则，并以超链接的方式将列表连接到相应的规则设置栏，以便进行修改。

- 单击“编辑层走线方向”按钮，可以设置各个信号层的走线方向。
- 单击“编辑规则”按钮，可以重新设置布线规则。
- 单击“报告另存为”按钮，可以将规则报告导出并保存。

2）“布线策略”区域

该区域中提供了 6 种默认的布线策略：Cleanup（优化布线策略）、Default 2 Layer Board（双面板默认布线策略）、Default 2 Layer With Edge Connectors（带边界连接器的双面板默认布线策略）、Default Multi Layer Board（多层板默认布线策略）、General Orthogonal（普通直角布线策略）以及 Via Miser（过孔最少化布线策略）。单击“添加”按钮，可以添加新的布线策略。一般情况下均采用系统默认值。

2. 自动布线

在自动布线之前，再来介绍一下“自动布线”菜单。执行菜单命令“自动布线”，系统弹出自动布线菜单，如图 7-149 所示。

图 7-149　自动布线菜单

- 全部：用于对 PCB 中的所有网络进行自动布线。
- 网络：对指定的网络进行自动布线。执行该命令后，光标变成十字形，选中需要布线的网络，再次单击，系统会进行自动布线。
- 网络类：为指定的网络类进行自动布线
- 连接：对指定的焊盘进行自动布线。执行该命令后，光标变成十字形，单击，系统会进行自动布线。
- 区域：对指定的区域自动布线。执行该命令后，光标将变成十字形，拖动鼠标选择一个需要布线的矩形区域单击，系统会进行自动布线。
- Room：在指定的 Room 空间内进行自动布线。
- 元件：对指定的元器件进行自动布线。执行该命令后，光标变成十字形，移动鼠标选择需要布线的元器件，单击，系统会对该元器件进行自动布线。
- 器件类：为指定的元器件类进行自动布线。
- 选中对象的连接：为选取的元器件的所有连线进行自动布线。执行该命令前，先选择要布线的元器件。
- 选择对象之间的连接：为选取的多个元器件进行自动布线。
- 设置：用于打开自动布线设置对话框。
- 停止：终止自动布线。
- 复位：对布过线的 PCB 重新布线。
- Pause：中断正在进行的布线操作。

这里对已经手工布局好的电路板采用自动布线。

执行菜单命令“布线”→“自动布线”→“全部”，弹出“Situs 布线策略”对话框，此对话框与执行菜单命令“布线”→“自动布线”→“设置”弹出的“Situs 布线策略”对话框基本相同。在“布线策略”区域，选择“Default 2 Layer Board”（双面板默认布线策略），然后单击“Route All（布线所有）”按钮，系统开始自动布线。

在自动布线过程中，会出现“Message（信息）”对话框，显示当前布线信息，如图 7-150 所示。

Messages

Class	Document	Source	Message	Time	Date	No.
Routing	ISA Bus and Add	Situs	71 of 77 connections routed (92.21%) in 3 Seconds 11 contention(s)	17:18:43	2024/4/23	11
Situs Ev	ISA Bus and Add	Situs	Completed Main in 1 Second	17:18:43	2024/4/23	12
Situs Ev	ISA Bus and Add	Situs	Starting Completion	17:18:43	2024/4/23	13
Routing	ISA Bus and Add	Situs	71 of 77 connections routed (92.21%) in 9 Seconds 12 contention(s)	17:18:49	2024/4/23	14
Situs Ev	ISA Bus and Add	Situs	Completed Completion in 5 Seconds	17:18:49	2024/4/23	15
Situs Ev	ISA Bus and Add	Situs	Starting Straighten	17:18:49	2024/4/23	16
Situs Ev	ISA Bus and Add	Situs	Completed Straighten in 0 Seconds	17:18:49	2024/4/23	17
Routing	ISA Bus and Add	Situs	72 of 77 connections routed (93.51%) in 10 Seconds 15 contention(s)	17:18:49	2024/4/23	18
Situs Ev	ISA Bus and Add	Situs	Routing finished with 15 contentions(s). Failed to complete 5 connectio	17:18:49	2024/4/23	19

图 7-150　自动布线信息

自动布线后的 PCB 如图 7-151 所示。

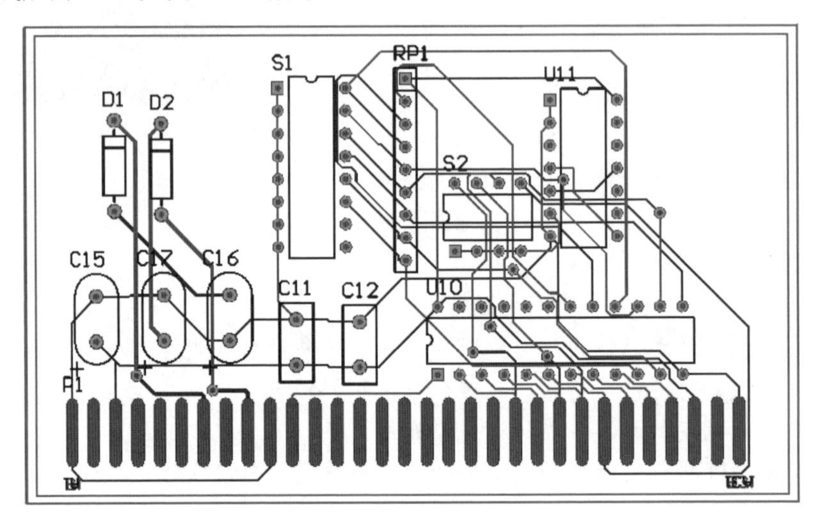

图 7-151　自动布线结果

除此之外，用户还可以根据前面介绍的命令，对电路板进行局部自动布线操作。

7.11.2　手工布线

在 PCB 上元器件数量不多，连接不复杂的情况下，或者在使用自动布线后需要对元器件布线进行修改时，都可以采用手工布线方式。

在手工布线之前，也要对布线规则进行设置，设置方法与自动布线前的设置方法相同。

在手工调整布线过程中，经常要删除一些不合理的导线。Altium Designer 24 系统提供了用命令方式删除导线的方法。

执行菜单命令“布线”→“取消布线”，弹出取消布线命令菜单，如图 7-152 所示。

图 7-152　取消布线命令菜单

- 全部：用于取消所有的布线。
- 网络：用于取消指定网络的布线。
- 连接：用于取消指定的连接，一般用于两个焊盘之间。
- 器件：用于取消指定元器件之间的布线。
- Room：用于取消指定 Room 空间内的布线。

将布线取消后，执行菜单命令“布线”→“交互式布线”，或者单击工具栏中的（交互式布线连接）按钮，启动绘制导线命令，重新手工布线。

7.12　建立覆铜和补泪滴

完成了 PCB 的布线以后，为了加强 PCB 的抗干扰能力，还需要一些后续工作，比如建立覆铜、补泪滴以及包地等。本节主要介绍如何建立覆铜和补泪滴。

7.12.1　建立覆铜

建立覆铜是指增加地平面或电源平面的铜覆盖，以减少电磁干扰和信号串扰。

1. 启动建立覆铜命令

启动建立覆铜命令有以下 3 种方法：

- 执行菜单命令“放置”→“铺铜”。
- 单击工具栏中的（放置多边形平面）按钮。
- 使用快捷键 P+G。

2. 建立覆铜

启动命令后，系统弹出覆铜属性设置面板，如图 7-153 所示。
该面板中，主要参数的意义如下：

（1）“Properties（属性）”选项组：用于设置覆铜所在的层面、名称和是否锁定覆铜。
（2）填充模式区域：该区域用于选择覆铜的填充模式，有以下 3 种模式：

- Solid（实心填充）：即覆铜区域内为全部铜填充。该模式需要设置的参数有 Remove Islands Less Than（删除岛的面积限制值）、Arc Approximation（围绕焊盘的圆弧近似值）和 Remove Necks Less Than（删除凹槽的宽度限制值），如图 7-153 所示。
- Hatched（影线化填充）：即向覆铜区域填充栅格状的覆铜。该模式需要设置的参数有 Track Width（覆铜边界线宽度）、Grid Size（栅格大小）、Surround Pads With（围绕焊盘的形状）以及 Hatch mode（孵化模式）等，如图 7-154 所示。
- None(无填充)：即只保留覆铜边界，内部无填充。该模式需要设置的参数有 Track Width（覆铜边界线宽度）和 Surround Pads With（围绕焊盘的形状）等，如图 7-155 所示。

图 7-153 覆铜属性设置面板

图 7-154 Hatched 模式参数设置

图 7-155 None 模式参数设置

（3）“连接到网络”下拉列表框：该下拉列表框中有以下 4 个选项。

- “Don’t Pour Over Same Net Objects（填充不超过相同的网络对象）”选项：用于设置覆铜的内部填充不与同网络的图元及覆铜边界相连。
- “Pour Over Same Net Polygons Only（填充只超过相同的网络多边形）”选项：用于设置覆铜的内部填充只与覆铜边界线及同网络的焊盘相连。
- “Pour Over All Same Net Objects（填充超过所有相同的网络对象）”选项：用于设置覆铜的内部填充与覆铜边界线和同网络的任何图元相连，如焊盘、过孔、导线等。
- “Remove Dead Copper（删除孤立的覆铜）”复选框：用于设置是否删除孤立区域的覆铜。孤立区域的覆铜是指没有连接到指定网络元器件上的封闭区域内的覆铜，若选中该复选框，则可以将这些区域的覆铜去除。

设置好面板中的参数以后，按 Enter 键，光标变成十字形，即可放置覆铜的边界线。其放置方法与放置多边形填充的方法相同。在放置覆铜边界时，可以通过按空格键来切换拐角模式，有 4 种模式：直角模式、45° 角模式、90° 角模式和任意角模式。

设置完成后，按 Enter 键，光标变成十字形。用光标沿 PCB 的电气边界线绘制出一个封闭的矩形，系统将在矩形框中自动建立顶层的覆铜。采用同样的方式，为 PCB 的 Bottom Layer（底层）建立覆铜。覆铜后的 PCB 如图 7-156 所示。

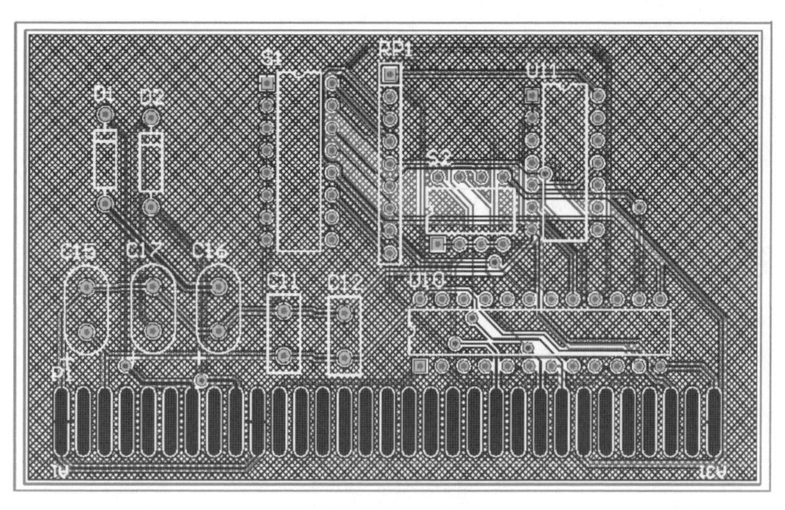

图 7-156　覆铜后的 PCB

7.12.2　补泪滴

泪滴就是导线和焊盘连接处的过渡段。在制作 PCB 的过程中，为了加固导线和焊盘之间的连接的牢固性，通常需要补泪滴，以加大连接面积。

1. 启动补泪滴命令

执行菜单命令“工具”→“滴泪”。

2. 建立补泪滴

启动命令后，系统弹出“泪滴”对话框，如图 7-157 所示。

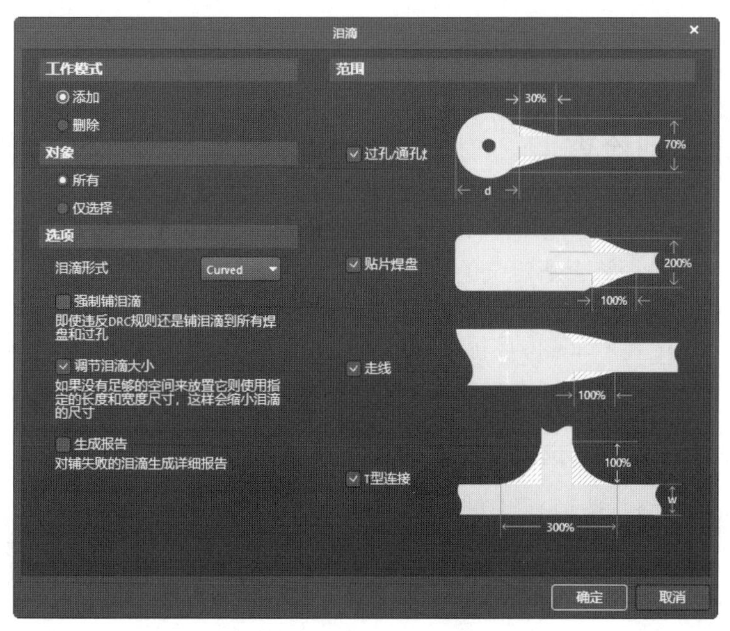

图 7-157　“泪滴”对话框

该对话框中，主要参数的意义如下：

（1）“工作模式”选项组：

- “添加”单选按钮：用于添加泪滴。
- “删除”单选按钮：用于删除泪滴。

（2）“对象”选项组：

- “所有”单选按钮：用于对所有的对象添加泪滴。
- “仅选择”单选按钮：用于对选中的对象添加泪滴。

（3）“选项”选项组：

- “泪滴形式”下列列表框：在该下拉列表框中可以选择“Curved（弧）”“Line（线）”，表示用不同的形式添加滴泪。
- “强制铺泪滴”复选框：勾选该复选框，将强制对所有焊盘或过孔添加泪滴，这样可能导致在DRC检测时出现错误信息。取消对此复选框的勾选，则对安全间距太小的焊盘不添加泪滴。
- “调节泪滴大小”复选框：勾选该复选框，在进行添加泪滴操作时自动调整泪滴的大小。
- “生成报告”复选框：勾选该复选框，在进行添加泪滴操作后将自动生成一个有关添加泪滴操作的报表文件，同时该报表也将在工作窗口显示出来。

设置完成后，单击“确定”按钮，系统将自动按设置放置泪滴。

7.13 PCB的输出

PCB制作完成后，就需要输出。本节主要介绍如何输出PCB。

7.13.1 设计规则检查

电路板设计完成之后，为了保证设计工作的正确性，还需要进行设计规则检查，比如元器件的布局、布线等是否符合所定义的设计规则。Altium Designer 24提供了设计规则检查功能（Design Rule Check，DRC），可以对PCB的完整性进行检查。

执行菜单命令“工具”→“设计规则检查”，弹出“设计规则检查器”对话框，如图7-158所示。该对话框左侧列表是设计项，右侧列表为具体的设计内容。

1. Report Options（报告选项）

Report Options（报告选项）用于设置生成的DRC报表的具体内容，由“创建报表文件”“创建冲突”“子网络细节”以及“验证短路铜皮”等选项来决定。选项“停止检测”用于限定违反规则的最高选项数，以便停止报表的生成。一般保持系统的默认选择状态。

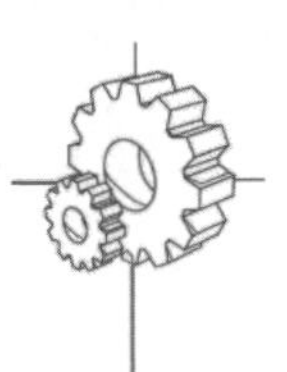

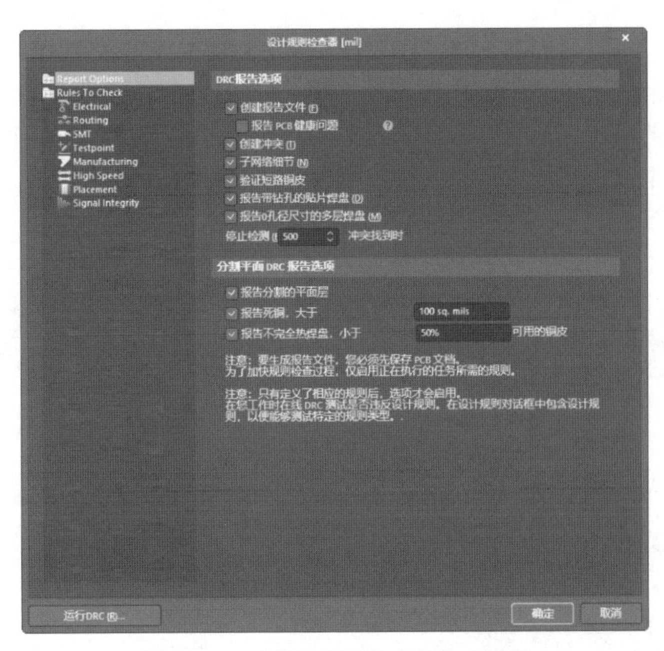

图 7-158　“设计规则检查器”对话框

2. Rules To Check（规则检查）

Rules To Check（规则检查）中列出了所有的可进行检查的设计规则，这些设计规则都是在“PCB 规则及约束编辑器”对话框里定义过的设计规则，如图 7-159 所示。其中“在线”表示该规则是否在设计 PCB 的同时进行同步检查，即在线 DRC 检查。“批量”表示在运行 DRC 检查时要进行检查的项目。

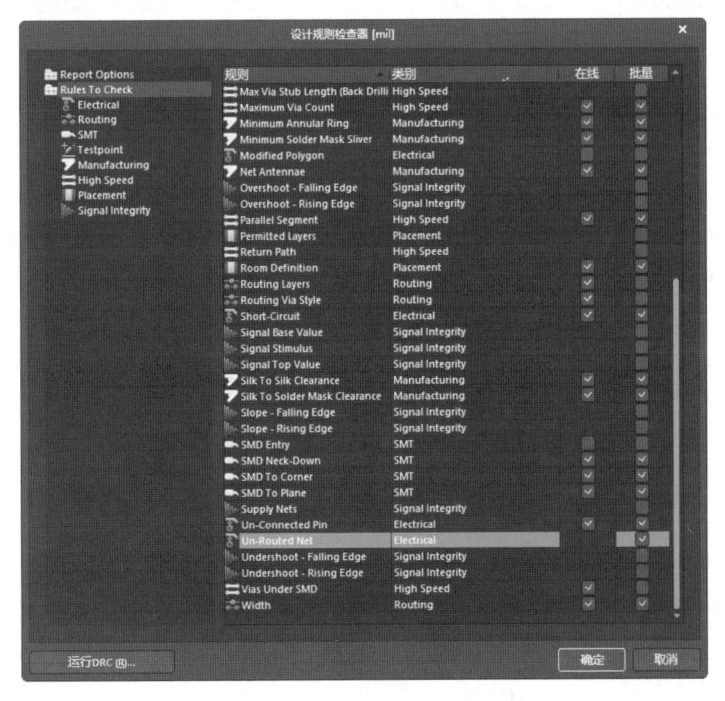

图 7-159　选择设计规则选项

设置完成要进行检查的规则之后，在“设计规则检查器”对话框中，单击“运行 DRC”按钮，系统进行规则检查。此时将弹出“Messages（信息）”对话框，列出所有违反规则的信息项，包括所违反的设计规则的种类、所在文件、错误信息、序号等。同时，在 PCB 电路图中以绿色标志标出不符合设计规则的位置。用户可以回到 PCB 编辑状态，对错误的设计进行修改，然后重新运行 DRC 检查，直到没有错误为止。

DRC 设计规则检查完成后，系统将生成设计规则检查报告，如图 7-160 所示。

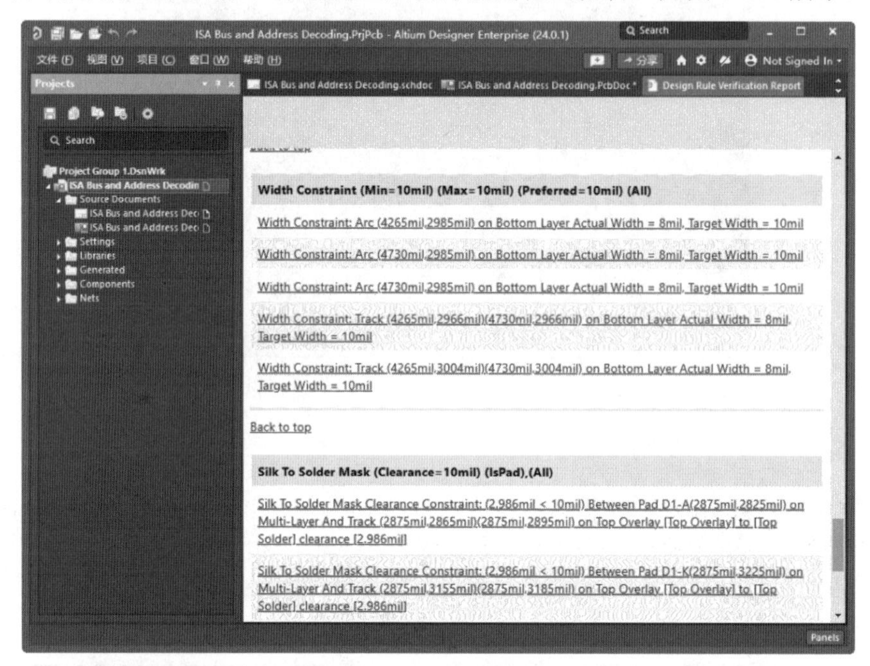

图 7-160　设计规则检查报告

7.13.2　生成电路板信息报表

电路板信息报表用于对电路板的信息进行汇总报告。其生成方法如下：

单击主界面右下角的“Panels（面板）”按钮，在弹出的菜单中选择“Properties（属性）”选项，打开“Properties（属性）”面板下的“Board（板）”，在“Board Information（板信息）”选项组中显示 PCB 文件中元器件和网络的完整细节信息，如图 7-161 所示。

“Board Information（板信息）”中汇总了 PCB 上的各类图元，如导线、过孔、焊盘等的数量；报告了电路板的尺寸信息和 DRC 违例数量；报告了 PCB 上元器件的统计信息，包括元器件总数、各层放置数目和元器件标号列表；列出了电路板的网络统计，包括导入网络总数和网络名称列表。

单击“Reports（报告）”按钮，系统将弹出如图 7-162 所示的“板级报告”对话框。在该对话框的列表框中选择要包含在报表文件中的内容，生成 PCB 信息的报表文件。勾选“仅选择的对象”复选框时，报告中只列出当前电路板中处于选择状态下的图元信息。在“板级报告”对话框中单击“报告”按钮，系统将生成 Board Information Report 的报表文件，并自动在工作区内打开。PCB 信息报表如图 7-163 所示。

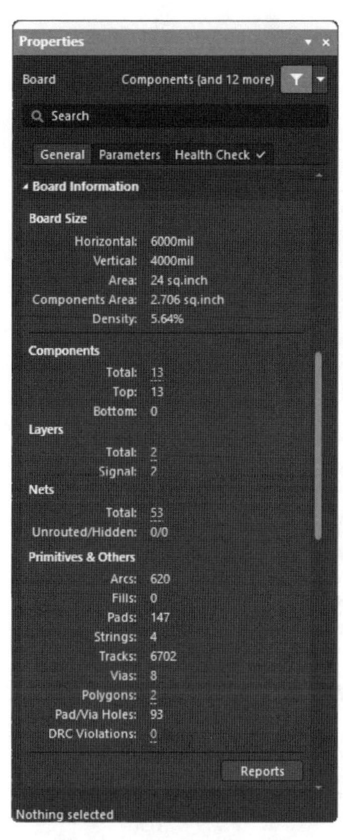

图 7-161　PCB 信息面板

板级报告
检查你希望包含在报告内的条目
Board Specifications
Layer Information
Layer Pair
Copper Area
Non-Plated Hole Size
Plated Hole Size
Non-Plated Slot Size
Plated Slot Size
Non-Plated Square Holes Size
Plated Square Holes Size
Top Layer Annular Ring Size
Mid Layer Annular Ring Size
Bottom Layer Annular Ring Size
全部关闭 (O)　全部开启 (A)　仅选择的对象 (S)
报告　关闭

图 7-162　“板级报告”对话框

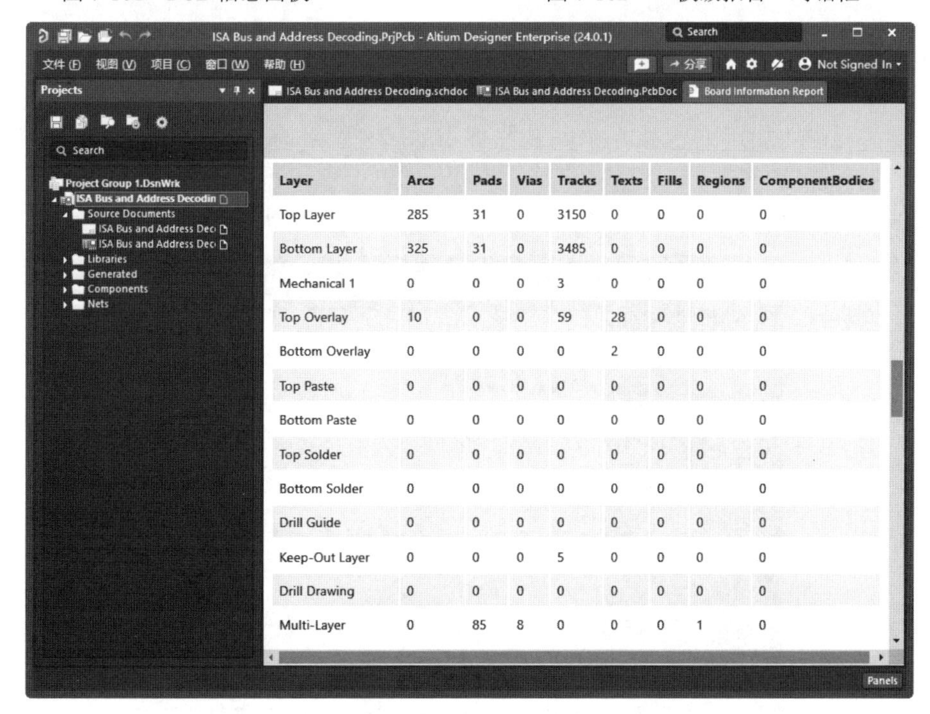

Layer	Arcs	Pads	Vias	Tracks	Texts	Fills	Regions	ComponentBodies
Top Layer	285	31	0	3150	0	0	0	0
Bottom Layer	325	31	0	3485	0	0	0	0
Mechanical 1	0	0	0	3	0	0	0	0
Top Overlay	10	0	0	59	28	0	0	0
Bottom Overlay	0	0	0	0	2	0	0	0
Top Paste	0	0	0	0	0	0	0	0
Bottom Paste	0	0	0	0	0	0	0	0
Top Solder	0	0	0	0	0	0	0	0
Bottom Solder	0	0	0	0	0	0	0	0
Drill Guide	0	0	0	0	0	0	0	0
Keep-Out Layer	0	0	0	5	0	0	0	0
Drill Drawing	0	0	0	0	0	0	0	0
Multi-Layer	0	85	8	0	0	0	1	0

图 7-163　PCB 信息报表

7.13.3 元器件清单报表

执行菜单命令“报告”→“Bills of Materials（材料报表）”，系统弹出元器件清单报表设置对话框，如图 7-164 所示。

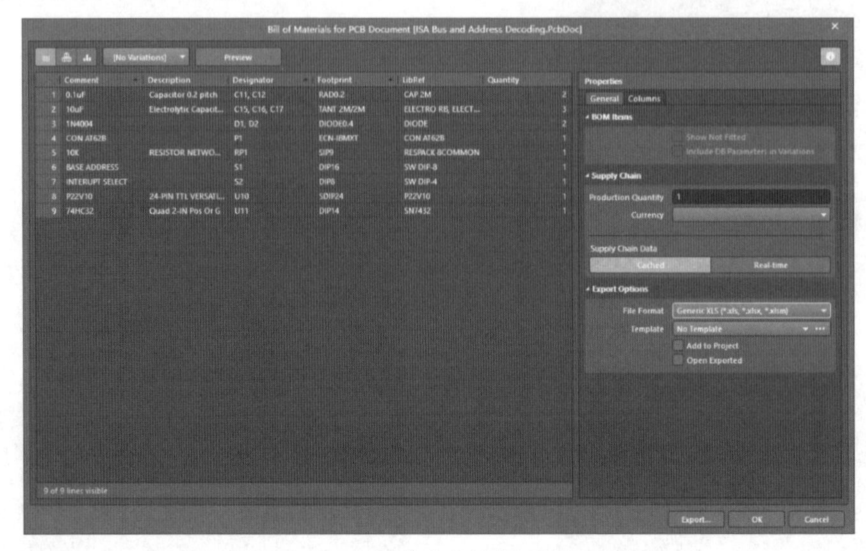

图 7-164　元器件清单报表设置对话框

此对话框的设置与第 5 章中的生成电路原理图的元器件清单报表基本相同，请参考前面所讲，在此不再赘述。

7.13.4 网络状态报表

网络状态报表主要用来显示当前 PCB 文件中的所有网络信息，包括网络所在的层面以及网络中导线的总长度。

执行菜单命令“报告”→“网络表状态”，系统生成网络状态报表，如图 7-165 所示。

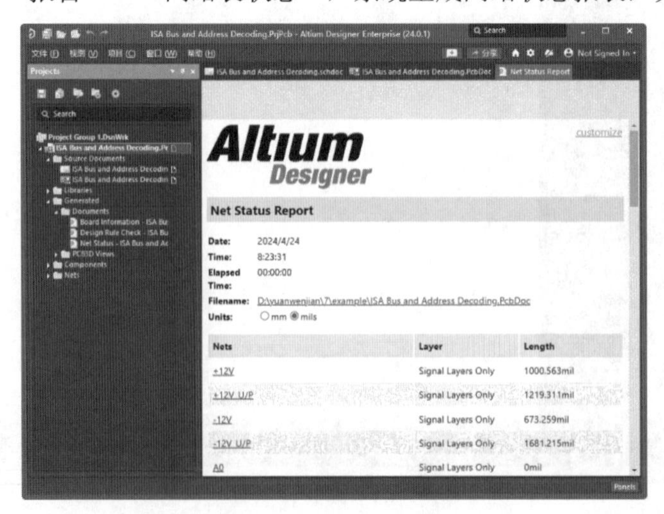

图 7-165　网络状态报表

7.14　上机实例

本节将使用前面章节绘制的电路图，简要讲述设计 PCB 的步骤。

7.14.1　监听器电路 PCB 设计

本例将完成如图 7-166 所示的监听器电路的电路板外形尺寸参数规划，实现元器件的布局、布线以及后期操作。

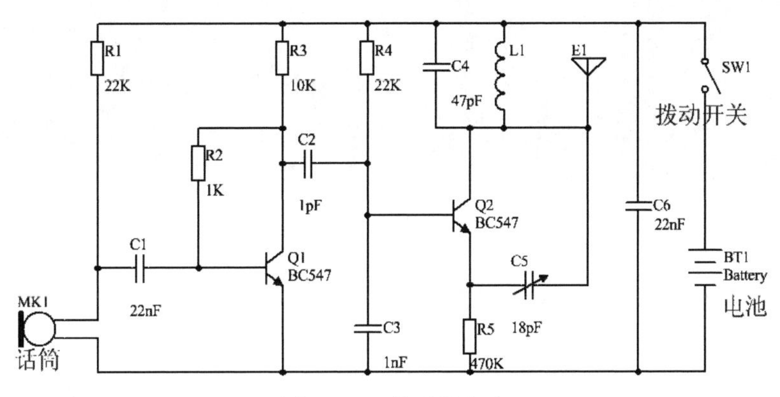

图 7-166　监听器电路

1. 创建 PCB 文件

01 执行菜单命令“文件”→“打开”，打开第 2 章绘制的“监听器电路.PrjPcb”。

02 在“Projects（工程）”面板的任意位置右击，在弹出的快捷菜单中选择“添加已有的到项目”命令，加载一个 PCB 文档 2000.PcbDoc，并重新保存为“监听器电路.PcbDoc”，得到如图 7-167 所示的 PCB 模型。

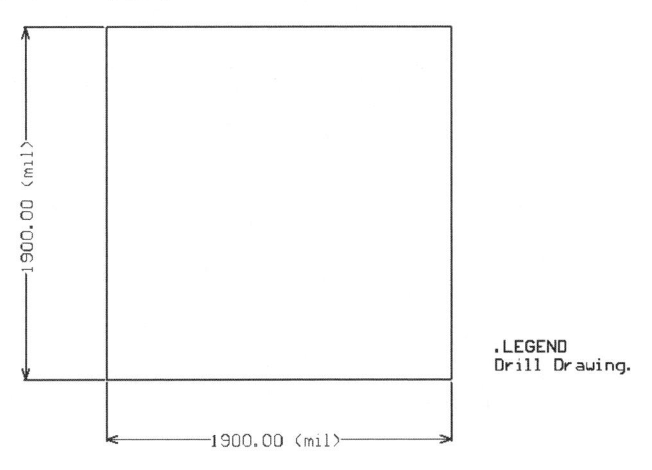

图 7-167　得到的 PCB 模型

03 单击窗口下方的“Keep-Out Layer（禁止布线层）”，设置编辑环境。

2. 生成网络报表并导入 PCB 中

01 打开电路原理图文件，执行菜单命令“项目”→“Validate PCB Project 监听器电路.PrjPcb(编译 PCB 工程监听器电路.PrjPcb)”，系统编译设计项目。编译结束后，打开“Message（信息）”面板，查看有无错误信息，若有，则修改电路原路图，直至无错，如图 7-168 所示。

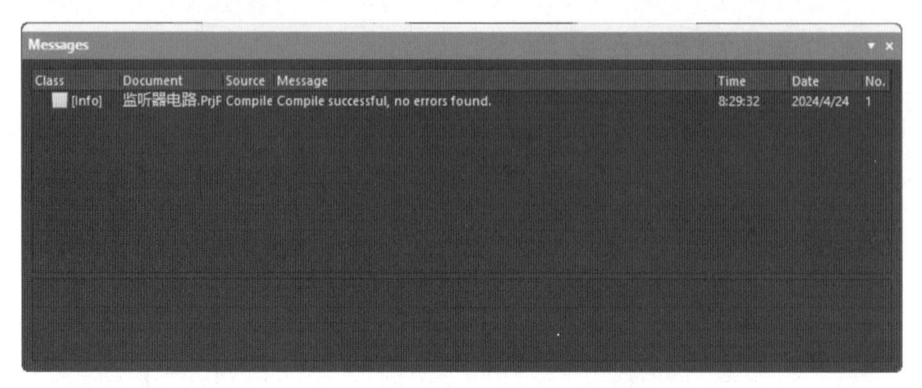

图 7-168 “Message（信息）”面板

02 完成编译后，检查是否已将电路原理图中用到的所有元器件所在的库添加到当前库中。

03 在原理图编辑环境中，执行菜单命令“设计”→“工程的网络表”→ “Protel（生成原理图网络表）”，生成网络报表，如图 7-169 所示。

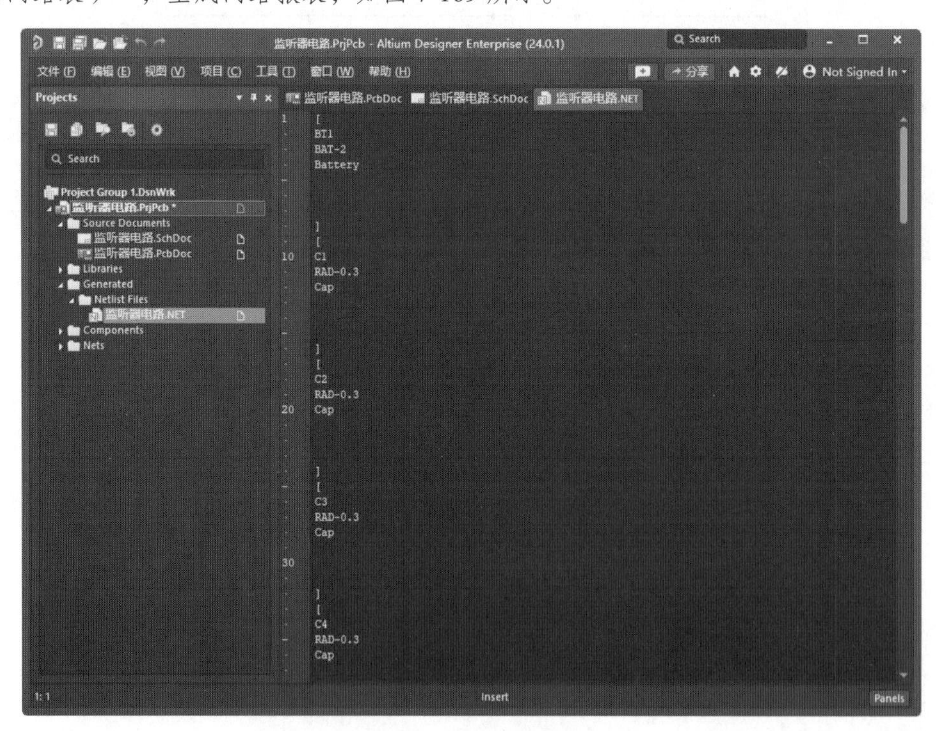

图 7-169 生成网络报表

04 执行菜单命令“设计”→“Update PCB Document 监听器电路.Pcb Doc”，系统弹出“工程变更指令”对话框，如图 7-170 所示。

05 单击对话框中的“验证变更”按钮，检查所有变更是否正确，若所有的项目后面都出现✔标志，则项目转换成功，如图 7-171 所示。

06 单击“执行变更”按钮，将元器件封装添加到 PCB 文件中，如图 7-172 所示。

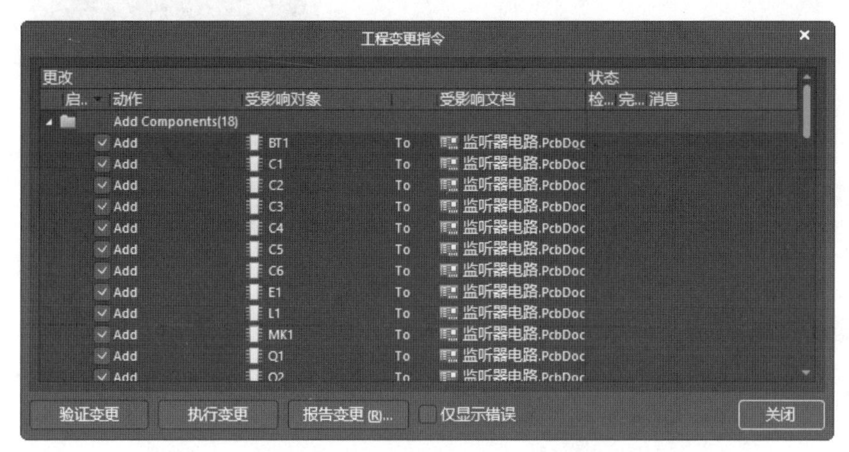

图 7-170　“工程变更指令”对话框

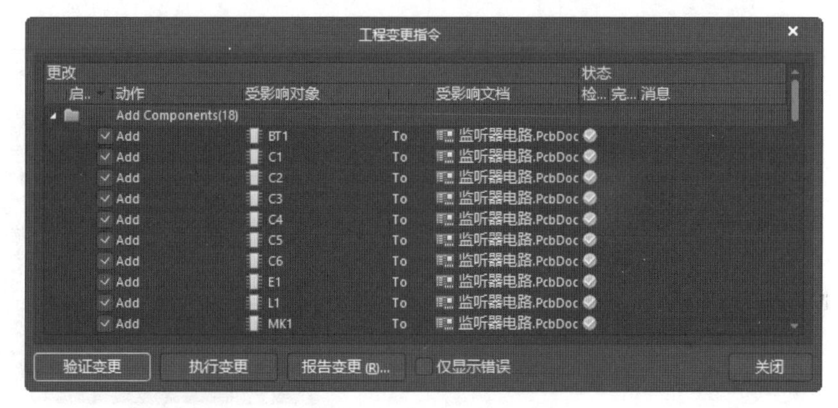

图 7-171　检查封装转换

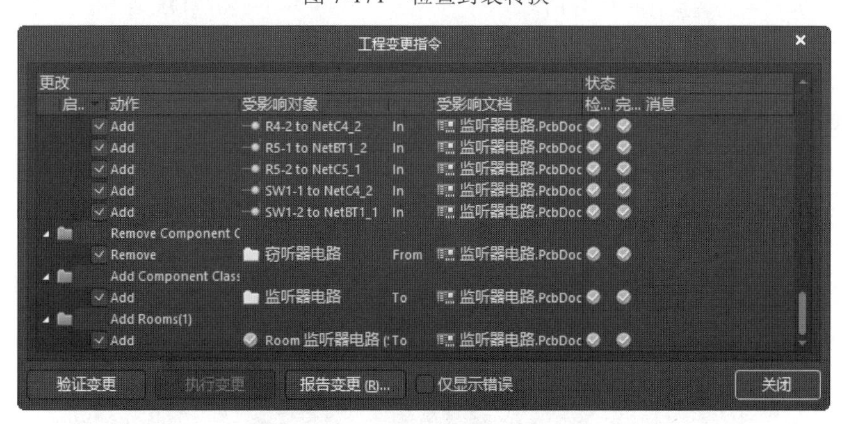

图 7-172　添加元器件封装

07 完成添加后，单击“关闭”按钮，关闭对话框。此时，在 PCB 图纸上已经有了元器件的封装，如图 7-173 所示。

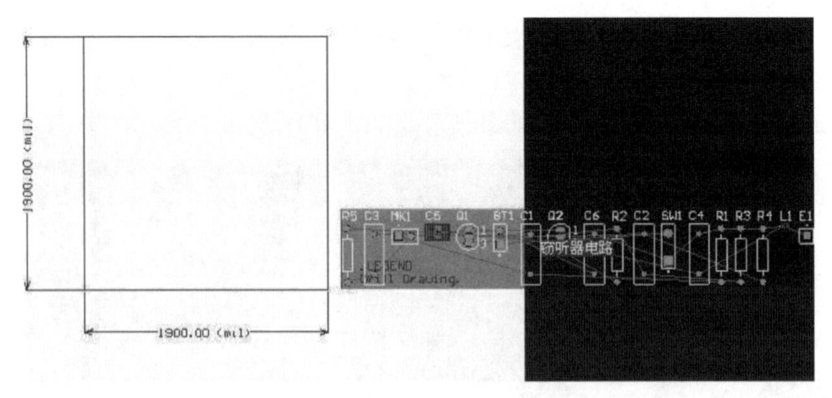

图 7-173　添加元器件封装的 PCB 图

3. 元器件布局

01 由于本例中的元器件较少，因此直接进行手工布局，调整后的 PCB 图如图 7-174 所示。

02 执行菜单命令“视图”→“切换到三维模式”，系统自动切换到三维显示图，如图 7-175 所示。

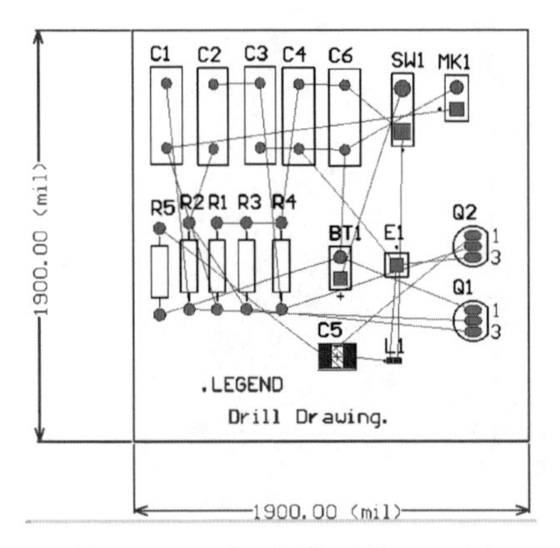

图 7-174　手工调整后的 PCB 图

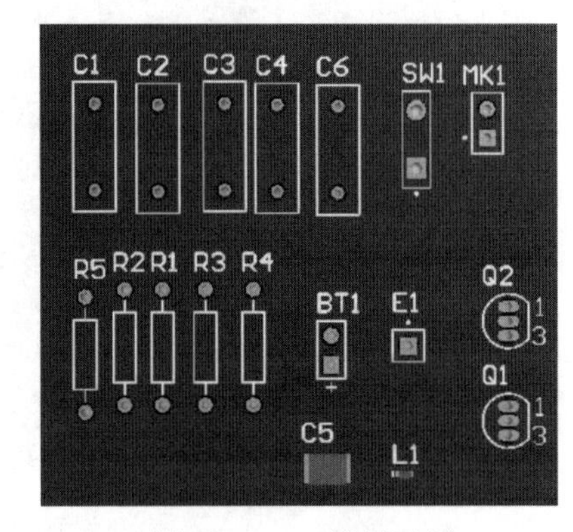

图 7-175　三维显示图

03 执行菜单命令“视图”→“切换到二维模式”，系统自动返回二维显示图。

4. 布线

01 执行菜单命令“布线”→“自动布线”→“全部”，系统开始自动布线，并同时出现一个“Message（信息）”对话框，如图 7-176 所示。

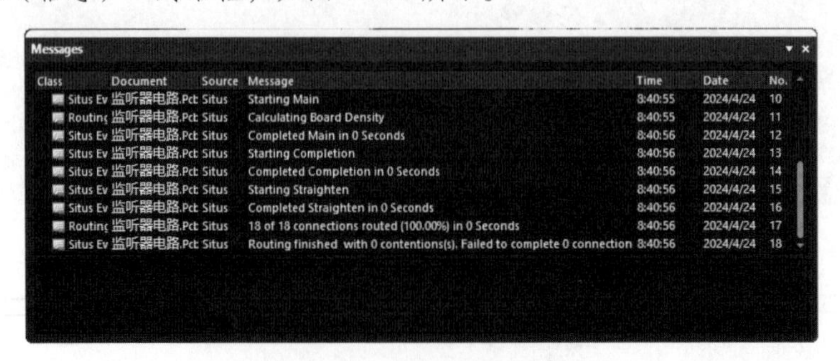

图 7-176　布线信息对话框

02 布线完成后，结果如图 7-177 所示。

5. 建立覆铜

01 执行菜单命令“放置”→“铺铜”，对完成布线的电路建立覆铜。在覆铜属性设置面板中，选择影线化填充、45° 填充模式。

02 设置完成后，按 Enter 键，光标变成十字形。用光标沿 PCB 的电气边界线绘制出一个封闭的矩形，系统将在矩形框中自动建立覆铜。覆铜后的 PCB 图如图 7-178 所示。

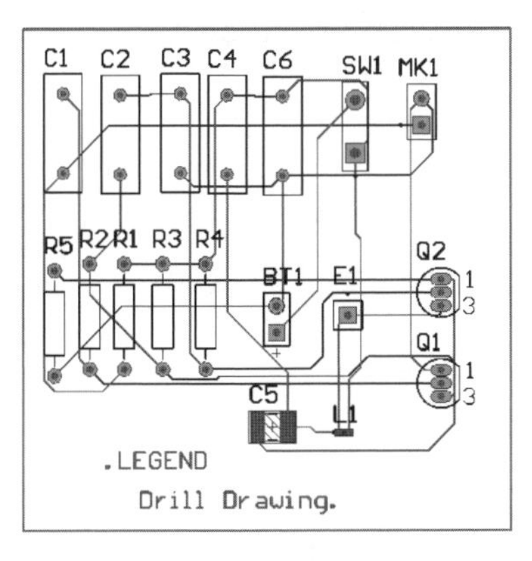

图 7-177　自动布线结果

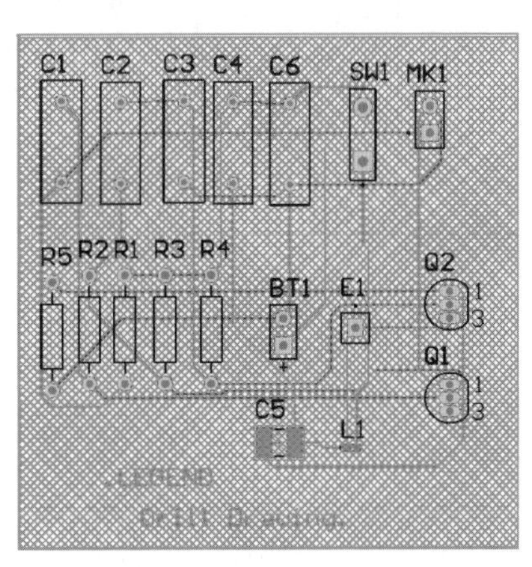

图 7-178　覆铜后的 PCB 图

6. 生成报表

01 执行菜单命令“报告”→“Bills of Materials（材料报表）”，系统弹出元器件清单报表设置对话框，如图 7-179 所示。

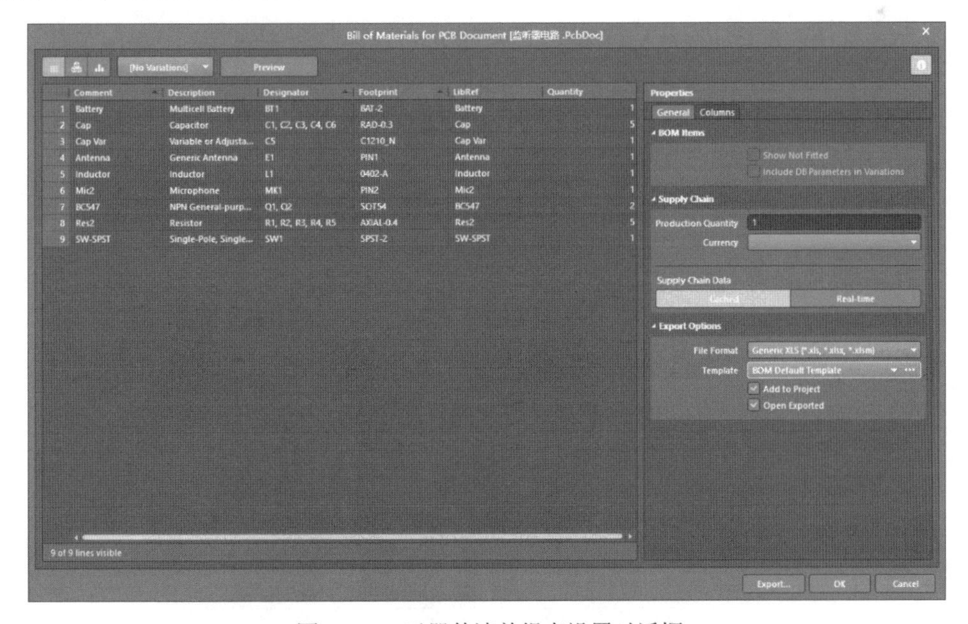

图 7-179　元器件清单报表设置对话框

02 单击“Export(输出)”按钮，可以将该报表进行保存，默认文件名为“监听器电路.xls”，是一个 Excel 文件。打开该文件，如图 7-180 所示。

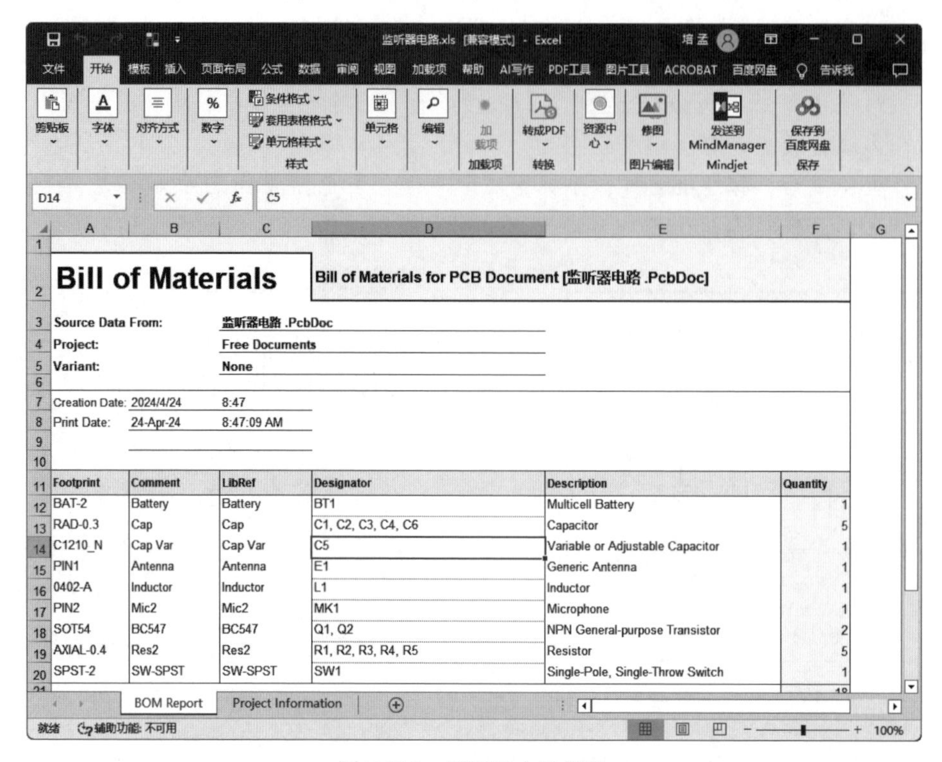

图 7-180　监听器电路报表

至此，监听器电路 PCB 设计完成。

7.14.2　话筒放大电路 PCB 设计

本例将完成如图 7-181 所示的话筒放大电路的电路板外形尺寸的手动绘制，实现元器件的布局和布线，以及创建 PCB 文件报表。

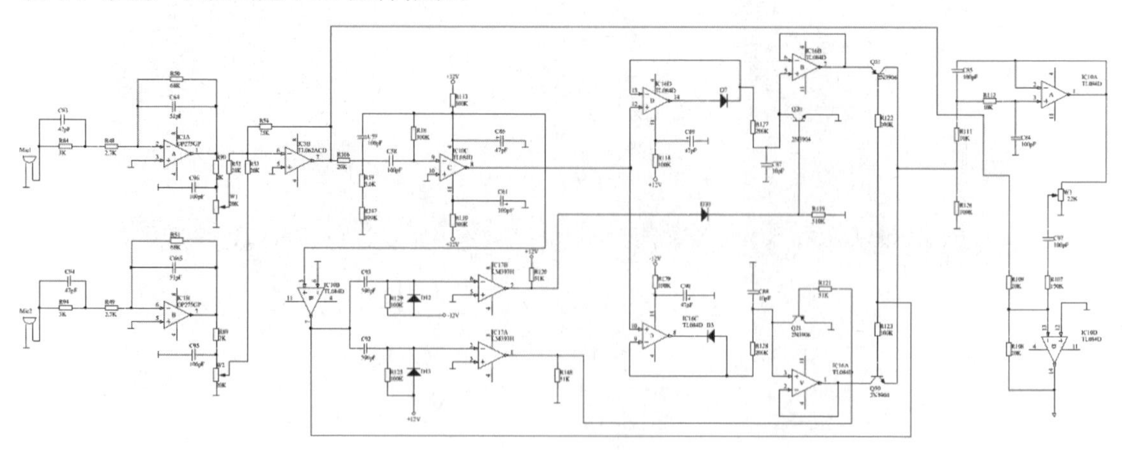

图 7-181　话筒放大电路

1. 创建 PCB 文件

01 执行菜单命令“文件”→“打开”，打开第 5 章编译后的“话筒放大电路.PrjPcb”文件。

02 执行菜单命令“文件”→“新的”→“PCB（印制电路板文件）”，创建一个 PCB 文件，执行菜单命令“文件”→“保存”，将新建文件保存为“话筒放大电路“.PcbDoc”。

03 设置 PCB 板层参数。这里设计的是双面板，因此采用系统默认设置即可。

2. 绘制 PCB 的物理边界和电气边界

01 单击编辑区左下方的板层标签中的“Mechanical1（机械层 1）”标签，将其设置为当前层。然后，执行菜单命令“放置”→“线条”，光标变成十字形，沿 PCB 板边绘制一个矩形闭合区域，即可设定 PCB 的物理边界。

02 单击编辑区左下方的板层标签中的“Keep-Out Layer（禁止布线层）”标签，将其设置为当前层。执行菜单命令“放置”→“Keepout（禁止布线）”→“线路”，光标变成十字形，在 PCB 的物理边界内部绘制出一个封闭的矩形，设定电气边界。设置完成的 PCB 图如图 7-182 所示。

图 7-182　完成边界设置的 PCB 图

03 选中已绘制的物理边界，单击菜单栏中的“设计”→“板子形状”→“按照选择对象定义”命令，选择外侧的物理边界，定义电路板。

04 打开原理图文件，执行菜单命令“设计”→“Update PCB Document 话筒放大电路.PcbDoc（更新话筒放大电路）”，系统弹出“工程变更指令”对话框，如图 7-183 所示。

图 7-183　“工程变更指令”对话框

05 单击对话框中的“验证变更”按钮，结果如图 7-184 所示。

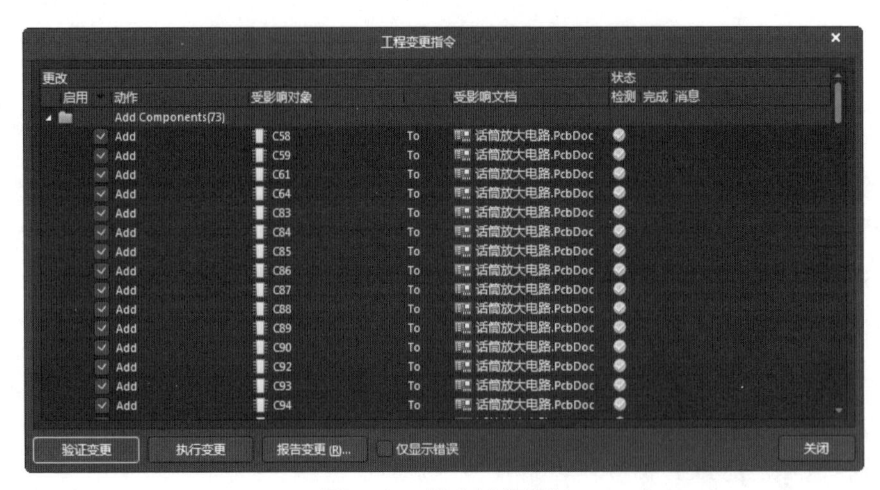

图 7-184　检查封装转换

06 单击“执行变更”按钮，检查所有改变是否正确。若所有的项目后面都出现两个✔标志，则表示项目转换成功，已将元器件封装添加到 PCB 文件中，如图 7-185 所示。

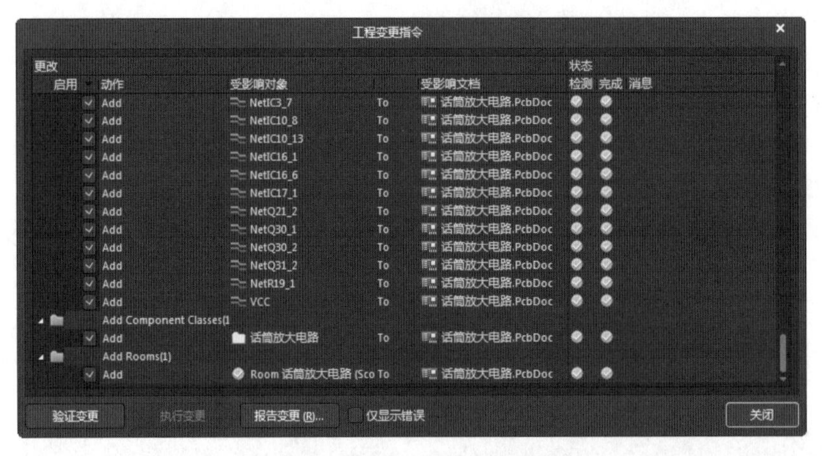

图 7-185　添加元器件封装

07 完成添加后，单击“关闭”按钮，关闭对话框。此时，在 PCB 图纸上已经有了元器件的封装，如图 7-186 所示。

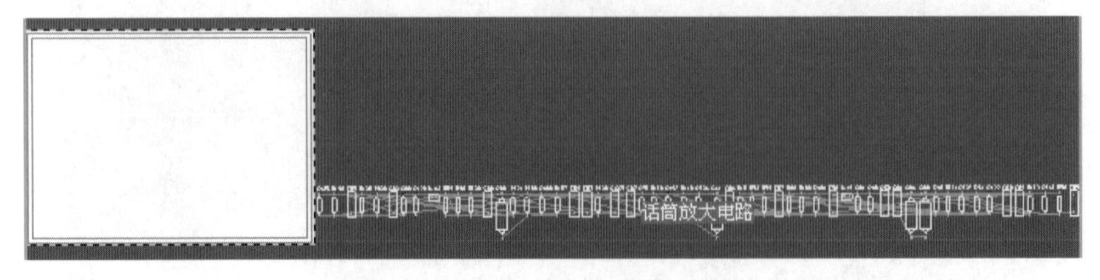

图 7-186　添加元器件封装的 PCB 图

3. 元器件布局

01 将边界外部封装模型拖动到电气边界内部，对其进行布局操作，并进行手工调整。调整后的 PCB 图如图 7-187 所示。

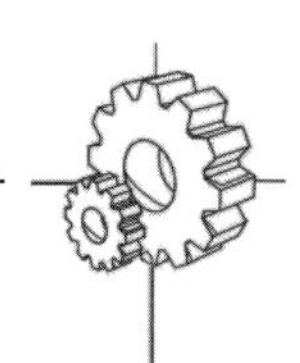

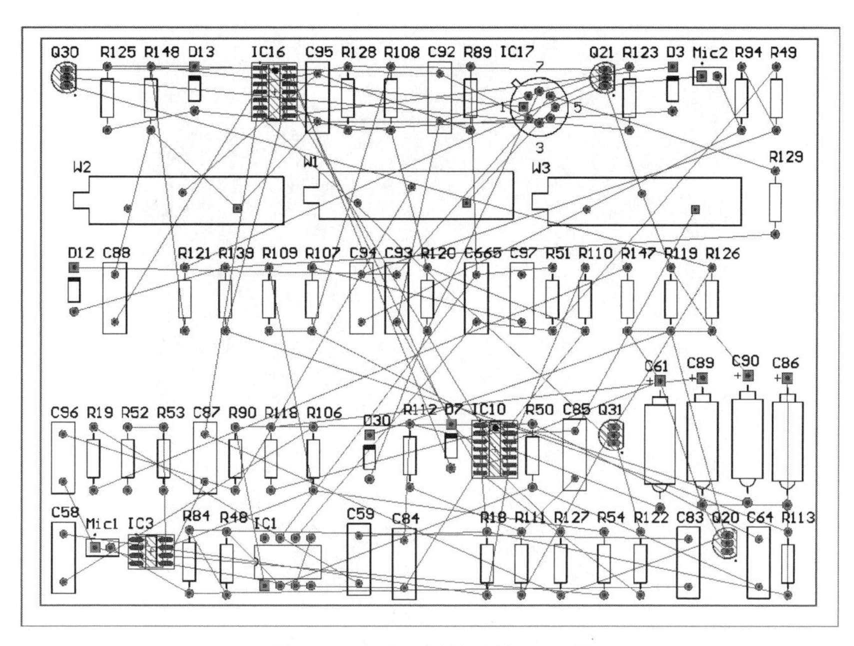

图 7-187　手工调整后的 PCB 图

02 执行菜单命令“视图”→“切换到三维模式”，查看 3D 效果图，检查布局是否合理，如图 7-188 所示。

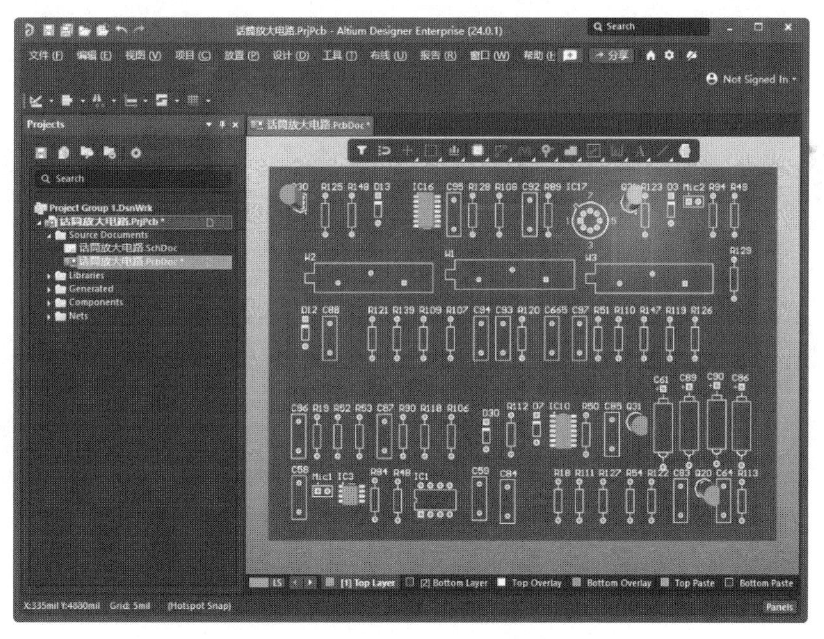

图 7-188　PCB 的 3D 效果图

4. 布线

01 执行菜单命令“布线”→“自动布线”→“设置”，在弹出的“Situs 布线策略”对话框中设置布线策略，如图 7-189 所示，在“可用布线策略”中选择“Default Multi Layer Board（多层面板默认布线策略）”，设置布线规则。设置完成后单击“OK”按钮。

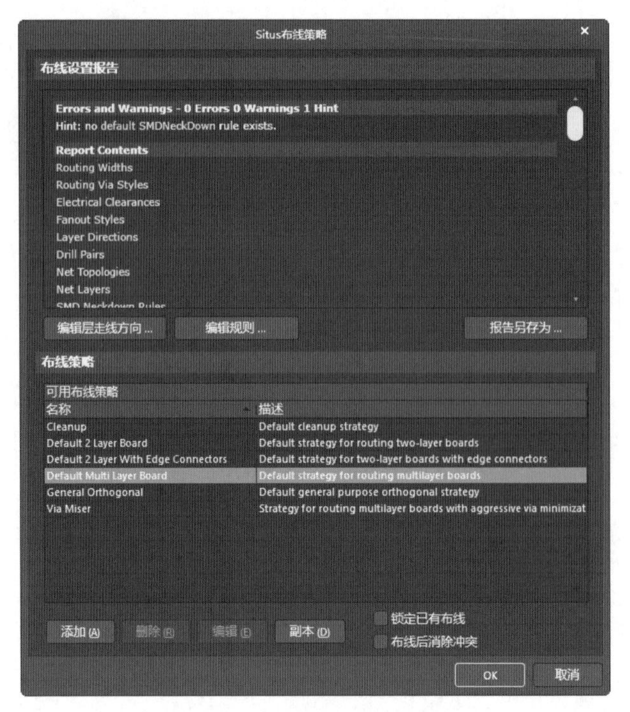

图 7-189　布线设置对话框

02 执行菜单命令“布线”→“自动布线”→“全部”，弹出“Situs 布线策略”对话框，单击“Route All(布线所有)”按钮，系统开始自动布线，并同时出现一个“Message(信息)”布线信息对话框，如图 7-190 所示。

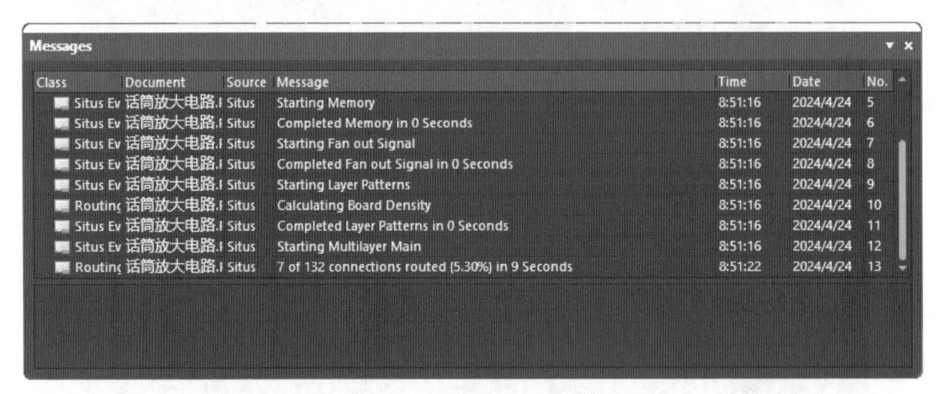

图 7-190　布线信息对话框

03 布线完成后，结果如图 7-191 所示。

5. 建立覆铜

01 执行菜单命令“放置”→“铺铜”，对完成布线的电路建立覆铜。在覆铜属性设置面板中，选择影线化填充、45° 填充模式和 Top Layer（顶层），如图 7-192 所示。

02 设置完成后，按 Enter 键，光标变成十字形。用光标沿 PCB 的电气边界线绘制出一个封闭的矩形，系统将在矩形框中自动建立覆铜。采用同样的方式，为 PCB 的 Bottom Layer（底层）建立覆铜。覆铜后的 PCB 如图 7-193 所示。

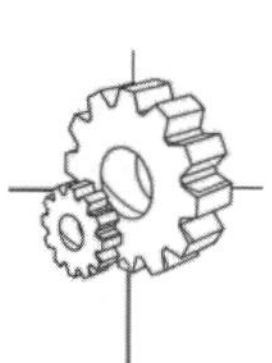

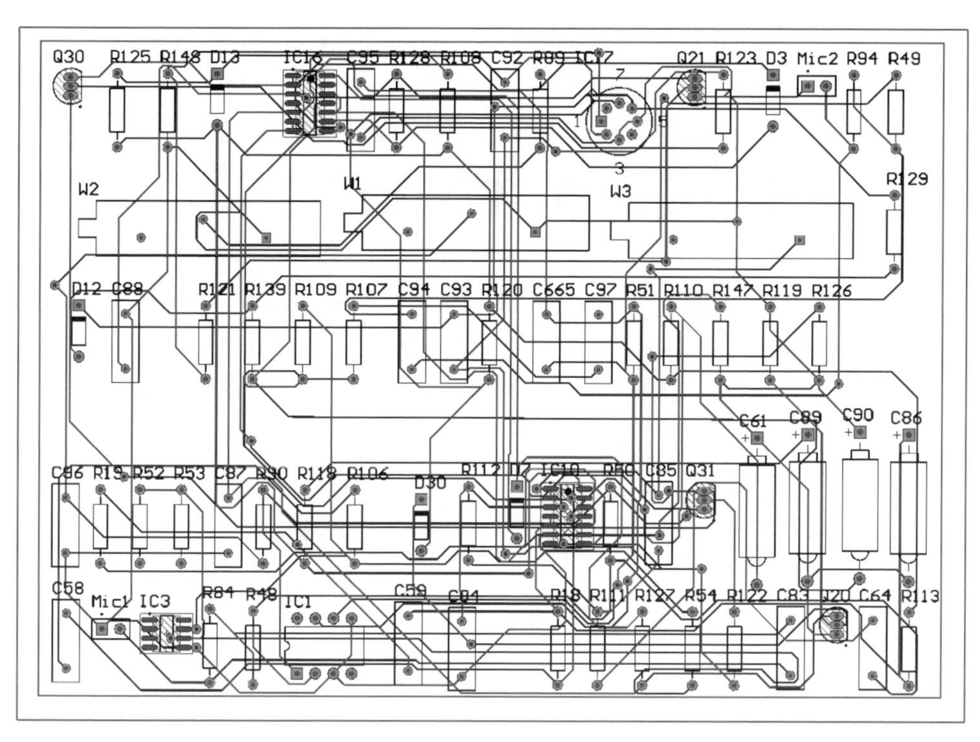

图 7-191　自动布线结果

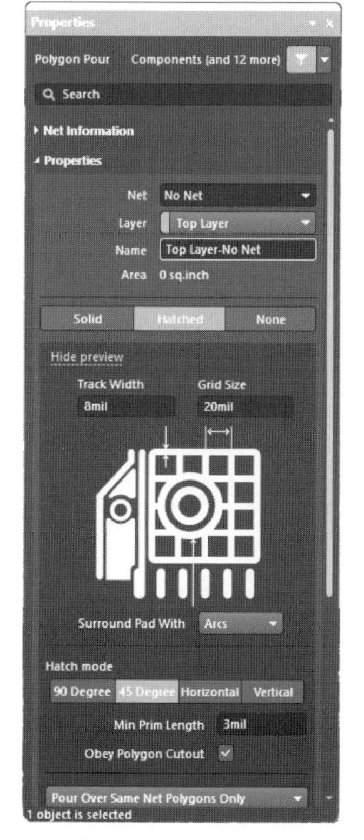

图 7-192　设置参数

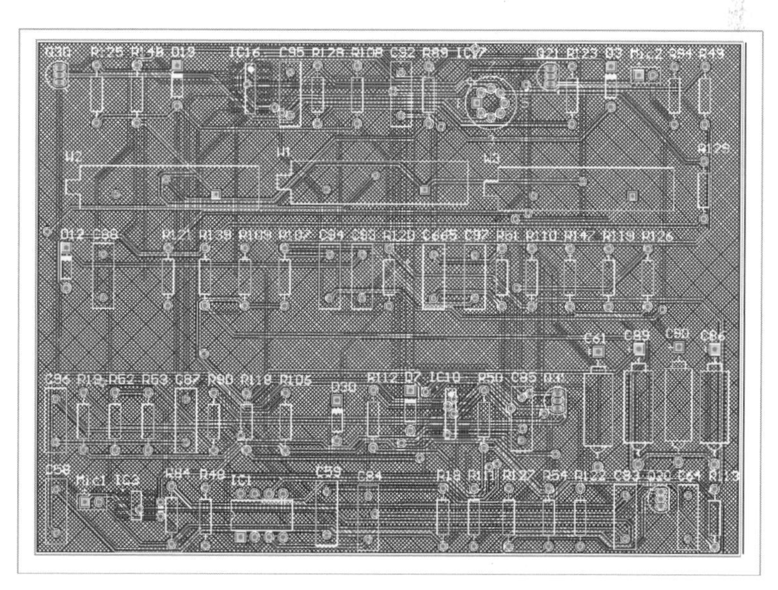

图 7-193　覆铜后的 PCB

由于原理图文件已生成网络表文件，因此这里省略创建报表文件的步骤。

至此，话筒放大电路 PCB 设计完成。

7.15　本章小结

本章主要讲述了 PCB 的设计，它是整个电路设计中的重要部分，内容较多。首先介绍了 PCB 设计的基础知识，然后在此基础上，通过实例详细讲述了 PCB 的设计方法和步骤。

通过本章的学习，相信读者能够掌握 PCB 设计的方法，能够完成基本的 PCB 设计。同时希望读者能多加练习，熟练掌握 PCB 的设计步骤。

7.16　课后思考与练习

（1）简述 PCB 的设计流程。

（2）创建一个 PCB 文件有几种方法，怎样建立？

（3）简述 PCB 视图的操作方法以及编辑器的编辑功能。

（4）简述如何设置设计规则。

（5）简述 PCB 设计的具体步骤，并找一个具体的实例加以练习。

第 8 章

电路仿真

内容指南

在电路系统的整体设计过程中，由原理图的绘制进入 PCB 的实际制作，还要经过一个重要的环节——电路仿真。所谓电路仿真，就是用软件来模拟电路的效果与功能，以对设计的电路进行检测和调试。

知识重点

- 电路仿真的基本概念
- 电源和仿真激励源
- 仿真分析的参数设置

8.1 电路仿真的基本概念

Altium Designer 24 中内置了一个功能强大的电路仿真器，使用户能方便地进行电路仿真。一般来说，进行电路仿真主要是为了确定电路中某些参数设置是否合理，例如电容、电阻值的大小是否会直接影响波形的上升、下降周期，变压器的匝数比是否会影响输出功率等。因此，在仿真电路原理图的过程中，尤其应该注意元器件的标称值是否准确。

仿真中涉及的几个基本概念如下：

（1）仿真元器件：用户在做电路仿真时用到的元器件，要求具有仿真属性。

（2）仿真电路图：用户根据具体电路的设计要求，使用原理图编辑器以及具有仿真属性的元器件所绘制的电路原理图。

（3）仿真激励：用于模拟实际电路中的信号。

（4）仿真方式：仿真方式有多种，不同的仿真方式对应不同的参数设定，用户应该根据具体的电路要求选择设置仿真方式。

（5）仿真结果：一般以波形的形式给出。

8.2 电源和仿真激励源

在 Altium Designer 24 中，除了实际的原理图元器件之外，仿真原理图中还需要用到激励源等元器件。这些元器件存放在 Altium\Library\Simulation 文件中，其中：

- Simulation Sources.IntLib：仿真激励源库，包括电流源、电压源等。
- Simulation Transmission Line.IntLib：特殊传输线库。
- Simulation Voltage Sources.IntLib：电压激励源库。

在仿真中，默认激励源是理想电源。也就是说，电压源的内阻为零，而电流源的内阻为无穷大，Simulation Sources.IntLib 集成库中提供的直流电压源 VSRC 和直流电流源 ISRC 如图 8-1 所示。这两种电源通常在仿真电路通电时，或者需要为仿真电路输入一个阶跃激励信号时使用，以便用户观测电路中某一结点的瞬态响应波形。

除了在 Simulation Sources.IntLib 集成库中选择电源之外，还可以通过以下方法选择：执行菜单栏中的“Simulate（仿真）”→“Place Sources（放置电源）”命令，选择如图 8-2 所示的子菜单中的 Voltage Source、Current Source 命令，分别放置直流电压源 VSRC 与直流电流源 ISRC。

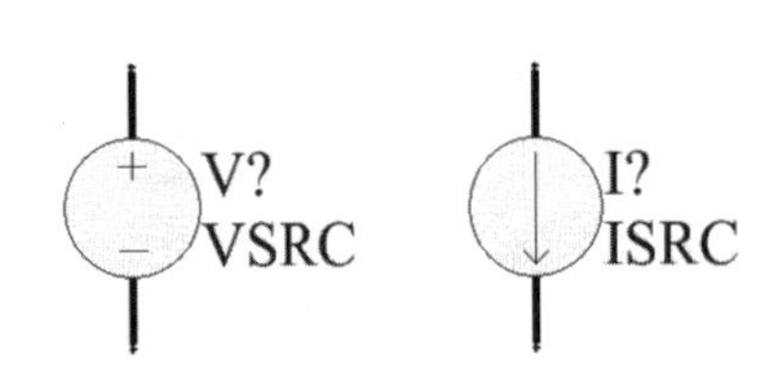

图 8-1　直流电压源 VSRC 和直流电流源 ISRC

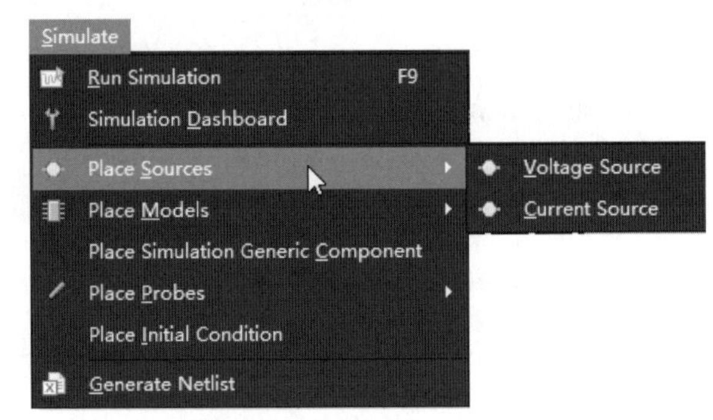

图 8-2　菜单命令

8.3 仿真分析的参数设置

在电路仿真中，选择合适的仿真方式并对相应的参数进行合理的设置，是仿真能够正确运行并获得良好效果的关键。

一般来说，仿真方式的设置包括两部分：一是各种仿真方式都需要的通用参数设置，二是具体的仿真方式所需要的特定参数设置，二者缺一不可。

在原理图编辑环境中，执行菜单栏中的“Simulink（仿真）”→“Simulation Dashboard（仿真仪表）”命令，或单击状态栏中的“Panels（面板）”按钮，选择快捷命令“Simulation Dashboard（仿真仪表）”，系统将弹出如图 8-3 所示的“Simulation Dashboard（仿真仪表）”面板。

在“Analysis Setup &Run（分析设置和运行）”选项组中进行一些特定参数的设定。

1. 工作点分析

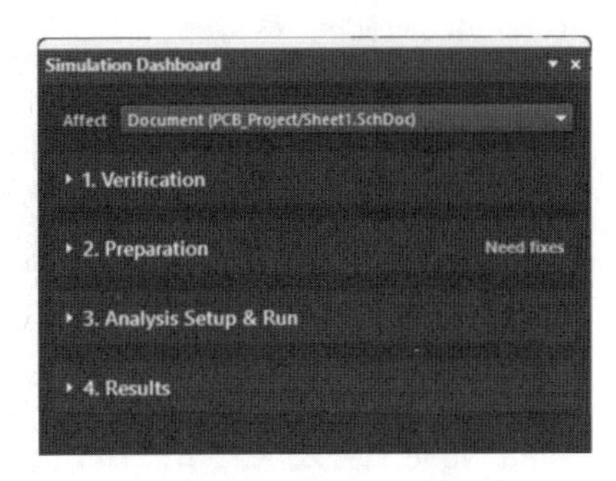

图 8-3　“Simulation Dashboard（仿真仪表）”面板

所谓工作点分析，就是静态工作点分析，这种方式是在分析放大电路时提出来的。当放大器的输入信号短路时，放大器就处在无信号输入状态，即静态。若静态工作点选择不合适，则输出波形会失真。因此，设置合适的静态工作点是放大电路正常工作的前提。

在“Analysis Setup &Run（分析设置和运行）”选项组中展开“Operating Point（工作点）”，相应的参数设置如图 8-4 所示。

在工作点分析中，所有的电容都被看作开路，所有的电感都被看作短路，之后计算各个结点的对地电压，以及流过每一元器件的电流。需要用户在“Display on schematic（原理图显示）”选项下选择参数，包括 Voltage（电压）、Power（功率）、Current（电流）。单击“Run（运行）”按钮，开始进行工作点分析。

一般来说，在进行瞬态分析和交流小信号分析时，仿真程序都会先执行工作点分析，以确定电路中非线件元器件的线性化参数初始值。

2. 传递函数分析

传递函数分析主要用于计算电路的直流输入/输出阻抗。在 Advanced（高级）选项组中勾选“Transfer Function（传递函数）”复选框，相应的参数设置如图 8-5 所示。各参数的含义如下：

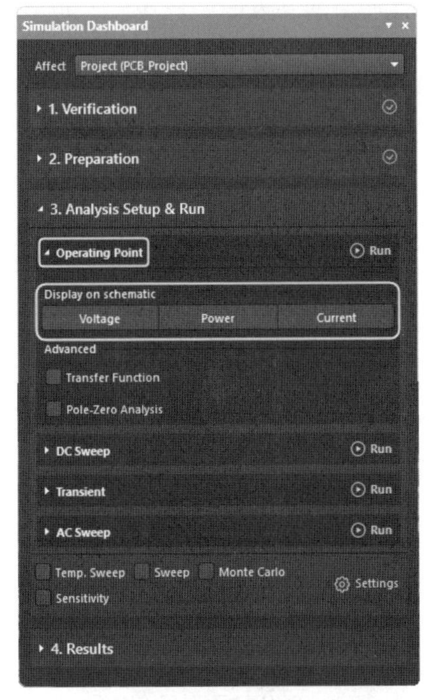

图 8-4　工作点分析方式

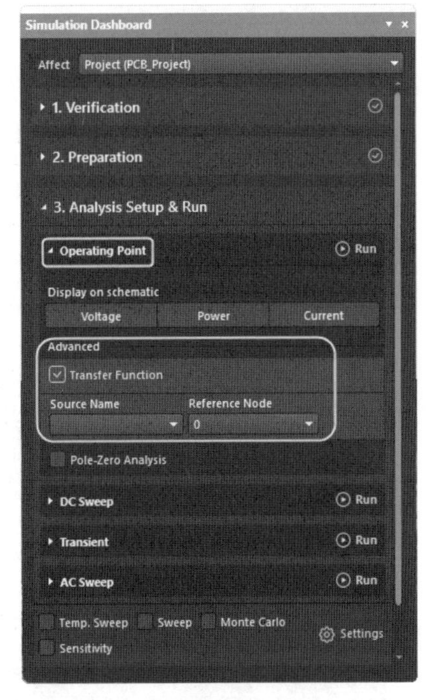

图 8-5　传递函数分析的仿真参数

- Source Name（源点名称）：设置参考的输入信号源。

- Reference Node（参考结点）：设置参考结点。

3. 零-极点分析

零-极点分析主要用于对电路系统转移函数的零和极点位置进行描述。根据零、极点位置与系统性能的对应关系，可以对系统性能进行相关的分析。

在 Advanced（高级）选项组中勾选 Pole-Zero Analysis（零-极点分析）复选框，相应的参数设置如图 8-6 所示。各参数的含义如下：

- Input Node（输入结点）：输入结点选择设置。
- Input Reference Node（输入参考结点）：输入参考结点选择设置，通常设置为 0。
- Output Node（输出结点）：输出结点选择设置。
- Output Reference Node（输出参考结点）：输出参考结点选择设置，通常设置为 0。
- Analysis Type（分析类型）：分析类型设置，有 3 种选择，分别是 Poles Only（只分析极点）、Zeros Only（只分析零点）和 Poles and Zeros（零和极点分析）。
- Transfer Function Type（转移函数类型）：转移函数类型设置，有两种选择，分别是 V(output)/V (input)（电压数值比）和 V(output)/I(input)（阻抗函数）。

4. 直流扫描分析

直流扫描分析是指在一定的范围内，通过改变输入信号源的电压值，对结点进行静态工作点的分析。根据所获得的一系列直流传输特性曲线，可以确定输入信号、输出信号的最大范围及噪声容限等。

该仿真分析方式可以同时对两个结点的输入信号进行扫描分析，但计算量会相当大。在“Analysis Setup &Run（分析设置和运行）”选项组中展开“DC Sweep（直流扫描）”，相应的参数设置如图 8-7 所示。各参数的具体含义如下：

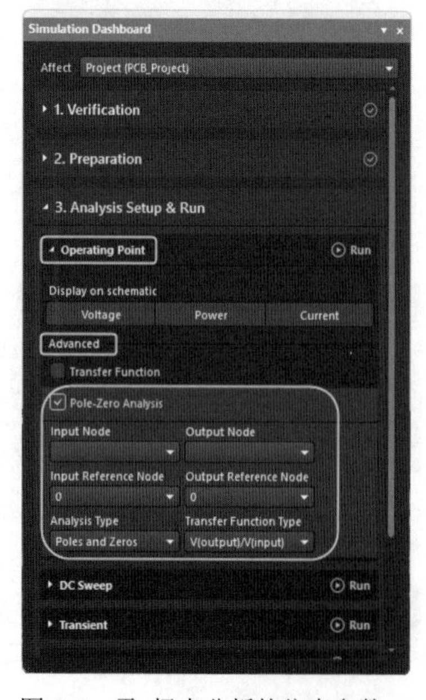

图 8-6　零-极点分析的仿真参数

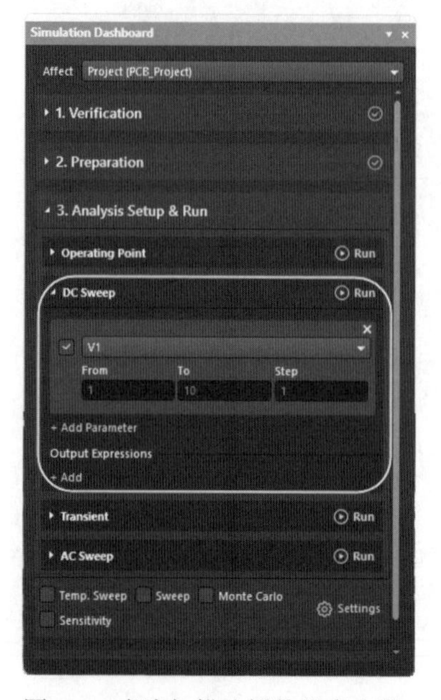

图 8-7　直流扫描分析的仿真参数

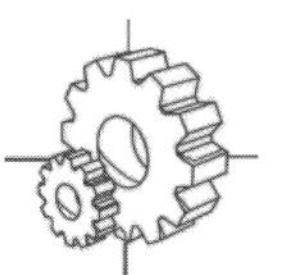

- V1（输入激励源）：用来设置直流扫描分析的第一个输入激励源。选中该项后，其右边会出现一个下拉列表框，供用户选择输入激励源，本例中第一个输入激励源为 V1。
- From：激励源信号幅值的初始值设置。
- To：激励源信号幅值的终止值设置。
- Step：激励源信号幅值变化的步长设置。用于在扫描范围内指定主电源的增量值，通常可以设置为幅值的 1%或 2%。
- +Add Parameter：用于添加进行直流扫描分析的第二个输入激励源。单击该按钮后，即可添加第二个输入激励源，并对相关参数进行设置，设置内容及方式与前面相同。
- Output Expressions：用于添加直流扫描分析的输出表达式。单击“+Add”按钮，添加输出表达式，如图 8-8 所示。单击输出表达式右侧的“...”按钮，弹出“Add Output Expression（添加输出表达式）”对话框，选择输出表达式参数，如图 8-9 所示。

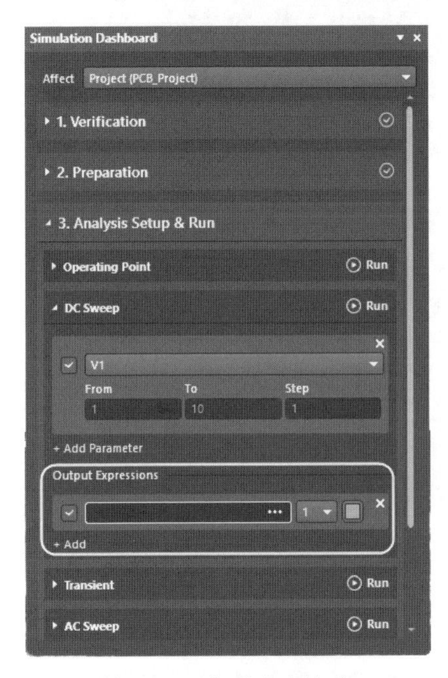

图 8-8　添加输出表达式

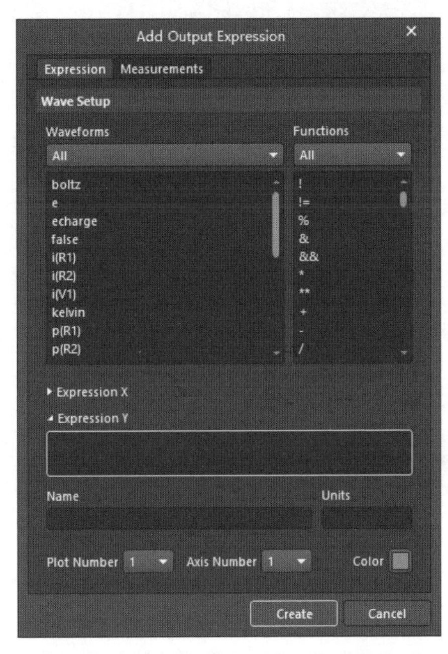

图 8-9　“Add Output Expression（添加输出表达式）”对话框

5. 瞬态分析

瞬态分析是电路仿真中经常使用的仿真方式，是一种时域仿真分析方式，通常是从时间零开始，到用户规定的终止时间结束，在一个类似示波器的窗口中显示出观测信号的时域变化波形。

在仿真分析仪表面板中展开“Transient（瞬态）”，相应的参数设置如图 8-10 所示。各参数的含义如下：

- ：单击该按钮，根据时间间隔设置瞬态仿真分析参数。
  - From：瞬态仿真分析的起始时间设置，通常设置为 0。
  - To：瞬态仿真分析的终止时间设置，需要根据具体的电路来设置。若设置太小，则用户无法观测到完整的仿真过程，仿真结果中只显示一部分波形，不能作为仿真分析的依据；若设置太大，则有用的信息会被压缩在一小段区间内，同样不利于分析。

➢ Step：仿真的时间步长设置，同样需要根据具体的电路来设置。若设置太小，则仿真程序的计算量会很大，运行时间过长；若设置太大，则仿真结果粗糙，无法真实地反映信号的细微变化，不利于分析。

- √：单击该按钮，根据时间周期设置瞬态仿真分析参数，如图 8-11 所示。

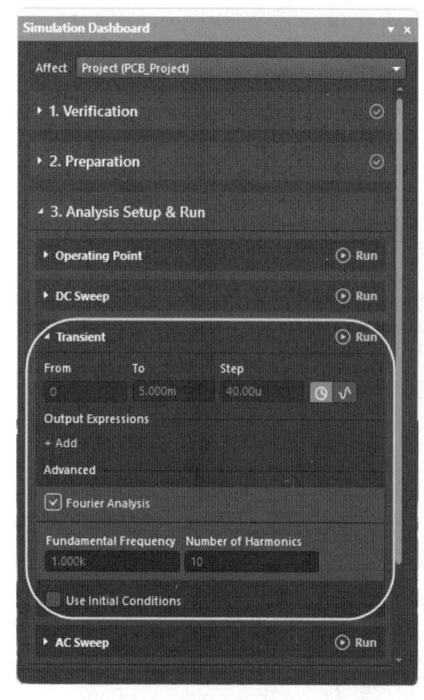

图 8-10　瞬态分析的仿真参数

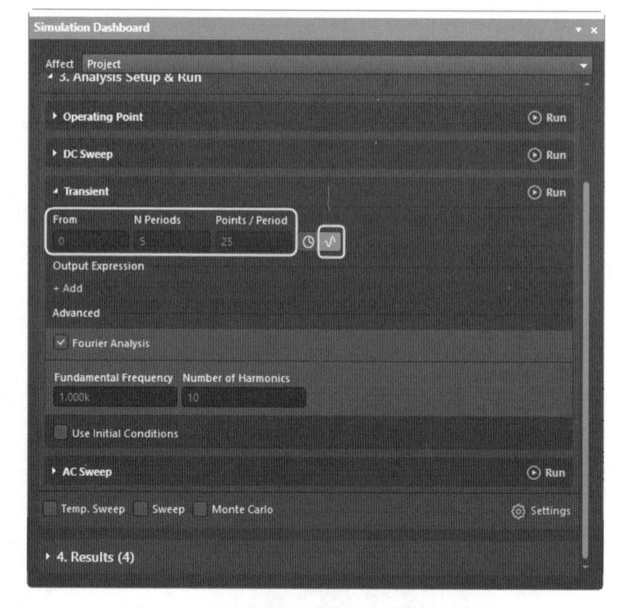

图 8-11　周期瞬态分析的仿真参数

➢ From：瞬态仿真分析的起始时间设置，通常设置为 0。

➢ N Periods：电路仿真时显示的波形周期数。

➢ Points/Period：每个显示周期中的点数设置，其数值多少决定了曲线的光滑程度。

- Output Expressions：用于添加瞬态输出特性分析的输出表达式。
- Fourier Analysis：该复选框用于设置电路仿真时，是否进行傅里叶分析。
- Fundamental Frequency：傅里叶分析中的基波频率设置。
- Number of Harmonics：傅里叶分析中的谐波次数设置，通常使用系统默认值 10 即可。
- Use Intial Conditions：该复选框用于设置电路仿真时，是否使用初始设置条件，一般应选中。

6. 交流小信号分析

交流小信号分析主要用于分析仿真电路的频率响应特性，即输出信号随输入信号的频率变化而变化的情况。借助于该仿真分析方式，可以得到电路的幅频特性和相频特性。

在仿真分析仪表面板中展开“AC Sweep”（交流扫描），相应的参数如图 8-12 所示。各

参数的含义如下：

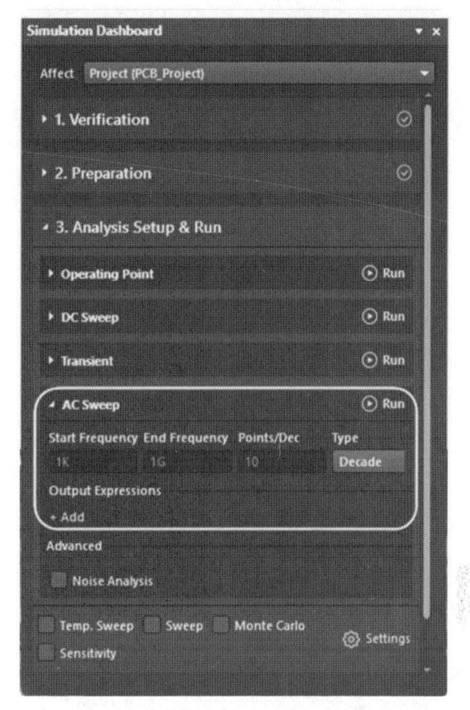

图 8-12　交流小信号分析的仿真参数

- Start Frequency：交流小信号分析的起始频率设置。
- End Frequency：交流小信号分析的终止频率设置。
- Points/Dec：交流小信号分析的测试点数目设置，通常使用系统的默认值即可。
- Type：扫描方式设置，有 3 种选择。
  - Linear：扫描频率采用线性变化的方式，在扫描过程中，下一个频率值由当前值加上一个常量而得到，适用于带宽较窄的情况。
  - Decade：扫描频率采用 10 倍倍频变化的方式进行对数扫描，下一个频率值由当前值乘以 10 而得到，适用于带宽特别宽的情况。
  - Octave：扫描频率以倍频变化的方式进行对数扫描，下一个频率值由当前值乘以一个大于 1 的常数而得到，适用于带宽较宽的情况。
- Output Expression：添加交流信号分析的输出表达式。

7. 噪声分析

噪声分析一般和交流小信号分析一起进行。在实际的电路中，由于各种因素的影响，总是会存在各种各样的噪声，这些噪声分布在很宽的频带内，每个元器件对于不同频段上的噪声敏感程度是不同的。

在噪声分析时，电容、电感和受控源应被视为无噪声的元器件。交流小信号分析中的每一个频率、电路中的每一个噪声源（电阻或者运算放大器）的噪声电平都会被计算出来，它们对输出结点的贡献通过将各均方值相加而得到。

电路设计中，使用 Altium Designer 仿真程序，可以测量和分析以下几种噪声：

（1）输出噪声：在某个特定的输出结点处测量得到的噪声。

（2）输入噪声：在输入结点处测量得到的噪声。

（3）器件噪声：每个元器件对输出噪声的贡献。输出噪声的大小就是所有产生噪声的元器件噪声的叠加。

在仿真分析仪表面板中展开“Advanced（高级）”，勾选 Noise Analysis（噪声分析）复选框，相应的参数设置如图 8-13 所示。各参数的含义如下：

- Noise Source：选择一个用于计算噪声的参考信号源。选中该项后，其右边会出现一个下拉列表框，供用户进行选择。

- Output Node: 噪声分析的输出结点设置。选中该项后，其右边会出现一个下拉列表框，供用户选择需要的噪声输出结点，如 IN 和 OUT 等。
- Ref Node: 噪声分析的参考结点设置。通常设置为 0，表示以接地点作为参考点。

噪声分析扫描起始频率、终止频率、测试点数目、扫描方式设置，与交流小信号分析中的设置相同。

8. 温度扫描分析

温度扫描分析是指在一定的温度范围内，通过对电路的参数进行各种仿真分析，如瞬态分析、交流小信号分析、直流扫描分析和传递函数分析等，从而确定电路的温度漂移等性能指标。

在仿真分析仪表面板中勾选“Temp.Sweep（温度扫描）”复选框后，单击“Settings（设置）”按钮，弹出“Advanced Analysis Settings（高级分析设置）”对话框，打开“General（常规）”选项卡，激活“Temperature（温度）”复选框，相应的参数设置如图 8-14 所示。各参数的含义如下：

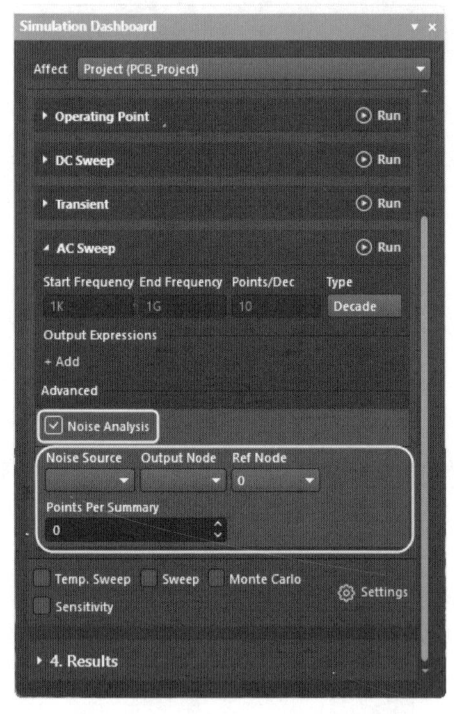

图 8-13　噪声分析的仿真参数

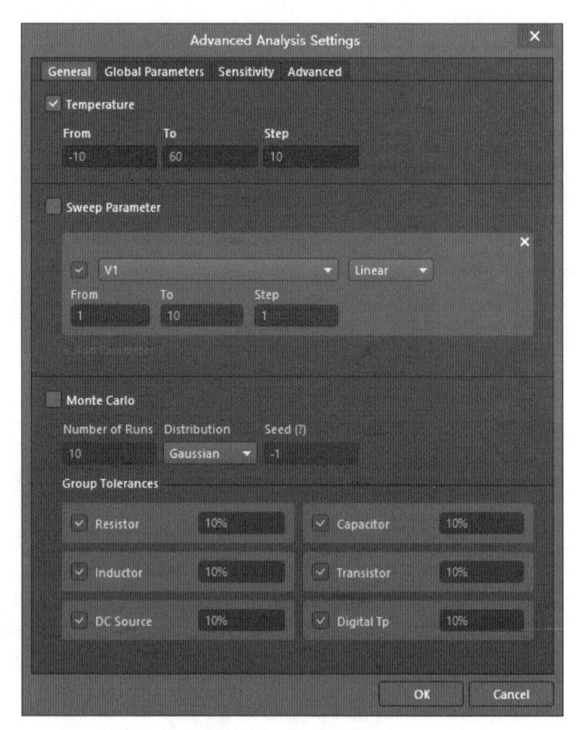

图 8-14　温度扫描分析的仿真参数

- From: 扫描起始温度设置。
- To: 扫描终止温度设置。
- Step: 扫描步长设置。

需要注意的是，温度扫描分析不能单独运行，它在运行工作点分析、交流小信号分析、直

流扫描分析、噪声分析、瞬态分析及传递函数分析中的一种或几种仿真方式时方可进行。

9. 参数扫描分析

参数扫描分析主要用于研究电路中某一元器件的参数发生变化时对整个电路性能的影响。借助该仿真方式，用户可以确定某些关键元器件的最优参数值，以获得最佳的电路性能。该分析方式与温度扫描分析类似，只有与其他仿真方式中的一种或几种同时运行时才有意义。

在仿真分析仪表面板中勾选“Sweep（扫描）”复选框后，单击“Settings（设置）”按钮，弹出“Advanced Analysis Settings（高级分析设置）”对话框，打开“General（常规）”选项卡，激活“Sweep Parameter（扫描参数）”复选框，相应的参数设置如图 8-15 所示。各参数的含义如下：

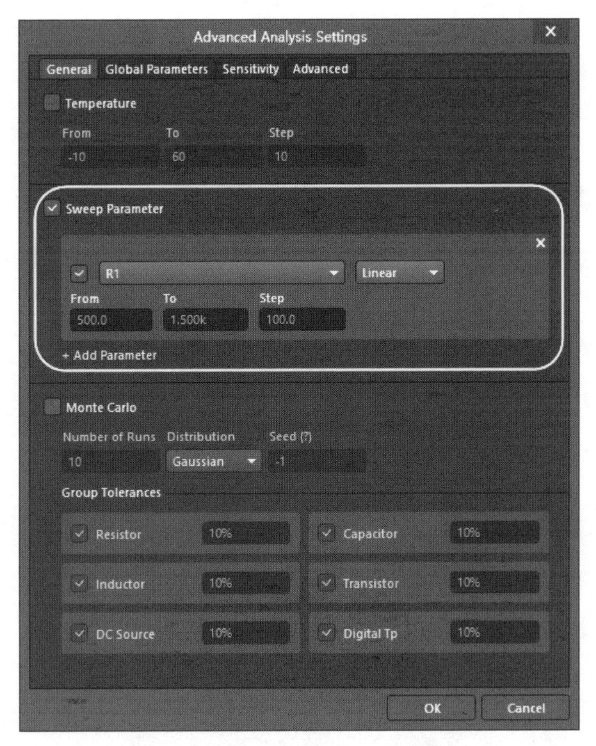

图 8-15　参数扫描分析的仿真参数

- R1：选择第一个进行参数扫描的元器件或参数。选中该项后，其右边会出现一个下拉列表框，列出了仿真电路图中可以进行参数扫描的所有元器件供用户选择。这里默认选择 R1。
- Linear：参数扫描的扫描方式设置。有 4 种选择，分别是 Linear（线性变化）、Decade（10 倍倍频对数扫描）、Octave（8 倍倍频对数扫描）和 List（列表值扫描，数字间可用空格、逗点或分号隔开）。不同的扫描方式有不同的扫描参数。
- From：进行线性参数扫描的元器件初始值设置。
- To：进行线性参数扫描的元器件终止值设置。
- Step：线性扫描变化的步长设置。
- +Add Parameter：单击该按钮，添加进行参数扫描分析的元器件或参数，并对元器件的相关参数进行设置。设置的内容及方式都与前面完全相同，这里不再赘述。

10. 蒙特卡罗分析

蒙特卡罗分析是一种统计分析方法，借助于随机数发生器，按元器件值的概率分布来选择元器件，然后对电路进行直流、交流小信号、瞬态等仿真分析。通过多次分析结果估算出电路性能的统计分布规律，从而对电路生产时的成品率及成本等进行预测。

在仿真分析仪表面板中勾选“Monte Carlo（蒙特卡罗）”复选框后，单击“Settings（设置）”按钮，弹出“Advanced Analysis Settings（高级分析设置）”对话框，打开“General（常规）”选项卡，激活“Monte Carlo（蒙特卡罗）”复选框，相应的参数设置如图 8-16 所示。各项参数的含义如下：

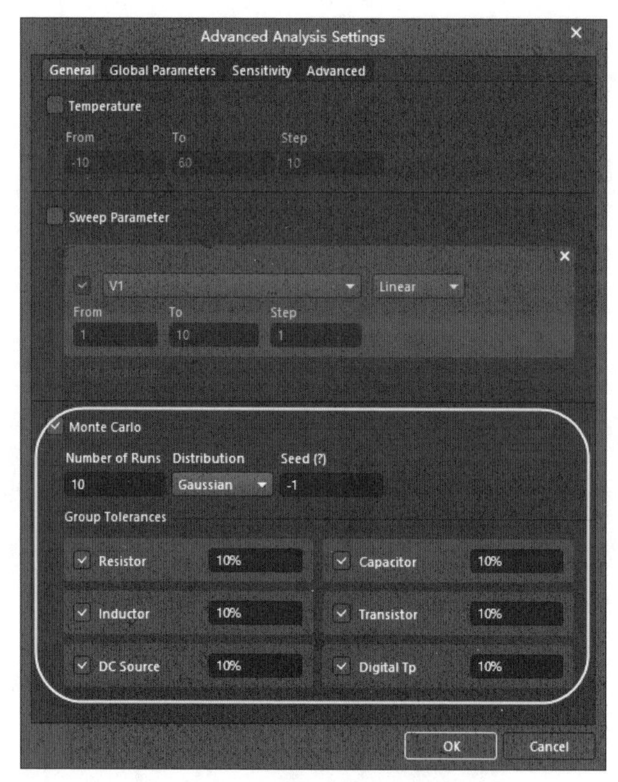

图 8-16　蒙特卡罗分析的仿真参数

- Number of Runs：仿真运行次数设置，系统默认值为 10。
- Distribution：元器件分布规律设置，有 3 种选择，分别是 Uniform（均匀分布）、Gaussian（高斯分布）和 Worst Case（最坏情况分布）。
- Seed：这是一个在仿真过程中随机产生的值，如果用随机数的不同序列来执行一个仿真，就需要改变该值，其默认值为-1。
- Group Tolerances：设置所有公差。
  - Resistor：电阻容差设置，默认为 10%。用户可以单击更改，输入值可以是绝对值，也可以是百分比，但含义不同。例如某电阻的标称值为“1K”，若用户输入的电阻容差为“15”，则表示该电阻将在 985Ω ~ 1015Ω 之间变化；若输入为“15%”，

则表示该电阻的变化范围为 850Ω ~ 1150Ω。

- Capacitor：电容容差设置，默认值为 10%，同样可以单击进行更改。
- Inductor：电感容差设置，默认值为 10%。
- Transistor：晶体管容差设置，默认值为 10%。
- DC Source：直流电源容差设置，默认值为 10%。
- Digital Tp：数字元器件的传播延迟容差设置，默认值为 10%。该容差用于设定随机数发生器产生数值的区间。

8.4 上机实例

在前面几节中，详细介绍了电路仿真的基础知识，本节将在前面讲述的基础上讲解两个实际的电路仿真实例。

8.4.1 单结晶晶体管电路仿真

单结晶晶体管电路仿真原理图如图 8-17 所示。

电路仿真的具体步骤如下：

1. 绘制电路的仿真原理图

1）创建新项目文件和电路原理图文件

01 执行菜单命令“文件”→“新的”→“项目”，创建一个新项目文件，然后右击，在弹出的快捷菜单中选择“保存工程为”命令，将新建的工程文件保存为“单结晶晶体管电路.PrjPcb”。

02 执行菜单命令“文件”→“新的”→“原理图”，新建原理图文件，然后右击，在弹出的快捷菜单中选择“保存为”命令，将新建的原理图文件保存为“单结晶晶体管仿真电路.SchDoc”。

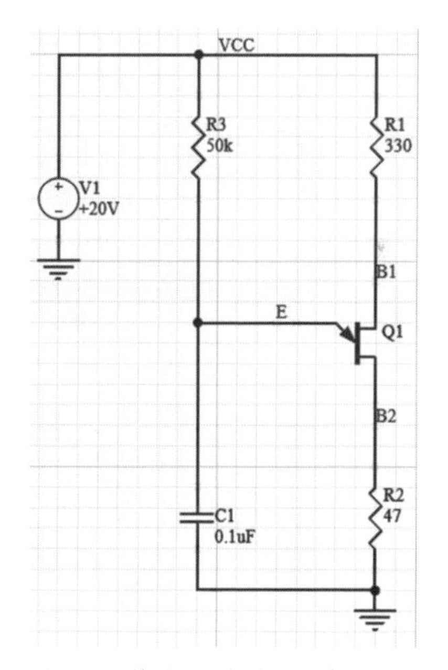

图 8-17 单结晶晶体电路仿真原理图

2）加载电路仿真原理图的元器件库

在“Components（元器件）”面板右上角单击▬按钮，在弹出的菜单中选择“File-based Libraries Preferences（库文件参数）”命令，系统将弹出“有效的基于文件的库”对话框，在其中加载 Miscellaneous Devices.IntLib、Simulation Sources.IntLib 和 2N2646.ckt 集成库，如图 8-18 所示。

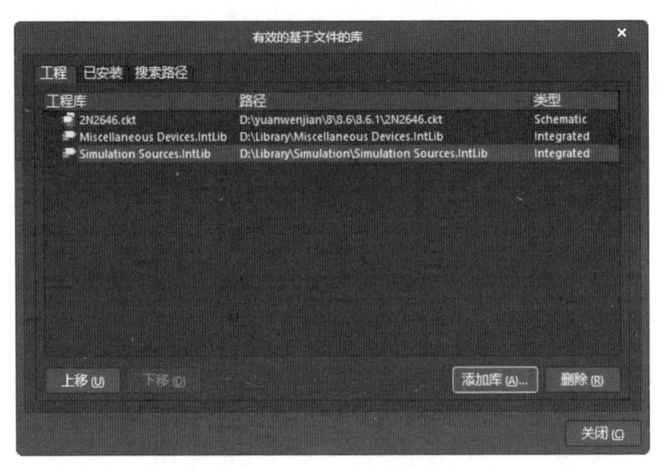

图 8-18　本例中需要的元器件库

3）绘制电路仿真原理图

按照第 2 章中所讲的绘制一般原理图的方法绘制电路仿真原理图，如图 8-19 所示。

4）添加仿真测试点

单击菜单栏中的“放置”→“网络标签”命令，或单击工具栏中的 Net （放置网络标签）按钮，在仿真原理图中添加仿真测试点，VCC 表示电源输入信号，E 表示三极管集电极观测信号，B1、B2 是两个三极管基极观测信号，结果如图 8-17 所示。

2. 设置仿真模式

01 单击状态栏中的“Panel（面板）”按钮，在弹出的菜单中选择“Simulation Dashboard（仿真仪表）”命令，弹出“Simulation Dashboard（仿真仪表）”面板，设置仿真参数，如图 8-20 所示。单击“Start Verification（开始验证）”按钮，当“Verification（验证）”选项组右侧显示绿色对勾符号时，表示验证结果无误。

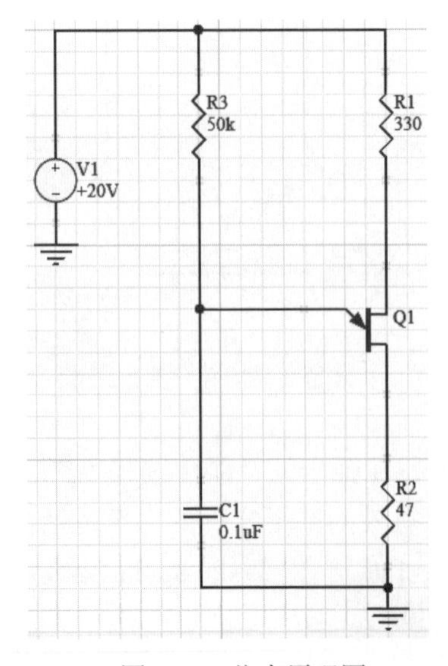

图 8-19　仿真原理图

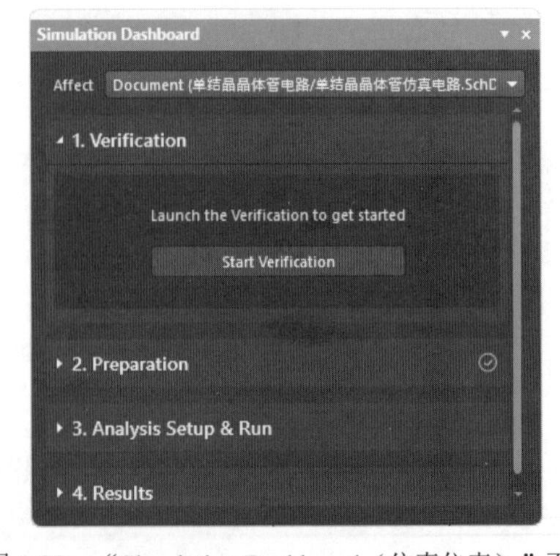

图 8-20　“Simulation Dashboard（仿真仪表）”面板

02 在“3.Analysis Setup &Run（分析设置和运行）”选项组中展开“Operating Point（工作点）”，在“Display on schematic（原理图显示）”列表框中单击“Voltage（电压）”按钮，如图 8-21 所示。

03 展开“Transient（瞬态）”，在“Output Expression（输出表达式）”选项组下单击“Add（添加）”按钮，添加输出表达式。单击输出表达式右侧的“…”按钮，弹出“Add Output Expression（添加输出表达式）”对话框，在“Waveforms（波形图）”选项组下选择“Node Voltages（结点电压）”选项，在列表中显示原理图中所有的结点电压参数。在列表中单击 v(B1)，在“Expression Y（Y 表达式）”显示输出参数 v(B1)，如图 8-22 所示。

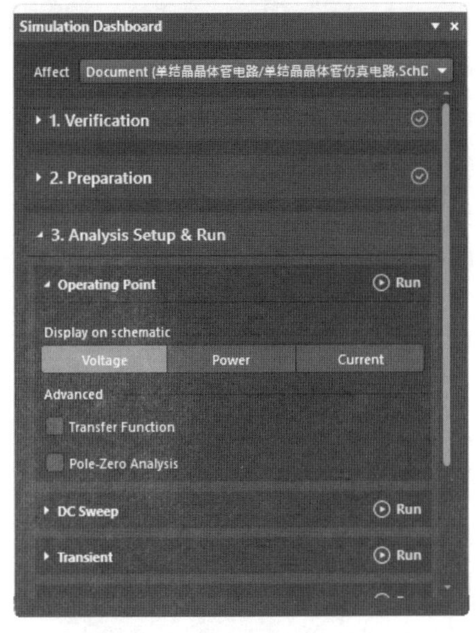

图 8-21　显示电压

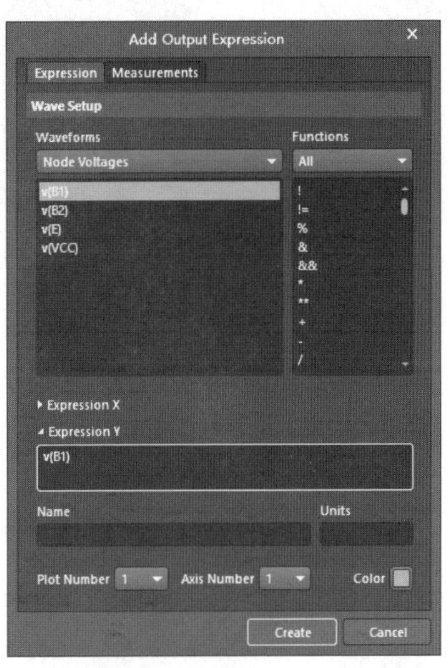

图 8-22　选择结点电压

04 单击“Create（创建）”按钮，关闭该对话框，返回“Simulation Dashboard（仿真仪表）”面板，在“Output Expression（输出表达式）”选项组下添加输出结点电压参数 v(B1)，如图 8-23 所示。

05 为直观地分析结点电压，将波形分别显示在不同的图表中。继续添加 v(B2)和 v(E)输出表达式，在“Plot Number（图表编号）”下拉列表中选择“New Plot（新建图形）”，自定义图表编号为 2，如图 8-24 所示。最终添加的结点电压如图 8-25 所示。

图 8-23　添加结点电压

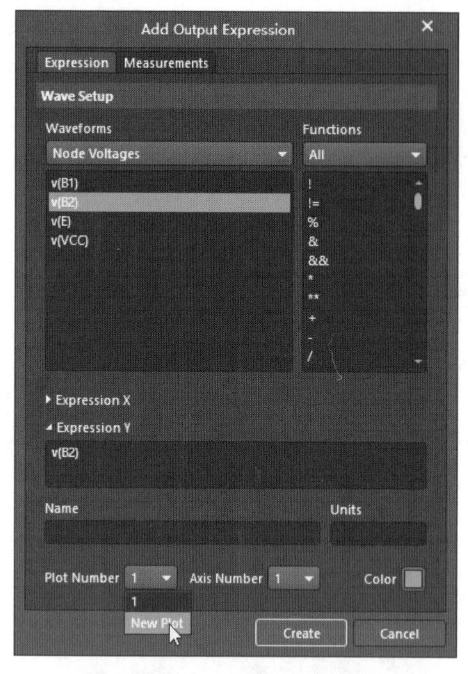

图 8-24　设置结点编号

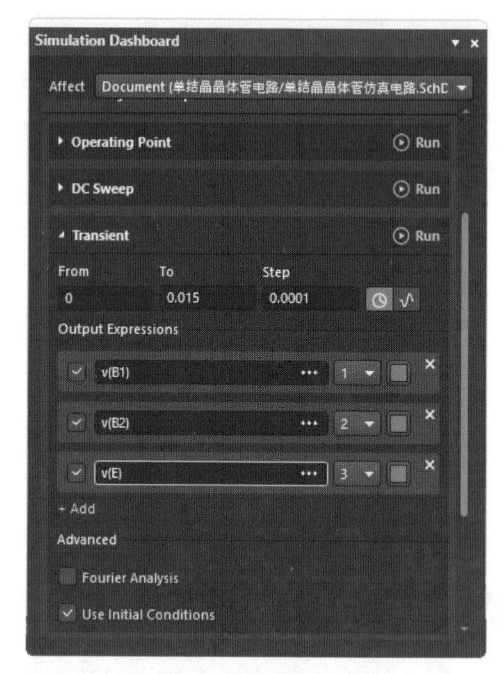

图 8-25　添加结点电压

3. 执行仿真

执行菜单命令“设计”→“仿真”→“Mixed Sim（混合仿真）”，系统进行电路仿真，瞬态分析的仿真结果如图 8-26 所示。

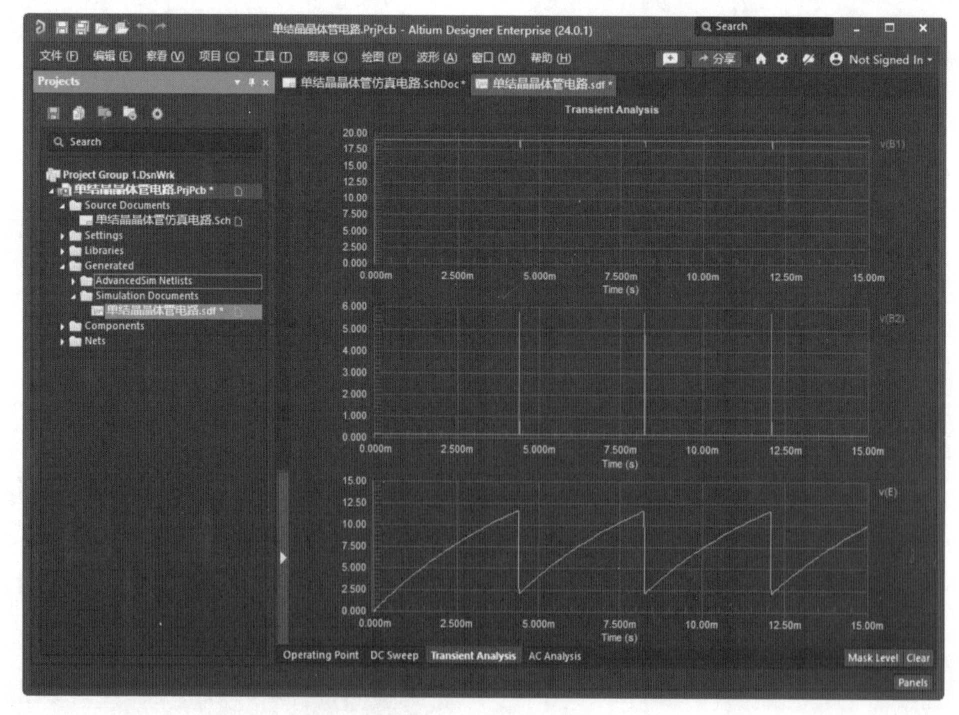

图 8-26　仿真结果

8.4.2　Crystal Oscillator 电路仿真

Crystal Oscillator 电路仿真原理图如图 8-27 所示。

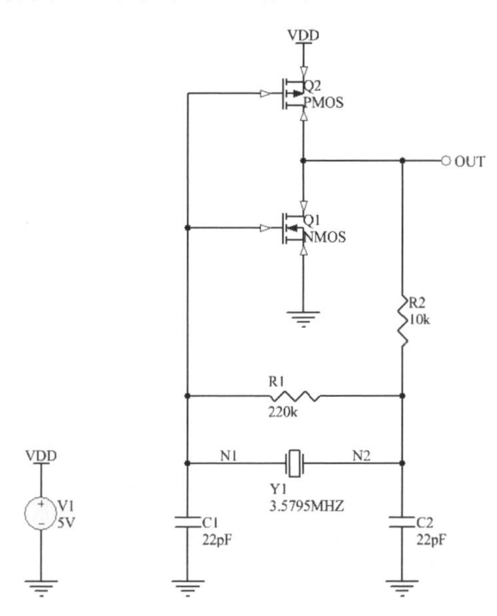

图 8-27　Crystal Oscillator 电路仿真原理图

本节简单介绍一下 Crystal Oscillator 电路的仿真，主要讲述仿真激励源的参数设置以及仿真方式的设置。对于仿真原理图的绘制，电阻、电容等元器件的仿真参数设置，将不再讲述。

1. 设置仿真激励源

双击直流电压源，在打开的“Voltage（电压）”对话框中设置参数，如图 8-28 所示。

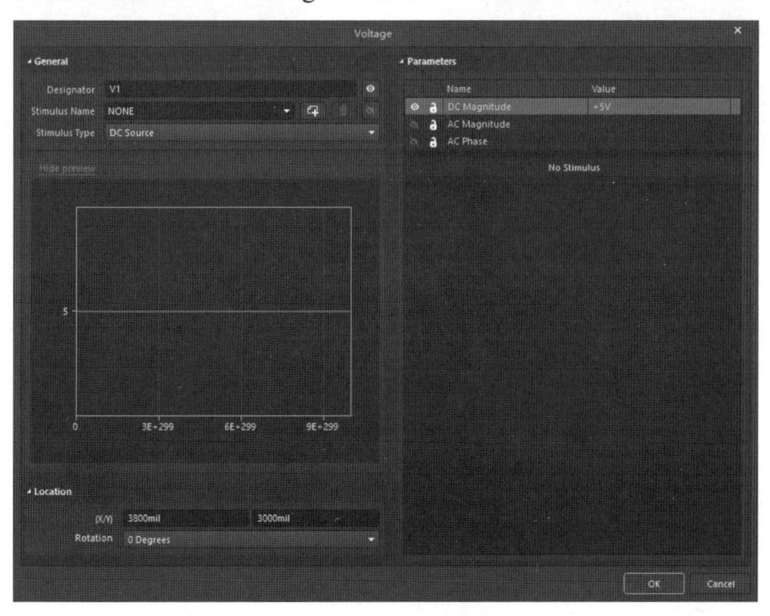

图 8-28　设置参数

2. 设置仿真模式

01 单击状态栏上的“Panel（面板）”按钮，弹出的菜单中选择“Simulation Dashboard（仿真仪表）”命令，弹出“Simulation Dashboard（仿真仪表）”面板，设置仿真参数，如图 8-29 所示。单击“Start Verification（开始验证）”按钮，当“Verification（验证）”选项组右侧显示绿色对勾符号时，表示验证结果无误。

02 在“3.Analysis Setup &Run（分析设置和运行）”选项组中展开“Operating Point（工作点）”，在“Display on schematic（原理图显示）”列表框中单击“Voltage（电压）”按钮，如图 8-30 所示。

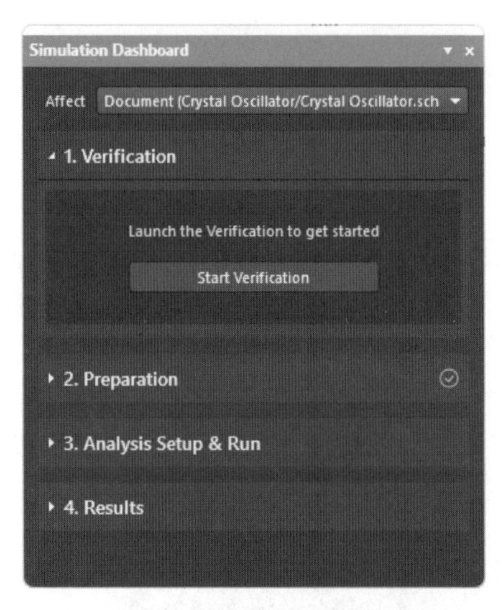

图 8-29 “Simulation Dashboard（仿真仪表）”面板

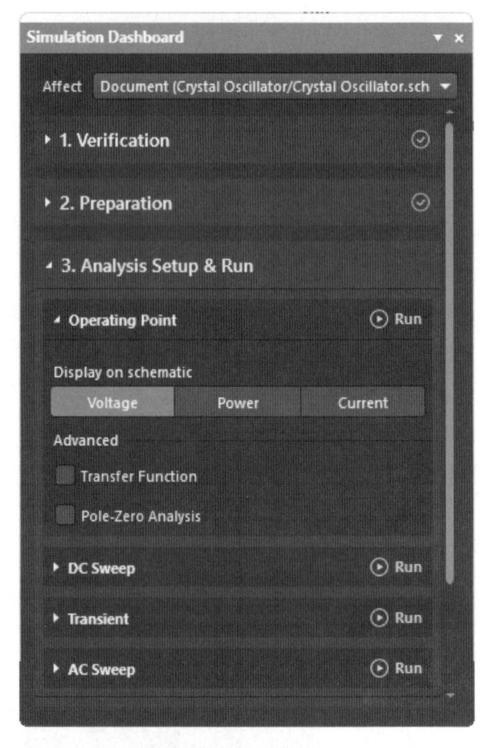

图 8-30 显示电压

03 展开“Transient（瞬态）”，在“Output Expression（输出表达式）”选项组下单击“Add（添加）”按钮，添加输出表达式，单击输出表达式右侧的“…”按钮，弹出“Add Output Expression（添加输出表达式）”对话框，在“Waveforms（波形图）”选项组下选择“Node Voltages（结点电压）”，在列表中显示原理图中所有的结点电压参数。在列表中单击 v(N1)，在“Expression Y（Y 表达式）”显示输出参数 v(N1)，如图 8-31 所示。

04 单击“Create（创建）”按钮，关闭该对话框，返回“Simulation Dashboard（仿真仪表）”面板，在“Output Expression（输出表达式）”选项组下添加输出结点电压参数 v(N1)，如图 8-32 所示。

05 为直观地分析结点电压，将波形分别显示在不同的图表中。继续添加 v(N2)和 v(OUT)输出表达式，在“Plot Number（图表编号）”下拉列表中选择“New Plot（新建图形）”，自定义图表编号为 2，如图 8-33 所示。最终添加的结点电压如图 8-34 所示。

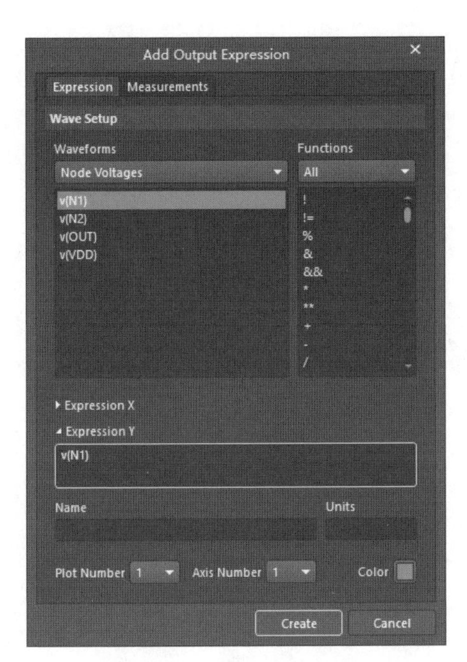

图 8-31　选择结点电压

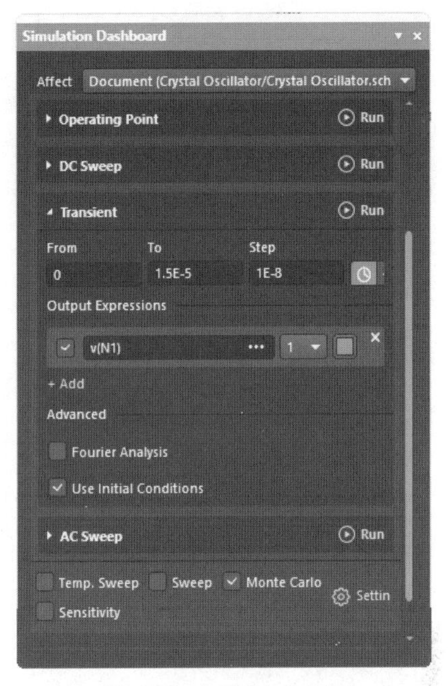

图 8-32　添加结点电压

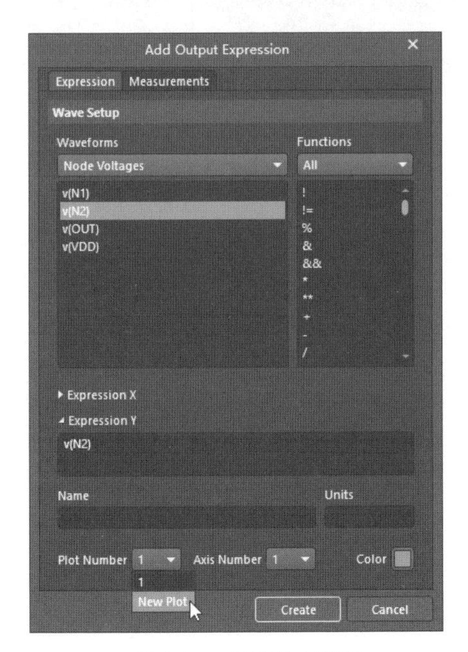

图 8-33　设置结点编号

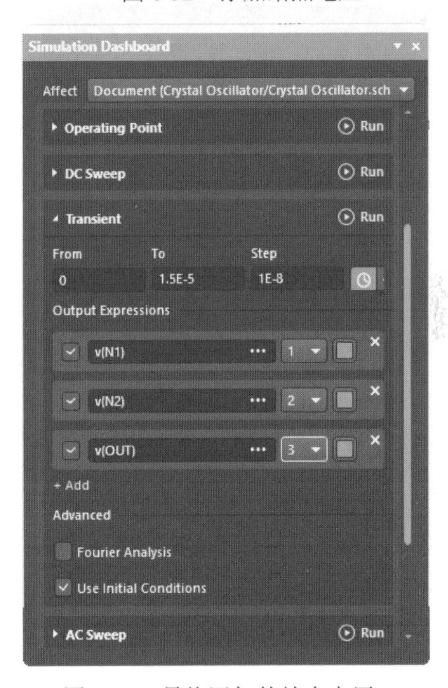

图 8-34　最终添加的结点电压

3. 执行仿真

执行菜单命令“设计”→“仿真”→“Mixed Sim（混合仿真）”，系统进行电路仿真，瞬态分析的仿真结果如图 8-35 所示。

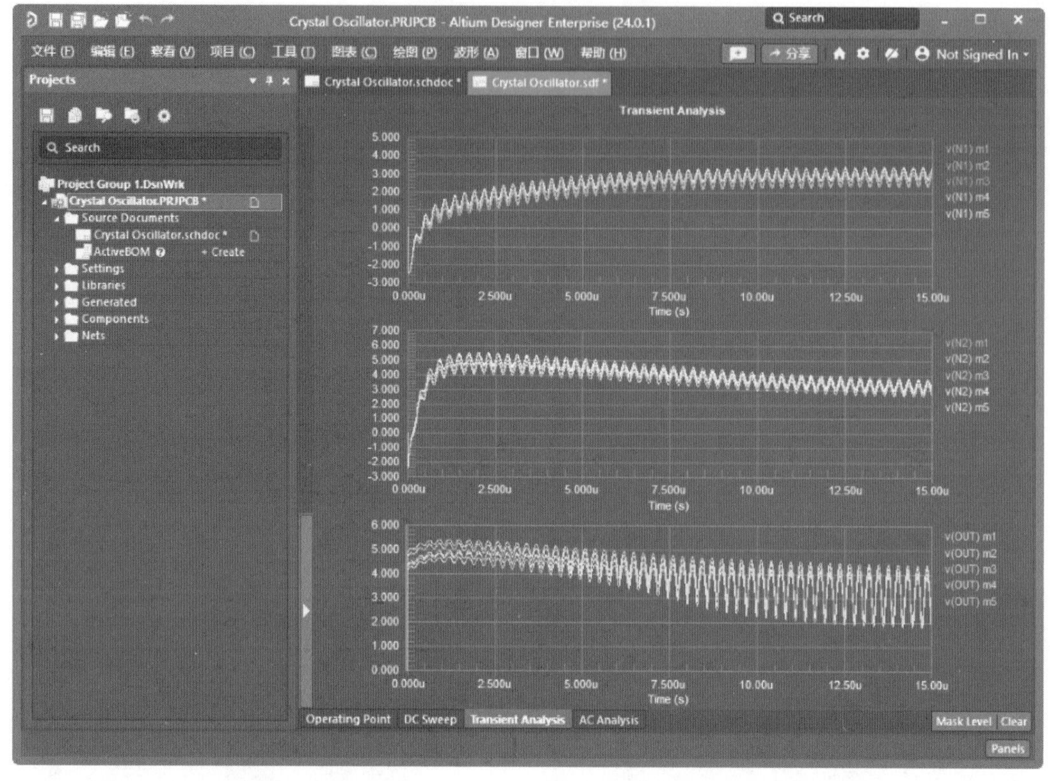

图 8-35　仿真结果

8.5　本章小结

本章主要讲述了 Altium Designer 24 的电路仿真的概念、仿真分析的参数设置等，并通过实例对具体的电路图仿真过程进行了详细的讲解。

电路的仿真具有较强的理论性，要熟练掌握仿真方法，必须清楚各种仿真模式所分析的内容和输出结果的意义。用户可以借助电路仿真，在制作 PCB 之前，尽早地发现自己所设计的电路的缺陷，提高工作效率。

8.6　课后思考与练习

（1）简述电路仿真的基本步骤。

（2）绘制如图 8-36 所示的电路仿真原理图。

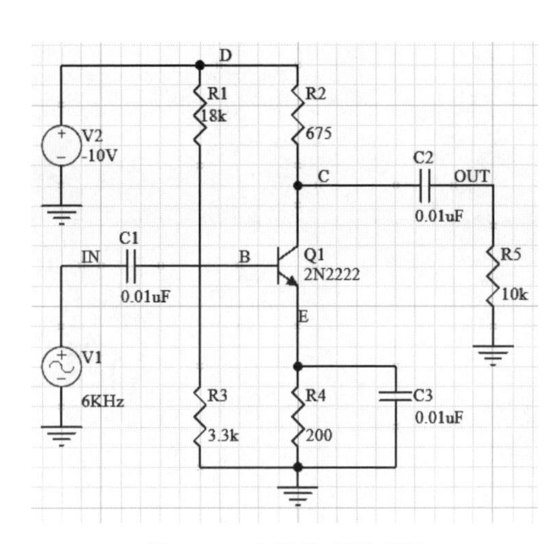

图 8-36　电路仿真原理图

（3）对图 8-36 所示的电路仿真原理图进行瞬态分析。

第 9 章

信号完整性分析

内容指南

随着新工艺、新器件的迅猛发展，高速器件在电路设计中的应用已日益广泛。在这种高速电路系统中，数据的传送速率、时钟的工作频率都相当高。此外，由于功能的复杂多样，电路密集度也相当大。因此，高速电路的设计重点与低速电路截然不同，不再局限于元器件的合理放置与导线的正确连接，还应充分考虑信号的完整性（Signal Integrity，简称 SI）问题。否则的话，即使原理正确，系统可能也无法正常工作。

知识重点

- 信号完整性的基本介绍
- 信号完整性分析实例

9.1 信号完整性的基本介绍

在高速数字电路设计领域，信号噪声会影响相邻的低噪声器件，导致无法准确传递“消息”。随着高速器件越来越普遍，板卡设计阶段的分布式电路分析也变得越来越关键。信号的边沿速率只有几纳秒，因此需要仔细分析板卡阻抗，确保合适的信号线终端，减少这些线路的反射，保证电磁干扰（EMI）处于一定的规则范围之内。最终，需要保证跨板卡的信号完整性，即获得好的信号完整性。

9.1.1 信号完整性定义

从字面意义上看，这个术语代表信号的完整性分析。与专注于电路功能行为模拟的工具不同，信号完整性分析着重于电路组件之间的互连，包括驱动源管脚、目的接收管脚以及连接它们的传输线。这种分析并不假设电路本身的内部操作，而是围绕着这些外部接口进行，其核心是基于每个组件的输入/输出（I/O）特性来确定其规格。

分析信号完整性时会检查（并期望不更改）信号质量。当然，理想情况下，源管脚的信号在沿着传输线传输时是不会有损伤的。器件管脚间的连接使用传输线技术建模，考虑线轨的长度、特定激励频率下的线轨阻抗特性，以及连接两端的终端特性。一般分析需要使用快速的分析方法来确定问题信号，通常指筛选分析。如果要进行更详细的分析，则要研究反射（反射分析）和 EMI（电磁抗干扰分析）。

多数信号完整性问题都是由反射造成的，有效的解决方案是安装适当的终端组件来校正阻抗失配。如果在设计输入阶段就实施分析，那么添加终端组件的过程会更为迅速且直接。当然，同样的分析也可在板图设计阶段进行，但之后再添加终端组件可能会消耗更多时间并增加错误风险，尤其是在高密度电路板上。一种推荐的做法是，首先在设计输入后、PCB 板图设计前进行信号完整性分析，处理反射问题，根据需求放置终端；然后进行 PCB 设计，使用基于期望传输线阻抗的线宽进行布线；接着再次分析，在输入阶段检查有问题标值的信号。此外，同步进行 EMI 分析，确保其保持在可接受的范围内。这也是许多工程师常用的一种高效信号完整性管理策略。

信号传输线上反射的主要原因是阻抗不匹配。基本电子原理表明，电路输出通常具有低阻抗，而输入则倾向于高阻抗。为了减少反射，保证信号波形清晰且无明显的回荡（即“响铃”现象），必须实现良好的阻抗匹配。这通常通过在设计过程中在适当位置添加终端电阻或 RC（电阻-电容）网络来实现。它们有助于调整终端阻抗，从而降低反射的发生。此外，在 PCB 布线时，充分考虑阻抗匹配也是确保信号完整性的重要一步。

串扰水平（或 EMI 程度）与信号线上的反射直接成比例。如果信号质量条件达到标准，那么反射几乎可以忽略不计。在信号到达目的地的路径中尽量少回绕，就可以减少串扰。工程师的黄金设计定律就是通过正确的信号终端和 PCB 上受限的布线阻抗获得最佳的信号质量。一般来说，EMI 需要严格考虑，但如果设计流程中集成了很好的信号完整性分析，设计就可以满足最严格的规范要求。

9.1.2　信号完整性分析方面的功能

要在原理图设计或 PCB 制造前创建正确的板卡，一个关键因素就是维护高速信号的完整性。Altium Designer 24 的统一信号完整性分析仪提供了强大的功能集，保证用户的设计以期望的方式在真实世界中工作。

1. 确保高速信号的完整性

随着技术的进步，越来越多的高速器件出现在数字电路设计中。这些器件也导致了高速的信号边沿速率。对设计师来说，需要考虑如何保证板卡上信号的完整性。快速的上升时间和长距离的布线会带来信号反射，特定传输线上明显的反射不仅会影响该线路上传输的真实信号，而且会给相邻传输线带来噪声，即电磁干扰。要监控信号反射和交叉信号电磁干扰，就需要可以详细分析设计中信号反射和电磁干扰程度的工具。Altium Designer 24 就提供了这些工具。

2. 在 Altium Designer 24 中进行信号完整性分析

Altium Designer 24 提供了完整的集成信号完整性分析工具，可以在设计的输入阶段（只有原理图）和板图设计阶段使用。该分析工具将先进的传输线计算和 I/O 缓冲宏模型信息用作分析仿真的输入，再结合快速反射和抗电磁干扰模拟器，使用业界验证过的算法进行准确的仿真。

无论是进行原理图分析还是 PCB 分析，原理图或 PCB 文档都必须属于该项目。如果存在 PCB，则分析始终要基于该 PCB 文档。

9.1.3 将信号完整性集成进标准的板卡设计流程中

在生成 PCB 输出前，一定要运行最终的设计规则检查。执行菜单命令“工具”→“设计规则检查”，打开“设计规则检查器”对话框，如图 9-1 所示。

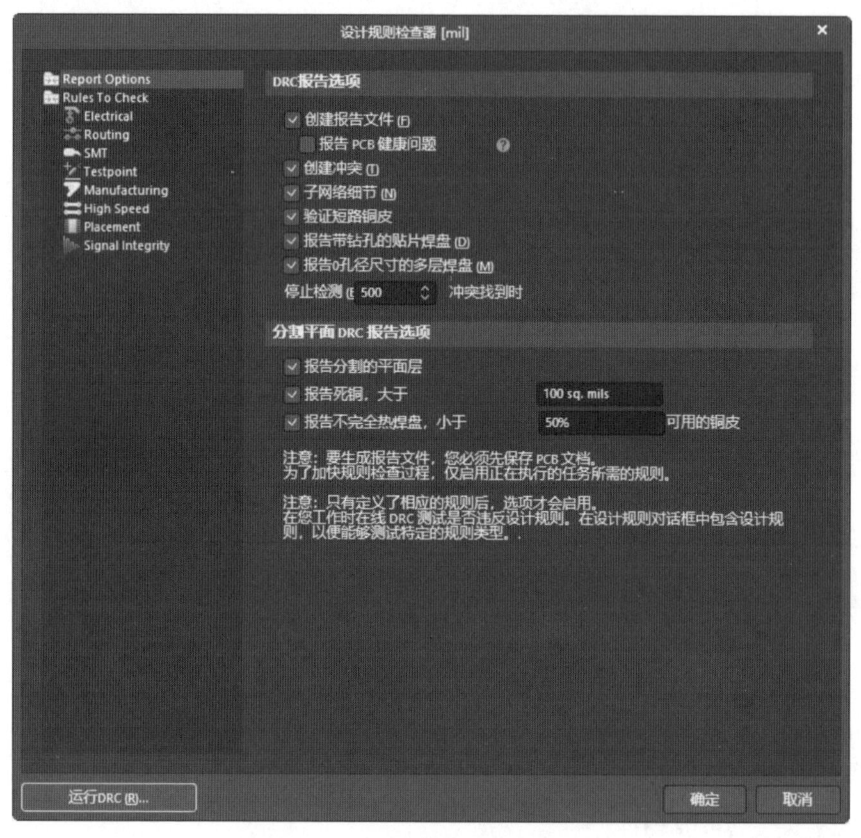

图 9-1　“设计规则检查器”对话框

作为 Batch DRC 的一部分，Altium Designer 24 的 PCB 编辑器可定义各种信号完整性规则。用户可设定参数门限，如降压和升压、边沿斜率、信号级别和阻抗值。如果在检查过程中发现问题网络，还可以进行更详细的反射或串扰分析。

这样，建立可接受的信号完整性参数成为正常板卡定义流程的一部分，就像日常定义对象间隙和布线宽度一样。然后，确定物理板图导致的信号完整性问题，也自然成为完成板卡全部设计规则检查的一部分。将信号完整性设计规则作为补充检查，而不是作为分析设计的唯一途径来考虑。

9.2　信号完整性分析实例

在 Altium Designer 24 设计环境下，既可以在原理图也可以在 PCB 编辑器内实现信号完整性分析，并且能以波形的方式在图形界面下给出反射和串扰的分析结果。其特点如下：

（1）Altium Designer 24 具有布局前和布局后信号完整性分析功能，采用成熟的传输线计算方法以及 I/O 缓冲宏模型进行仿真。信号完整性分析器能够产生准确的仿真结果。

（2）布局前的信号完整性分析允许用户在原理图环境下，对电路潜在的信号完整性问题进行分析。

（3）更全面的信号完整性分析是在 PCB 环境下完成的，它不仅能对反射和串扰以图形的方式进行分析，而且还能利用规则检查发现信号完整性问题。Altium Designer 24 提供了一些有效的终端选项，来帮助选择最好的解决方案。

下面具体介绍如何使用 Altium Designer 24 进行信号完整性分析。

注　意
不论是在 PCB 还是在原理图环境下，进行信号完整性分析时，设计文件必须在工程当中，如果设计文件是作为 Free Document 出现的，则不能运行信号完整性分析。

本例主要介绍在 PCB 编辑环境下进行信号完整性分析。为了得到精确的结果，在进行信号完整性分析之前需要完成以下操作：

（1）电路中至少有一块集成电路，因为集成电路的管脚可以作为激励源输出到被分析的网络上。像电阻、电容、电感等被动元器件，如果没有源的驱动，是无法给出仿真结果的。

（2）针对每个元器件的信号完整性模型必须正确。

（3）在规则中必须设定电源网络和接地网络，具体操作见下面介绍。

（4）必须设定激励源。

（5）用于 PCB 的层堆栈必须设置正确，电源平面必须连续，分散的电源平面将无法得到正确的分析结果。另外，要正确设置所有层的厚度。

实例操作步骤如下：

01 在 Altium Designer 24 设计环境下，执行菜单命令“文件”→“打开”，选择源文件“yuanwenjian\ch9\9.3\example\SimpleFPGA_SI_Demo.PrjPcb”，进入 PCB 编辑环境，如图 9-2 所示。

02 执行菜单命令“设计”→“规则”，打开“PCB 规则及约束编辑器”对话框，在左侧列表框中展开“Signal Integrity（信号完整性）”，右击 Signal Stimulus（信号激励），选择“新规则”，在新出现的 Signal Stimulus 界面下设置相应的参数，本例为默认值，如图 9-3 所示。

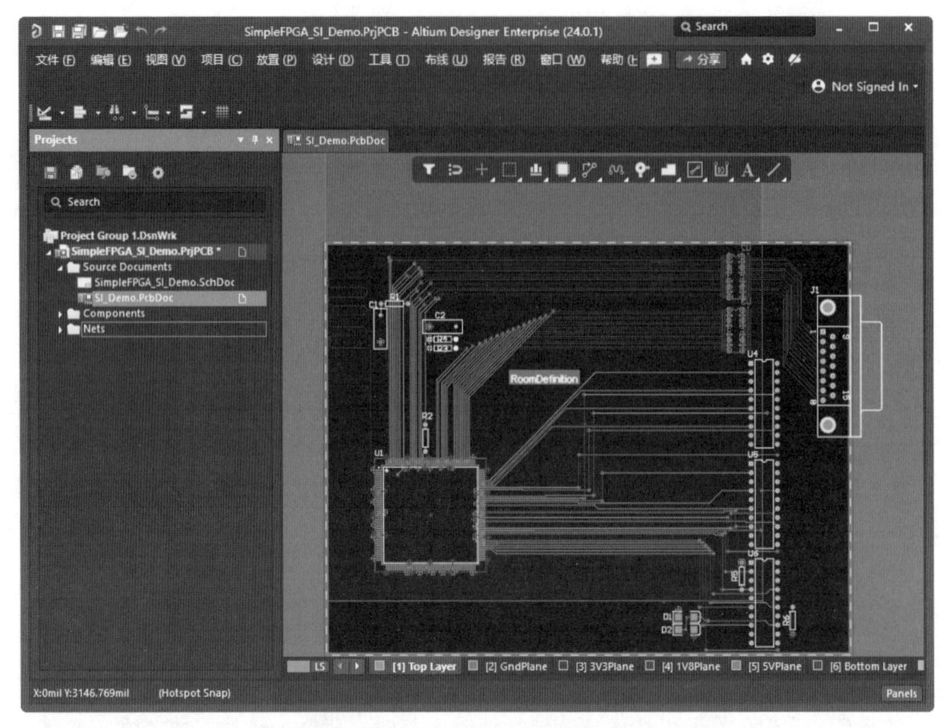

图 9-2　打开系统自带范例工程文件

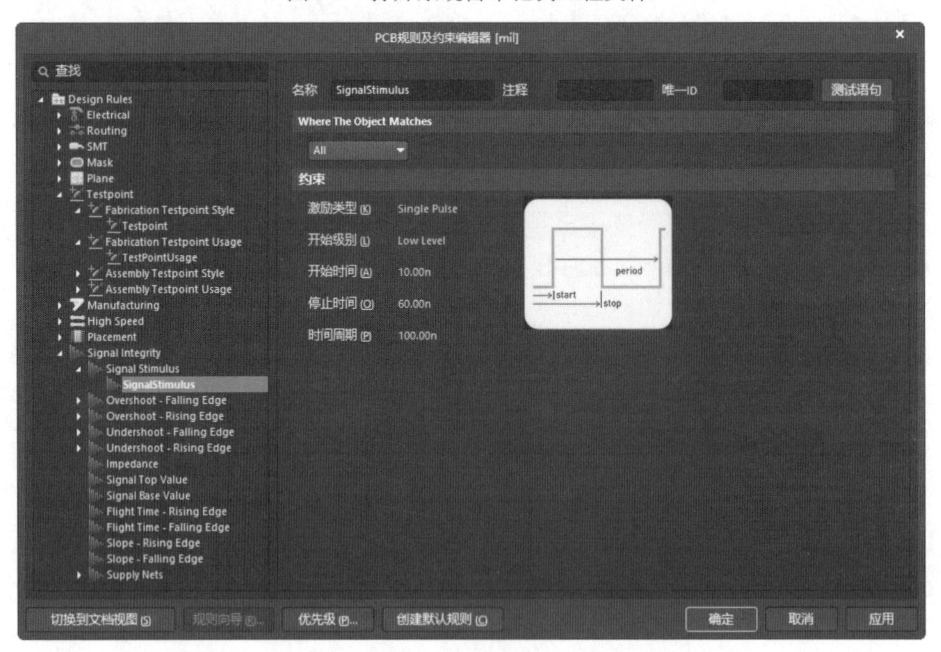

图 9-3　设置信号激励源

03 设置电源和接地网络。在左侧列表框中右击“Supply Net”，选择“新规则”，在新出现的 Supply Nets 界面下，将 GND 网络的电压设置为 0，如图 9-4 所示。用相同方法再添加规则，将 VCC 网络的电压设置为 5，如图 9-5 所示。其余的参数按实际需要进行设置。最后单击“确定”按钮退出。

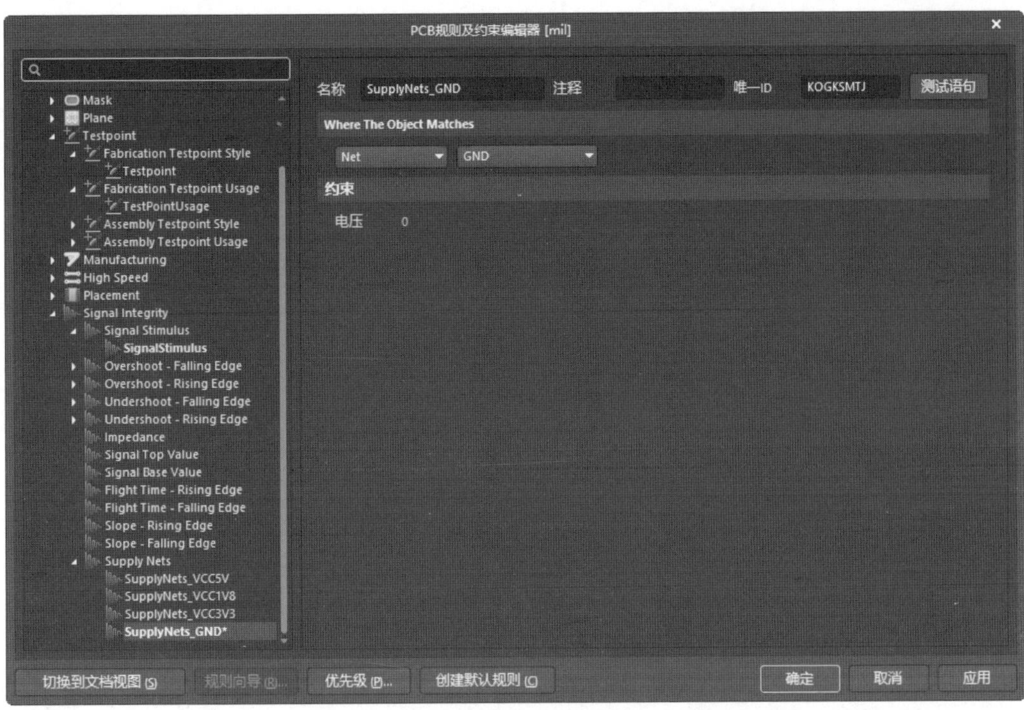

图 9-4　设置电源

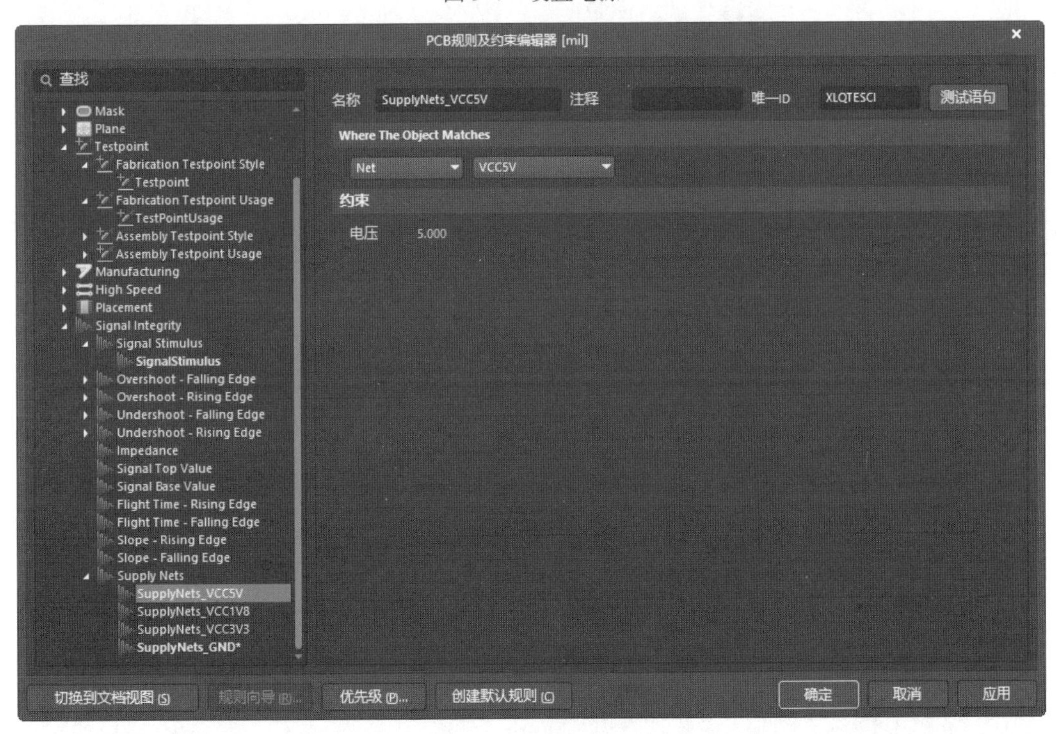

图 9-5　设置地网络

04 执行菜单命令“工具”→“Signal Integrity（信号完整性）”，弹出“Signal Integrity（信号完整性）”窗口，如图 9-6 所示。

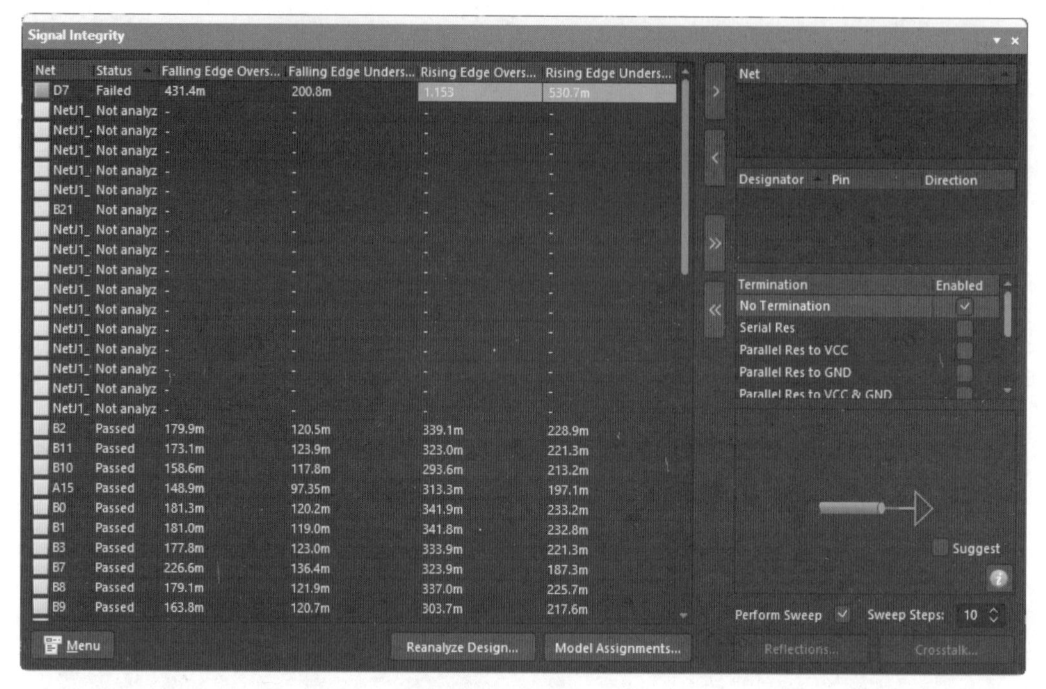

图 9-6　信号完整性窗口

05 选择 D5 信号，单击 > 按钮，将 D1 信号添加到“Net（网络）”栏中，在下面的窗口中显示出与 D5 信号有关的元器件 U1、U2，如图 9-7 所示。

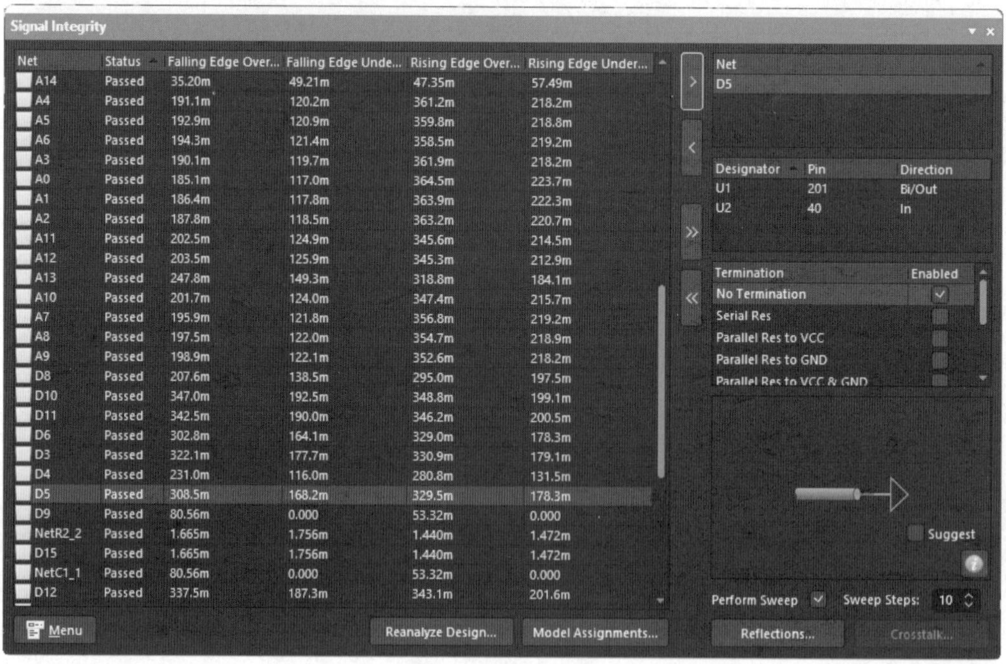

Signal Integrity

Net	Status	Falling Edge Over...	Falling Edge Unde...	Rising Edge Over...	Rising Edge Under...
A14	Passed	35.20m	49.21m	47.35m	57.49m
A4	Passed	191.1m	120.2m	361.2m	218.2m
A5	Passed	192.9m	120.9m	359.8m	218.8m
A6	Passed	194.3m	121.4m	358.5m	219.2m
A3	Passed	190.1m	119.7m	361.9m	218.2m
A0	Passed	185.1m	117.0m	364.5m	223.7m
A1	Passed	186.4m	117.8m	363.9m	222.3m
A2	Passed	187.8m	118.5m	363.2m	220.7m
A11	Passed	202.5m	124.9m	345.6m	214.5m
A12	Passed	203.5m	125.9m	345.3m	212.9m
A13	Passed	247.8m	149.3m	318.8m	184.1m
A10	Passed	201.7m	124.0m	347.4m	215.7m
A7	Passed	195.9m	121.8m	356.8m	219.2m
A8	Passed	197.5m	122.0m	354.7m	218.9m
A9	Passed	198.9m	122.1m	352.6m	218.2m
D8	Passed	207.6m	138.5m	295.0m	197.5m
D10	Passed	347.0m	192.5m	348.8m	199.1m
D11	Passed	342.5m	190.0m	346.2m	200.5m
D6	Passed	302.8m	164.1m	329.0m	178.3m
D3	Passed	322.1m	177.7m	330.9m	179.1m
D4	Passed	231.0m	116.0m	280.8m	131.5m
D5	Passed	308.5m	168.2m	329.5m	178.3m
D9	Passed	80.56m	0.000	53.32m	0.000
NetR2_2	Passed	1.665m	1.756m	1.440m	1.472m
D15	Passed	1.665m	1.756m	1.440m	1.472m
NetC1_1	Passed	80.56m	0.000	53.32m	0.000
D12	Passed	337.5m	187.3m	343.1m	201.6m

Net
D5

Designator	Pin	Direction
U1	201	Bi/Out
U2	40	In

Termination	Enabled
No Termination	✓
Serial Res	
Parallel Res to VCC	
Parallel Res to GND	
Parallel Res to VCC & GND	

Suggest

Perform Sweep ✓　Sweep Steps: 10

Menu　Reanalyze Design...　Model Assignments...　Reflections...　Crosstalk...

图 9-7　选择 D5 信号

06 单击窗口右下角“Reflections（反射）”按钮，反射分析的波形结果将会显示出来，如图 9-8 所示。

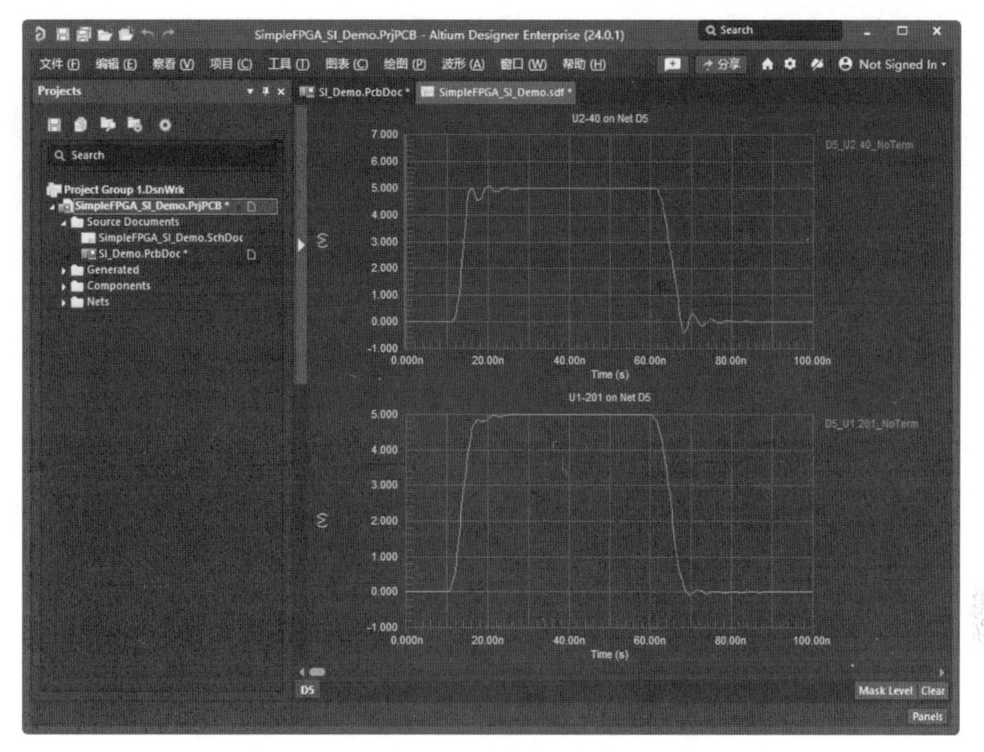

图 9-8　反射分析的波形结果

07 在分析后的信号完整性窗口中（见图 9-7），左侧部分可以看到网络是否通过了相应的规则，如过冲幅度等；右侧可以设置以图形的方式显示过冲和串扰结果。例如，在左侧选择网络 D5，右击，在快捷菜单中选择“Details（细节）”命令，在弹出的如图 9-9 所示的窗口中可以看到针对此网络分析的详细信息。

08 在波形结果图上右击 D5_U1.201_NoTerm，弹出如图 9-10 所示的快捷菜单。选择 Cursor A 和 Cursor B，就可以利用它们来测量确切的参数。测量结果显示在 Sim Data 窗口，如图 9-11 所示。

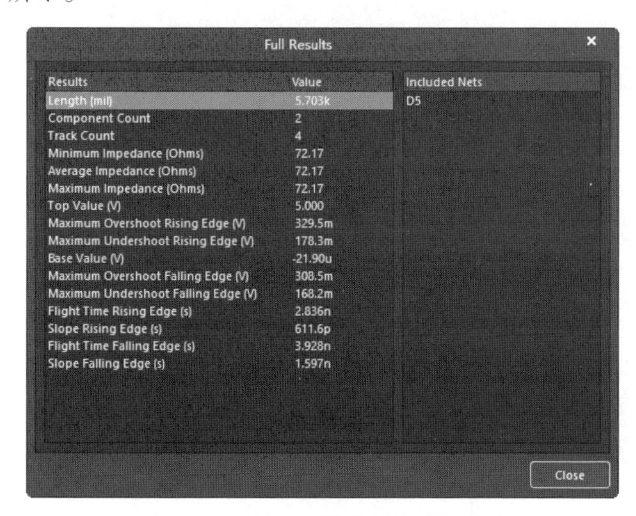

图 9-9　D5 关于网络分析的详细信息

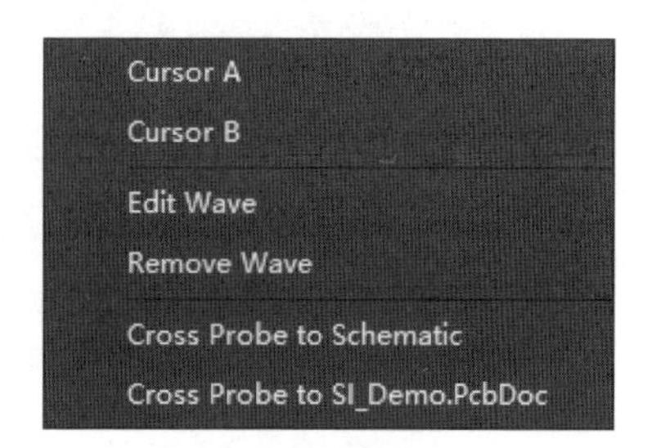

图 9-10　波形属性

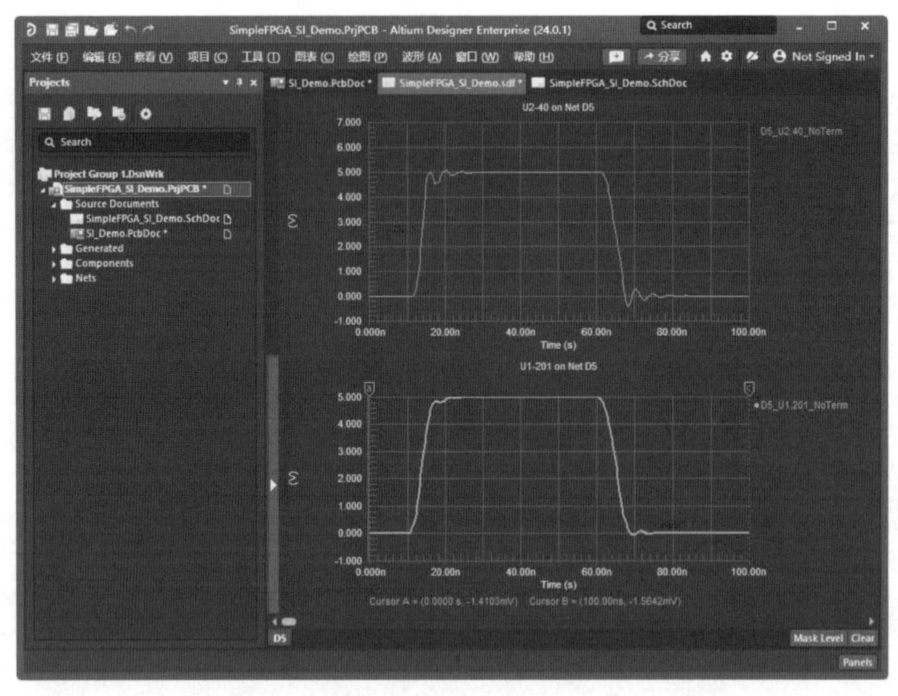

图 9-11　测量结果显示在 Sim Data 窗口中

09 返回到图 9-7 所示的窗口，窗口右侧给出了几种端接的策略来减小反射所带来的影响。勾选“Serial Res（串阻补偿）”复选框，将最小值和最大值分别设置为 25 和 125，勾选“Perform Sweep（扫描步长）”复选框，在“Sweep Steps（扫描步长）”选项中填入 10，如图 9-12 所示。然后，单击“Reflections（反射）”按钮，将会得到如图 9-13 所示的分析波形。选择一个满足需求的波形，能够看到此波形所对应的阻值，如图 9-14 所示。最后，根据此阻值选择一个比较合适的电阻串接在 PCB 中的相应网络上即可。

Signal Integrity

Net	Status	Falling Edge Overs...	Falling Edge Unders...	Rising Edge Overs...	Rising Edge Unders...
B4	Passed	180.6m	117.3m	363.8m	230.1m
B5	Passed	187.9m	118.6m	363.1m	220.5m
B6	Passed	206.0m	128.0m	343.7m	207.2m
A14	Passed	35.20m	49.21m	47.35m	57.49m
A4	Passed	191.1m	120.2m	361.2m	218.2m
A5	Passed	192.9m	120.9m	359.8m	218.8m
A6	Passed	194.3m	121.4m	358.5m	219.2m
A3	Passed	190.1m	119.7m	361.9m	218.2m
A0	Passed	185.1m	117.0m	364.5m	223.7m
A1	Passed	186.4m	117.8m	363.9m	222.3m
A2	Passed	187.8m	118.5m	363.2m	220.7m
A11	Passed	202.5m	124.9m	345.6m	214.5m
A12	Passed	203.5m	125.9m	345.3m	212.9m
A13	Passed	247.8m	149.3m	318.8m	184.1m
A10	Passed	201.7m	124.0m	347.4m	215.7m
A7	Passed	195.9m	121.8m	356.8m	219.2m
A8	Passed	197.5m	122.0m	354.7m	218.9m
A9	Passed	198.9m	122.1m	352.6m	218.2m
D8	Passed	207.6m	138.5m	295.0m	197.5m
D10	Passed	347.0m	192.5m	348.8m	199.1m
D11	Passed	342.5m	190.0m	346.2m	200.5m
D6	Passed	302.8m	164.1m	329.0m	178.3m
D3	Passed	322.1m	177.7m	330.9m	179.1m
D4	Passed	231.0m	116.0m	280.8m	131.5m
D5	Passed	308.5m	168.2m	329.5m	178.3m

Net
D5

Designator	Pin	Direction
U1	201	Bi/Out
U2	40	In

Termination	Enabled
No Termination	✓
Serial Res	✓
Parallel Res to VCC	
Parallel Res to GND	

Min 25.00
Max 125
R1
Suggest
Perform Sweep ✓ Sweep Steps: 10
Menu　Reanalyze Design...　Model Assignments...　Reflections...　Crosstalk...

图 9-12　设置 Serial Bus 的数值

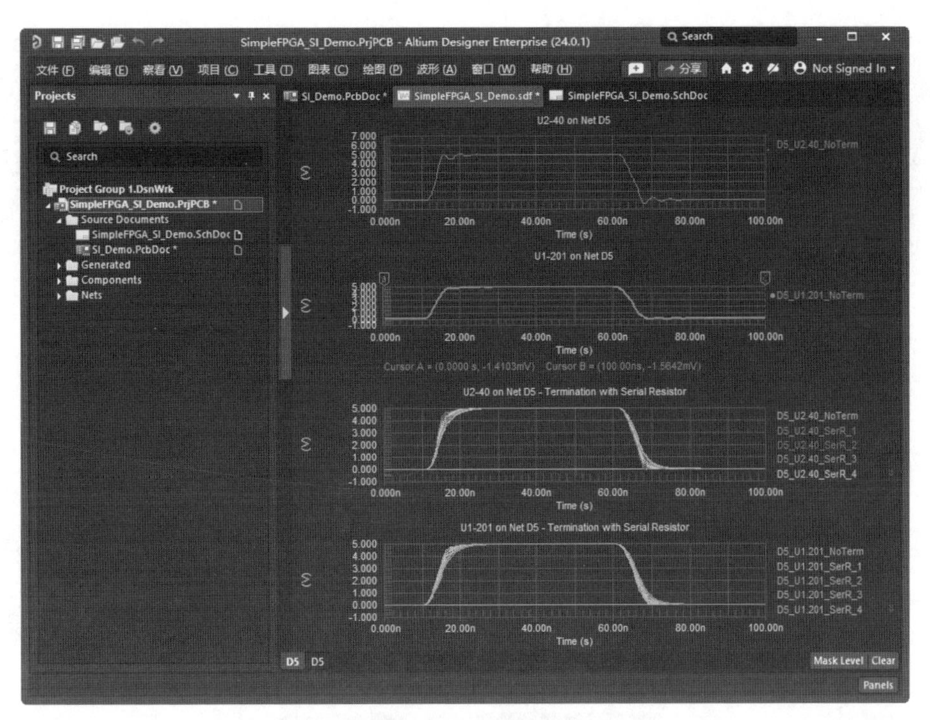

图 9-13　分析波形

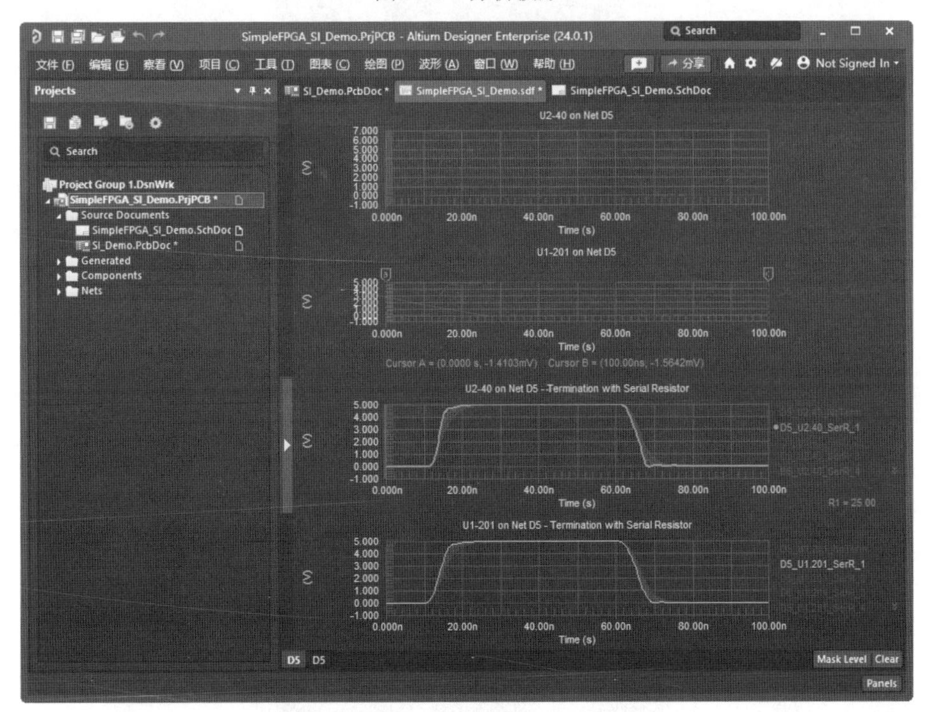

图 9-14　选择波形观察所对应的阻值

10 进行串扰分析。重新返回到如图 9-7 所示的窗口，双击网络 D6，将其导入右侧的“Net（网络）”栏中，然后右击 D5，在弹出的快捷菜单中选择“Set Agressor（设置干扰源）”，如图 9-15 所示，将 D5 设为干扰源，如图 9-16 所示。

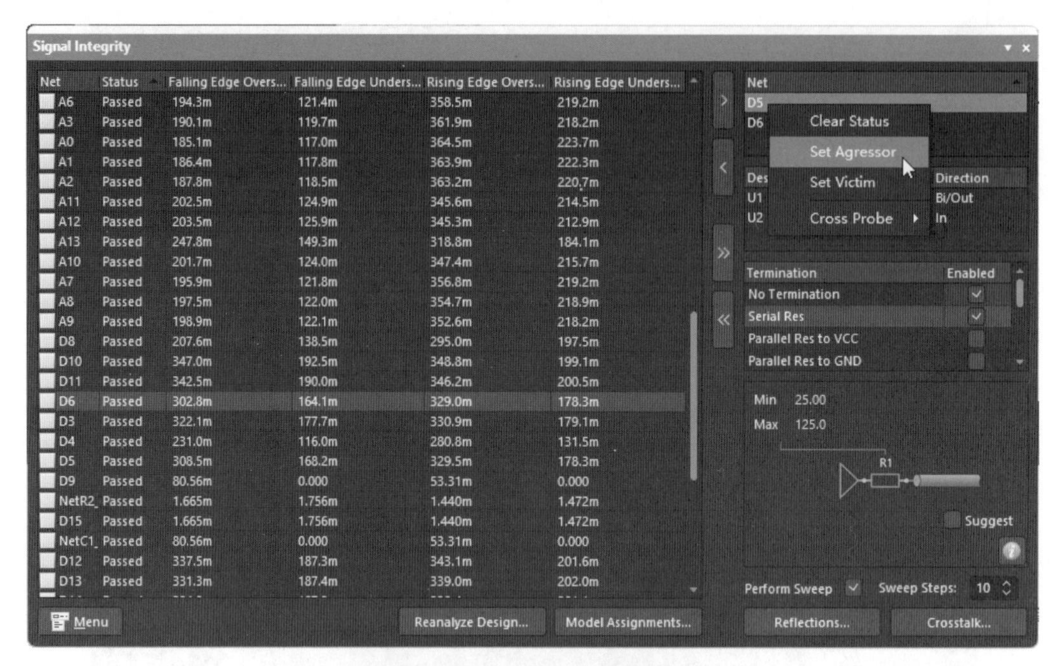

图 9-15　设置 D5 为干扰源

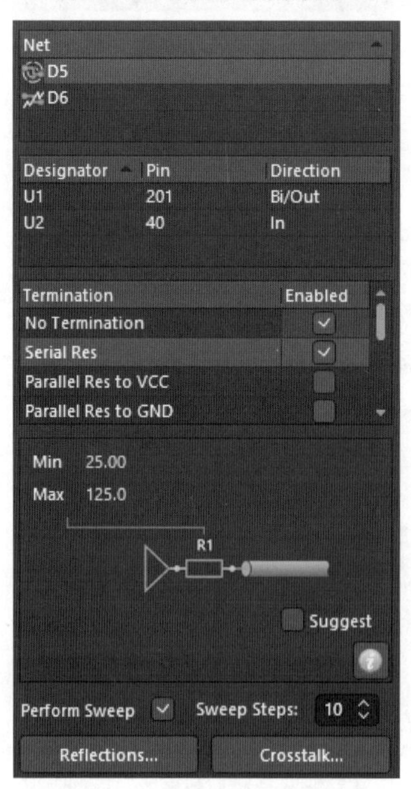

图 9-16　设置 D5 为干扰源结果

11 在图 9-16 所示的窗口右下角单击“Crosstalk Waveforms（串扰分析波形）”按钮，经过一段时间的等待之后，就会得到串扰分析波形，如图 9-17 所示。

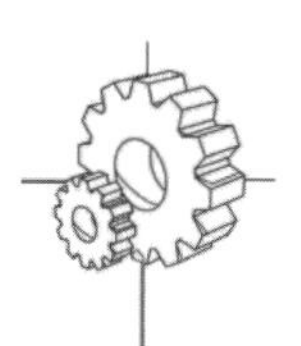

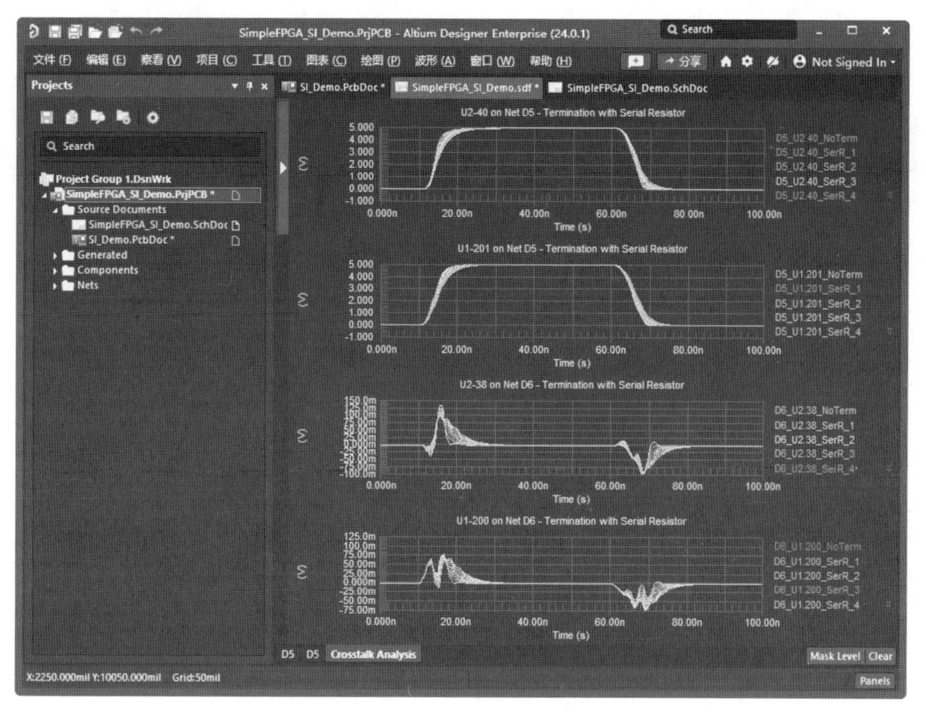

图 9-17　串扰分析波形

12 将完成的项目文件保存到电子资源的“yuanwenjian\ch9\9.3\result”文件夹下。

9.3　本章小结

本章主要对信号完整性分析的定义、功能以及设计流程做了简单的介绍，并通过实例讲解了进行信号分析的步骤。通过对本章内容的学习，读者能够进行信号完整性分析。

9.4　课后思考与练习

（1）信号完整性分析的条件是什么？
（2）信号完整性分析的功能有哪些？
（3）详细描述信号完整性分析的设计流程。

第 10 章

脉冲直流变换器电路设计实例

内容指南

印制电路板是实际电路板的缩影，是实际电路板在计算机中的模拟。针对实际电路板在演示性上的缺陷，PCB 文件的出现弥补了这一点。因此，在进行 PCB 设计时，需要考虑实际排布，同时使其尽可能地接近实际的电路板。本章将通过实例详细讲解如何完美地设计印制电路板。

知识重点

- 电路分析
- 新建工程文件
- 原理图输入
- 输出元器件清单
- 设计电路板

10.1 电路分析

脉冲直流变换器电路将低电压、大电流的电源变换成高电压、瞬间大电流的脉冲直流电源。其组成部分有逆变部分（前级）和整流脉冲放电部分（后级），电路图如图 10-1 所示。

本实例将介绍脉冲直流变换器电路原理图和 PCB 的设计流程，让读者系统地了解从原理图设计到 PCB 设计的过程，掌握一些常用的设计技巧。

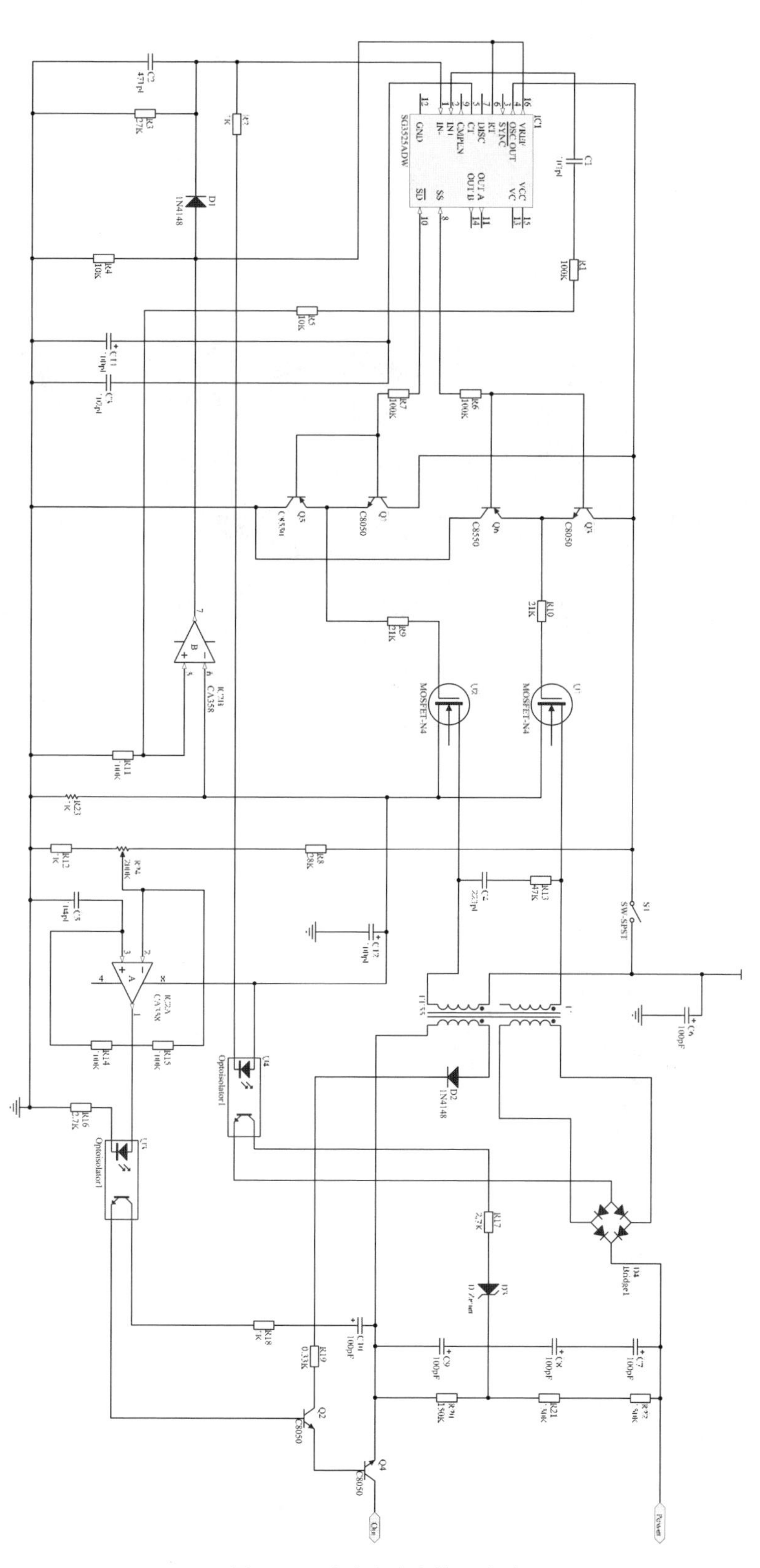

图 10-1　脉冲直流变换器电路

10.2　新建工程文件

新建工程文件的操作步骤如下：

01 执行菜单栏中的“文件”→“新的”→“项目”命令，弹出“Create Project（新建工程）”对话框，新建一个项目文件。在“Project Name（工程名称）”文本框中输入文件名称“脉冲直流变换器电路”，在“Folder（路径）”文本框中选择文件路径。如图 10-2 所示。

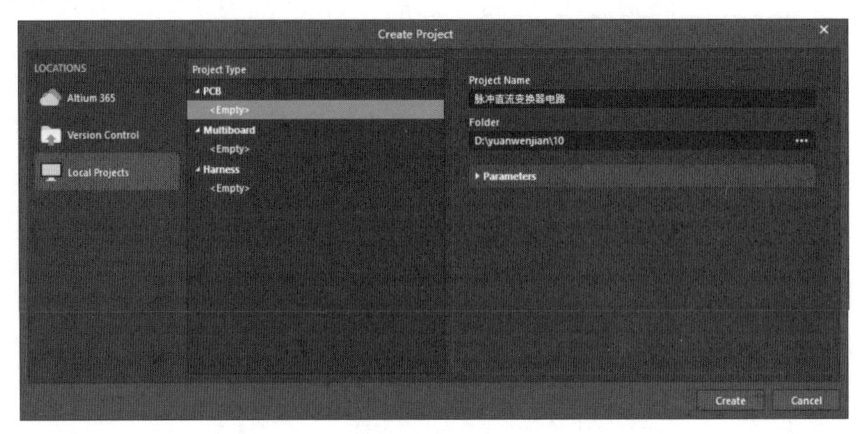

图 10-2　“Create Project（新建工程）”对话框

02 完成设置后，单击“Create（创建）”按钮，关闭该对话框，打开“Project（工程）”面板，在面板中出现了新建的工程类型。

03 执行菜单栏中的“文件”→“新的”→“原理图”命令，新建了一个原理图文件，新建的原理图文件会自动添加到“脉冲直流变换器电路”项目中，如图 10-3 所示。

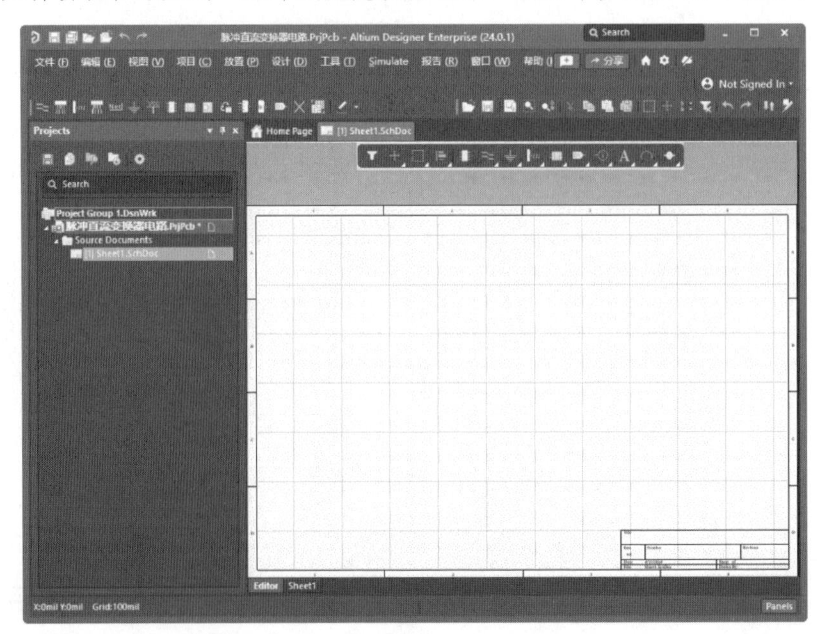

图 10-3　工程中增加原理图文件

10.3　原理图输入

脉冲直流变换器电路原理图输出 1200V、800V，输出脉宽 5%~50%可调，具有稳压、限流等特点。

单击主界面右下角的“Panels（面板）”按钮，在弹出的菜单中选择“Properties（属性）”命令，打开“Properties（属性）”面板，如图 10-4 所示，设置“Sheet Size（图纸尺寸）”为 A3，只改变图纸的大小。然后按 Enter 键，完成设置。

图 10-4　“Properties（属性）”面板

10.3.1　装入元器件

如果知道用到的元器件在哪个库中，就直接在“Components（元器件）”面板中找到元器件库，选择元器件；如果事先不知道准确的库，则利用“查找”命令，输入元器件名称，搜索元器件库。

01 加载元器件库。在“Components(元器件)”面板右上角单击 ≡ 按钮，在弹出的菜单中选择“File-based Libraries Preferences（库文件参数）”命令，打开“有效的基于文件的库”对话框，单击“工程”标签，在对话框中单击“添加库”按钮，选择所需的库：常用插接件杂项库 Miscellaneous Connectors.IntLib 和常用电气元器件杂项库 Miscellaneous Devices.IntLib。单击“打开”按钮，加载所选的库，如图 10-5 所示。

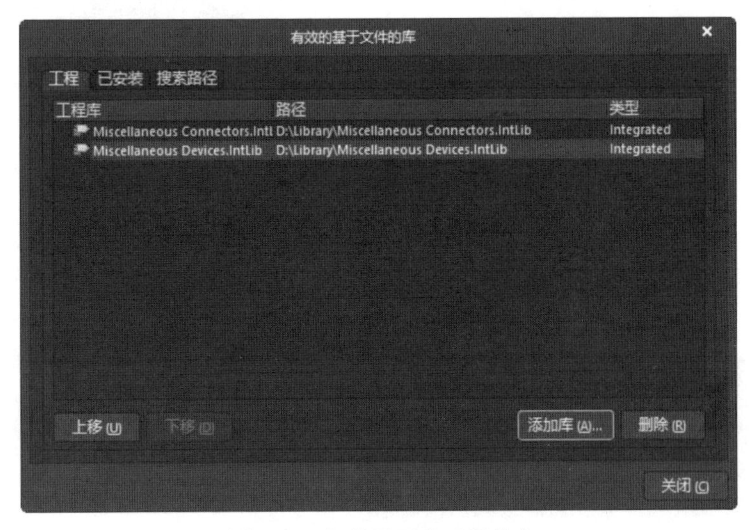

图 10-5　加载需要的元器件库

02 搜索元器件。由于无法确定芯片 SG3525ADW 所在的元器件库，在“Components（元器件）”面板右上角单击按钮，在弹出的菜单中选择“File-based Libraries Search（库文件搜索）”命令，将弹出如图 10-6 所示的“基于文件的库搜索”对话框，输入关键字“SG3525”，如图 10-6 所示。单击“查找”按钮，在“Components（元器件）”面板中就会显示出查询到的元器件，显示查询结果如图 10-7 所示。

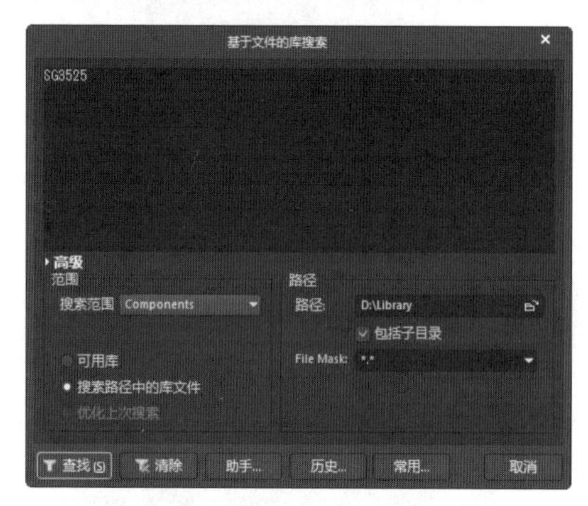

图 10-6 “基于文件的库搜索”对话框

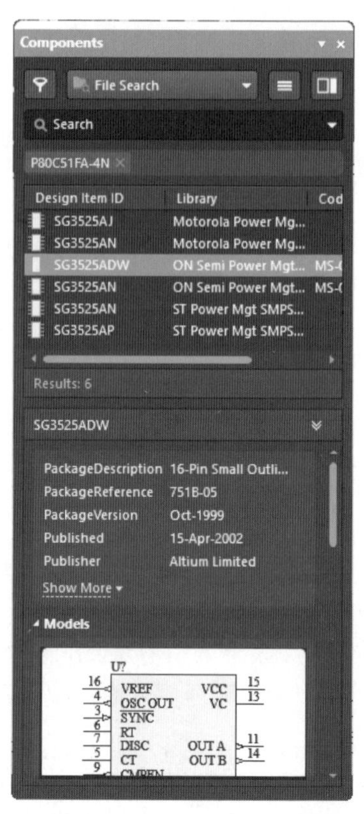

图 10-7 查询结束的“Components（元器件）”面板

03 双击“SG3525ADW”，弹出“Confirm（确认）”按钮，单击“Yes”按钮，确认加载元器件所在元器件库，如图 10-8 所示。

04 在原理图中显示浮动的芯片，按 Tab 键弹出元器件属性面板，在“Designator（标识符）”文本框中输入“IC1”，如图 10-9 所示。

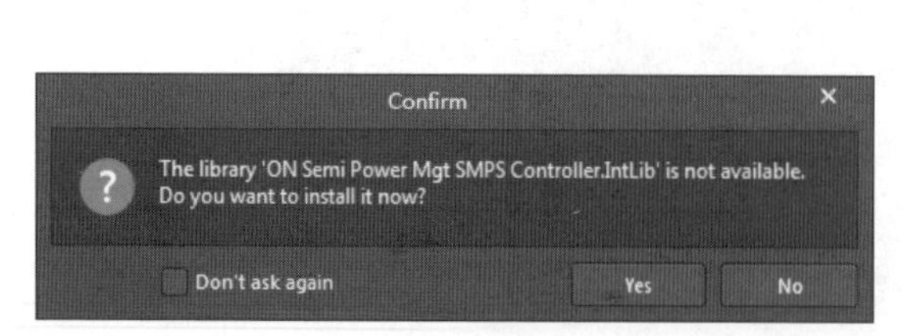

图 10-8 确认对话框

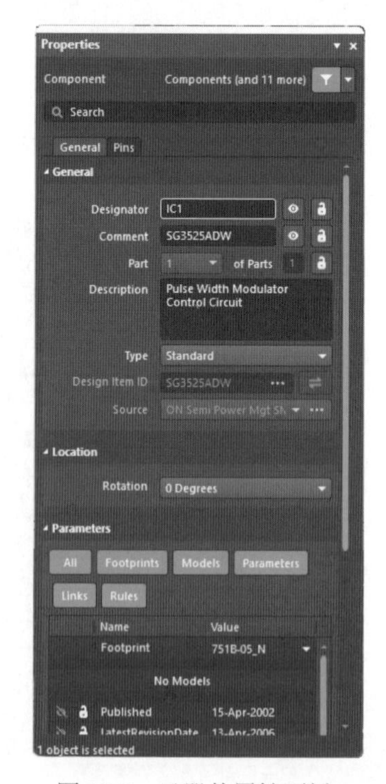

图 10-9 元器件属性面板

05 按 Enter 键，在原理图空白处放置芯片 SG3525ADW，如图 10-10 所示。

06 用同样的方法搜索元器件 1N4148，如图 10-11~图 10-13 所示。

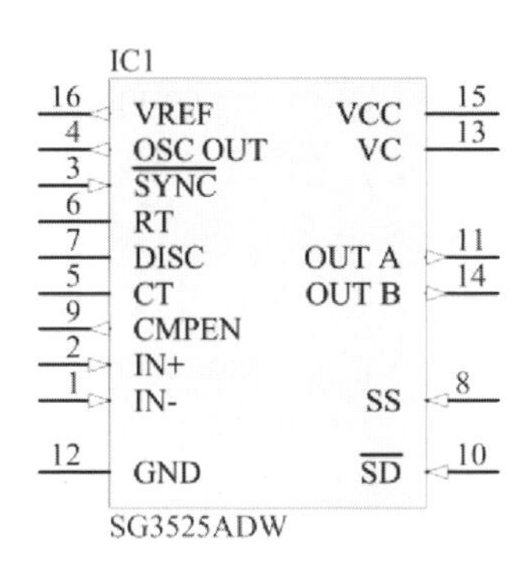

图 10-10　放置芯片 SG3525ADW

图 10-11　“基于文件的库搜索”对话框

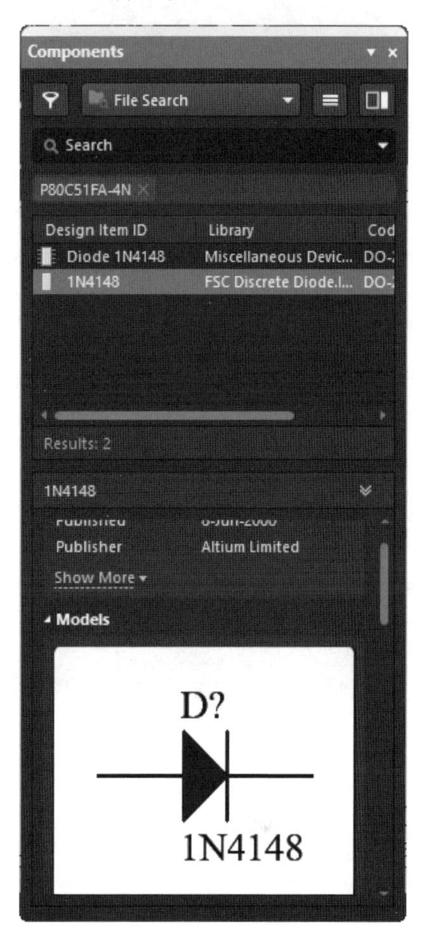

图 10-12　查询结果

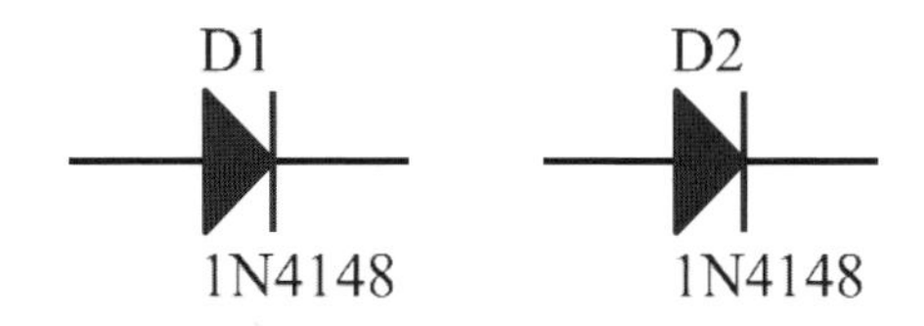

图 10-13　放置元器件

10.3.2　输入原理图

单击主界面右下角的“Panels（面板）”按钮，在弹出的菜单中选择“Components（元器件）”选项，打开“Components（元器件）”面板，设置“Miscellaneous Devices.IntLib”为当前库，其下的列表中列出了该库中的所有元器件。在“Search（搜索）”栏中输入元器件关键词，可以快速定位元器件。

图 10-14　元器件属性设置

1. 放置晶体管 C8050

01 选择 Miscellaneous Devices.IntLib 为当前库。在“Components（元器件）”面板中，在过滤器里输入“2N”，选择元器件列表中的“2N3904”。双击“2N3904”后进入元器件摆放状态，光标呈十字状，光标上悬浮着一个晶体管轮廓。按 Tab 键，弹出属性设置面板，在“Designator（标识符）”文本框中输入“Q1”作为第一个晶体管元器件序号，在“Comment（注释）”文本框中输入“C8050”，如图 10-14 所示。

02 按 Enter 键完成设置，按空格键可以旋转元器件，将 Q1 移动到合适的位置后单击放置元器件，并依次放置其余 3 个晶体管，结果如图 10-15 所示。

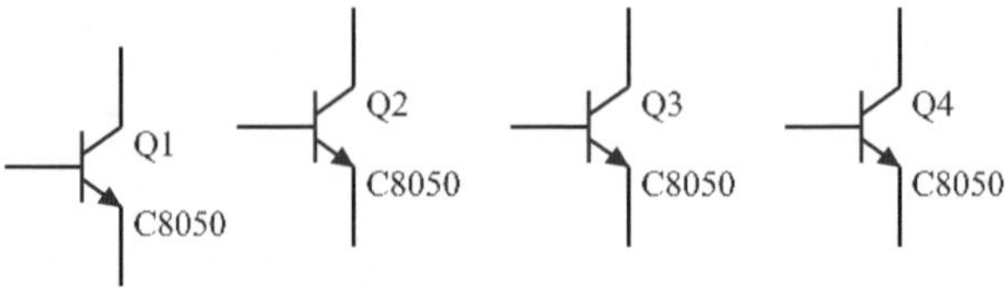

图 10-15　放置晶体管 C8050

2. 放置晶体管 C8550

01 选择“Miscellaneous Devices.IntLib”为当前库。在“Components（元器件）”面板中，在过滤器里输入“2N”，选择元器件列表中的“2N3906”。双击“2N3906”后进入元器件摆放状态，光标呈十字状，光标上“悬浮”着一个晶体管轮廓。按 Tab 键，弹出属性设置面板，在“Designator（标识符）”文本框中输入“Q5”作为第五个晶体管元器件序号，在“Comment（注释）”文本框中输入“C8050”。

02 按 Enter 键完成设置，按空格键可以旋转元器件，将 Q5 移动到合适的位置后单击放置元器件。

03 用同样的方法放置 Q6。

3. 放置电阻

01 选择“Miscellaneous Devices.IntLib”为当前库。在“Components（元器件）”面板中，在过滤器里输入“RES2”，选择元器件列表中的“RES2”。双击“RES2”后进入元器件摆放状态，光标呈十字状，光标上“悬浮”着一个电阻轮廓。按 Tab 键，设置其属性。

02 在“Designator（标识符）”文本框中输入“R1”作为第一个电阻元器件序号，并确认封装正确，在“Comment（注释）”文本框中直接输入“100K”，如图 10-16 所示。按 Enter 键完成设置，按空格键可以旋转元器件，将 R1 移动到合适的位置后单击放置元器件。

03 同样方法摆放其余 21 个电阻，其中，R2 为 1kΩ、R3 为 27kΩ、R4 为 10kΩ、R5 为

10kΩ、R6 为 100kΩ、R7 为 100kΩ、R8 为 28kΩ、R9 为 21kΩ、R10 为 21kΩ、R11 为 100kΩ、R12 为 1kΩ、R13 为 47kΩ、R14 为 100kΩ、R15 为 100kΩ、R16 为 2.7kΩ、R17 为 2.7kΩ、R18 为 1kΩ、R19 为 0.33kΩ、R20 为 150kΩ、R21 为 150kΩ、R22 为 150kΩ。

04 放置电容的方法与放置电阻相同，在“Component（元器件）”面板的过滤器中输入“CAP”，可以找到所用的电容。其中，电容 C1 为 103pF、C2 为 471pF、C3 为 102pF、C4 为 223pF、C5 为 104pF。

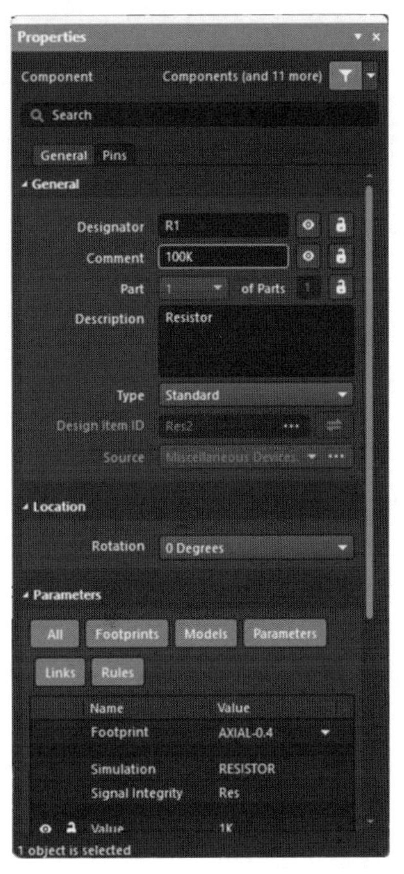

图 10-16　电阻元器件属性面板

4. 放置元器件

01 由于 CA358、EE55 在原理图元器件库中查找不到，因此需要编辑。为了简化步骤，在 TI Operational Amplifier.IntLib 及 Miscellaneous Devices.IntLib 中找到相似元器件 LF353P、Trans BB，并在此基础上进行编辑，具体过程这里不再赘述，结果如图 10-17 所示。

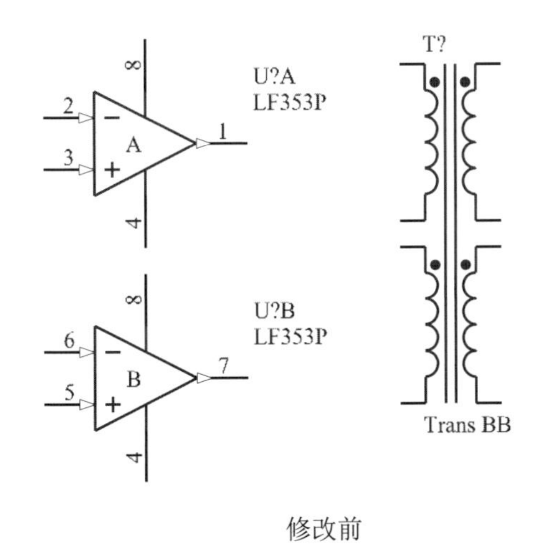

修改前

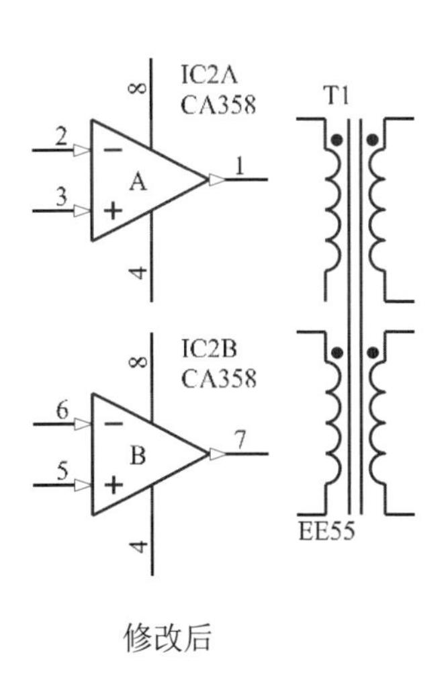

修改后

图 10-17　编辑元器件

02 继续放置其余元器件，结果如图 10-18 所示。

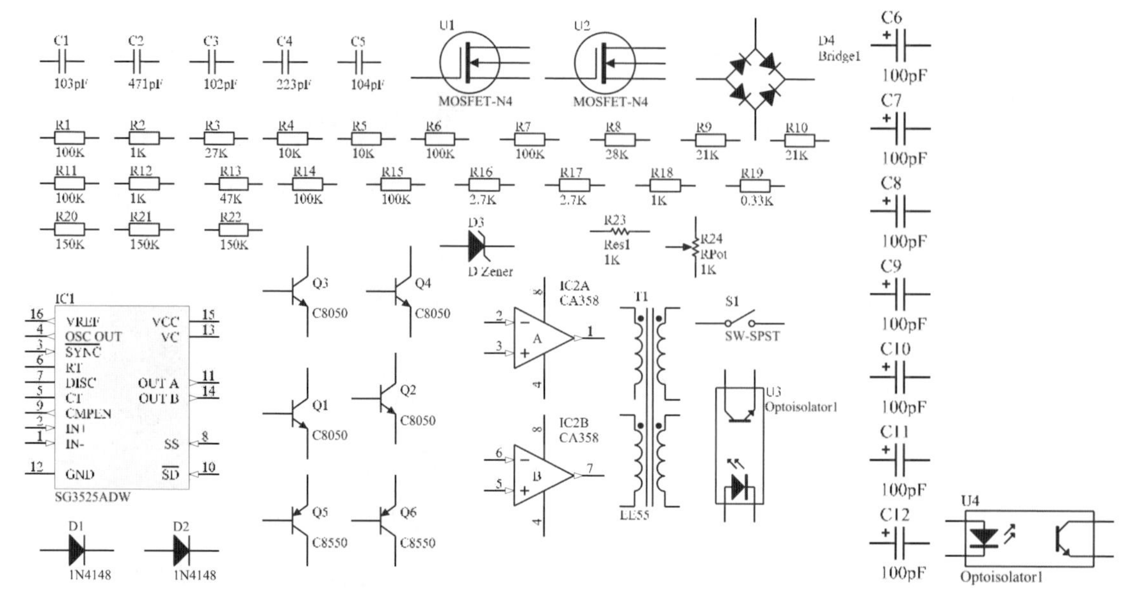

图 10-18　放置元器件

03 按照电路要求进行布局，完成元器件布局后的原理图如图 10-19 所示。

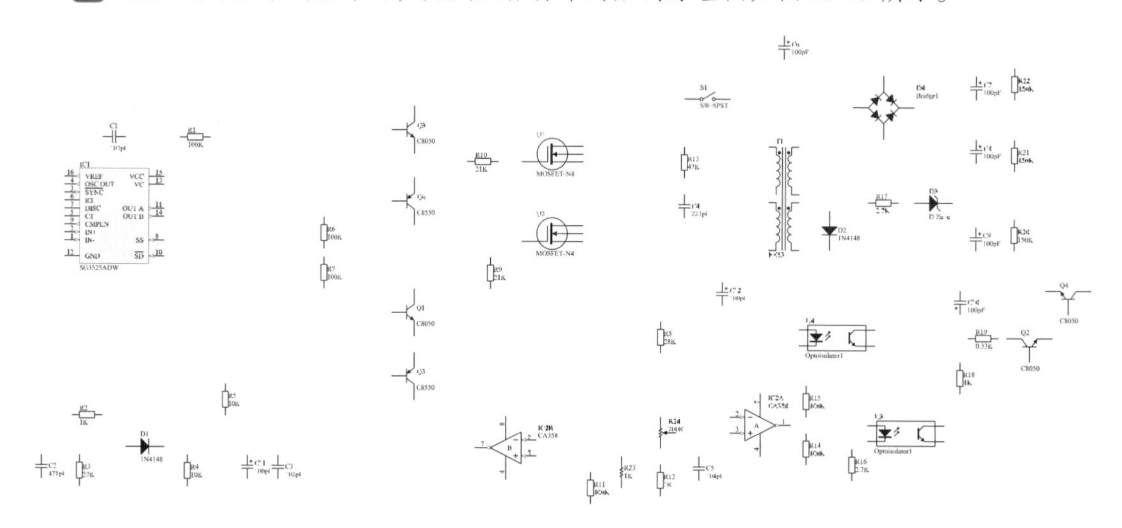

图 10-19　布局元器件

04 执行菜单栏中的“视图”→“适合文件”命令，能够得到刚好显示所有元器件的视图。开始着手连接电路。

05 执行菜单栏中的“放置”→“线”命令，进入连线模式，光标变为十字状。将光标移到 R1 的左端，当出现一个红色的连接标记时，说明光标在元器件的一个电气连接点上，单击确定第一个导线点，移动光标，到 C1 的右极，出现红色标记时单击，完成这个连接后右击，则恢复到连线初始模式，可以继续连接下面的电路。连接完毕后，再右击，则光标恢复到标准指针状态，退出连接模式。连线结果如图 10-20 所示。

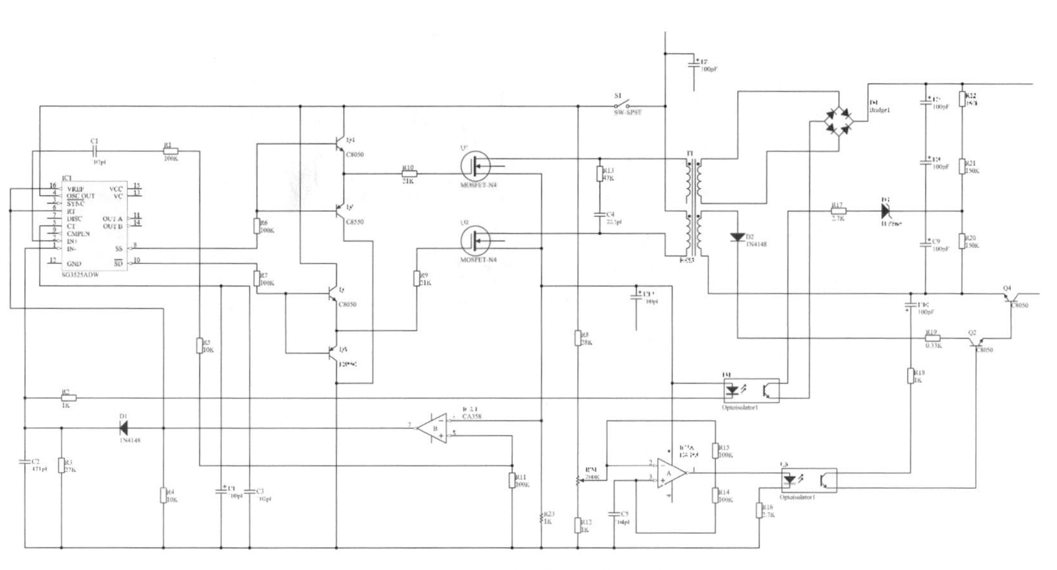

图 10-20　原理图连线结果

5. 放置电源和接地符号

01 单击“布线”工具栏中的（VCC 电源符号）按钮，放置电源，本例只需要 1 个电源。单击“布线”工具栏中的（GND 接地符号）按钮，放置接地符号，本例共需要 3 个接地符号。结果如图 10-21 所示。

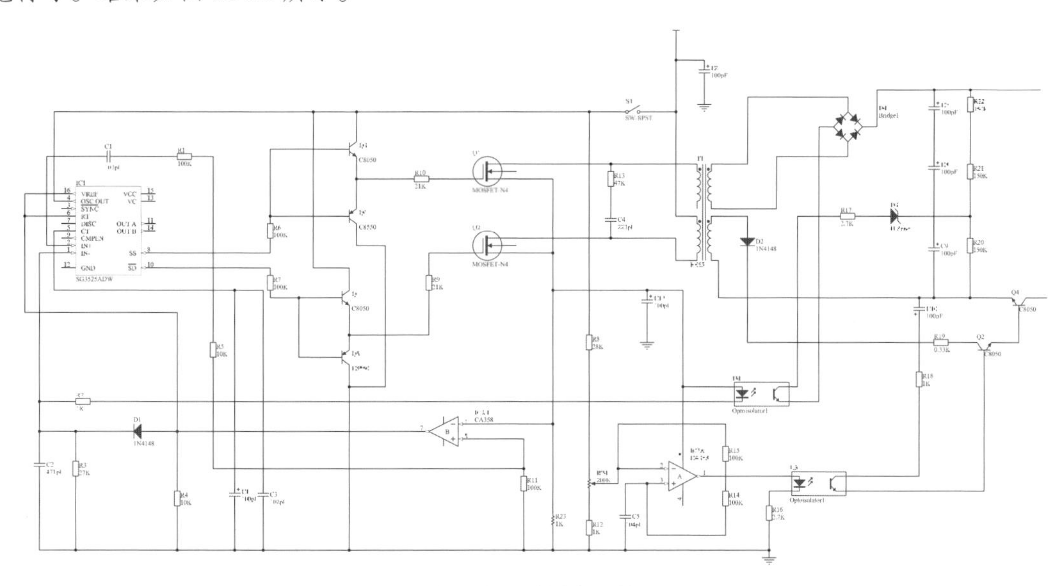

图 10-21　放置电源符号

02 执行菜单栏中的“放置”→“端口”命令，或者单击“布线”工具栏中的（放置端口）按钮，光标将变为十字形，在适当的位置单击即可完成电路端口的放置。双击一个放置好的电路端口，打开“Port（端口）”对话框，在该对话框中对电路端口属性进行设置，如图 10-22 所示。

03 用同样的方法设置另一端口，完成的原理图如图 10-1 所示。

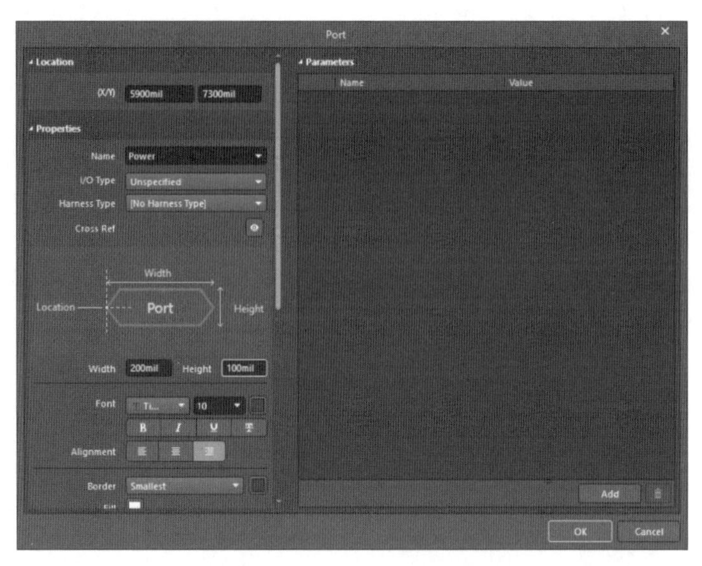

图 10-22　设置电路端口属性

10.3.3　设置项目选项

接下来需要设置项目选项，在后面编译项目时 Altium Designer 24 将使用这些设置。项目选项包括错误检查规则、连接矩阵、比较设置、ECO 启动、输出路径和网络选项以及用户想要指定的任何项目规则。

当项目被编译时，详尽的设计和电气规则将应用于验证设计。当所有的错误被解决后，原理图设计的再编译将被启动的 ECO 加载到目标文件，例如一个 PCB 文件。项目比较允许找出源文件和目标文件之间的差别，并进行更新。

01 执行菜单栏中的“项目”→“Project Options（工程选项）”命令，弹出如图 10-23 所示的“Options for PCB Project（工程选项）”对话框，这个对话框用来设置所有与项目相关的选项。

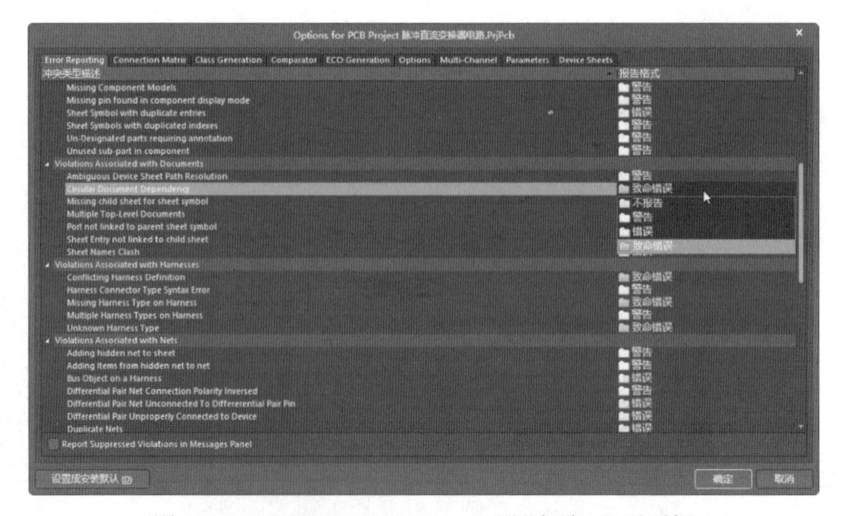

图 10-23　“Options for Project（工程选项）”对话框

原理图中包含了电路连接的相关信息，可以使用连接检查器来验证设计。当编译项目时，Altium Designer 24 将根据“Error Reporting（错误报告）”和“Connection Matrix（连接矩阵）”标签中的设置来检查错误，如有错误则会显示在“Messages（信息）”面板上。

“Options for PCB Project（工程选项）”对话框中的“Error Reporting（错误报告）”标签用于设置设计草图检查，“报告格式”表明错误的程度。单击所要修改的规则旁边的图标，从下拉列表中选择错误的程度，如图 10-23 所示。本例中这一项使用默认设置。

02 单击“Comparator（比较器）”标签，在“Difference Associated with Components（元器件的不同关联）”单元找到“Changed Room Definitions（改变 Room 定义）”“Extra Room Definitions（额外的的 Room 定义）”和“Extra Component Classes（额外的元器件分类）”，在这些选项右边的“模式”下拉列表中选择 Ignore Differences（忽略不同），如图 10-24 所示。

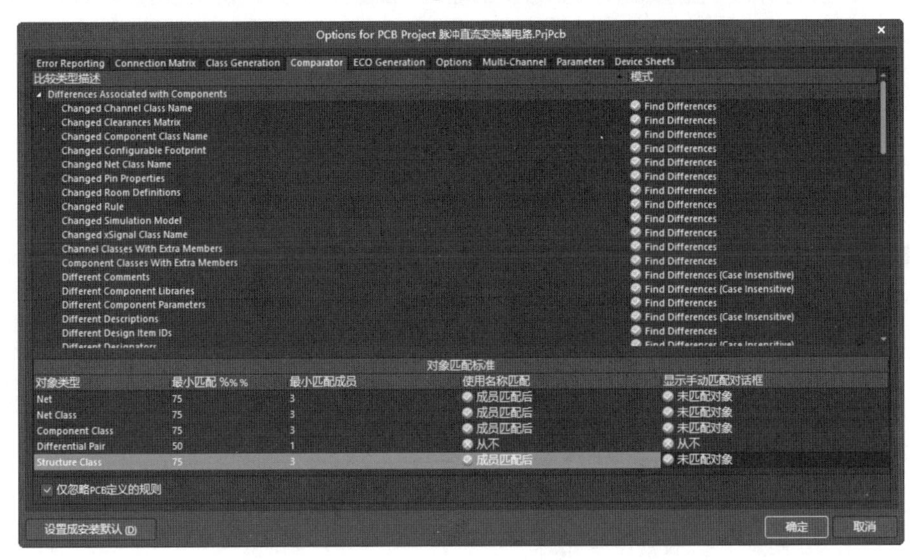

图 10-24　“Comparator（比较器）”标签

03 单击“确定”按钮，退出对话框，完成工程项目的设置。

04 接下来完成编译。执行菜单栏中的“项目”→“Validate xxxx（编译）命令（xxxx 代表具体的文件或者 Project）”，分析工程原理图文件，可以弹如图 10-25 所示的文件分析结果对话框。

Messages

Class	Document	Source	Message	Time	Date	No.
[Error]	脉冲直流变换器	Compile	Net NetIC1_1 contains floating input pins (Pin IC1-1)	9:13:07	2024/4/25	1
[Error]	脉冲直流变换器	Compile	Net NetIC1_2 contains floating input pins (Pin IC1-2)	9:13:07	2024/4/25	2
[Error]	脉冲直流变换器	Compile	Net NetIC1_3 contains floating input pins (Pin IC1-3)	9:13:07	2024/4/25	3
[Error]	脉冲直流变换器	Compile	Net NetIC1_8 contains floating input pins (Pin IC1-8)	9:13:07	2024/4/25	4
[Error]	脉冲直流变换器	Compile	Net NetIC1_10 contains floating input pins (Pin IC1-10)	9:13:07	2024/4/25	5
[Warnir	脉冲直流变换器	Compile	Net NetIC1_1 has no driving source (Pin IC1-1)	9:13:07	2024/4/25	6
[Warnir	脉冲直流变换器	Compile	Net NetIC1_2 has no driving source (Pin IC1-2)	9:13:07	2024/4/25	7
[Warnir	脉冲直流变换器	Compile	Net NetIC1_3 has no driving source (Pin IC1-3)	9:13:07	2024/4/25	8
[Warnir	脉冲直流变换器	Compile	Net NetIC1_8 has no driving source (Pin IC1-8)	9:13:07	2024/4/25	9

细节

Net NetIC1_1 contains floating input pins (Pin IC1-1)

Pin IC1-1

图 10-25　文件分析结果对话框

05 双击警告信息，弹出“Compile Error（编译错误）”对话框，查看错误报告，根据错误报告信息对原理图进行修改，然后重新编译，直到弹出如图 10-26 所示的信息对话框为止。

图 10-26 “Message（信息）”对话框

10.4 输出元器件清单

元器件清单不只包括电路总的元器件报表，也可以分门别类地生成每张电路原理图的元器件清单报表。

10.4.1 元器件总报表

生成元器件总报表的操作步骤如下：

01 执行菜单栏中的“报告”→“Bill of Material（元器件清单）”命令，系统将弹出如图 10-27 所示的对话框来显示元器件清单列表。

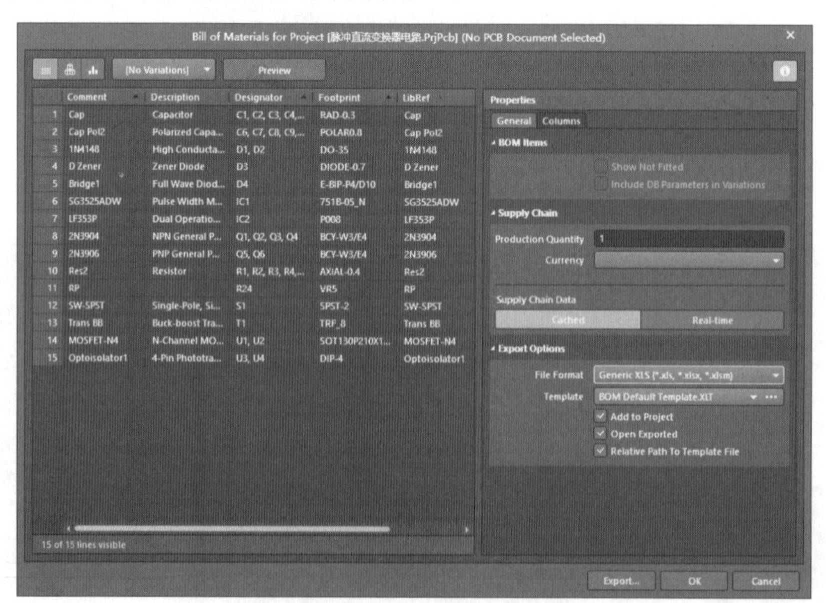

图 10-27 显示元器件清单列表

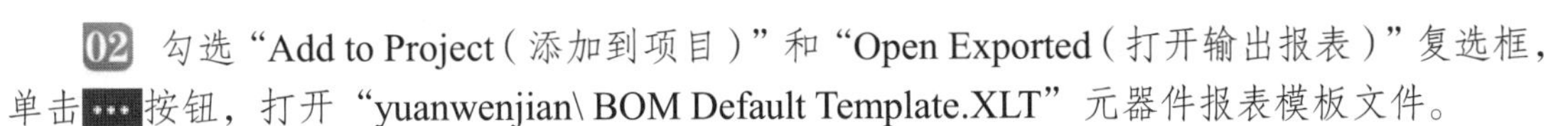

02 勾选“Add to Project（添加到项目）”和“Open Exported（打开输出报表）”复选框，单击 ··· 按钮，打开“yuanwenjian\ BOM Default Template.XLT”元器件报表模板文件。

03 单击“Export（输出）”按钮，保存带模板的报表文件，并且系统将自动打开该报表文件，如图 10-28 所示。

04 单击“OK”按钮，退出对话框，在主界面左侧“Project（工程）”面板中显示添加的报表文件，如图 10-29 所示。

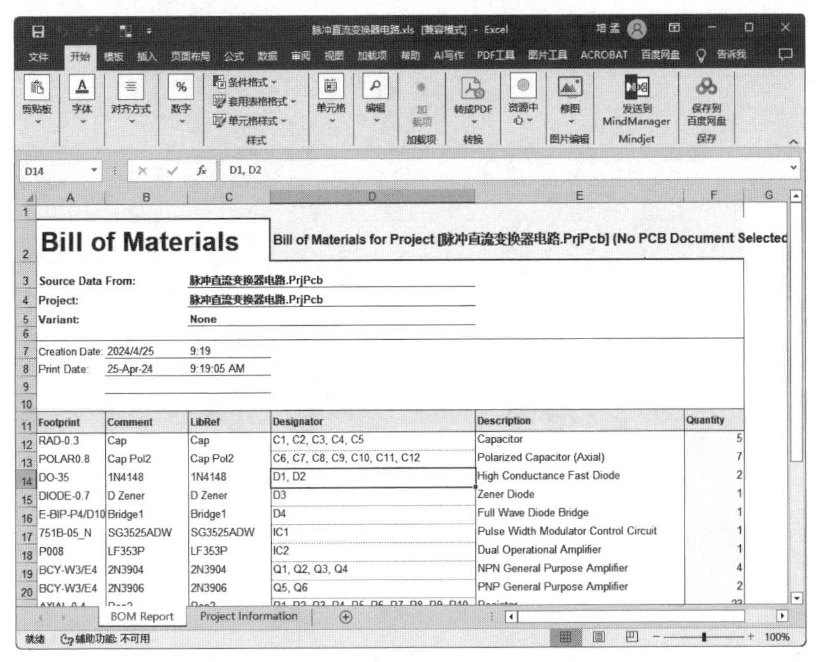

图 10-28　带模板的报表文件

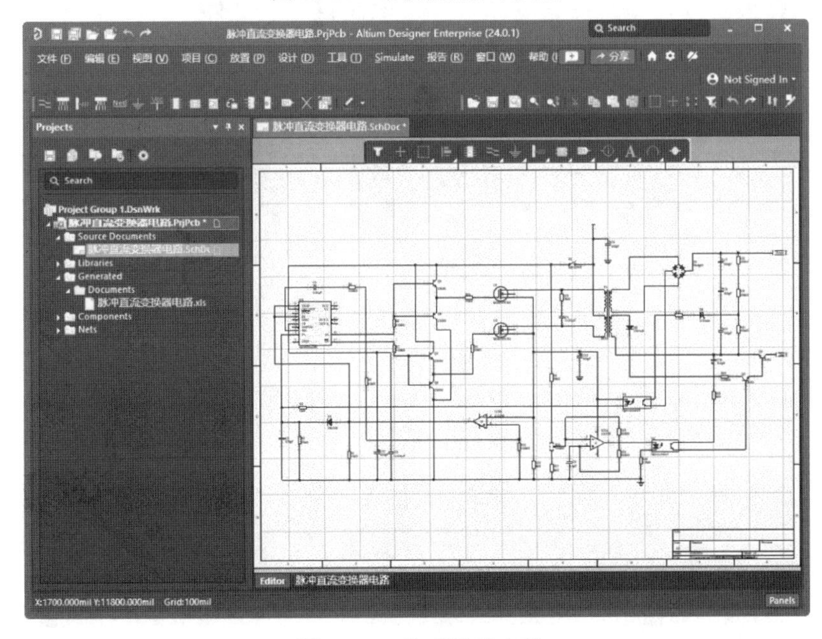

图 10-29　生成报表文件

10.4.2 元器件分类报表

执行菜单栏中的“报告”→“Component Cross Reference（元器件交叉引用报表）”命令，系统将弹出如图 10-30 所示的对话框来显示元器件分类清单列表。在该对话框中，元器件的相关信息都是按子原理图分组显示的。其后续操作与 10.4.1 节相同，这里不再赘述，读者可自行练习。

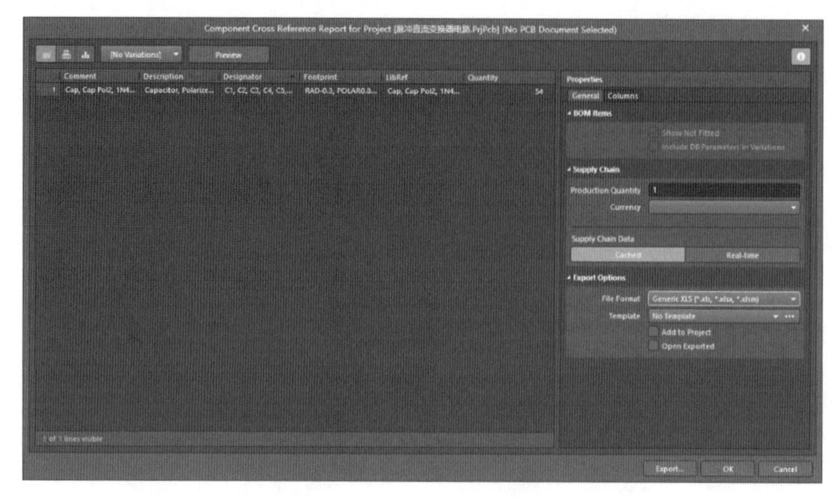

图 10-30 显示元器件分类清单列表

10.4.3 项目网络表

执行菜单栏中的“设计”→“工程的网络表”→“PCAD（生成原理图网络表）”命令，系统将自动生成当前工程的网络表文件“脉冲直流变换器电路.NET”，并存放在当前工程下的“Generated \Netlist Files”文件夹中。双击打开工程的网络表文件“脉冲直流变换器电路.NET”，结果如图 10-31 所示。

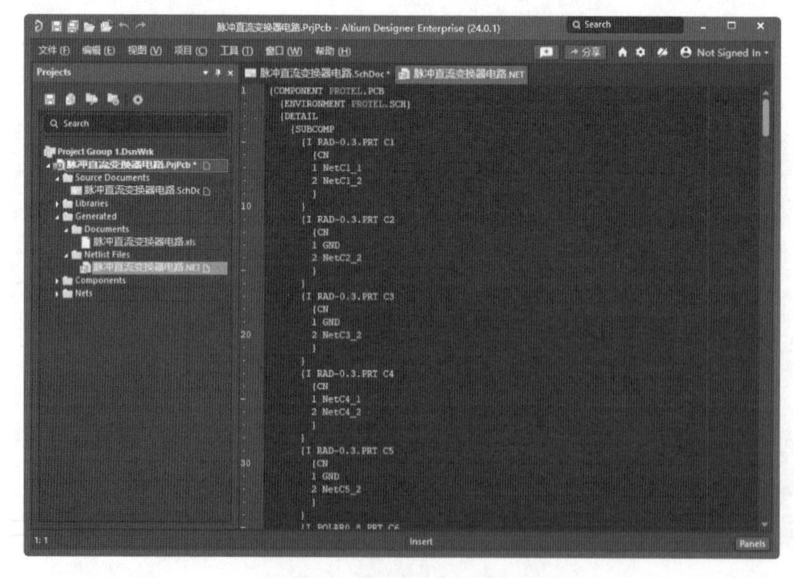

图 10-31 工程的网络表文件

10.5　设计电路板

在设计印制电路板时，系统会将一个项目中的所有电路图的数据转移到一块电路板里。但设计电路板仍然要从新建印制电路板文件开始。

10.5.1　印制电路板设置

设置印制电路板的操作步骤如下：

01 执行菜单栏中的“文件”→“新的”→“PCB（印制电路板）”命令，新建一个 PCB 文件。同时进入印制电路板编辑环境，在编辑区中出现一个空白的印制电路板。

02 单击“PCB 标准”工具栏中的（保存）按钮，指定所要保存的文件名为“脉冲直流变换器电路.PcbDoc”。

03 绘制物理边界。单击编辑区下方工作层标签栏中的“Mechanical 1（机械层 1）”标签，切换到机械层。执行“放置”→“走线”菜单命令，光标变成十字形，沿 PCB 板边绘制一个矩形闭合区域，即可设定 PCB 的物理边界。

04 绘制电气边界。单击编辑区下方工作层标签栏中的“Keep-Out Layer（禁止布线层）”标签，切换到禁止布线层。执行菜单栏中的“放置”→“Keepout（禁止布线）”→“线路”菜单命令，光标变为十字形，在第一个矩形内部绘制一个略小的矩形，绘制方法同上，结果如图 10-32 所示。

图 10-32　绘制边界

05 执行菜单栏中的“设计”→“Import Changes From 脉冲直流变换器电路.PrjPcb（输入变化）”命令，系统将弹出如图 10-33 所示的“工程变更指令”对话框。

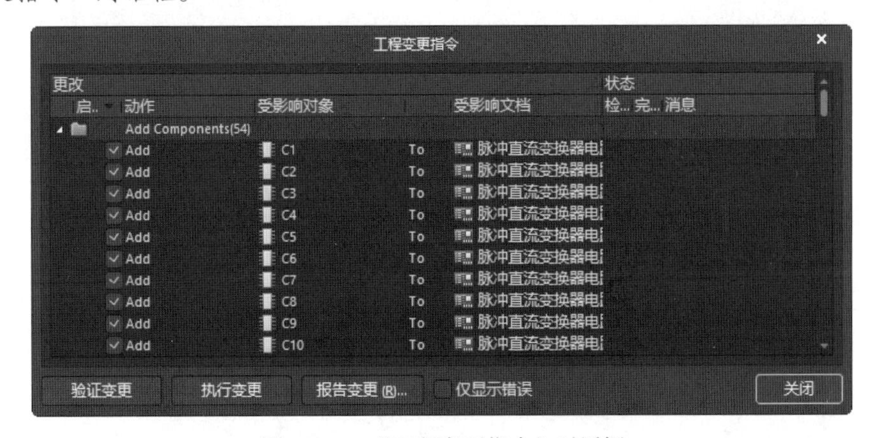

图 10-33　“工程变更指令”对话框

06 单击“验证变更”按钮，验证一下更新方案是否有错误，程序将验证结果显示在对话框中，如图 10-34 所示。

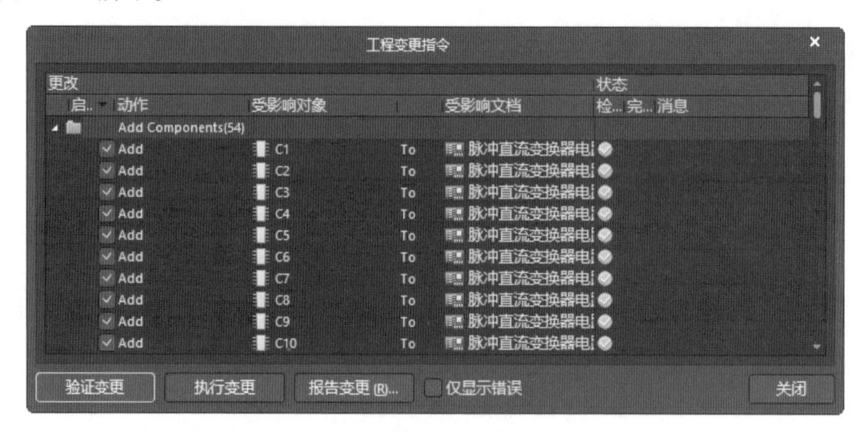

图 10-34　验证结果

07 验证结果表明没有错误产生，单击“执行变更”按钮，执行更改操作，如图 10-35 所示。然后单击“关闭”按钮，关闭对话框。加载元器件到电路板后的原理图如图 10-36 所示。

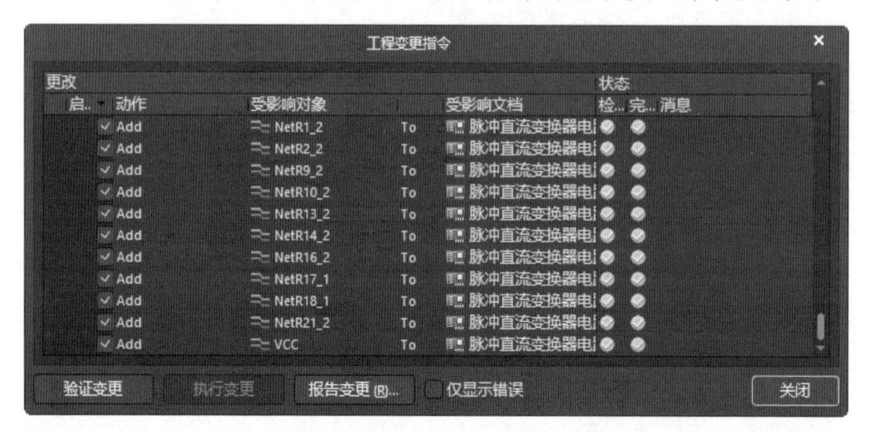

图 10-35　更改结果

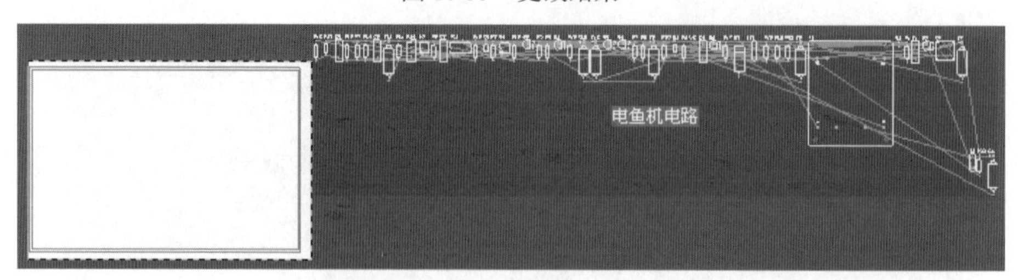

图 10-36　加载元器件到电路板

08 在图 10-36 所示的窗口中，按住鼠标左键将加载的元器件拖到板框之中。单击选中红色区域，再按 Delete 键，将其删除。手动放置零件，在电气边界对元器件进行布局时，除非有特殊要求，否则同类元器件依次并排放置。

09 在绘制电路板边界时，按照元器件数量估算绘制，在完成元器件布局后，按照元器件实际所占空间对边框进行修改，结果如图 10-37 所示。

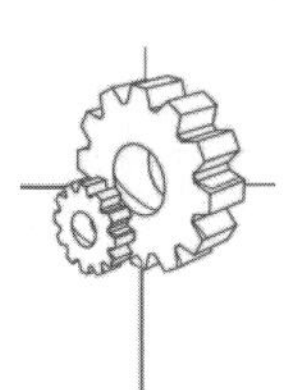

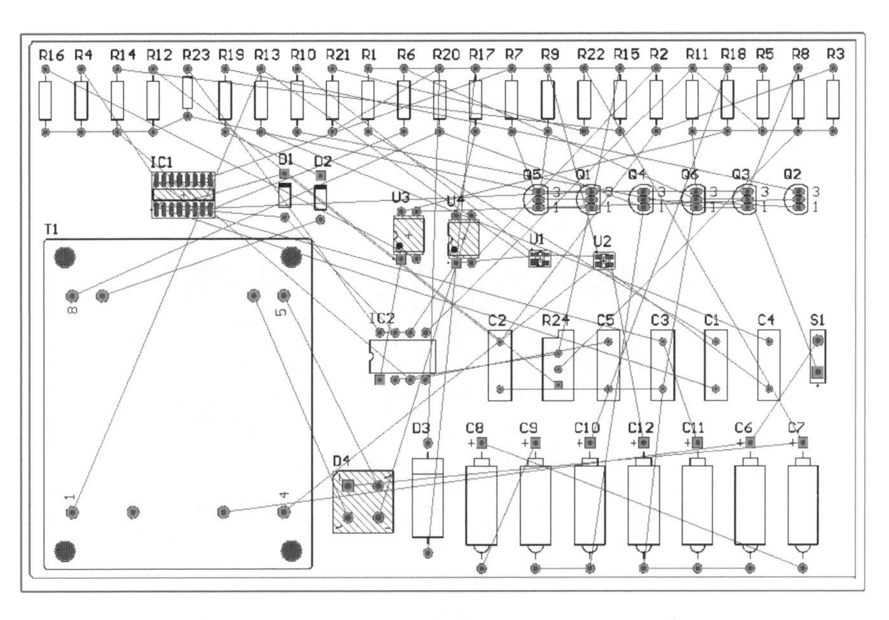

图 10-37　调整元器件放置位置后的原理图

10.5.2　3D 效果图

布局完毕后，可以通过查看 3D 效果图来检查手工布局是否合理。

执行菜单栏中的“视图”→“切换到三维模式”命令，生成该 PCB 的 3D 效果图，加入该项目的生成文件夹内并自动打开，如图 10-38 所示。

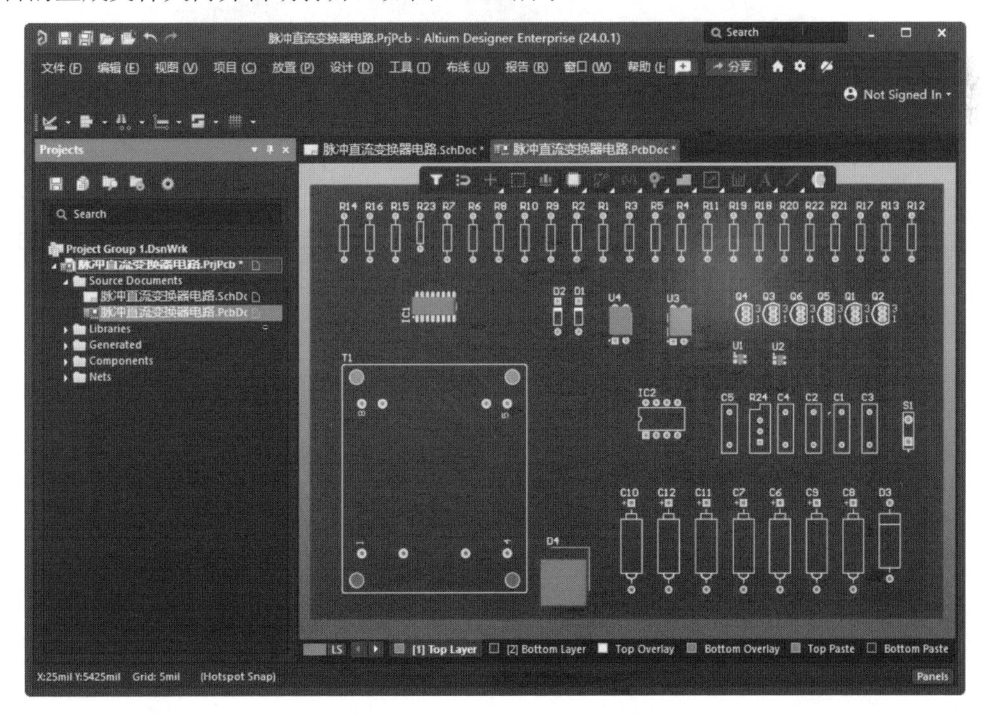

图 10-38　PCB 的 3D 效果图

10.5.3 布线设置

本电路采用双面板布线，而程序默认为双面板布线，因此不必设置布线板层。

01 执行菜单栏中的“布线”→“自动布线”→“全部”命令，系统将弹出“Situs 布线策略”对话框，参数设置如图 10-39 所示。

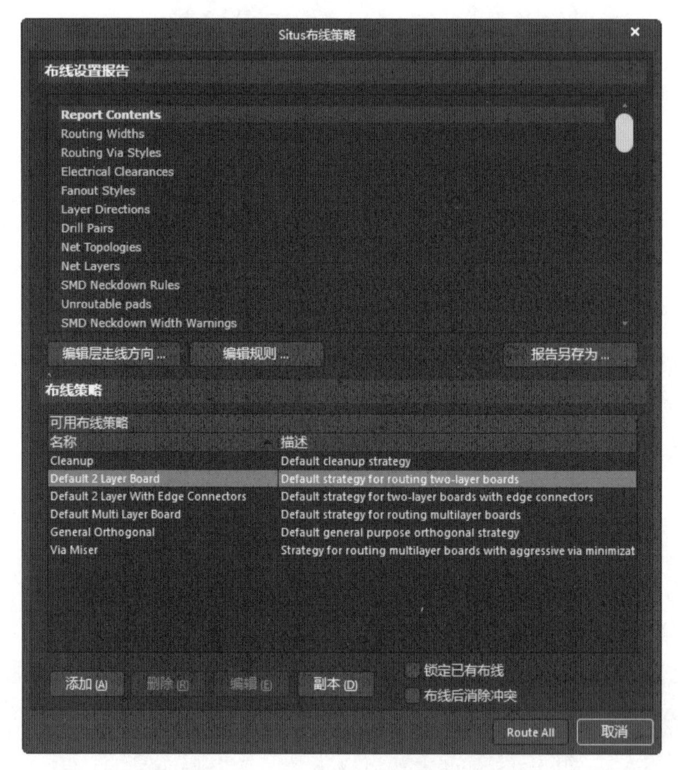

图 10-39　“Situs 布线策略”对话框

02 保持程序预置状态，单击“Route All（布线所有）”按钮，进行全局性的自动布线。在自动布线过程中，会出现“Message（信息）”对话框，显示当前布线信息，如图 10-40 所示。

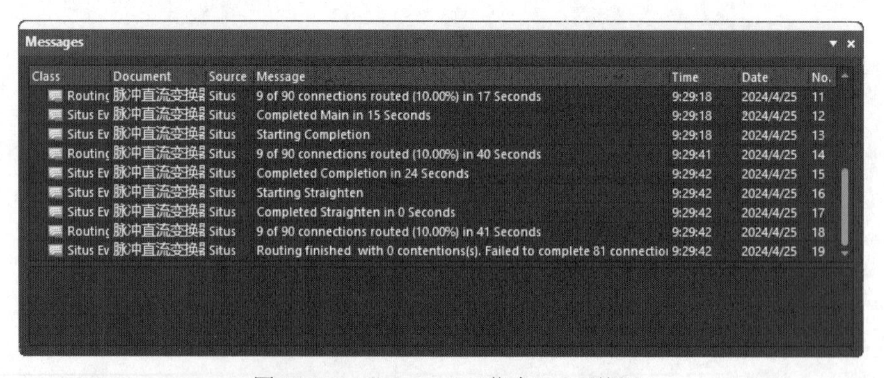

图 10-40　“Message（信息）”面板

03 布线完成后的原理图如图 10-41 所示。

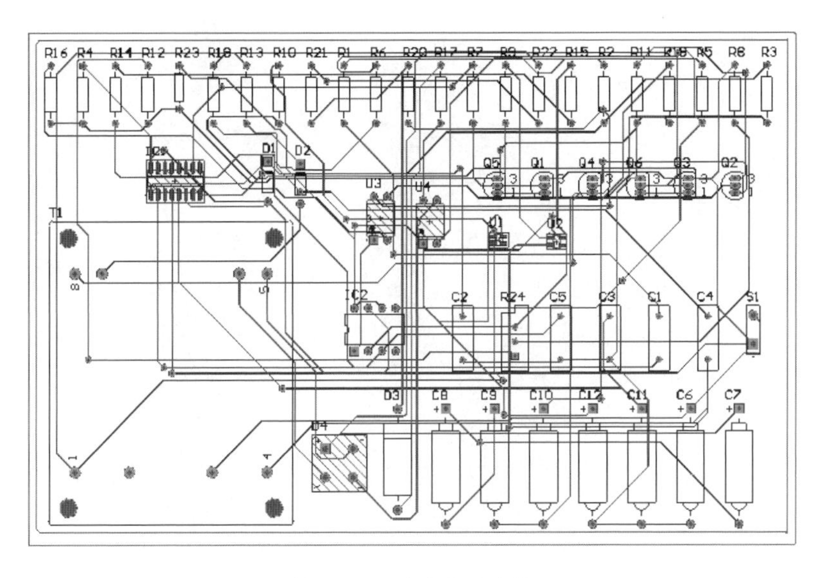

图 10-41　完成自动布线

10.5.4　覆铜设置

覆铜设置操作步骤如下：

01 执行菜单栏中的“放置”→“铺铜”命令，对完成布线的电路建立覆铜。在覆铜属性设置面板中，选择影线化填充、45° 填充模式，选择“Top Layer（顶层）”，其设置如图 10-42 所示。

02 设置完成后，按 Enter 键，光标变成十字形，沿 PCB 的电气边界线绘制出一个封闭的矩形，系统将在矩形框中自动建立覆铜，如图 10-43 所示。采用同样的方式，为 PCB 板的 Bottom Layer（底层）建立覆铜，覆铜后的 PCB 如图 10-44 所示。

图 10-42　设置参数

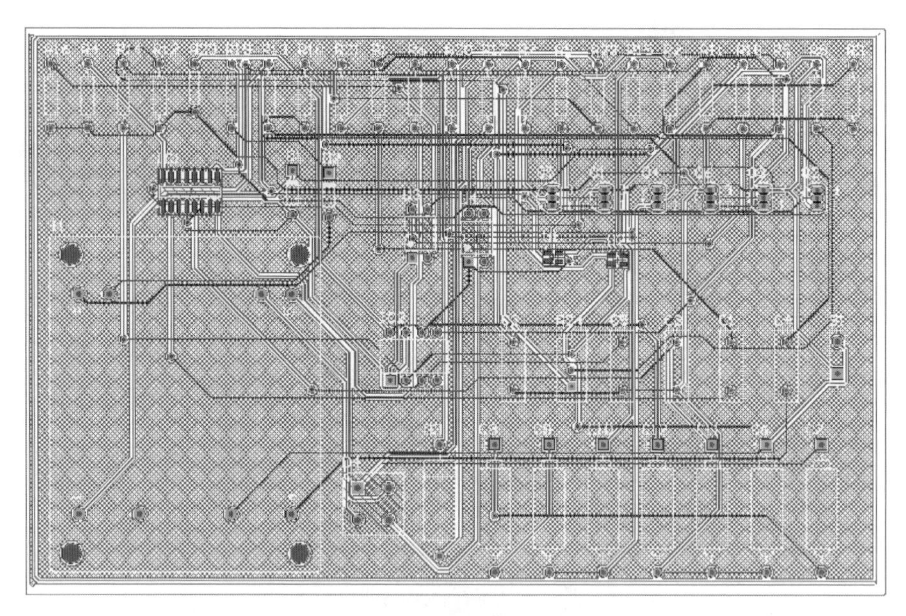

图 10-43　顶层覆铜后的 PCB

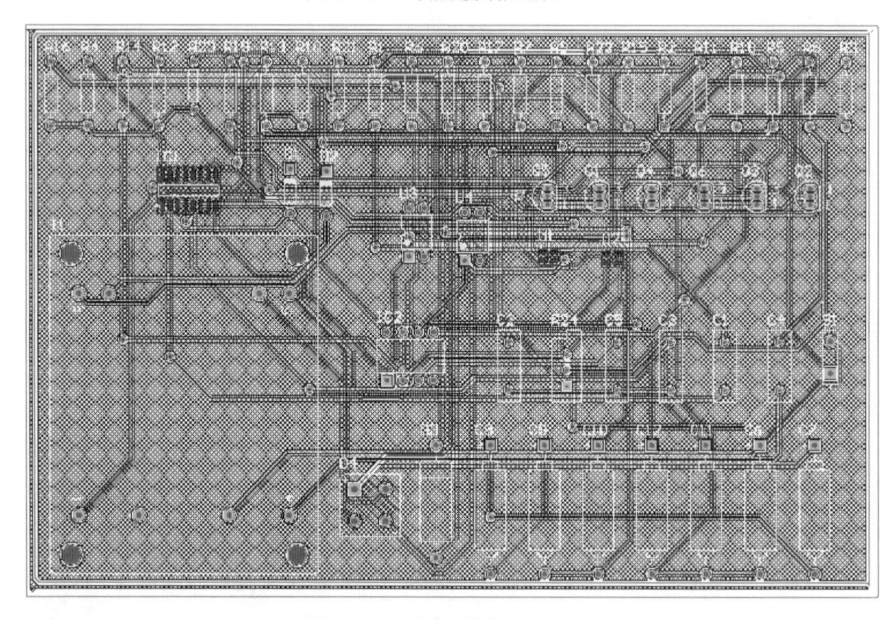

图 10-44　底层覆铜后的 PCB

10.5.5　滴泪设置

滴泪设置操作步骤如下：

01 执行菜单栏中的“工具”→“滴泪”命令，系统弹出“泪滴”对话框，如图 10-45 所示。

02 保持默认设置，单击“确定”按钮即可完成设置对象的泪滴添加操作。

补泪滴前后焊盘与导线连接的变化如图 10-46 所示。

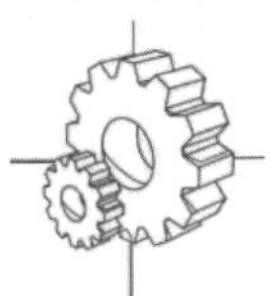

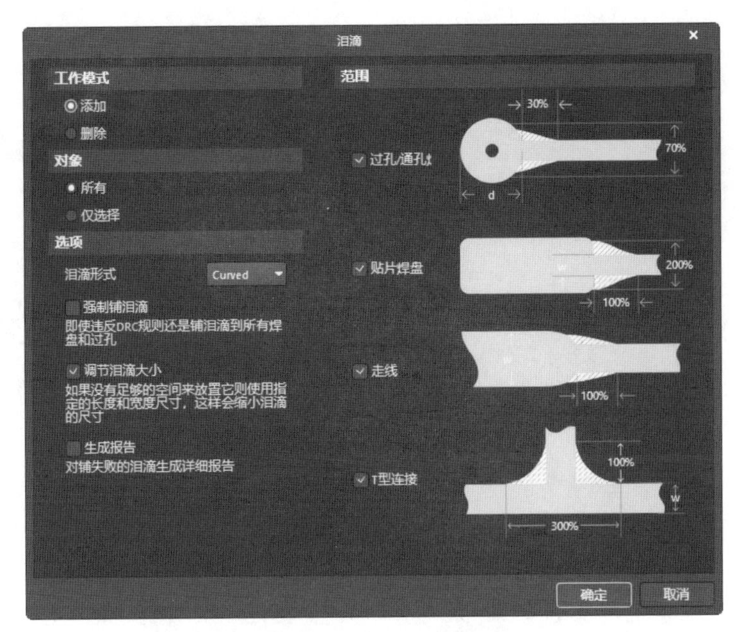

图 10-45 “泪滴”对话框

图 10-46 补泪滴前后的焊盘导线

03 按照此种方法，用户还可以对某一个元器件的所有焊盘和过孔，或者某一个特定网络的焊盘和过孔进行添加泪滴操作。

04 单击“PCB 标准”工具栏中的 (保存) 按钮，保存文件。

至此，印制电路板设计完成。

第 11 章

耳机放大器电路设计实例

内容指南

电路的设计不只是快速准确地绘制原理图，这只是万里长征的第一步。对绘制完成的电路图进行参数检查是一个重要的步骤，这可以通过报表文件来实现。此外，印制电路板的绘制也至关重要。本章将介绍耳机放大器电路设计实例，让读者对电路设计有一个全新的认知。

知识重点

- 电路工作原理说明
- 耳机放大器电路设计
- 元器件清单
- 设计电路板

11.1 电路工作原理说明

利用放大器芯片前置放大信号，在如图 11-1 所示的一般运算放大器电路的基础上，通过大幅度更改电阻和电容的参数值，使得电路的工作状态和性能发生显著变化，从而得到耳机放大器电路图，如图 11-2 所示。经过调整后，该电路可以用作输出小功率的功率放大器，并且性能极佳。

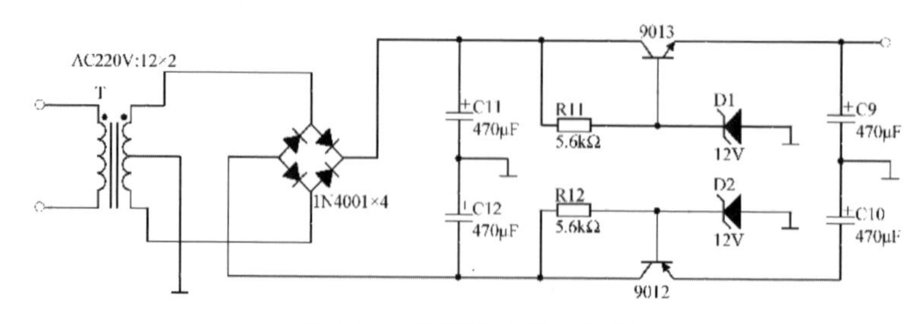

图 11-1　运算放大器电路图

电源滤波电容 C9、C10 设置过小容易引起自激，作为前置放大器时，C9、C10 的大小选择 100μF 即可，但作为功率放大器时，必须加大到 470μF 以上。同时，滤波电容的大小直接关系到音质的好坏。

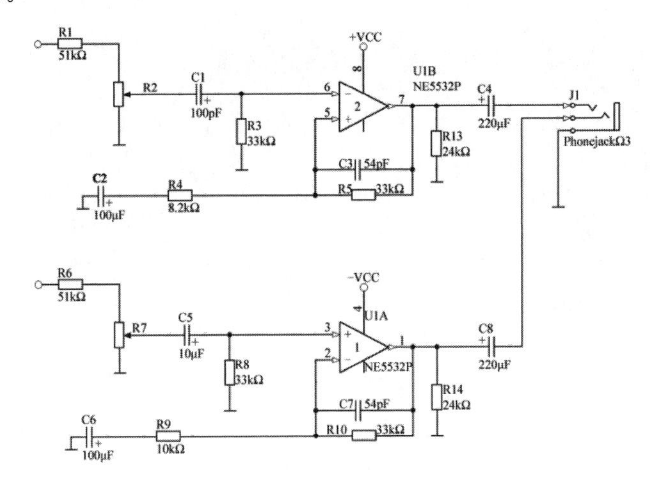

图 11-2　耳机放大器电路图

电路中 R4（R9）和 R5（R10）的阻值应反复调试。在前置放大电路中，R4（R9）一般为 1kΩ，而 R5（R10）为 100kΩ，这样设置的参数值使得放大倍数高达 100 倍。但在本实例中，过大的倍数差异会引起自激，因此需要较少的阻值差异。将 R4（R9）设置为 8.2kΩ，R5（R10）设置为 33kΩ，此时的放大倍数只有 4 倍，同时不会引起自激，负反馈也适量，音质柔和、清晰、通透度高，比例适度。但是，若继续增大 R4（R9），减小 R5（R10），则反馈过深，音量变轻，音色沉闷。

电路中 C2（C6）是输入回路的对地通路，在前置放大电路中只有 10μF，作为功率放大器时，输入阻抗过大，信号阻塞，会引起失真甚至自激。现将 C2（C6）加大到 100μF，音质明显改善，音域变宽，高音清脆悦耳，中音纯真明亮，低音深沉丰厚。

因为耳机收听时音量太大，输入端需要串接 R1（R6）并设置阻值为 51kΩ；若放在床头收听，可选择 5 英寸以下的小喇叭。

11.2　耳机放大器电路设计

本项目设计要求是完成耳机放大器工作电路的原理图及 PCB 的设计。

11.2.1　创建原理图

01 在 Altium Designer 24 主界面中执行“文件”→“新的”→“项目”菜单命令，弹出“Create Project（新建工程）”对话框，建立一个新的项目文件。

02 在“Project Name（工程名称）”文本框中输入文件名称“耳机放大器电路”，在“Folder（路径）”文本框中选择文件路径，“Project Type（工程类型）”选项组中显示工程文件类型，如图 11-3 所示。

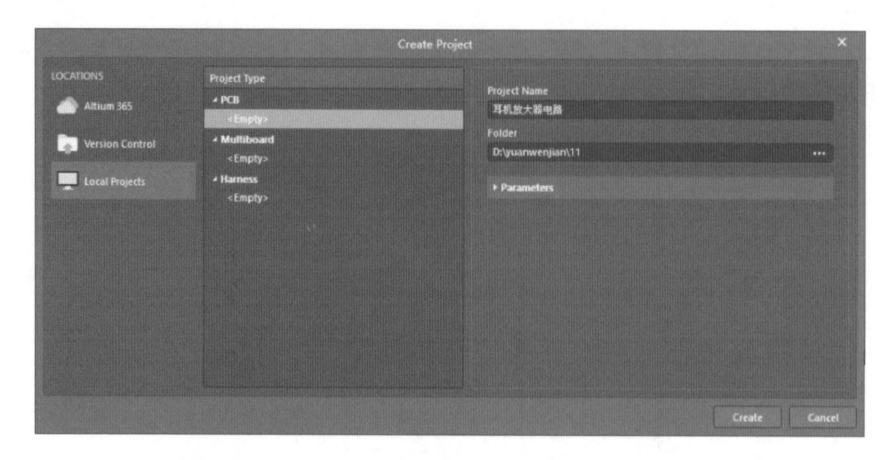

图 11-3　“Create Project（新建工程）”对话框

03 完成设置后，单击“Create（创建）”按钮，关闭该对话框，打开“Project（工程）”面板，在面板中出现了新建的工程类型。

04 执行“文件”→“新的”→“原理图”命令，在创建的原理图上右击，在弹出的快捷菜单中选择“另存为”命令，将新建的原理图文件保存为“耳机放大器电路.SchDoc”。

05 设置图纸参数。打开“Properties（属性）”面板，在其中设置原理图绘制时的工作环境，如图 11-4 所示。

06 展开“Parameters（参数）”选项组，显示标题栏设置选项。在“Value（值）”栏中输入参数值，在“Type（类型）”栏中选择参数类型，在“DocumentName（文件名称）”栏中输入原理图的名称，其他选项可以根据需要填写，如图 11-5 所示。

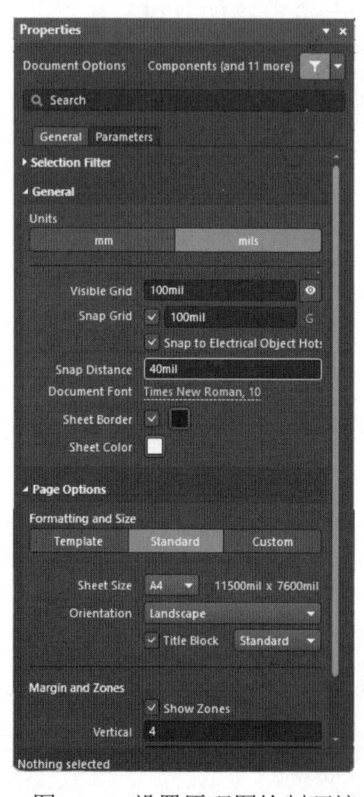

图 11-4　设置原理图绘制环境

图 11-5　“Parameters（参数）”选项组

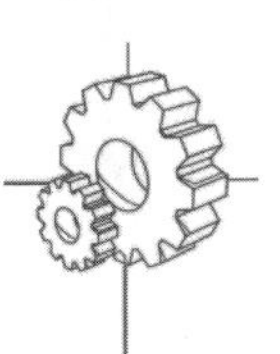

07 添加元器件库。

> **提　示**
>
> 原理图中主要元器件有放大器 NE5532 和可调电阻器 RP，其余元器件均可在 Miscellaneous Devices.IntLib 和 Miscellaneous Connectors.IntLib 中找到。

在“Components（元器件）”面板右上角单击≡按钮，在弹出的菜单中选择“File-based Libraries Preferences（库文件参数）”命令，打开“有效的基于文件的库”对话框。在该对话框中单击“添加库”按钮，打开相应的选择库文件对话框，在该对话框中选择系统库文件 Miscellaneous Devices.IntLib 和 Miscellaneous Connectors.IntLib，单击“打开”按钮，完成库添加，结果如图 11-6 所示。单击“关闭”按钮，关闭该对话框。

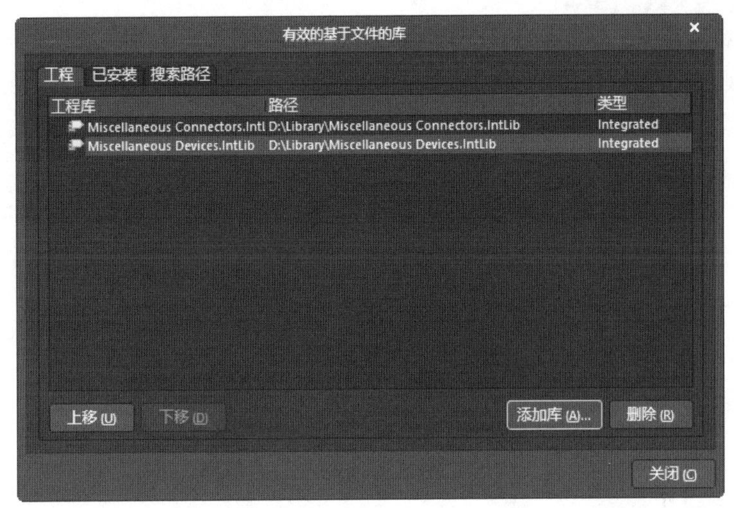

图 11-6　加载需要的元器件库

11.2.2　创建可变电阻

01 执行“文件”→“新的”→“库”命令，打开“New Library（新库）”对话框，选择“Schematic Library（原理图库）”选项，单击“Create（创建）”按钮，进入原理图库编辑环境，并创建一个新的原理图库文件。

02 执行“文件”→“另存为”命令，将库文件命名为“可调电位器.SchLib”，如图 11-7 所示。

03 管理元器件库。在左侧“SCH Library（SCH 库）”面板下单击“添加”按钮，打开“New Component（新元器件）”对话框，在该对话框中将元器件重命名为 RP，如图 11-8 所示。然后单击“确定”按钮退出对话框，在如图 11-9 所示的“SCH Library（SCH 库）”面板中显示新添加的元器件。

04 绘制原理图符号。执行“放置”→“矩形”命令，或者单击“应用工具”工具栏中的（实用工具）按钮，在弹出的绘图工具栏中单击□（放置矩形）按钮，这时光标变成十字形。在图纸上绘制一个如图 11-10 所示的矩形。

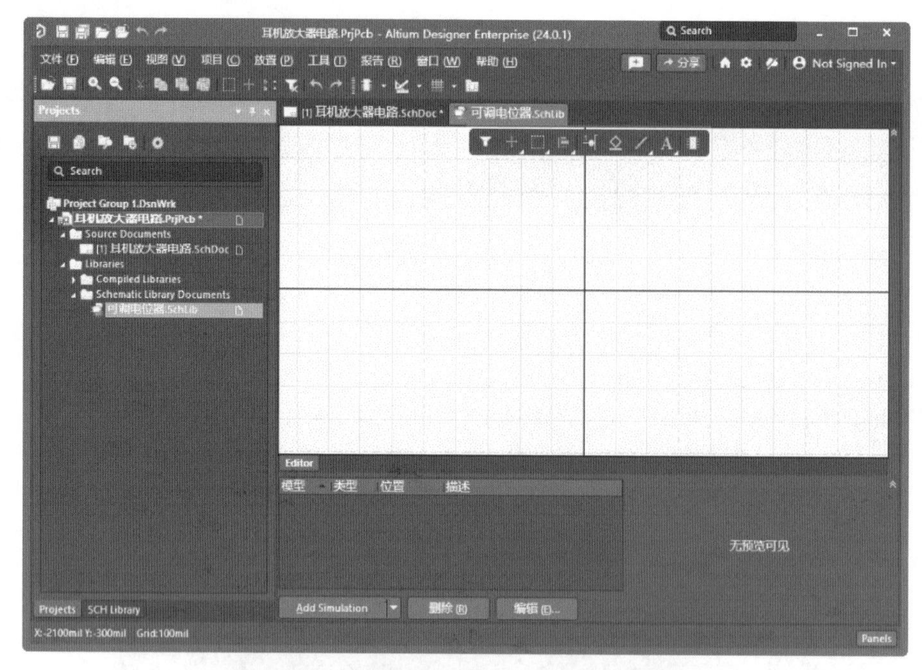

图 11-7　新建库文件

图 11-8　新元器件命名

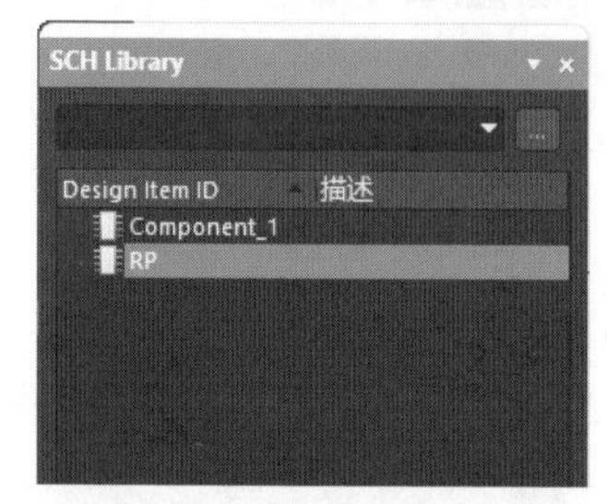

图 11-9　SCH Library 工作面板

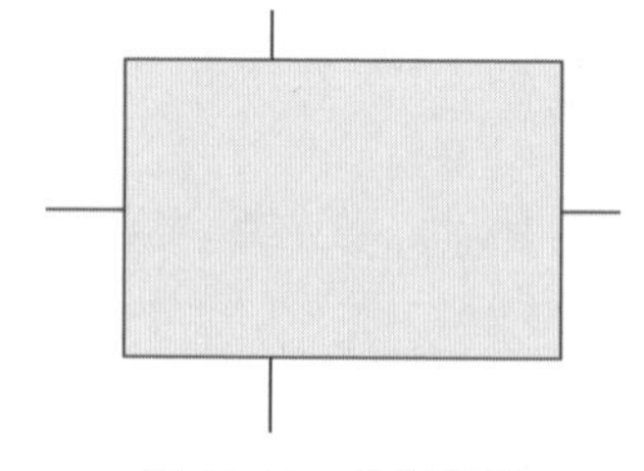

图 11-10　绘制矩形

05 双击所绘制的矩形，打开“Rectangle（矩形）”对话框，如图 11-11 所示。在该对话框中设置所画矩形的参数，包括矩形的左下角点坐标（-100，-40）、矩形的宽高（200×80）、板的宽度（Small）、填充色和板的颜色，结果如图 11-12 所示。

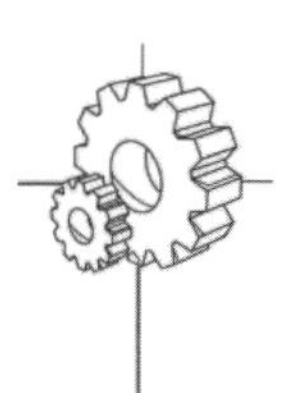

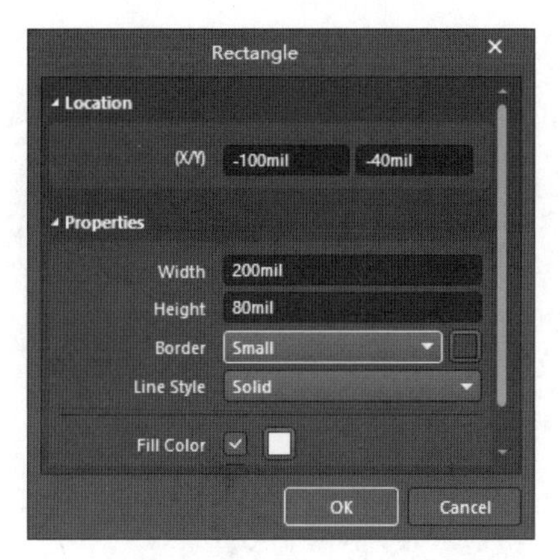

图 11-11　“Rectangle（矩形）”对话框

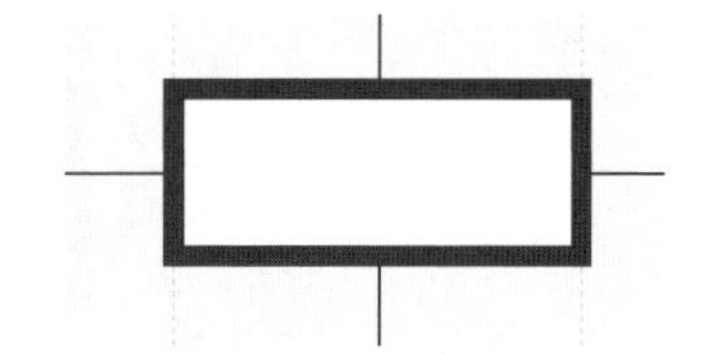

图 11-12　修改后的矩形

06 执行“放置”→“线”命令，或者单击“应用工具”工具栏中的（实用工具）按钮，在弹出的绘图工具栏中单击（放置线）按钮，绘制竖直线。双击该直线，弹出“Polyline（多段线）”对话框，参数设置如图 11-13 所示。在图纸上绘制一个如图 11-14 所示的带箭头竖直线。

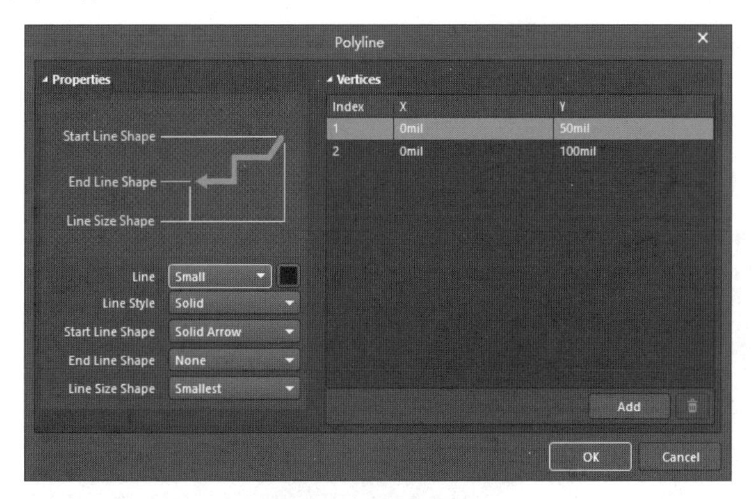

图 11-13　设置线属性

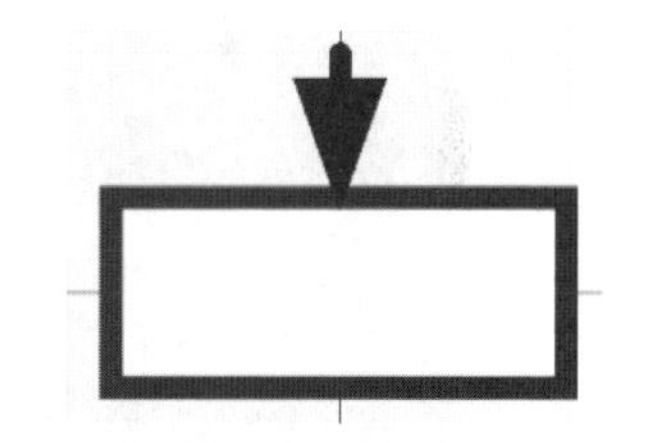

图 11-14　绘制直线

07 绘制引线。执行“放置”→“管脚”命令，或单击“应用工具”工具栏中的（实用工具）按钮，在弹出的绘图工具栏中单击（放置管脚）按钮，绘制两个管脚，如图 11-15 所示。双击所绘制的一个水平管脚，打开“Pin（管脚）”对话框，如图 11-16 所示。在该对话框中，取消选中“Name（名字）”和“Designator（标识符）”文本框后面的（可见的）按钮，表示隐藏管脚编号；在“Pin Length（长度）”文本框中输入“150”，修改管脚长度。使用同样的方法，修改另一侧水平管脚长度为“150”，竖直管脚长度为“100”。

08 设置元器件属性。在左侧“SCH Library（SCH 库）”面板中单击“编辑”按钮，弹出如图 11-17 所示的弹出“Component（元器件）”面板，在“Designator（标识符）”文本框中输入“R?”，在“Comment（注释）”文本框中输入 RP，完成设置。

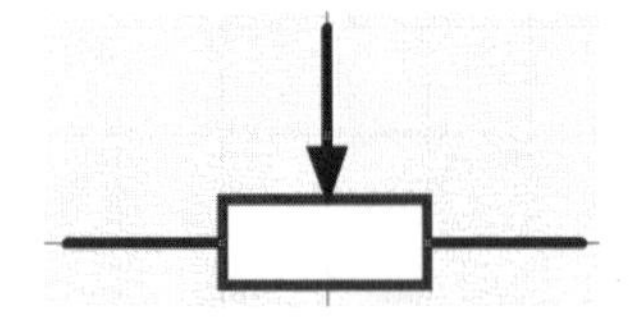

图 11-15　绘制管脚

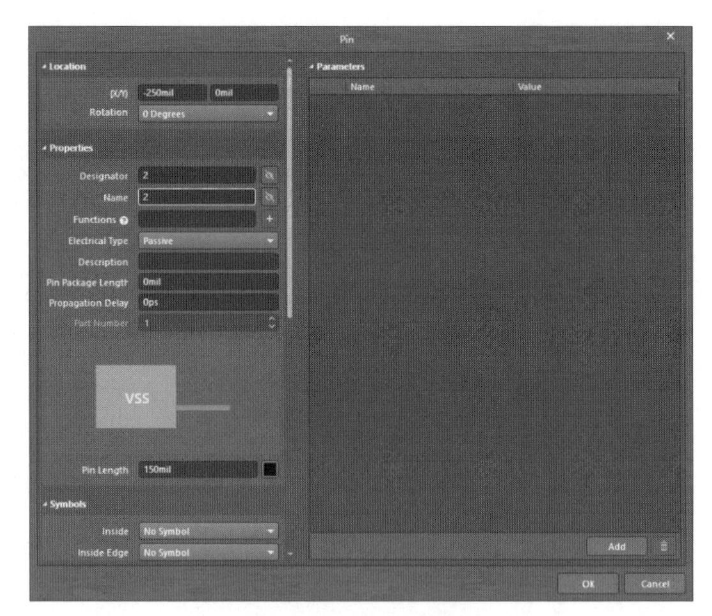

图 11-16　设置管脚属性

09 添加封装。在“Parameters（参数）”选项组下单击“Add（添加）”按钮，在弹出的菜单中选择“Footprint（封装）”选项，打开“PCB 模型”对话框，如图 11-18 所示。单击“浏览”按钮，在弹出的“浏览库”对话框中选择封装 VR4，如图 11-19 所示。单击“确定”按钮，添加完成后的“PCB 模型”对话框如图 11-20 所示。

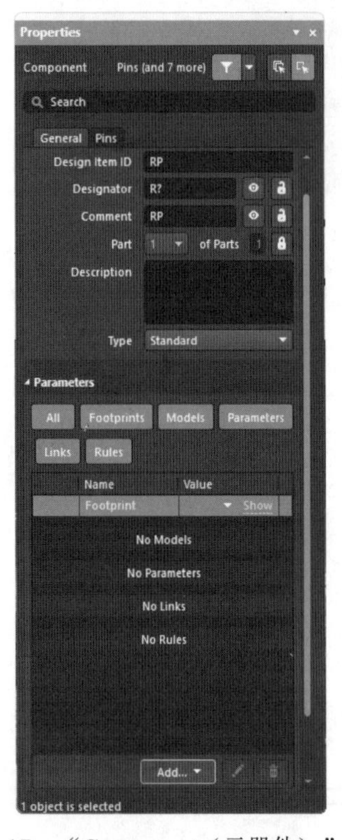

图 11-17　“Component（元器件）”面板

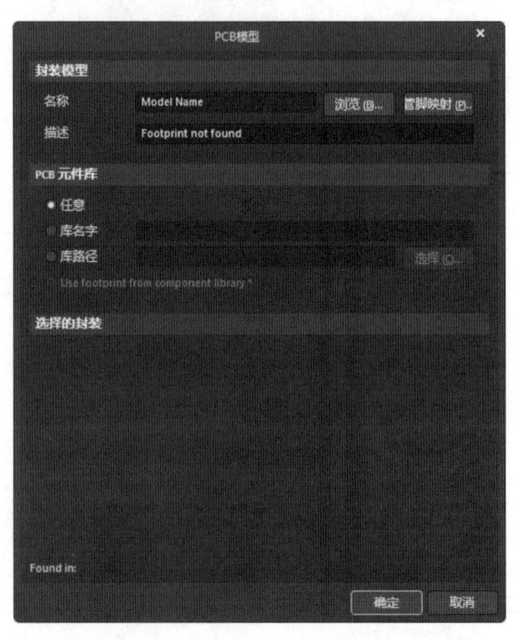

图 11-18　“PCB 模型”对话框

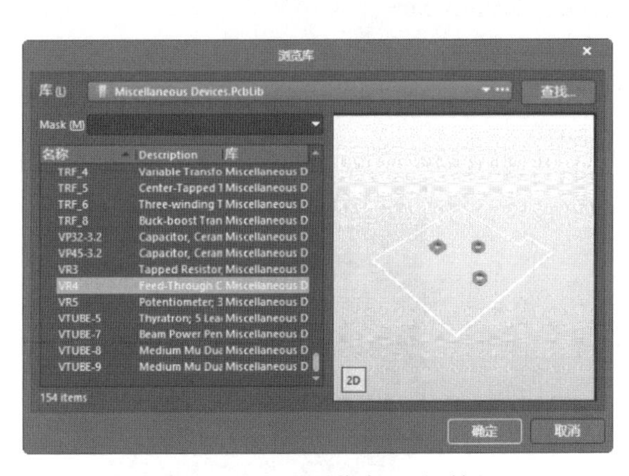

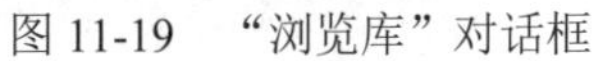
图 11-19　“浏览库”对话框

图 11-20　添加完成后的“PCB 模型”对话框

10 保存原理图。执行“文件”→“保存”命令，或单击“原理图标准”工具栏中的（保存）按钮，可调电位器元器件即完成，如图 11-21 所示。

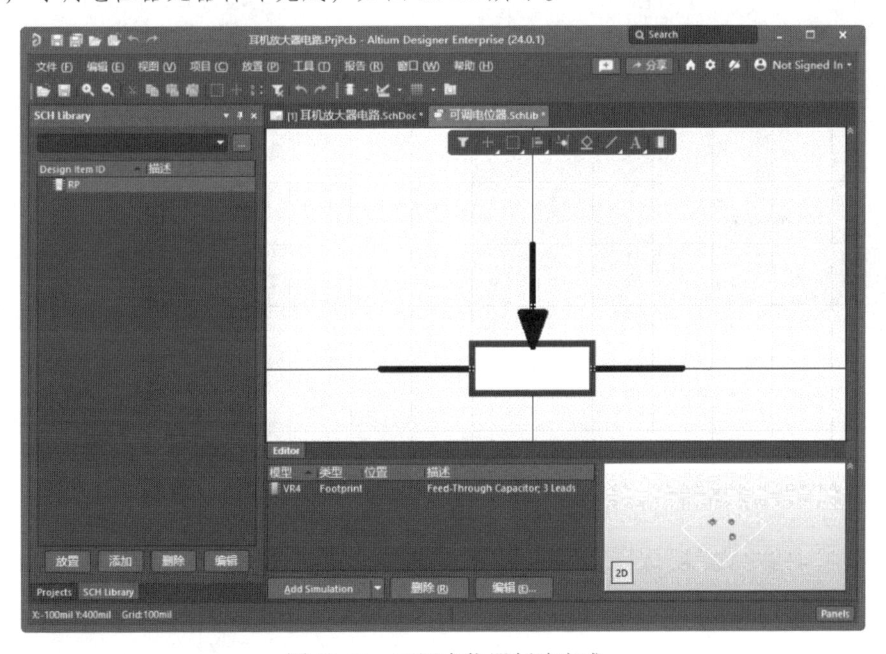

图 11-21　可调电位器创建完成

提　示

读者还可以练习在原理图库中编辑所需元器件，步骤同上面讲述的可调电位器。直接在原理图中编辑，步骤相对较少，过程简单，但必须在外形类似的元器件上修改，读者可自行练习比较。

11.2.3 搜索元器件 NE5532P

01 关闭原理图库文件，返回原理图编辑环境。在“Components（元器件）”面板右上角单击☰按钮，在弹出的菜单中选择“File-based Libraries Search（库文件搜索）”命令，打开“基于文件的库搜索”对话框。

02 在对话框中输入“NE5532”，如图 11-22 所示。单击“查找”按钮，在“Components（元器件）”面板中显示搜索结果，如图 11-23 所示。

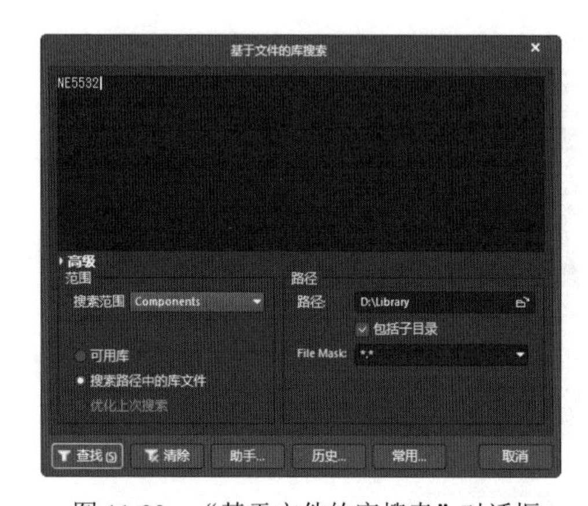

图 11-22 “基于文件的库搜索”对话框

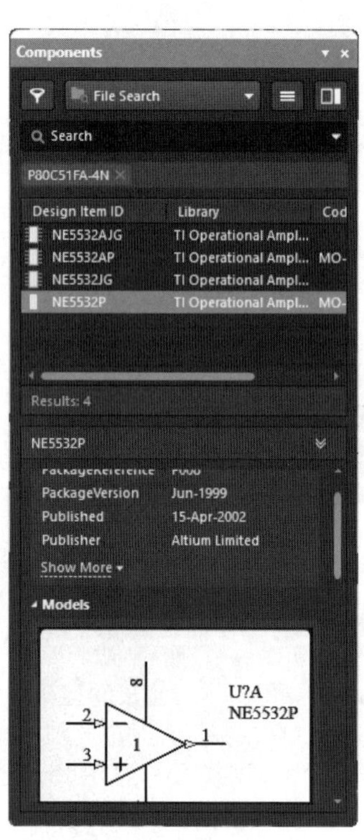

图 11-23 “Components（元器件）”面板

03 在搜索结果中双击 NE5532P，弹出“Confirm（确认）”对话框，如图 11-24 所示，单击“Yes”按钮，加载芯片所在元器件库，然后将芯片放置在图纸上，如图 11-25 所示。

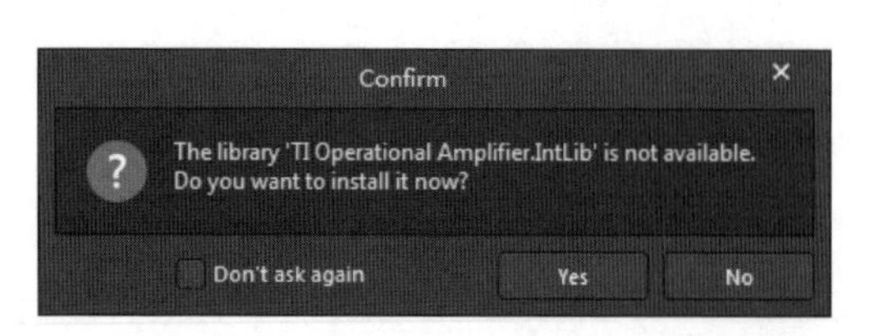

图 11-24 “Confirm（确认）”对话框

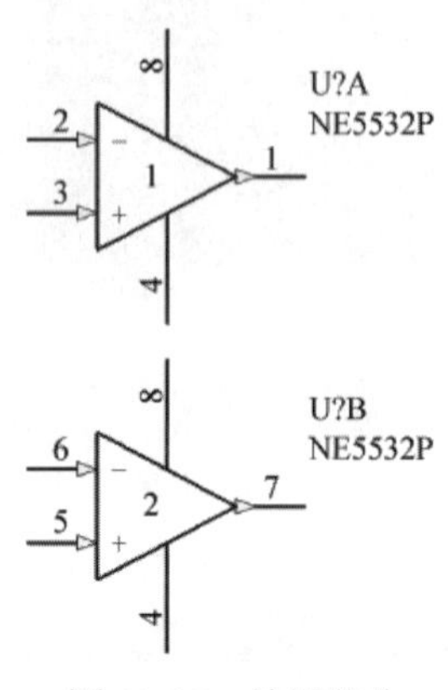

图 11-25 放置芯片

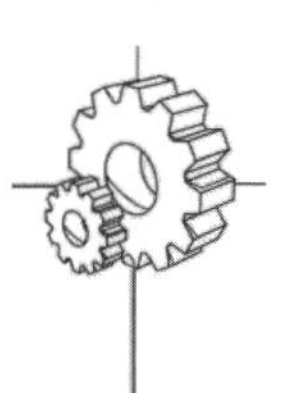

11.2.4　绘制原理图

01 在通用元器件库中找出所需要的元器件，放置在原理图中，结果如图 11-26 所示。

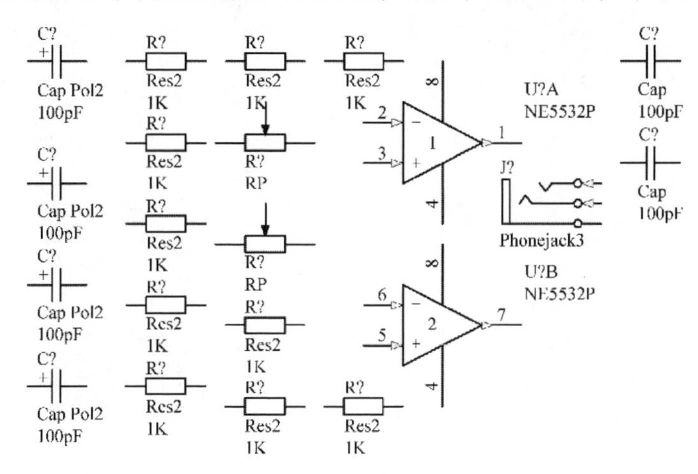

图 11-26　放置元器件

02 双击元器件 NE5532P，弹出“Component（元器件）”对话框，在“Designator（标识符）”文本框中输入“U1”，如图 11-27 所示。

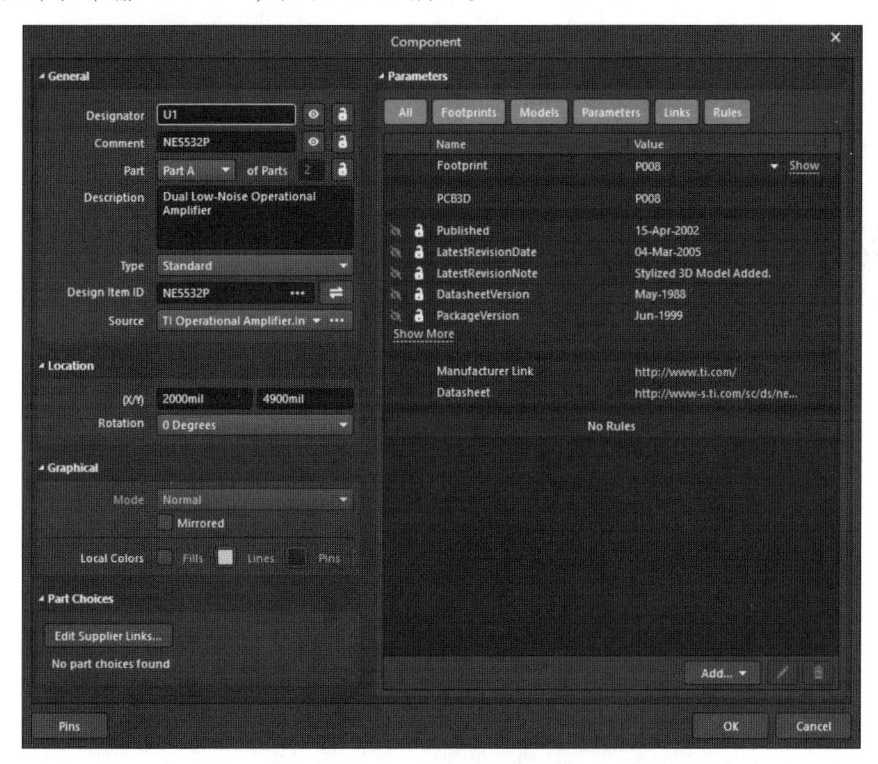

图 11-27　元器件编辑对话框

03 单击左下角的“Pins（管脚）”按钮，弹出“元件管脚编辑器”对话框，取消勾选管脚 4 的“Show（展示）”和“Number（数量）”复选框，如图 11-28 所示。结果如图 11-29

所示。

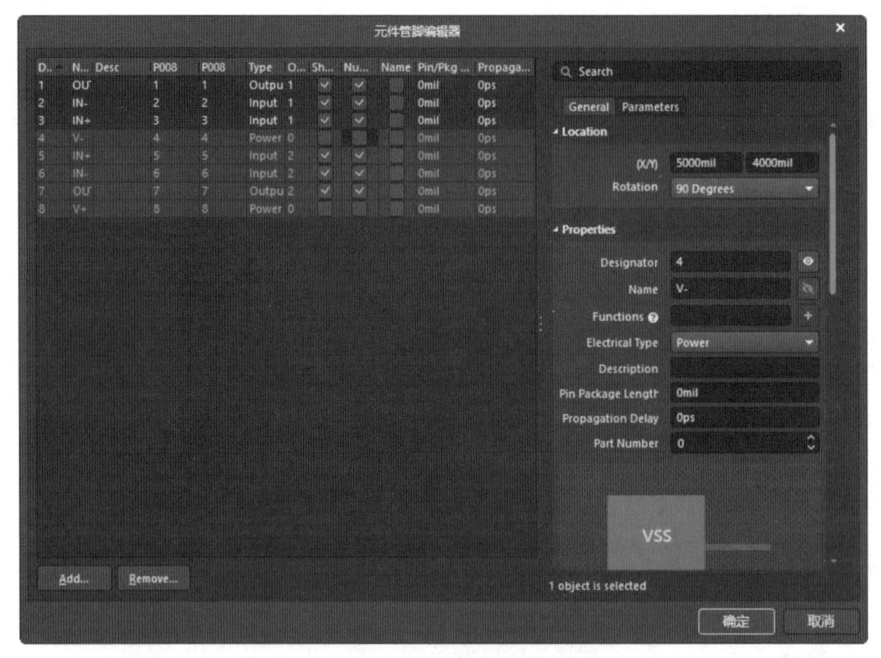

图 11-28 “元件管脚编辑器”对话框

04 使用同样的方法设置其余元器件的属性。根据前面的介绍，本实例中同类型元器件在不同位置表达不同含义，因此不能利用“Annotate（注释）”对话框一次性完成标号的设置，需要按照要求对应修改编号及属性，同时按照电路要求进行布局，结果如图 11-30 所示。

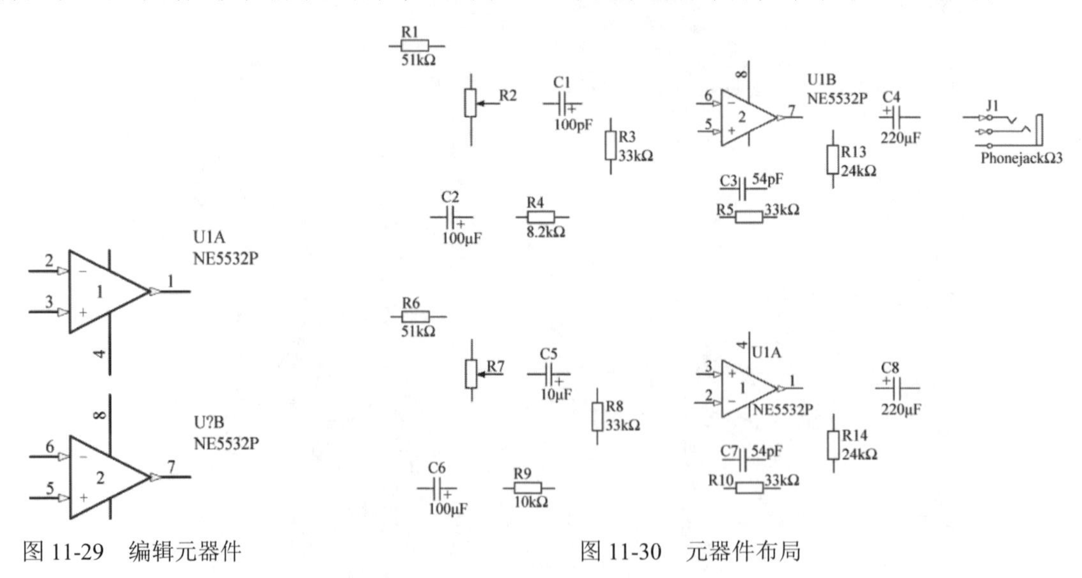

图 11-29 编辑元器件

图 11-30 元器件布局

05 连接线路。单击“布线”工具栏中的（放置线）按钮，放置导线，完成连线操作。完成连线后的电路图如图 11-31 所示。

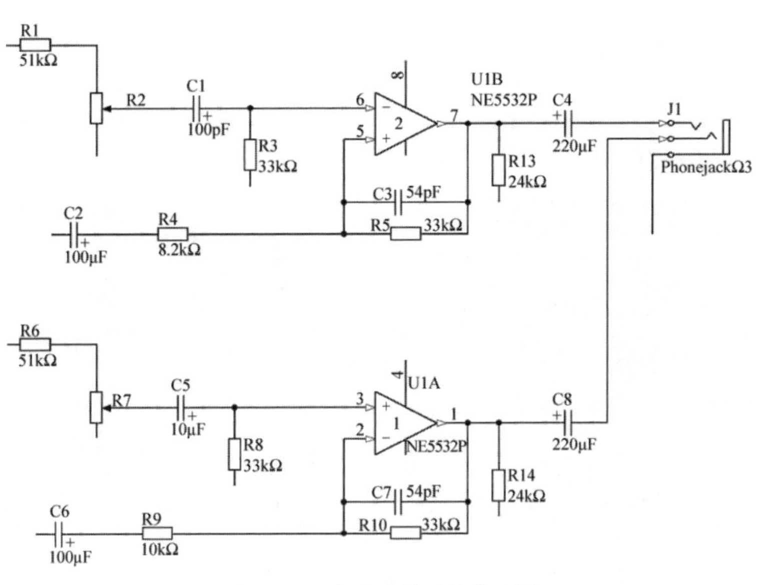

图 11-31　完成连线后的电路图

06 放置电源符号。单击“布线”工具栏中的 （VCC 电源端口）按钮，放置电源，结果如图 11-32 所示。

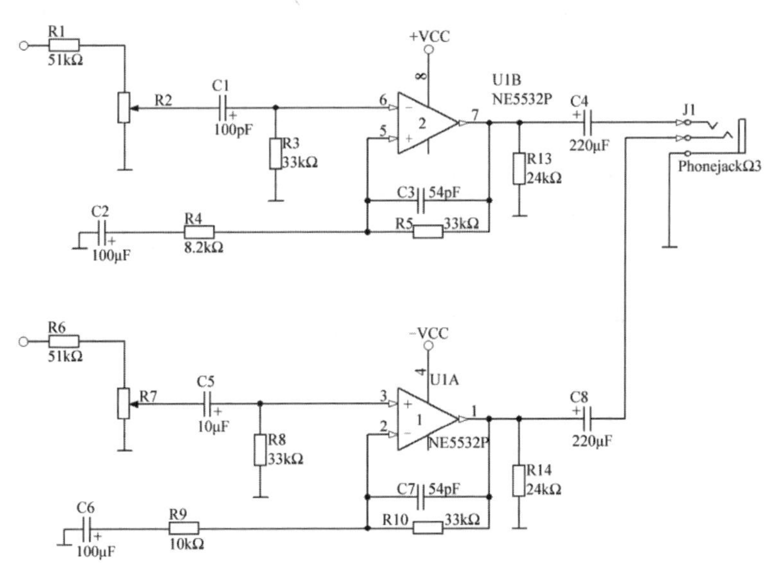

图 11-32　添加电源符号

07 保存原理图。单击“原理图标准”工具栏中的 （保存）按钮，保存原理图文件。

11.3　元器件清单

元器件清单包括电路中的元器件总报表、元器件分类报表、简易元器件报表和项目网络表。

11.3.1 元器件总报表

01 执行“报告”→“Bill of Material（元器件清单）”命令，系统将弹出如图 11-33 所示的对话框来显示元器件清单列表。

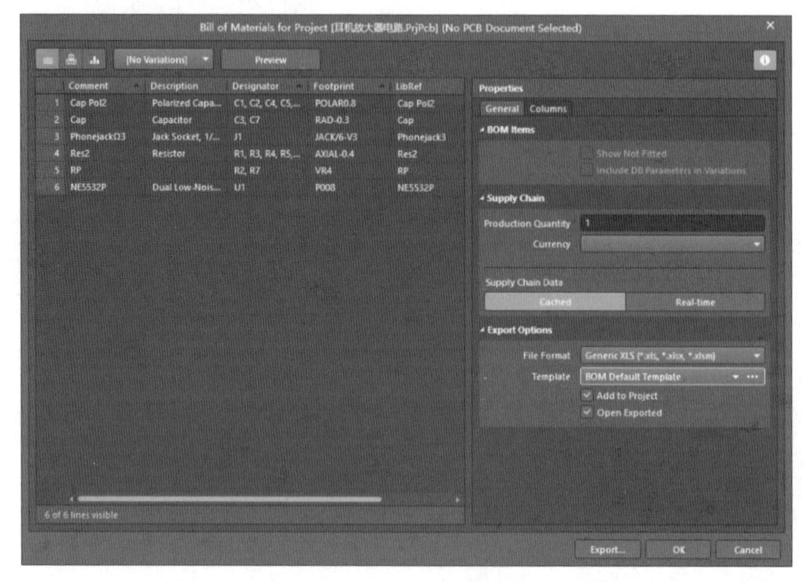

图 11-33 显示元器件清单列表

02 勾选“Add to Project（添加到项目）”和“Open Exported（打开输出报表）”复选框，单击 ••• 按钮，打开“yuanwenjian\BOM Default Template.XLT”元器件报表模板文件。

03 单击“Export（输出）”按钮，保存带模板的报表文件，系统自动打开该报表文件，如图 11-34 所示。

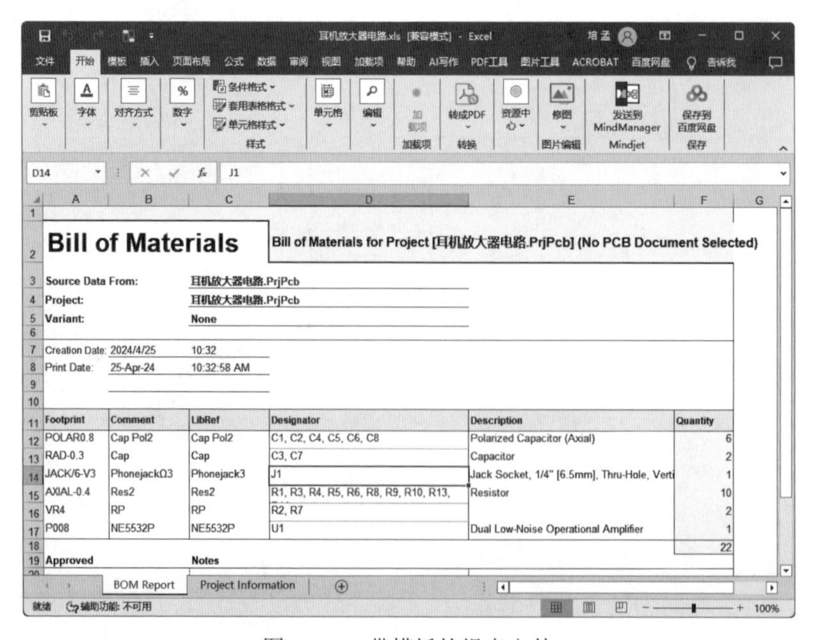

Bill of Materials

Bill of Materials for Project [耳机放大器电路.PrjPcb] (No PCB Document Selected)

Source Data From: 耳机放大器电路.PrjPcb
Project: 耳机放大器电路.PrjPcb
Variant: None

Creation Date: 2024/4/25 10:32
Print Date: 25-Apr-24 10:32:58 AM

Footprint	Comment	LibRef	Designator	Description	Quantity
POLAR0.8	Cap Pol2	Cap Pol2	C1, C2, C4, C5, C6, C8	Polarized Capacitor (Axial)	6
RAD-0.3	Cap	Cap	C3, C7	Capacitor	2
JACK/6-V3	PhonejackΩ3	Phonejack3	J1	Jack Socket, 1/4" [6.5mm], Thru-Hole, Verti	1
AXIAL-0.4	Res2	Res2	R1, R3, R4, R5, R6, R8, R9, R10, R13,	Resistor	10
VR4	RP	RP	R2, R7		2
P008	NE5532P	NE5532P	U1	Dual Low-Noise Operational Amplifier	1
					22

Approved　Notes

图 11-34 带模板的报表文件

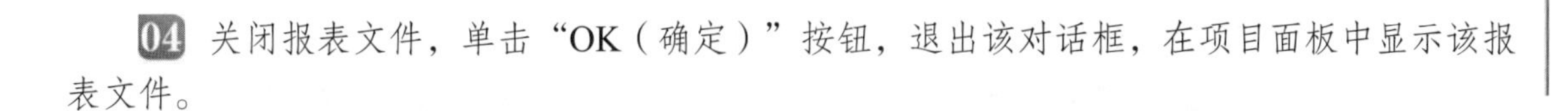

04 关闭报表文件，单击“OK（确定）”按钮，退出该对话框，在项目面板中显示该报表文件。

11.3.2　元器件分类报表

执行“报告”→“Component Cross Reference（元器件交叉引用报表）”命令，系统将弹出如图 11-35 所示的对话框来显示元器件分类清单列表。在该对话框中，元器件的相关信息都按子原理图分组显示。

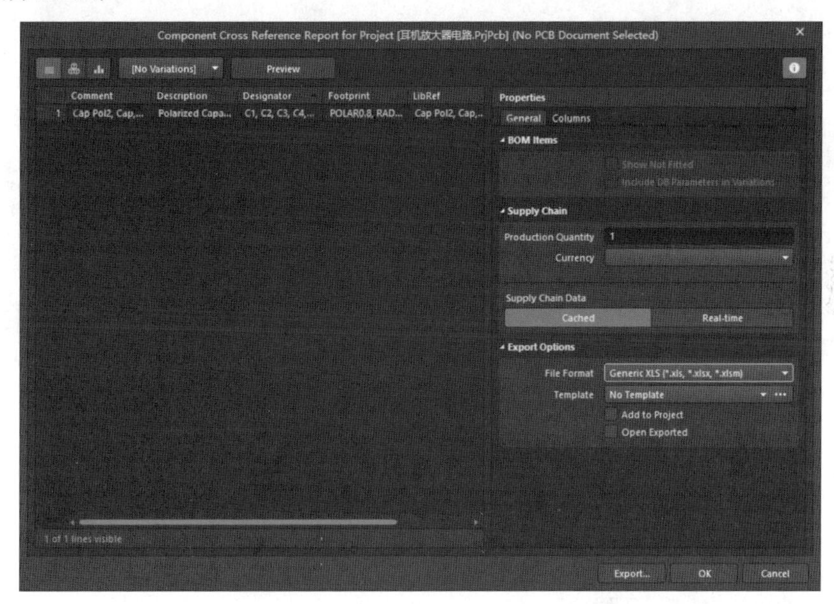

图 11-35　显示元器件分类清单列表

其后续操作与 11.3.1 节相同，这里不再赘述，读者可自行练习。

11.3.3　简易元器件报表

Altium Designer 24 还为用户提供了简易的元器件信息，不需要进行设置即可产生。系统在“Project（工程）”面板中自动添加“Components（元器件）”“Nets（网络）”选项组，显示工程文件中所有的元器件与网络，如图 11-36 所示。

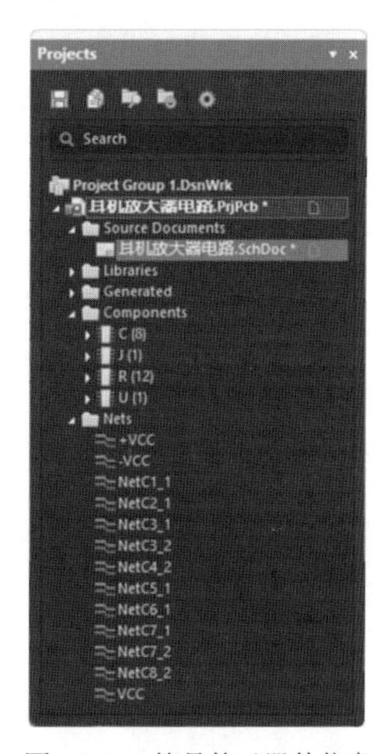

图 11-36　简易的元器件信息

11.3.4　项目网络表

执行“设计”→“工程的网络表”→“Protel（生成原理图网络表）”命令，系统自动生成了当前工程的网络表文件“耳机放大器电路.NET”，并存放在当前工程下的 Generated\Netlist Files 文件夹中。双击打开工程网络表文件“耳机放大器电路.NET”，结果如图 11-37 所示。

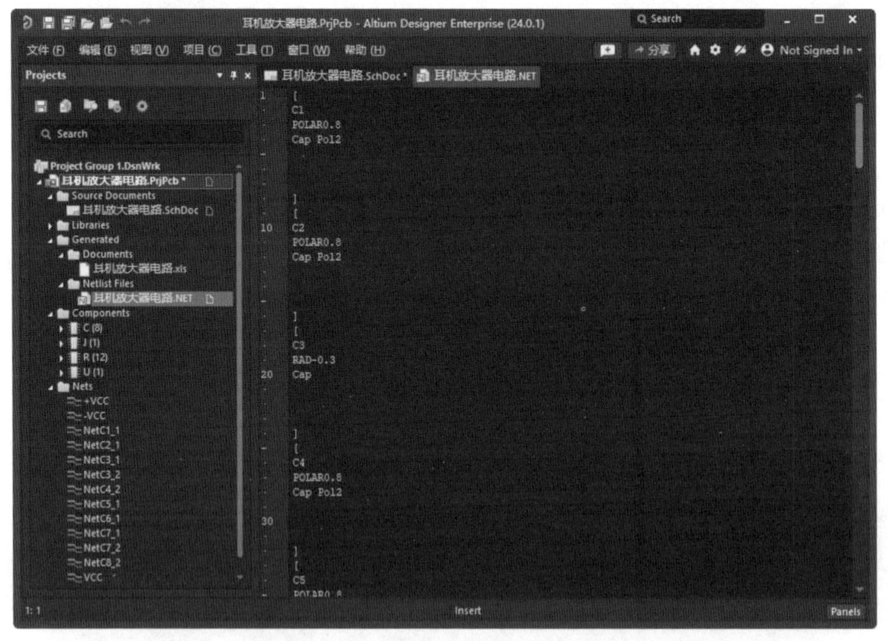

图 11-37　创建工程的网络表文件

11.4　设计电路板

11.4.1　印制电路板设置

01 执行“文件”→“新的”→“PCB（印制电路板）”命令，新建一个 PCB 文件。同时进入印制电路板编辑环境，在编辑区中出现一个空白的印制电路板。

02 单击“PCB 标准”工具栏中的（保存）按钮，指定所要保存的文件名为“耳机放大器电路.PcbDoc”，单击“保存”按钮，关闭该对话框。

03 绘制物理边界。单击编辑区下方工作层标签栏中的“Mechanical 1（机械层 1）”标签，切换到机械层。执行“放置”→“线条”命令，光标变成十字形，沿 PCB 板边绘制一个矩形闭合区域，即可设定 PCB 的物理边界。。

04 绘制电气边界。单击编辑区下方工作层标签栏中的“Keep-Out Layer（禁止布线层）”标签，切换到禁止布线层。执行“放置”→“Keepout（禁止布线）”→“线路”命令，光标变为十字形，在第一个矩形内部绘制一个略小的矩形，如图 11-38 所示。

图 11-38　绘制边界

05 执行“设计”→“Import Changes From 耳机放大器电路板.PrjPcb”命令，系统将弹出如图 11-39 所示的“工程变更指令”对话框。

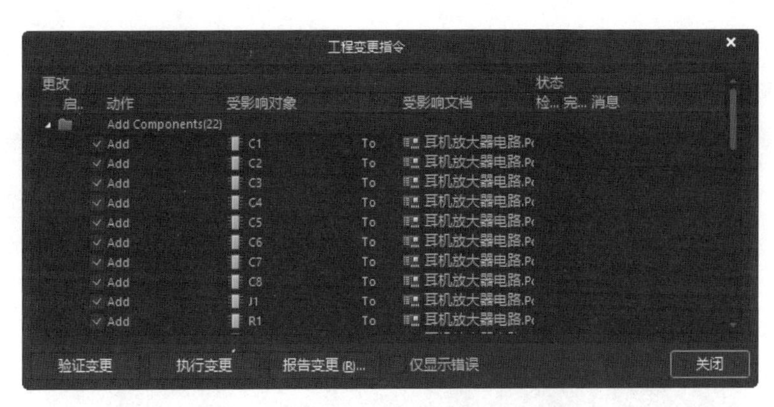

图 11-39　“工程变更指令”对话框

06 单击“验证变更”按钮，验证一下更新方案是否有错误，程序将验证结果显示在对话框中，如图 11-40 所示。

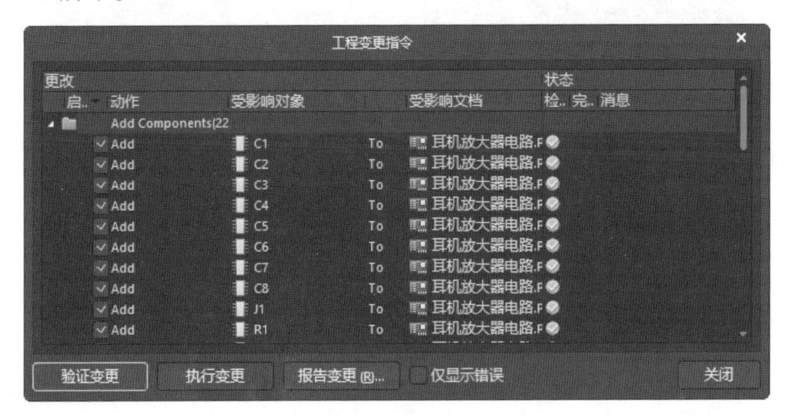

图 11-40　验证结果

07 由验证结果可知没有错误产生，单击“执行变更”按钮，执行更改操作，如图 11-41 所示。然后单击“关闭”按钮，关闭对话框。加载元器件到电路板后的原理图如图 11-42 所示。

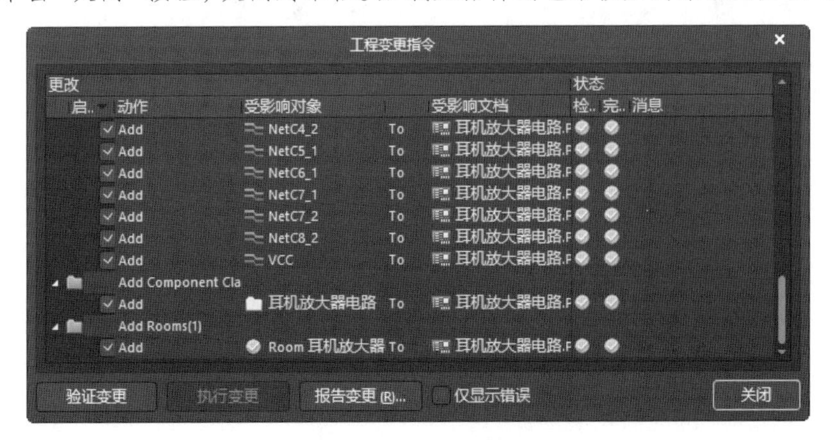

图 11-41　更改结果

08 在图 11-42 中，按住鼠标左键将其拖到板框中。单击选中红色区域，再按 Delete 键将其删除。手动放置零件，将同类元器件放置在一起，结果如图 11-43 所示。

09 单击“应用工具”工具栏中的（排列工具）按钮，在弹出的下拉菜单中选择“以顶对齐器件”选项，均匀排布元器件，结果如图 11-44 所示。

提　示
在电气边界对元器件进行布局时，除非有特殊要求，否则同类元器件依次并排放置。

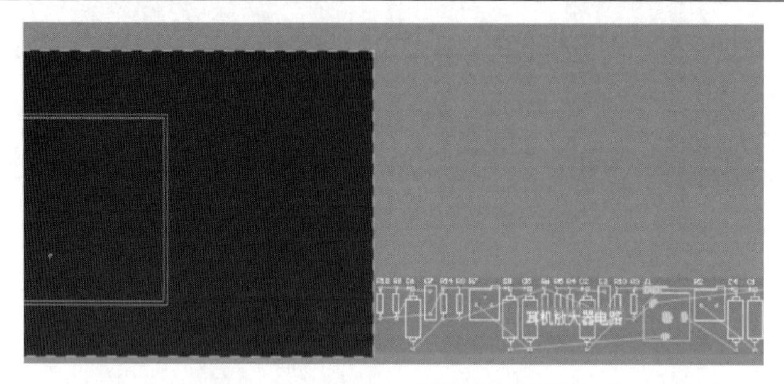

图 11-42　加载元器件到电路板

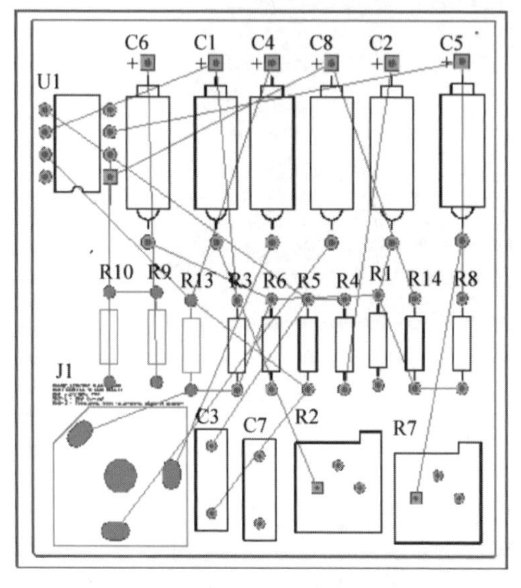

图 11-43　调整元器件放置位置后的原理图

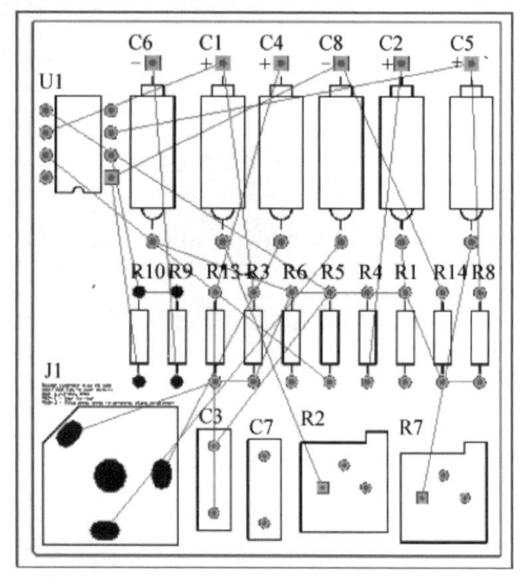

图 11-44　排布元器件后的原理图

11.4.2　布线设置

本电路采用双面板布线，而程序默认为双面板布线，因此不必设置布线板层。

01 执行“布线”→“自动布线”→“全部”命令，系统将弹出如图 11-45 所示的“Situs 布线策略”对话框。

02 保持程序预置状态，单击“Route All（布线所有）”按钮，进行全局性的自动布线。布线过程中弹出如图 11-46 所示的“Messages（信息）”面板。

03 只需要很短的时间就可以完成布线，布线完成后的原理图如图 11-47 所示。

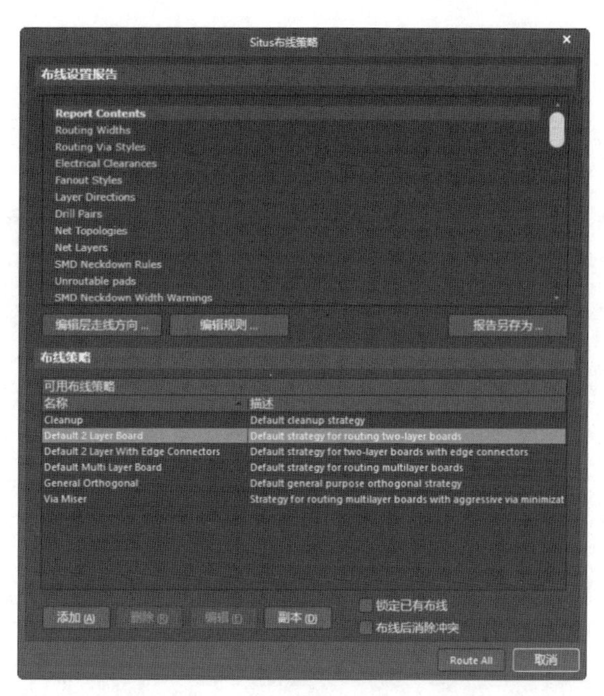

图 11-45　“Situs 布线策略”对话框

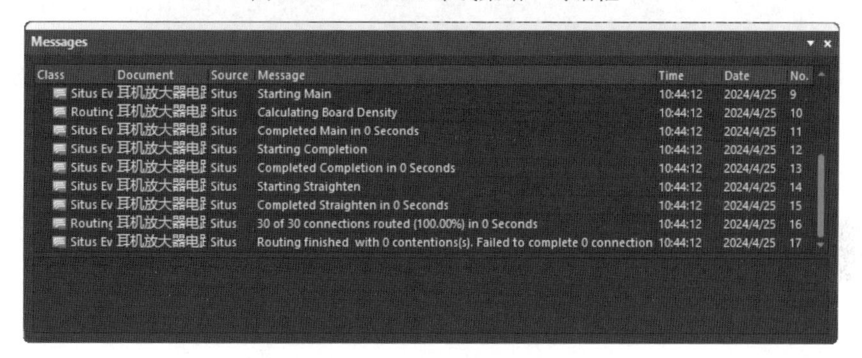

图 11-46　“Messages（信息）”面板

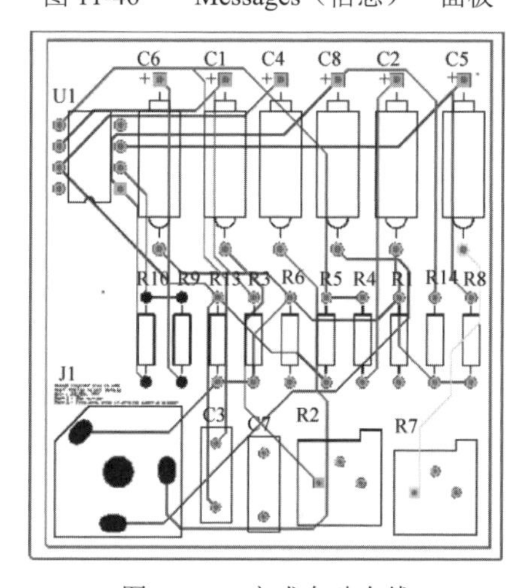

图 11-47　完成自动布线

11.4.3　3D 效果图

01 执行“视图”→“切换到三维模式”命令，系统生成该 PCB 的 3D 效果图，如图 11-48 所示。

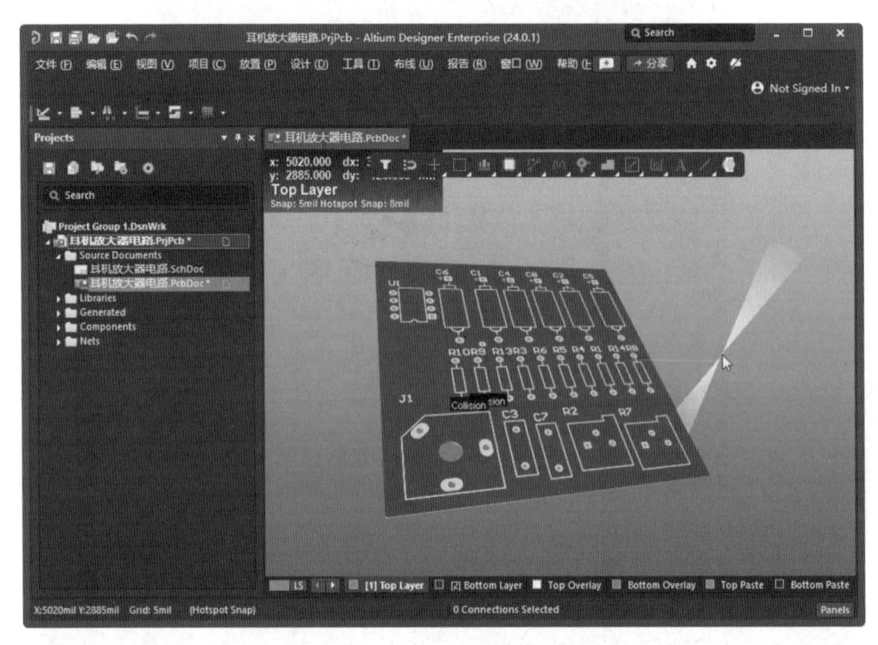

图 11-48　PCB 的 3D 效果图

02 执行菜单栏中的“文件”→“导出”→“PDF 3D”命令，弹出如图 11-49 所示的“Export File（输出文件）”对话框，单击“保存”按钮，弹出“Export 3D”对话框。在该对话框中，可以选择 PDF 文件中显示的视图、进行页面设置、设置输出文件中的对象，如图 11-50 所示。

03 单击“Export（输出）”按钮，输出 PDF 文件，如图 11-51 所示。

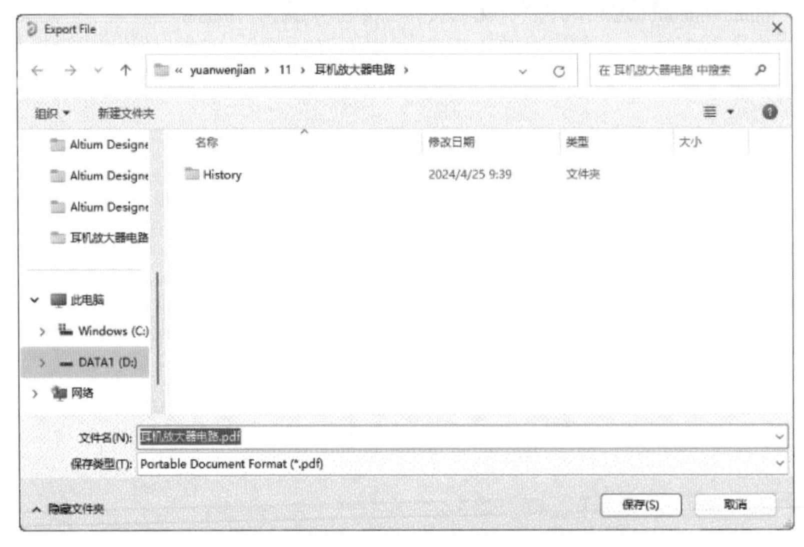

图 11-49　“Export File（输出文件）”对话框

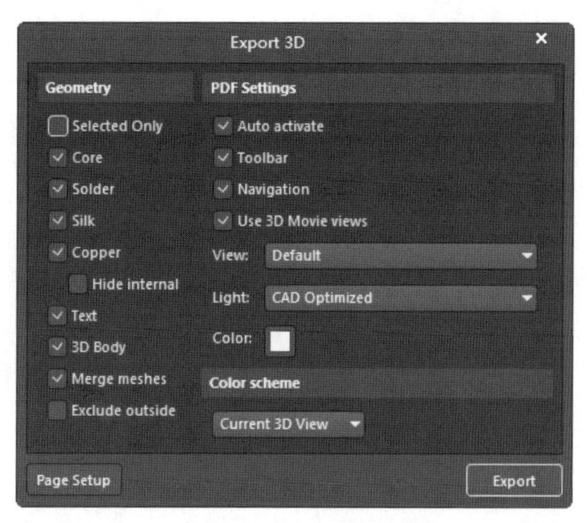

图 11-50　PDF3D 对话框

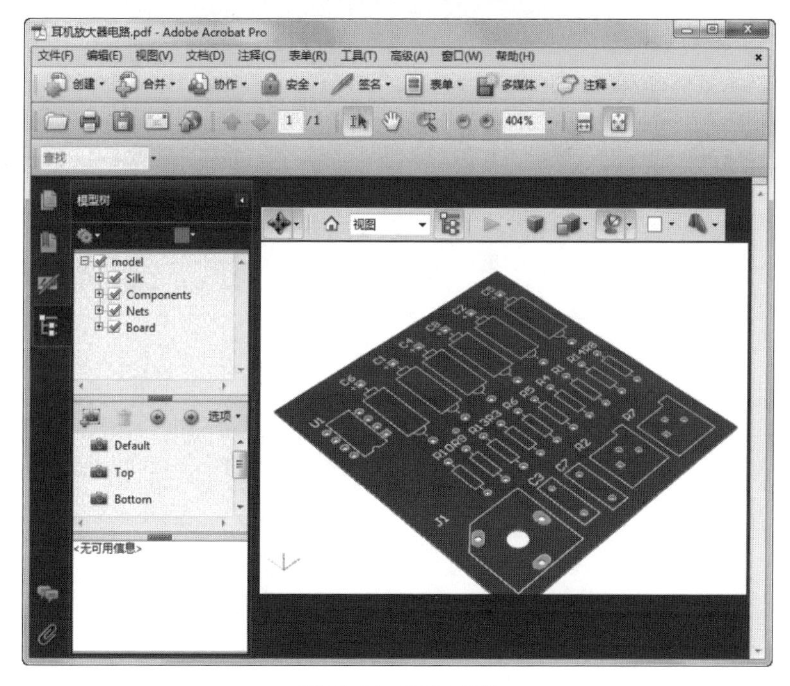

图 11-51　PDF 文件